Zivilisationskrankheiten –
Für eine gesamtwissenschaftliche Prädiktion und Prävention

Günter Alwin Müller

Zivilisationskrankheiten – Für eine gesamtwissenschaftliche Prädiktion und Prävention

Molekulare, phänomenologische, systemische und gestalttheoretische Analyse von Altersdiabetes

PL ACADEMIC RESEARCH

Bibliografische Information der Deutschen Nationalbibliothek
Die Deutsche Nationalbibliothek verzeichnet diese Publikation in der Deutschen Nationalbibliografie; detaillierte bibliografische Daten sind im Internet über http://dnb.d-nb.de abrufbar.

Gedruckt auf alterungsbeständigem,
säurefreiem Papier.

ISBN 978-3-631-67716-2 (Print)
E-ISBN 978-3-653-07215-0 (E-PDF)
E-ISBN 978-3-631-69389-6 (EPUB)
E-ISBN 978-3-631-69390-2 (MOBI)
DOI 10.3726/ 978-3-653-07215-0

PL Academic Research ist ein Imprint der Peter Lang GmbH.

Peter Lang – Frankfurt am Main · Bern · Bruxelles · New York ·
Oxford · Warszawa · Wien

Diese Publikation wurde begutachtet.

www.peterlang.com

Danksagung

Ich danke den Kolleginnen und Kollegen des Instituts für Diabetes und Adipositas am Helmholtz Zentrum München, ins besonders Herrn Prof. Dr. Matthias Tschöp, den Studierenden und Lehrenden des Studiengangs Philosophie, Politik, Wirtschaft an der Ludwig-Maximilians-Universität München, allen voran Frau Prof. Dr. Verena Mayer und Herrn Prof. Dr. Wilhelm Vossenkuhl, sowie den Studierenden der Biologie (Biomarker und Wirkstoffe) an der Ludwig-Maximilians-Universität München für die wertvollen Inspirationen, fruchtbaren Diskussionen und aufrüttelnden Fragen, sowie die konstruktive Kritik im Vorfeld des Entstehens dieser Arbeit.

Ich danke meinen Eltern Sieglinde und Caspar Müller und meiner Partnerin Birgit Fuhrmann für aufmunternden Zuspruch hinsichtlich meiner „Zweigleisigkeit."

Wenn nicht mehr Zahlen und Figuren
Sind Schlüssel aller Kreaturen,
Wenn die, so singen oder küssen
Mehr als die Tiefgelehrten wissen,
....
Und man in Märchen und Gedichten
Erkennt die wahren Weltgeschichten,
Dann fliegt von einem geheimen Wort
Das ganze verkehrte Wesen fort.

Novalis
aus „Heinrich von Ofterdingen"

Inhaltsverzeichnis

"As I see it, this whole way of thinking about human activities – in terms of practitioners putting theories arrived at by professional experts into practice – is radically flawed. It assumes that the only kind of worthwhile knowledge is arrived at by science, or by methods that in some way imitate those of science. This, I think, is a very inadequate view of the nature of human knowledge."

John Shotter[1]

Vorwort

Die quantitative Forschungsmethode der Naturwissenschaften gründet auf erkenntnistheoretischen und lebensweltlichen Vorbedingungen, die von ihr – unbewusst – ausgeklammert werden. So wird seit der Aufklärung im westlichen Kulturkreis Krankheit vornehmlich im kausal-mechanistischen Sinn als Resultat eines molekularen Defekts (z.B. Erbkrankheiten) oder eines Umweltfaktors (z.B. Infektionskrankheiten) oder einer Kombination aus intrinsischen (Prädispositionsgenen) und extrinsischen (Ernährung, Lebensweise) Risikofaktoren (z.B. Zivilisationskrankheiten) in der „reizbaren Körpermaschine" oder im „programmierbaren Gehirncomputer" Mensch begriffen. Damit scheint selbst das zugebenermaßen – komplexe Ursachengefüge von Zivilisationskrankheiten den messenden, numerisch-quantifizierenden und molekular-analytischen Methoden des modernen Naturwissenschaftlers und Arztes zugänglich zu sein. Der mit diesen bisher erreichte, allerdings doch recht begrenzte Erfolg in der Prädiktion und Prävention von Zivilisationskrankheiten, wie etwa von Altersdiabetes (Typ II Diabetes, Nicht-insulinabhängiger Diabetes mellitus, im Folgenden mit T2D abgekürzt), wird allein mit der gegenwärtigen Unvollständigkeit des biomedizinisch-naturwissenschaftlichen Wissens begründet. So wird davon ausgegangen, dass mit der Identifizierung der wesentlichen „diabetogenen" intrinsischen Risikofaktoren (etwa von Genen des Stoffwechsels, Hormonen der Stoffwechselregulation, Stoffwechselprodukten) und extrinsischen Risikofaktoren (etwa in der westlichen Diät) und ihrer molekularen und physiologischen Defekte bzw. Lebensstil-bedingten Veränderungen, sowie mit der Entschlüsselung ihrer komplexen Verknüpfung und gegenseitigen Beeinflussung mit Hilfe modernster analytischer Technologien eine verlässliche Prädiktion und Prävention von T2D in naher Zukunft zu erreichen ist.

Die qualitative Forschungsmethode der Sozial- und Geisteswissenschaften berücksichtigt die Bedeutung von Kognition, Empfindung, Wahrnehmung und Intention für die Konstruktion, Interpretation und Sinnzuweisung von lebensweltlicher Erfahrung. Die Einbeziehung der Lebenswelt und Lebensgeschichte von For-

1 Shotter, John: "Making sense on the boundaries: On moving between philosophy and psychotherapy". *Philosophy, Psychology and Psychiatry.* Suppl. 37, 1994, S. 55–72.

schungsobjekt und Forschungssubjekt für ein den menschlichen (gesundheitlichen) Phänomenen angemessenes Erklären und Verstehen ist das Bestreben (i) der empirischen Wahrnehmungstheorie von Hermann von Helmholtz, (ii) des Konzepts der „Denkstile" und „Denkkollektive" von Ludwik Fleck, (iii) der systemischen Therapie mit ihrem Konzept der Leitdifferenzen „Sein-Werden", Autonomie-Heteronomie", „Erklären-Verstehen" von Kurt Ludewig, (iv) der konstruktivistischen Erkenntnistheorie von Humberto Maturana und Francisco Varela, (v) der philosophischen Biologie von Hans Jonas mit der Betonung der Intentionalität allen Lebens und den Vorteilen einer „leiblichen" und „anthropomorphen" Beobachtung von Organismus und Umwelt, (vi) der „interpretativen phänomenologischen Analyse" von Jonathan Smith, (vii) der „phänomenologischen Lebenswelt-Analyse" von Karin Dahlberg und (viii) der gestalttheoretischen Analyse von Wahrnehmungs- und Bewertungsprozessen aller Art von Max Wertheimer.

In diesem Buch wird die Hypothese aufgestellt, dass eine Integration der molekularen und der genannten systemisch-konstruktivistischen, phänomenologisch-lebensweltlichen und gestalttheoretisch-psychotherapeutischen Analysen auf der Basis von Leitdifferenzen zu einer verbesserten Prädiktion und Prävention und damit Gesunderhaltung bei Zivilisationskrankheiten, wie T2D, führen kann. Demnach sollte eine adäquate Berücksichtigung der Empfindungen, Wahrnehmungs- und Bewusstseinszustände und Intentionen des beobachteten Patienten wie auch des beobachtenden Arztes und natur- und geisteswissenschaftlichen Forschers die Genese und die Perzeption von Zivilisationskrankheiten entscheidend beeinflussen. Zur Prüfung dieser Hypothese wird ein Projekt vorgeschlagen: Bei (noch) gesunden Geschwistern, deren Vater oder Mutter an T2D leiden, werden zunächst mittels molekularer Analyse die traditionell als intrinsische Risikofaktoren für T2D bekannten Gene, Hormone, Stoffwechselprodukte und körperlichen Zustände quantitativ „vorhergemessen." Sodann wird für ein Geschwisterteil durch systemisch-lebensweltliche und gestalttheoretische Analyse mit Bezug auf die drei Leitdifferenzen für Prävention die Erkrankungswahrscheinlichkeit (als Vorgefühl), die Erkrankungsschwere (als Angst) und die Wahrscheinlichkeit des präventiven Erfolgs (als Hoffnung) „vorhererfahren." Nachfolgend werden die Ergebnisse der molekularen, systemisch-lebensweltlichen und gestalttheoretischen Analysen und ihr Zustandekommen dem sogenannten „drei-dimensionalen Diskurs für gesamtwissenschaftliche Gesunderhaltung" durch den betreffenden Geschwisterteil als „Forschungsobjekt" und die Ärzte und natur- und geisteswissenschaftlichen Forscher als „Forschungssubjekte" unterzogen. Anschließend werden bei beiden Geschwisterteilen die Risikofaktoren erneut gemessen. Vergleiche der molekularen und systemisch-lebensweltlich-gestalttheoretischen Analysen zwischen den beiden Geschwisterteilen, sowie vor und nach dem drei-dimensionalen Diskurs sollen Hinweise liefern, ob Ärzte, Forscher und Patienten – geleitet von der Empfindung, Wahrnehmung und Interpretation ihrer Lebensgeschichte und Lebenswelt – (Extrem-)Positionen der jeweiligen Leitdifferenz verlassen und sich aufeinander zu bewegt haben.

Eine erfolgreiche Integration von „Vorhermessen" und „Vorhererfahren" mit dem Ergebnis einer Verbesserung der Gesunderhaltung bezüglich T2D würde für diesen neuartigen gesamtwissenschaftlichen Ansatz argumentieren. Dieser belässt es zwar grundsätzlich bei der ont(olog)ischen Differenz zwischen natur- und geisteswissenschaftlicher Methodik, nutzt diese jedoch produktiv mittels des gesamtwissenschaftlichen Diskurses über molekulares Erklären und systemisch-lebensweltlich-gestalttheoretisches Verstehen für die Konstruktion von gesunderhaltendem Wissen durch die Forscher und Ärzte und das Erfahren von gesunderhaltenden Sinnzuweisungen durch die Patienten. Letztlich gilt es in geeigneten Forschungsprojekten künftig zu klären, ob eine derartige gesamtwissenschaftliche Prädiktion auf individueller und sozialer Ebene zwischen den Forschern der verschiedenen natur- und geisteswissenschaftlichen Disziplinen und den potenziellen Patienten bzw. zwischen dem System der verschiedenen Einzelwissenschaften und dem Gesundheitssystem zu einer Annäherung und einhergehend zu einer günstigen Beeinflussung von Konstruktion, Wahrnehmung und Entstehung von Zivilisationskrankheiten führen und damit einen Beitrag zu deren Prävention liefern könnte.

„Die Sinneswahrnehmungen zu den Zeitpunkten, da sie Sinneswahrnehmungen sind, sind alles, was wir direkt von der Außenwelt kennen. Doch gibt die Tatsache, dass sie alles sind, was wir direkt kennen, kein Recht zu der Annahme, dass sie auch alles sind, was es überhaupt gibt.“

Bertrand Russell[2]

1 Eingangsbetrachtungen: Zwei Fallbeispiele zum „Vorhermessen“ und „Vorhererfahren“ von T2D und Zielsetzung der Arbeit

Die beiden Patientinnen waren zum Zeitpunkt der medizinisch-prognostischen Beratung nicht an „Diabetes mellitus Typ II“, der sogenannten Nicht-insulinabhängigen Diabetes oder Altersdiabetes erkrankt, aber sie offenbarten deutliche Unterschiede in ihrem persönlichen Wohlbefinden. Während Patientin Almut sich nicht recht „in ihrer Haut wohlfühlte“, war Patientin Regina mit sich und der Welt im „Reinen“. Almut (27 Jahre, schlank, sportlich sehr aktiv) suchte einen Diabetologen in einer entsprechenden Fachklinik auf, mit dem Anliegen, Informationen und Ratschläge für die wirksame Verzögerung des Ausbruchs von T2D bzw. Verlangsamung der Entwicklung von diabetischen Spätschäden zu erhalten. Gemäß in der Fachklinik bereits erfolgter internistischer und endokrinologischer Untersuchung sei ihr Stoffwechsel, einschließlich der relevanten Blutzucker- und Insulinwerte, zwar völlig normal. Aber ihr Vater sei bereits mit 28 Jahren an T2D erkrankt, werde seitdem nach anfänglicher oraler Medikation seit etwa 25 Jahren mit Insulininjektionen intensiv therapiert und leide seit kurzem an beginnenden diabetischen Komplikationen und Spätschäden. Sie (Almut) „wisse“ und „fühle“, dass sie – trotz ihres auch nach Expertenmeinung sehr gesunden Lebensstils – mit an Sicherheit grenzender Wahrscheinlichkeit früher oder später ebenfalls an Diabetes erkranken werde. Dabei sei ihr sehr wohl „bewusst“, dass für sie die Folgen und Einschränkungen aufgrund dieser Erkrankung sehr viel schwerwiegender ausfallen würden als bei ihrem Vater.

Der Diabetologe teilte Almut mit, dass zwar eine erbliche Grundlage – als Prädisposition – für T2D wissenschaftlich zweifelsfrei nachgewiesen, die Erhöhung des Erkrankungsrisikos bei nur einem erkrankten Elternteil aber recht moderat sei (s. 2.10.1 und 2.10.2). In keinem Fall würde sie von ihrem Vater „das Diabetes-Gen“ schlechthin erben, das unvermeidlich bei ihr die Krankheit auslöse, sondern allenfalls eine Genkombination verantwortlich für eine Disposition, d.h. gesteigerte Sensitivität oder Empfänglichkeit für Diabetes. Dadurch würde sich das Risiko für diese Erkrankung zwar etwas erhöhen, aber das Vorliegen einer Disposition führe

2 Russell, Bertrand: *Human Knowledge: Its Scope and Limits.* New York 1948.

eben nicht „automatisch“ und unwiderruflich zu Diabetes, sondern erst, wenn zu diesem (intrinsischen) weitere (extrinsische) Risikofaktoren hinzuträten, darunter ganz entscheidend Adipositas und eine ungesunde Lebensweise mit falscher Ernährung und zu geringer körperlicher Aktivität. Da Almut mit keinem dieser extrinsischen Risikofaktoren belastet sei und zum gegenwärtigen Zeitpunkt auch keinerlei Anzeichen für eine beginnende Diabetes-Pathogenese vorlägen, gäbe es für sie überhaupt keinen Grund zur Beunruhigung und Sorge – natürlich vorausgesetzt, sie behalte ihren gesunden Lebensstil bei. Dieser sei – wie der Diabetologe abschließend meinte – auch die einzige wirksame Methode zur Prävention von T2D. Almut, mit den Aussagen des Diabetologen sichtlich nicht zufriedengestellt, blieb bei ihrer „gefühlten“ Überzeugung, in naher Zukunft schwer an Diabetes zu erkranken, versprach aber trotzdem, an ihrer gesunden Lebensweise unvermindert festzuhalten. Drei Jahre später erkrankte Almut, immer noch schlank und sportlich, an T2D, deren Schweregrad schon kurze Zeit später eine intensivierte Insulintherapie erforderlich machte.

Während sich Almut in ihrem „Vorhererfahren“ – leider – vollkommen bestätigt sah, kommentierte der Diabetologe sein – offenbar erratisches – „Vorhermessen“ wissenschaftlich rational. Zum einen könnte ihr Vater eine der wohl sehr seltenen Gene oder Genkombinationen mit hoher „Durchschlagskraft“ auf seine Tochter übertragen haben, die mit großer Wahrscheinlichkeit – auch bei fehlenden weiteren Risikofaktoren, wie Adipositas – bereits in jüngeren Jahren zu T2D führten, aber bisher noch kaum identifiziert seien. Zum anderen sei das „Vorhererfahren“ oder – wie er formulierte – die Vorahnung von Almut entweder auf Einbildung oder Vorurteil, basierend auf ihrer Lebensgeschichte und der Erfahrung mit ihrem Vater, zurückführbar. Oder als – wissenschaftlich recht interessante, wenn auch wenig wahrscheinliche – Alternative könnte dieses „Vorhererfahren“ für den Körper real möglich sein und „wahr“ sein. Dann müsste es mit wissenschaftlichen Methoden quantitativ fassbar sein, zumindest wenn man empirisch-naturwissenschaftlich davon auszugeht, dass es von – bisher unbekannten – durch molekulare Defekte im Körper von Almut verursachte physiologische Veränderungen, also etwa durch Auftreten von bestimmten Molekülen im Blut, zu Beginn der Pathogenese verursacht werde oder wenigstens mit diesen assoziiert sei. Demnach würden diese Veränderungen und Defekte von den gegenwärtig zur Prädiktion und Prävention von T2D routinemäßig eingesetzten Methoden nicht erkannt werden, seien aber wohl offensichtlich vom Nervensystem von Almut als nicht näher definiertes Gefühl oder Unwohlsein „vorhererfahren“ worden. Somit werde medizinisch-naturwissenschaftlicher Fortschritt in der Zukunft die Gefahr einer fehlerhaften Prädiktion, wie bei Almut, vermindern und die Prävention effektiver machen. Dies werde erreicht werden zum einen durch Tests auf das Vorliegen von Genen oder Genkombinationen, die unabhängig von anderen Risikofaktoren mit hoher Wahrscheinlichkeit T2D auslösen, zum anderen durch quantitative Analyse von als Ursache oder Konsequenz der Diabetes-Pathogenese frühzeitig auftretenden molekularen Defekten oder Veränderungen, sogenannten Biomarkern (s. 2.10.1). In einigen – erst noch naturwissenschaftlich zu dokumentierenden Fällen – mag deren Auftreten von manchen Patienten offenbar „vorhererfahren" werden.

Regina (49 Jahre, sehr korpulent, körperlich nicht fit und träge) suchte ihren niedergelassenen Hausarzt für Allgemeinmedizin auf, um sich erneut Medikamente gegen ihren Bluthochdruck und ihre zu hohen Blutfette verschreiben zu lassen. Bei dieser Gelegenheit stellte der Hausarzt fest, dass Regina erneut kräftig zugenommen hatte und sie jetzt nach WHO-Kriterien nicht mehr als „lediglich" übergewichtig (d.h. $25 < BMI < 30$), sondern eindeutig als adipös (d.h. $BMI > 30$) einzustufen sei. Dem Hausarzt war bekannt, dass Regina seit über 20 Jahren ihre Mutter zu Hause aufopferungsvoll pflegt, die an T2D leidend nach Amputation beider Beine, nahezu vollständiger Erblindung und mit eindeutigen Anzeichen einer beginnenden Demenz mittlerweile an das Bett gefesselt ist und in naher Zukunft mit der Abhängigkeit von einer künstlichen Niere rechnen muss. Deshalb machte der Hausarzt Regina – zum wiederholten Male und sehr eindringlich – darauf aufmerksam, dass sie aufgrund der möglicherweise erblichen Vorbelastung durch ihre Mutter in Kombination mit den bei ihr eindeutig vorliegenden typischen – wissenschaftlich bewiesenen – Risikofaktoren, nämlich Adipositas, falsche Ernährung und körperliche Inaktivität, sowie Insulinresistenz als typische Vorform der T2D, mit sehr hoher Wahrscheinlichkeit eine Diabetes entwickeln werde, deren Folgen den bei ihrer Mutter bereits manifestierten dramatischen Spätschäden durchaus vergleichbar sein könnten. Den dringlichen Rat ihres Hausarztes, sofort und konsequent ihre Lebensweise umzustellen, lehnte Regina energisch ab. Denn sie sei sich „bewusst", „wisse" und „fühle" es einfach, dass sie niemals in ihrem Leben an Diabetes erkranken werde. Zwei Jahre später – die Mutter war mittlerweile an multiplem Organversagen verstorben – wurde bei Regina eine 85 %ige Schwerbehinderung aufgrund offener Beine, Adipositas-bedingter Gelenksdegeneration und Gehbehinderung und kurze Zeit später eine T2D diagnostiziert, in deren Verlauf sich sehr rasch die typischen Spätschäden von hohem Schweregrad manifestierten. Offensichtlich hatte Reginas Arzt richtig „vorhergemessen" und Regina falsch „vorhererfahren."

Hätte die Entwicklung der T2D als typische Zivilisationskrankheit durch einen fundamental anderen Prozess der Prädiktion und Prävention während der Begegnung des Diabetologen bzw. Hausarztes als biomedizinisch-naturwissenschaftlicher „vorhermessender" Beobachter und Forschungssubjekt mit Almut und Regina als „vorhererfahrende" Selbst-Beobachtende, Beobachtete, und Forschungsobjekte wenn schon nicht verhindert werden, so doch wenigstens einen günstigeren Verlauf nehmen können? Oder prägnanter formuliert, in welcher Abhängigkeit stehen die Prädiktion und Prävention von Zivilisationskrankheiten vom Beobachten und Messen, Empfinden und Wahrnehmen, Interpretieren und Deuten durch die involvierten Ärzte, Forscher und Patienten?

Die Zielsetzung dieser Arbeit liegt zum einen in der Bewusstwerdung der Vorbedingungen und Voranmahmen (i) für die biomedizinisch-naturwissenschaftliche Prädiktion und Prävention von Zivilisationskrankheiten durch das molekulare „Vorhermessen" von Risikofaktoren (s. Teil 2), (ii) für das qualitative „Vorhererfahren" von Krankheits-relevanter Empfindung und Wahrnehmung gemäß systemisch-konstruktivistischer und gestalttheoretischer Vorstellungen (s. Teile 3.1 und 3.3) und (iii) für das qualitative „Vorhererfahren“ bei der phänomenologisch-lebensweltlichen Beschreibung und Interpretation von Krankheits-relevanten Erfahrungen und Intentionen (s. Teil 3.2). Nach einer Darstellung der grundsätzlichen Möglichkeiten einer Annäherung und Integration von molekularen und systemisch-lebensweltlich-gestalttheoretischen Ansätzen in eine Gesamtwissenschaft für das qualitative „Vorhermessen“ und quantitative „Vorhererfahren“ von Zivilisationskrankheiten auf Basis der drei gesundheitsbezogenen Leitdifferenzen (s. Teil 4.1) wird anhand der typischen Zivilisationskrankheit T2D das Projekt des „drei-dimensionalen Diskurses“ vorgestellt, mit welchem das Konzept der erklärenden und verstehenden „gesamtwissenschaftlichen Gesunderhaltung“ im Vergleich zur ausschließlich erklärenden biomedizinisch-naturwissenschaftlichen Prädiktion und Prävention von T2D validiert werden könnte (s. Teil 4.2). Abschließend werden mit Hilfe der beiden in den Eingangsbetrachtungen bereits eingeführten Fallbeispiele (s. Teil 1) die mit diesem Konzept möglicherweise verbundenen Optionen, Vorteile und Missverständnisse diskutiert (s. Teil 5).

„Quidquid recipitur, ad modum recipientis recipitur."

Spruch der scholastischen Theologie[3]

2 These I: Das „Vorhermessen" der quantitativen biomedizinisch-naturwissenschaftlichen Forschung gründet auf – ihr nicht bewussten – erkenntnistheoretischen und lebensweltlichen Vorbedingungen

Die biomedizinische-naturwissenschaftliche Prädiktion und Prävention von Zivilisationskrankheiten beruhen auf Vorbedingungen, Vorannahmen und Vorstellungen, die erst in der Neuzeit selbstverständlich geworden und damit sukzessiv aus dem Bewusstsein verschwunden sind. Dazu zählen im Wesentlichen (i) die Entscheidung für menschliche Autonomie oder Fremdsteuerung hinsichtlich Gesundheit und Krankheit, (ii) das Interesse am menschlichen Körper, (iii) das Konzept der Erbanlagen und/oder Umwelt als potentielle Krankheitsursache, (iv) die Forderung nach Objektivität in der Medizin, (v) der alleinige Geltungsanspruch einer auf quantifizierbare Evidenz basierenden Medizin, (vi) das naturalistische Programm, (vii) die Akzeptanz des Kriteriums der Kausalität und (viii) das „vertikale" Denken und. Sie werden nachfolgend charakterisiert (s. 2.1 bis 2.8).

2.1 Menschliche Autonomie über oder Fremdsteuerung durch Gesundheit und Krankheit

In der Antike bis einschließlich des Mittelalters, also der Hochzeit des Christentums, wurde der Mensch mit seinem Körper und Gehirn unabdingbar als ein in die göttliche Schöpfungsordnung fest eingebetteter Bestandteil – unter vielen anderen – verstanden. Der jeweils zugewiesene Platz oder Zustand innerhalb dieser Ordnung als Reicher oder Armer, Herrscher oder Sklave oder eben Gesunder oder Kranker war von dem betroffenen Individuum selbst oder anderen Menschen kaum beeinflussbar, sondern determiniert von dem – unergründlichen – Willen der Götter oder Gottes. Die individuelle Gesundheit stellte also demnach kein persönliches Gut dar, über das nach Belieben verfügt werden kann und darf, sondern wurde als Ausdruck der

3 Sth I qu. 75 art. 5, resp.; auch I qu. 12 art. 4.

Integration des Menschen in eine (durch Gott) vorbestimmte Schöpfungsordnung interpretiert.

So hat der Altsteinzeitmensch Krankheit wahrscheinlich als Naturereignis empfunden, dem er eigentlich schutzlos ausgesetzt ist. Die Entwicklung der Sprache und des Denkens und damit eng assoziiert des Selbst-Bewusstseins stärkten den Willen des Menschen und auch dessen Möglichkeiten immer mehr, die persönliche Lebensgeschichte und -situation, wenn schon nicht selbst zu gestalten, so doch wesentlich zu beeinflussen[4]. Die Medizingeschichte zeigt, dass bereits vor 10000 Jahren der neolithische Mensch zu gezielten „aktiven" Behandlungen, etwa von Knochenbrüchen, in der Lage war, die die Beteiligung von wenigstens zwei Menschen, nämlich Patient und Therapeut, aber auch die Fähigkeit und Bereitschaft des (Steinzeit-) Menschen, auf die Krankheit des anderen mit Betroffenheit zu reagieren und ihm helfen zu wollen, voraussetzen[5].

Mit der Neuzeit und Aufklärung und den damit einhergehenden naturwissenschaftlichen und medizinischen Erfolgen wurde die Vorstellung von den überwiegend „passiven" und „außermenschlichen" Gründen für Gesundheit oder Krankheit mehr oder weniger aufgegeben. Nicht länger mehr wurden Fügung und Schicksal für Gesundheit oder Krankheit verantwortlich gemacht, sondern diese als differenzierende Manifestation des individuellen Lebensstils ausgemacht. Gleichzeitig wurde die grundsätzlich positive Beeinflussbarkeit der Gesundheit – im Zuge der industriellen Revolution häufig mit Arbeitsfähigkeit gleichgesetzt – durch eine günstige persönliche Lebensführung, etwa Mäßigkeit und Ausgeglichenheit, sowie ihre Abhängigkeit vom sparsamen und effektiven (individuellen und gesellschaftlichen) Umgang mit den Lebensressourcen erkannt[6]. Von hier war es nur noch eine kurze Wegstrecke bis zur gegenwärtig in den westlichen industrialisierten Ländern dominierenden Auffassung vom menschlichen Körper und Gehirn als „Körpermaschine" bzw. „Gehirncomputer", deren physische bzw. psychische Funktionen der positiven oder negativen Steuerung durch den Menschen über die vollständige Kontrolle der entsprechenden „Maschinenteile", einschließlich deren Reparatur oder Austausch, – adäquate „Betriebsanleitungen" und geeignete „Werkzeige" vorausgesetzt – grundsätzlich zugänglich sind.

Diese Vorstellung ist durchaus kompatibel mit der Definition von „Gesundheit" durch die World Health Organisation (WHO) aus dem Jahr 1946 – trotz ihrer apparenten normativen Geladenheit, für die die WHO auch nachfolgend heftige Kritik einstecken musste. Demnach stellt Gesundheit einen Zustand des vollkommenen körperlichen, geistigen und sozialen Wohlbefindens dar und lässt sich nicht auf die

---

4 Ludewig, Kurt: „Zum Menschenbild der systemischen Therapie. Über polysystemische Biologie, Polyphrenie und vielfältige Mitglieder". In: Petzold H. (Hrsg.): *Die Menschenbilder in der Psychologie und Psychotherapie.* Krammer: Wien 2009a.

5 Dastague, J.: „Die Paläopathologie". In: Toellner R (Hrsg.): *Illustrierte Geschichte der Medizin* (Band 1). Andreas & Andreas: Salzburg 1986.

6 Keupp, Heiner: *Psychische Störungen als abweichendes Verhalten.* Urban & Schwarzenberg: München 2008.

bloße Abwesenheit von Krankheit oder Gebrechen reduzieren. Unter Gesundheit und Krankheit wird also der störungsfreie bzw. gestörte Funktionsablauf physischer oder psychischer Lebensvorgänge verstanden. Einhergehend mit der Entwicklung des Modells von der funktionalen oder defekten Maschine für den gesunden bzw. kranken Körper oder das Gehirn veränderte sich auch die Suche nach den für das „Umschalten" von gesund auf krank zuständigen Steuerungs- und Kontrolleinrichtungen[7]. Dieses Denken in innerhalb des Körpers, des Gehirns oder der sozialen Gemeinschaft operierenden „Befehlsstrukturen" als Ursache für Gesundheit oder Krankheit erlangte vor allem für das Konzept der sogenannten Zivilisationskrankheiten eine besondere Bedeutung (s. 2.3 und 2.9).

2.2 Interesse am Körper

Die Prädiktion und Prävention von Krankheiten setzt ein grundsätzliches – heutzutage für selbstverständlich und nicht verhandelbar empfundenes – Interesse am Körper und an seiner Gesunderhaltung voraus. Dieses Interesse manifestiert(e) sich in der jüngeren Vergangenheit und Gegenwart in einer global wirksamen und überaus folgenreichen Tendenz, die wahrscheinlich sogar einer hoch-signifikanten Korrelation folgt: Je stärker die durch eine persönliche Weltanschauung bedingte Überzeugung oder der religiös fundierte individuelle Glaube an die Unsterblichkeit, im Allgemeinen, oder der Seele, im Besonderen, in westlichen Gesellschaften in den Hintergrund tritt oder vollständig aufgegeben wird, desto deutlicher steigt die Aufmerksamkeit des Menschen auf das Wohl seines Körpers, desto deutlicher nimmt proportional auch das Verlangen nach einem langen und gesunden Leben zu. Parallel hierzu wächst die Forderung nach einer verlässlichen, d.h. objektiven, messbaren und naturwissenschaftlichen Prädiktion von Krankheit oder Gesundheit entlang des individuellen Lebensweges, nicht nur um bei Bedarf rechtzeitig adäquate präventive Maßnahmen ergreifen, sondern auch um ein langes und gesundes Leben ohne Sorgen (über den eigenen Gesundheitszustand) genießen zu können. Bereits Rene Descartes war aufgefallen, dass in einer vermehrt zum Diesseits hin orientierten Welt die Aufrechterhaltung der Gesundheit das höchste aller Güter darstellt[8]. Und Niklas Luhmann bläst in das gleiche Horn mit seiner Bemerkung vom unumstrittenen Höchstwert der Gesundheit in den westlichen Gesellschaften der Gegenwart[9]. Dieser allgemein akzeptierte Höchstwert führt unweigerlich zu einer Begrenzung der Sinn- und Bedeutungssuche auf den eigenen Körper und dessen Wohlbefinden mit weitreichendsten Folgen, wie Körperkult, Gesundheitswahn, Sportversessenheit und dem Verlangen nach absoluter Sicherheit für körperliche Unversehrtheit in allen Situationen der Alltagswelt, etwa in Form einer „wahren"

7 Franke, Alexa: *Modelle von Gesundheit und Krankheit.* Huber: Bern 2006.

8 Gamm, Gerhard: *Philosophie im Zeitalter der Extreme.* Primus / WBG: Darmstadt 2009.

9 Gamm 2009.

Prädiktion der Eintrittswahrscheinlichkeit für eine bestimmte Erkrankung als Folge einer bestimmter körperlichen Konstitution oder/und Reaktion auf eine bestimmte Umweltsituation.

Natürlich ist diese Korrelation zwischen Verlust der Hoffnung auf Unsterblichkeit und Fokussierung auf den Körper im menschlichen Leben selbst gegründet. Denn was dem Leben entgegenarbeitet und es bedroht, entstammt diesem selbst, nämlich vor allem seiner Zeitlichkeit, wie der Soziologe Georg Simmel in seinem berühmten Aufsatz „Der Begriff und die Tragödie der Kultur" bemerkt hat[10]: „All die seelischen Bewegtheiten vom Typ des Wollens, der Pflicht, des Berufenseins, des Hoffens sind die geistigen Fortsetzungen der fundamentalen Bestimmung des Lebens: in seiner Gegenwart seine Zukunft....zu erhalten." Demnach zielt jegliches Handeln in der Gegenwart auf die Zukunft ab und jegliches Leben operiert mit einer Absicht, will über sich selbst hinaus, will sich selbst im „Objektiven" verwirklichen. Diese „Transzendenz" kann der Mensch nur erreichen, indem er Gegebenheiten, Tatsachen, Gegenstände und Objekte generiert, produziert oder erwirbt, etwa Kunst kreiert, geschichtliche oder politische Veränderungen, wie Revolutionen oder Katastrophen bewirkt, Städte und Häuser baut, Waren erfindet und Märkte gründet, den Austausch auf diesen Märkten mit Geld regelt und nicht zuletzt, indem er objektive wahre Sachverhalte und sicheres Wissen entdeckt, um damit über die Gegenwart hinausblicken zu können, etwa von seinem aktuellen körperlichen Zustand auf seinen zukünftigen. Demnach wäre der Wunsch nach Prädiktion von körperlichen Zuständen und Erkrankungswahrscheinlichkeiten, sowie nach Gesunderhaltung durch präventive Maßnahmen, als die folgenreiche Konsequenz der Intentionalität und Zeitlichkeit des menschlichen Lebens zu interpretieren und zwar sowohl des Lebens des von diesen Möglichkeiten profitierenden Patienten, wie auch des Lebens des diese Möglichkeiten schaffenden Forschers und Arztes.

2.3 Umwelt als Krankheitsursache

Gemeinhin werden funktionelle und organische Gesundheitsstörungen und Abweichungen vom normalen physischen oder psychischen Zustand, die durch materielle oder ideelle Einflussfaktoren der Zivilisation auf den Menschen kausal begünstigt, beschleunigt oder hervorgerufen werden, zusammenfassend als Zivilisationskrankheit bezeichnet. Die Natur dieser Einflussfaktoren ist außerordentlich vielfältig und reicht von den einfachsten Lebensbedingungen und der typischen Lebensweise (z.B. Wohnung, Kleidung, Ernährung, Hygiene) über die Arbeits- und Lebensgewohnheiten (z.B. Unsicherheit, Existenzangst) bis hin zu den Folgen des Zusammenlebens der Menschen (Stress, Genussmittel) und den nachteiligen Konsequenzen der Technisierung (z.B. Lärm, Luftverunreinigung, Umweltgifte). Zu den Zivilisationskrankheiten werden neben Stoffwechselkrankheiten, wie T2D und Adipositas,

10 Simmel, Georg: *Der Begriff und die Tragödie der Kultur.* Alfred Kröner: Leipzig 1911.

auch Verdauungs- und Herz-Kreislaufstörungen, Neurosen, mentale Erkrankungen, wie Alzheimer und bestimmte Formen von Krebs gerechnet.

Die jeweiligen Ursachen sind für jede Zivilisationskrankheit differenziert zu betrachten und auch unter modernen Wissenschaftlern in ihrer Komplexität und gegenseitigen Abhängigkeit und Wechselwirkung oftmals umstritten. Nicht bezweifelt wird jedoch im Allgemeinen, dass auch Zivilisationskrankheiten – darin „einfachen" Infektions- oder Erbkrankheiten vergleichbar – dem Maschinen- und Computermodell des Körpers bzw. Gehirns folgen. Der Unterschied wird lediglich darin gesehen, dass nicht ein einzelner Faktor, sondern ein komplexes Zusammenspiel aus Erbanlagen (d.h. genetischer Disposition) und Umwelt (d.h. Ernährung, körperlicher Aktivität, Stress, Umweltgiften etc.) für die Pathogenese einer Zivilisationskrankheit verantwortlich ist. Solche Faktoren, die nicht „automatisch" – früher oder später – zu einer Erkrankung führen, sondern – bei alleinigem Vorliegen oder in Kombination mit weiteren Faktoren – lediglich die Wahrscheinlichkeit der Manifestation einer Krankheit, also ihre Erkrankungswahrscheinlichkeit erhöhen, werden Risikofaktoren genannt. Allerdings können Risikofaktoren die erhöhte Häufigkeit bestimmter Zivilisationskrankheiten ausschließlich in den westlichen Industrieländern nicht zufriedenstellend erklären, da etwa zu kalorienreiche Ernährung und zu geringe körperliche Aktivität als Risikofaktoren für T2D auch in nicht-westlichen (Schwellen-)Ländern mit wenig Industrialisierung und geringem Lebensstandard vorkommen. Moderne Wissenschaftler erklären dies mit dem Auftreten von vielen Zivilisationskrankheiten, wie etwa T2D, erst in höherem Lebensalter, also zu einem Zeitpunkt, an dem ein Großteil der Menschen in Ländern mit niedriger Lebenserwartung bereits an anderen Erkrankungen, wie etwa Infektionskrankheiten, verstorben ist. Ein weiterer, ebenfalls mit dem Maschinenmodell vereinbarer Grund wird in den typischerweise schlechteren „technischen Überwachungsvereinen" und „Reparaturwerkstätten", also Gesundheitsversorgungssystemen, in den nicht-westlichen Ländern vermutet, wodurch bestimmte Zivilisationskrankheiten, wie etwa T2D, überhaupt nicht oder zu spät diagnostiziert und damit auch in statistischen Erhebungen nicht erfasst werden.

Dieses aus der Neuzeit heraus entstandene naturwissenschaftliche Gesundheits-/Krankheitsbild einschließlich des Konzepts der Zivilisationskrankheiten und Risikofaktoren erfuhr auch in der jüngsten Gegenwart durch die „Scientific Community" keine grundlegende Änderung mehr. Vielmehr erscheinen, getrieben von den unzweifelhaft enormen Errungenschaften der Lebenswissenschaften und der molekularen Medizin im 20./21. Jahrhundert und der daraus abgeleiteten „Erkenntnis" von der Auslösung oder Beeinflussung aller gesundheitlichen – zumindest aller physischen, wenn nicht auch aller psychischen – Probleme durch naturhafte und/oder gesellschaftliche Prozesse, diese prinzipiell als lösbar. Ihre Lösung sei ledig vom Forschungsaufwand an Zeit und Geld abhängig[11]. Gezieltes Eingreifen in die

11 Richter, Matthias / Hurrelmann, Klaus: *Gesundheitliche Ungleichheit. Grundlagen, Probleme, Perspektiven.* VS Verlag für Sozialwissenschaften: Wiesbaden 2006.

pathogenen Prozesse durch Naturwissenschaft und Medizin bzw. Gesellschaft und Politik sei deshalb möglich, notwendig und wünschenswert im Hinblick auf eine verbesserte Prädiktion des Gesundheitszustandes des Individuums und seiner Gesunderhaltung. Damit wird als fundamentales Ergebnis der modernen Lebenswissenschaften und molekularen Medizin die Vorstellung akzeptiert, dass Gesundheit und Krankheit durch biochemische Kausalketten aus Molekülen und Genen in inniger und kaum auflösbarer Wechselwirkung mit den individuellen Lebensumständen und gesellschaftlichen Umweltbedingungen determiniert wird. Hierbei entpuppt sich die relative Bedeutung, die den Molekülen und Genen („nature") gegenüber der Gesellschaft, Umwelt oder Erziehung („nurture") zugeschrieben wird, als soziales, zeit- und kulturabhängiges Konstrukt. Unabhängig von dieser oftmals unergiebigen bis unsinnigen relativen – häufig prozentualen – Zuschreibung konnte im Rahmen entsprechender Studien der empirische Nachweis der gesellschaftlichen Verursachung oder zumindest Beeinflussung der Lebensqualität und der Mortalitätsraten eindrucksvoll erbracht werden.

In der Gesamtheit führte die Entstehung der Vorstellung von der Beeinflussbarkeit des Funktionszustandes der menschlichen „Körpermaschine" und des menschlichen „Gehirncomputers", also von Gesundheit und Krankheit, zu einer rasanten Entwicklung der westlichen Gesundheitssysteme mit den Konsequenzen einer weitgehenden Medikalisierung, Professionalisierung, Monetisierung und eines „Healthism." Dieser gipfelt im unverblümten Anspruch, dass nahezu alle (gesellschaftlichen) Aktivitäten im Dienst der (individuellen) Gesundheit stehen sollten und umgekehrt, dass sich das Individuum diesem gesellschaftlichen Anspruch auf positive Beeinflussung seiner Gesundheit gemäß dem Maschinen- und Computermodell unterzuordnen habe.

2.4 Empirische Objektivität in der Medizin

Auf das Neolithikum folgend entwickelten sich im indoeuropäischen Kulturkreis drei Grundelemente von Heilmitteln, nämlich das Messer (die Chirurgie), die Pflanzen (die Medikation) und das Wort (die Beratung und Magie). Daran schloss sich ab dem 6. Jahrhundert v. Chr. die griechische Heilkunst an, die in der Folge naturkundlichen Erkenntniszuwachses begann, zwischen mystischen und rationalen Heilmethoden zu unterscheiden. Für die Weiterentwicklung letzterer setzten die Therapeuten auf die empirische Erforschung des Lebewesens Mensch und differenzierten hierfür zwischen Körper und Geist, Soma und Psyche. Auf Basis der von den Vorsokratikern, unter ihnen vor allem Heraklit, begründeten Dialektik gelang es der Medizin, lebende und nicht-lebende Prozesse, organische und anorganische Substanzen, biologische und physikalische Gesetzmäßigkeiten als koexistierende Gegensätze im Wandel aufeinander zu beziehen und diese als miteinander wechselwirkende, aufeinander aufbauende Teilphänomene einer Ganzheit zu interpretieren. Mit diesem dialektischen „Trick" der Koppelung der physikalischen Gegebenheiten und des empirisch Zugänglichen an einerseits Organisches und andererseits Ganzheitliches wurden zwei die westliche Medizin seit nunmehr

2500 Jahren beherrschende Paradigmen begründet, (i) der Vorzug der empirisch-objektiven Methodik und (ii) die praktisch ausschließliche Konzentration auf den physikalisch-physiologischen Aspekt des Patienten, auch hinsichtlich der Prädiktion von Krankheiten und präventiven Maßnahmen. Demnach seien der Beginn und die Entwicklung einer Krankheit, wie auch die Möglichkeiten ihrer Prädiktion und Prävention ausschließlich im möglicherweise Erkrankenden und Patienten zu verorten.

Somit scheint es nur konsequent zu sein, dass in der westlichen Medizin der Gegenwart fast ausschließlich der Körper bei ausdrücklicher Behandlung des Gehirns als Körperteil, und dessen Komponenten und Funktionen der Gegenstand des Interesses darstellt. Damit einhergehend wurde der Objektivitätsanspruch der naturwissenschaftlichen „Mutterdisziplinen“ auch auf die Medizin übergestülpt. Diese habe ihr Forschungsobjekt, den Patienten, nach dem in der Physik und Mechanik geltenden Modell der technischen Maschine als linear-kausal arbeitende „Körper- und Gehirnmaschine“ zu analysieren, welche Material- oder Informationsströme über spezifische Inputs empfängt und nach angemessener Verarbeitung als Outputs wieder entlässt. Eine derartige kausal bedingte und exakt vorhersehbare Reaktion müsse als Antwort der Maschine auf einen bestimmten externen Stimulus interpretiert werden. Idealerweise sollte der Patient als „Körper- und Gehirnmaschine“, aber auch der Therapeut selbst als der ihre Reparatur durchführende Mechaniker keine Emotionalität oder Subjektivität als Störvariablen der Prozesse der Prädiktion und Prävention aufweisen. Es galt und gilt als das oberste Ziel und als Beweis der Objektivität in der biomedizinischen Forschung, diese Prozesse in Anwendung und Erfolg unabhängig vom (Einfluss und von der Vorstellung des) Therapeuten und Patienten zu gestalten. Mögliche nicht-messbare oder -quantifizierbare Einflussfaktoren, wie Einfühlungsvermögen, Intuition, Charisma oder Talent des Therapeuten, die Suggestibilität und Beeinflussbarkeit des Patienten, wie auch die Subjektivität und Emotionalität, die sich in einer typischen Beziehung zwischen Therapeut und Patient zwangsläufig einstellen, sind demnach so effektiv wie möglich zu eliminieren. Damit wird die Beziehung Therapeut-Patient auf ein sogenanntes triviales System[12] oder auf ein System der niedrigsten Komplexitätsstufe reduziert, der auch Maschinen zugeordnet werden können[13].

Trotz des Anspruchs, die „weichen“, mit naturwissenschaftlichen Mitteln unfassbaren und damit „primitiven“ Komponenten der Prozesse der Prädiktion und Prävention erfolgreich aus der modernen medizinischen Praxis vertrieben und diese damit auf ein solides empirisch-objektives Fundament gestellt zu haben, sind die Patienten oftmals nicht dazu bereit, sich ausschließlich auf naturwissenschaftlich ausgebildete und kompetente, also die offiziell anerkannten Therapeuten zu verlassen. Heute, wie zu allen Zeiten, setzen die Patienten zusätzlich oder alternativ auf „unwissenschaftliche“ Therapeuten, wie Homöopathen, Naturheilkundler oder

---

12 Von Foerster, Heinz: *Sicht und Einsicht.* Vieweg: Braunschweig 1985.

13 Luhmann, Niklas: *Soziale Systeme.* Suhrkamp: Frankfurt a.M. 1984, S. 13.

Vertreter der Ganzheitslehre. Offenbar führt modernes naturwissenschaftliches empirisch-objektives Wissen und die daraus abgeleiteten therapeutischen Praktiken interessanterweise nicht „automatisch“ zur Ablösung von älteren „primitiven“ nicht-wissenschaftlichen narrativ-subjektiven Verfahren der Prädiktion und Prävention. Das Berufen auf empirisch-objektive Evidenz und das Rechtfertigen mit Rationalität durch die biomedizinisch-naturwissenschaftliche Forschung vermögen offenbar die mit der möglichen Entwicklung einer Krankheit verbundene Emotionalität im Allgemeinen nicht vollständig zu verdrängen, vor allem dann, wenn die westliche moderne Medizin viel Gesunderhaltung verspricht, aber wenig Gesundheit hält.

2.5 Quantitative und Evidenz-basierte Medizin

Seit geraumer Zeit wird die Debatte um die sog. Evidenz-basierte Medizin (EbM) – auch oder gerade bei der Prädiktion und Prävention von Zivilisationskrankheiten – sehr intensiv geführt. So wurden im Jahr 2000 in Deutschland „Evidenz-basierte Leitlinien“ als strukturierte Behandlungsprogramme bei chronischen Krankheiten eingeführt[14]. EbM bezeichnet eine in den letzten 20 Jahren entwickelte Denkweise in der westlichen Medizin mit dem Anspruch auf Patienten-orientierte therapeutische Entscheidungen auf der Basis des empirisch-objektiven Nachweises von Wirksamkeit und Sicherheit, kurzum EbM soll wesentlich zur Fundierung der „Patienten-zentrierten Wissenschaftlichkeit“ beitragen[15] [16]. Entscheidend hierfür ist die adäquate Berücksichtigung des jeweiligen Standes der klinischen Medizin unter Verwendung der besten verfügbaren sog. „externen Evidenz“ aus systematischer Forschung, also von klinischen Studien und medizinischen Publikationen, zur Bestätigung oder Widerlegung einer biomedizinischen Hypothese in einem komplexen mehrstufigen Prozess. Vorformen der EbM lassen sich bereits in den ersten kontrollierten klinischen Studien erkennen, etwa um 1753 in England im Versuch der Behandlung von Skorbut mit Zitronen und Orangen durch James Lind und um 1848 in Deutschland in der Veröffentlichung der „systematischen klinischen Beobachtung“ durch Ignaz Semmelweis. Zu den Vorannahmen, die häufig im Rahmen von Studien der EbM von den durchführenden Forschern unbewusst oder selbstverständlich akzeptiert werden, zählen (i) der Dualismus oder die Dichotomie zwischen dem direkt mess- und behandelbaren menschlichen Körper, einschließlich Gehirn, und dem nur indirekt erfahr- und beeinflussbaren menschlichen Geist, (ii) die „Neutralität“

---

14 Kienle, Gunver S.: „Evidenzbasierte Medizin und ärztliche Therapiefreiheit“. *Deutsches Ärzteblatt* 105, 2008, S. 1381–1384.

15 Guyatt, Gordon H. / Cairns, J. / Churchill, D. and the „Evidence-Based Medicine Working Group“: “Evidence-based Medicine. A New Approach to Teaching the Practice of Medicine”. *J. Am. Med. Assoc.* 268, 1992, 2420–2425.

16 Kunz, R. et al.: „Grundlagen der ‚EbM‘ – erstmals Schritt für Schritt an Fallbeispielen aus der Versorgungspraxis im deutschsprachigen Raum“. In: *Lehrbuch Evidenzbasierte Medizin in Klinik und Praxis.* Deutscher Ärzte-Verlag: Köln 2007.

von Forscher, Arzt und Patient im Sinne der Unabhängigkeit eines pathophysiologisch relevanten oder signifikanten Ergebnisses, einschließlich der Beurteilung von dessen Aussagekraft und medizinischem Wert, einer (klinischen) Studie von den Forschungssubjekten (Forscher, Arzt), wie auch von den Forschungsobjekten (Patienten), (iii) das Operieren von pathogenetischen Mechanismen nach kausalen Gesetzmäßigkeiten, (iv) die Existenz von materiellen „Trägern" oder molekularen „Spielern für jede Krankheit, also etwa Viren, Bakterien, Genen, Eiweißen, (v) die prinzipielle Therapierbarkeit von Krankheiten mit Hilfe von materiellen Gegenspielern, also etwa Wirkstoffen, Desinfektionsmitteln, optimalen Nährstoffen und (vi) die Abhängigkeit der Wirksamkeit einer therapeutischen Maßnahme von der Konzentration des Wirkstoffes am molekularen Wirkort.

Als problematisch und Gegenargumente für die EbM gelten u.a. (i) die Überbetonung von Assoziationen und Korrelationen zwischen beobachteten Sachverhalten, die bei statistischer Signifikanz zuverlässige Schlussfolgerungen auf kausale Relationen ermöglichen sollen, (ii) die Gleichsetzung von statistischer Signifikanz und statistischem Trend mit biologischer Relevanz bzw. Irrelevanz, wohingegen ein signifikanter Zusammenhang medizinisch irrelevant und umgekehrt ein Trend durchaus von physiologischer Relevanz sein könne, (iii) die Überschätzung der physiologischen Relevanz von Endpunkt-Messungen mit Hilfe der sog. „Surrogat-Marker" oder „Biomarker" und die daraus resultierenden Fehlschlüsse über deren Prädiktionskraft und die Kausalität oder Nicht-Kausalität einer therapeutischen Maßnahme und (iv) die Unterschätzung einer auf Konsens gegründeten medizinischen Erkenntnis und Handlung zugunsten solcher auf Evidenz basierender, denn – so die Kritiker – ein (noch) nicht hinreichender oder fehlender Nachweis von Nutzen und ein tatsächlich mangelnder oder nicht vorhandener Nutzen einer therapeutischen Erkenntnis oder Handlung seien nicht das Gleiche[17]. Ein besonders beeindruckendes Beispiel für einen seit langem wohl bekannten und allgemein als „wahr" akzeptierten medizinischen Sachverhalt, für den gleichwohl nach den Kriterien der EbM eigentlich kein hinreichender (klinischer) Nachweis existiert, stellt der kausale Zusammenhang zwischen dem Konsum von Zucker und Karies dar, „nahegelegt" durch eine einzige prospektive Untersuchung aus dem Jahr 1954[18]. In diesem und ähnlichen Fällen waren die Ergebnisse zu eindeutig, also „zu evident", um zusätzliche randomisierte und Placebo-kontrollierte Studien mit größerer Teilnehmerzahl zu rechtfertigen – und dies oftmals schon aus rein ethischen Gründen. An diesen Beispielen wird deutlich, dass der Fakt einer (bisher) nicht hinreichenden (klinischen) Evidenz für einen beobachteten medizinischen Zusammenhang keinesfalls für das Nicht-Bestehen und die rein spekulative Natur eines solchen spricht.

---

17 Weßling, Heinrich: *Theorie der klinischen Evidenz. Versuch einer Kritik der evidenzbasierten Medizin.* Lit Verlag: Wien 2011.

18 Gustafsson, B.E. et al.: "The Vipeholm dental caries study; the effect of different levels of carbohydrate intake on caries activity in 436 individuals observed for five years". *Acta odontologica Scandinavica* 11, 1954, S. 232–264.

Denn es kann nicht ausgeschlossen werden, dass der Zusammenhang schlichtweg wegen zu komplizierter, zu umständlicher oder zu aufwändiger Methodik oder wegen ethischer Bedenken nach den guten Regeln der wissenschaftlichen Beweisführung gemäß der EbM bis zum gegenwärtigen Zeitpunkt nicht nachgewiesen worden ist.

Hinsichtlich der Prädiktion von Zivilisationskrankheiten fordert die EbM die „zuverlässige" Bestimmung ihrer Eintrittswahrscheinlichkeiten unter Berücksichtigung der zum Zeitpunkt der Vorhersage für den Probanden relevanten intrinsischen und extrinsischen Risikofaktoren. Dabei wird eine Dichotomie ersichtlich zwischen natur- und geisteswissenschaftlichen Ansätzen, die auf entweder instrumenteller Messung oder persönlicher Erfahrung, entweder quantitativen oder qualitativen Methoden, entweder numerischen oder linguistischen Techniken, entweder objektiven oder subjektiven Analysen gründen. Das „(Vorher)Messen" wird in der biomedizinisch-naturwissenschaftlichen Fachwelt, wie auch in der breiten Öffentlichkeit seit der Aufklärung *per se* als wissenschaftlich(er), als einziges Fundament für eine verlässliche und belastbare Prädiktion akzeptiert, während das „(Vorher) Erfahren" hingegen *per se* als unwissenschaftlich(er), zu lediglich einer mehr oder weniger spekulativen Vermutung führend geringgeschätzt wird, wie der englische Chemiker Sir Humphrey Davy[19]

> Nothing tends so much to the advancement of knowledge as the application of a new instrument. The native intellectual powers of men in different times are not so much the causes of the different success of their labours, as the peculiar nature of their means and artifical resources in their possession.

und der englische Physiker Sir Lord William Thomson[20], oft einfachshalber Lord Kelvin bezeichnet, unmissverständlich zum Ausdruck brachten:

> I often say that when you can measure what you are speaking about, and express it in numbers, you know something about it; but when you cannot measure it, when you cannot express it in numbers, your knowledge is of a meagre and unsatisfactory kind; it may be the beginning of knowledge, but you have scarcely, in your thoughts, advanced to the stage of *science*, whatever the matter may be. If you cannot measure something, you cannot improve it – if you cannot measure something then you cannot understand it.

Das dichotome oder dualistische Denken ist somit keine Erfindung der EbM. Ab dem 17. Jahrhundert nahmen die Naturwissenschaften einen enormen Einfluss auf die Entwicklung der medizinischen Forschung, gerade im Hinblick auf Vorstellungen zu Ursachen und Entstehung von Krankheiten. Als die Grundlagen der modernen

19 Davy, Humphry: "Historical view of the progress of chemistry from Elements of Chemical Philosophy IV". In: Davy John (Hrsg.): *The Collected Works of Sir Humphry Davy.* Smith, Elder and Co: London 1812, S. 1–42.

20 Thomson, William: "Electrical units of measurement". *Popular Lectures* 1, 1883, S. 73.

Medizin gelegt wurden, war eine kausal-mechanistische Weltsicht dominierend und die Menschen wurden als komplexe „reizbare Körpermaschinen“ verstanden (s. 2.8.2.1), gesteuert von den Naturgesetzen, die ja alles in der Natur kontrollieren und von vielfältigen Einflussfaktoren der umgebenden Welt, die ja die Maschine Mensch über feste Ursache/Reiz–Wirkungs-/Reaktionsketten fest im Griff haben. In diesem Sinn konnte Krankheit - insbesondere ihre Entstehung - als (molekularer) körperlicher „Defekt“ oder als unphysiologische Reaktion auf einen pathogenen Umweltreiz - nur mit naturwissenschaftlichen Methoden untersucht und ihr Auftreten - als Häufigkeit und Eintrittswahrscheinlichkeit - nur mit mathematisch-statistischen Methoden kalkuliert werden. Aus dieser Auffassung, die als „Wiege“ der EbM gelten kann, folgt „automatisch“, dass nur das, was instrumentell gemessen und quantitativ-numerisch beschrieben werden kann, einen medizinischen Wert besitzt in Bezug auf die Prädiktion des Auftretens einer bestimmten Krankheit und ihre Prävention durch Interferenz mit dem körperlichen Defekt oder pathogenen Umweltreiz.

Dabei ist das Hauptproblem in der gegenwärtig in der westlichen Medizin dominierenden Verfahrensweise der Prädiktion und Prävention nicht in ihrem Schwerpunkt auf der numerisch und statistisch durchgeführten molekularbiologischen und klinischen Forschung zu verorten, sondern liegt vielmehr in den zugrundeliegenden positivistisch-szientistischen Denkweisen mit ihrem Alleinanspruch auf wahres und wertvolles Wissen, die die EbM – immer noch oder immer mehr – beherrschen. Dazu zählen Atomismus, Reduktionismus und der sogenannte Kategorismus oder Essenzialismus, deren Übertragung auf die die EbM unterstützende biomedizinische Forschung offenbar zu folgender prägnanter und unabdingbarer Zielsetzung führt[21]: „The plan is to go from the resolution of atoms to cells, organs and behaving animals.“

Durch Rückgriff auf diese positivistisch-szientistischen Denkweisen illustriert und demonstriert die EbM und die biomedizinische Forschung die scheinbare Notwendigkeit bzw. den nicht verhandelbaren Anspruch, das komplexe Ganze in Gruppen von immer kleineren und getrennten Teilen aufzuspalten (Atomismus), vorzugsweise in die kleinsten gemeinsamen Nenner, die den untersuchten Entitäten gemein sind (Reduktionismus) und die dann als bestimmte Kategorien oder Klassen gewogen und gemessen werden (Essenzialismus), um als notwendige und hinreichende Kausalfaktoren der Entstehung einer Krankheit für deren Prädiktion genutzt werden zu können.

In der klinischen Anwendung der EbM ist eine ausschließlich auf positivistisch-szientistische Denkweisen gegründete quantitative Prädiktion grundsätzlich kontraproduktiv, da diese keine Schlüsse auf ein Verständnis der aktuellen und zukünftigen gesundheitlichen Möglichkeiten des Patienten erlaubt. Auch lässt sie offen, wie der Patient in seinem Versuch, die Entwicklung einer Krankheit rechtzeitig zu erken-

21 Ladurner, Andreas: *Plenarvortrag Institute for Diabetes and Obesity Helmholtz Center Munich Annual Retreat*: Kloster Seeon, Dezember 2014.

nen und ihren Ausbruch zu vermeiden, also präventive (Verhaltens-)Maßnahmen einzuleiten, unterstützt werden kann. Dabei stellen Prädiktion und Prävention einflussreiche Kategorien mit der Fähigkeit dar, das Selbstverständnis und die Selbstidentifikation eines – potentiellen zukünftigen – Patienten entscheidend zu verändern. Der Fokus wird vom Individuum auf die Gruppe (der auf eine bestimmte Krankheit sich hin Bewegenden oder der bereits Erkrankenden) verschoben, denn Statistik bedeutet Gruppen-Orientierung ‚ist nur für Populationen operational. In der Tat arbeiten selbst Forscher, die die Notwendigkeit für qualitative Forschungsansätze anerkennen und die aktiv gegen die Dominanz der numerischen Methoden argumentieren, selbst immer noch ausschließlich innerhalb des positivistischen Wissenschaftsparadigmas und stimmen letztlich mit dem bestehenden System der Prädiktion und Prävention überein. Ein Blick auf die einschlägigen Publikationen in internationalen wissenschaftlichen Zeitschriften der EbM offenbart schnell, dass der Hauptfokus auf die Quantifizierung von Krankheit gelegt wird.

Diese Fixierung auf Quantifizierbarkeit hätte eigentlich zur Einsicht der grundsätzlichen Notwendigkeit einer wissenschaftstheoretischen Fundierung der biomedizinischen Forschung im Allgemeinen und der EbM im Besonderen führen können, ja müssen, um damit für konkrete Anwendungsfälle, etwa die Identifizierung neuer Biomarker gewappnet zu sein. Dies stellt aber in der Tat eine viel herausfordernde Aufgabe dar, als es zunächst erscheinen mag, denn die modernen Naturwissenschaften, einschließlich der Biomedizin, waren in ihrem Bemühen recht erfolgreich, jede Forderung nach einer Theorie der Wissenschaft von sich zu weisen oder diese letztlich wieder abzustoßen. Mit ihrem positivistischen Anspruch auf Anwendung der einen und einzig gültigen quantitativen wissenschaftlichen Methode, sowie mit der Idee einer „vereinigten quantitativen Wissenschaft“ auf der Basis dieses Paradigmas und unter ihrer Führung, gab es dann nachfolgend keinen Grund mehr für – „merkwürdige“, da „unwissenschaftliche“ – Fragen, wie die Welt eigentlich ist, wie die Menschen sich von Pflanzen oder Steinen unterscheiden, wie man Zugang zu den Erfahrungen, Deutungen oder Sinnzuweisungen anderer Personen erlangt oder auf welche unterschiedliche Weise quantitative und qualitative Methoden arbeiten.

Doch zeigt schon ein flüchtiger Blick in jedes medizinische oder biologische Lehrbuch, dass eine Medizin oder Lebenswissenschaft ohne Philosophie und insbesondere Erkenntnistheorie nicht möglich ist. So ist etwa die Klassifizierung eines Satzes über den molekularen Defekt der Insulinfreisetzung in der Bauchspeicheldrüse von Patienten mit T2D als gesichert oder hypothetisch, als Naturgesetz, Prinzip, Definition, Messergebnis, Interpretation oder Ähnliches ja keine Aussage über ein Objekt der Natur, sondern vielmehr über ein menschliches Sprachprodukt, stellt also eine erkenntnistheoretische Bemerkung dar. Alle Objekte und Sachverhalte der beobachtbaren Welt, also auch Krankheiten und deren Entstehung, Prädiktion, Prävention und Therapie durch die naturwissenschaftliche Brille zu analysieren und naturwissenschaftlichen Methoden zu unterwerfen, stellt zunächst nur ein – naturalistisches – Programm dar. Das Ziel der Analyse entscheidet, ob die Anwendung des naturalistischen Programms sinnvoll ist oder nicht. So mag es durchaus nützlich sein, ein unbekanntes altes Gemälde oder eine kürzlich entdeckte alte Partitur mit physikalischen und chemischen Methoden quantitativ zu analysieren, um deren Echtheit zu bestätigen oder eine Datierung zu erzielen. Die Labordaten können wichtige Evidenz liefern, ob das Gemälde wirklich von Leonardo da Vinci stammt oder wann die „Goldbergvariationen" von Johann Sebastian Bach vollendet wurden. Aber zur Deutung des Bildes und zur Beurteilung der Goldbergvariationen als zu Beethoven vorausweisend tragen die quantitativen Methoden der Naturwissenschaften nichts bei.

Und trotzdem mehren sich selbst unter prominenten Wissenschaftlern der Lebenswissenschaften und Medizin die Stimmen, die eine kompromisslose Unterwerfung jeglicher Forschungsbereiche mit dem Anspruch einer „echten" Wissenschaft, einschließlich den Kultur- und Geisteswissenschaften, unter quantitative Verfahren fordern[22].

> Quantifizierung hat in einem Feld nach dem anderen triumphiert, sowohl in den Natur- wie in den Sozialwissenschaften....Um kulturelle Vielfalt zu erklären, haben die Geisteswissenschaften nur eine Folge nicht miteinander vergleichbarer Interpretationen und unzählige einzelne Studien hervorgebracht....und tragen nicht dazu bei, das große Ganze zu erklären....eines ist sicher: Die Theorie wird sich nicht in Wörtern, sondern Gleichungen ausdrücken. Wenn man also die Ansätze einer neuen Kulturwissenschaft erkennen kann, so auch ihre Grenzen. Es gibt einen großen Unterschied zwischen Dingen, die Menschen erschaffen haben, und Dingen, die die Natur geschaffen hat: Erstere bedeuten etwas, letztere nicht. Deswegen sind die Geisteswissenschaften voller Kritiker, die Naturwissenschaften nicht: Kritiker erklären uns, was ein Werk bedeutet....dann befinden wir uns offenbar in einem Bereich des Verstehens, den Zahlen und Algorithmen nicht erfassen....Ich sage „offenbar", weil „deep learning-Algorithmen" derzeit zusehends besser Bedeutungen aus Daten ableiten. Und wenn Kunst in Daten umgewandelt wird, ist es immer möglich, dass neue Bedeutungen von algorithmischen Mikroskopen entdeckt werden, die noch gar nicht gebaut sind....Ob die neuen Geisteswissenschaftler den Aufstieg der mathematischen Kulturtheorie akzeptieren oder überhaupt verstehen werden, ist eine andere Sache. Sie wird von Biologen, Wirtschaftswissenschaftlern und Physikern geschaffen und in den unversöhnlichen Begriffen und Zeitschriften veröffentlicht werden, die solche Wissenschaftler lesen....Immerhin will diese Theorie ja die Welt der menschengemachten Dinge erklären, die sie kennen und lieben. Und sie birgt in sich die Verheißung – lang ersehnt, oft verkündet, nie erfüllt –, das das Land des Lernens, das so lange geteilt war, endlich eins wird.

Damit wird das Programm einer Naturalisierung (s. 2.6) konsequent – wenn auch unbewusst und ungewollt – als Weltanschauung begriffen oder als solche eingesetzt. Indem auf die Erfolge der Lebenswissenschaften und Medizin in der Vergangenheit verwiesen und auf deren wahrscheinliche Leistungen in der Zukunft gesetzt wird, scheint die Aussage zulässig zu sein, dass auch für die Prädiktion und Prävention jeglicher Erkrankung die numerisch-quantitative Identifikation der entsprechenden intrinsischen und extrinsischen Kausal- und Risikofaktoren (also der körperlichen

22 Leroi, Armand M.: „Cicero zählen". *Süddeutsche Zeitung* 06.03.2015.

Defekte und/oder pathogenen Umweltreize) in Form von den kausalen Naturgesetzen unterliegenden materiellen Trägern eine notwendige und hinreichende Voraussetzung ist. Jedoch ist diese Aussage selbst keine naturwissenschaftlich quantitative, sondern eine erkenntnistheoretische. Sie lässt sich eben nicht durch empirische Methoden im Labor verifizieren oder falsifizieren. Denn Lebenswissenschaften und Medizin sind weder natürliche, noch naturwissenschaftliche Objekte, sondern repräsentieren eine auf historischem Hintergrund und Konvention gegründete Praxis, deren Methoden, Maßstäbe, Daten und Interpretationen sich laufend auf einem „fließenden" Fundament komplexer sozialer und gesellschaftlicher Prozesse verändern.

Der Biologe Ernst Mayr hat sich in der zweiten Hälfte des 20. Jahrhunderts intensiv mit den philosophischen und wissenschaftstheoretischen Grundlagen der Lebenswissenschaften beschäftigt. Schon seit den 1960er Jahren hatte er intensiv für eine Emanzipation der Biologie vom Begriffsrahmen der so genannten exakten Naturwissenschaften, also v.a. der Physik, plädiert[23]. Seiner Meinung nach müssen die Lebenswissenschaften, die sich hinsichtlich des theoretischen und praktischen Nutzens auf einem Niveau mit der Physik befinden, erkenntnistheoretisch und methodisch-praktisch anders als die Physik vorgehen. Das in seinen Augen grandiose Scheitern von allen bisherigen Anstrengungen, durch Reduktion der Lebenswissenschaften auf die Physik eine Einheitswissenschaft zu generieren, lässt sich nach ihm durch das Auftreten bestimmter Phänomene in Organismen erklären, die offensichtlich ohne Pendant in der unbelebten Natur sind, so etwa der Einfluss des Zufalls, das „statistische" Agieren von Populationen, das Operieren eines individuellen genetischen Programms in jedem Organismus, die jeden Organismus prägende und ihn vorantreibende Lebensgeschichte (Ontogenese) und historische Information (Phylogenese), die Einbettung eines jeden Organismus in eine Lebenswelt und die wechselseitigen komplexen Interaktionen zwischen diesen. Nach Mayr ist die Beziehung der Lebenswissenschaften zu den Geisteswissenschaften in vielerlei Hinsicht enger als zu den übrigen Naturwissenschaften, wodurch die Lebenswissenschaften eine Brückenfunktion zwischen den quantitativen und qualitativen Methoden ausfüllen könnten. Dabei waren für Ernst Mayr gerade das für die quantitativ operierende Physik so charakteristische, auf kleinste Einheiten, auf definierte Kategorien und auf wenige wesentliche Eigenschaften sich beschränkende, also atomistische, essentialistische und reduktionistische Denken und positivistische Vorgehen besonders abschreckend und deshalb als Voraussetzung für eine Brückenbildung zwischen quantitativ-numerischen und qualitativ-narrativen Methoden entsprechend tiefgehend zu modifizieren.

23 Mayr, Ernst: *This is biology – The science of the living world.* Harvard University Press: Harvard 1997.

2.6 Das naturalistische Programm

Das Wissen, das die Griechen in den Kolonien am Westrand Kleinasiens vom 7. Jahrhundert v. Chr. an in mühevoller Kleinarbeit hervorbrachten, stellte zweifelsfrei einen enormen Fortschritt in den Vorstellungen über die Natur, den Kosmos und die Welt dar. Es ersetzte die mythische Anschauungen, wonach alle erfahrbaren Phänomene, Ursachen und Wirkungen als göttliche oder gottähnliche Schöpfungen gedacht und gehuldigt werden müssten, durch die Fähigkeit, Kraft und Macht des menschlichen Geistes. Denn dieser sei sehr wohl in der Lage zu erkennen, woraus Natur, Kosmos und Welt eigentlich bestehen und wie deren Ordnung und Zusammenwirken verursacht und aufrecht erhalten werden. Konsequenterweise stellten die Griechen die entscheidenden Weichen für die (natur)wissenschaftichen Fragestellungen der nächsten zwei Jahrtausende, nämlich (i) aus welchem Grundstoff, Urbaustein oder Element all die Phänomene des Kosmos zusammengesetzt sind, die in den Sinnesorganen der Menschen alle Empfindungen und Wahrnehmungen hervorrufen, etwa aus Wasser, Feuer, Luft oder Erde und (ii) was die Elemente im Innersten aller Phänomene des Kosmos zusammenhält, um diese über mannigfaltige und variable Kombination entstehen und für den Menschen wahrnehmbar und erkennbar werden zu lassen, etwa materielle Kräfte oder geistige Größen. Damit waren auf der Fahrt zur Weltdeutung die Weichen unausweichlich in Richtung „vom Mythos zum Logos“ gestellt und der Weg frei geräumt, um hinter den Elementen die Atome (Demokrit) und hinter den geistigen Größen die Zahlen (Pythagoras) auszumachen. Die quantitativ-numerischen nachweis- bzw. bestimmbaren Atome und Zahlen wurden somit zu den „Grundprinzipien“ erkoren, mit deren Hilfe die (natur)wissenschaftliche Forschung das Universalgesetz des kausalen Verlaufs des Kosmos‘ seit seinem Ursprung über die Gegenwart in die Zukunft ausfindig, also den sogenannten „Weltcode“ knacken will. Dieses Vorhaben und die zugrunde liegenden „Grundprinzipien“ sind seitdem von den bedeutendsten Wissenschaftlern jeder Epoche anerkannt worden, wie etwa von Pythagoras („Alles besteht aus Zahlen oder Zahlenformeln“) oder Galileo Galilei („Das Buch der Natur ist in der Sprache der Mathematik geschrieben“).

Aber dieser Versuch der Vorsokratiker, die Natur, den Kosmos, die Welt und den Menschen wissenschaftlich ausschließlich auf Basis dieser „Grundprinzipien“ zu fassen und begreifbar zu machen, rief bereits ganz zu Beginn heftige Kritik hervor. So hat der platonische Sokrates im 5. Jahrhundert v. Chr. den Naturforschern kräftigen Widerstand geleistet, indem er die Frage stellte, was es für das Leben der Menschen denn brächte zu wissen, aus welchen Elementen der Kosmos aufgebaut ist und nach welchen quantitativ-numerischen Gesetzen der Kosmos abläuft. Für ihn sollte die Wissenschaft weder die Urbausteine des Kosmos noch die Gesetzmäßigkeiten, nach denen diese miteinander verknüpft sind, als solche in den Mittelpunkt ihres Interesses stellen, sondern ausschließlich diejenigen Phänomene, die für die Menschen von Bedeutung sind und ihrem Leben Sinn verleihen. Dazu zählte er insbesondere die Tugenden und Werte, wie das Bewusstsein, dass die Menschen ihr Handeln vor ihrem Gewissen als der „göttlichen Stimme“ zu verantworten haben. Indem der platonische Sokrates – in den Worten von Cicero – „die Philosophie vom Himmel geholt und in den Häusern der Menschen angesiedelt hat", hat er die Wissenschaft aufgefordert, sich den Menschen unmittelbar zu zuwenden. Demnach sollte jegliche wissenschaftliche, forschende oder erfinderische Tätigkeit immer in den Dienst der menschlichen Bedürftigkeit im Sinne der Bedeutung und des Nutzens für ein gelingendes und sinnhaftes Leben gestellt werden. Um dieses sokratische Diktum zu erfüllen, müssten Wissenschaft und Forschung erkennen und anerkennen, dass ihr Vorgehen, ihre Vorannahmen und ihre Voraussetzungen in der menschlichen Lebenswelt unvermeidlich verankert sind und unhintergehbar verankert sein müssen. Aber das Vermögen und die Bereitschaft hierzu scheint den abendländischen Naturwissenschaften spätestens seit der Aufklärung abhanden gekommen zu sein.

Genau dies wirft der Mathematiker und Begründer der phänomenologischen Philosophie Edmund Husserl den neuzeitlichen Naturwissenschaften vor, dass sie von in der menschlichen Lebenswelt verankerten theoretischen und praktischen Vorbedingungen und Vorannahmen ausgehen, deren Wirkung und Bedeutung für die eigenen Forschungsaktivitäten sie verkennen oder als subjektiv, kontextbezogen und fehlerbehaftet zurückweisen[24]. Zu diesen Vorbedingungen zählte für Husserl der – von ihm so verortete – Ursprung der Naturwissenschaften der Neuzeit in der Mathematik und Geometrie[25]. Diese sahen in den real existierenden Gegenständen und Sachverhalten der menschlichen Lebenswelt unvollkommene physikalische Körper, die der permanenten Veränderung unterliegen und *per se* niemals die geometrisch ideale und perfekte Form und Gestalt einnehmen können. In Übertragung auf den menschlichen Körper würde demnach niemals die vollkommene Funktionalität, also 100 %ige Gesundheit, erreicht werden, wie etwa einem gleichseitigen Dreieck durch die Geometrie exakte 60°-Winkel „zugedacht" sind. Galilei wollte – Husserl zufolge – diese mathematisierende Methode des „Zudenkens" einer exakten Form, Organisation oder Gestalt zu Idealvorstellungen von objektiven Gegenständen und Gegebenheiten auch auf Vorgänge in der Natur übertragen. Damit sollten die Schwächen der relativen, ungenauen und irrtumsanfälligen Beobachtungen, sowie der subjektiven, unbestätigten und oftmals willkürlichen Meinungen hierüber, der „Doxa", eliminiert und das „Ans-Tageslicht-Treten" der objektiven, absoluten, exakten, unangreifbaren, unbedingten und verifizierten Wahrheit, der „Episteme", ermöglicht werden. Auf abstrakter Ebene könnte der Ursprung der „Episteme" letztlich darin gesehen werden, sich - bewusst oder unbewusst - mit der Erkenntnis der eigenen Endlichkeit auseinander zu setzen, um - ähnlich den Künsten und Religionen - ideale Modelle (oder Utopien) für die Ewigkeit als Ersatz für die „unvollkommene" Realität der Gegenwart zu entwerfen.

24 Husserl, Edmund: „Die Krise der europäischen Wissenschaften und transzendentale Phänomenologie" (Husserliana VI). In: Biemel W. (Hrsg.): *Eine Einleitung in die phänomenologische Philosophie.* Nijhoff: Den Haag 1976.

25 Mayer, Verena: *Edmund Husserl.* C.H. Beck: München 2009, S. 141.

Die Übertragung der mathematisierenden Methode auf die Naturwissenschaften, also die Anwendung des radikal rational-naturalistischen Programms auf alltags- und lebensweltliche Beobachtungen und Gegebenheiten mit der Idee einer zugrunde liegenden objektiv messbaren Natur führte aber nach Verena Mayer zu einer „grundsätzliche(n) Entfremdung der Wissenschaft von der Lebenswelt konkreter Menschen“[26]. Denn die lebensweltlichen Gegenstände würden über die menschlichen Sinnesorgane qualitativ als Farben, Töne, Wärme, Kälte und Gerüche etc. in komplexer Zusammensetzung wahrgenommen. Um sie von realen in ideale Gegenstände mathematisch transformieren zu können, müssten diese komplexen sinnlichen Qualitäten eindeutig und mess- und quantifizierbar sein. Dies sei aber nicht direkt möglich und deshalb würden physikalische Signale, wie Wellenlängen, Temperaturen, Phonstärken, als Korrelate oder Surrogate herangezogen, die als quantitativ messbare Eigenschaften der Gegenstände mit ihren sinnlichen Qualitäten „gleichgesetzt“ oder wenigstens „in Zusammenhang“ gebracht werden. Der neuzeitliche Wunsch nach Prädiktivität der Prozesse der natürlichen Welt wäre demnach nur über eine – wenn auch nur indirekte – mathematisierende Idealisierung und Objektivierung der beteiligten sinnlichen Qualitäten erfüllbar, die dann als Naturgesetze formuliert, die korrekte Prädiktion von konkreten Einzelprozessen gestatte. Das immer genauere Eintreffen von vorhergesagten Einzelprozessen im Laufe der weiteren lebensweltlichen Anwendung der Naturgesetze diene dann als Rechtfertigung oder gar Beweis für die Assoziation der Messgröße mit der sinnlichen Qualität und führe bis zur Gleichsetzung von Naturgesetz und sinnlicher Qualität, von Naturgesetz und wahrer Natur.

Nach Mayer[27] bedingt die zur verbesserten Prädiktivität notwendige Voraussetzung einer objektiven mathematischen Natur dass „das Subjekt mit seinen unscharf begrenzten qualitativen Erlebnissen aus der objektiven Welt heraus(fällt) und gleichsam eine Enklave in ihr mit einer psychischen Innenwelt (bildet), die für die ‚wirklichen‘ Tatsachen irrelevant erscheint.“ Diese Konsequenz einer entwerteten Subjektivität erscheine umso bemerkenswerter, als Naturwissenschaften ja immer und ausschließlich von Subjekten praktiziert würden, deren Fähigkeit zur eigenen subjektiven Erkenntnis nun als überflüssig, wenn nicht gar als abträglich beurteilt werde. Dagegen entstehen für den Empiristen und möglicherweise „ersten Phänomenologen“ David Hume naturwissenschaftliche Erkenntnisse über ein Forschungsobjekt ausschließlich in der Innenwelt des Forschungssubjekts[28]. Und eben dies bestreiten die Naturwissenschaftler der Neuzeit, indem für sie Forschung mit der „außerhalb und über“ der Innenwelt schwebenden Ratio durchgeführt wird, die mit Hilfe der „vernünftigen“ idealisierenden Naturalisierung und Mathemati-

26 Mayer 2009, S. 141.

27 Mayer 2009, S. 142.

28 Hume, David: *A Treatise of Human Nature.* Oxford University Press: Oxford 1740 / 1888.

sierung von lebensweltlichen Prozessen und Gegenständen von den „Doxa" zu den „Epistemen" vordringt.

Für Husserl war die Bevorzugung der „Episteme" gegenüber den „Doxa" durch die neuzeitlichen Naturwissenschaften nicht gerechtfertigt, denn „Episteme" bauten auf den Vorbedingungen des Wissens in den „Doxa" und der Fundierung des Wirklichkeitsbegriffs in der Lebenswelt auf[29]. Diese Abstraktion des Wirklichkeitsbegriffs aus dem Lebensweltlichen werde jedoch von den Naturwissenschaften nicht erkannt, als irrelevant verworfen und konsequent übersprungen. Stattdessen nähmen sie an, durch die Idealisierung der lebensweltlichen Gegenstände, Gegebenheiten und Prozesse mit Hilfe der indirekten mathematisierenden Methode das wahre Sein der Natur zu ergründen. Diese Annahme sei jedoch nichts anderes als ein bloßes „Vor-Urteil" oder eine reine Spekulation[30].

2.7 Kausalität und ihre Kriterien

Die Feststellung des empiristischen Philosophen David Hume aus dem 18. Jahrhundert, dass in den empirischen Wissenschaften ein Beweis prinzipiell ausgeschlossen ist, trifft gleichermaßen für epidemiologische und experimentelle Studien zu[31]. Trotzdem wird von naturwissenschaftlichen Forschern oft argumentiert, dass die detaillierte Untersuchung von (molekularen) Mechanismen im Labor mit der Hilfe von einzelnen (Modell-)Organismen und Experimenten eine Ursache-Wirkungsbeziehung mit absoluter Gewissheit aufdecken könnte. Dabei wird die schon von Hume erkannte Tatsache übersehen, dass alle Beziehungen auf die gleiche Art und Weise suggestiv sind. Sogar die sorgfältigste und detaillierteste mechanistisch-molekulare Analyse von einzelnen Ereignissen und Prozessen im biologischen oder biochemischen Labor kann nicht mehr als Assoziationen, Korrelationen und Verknüpfungen liefern, wenngleich auf einer wesentlichen feineren Stufe als makroskopische Beobachtungen. So ermöglichen experimentelle Studien im Labor ein Ausmaß an Kontrolle durch den Beobachter, das in epistemiologischen Studien nicht erreicht werden kann. Aber es ist eben nur diese Kontrolle der Versuchsbedingungen, nicht die Ebene oder hierarchische Stufe der Beobachtung, die Schlussfolgerungen aus experimentellen Studien so stark und kausal erscheinen lässt. Aber auch diese Kontrolle stellt keine Garantie gegen irrtümliche Annahme von Kausalität dar. Demnach sind alle Früchte sowohl aus der epidemiologischen wie auch experimentellen wissenschaftlichen Arbeit im besten Fall nur vorübergehende Formulierungen der beschreibenden Beobachtung der Natur, auch wenn diese Beobachtung selbst ohne Fehler ausgeführt worden ist.

---

29 Husserl, Edmund: *Erfahrung und Urteil. Untersuchungen zur Genealogie der Logik.* Felix Meiner: Hamburg 1939, S. 44.

30 Mayer 2009, S. 144–145.

31 Hume 1740.

Experimentelle und epistemiologische Forscher meinen, zwischen kausalen und nicht-kausalen Erklärungen mittels wissenschaftlicher Kriterien unterscheiden zu können, die in der Regel induktiv abgeleitet worden sind. Und tatsächlich würde eine Checkliste von notwendigen und hinreichenden Kriterien zur Unterscheidung kausaler Beziehungen von nicht-kausalen oder von reinen Assoziationen die Aufgabe eines Wissenschaftlers beträchtlich erleichtern. Obwohl es aufgrund erkenntnistheoretischer Überlegungen einen definierten Satz von hinreichenden Kriterien hierfür prinzipiell nicht geben kann, wurde immer wieder versucht, einen solchen einzuführen, um ein extrem kompliziertes Gebiet transparenter zu gestalten. Eine häufig eingesetzte Liste von Kriterien zur Unterscheidung kausaler von nicht-kausalen Beziehungen wurde von Austin B. Hill[32] vorgeschlagen, der mehr oder weniger auf die Kanons und Regeln für induktive Schlussfolgerungen der Philosophen John Stuart Mill[33] (1862) und David Hume[34] (1740) zurückgriff.

2.7.1 Kausalitätskriterien für Krankheitsursachen

Zur Unterscheidung kausaler von nicht-kausalen Assoziationen schlug Hill die folgenden – letztlich induktiv fundierten – Kriterien vor: (i) Stärke der Assoziation, d.h. eine starke Assoziation ist mit größerer Wahrscheinlichkeit kausal hervorgerufen als eine schwache. Aber eine starke Assoziation ist weder hinreichend noch notwendig für Kausalität und eine schwache Assoziation ist weder hinreichend noch notwendig für das Fehlen von Kausalität; (ii) Konsistenz, d.h. die wiederholte Beobachtung einer Assoziation in verschiedenen – unter identischen experimentellen Bedingungen – von verschiedenen Forschungssubjekten mit verschiedenen Forschungsobjekten durchgeführten Versuchen. Das Fehlen von Konsistenz schließt allerdings eine kausale Assoziation nicht aus, da einige Wirkungen aufgrund ihrer zugrundeliegenden Ursachen nur unter ganz besonderen, möglicherweise extrem seltenen Bedingungen hervorgebracht werden könnten. So kann die Wirkung eines kausalen Reizes innerhalb einer linearen Ursache-Wirkungskette nicht eintreten, bevor die komplementären Faktoren ihre Wirkung ausüben oder bereits ausgeübt haben, um etwa einen vollständigen Krankheitsmechanismus zu initiieren. Das Fehlen des „vorbereitenden“ komplementären Faktors mag deshalb das Operieren des nachfolgenden kausalen Faktors verhindern; (iii) Spezifizität, d.h. ein bestimmter Reiz oder (molekularer) Defekt führt zu einer einzigen Wirkung, nicht zu vielen Wirkungen. Auch dieses Kriterium ist als allgemeine Regel nicht tragfähig, da von einer bestimmten Ursache nicht erwartet werden kann, dass sie keine weiteren – direkten oder indirekten – Wirkungen ausübt. Tatsächlich zeigt die Alltagserfahrung immer wieder, dass einzelne Ereig-

32 Hill, Austin B.: "The environment and disease: association or causation?". *Proc. R. Soc. Med.* 58, 1965, S. 295–300.

33 Mill, John S: *A System of Logic. Ratiocinative and Inductive.* Parker, Son & Bowin: London 1862.

34 Hume 1740.

nisse oder Bedingungen viele Wirkungen haben können; (iv) Zeitlichkeit, d.h. die Notwendigkeit einer Ursache, der von ihr verursachten Wirkung in der zeitlichen Abfolge vorauszugehen. Gegen dieses Kriterium kann nicht argumentiert werden, insofern jede Beobachtung von Kausalität schlichtweg voraussetzt, dass sich eine mögliche Ursache zeitlich vor dem von ihr hervorgebrachten Effekt manifestiert. Daraus folgt aber nicht, dass eine umgekehrte zeitliche Reihenfolge von zwei Ereignissen, also B vor A, gegen eine kausale Beziehung von A gegenüber B spricht, dass also Ereignis A das Ereignis B verursacht. Vielmehr zeigen alle Beobachtungen, in welchen das Ereignis A auf das Ereignis B folgt lediglich, dass das Ereignis A das Ereignis B unter diesen Bedingungen nicht verursacht haben kann. Aber von diesen Beobachtungen lässt sich keine Evidenz für oder gegen die Hypothese ableiten, dass das Ereignis A das Ereignis B in solchen Fällen verursacht, in welchen Ereignis A dem Ereignis B vorausgeht; (v) Biologischer Gradient, d.h. das Vorliegen einer eindeutigen unidirektionalen und monotonen (z.B. linearen) Dosis-Wirkungsbeziehung, wird für kausale Assoziationen oft erwartet. Aber viele Reize lösen mit steigender Konzentration einen sprunghaften Anstieg des mit ihnen assoziierten Effekts aus, scheinen also eher einen kritischen Schwellenwert zu überschreiten, als einem monotonen Trend zu folgen. Umgekehrt müssen Assoziationen, die mit steigender Exposition (Konzentration oder Zeitdauer) gegenüber einem intrinsischen oder extrinsischen Risikofaktor, etwa der Höhe des Alters bzw. der Konzentration von Asbestfasern in der Raumluft, einen monotonen Trend der Erkrankungswahrscheinlichkeit zeigen, nicht notwendigerweise kausal sein. Eine monotone Assoziation stellt also kein hinreichendes Kriterium für eine kausale Beziehung dar. Durch Zufall kann eine monotone Beziehung zwischen einem nicht-kausalen Risikofaktor und einer Krankheit hervorgerufen werden, falls dieser, die Untersuchung „störende" Faktor einen in Beziehung zur Krankheit stehenden biologischen Gradienten der gleichen Richtung aufweist. Eine nicht-monotone Beziehung widerlegt lediglich solche kausalen Hypothesen, die spezifisch genug sind, um eine monotone Dosis-Wirkungskurve vorherzusagen; (vi) Plausibilität, d.h. die auf biologischen oder physiologischen Kriterien gegründete Nachvollziehbarkeit einer Arbeitshypothese, stellt eine wichtige Überlegung, aber keinesfalls ein objektives und absolutes Kriterium dar. Sie basiert häufig nicht auf Logik oder Daten, sondern vielmehr auf bereits vorliegenden Meinungen und Überzeugungen, einschließlich des sogenannten Lehrbuchwissens. Damit ist nicht gesagt, dass biologisches Wissen bei der Evaluierung einer neuen Hypothese vernachlässigt werden sollte. Aber die Anwendung dieses Wissens erfolgt häufig nach persönlichen Vorlieben, Vorannahmen oder Vorurteilen und lässt sich prinzipiell nicht – auch nicht durch den Baye'schen Ansatz einer quantitativen Wahrscheinlichkeitsbeurteilung für das Festhalten an Dogmen oder Vorurteilen gegenüber der Offenheit für neue Hypothesen und experimentellen Evidenzen – durch rationale Regeln begründen. Damit lässt sich Plausibilität nicht in ein objektives Kriterium für Kausalität überführen; (vii) Kohärenz, d.h. die Interpretation einer Ursache-Wirkungsbeziehung für eine Assoziation steht nicht im Widerspruch zu dem, was über die Physiologie und Biologie der Erkrankung bereits bekannt ist. Dabei darf die Abwesenheit einer kohärenten Information, im Unterschied zum Vorliegen von widersprechender Information, nicht als Evidenz gegen die Annahme einer Assoziation als kausal betrachtet werden. Auf der anderen Seite kann kontradiktorische Information zwar tatsächlich eine Arbeitshypothese widerlegen, aber man sollte sich gemäß des Wissenschaftstheoretikers Sir Karl Popper[35] immer darüber bewusst sein, dass scheinbar widersprüchliche Information selbst fehlerhaft oder fehlinterpretiert sein könnte; (viii) Experimentelle Evidenz, d.h. Hinweise aus Laborexperimenten mit Molekülen, Zellen oder Tieren oder aus klinischen Untersuchungen mit Menschen. Unglücklicherweise stehen letztere für viele epidemiologischen Forschungsansätze – aus methodischen oder ethischen Gründen oftmals nicht zur Verfügung und erstere beziehen sich auf eine unterschiedliche Spezies und damit auf unterschiedliche, nur schwer miteinander vergleichbare Ebenen der physiologischen Komplexität, einschließlich der Expositionsbedingungen gegenüber dem Reiz. Logisch betrachtet stellt experimentelle Evidenz nicht ein Kriterium für, sondern vielmehr einen Test auf eine kausale Hypothese dar, der aber unter den meisten Bedingungen – aus methodischen oder ethischen Gründen – schlichtweg nicht zur Verfügung steht. Obwohl experimentelle Untersuchungen viel aussagekräftiger als andere Tests sein können, sind diese häufig aufgrund von Schwierigkeiten in ihrer Interpretation nicht so eindeutig und entscheidungskräftig, wie häufig angenommen wird. Wie bereits Popper[36] feststellte, gibt es für die Erklärung eines jeden experimentellen Ergebnisses immer eine Reihe von alternativen Interpretationen; (ix) Analogie, d.h. ein Schluss ausgehend von einer unter vergleichbaren Bedingungen beobachteten Ursache-Wirkungskette, ist immer entscheidend von der Erfindungsgabe des Wissenschaftlers abhängig. „Kreativen Köpfen" mag es tatsächlich gelingen, für fast alle Beziehungen und Assoziationen bei fast allen Gelegenheiten Analogien aufzuspüren. Im besten Fall liefert ein Analogieschluss eine Quelle für ausgefeilte Hypothesen und experimentelle Tests hinsichtlich der beobachteten Assoziationen. Umgekehrt wird durch das Fehlen solcher Analogien lediglich ein Mangel an Vorstellungskraft oder Erfahrung widergespiegelt, aber die Hypothese als solche nicht falsifiziert.

2.7.2 Kausalitätskriterien und ihre Grenzen

Hill selbst bestritt, dass die Frage, unter welchen Bedingungen bei einer beobachteten Assoziation von einem kausalen Zusammenhang gesprochen werden kann, mit irgendwelchen harten Regeln für induktive Evidenz gelöst werden kann. Diese Schlussfolgerung stimmt mit den Sehweisen von David Hume[37], Karl Popper[38] und anderen überein, dass eine kausale „Störung" grundsätzlich niemals die Gewissheit

35 Popper, Karl R.: *Logik der Forschung*. Harper & Row: New York 1959.
36 Popper 1959.
37 Hume 1740.
38 Popper 1959.

einer logischen Deduktion erreichen kann[39] [40]. Vielmehr mag es sogar abträglich sein, den Prozess der „Störung" oder Interferenz mit Hilfe von Kriterien einer Checkliste vereinheitlichen und zusammenfassen zu wollen[41]. So wie kausale Kriterien nicht für die Etablierung der Validität einer Störung oder Interferenz herangezogen werden könnten, so existierten keine Kriterien, die für die Validierung von Daten oder wissenschaftlicher Evidenz verwendet werden könnten. Es gäbe zwar Methoden, mit deren Hilfe die Validität beurteilt werden kann (etwa die Hillsche Checkliste), aber diese Beurteilung habe nichts mit der Anwendung harter Kriterien zu tun.

Nichtsdestotrotz geht die Mehrheit der Naturwissenschaftler der Gegenwart – unausgesprochen – davon aus, dass trotz des Fehlens von absoluten Kriterien die Beurteilung der Validität wissenschaftlicher Evidenz dennoch möglich ist. Dafür sei weniger die Anwendung einer Checkliste von Kriterien hilfreich, sondern die Anwendung eines tiefgehenden Kritizismus, verbunden mit dem Ziel einer quantifizierbaren Evaluierung des Gesamtfehlers, dem die betreffende Untersuchung unterliegen könnte. Diese Art der Beurteilung könne nur von jemandem durchgeführt werden, der über die theoretischen und praktischen Fähigkeiten, sowie die Ausbildung eines Naturwissenschaftlers verfüge, der mit dem betreffenden Forschungsthema und den angewandten Methoden vertraut sei. Und diese Beurteilung könne nicht einem Gerichtshof, Wissenschaftsskeptikern oder -feinden oder solchen Wissenschaftlern anvertraut werden, denen es am erforderlichen Wissen oder an der nötigen Zeit zur theoretischen oder praktischen Durchdringung des Forschungsthemas mangelt.

2.8 „Vertikales" und „horizontales" Denken

Als Leitdifferenz wird eine zwischen zwei Polen aufgespannte Denk- und Handlungsweise von grundlegender Bedeutung für eine bestimmte Lebensform, etwa als Forscher, Arzt oder Patient verstanden. Die Leitdifferenz „Sein – Werden" beschäftigte im Abendland bereits die vorsokratischen Denker 2500 Jahre v. Chr., indem sie die Frage nach dem Konstanten, dem Wahren, dem Bestehenbleibenden trotz der überall zu beobachtenden Mannigfaltigkeit und Variabilität bei allen Gegebenheiten stellten. Parmenides und Heraklit argumentierten – wenn auch gegensätzlich – „monistisch", indem ersterer das „Sein" und letzterer das „Werden" zum Fundament alles Seienden erklärte. Da für Heraklit die Konstanz einer jeden Gegebenheit eine Illusion ist, begriff er die Einheit „Allen Seins" als kontinuierlichen Prozess des Entstehens, Wandels und Vergehens. Da „alles fließt", kann man eben nicht zweimal

39 Maclure, Malcolm: "Popperian refutation in epidemiology". *Am. J. Epidemiol.* 121, 1985, S. 343–350.
40 Weed, Douglas L.: "On the logic of causal inference". *Am. J. Epidemiol.* 123, 1986, S. 965–979.
41 Lanes, Stephan F. / Poole, Charles: „'Truth in packaging?' The unwrapping of epidemiologic research". *J. Occup. Med.* 26, 1984, S. 571–574.

im gleichen Fluss baden. Für Parmenides ist hingegen die Annahme eines Prozesses, aus dem sich das Seiende in all seiner Vielfalt hätte entwickeln können, als Alternative zum Sein, der unveränderlichen Existenz des gesamten Gegebenen, wenig sinnvoll. Da „ist, was ist" und Veränderung eine Illusion darstellt, bestehe die Einheit des Seins in seiner Unteilbarkeit und Ewigkeit.

Den vorsokratischen „monistischen" Gegensatz zwischen entweder „Sein" oder „Werden", d.h. zwischen entweder Identität oder Veränderung, versuchten Platon und Aristoteles aufzuheben. Platon führte hierfür einen „vertikalen" oder „hierarchischen" Dualismus des wahren Seins ein, der die „Idee" (von einer Gegebenheit) als „Wert" über die mit den Sinnen erfassbare Erscheinung (dieser Gegebenheit) als „Fakt" positioniert. Nur diese „Ideen" seien – da unveränderlich und ewig existierend – wahr, nicht hingegen die empirisch erfassbare, etwa materielle Realität, die vom korrekten Operieren der Sinne abhänge und damit der Zeit- und Beobachter-bedingten Veränderung, also auch dem Irrtum ausgesetzt sei. Aristoteles entwickelte zur Zusammenfügung der monistischen Pole „Sein" und „Werden" einen der „Ideenlehre" entgegengesetzten „horizontalen" oder „egalisierenden" Dualismus von Form oder Organisation *vs.* Stoff oder Struktur des mit den Sinnen Erfassbaren. Demnach existiere alles Gegebene der Welt nur als materielles oder geistiges „Einzelding", welches dabei allerdings in mannigfaltiger, multipler und komplexer Beziehung zu anderen stehe. Jedes „Einzelding" sei einerseits durch seine Form und Organisation, andererseits durch seinen Stoff und seine (materielle oder geistige) Struktur hinreichend charakterisiert. Dabei determiniere die Organisation und Form die Realisierung eines „Einzeldings" mit bestimmten Merkmalen, die aus der Verwendung des für dieses „Einzelding" möglichen Stoffes unter Herbeiführung seiner möglichen Struktur resultiere. Der Stoff eines „Einzeldings" oder einer Gegebenheit, etwa die Moleküle von Wasser oder die Wörter einer Rede, und die entsprechende Struktur, etwa die Tropfen Wasser oder die Sätze der Rede, lieferten und begrenzten also alle Möglichkeiten der Verwirklichung des „Einzeldings" oder der Gegebenheit und konstituierten diese damit rein potentiell. Damit werde „Sein" zum Prozess (i) der durch die Form und Organisation instruierten Realisation von Struktur in all ihren Möglichkeiten und (ii) des sich Entwickelns und Veränderns des jeweiligen Stoffes, aus dem alles Gegebene und alle „Einzeldinge" bestehen.

Diese Platonischen und Aristotelischen „vertikalen" bzw. „horizontalen" Dualismen haben das abendländische Denken auf fundamental unterschiedliche Wege geschickt, nämlich dem des „vertikalen" Denkens in Differenzen zwischen der – tiefliegenden – Wahrheit und der – darüber liegenden – (sinnlichen) Erscheinung und dem des „horizontalen" Denkens in Differenzen zwischen „Einzeldingen" oder Gegebenheiten, von denen aus sich der allgemeinen Wahrheit angenähert werden kann. Das Ziel des „vertikalen" Denkens liegt somit in der Erlangung von zeit- und raumloser, abstrakter Erkenntnis über das Wesen der Dinge *„an sich"*, während das „horizontale" Denken um eine systematische Annäherung an den Prozess der Wandelbarkeit der Dinge bemüht ist. Die Konzepte des „vertikalen" und „horizontalen" Denkens haben tiefgreifende Spuren im westlichen Verständnis in Theorie und Praxis hinterlassen, etwa in den modernen Vorstellungen über das Verhältnis von Körper und Geist oder über die Rollen von Forscher oder Arzt und Patient in den Prozessen der Prädiktion und Prävention von Krankheiten.

2.8.1 Dualismen im neuzeitlichen Denken

Im modernen westlichen Denken und in der neuzeitlichen Naturwissenschaft herrscht spätestens seit Rene Descartes, in der Nachfolge von Platon und Aristoteles, die klare Trennung zwischen Materiellem und Immateriellem, Wirklichem und Unwirklichem vor. Für Descartes führte eine nicht anzweifelbare Wahrheit und eine nachweisbare Existenz nur über die Anerkennung des eigene Bewusstseins, des eigenen Geistes und der eigenen Seele. Nur davon lasse sich mit Gewissheit sagen, dass sie existieren, da man in diesem Augenblick von ihnen gerade einen Gedanken habe. Solange der Mensch denkt, ist für Descartes auch wahr, dass der Mensch existiert. „Cogito ergo sum“[42]. Es könne jedoch nicht ausgeschlossen werden, dass alle Objekte und damit auch der eigene Körper, aber auch die Inhalte von Gedanken, eine Illusion darstellen. Sie seien deshalb als zweitrangig zu betrachten. Descartes ging also davon aus, dass Immaterielles, wie der Geist, und Materielles, wie der menschliche Körper, sich fundamental voneinander unterscheiden (Abb. 1, oben).

Abb. 1 Grundlegende Konzepte der Einteilung der Welt nach rationalistischen und naturphilosophischen Vorstellungen

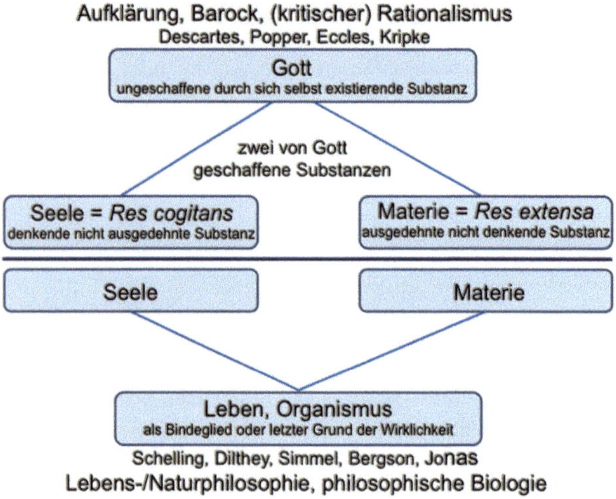

42 Descartes, Rene: *Mediationen über die Erste Philosophie*. Reclam: Stuttgart 1647 / 1986, S. 83.

Nichtsdestotrotz baue die Existenz des Menschen auf beiden Bereichen auf, die dafür – ein Zugeständnis von Descartes – innig miteinander interagieren müssten. Der Dualismus des Descartes führte nicht nur zur Trennung von Geist und Körper (s. 2.8.2), sondern wies dem Geist gegenüber der Materie bzw. dem Körper auch eine weitaus höhere Bedeutung zu, womit der Geist zum Ideal eines individuellen autonomen „Selbst" erhoben wurde, das sich in keiner Abhängigkeit vom Körper und von der Umwelt befindet. Der Körper wurde so zum begrenzenden, aber auch einengenden Gefäß dieses „Selbst" degradiert. Als Konsequenz erkannte Descartes im Körper lediglich einen Teil der Natur, der ausschließlich mathematisch-naturwissenschaftlichen Abläufen und Gesetzen folgt. Gilt das Interesse lediglich der Aufklärung dieser Prozesse und Gesetzmäßigkeiten, welche etwa für ein Verstehen der Entwicklung von Krankheiten und für ihre Prädiktion und Prävention häufig als notwendig erachtet werden, lässt sich somit mit Hilfe des cartesianischen Dualismus' ein materialistisches und mechanistisches Weltbild ableiten und durch ihn rechtfertigen.

Auf diesen lassen sich auch noch andere grundlegende Unterscheidungen zurückführen, die tief im modernen Welt- und Selbstbild – zumindest der westlichen Gesellschaften – verankert sind, wie etwa zwischen Natur und Kultur, zwischen Individuum und Gesellschaft, zwischen passiv beobachtetem Objekt und aktiv beobachtendem Subjekt. Gemäß dieser Trennungen und Dichotomien ist der menschliche Körper auf der Seite der Natur, des Individuums und des beobachteten Objekts zu verorten und hat damit mit einem „dreifach" schweren Stand zu kämpfen. Auch die Separationen und die damit verbundenen Wertschätzungen von Vernunft und Leidenschaft, sowie von Denken und Emotionen haben ihre Wurzeln im cartesianischen Dualismus. Für Teresa Platz[43] hat der Ethnologe Louis Dumont als einer der ersten erkannt, dass dies auch für die das moderne westliche Denken und Handeln bestimmende Dichotomie von Fakt und Wert gilt[44]. Mit der Entstehung dieser Dichotomien und Dualismen ging und geht gleichzeitig und entscheidend – wenn auch nicht unbedingt im Einklang mit Descartes – einher, dass alle diese Unterscheidungen als strikt natürliche, universale und somit unvermeidliche und unvereinbare Gegensätze aufgefasst werden, die bei gleichzeitigem Geltungsanspruch zu unlösbaren Widersprüchen und folgenreichen Konflikten führen würden (Abb. 2). So wurde etwa die moderne westliche Vorstellung von den Rollen, die der Forscher oder Arzt und der Patient in den Prozessen der Prädiktion und Prävention von Krankheiten spielen, vom „vertikalen" oder „horizontalen" dualistischen Denkkonzept entscheidend und nachhaltig beeinflusst.

---

43 Platz, Teresa: *Anthropologie des Körpers – Vom Körper als Objekt zum Leib als Subjekt von Kultur.* Weißensee Verlag: Berlin 2006.

44 Dumont, Louis: *Essays on Individualism. Modern Ideology in Anthropological Perspective.* University of Chicago Press: Chicago 1986, S. 236.

Abb. 2 Die Entwicklung von Dualismen in der abendländischen Denktradition aus der per se *gegebenen „ont(olog)ischen Differenz" als Folge der Absonderung des Individuums vom Naturganzen und ihre Überwindung im stoffwechselnden Organismus im Spannungsfeld zwischen Freiheit und Notwendigkeit, Gesundheit und Krankheit*

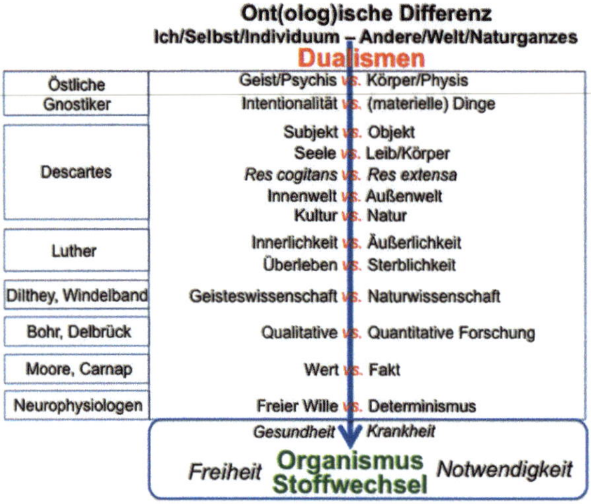

2.8.2 Die Trennung von Körper und Geist

Unter allen cartesianischen Dualismen hat die Vorstellung, dass die menschliche Existenz in Körper und Geist geteilt, der Mensch also ein polar gespaltenes Wesen sei, den bedeutendsten Einfluss auf die neuzeitliche Denktradition ausgeübt. Diese begreift den Menschen als rationales Wesen mit einem physischen Körper als „Anhängsel." Durch den angehängten Körper würde das Wesen der menschlichen Existenz nicht entscheidend geprägt, sondern das Tierische und Naturhafte im Menschen geschaffen. In Folge der Spaltung des Menschen in einen menschlichen Geist und einen tierischen Körper hat die Philosophie zugleich auf einen Anspruch bei der Mitwirkung zur Erforschung des Bereichs der (körperlichen) Natur verzichtet und sich ganz dem Geist als den die Philosophie adelnden Reflexionsgegenstand verschrieben. Dagegen wurde der Körper als bloße Natur den gleichsam naturnahen empirischen Untersuchungsmethoden der Naturwissenschaften als Untersuchungsobjekt überlassen. Machtverhältnisse, Ansehen und wirtschaftlich-politischer Einfluss von Natur- und Geisteswissenschaften haben sich allerdings im Laufe der Zeit entscheidend verändert. Die elitäre Philosophie, die „nur" den Geist des Menschen verstehen wollte und darüber seinen Körper vergaß oder gar negierte, geriet gegenüber den Naturwissenschaften, die den Körper und die Natur auf der Basis empirischer Untersuchungen mit Kausalgesetzen mechanistisch zu erklären und darüberhinaus auch technisch zu kontrollieren, zu regulieren und zu manipulieren beanspruchen, ins Hintertreffen. Seit der Etablierung der Naturwissenschaften in der Neuzeit präsentieren diese Disziplinen nicht nur ihre Erkenntnisse über die Natur des menschlichen Körpers, sondern formen auch selbst „aktiv" die natürliche Existenz des Menschen und dessen Vorstellungen hierüber.

Die westlichen Gesellschaften haben diese neue Situation offenbar akzeptiert und befürworten die Präferenz des naturwissenschaftlichen Erklärens von Natur und Körper gegenüber dem geisteswissenschaftlichen Verstehen von Mensch und Geist. Unter in der Tat spricht einiges dafür, dass die „körperfeindliche" Philosophie diese Abwertung verdient hat. Nichtsdestotrotz bleibt die Frage nach dem durch die Naturwissenschaften vermittelten Bild vom Menschen und seiner Natur brennend und bedeutsam. Der Anspruch der naturwissenschaftlichen Disziplinen auf das alleinige Recht zur – erklärenden – Deutung wird von den Forschern gerne zu einem Naturgesetz des Wissens erhoben und von den „beforschten" Menschen häufig bereitwillig als solches akzeptiert. Danach gilt der Grundsatz, dass Körper Natur und damit eine Angelegenheit der Naturwissenschaften sind, die harte Daten und Fakten über die Natur der Körper ans Licht bringen. Somit existierten Körper nicht jenseits von natürlicher Materie und eine Menschennatur jenseits von Körpermaterie sei nicht vorstellbar. Jenseits der Spaltung zwischen Körper und Geist scheint also jegliches – erklärendes oder verstehendes – Wissen blanke Illusion zu sein, ebenso wie vorbegriffliches oder vorsprachliches Wissen über den Körper des Menschen.

Als Konsequenz wird seit der Neuzeit weder das Wissensmonopol der Naturwissenschaften als Alleinherrschaft, noch die ursprünglich auf philosophischen Reflexionen gegründete Separation zwischen Geist und Körper kritisch hinterfragt. Dabei hat spätestens das wissenschaftstheoretische und -historische Werk von Ludwik Fleck auf eindrucksvolle Weise enthüllt, dass sich Wissensformen mit der Zeit wandeln und dem enormen Einfluss der Kulturgeschichte unterliegen[45]. Somit scheint die Entwicklung von – pluralistischen – Alternativen zur gegenwärtigen Monokultur des naturwissenschaftlichen Wissenstyps dringend angeraten und auch möglich zu sein. Den Geisteswissenschaften käme hierbei die Aufgabe zu, diesen neuen Wissenstyp nicht nur formal und geschichtlich zu begründen, sondern sich auch in enger Abstimmung mit und Verbindung zu den relevanten naturwissenschaftlichen Disziplinen im Rahmen einer „alternativen" Wissensproduktion wieder an der Erforschung der Natur des menschlichen Körpers und Geistes zu beteiligen. Die Grundmotivation zu einer solchen, auf der Basis von Geistes- und Naturwissenschaften zu bestimmenden Menschennatur könnte der Wunsch auf Überwindung des Dualismus von Geist und Körper sein.

Jedoch hat die Geschichte der kategorischen Differenz zwischen Geist und Körper das Bewusstsein des Menschen tief geprägt und faktisch in eine Selbstwahrnehmung transformiert, mit der der Körper sehr konkret als Materie und Natur begriffen wird, der Geist aber unerkennbar bleibt. Wenn in westlichen Gesellschaften über die Natur des Menschen diskutiert wird, dann geht es in der Regel um den

45 Fleck, Ludwik: *Genesis and development of a scientific fact.* Benno Schwabe: Basel 1935a, S. 21.

Körper. Menschennatur und Körpermaterie scheinen so intrinsisch miteinander verflochten zu sein, dass die Sprache und damit das wissenschaftliche Denken versagen, wenn von einer Natur jenseits der Körper gesprochen und gedacht werden wollte. So ist trotz der häufig anzutreffenden Hoffnung auf Aufhebung dieses Dualismus im westlichen Denken und in der abendländischen Kulturgeschichte dieser nach wie vor virulent. Der Vorstellungsraum von einer Natur jenseits der materiellen Körper ist geisteswissenschaftlich wie naturwissenschaftlich bisher außerordentlich wenig entwickelt worden. Eine ungewöhnliche und möglicherweise sehr wertvolle Unterstützung für ein Umdenken und eine Neuorientierung bezüglich des Verhältnisses von Körper und Geist könnte überraschenderweise aus zwei naturwissenschaftlichen Disziplinen selbst kommen, der Genetik und den Kognitionswissenschaften. Beide verwenden einen Grundbegriff, der nicht nur eine entscheidende Schnittstelle zwischen ihnen markiert, sondern möglicherweise die systematische Separation von Körper und Geist zu unterwandern in der Lage ist. Die Einführung des Begriffs „Information" als Ordnungsparameter ermöglicht den Naturwissenschaften, sich erstmalig jenseits von Geist und Körper zu orientieren. Doch was ist unter Information zu verstehen? So verstecken sich nach genetischer und kognitionswissenschaftlicher Sehweise die Informationen über das Wesen der Natur des Menschen in den Plänen zu seiner genetischen Konstitution und seiner neuronalen Verschaltung.

Eine weiterer, mit der Informationskategorie eng assoziierter und von den jungen Naturwissenschaften neu eingeführter Begriff erhebt den Anspruch, einen innovativen Weg zu einer geistes- <u>und</u> naturwissenschaftlichen Bestimmung der Natur des Menschen zu weisen, nämlich „*life sciences*" oder Lebenswissenschaften. Damit könnte der Begriff des „Lebens" als Vermittler im „Dazwischen" der beiden getrennten Bereiche zwischen Geist und Körper operieren und den Austausch und die Interaktion zwischen deren Wirkungssphären katalysieren. Mit dem Lebensbegriff wird eine geistes- <u>und</u> naturwissenschaftliche Bestimmung der Natur des Menschen jenseits des traditionellen Dualismus denkbar. So weist der Lebensbegriff in der Philosophie eine lange Tradition auch und gerade als notorischer Einspruch gegen die alleinige Deutung der Menschennatur durch die Naturwissenschaften auf. Immanuel Kant etwa benutzte im 18. Jahrhundert die „Selbstzwecklichkeit" des Lebens als entscheidenden Beweis gegen die alleinige Gültigkeit eines maschinell-mechanistischen Naturbegriffs[46]. Denn Kant war der festen Überzeugung, dass sich Organismen und Maschinen grundsätzlich voneinander unterscheiden, obwohl beide als Systeme hoher Organisations- und Komplexitätsstufe, konstituiert aus vielfältigen, harmonisch miteinander koordinierten Teilstrukturen und –funktionen, zu begreifen sind. Aber nach Kant operieren die einzelnen Teile im Leben und in Organismen nicht nur als bewegende Kräfte, sondern interagieren miteinander und beeinflussen sich dadurch auch gegen-

46 Kant Immanuel: „Über den Gebrauch philosophischer Prinzipien in der Philosophie". In: Frank M. / Zanetti V. (Hrsg.): *Schriften zur Ästhetik und Naturphilosophie* (Bd. 1). Suhrkamp: Frankfurt a.M. 1788 / 2001, S. 3819–4114.

seitig als bildende Kräfte. Kant nannte als Beispiel einen Baum, bei welchem jedes seiner Einzelteile als hervorbringende Ursache wenigstens eines anderen Teils agiert und diese in ihrer Gesamtheit das Ganze kausal konstituieren. Diese nur dem Leben, aber nicht der Maschine zukommende Selbstorganisation fände sich demnach auf den verschiedenen Organisationsebenen, der der Gattung als Fortpflanzung, der des Individuums als Wachstum und der der Glieder als Regeneration[47].

Im 19. Jahrhundert betrieb die sogenannte Lebensphilosophie beginnend mit Arthur Schopenhauer und Friedrich Nietzsche eine dezidierte Wissenskritik und plädierte für einen dionysischen Lebensbegriff. Anfang des 20. Jahrhunderts bezog der Anthropologe Helmuth Plessner Geist und Körper aufeinander und konzipierte einen neuartigen philosophischen Begriff von der Natur des Menschen auf der Basis des „lebendig-bewussten Seins in der Leiblichkeit“[48]. Trotz dieser philosophischen „Neudenker“ des Lebensbegriffes ist es im Hinblick auf seine Neubestimmung von Interesse, sich kurz den historischen Vorläufern der *life sciences* am Beispiel der Erforschung des Stoffwechsels und der Verdauung zuzuwenden.

2.8.2.1 Der Mensch als „Körpermaschine“

Vor der Entdeckung der Elektrizität im Zeitalter des Barock war die Vorstellung einer rein stofflichen und physikalischen Materialität des lebenden Körpers weit verbreitet. Man ging von einer kategorischen oder ont(olog)ischen Differenz zwischen Geist und Körper aus (s. Abb. 2 in 2.8.1) und separierte dadurch die Lebensphänomene der materiellen Körper von den Kräften des immateriellen Geistes (s. Abb. 1 in 2.8.1). Materie unterscheidet sich demnach fundamental vom Geist, der wiederum nicht zur physikalischen Einwirkung auf körperliche Mechanismen befähigt ist. Konsequenterweise war man ausschließlich an den – prinzipiell zugänglichen – Erklärungen für das materielle Körperleben interessiert. In diesem Bemühen postulierte Rene Descartes die Existenz kleinster Teilchen und feinster Fäden, die die Nervenbahnen konstituieren. Durch Zug an diesen Teilchen oder Stoß auf diese würden auf sie mechanische Bewegungsimpulse entlang der Fäden auferlegt, die nach Übertragung in die verschiedenen Organe entsprechende Reaktionen im Körper auslösen sollten[49][50]. Da bis in die Neuzeit hinein die einzige bekannte physikalische Kraft die zwischen zwei festen Körpern wirkenden (anziehenden oder abstoßenden) mechanischen Kräfte waren, wandte Descartes die Stoß- und Zugmechanik auch auf die Lebenskraft an. Demnach würden sich kleinste feste Teilchen des Lebens entlang der Nervenbahnen stoßen und dadurch den Bewegungsimpuls weiter bis etwa in die Muskeln hinein übertragen, die dann als Folge der Akkumu-

47 Kant 1788.

48 Plessner, Helmuth: *Die Stufen des Organischen und der Mensch.* In: *Gesammelte Schriften* (Bd. 4). Wissenschaftliche Buchgemeinschaft: Darmstadt 2003, S. 127–145.

49 Descartes, Rene: *Beschreibungen des menschlichen Körpers.* Lambert: Heidelberg 1648 / 1969.

50 Descartes, Rene: *Über den Menschen.* Lambert: Heidelberg 1662 / 1969.

lation der Teilchen in Bewegung versetzt würden. So käme es etwa durch das konkrete Hineindrücken von Nerventeilchen in den Bizeps zu dessen Straffung. Damit führte Descartes die Lebenskraft auf eine mechanisch-physikalische Kraft zurück und interpretierte den menschlichen Körper im Sinne einer den Kausalgesetzen gehorchenden mechanischen Maschine. Folglich sieht Val Plumwood[51] den entscheidenden Beitrag von Descartes für die Entwicklung des Dualismus zwischen Geist und Körper darin, den im „vertikalen Denken" von Platon erst angedachten Schritt der Konstruktion des Körpers als „geistlos" mechanischen Akt dann tatsächlich zu gehen. Damit wurde mit der Aufklärung der Begriff „Maschine" für den Körper zur beliebten und allgemein akzeptierten Metapher (Abb. 3).

Abb. 3 Die „Körpermaschine" als mechanische Ente von Jacques de Vaucanson von 1738. Sie konnte schnattern und flattern, Körner picken, chemisch verdauen und über einen als Verdauungstrakt eingebauten Gummischlauch ausscheiden. Als einer der ersten Robots, die physiologische Funktionen als rein technisch-maschinelle Prozesse darstellten und nachahmten, begeisterte sie das zahlende Publikum über fast 100 Jahre, z.B. bei ihrem Lauf über die Bühne der Mailänder Scala (Quelle: WIKIMEDIA)

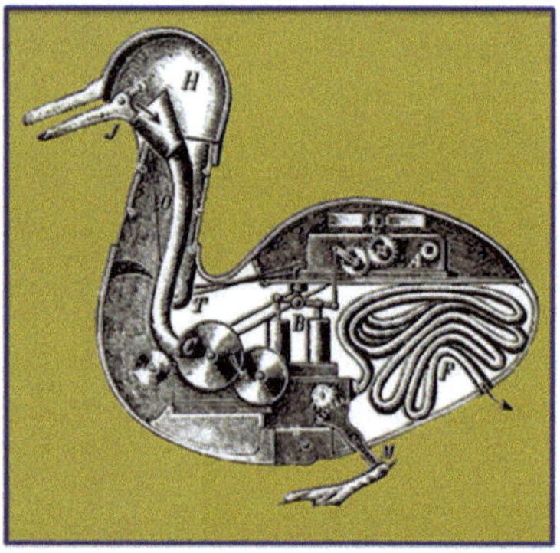

Dies ging mit einschneidenden und verhängnisvollen Implikationen einher, denn eine Maschine ist nun mal von Menschen hervorgebracht, aus vielen einzelnen Teilen zusammengebaut, grundsätzlich für ihre Hersteller bis ins letzte Detail planbar, analysierbar und steuerbar. Diese Idealvorstellung der prinzipiell vollständigen Beherrschbarkeit einer Maschine, der Elimination von Zufall und der perfekten Kontrollierbarkeit und Prädiktivität ihrer funktionellen Abläufe und Operationen wurde ohne Einschränkungen auf den menschlichen Körper und auf dessen physiologische Zustände übertragen. Dadurch wurden auch Erkrankungen prinzipiell erklär- und vorhersehbar. Denn es gäbe ja grundsätzlich keinen rationalen Grund anzunehmen, dass Krankheiten nicht als Defekte in bestimmten körperlichen Kom-

51 Plumwood, Val: *Feminism and the mastery of nature*. Kap. 4: *Descartes and the dream of power*. Routledge: London / New York 1997.

ponenten und Einzelteilen, etwa als Folge von Materialermüdung, Verschleiß oder Überbeanspruchung, in naher oder ferner Zukunft mit Hilfe zuverlässiger Überwachungsinstrumente mit großer Wahrscheinlichkeit oder gar absoluter Gewissheit vorhergesagt und festgestellt werden könnten und dass der defekte Körper dann nicht mit präzisen Werkzeugen und zuverlässigen Ersatzteilen wieder repariert werden könnte.

Val Plumwood[52] charakterisierte die für die Aufklärung typische Auffassung von der menschlichen „Körpermaschine" weitergehend dahin, dass die empiristische Vorstellung vom Mechanismus die Erfahrung als Grundlage von Erkenntnis zwar anerkennt, aber nur solche Charakteristika der beobachteten körperlichen Teile und Prozesse als real existierend akzeptiert, die diese unabhängig von der Relation zum Beobachter besitzen, also etwa ihre Menge, Gestalt, Inhalt, Ausdehnung, Festigkeit, Beweglichkeit, Temperatur. Die solche Charakteristika quantifizierenden Parameter gelten demnach als wissenschaftlich oder objektiv im Unterschied zu qualitativ-sinnlichen Eigenschaften, die – da unter dem Einfluss ihrer Beziehung zum Beobachter stehend – als eher unzuverlässig, subjektiv und damit als unwissenschaftlich disqualifiziert werden. Das Negieren der Existenz von Relationen und Abhängigkeiten zwischen Beobachter und Beobachtetem, zwischen Forschungssubjekt und Forschungsobjekt, sowie die Rückführung der Welt auf quantifizierbare Parameter münden letztlich in eine entscheidende Verarmung der wissenschaftlichen Vorgehensweise.

Die auf die Aufklärung folgende weitere Entwicklung des Geist-Körper-Dualismus führte dann konsequent zu einem mechanistischen Reduktionismus, indem nur mehr die Gültigkeit des quantifizierbaren Materiellen und Körperlichen behauptet wurde – wie es im „vertikalen" dualistischen Denken als der eine entscheidende Bereich der Welt konzipiert worden war. Um über den anderen, den geistigen Bereich sinnvolle Aussagen, also Erklärungen, machen zu können, wurde dieser auf das Materielle und Körperliche, etwa auf das Gehirn, die Neuronen oder das körperliche Verhalten reduziert. Somit wurde in Nachfolge und Fortführung des „vertikalen" hierarchischen Denkens von Descartes und der Aufklärung versucht, das Problem des „Geistes-in-der-Maschine" durch einen „Verweis" des Geistes vom „Platz Mensch" zu lösen, wodurch die Menschen notwendigerweise als „passive", von anderen extrinsischen Kräften „gereizte", d.h. gesteuerte und kontrollierte Maschinen zurückbleiben. Zu diesen Kräften wurden und werden v.a. die biologische Evolution (als phylogenetisches Erbe), die Gene (als ontogenetisches Erbe) und die anorganische und organische Umwelt, einschließlich der Mitmenschen (als kulturelles Erbe) gezählt, , die alle aktiv auf das „passive" Objekt, die „reizbare Körpermaschine" Mensch, Kontrolle und Macht ausüben.

52 Plumwood 1997.

Zusätzlich zu seinen Hauptwerken über das dualistische „vertikale" Verhältnis von Geist und Körper hat Rene Descartes[53] um die Mitte des 17. Jahrhunderts herum einige Texte über das Wesen des menschlichen Körpers, also die Körpernatur geschrieben[54] [55]. Er wollte darin einen systematischen, alle relevanten körperlichen Aktivitäten und Abläufe umfassenden Gesamtzusammenhang für die wesentlichen physiologischen Prozesse des Körpers, wie etwa Verdauung und Stoffwechsel herstellen. Nach Descartes wäre dieses Forschungsprogramm dann erfolgreich, wenn es gelänge, den Körper mit Hilfe dieses Gesamtzusammenhangs als autonome und selbständig operierende Maschine zu beschreiben. Auch die „Environmentalisten" des 18. Jahrhunderts und die Hygieniker des 19. Jahrhunderts beschäftigten sich mit der Beziehung des Menschen zu den materiellen Voraussetzungen seiner körperlichen Existenz und untersuchten, welche individuellen Personen und gesellschaftlichen Institutionen die Regulation und Kontrolle dieser Bedingungen veranlass(t)en.

2.8.2.1.1 Verdauung, Stoffwechsel und andere „automatische" Prozesse

Nach Rene Descartes ergeben sich die Aufnahme der Nahrung, ihre Verdauung und der Abtransport ihrer Fragmente im Blut, ihre Umwandlung zu Fleisch und die körperlichen und geistigen Aktivitäten und Regungen, wie Bewegungen und Gefühle, die der Körper nach Abschluss der Verdauungs- und Stoffwechselprozesse „erfährt", gemäß einer einfachen, zeitlich linearen Ursache-Wirkungskette konsequent „automatisch" aus- und nacheinander (s. Abb. 3 in 2.8.2.1). Diese Ursache-Wirkungsketten würden sich nach den physikalisch-mechanischen Naturgesetzen der Kausalität voneinander ableiten und damit schlichtweg „materialistisch" erklären lassen. Die materialistische und mechanistische Weltanschauung des Descartes erklärt gleichzeitig, warum die Art der Nahrung, die der Mensch zu sich nimmt, für seine körperlichen und geistigen Aktivitäten von essentieller Bedeutung ist. Denn die Charakteristika der einzelnen Nahrungsmittel würden durch das Operieren von Kausalketten an deren Ende das physische und psychische Verhalten der Menschen direkt und vorhersehbar verursachen. Descartes nannte das Beispiel des Brotes, welches im Bauch angekommen aufgrund von Gärungsprozessen erhitzt und dadurch in seine Einzelteile zerlegt wird[56]. Diese Brotteilchen besitzen nach Descartes bestimmte Eigenschaften, wie klebrig, weich und rund. Im Unterschied hierzu würden durch Verzehr und entsprechende Verdauung eines Rettichs poröse, harte und aufgrund der Schärfe spitz geformte Teilchen entstehen. Somit bestehen für Descartes alle Dinge, wie etwa die Nahrungsmittel, aus kleinsten, eine bestimmte

53 Descartes, Rene: *Die Leidenschaften der Seele.* Felix Meiner Verlag: Hamburg 1649 / 1996.

54 Descartes 1648.

55 Descartes 1662.

56 Haarmann, Anke: *Die andere Natur des Menschen. Philosophische Menschenbilder jenseits der Naturwissenschaft.* transcript-verlag Edition Moderne Postmoderne: Bielefeld 2011, S. 106.

Geometrie aufweisenden Teilchen, die in jeweils bestimmtem Verhältnis und bestimmter Anordnung zueinander die „Ganzheit" des Dings konstituieren. Die äußere Gestalt und Form in ihrer räumlichen Dimension der Teilchen bestimmten demnach die verschiedenen Eigenschaften eines natürlichen Stoffes. Jedes Merkmal eines Stoffes würde also durch jeweils ein spezifisches Teilchen hervorgerufen. In ihrer Gesamtheit charakterisierten diese vollständig einen Stoff und würden damit dessen Unterschied zu einem anderen Stoff determinieren. Interessanterweise ist für diese materialistisch-mechanistische Naturlehre des Descartes die Geometrie die letztlich entscheidende Determinante aller stofflichen Eigenschaften. Diese Betonung der Form, Gestalt, Organisation und Geometrie hat lange Zeit im westlichen Denken weiter gewirkt, insbesondere im Verständnis von Körper in der Fokussierung auf seine anatomischen und figürlichen Aspekte und im Allgemeinen im Streben nach Naturalisierung von natürlichen Prozessen durch Anwendung geometrischer und mathematischer Gesetzmäßigkeiten und Idealvorstellungen.

Bemerkenswerterweise und im Unterschied zu Galen, dem römischen Leibarzt von Marc Aurel, ist für Rene Descartes die Verdauung nicht primär durch den Stoffwechsel der aufgenommenen Nahrung geprägt, sondern vielmehr gerade durch die Konstanz und Beibehaltung der (äußeren) Eigenschaften, also der Geometrie und Form, der kleinsten die Nahrung konstituierenden Teilchen. Diese würden damit als Folge der Verdauung in einer Art von geometrischer Stoffreihe aufbereitet. Nach Anke Haarmann[57] kommt es durch die Konstanz dieser Stoffreihe demnach „automatisch" zu einer Nivellierung des scheinbaren Unterschieds zwischen dem Körper und der von ihm aufgenommenen Nahrungsmittel. Denn Körper und Nahrungsmittel besäßen die gleiche Organisation, Form und Geometrie und damit die identische Materialität. In dem Augenblick, in dem die Nahrungsmittel in den Körper „eindringen" und während sie durch diesen „hindurchwandern", würden die Teilchen der Nahrungsmittel zu Komponenten des Körpers und determinierten so – wenigstens teilweise – seine Aktivitäten und sein Verhalten. Gemäß des materialistischen und mechanistischen Weltbildes von Rene Descartes lebt der – verdauende – Körper im Gesamtzusammenhang und im Einklang mit seiner natürlichen Umwelt, aus der er seine Nahrung bezieht. Man könnte diese Beziehung auch – modern systemtheoretisch – als ein System der Verdauung bestehend aus den Komponenten Körper und Umwelt bezeichnen. Nach Descartes gehorcht dieser Gesamtzusammenhang oder dieses System den kausal-mechanistischen Naturgesetzen. Damit stellte Rene Descartes der antiken Annahme der Intentionalität oder Teleologie in der Natur, die Vorstellung der Kausalität, also der Ursachen-Notwendigkeit gegenüber.

Diese unterschiedlichen, ja scheinbar unvereinbaren Denkweisen manifestieren sich auch in entsprechenden Thesen von Galen über die antike Anziehungskraft und von Descartes über die neuzeitliche Mechanik. Unter der Anziehungskraft wird eine Beziehung zwischen den Dingen, etwa zwischen Verdauungsorganen und Nahrungsmitteln verstanden, wobei die jeweilige Anziehungskraft die Reali-

57 Haarmann 2011.

sierung der „Idee" der angezogenen, miteinander interagierenden Gegebenheiten und „Einzeldingen", etwa eines Verdauungsorgans, aktiv herbeiführt. Die antike Anschauung ging also von der Idee der wechselseitigen Interaktionen zwischen den Gegebenheiten und „Einzeldingen" und ihrer Zielgerichtetheit aus. Demgegenüber begreift die neuzeitliche Weltanschauung die Natur als passiv, auf äußere Umstände reagierend, im Sinne einer durch Zug und Stoß wirksamen Mechanik. So würden etwa solche Stöße relevante Teilchen aus aufgenommenen Nahrungsmitteln in die gleiche, dem Impuls der stoßenden Teilchen entsprechende Richtung drücken und nicht in Richtung eines von den angestoßenen Teilchen aktiv verfolgten Zieles. Diese von Descartes maßgeblich geprägten Überlegungen zu Kausalität und Materialität blieben und bleiben für die gesamten neuzeitlichen Vorstellungen der Naturwissenschaften und Biomedizin über alle physiologischen Prozesse des menschlichen Körpers, wie etwa die Verdauung, von größtem Einfluss. Sie wirken auch in aktuellen Lehrbüchern – wenigstens zwischen den Zeilen – deutungsmächtig nach, etwa wenn darin die Verdauung als mehr oder weniger komplexer Aufschluss der Nahrung und deren Zerlegung in kleine und kleinste Einheiten definiert wird. Bei allem modernen Detailwissen über die dabei operierenden molekularen Mechanismen wird der Verdauungsapparat also immer noch im Einklang mit einer – wenn auch mittlerweile als sehr komplex funktionierend erkannten – cartesianischen „Körpermaschine" gesehen.

2.8.2.1.2 Die „Environmentalisten"

In der ersten Hälfte des 18. Jahrhunderts versuchte eine Reihe von physiologisch und medizinisch orientierten Forschern, das cartesianische mechanistische Denken mit der englischen Auffassung vom neohippokratischen „Environmentalism" zu kombinieren[58 59 60]. In Frankreich konzipierte der französische Physiologe Julien Offray de La Mettrie schon 1748 als Konsequenz aus der Reiztheorie und der Theorie des „Environmentalism" den Menschen in seiner Gesamtheit als Maschine, wenngleich von außerordentlich hoher Komplexität, in der auch die geistigen Fähigkeiten, das Bewusstsein und die schöpferischen Kräfte den Naturgesetzen der empfindlichen, reizbaren und reagierenden Materie folgen. Seine „L'homme machine" operiert nach der Automatik einer Reiz-Reaktions-Maschine[61]. In Deutschland vertrat der Arzt Friedrich Hoffmann eine – von allen religiös-mystischen Infiltrationen befreite – Auffassung über den Körper als eine

58 Duchesneau, Francois: *La physiologie des lumieres. Empirisme, modeles et theories.* Den Haag / Boston / London 1982, S. 32–64.

59 Duchesneau, Francois: „La Physiologie mecaniste de Hoffmann". *Dix-Huitieme Siecle* 23, 1991, S. 9–22.

60 Riley, James C.: "The Medicine of the Environment in Eighteenth-Century Germany". *Clio Medica* 18, 1983, S. 167–178.

61 La Mettrie, Offrey de: *L'homme machine / Die Maschine Mensch.* Felix Meiner: Hamburg 1748 / 1990.

den Gesetzen der Mechanik gehorchende Maschine, deren in Schläuchen und Rohrleitungen zirkulierende hydraulische Flüssigkeiten durch „sonderbare Ursach, Gesetz und Regel" vorwärts getrieben werden, damit „also actiones in dem Körper regulair und ordentlich geschehen, welches die Gesundheit heisset"[62]. Hoffmann sah als Voraussetzung für die Gesundheit dieser hydraulischen „Körpermaschine" die Qualität und den freien Fluss der Hydraulikflüssigkeit, also des Blutes an, die jedoch nicht – wie etwa der Arzt Karl Friedrich Burdach meinte[63] – nur durch intrinsische Faktoren, etwa der inneren Reinigung durch Aderlässe, Menstruations- und Hämorrhoidal-Blutungen und Klistiere garantiert werden könnten, sondern vielmehr nur durch das Herbeiführen von geeigneten extrinsischen Einflüssen der Umwelt. In diese Sinne war Hoffmann überzeugt, dass „Gleichwie einer künstlichen Maschine Bewegung von der Feder oder Gewichten unterhalten wird", so auch die menschliche „Körpermaschine" von „äußerlichen Sachen" kritisch determiniert sei. Zu diesen rechnete er die sogenannten „sex res", also „Lufft, Speise und Tranck, Bewegung, die Leibes Ruhe, Schlaffe, Wachen, Gewohnheiten (= hier Ausscheidungen) und die Bewegung des Gemüts[64]. Damit operiert der Mensch Hoffmann zufolge einerseits wie eine Maschine gemäß den Naturgesetzen und natürlichen Regeln. Andererseits führe das Individuum seine eigene Körperlichkeit und (Kunst-)Natur durch die bewusste, eigenverantwortliche und seinen Gewohnheiten entsprechende Auslegung und Anwendung der „sex res" herbei.

Der französische Philosoph und Arzt Pierre Jean George Cabanis brachte diese Doppel-Natur oder Umwelt/Kunst-Natur des Menschen einige Jahrzehnte später auf den Punkt[65]: „Die Natur erzeugt den Menschen mit Organen und definierten Fähigkeiten; doch die Kunst kann seine Fähigkeiten steigern, ändern oder ihren Gebrauch leiten, in gewissem Sinne neue Organe erzeugen." Für Philipp Sarasin[66] muss vom gegenwärtigen Kenntnisstand aus gesehen diese – nichtsdestoweniger korrekte – Auffassung noch erweitert werden, insofern der hygienisch „vollkommene" Körper der Neuzeit keineswegs „Natur" *per se* „verkörpert", sondern erst durch und während eines in der industriellen Welt eingebetteten Diskurses hervorgebracht, ja inszeniert wird. Erst ein Körper von dieser Umwelt/Kunst-Natur wäre von den Aufklärern, wie Hoffmann und Cabanis, als „wirklich Mensch" angesehen worden. In diesem – bürgerlichen – Sinn hat Hoffmann konsequent seine Empfehlungen für das Führen dieses Diskurses ausgesprochen, etwa in seiner vierten

62 Hoffmann, Friedrich: *Gründliche Anweisung wie ein Mensch vor dem frühzeitigen Tod und allerhand Arten Krankheiten durch ordentliche Lebens-Art sich verwahren könne* (Bd. 1). Renger: Halle 1715.

63 Burdach, Karl F.: *Die Diaetetik für Gesunde, wissenschaftlich bearbeitet* (Bd. 1). *Enthält allgemeine Hygiastik.* I.C. Hinrichs: Leipzig 1811, S. 87.

64 Hoffmann 1715.

65 Cabanis, Pierre J.G.: *Rapports du physique et du moral de l'homme.* Crampart, Caille et Ravier: Paris 1802, S. 76.

66 Sarasin, Philip: *Reizbare Maschinen.* Suhrkamp: Frankfurt a.M. 2001.

Regel „dass man jederzeit sich einer reinen und temperierten Lufft so viel möglich bediene", wie auch in seiner fünften Regel mit „man nehme zu sich die allerbesten Nahrungs-Mittel, welche diejenigen sind, die unserer Natur gemäß in dem Magen sich leicht auflösen lassen und geschwind wieder durch den Leib passiren", sowie in seiner sechsten Regel gemäß der diese Speisen „nach der Bewegung und Stärcke des Leibes ab(zu)messen" sind.

2.8.2.1.3 Die „Hygieniker"

Im Unterschied zu den molekularen Bakteriologen der Gegenwart fassten die Hygieniker des 19. Jahrhunderts ihren Forschungsanspruch so breit, dass darin prinzipiell alle möglichen Umweltfaktoren, die mit der physischen Existenz des Menschen in Verbindung gebracht werden können, wie etwa die unmittelbaren natürlichen Umweltbedingungen, Ernährung, Arbeitssituation, körperliche Aktivitäten, Wohnungssituation, Kleidung, Wasserqualität, Hygienesituation und Stresssituationen, einschließlich Sexualität und das Streben nach gesunden Kindern, theoretisch und praktisch zum Untersuchungsgegenstand werden. Philipp Sarasin erkennt in den Hygienediskursen des 19. Jahrhunderts das „diskursive Immunsystem" dieser Gesellschaften[67]. Sie seien nach einigen grundlegenden Regeln organisiert, flexibel und hochgradig individualisiert, effizient und redundant ausgelegt und durch Lernprozesse in kontinuierlicher Veränderung und Anpassung gewesen, um ja keine mögliche Krankheitsursache zu übersehen. Interessanterweise ereigneten sich die statistisch signifikanten Anhebungen des Gesundheitsniveaus bei westeuropäischen Populationen des 19. Jahrhunderts gegenüber den meisten infektiösen Gefährdungen bereits deutlich vor der Identifikation der jeweils verantwortlichen Mikroorganismen und der Einführung von entsprechenden anti-bakteriellen oder anti-viralen Therapien. Nach Sarasin[68] zeigte also schon der alleinige Diskurs über Hygiene – und zwar nicht nur hinsichtlich der Beachtung bestimmter Hygienevorschriften – im 19. Jahrhundert eine beeindruckende Wirkung in Bezug auf Verbesserung der Lebenserwartung und Lebensqualität.

Somit ist der gedankliche und sprachliche Hintergrund eines jeden körperrelevanten Diskurses genau zu hinterfragen, der sich mit dem Aufbau, der Funktion, der Kontrolle und Regulation des Körpers, den ihn bedrohenden Gefahren aus seiner Umwelt und den von ihm ausgehenden Signalen als Hilferufe oder Möglichkeiten zur Prädiktion von Krankheiten und ihrer Prävention befasst. Die Analyse des modernen Denkens und Sprechens über den eigenen Körper entstand zunächst im Rahmen von Hygienediskursen des 19. Jahrhunderts. Dabei ging dieser hygienische Diskurs davon aus, dass das Individuum weitgehend eigenverantwortlich für die Aufrechterhaltung von Gesundheit oder die Entstehung von Krankheit ist, einschließlich ihrer unbewussten Erfahrung oder bewussten Wahrnehmung durch

67 Sarasin 2001.
68 Sarasin 2001.

Selbst-Prädiktion und -Diagnose, sowie ihrer Prävention durch geeignete persönliche Maßnahmen.

Nichtsdestotrotz steht der Diskurs der Hygieniker auf den ersten Blick im Einklang mit (i) der alten Vorstellung des Rene Descartes, dass der menschliche Körper eine Maschine, also gewissermaßen ein mechanisches und hydraulisches Uhrwerk sei, (ii) der neuzeitlichen physiologischen Sichtweise des ausgehenden 19. Jahrhunderts, dass der menschliche Körper als thermodynamische Kraftmaschine agiere und (iii) der gegenwärtigen systemtheoretischen Interpretation, dass der Körper als „informationsverarbeitende Maschine" funktioniere[69]. Mit Beginn der Aufklärung bis zum Aufstieg der modernen Genetik zu Beginn des 20. Jahrhunderts wurde der hygienische Körperdiskurs um die Vorstellung des Körpers als reizbare Maschine erweitert. Dazu wurde das cartesianische mechanistisch-materialistische Maschinenmodell mit der physiologischen Lehre von Reiz und Reaktion kombiniert. Reizbarkeit, definiert als Empfindlichkeit bestimmter Gewebe gegenüber bestimmten Umweltreizen (Agenzien oder Aktionen), die in diesen bestimmte molekulare und physiologische Prozesse (Reagenzien oder Reaktionen) monokausal auslösen, wurde über Jahrhunderte als das eindeutige und einzig spezifische Merkmal für alle Lebewesen angesehen. Damit verfochten auch die Hygieniker ein materialistisches Programm, indem sie eben schlichtweg davon ausgingen, dass der menschliche Körper nichts anderes sei als eine „Organmaschine", ausgestattet mit der besonderen Fähigkeit, auf extrinsische und intrinsische Reize zu reagieren, aber auch belastet durch die völlige Abhängigkeit von diesen. Diesen *quasi* physiologischen Materialismus behielten die Hygieniker auch dann bei, als zum Ende der Aufklärung der Katholizismus und die Romantik sich trauten, wieder offen in einen Diskurs über die Existenz einer Seele einzutreten, die die eigentliche Triebfeder des Körpers darstelle. Im Gegensatz dazu schrieben die Hygieniker alle erforschbaren Prozesse des Körpers seiner Reizbarkeit und deren Kontrolle und Regulation zu. Die Kontrolle und Regulation der Empfindlichkeit und Reaktivität gegenüber extrinsischen und intrinsischen Reizen determiniere damit den Gesundheits- oder Krankheitsstatus des Körpers – und des Geistes.

Als Konsequenz wandten die Bürger im 19. Jahrhundert ihre Aufmerksamkeit – hinsichtlich des eigenen Wohlergehens – verstärkt ihrem eigenen Körper zu, den sie regelmäßig mit großer Akribie beobachteten und untersuchten. Der Bürger fühlte sich also nicht mehr nur für die Reinerhaltung seiner Seele, für das Verfolgen von moralisch ehrenwerten Zielen und für das Erfüllen von ihm auferlegten Pflichten verantwortlich, sondern auch für sein eigenes physisches Wohlbefinden. Die Vorstellung des menschlichen Körpers als „reizbare Körpermaschine" geht nicht nur einher, ja sie stellt vielmehr eine Voraussetzung dar für die Forderung nach eigenverantwortlicher Sorge um die eigene Gesundheit, die in westlichen Gesellschaften spätestens mit der Aufklärung gestellt wurde und bis

69 Riley, James C.: *The eighteenth-century campaign to avoid disease.* Penguin: London 1987.

heute wird. Der Zustand des menschlichen Körpers erscheint eben nicht mehr von den Göttern oder Gott gegeben und damit konstant und unveränderbar zu sein. Er ist hingegen vielfältigen extrinsischen und intrinsischen Einflüssen und Reizen ausgesetzt. Und er antwortet auf diese mit bestimmten physiologischen Reaktionen und Prozessen, die nach physikalisch-chemischen Naturgesetzen ablaufen und deshalb – ausreichender Wissensstand vorausgesetzt – präzise vorhergesagt und mit geeigneten Methoden und Mitteln günstig beeinflusst werden können. Aufgrund der uneingeschränkten Gültigkeit des Kausalitätsgesetzes, also der Ursachen-Wirkungsbeziehung zwischen Reiz und Reaktion, auch für die „reizbare Körpermaschine" Mensch können ausgehend von einem idealen Gesundheitszustand des Körpers – zumindest theoretisch – alle möglichen Einflussfaktoren und deren Kombinationen angegeben werden, die mit Sicherheit oder wenigstens mit großer Wahrscheinlichkeit zu einem davon abweichenden, also kranken Zustand des Körpers führen. Somit gründet in der modernen westlichen Medizin seit der Aufklärung die Prädiktion von Krankheiten und deren Prävention durch den Arzt und Forscher auf der Identifikation von auf den und im menschlichen Körper wirkenden Reizen bzw. Kausalbeziehungen als wissenschaftliche Erklärung für krankhafte Reaktionen des Körpers. Danach lassen sich vor allem solche Erkrankungen vorhersagen und präventiv abwehren, die von einer erkannten Kombination aus beobachtbaren extrinsischen und intrinsischen Reizen, im modernen Jargon Risikofaktoren (s. 2.9.3.1 und 2.9.3.2) genannt, kausal hervorgerufen und durch Entfernung dieser Risikofaktoren kausal therapiert werden.

Der mit der Aufklärung beginnende Hygienediskurs gab somit letztlich das „Startsignal" für den sog. „Healthism", indem seitdem „Gesundheit und langes Leben" als höchster Wert für die menschliche Existenz allgemein anerkannt ist[70]. Gleichzeitig wurde dadurch ein gesellschaftliches Gefüge aus naturwissenschaftlich-medizinischem Wissen und ärztlicher Macht für die Prädiktion, Prävention und Therapie von Krankheit installiert mit der Folge, dass Standardisierungen und Regelungen im gesundheitlichen Bereich, sowie die Interpretation und Gesunderhaltung von körperlichen Prozessen dem Monopol der Ärzteschaft und wissenschaftlichen Organisationen überlassen wurden. Diese nach Michel Foucault so genannte „Mikrophysik der (ärztlichen) Macht"[71] [72] führte geradewegs zu einer Medikalisierung des Alltags in den westlichen Gesellschaften, die den Lebensstil und die Lebensplanung der einer naturwissenschaftlich-medizinischen Rationalität ergebenen und nach kapitalistischen Systemanforderungen handelnden Gemeinschaft aus Ärzten und Forschern unterwarf.

---

70 Gamm 2009.

71 Foucault, Michel: *Mikrophysik der Macht. Über Strafjustiz, Psychiatrie und Medizin.* Merve: Berlin 1976.

72 Foucault, Michel: *Die Ordnung der Dinge. Eine Archäologie der Humanwissenschaften.* Suhrkamp: Frankfurt a.M. 1978.

Parallel zur Entwicklung des „Healthism“ hat die von Rene Descartes initiierte und von den Hygienikern weiterentwickelte Theorie der „reizbaren Körpermaschine“ den Glauben an die Existenz einer menschlichen Seele als Voraussetzung für das Leben des Körpers erschüttert[73]. Diese beginnende Erosion zeigt sich auch im Werk von Denis Diderot, der in den Jahren 1769/70 konstatierte[74]:

> „Ganz innen, im Ursprung der denkenden Substanz steckt kein Sinn, kein Wesen und keine Seele, sondern eine unempfindliche Substanz. Allein die Fähigkeit dieser organischen Substanz, Sinneseindrücke zu kombinieren und zu speichern, ihre Fähigkeit, ein Gedächtnis aufzubauen, organisiert diesen Körper und formt ein Subjekt, das, wie schon Descartes und La Mettrie betonten, im Gegensatz zum Tier über eine Sprache verfügt und deshalb auf der Grundlage dieser gespeicherten und mit neuen verglichenen Sinneseindrücken sagen kann: Das bin ich.“

2.8.2.1.4 Die „Neo-Mechanisten“

Auf das „harte“ cartesianisch-mechanistische Denken in den Naturwissenschaften und der Medizin, folgte in den späteren Jahren der Aufklärungsepoche die „weiche“ Variante des späteren sogenannten biologischen oder Neo-Mechanismus. Das theoretische Konzept des biologischen oder Neo-Mechanismus basierte auf der Überzeugung, dass Lebensphänomene sich nicht auf die verschiedenen mechanischen Wechselwirkungen zwischen unterschiedlichen flüssigen und festen Teilchen und den von diesen konstituierten Körpern und Lebewesen reduzieren lassen, wie dies aus der cartesianischen Philosophie folgt[75]. Ähnlich wie der Vitalismus forderte auch der biologische Neo-Mechanismus das Operieren eines „inneren Prinzips“, das zum einen *quasi* als Klebstoff die Einzelteilchen zu einem ganzen Körper zusammenhält und zum anderen dem Körper bzw. seinen Einzelteilchen einen Bewegungsimpuls verleiht. Dieses „innere Prinzip“ lasse den Körper aus einem Ei entwickeln und ihn nachfolgend – zumindest für einen gewissen Zeitraum – vor dem Ruhestand, also dem Tode bewahren. Diese die „Körpermaschine“ antreibende Kraft sah Friedrich Hoffmann im „Nervenfluidikum“ realisiert[76]. Dagegen stellte sein Kontrahent Georg Ernst Stahl 1708 die Hypothese auf, dass der Mensch aus zwei voneinander getrennten Komponenten, einer – rein mechanisch – operierenden „Körpermaschine“ und einem immateriellen Geist oder einer immateriellen „Seele“ (Anima) besteht, wobei der Unterschied zwischen Lebewesen und Maschinen ausschließlich durch letztere

73 Hagner, Michael: *Homo cerebralis. Der Wandel vom Seelenorgan zum Gehirn.* Suhrkamp: Frankfurt a.M. 1997, S. 42–46.

74 Diderot, Denis: „Gespräche mit d'Alembert“. In: Köhler, J. (Hrsg.): *Über die Natur.* Suhrkamp: Frankfurt a.M. 1989, S. 67–144.

75 Pflug, Günther: „Descartes und das mechanische Menschenbild“. *Medizinhistorisches Journal* 17(1/2), 1982, S. 3–19.

76 Sarasin 2001.

Komponente determiniert ist[77]. Deren Aufgabe sei die komplexe Organisation der „Körpermaschine" und ihre Bewahrung vor dem Zerfall, auch hinsichtlich ihrer Empfindlichkeit und Reaktivität gegenüber extrinsischen Einflüssen und Reizen, sowie das Setzen von Zielen und Intentionen für die – ansonsten nur passiv reagierende – „Körpermaschine". Damit näherte sich Stahl mit seiner Spekulation von der Seele als Agens, als das den Körper organisierende Organ des Bewusstseins und als die von Stimmungsschwankungen abhängige und beeinflussbare „causa prima" des Körpers wieder der antiken Auffassung der Hippokratiker von der Natur als „Physis"[78] [79].

Im Gegensatz hierzu zog der Physiologe Johann Christian Reil aus den Ergebnissen von Reizexperimenten an isolierten Muskeln und Herzen den Schluss, dass durch die Organisation der Materie in (höheren) Organismen in diesen eine Art „Lebenskraft" wirkt, die er aber als ein rein materielles Prinzip der „Form" auffasste, wodurch in Organismen Ursache und Wirkung intrinsisch gekoppelt werden[80]. Für die Erklärung dieser „Form", die für Reil eben nicht irgendetwas Immaterielles oder eine Essenz darstellt, griff er auf physikalische und chemische Eigenschaften der Materie zurück, die er zusammengefasst für ihre Operation in höheren Organismen mit „Lebenskraft" bezeichnete. Dabei werde in jedem Fall über einen von einem *„feinen, flüchtigen Stoffe"* auf die feste Materie der Organismen ausgeübten Reiz, wie Licht, Elektrizität oder Wärme, deren „Form" modifiziert. Somit seien nach Reil die für die Modifikation der „Lebenskraft" des menschlichen Körpers verantwortlichen Faktoren, wie etwa Alter, Tageszeit, Jahreszeit, Mondstand, Schlafdauer als extrinsische Reize, sowie Ausscheidungen und der Zustand des „Seelenorgans" als intrinsische Reize systematisch zu erforschen[81].

Auch der Arzt und Hygieniker Christoph Wilhelm Hufeland konstatierte in beinahe identischer Diktion, dass in der „Lebenskraft" kein immaterielles Prinzip der Seele manifestiert ist, sondern vielmehr eine „organische Struktur"[82]. Diese scheine aus einer „Mischung der feinsten Theilchen zu bestehen." Nach Hufeland werden die einen organischen Körper determinierenden Eigenschaften in ihrer Gesamtheit durch die „Lebenskraft" verursacht und zwar einfach dadurch, dass die „Lebenskraft" den Organismus mit der Empfänglichkeit für Reize, sowie mit der Möglichkeit, auf diese adäquat zu reagieren, ausstatte. Dabei ging Hufeland interessanterweise davon aus, dass die „Lebenskraft", die von den Elementen der „sex res" kontrolliert werden, den menschlichen Körper partiell von den allgemeinen chemischen und physikalischen

---

77 Rothschuh, Karl E.: *Physiologie. Der Wandel ihrer Konzepte, Probleme und Methoden vom 16. bis 20. Jahrhundert.* Karl Alber: Freiburg 1968.

78 Rothschuh, Karl E.: *Geschichte der Physiologie.* Springer: Berlin 1953, S. 73.

79 Neuburger, Max: *Die Lehre von der Heilkraft der Natur im Wandel der Zeiten.* Enke: Stuttgart 1926.

80 Reil, Johann C.: *Von der Lebenskraft.* Barth: Leipzig 1910, S. 4–6, 23–31, 74–79.

81 Reil 1910.

82 Hufeland, Christoph W.: *Gemeinnützige Aufsätze zur Beförderung der Gesundheit, des Wohlseins und vernünftiger medizinischer Aufklärung.* Göschen: Leipzig 1794.

Naturgesetzen und damit von „der todten Natur" befreit[83]. Dagegen enthielt Reil sich jeglicher Aussage über die Natur und das Ausmaß der Empfänglichkeit für Reize, sondern betrachtete die Empfänglichkeit im Sinne einer „black box" als Reaktionen einer Maschine. Allenfalls argumentierte er strikt empirisch mit einer allein waltenden chemisch-physikalischen „Lebenskraft". Diese Sichtweise deutet bereits auf die in der ersten Hälfte des 20. Jahrhunderts vorherrschende – und durch den sog. „Behaviorismus" propagierte – Skepsis hin, mit wissenschaftlichen Methoden von einer beobachtbaren Oberfläche aus über den darunterliegenden – angeblich verborgenen – Inhalt als dem Wesen der Dinge Schlussfolgerungen ziehen zu können. Für Hufeland wurde die für jeden Organismus charakteristische und definierte Menge an Empfänglichkeit und Reaktivität, also diejenige Kraft in der „black box", mit welcher der Organismus auf den Reiz reagiert, vom Organismus selbst im individuellen Tempo verbraucht. Demnach bestünde die Kunst der Aufrechterhaltung der Gesundheit und der Verlängerung des Lebens im möglichst rationellen und sparsamen Umgang mit diesem Vorrat an „Lebenskraft."

Für Philipp Sarasin[84] lieferten Reil und Hufeland insgesamt imponierende Beispiel für eine gelungene Verknüpfung von neuzeitlichen biologischen neomechanistischen und antiken hippokratischen Theorien zur Natur des menschlichen Körpers. Der biologische oder Neo-Mechanismus mündete in der ersten Hälfte des 19. Jahrhunderts in Frankreich in die vitalistische Physiologie von Francois Marie Bichats und Francois J. Victor Broussais und in Deutschland in die spekulative Naturphilosophie des Friedrich Wilhelm Schelling. Für die Ablösung dieser Strömungen des Vitalismus und der Romantik (s. Abb. 1 unten in 2.8.1) durch einen wieder mehr an den exakten Naturwissenschaften orientierten Denkstil der Physiologie zum Ende des 19. Jahrhunderts (Magendie, von Helmholtz, DuBois-Reymond, Ludwig und Brücke), griff man dann nicht mehr auf das cartesianisch-mechanistische Bild vom Körper zurück, sondern modifizierte den biologischen oder Neo-Mechanismus auf chemo-physikalische Weise[85].

2.8.2.1.5 Die „Undogmatischen"

Bereits während der Aufklärung und dann wieder zu Beginn des 20. Jahrhunderts erntete dieses durchaus obsessive und vielleicht biologisch-evolutionär fundierte Bedürfnis des autonom denkenden Menschen nach sicherem Wissen, kausalen Erklärungen und zuverlässigen Vorhersagen, wie es sich in der cartesianischen und – wenn auch abgeschwächt – neo-mechanistischen Vorstellung vom mensch-

83 Hufeland, Christoph W.: *Die Kunst das menschliche Leben zu verlängern* (Bd. 1). Akademische Buchhandlung: Jena 1800, S. 37–43, 153–157.

84 Sarasin 2001.

85 Kremer, Richard L.: *The Thermodynamics of Life and Experimental Physiology 1770–1880.* Garland Publications: New York / London 1990, S. 6, 12.

lichen Körper widerspiegelt, kein uneingeschränktes Lob[86]. So meinte der Aufklärer und Aphoristiker Georg Christoph Lichtenberg[87]: „Man könnte den Menschen so den Ursachen-Bär, so wie den Ameisen-Bär nennen. Es ist etwas stark gesagt. Das Ursachen-Tier wäre besser." Dieses Bonmot griff der Sprachphilosoph Ludwig Wittgenstein, der in seinem Werk vielfältig Bezug auf Lichtenberg nahm[88], etwa 150 Jahre später in einer seiner anthropologischen Bemerkungen auf[89]: „Man könnte fast sagen, der Mensch sei ein zeremonielles Tier."

Und tatsächlich scheinen sich Wittgensteins und Lichtenbergs Behauptungen zu ergänzen. Denn Wittgensteins zeremonielles Tier gibt sich bei näherer Betrachtung vor allem als ursachen- und bedeutungshungrig. Obwohl zunächst keine Tatsache oder Erscheinung *per se* irgendein Geheimnis oder irgendeine besondere Bedeutung in sich trägt, kann eben jede Erscheinung oder Tatsache für den Menschen ein besonderes Geheimnis oder eine einzigartige Bedeutung erlangen und das ist nach Wittgenstein „eben das Charakteristische am erwachenden Geist des Menschen, dass ihm eine Erscheinung bedeutend wird"[90]. Und er empfahl, eine ethnologische Betrachtungsweise zu verwenden, was heißt, „dass wir unsern Standpunkt weit draußen einnehmen, um die Dinge objektiver sehen zu können"[91].

Die Wittgensteinsche „Objektivität" darf jedoch nicht mit dem Anspruch auf absolute Gewissheit oder (natur)wissenschaftliche Wahrheit verwechselt, sondern muss als aus der mittleren und späten Philosophie Wittgensteins folgende nicht-dogmatische Doktrin verstanden werden. Wittgenstein erkannte im Menschen ein zeremonielles Tier, welches kontinuierlich versucht und danach strebt, seine intrinsische geistige Unruhe zu befriedigen. Dies gelänge ihm (nur) durch das Auffinden von Bedeutung und im damit verbundenen Bedeutsam werden. Für dieses Streben sei die „übersichtliche Darstellung" nützlich und vollkommen ausreichend, denn sie erhebe keine überzogenen oder gar täuschenden Forderungen, weil sie von weit draußen auf die Erscheinungen blicke. Damit empfahl Wittgenstein die Anwendung der Prinzipien des Empirismus, wenn auch mit Maß und Ziel, indem sich dieser jedem Versuch einer wirklichen Erklärung für die Erscheinungen enthalte und diese – ausschließlich auf der Basis des Blicks aus der Ferne – in ihrer Vielfalt lediglich systematisch beschreibe und ordne[92].

---

86 Nordmann, Alfred: *Der Ursachen-Bär – Wittgensteins anthropologische Anthropologiekritik.* transcript Verlag: Bielefeld 2015, S. 119–136.

87 Lichtenberg, Georg C.: *Sudelbücher* (Bd. 1). Insel: München 1801 / 1984.

88 Nordmann, Alfred: *Noch einmal zu Lichtenberg und Wittgenstein – die gegenwärtige Quellenlage.* Lichtenberg Jahrbuch 2001: Saarbrücken 2002, S. 163–170.

89 Wittgenstein, Ludwig: „Bemerkungen über Frazers Golden Bough" In: Klagge James / Nordmann Alfred (Hrsg.): *Ludwig Wittgenstein: Philosophical Occasions.* Hackett Publishing Company: Indianapolis 2010, S. 128, 138.

90 Wittgenstein 2010.

91 Wittgenstein, Ludwig: *Über Gewissheit.* Suhrkamp: Frankfurt a.M. 1984a, S. 502.

92 Wittgenstein, Ludwig: *Philosophische Untersuchungen.* Suhrkamp: Frankfurt a.M. 1984b, S. 109.

Trotzdem unterschätzte Ludwig Wittgenstein keineswegs den Hunger des „Ursachen-Tiers" im Menschen nach Bedeutung und Sinn, denn dieser werde so oder so und müsse in jedem Fall befriedigt werden. Er betonte deshalb immer wieder, dass beide Betrachtungsweisen und Weltanschauungen, die moderne, die – fälschlicherweise – davon ausgeht, dass die unantastbaren Naturgesetze die Naturerscheinungen vollständig erklären und die ältere, die bei Gott und dem Schicksal stehen bleibt, zutreffen und eben auch nicht[93]. Somit darf die Empfehlung Wittgensteins, dass die Zeremonie der beschreibenden und ordnenden Schau die Zeremonie des Erklärens ersetzen könne, nicht im Sinne eines einseitigen Präferierens des älteren Verfahrens gegenüber dem modernen naturwissenschaftlichen missverstanden werden. Aber zunächst müsse erkannt werden, dass das naturwissenschaftliche Verfahren als eine – von vielen durch die Menschen eingeführte und tradierte – Zeremonie des Bedeutung-Gebens funktioniere. Sobald dies von der Gemeinschaft begriffen und akzeptiert sei, bliebe es ihr überlassen, für welches Verfahren sie sich entscheidet, ob ihre Forscher so oder so mit den Gegebenheiten und Erscheinungen umgehen, ihnen auf die alte oder moderne Weise Bedeutung zuweisen: „Wir handeln eben so"[94]. Nicht egal wird dadurch allerdings das Problem und der Prozess, warum bzw. wodurch *per se* nicht geheimnis- und bedeutungsvolle Gegebenheiten, Tatsachen, Phänomene und Erscheinungen für die Menschen zu einem Geheimnis werden und Bedeutung und Sinn erlangen[95]. Wittgenstein vermutete, dass Bedeutung durch einfache miteinander verwobene Akte des zeigenden Handelns und vorbegrifflichen Sprechens hervorgebracht wird: „Was wir Bedeutung nennen, muss mit der primitiven Gebärden-(Zeige-) Sprache zusammenhängen"[96].

Bei allen Abwandlungen und Anpassungen während der letzten 150 Jahre beherrscht das „vertikale" Denken und die darauf gegründeten cartesianischen bis neomechanistischen Denkstile die wissenschaftlichen Vorstellungen von den den menschlichen Körper konstituierenden physiologischen Prozessen und ihrer Erklär- und Vorhersagbarkeit. In der zweiten Hälfte des 20. Jahrhundert führte dann die Übertragung dieser kausal-mechanistischen Vorstellungen vom Körperlichen auf den anderen Pol des „vertikalen" Denkens, also auf die Prozesse des menschlichen Hirns, konsequenterweise zur Ergänzung der „Körpermaschine" Mensch um einen „Gehirncomputer" Mensch bei gleichzeitiger Umkehr der Hierarchie zwischen Geist und Körper.

---

93 Wittgenstein, Ludwig: *Tractatus Logico-Philosophicus.* Suhrkamp: Frankkfurt a.M. 1984c, 4.112, 5.5563.

94 Wittgenstein, Ludwig: *Philosophische Untersuchungen.* Suhrkamp: Frankfurt a.M. 1984d, S. 124, 125–128, 599.

95 Nordmann, Alfred: „Heinrich Hertz an den Grenzen seiner Wissenschaft". In: Schwarz A. / Nordmann A. (Hrsg.): *Das bunte Gewand der Theorie.* Karl Alber: Freiburg 2009, S. 33–153.

96 Wittgenstein, Ludwig: *Philosophische Bemerkungen.* Suhrkamp: Frankfurt a.M. 1984e, S. 266.

2.8.2.2 Der Mensch als „Gehirncomputer"

Vor allem die Kognitionswissenschaft, also die Wissenschaft vom Denken, also die Wissenschaft, die das Bewusstsein des Menschen auf das Denken einschränkt und alle anderen Bewusstseinsakte, wie den Willen, die Intuition und die Emotion gezielt als Forschungsobjekte ausschließt, treibt seit den 1970er Jahren die Auffassung vom Menschen als „Gehirncomputer" systematisch voran. Im Modell des Gehirns als im Menschen operierender Zentralcomputer ist das Gehirn nur indirekt mit dem Körper und der Umgebung verknüpft, peripher angeflanscht an die „Körpermaschine" zu seiner Versorgung mit Energie in Form von Nährstoffen und Sauerstoff, sowie mit Informationen in Form von Sinneswahrnehmungen als alleiniger und unidirektionaler Kontakt zur Umgebung (Abb. 4).

Abb. 4 Die Vermessung des „Gehirncomputers." Die Teilnehmer der entsprechenden Studie am King's College London beobachteten das über fMRT gemessene Aktivitätsniveau der Insula in ihrer Großhirnrinde in Echtzeit (auf einem Computerbildschirm mit Hilfe eines stilisierten „Thermometers"). Dabei lernten sie, ihre (emotionalen) Hirnfunktionen (ausgelöst durch die Betrachtung von Emotionen hervorrufenden Bildern) über „Neurofeedback" selbst zu regulieren, d.h. die gemessene Aktivität durch Anwendung kognitiver Strategien und simultane Erfolgskontrolle anhand der Effekte auf das „Thermometer" zu erhöhen oder zu reduzieren. Die Autoren der Studie, Kathrin Cohen Kadosh[97] und Jennifer Lau, sind der Meinung, dass durch die Methode des „Neurofeedback" Patienten mit psychischen Problemen lernen können, die eigenen Emotionen zu kontrollieren und zu regulieren (Quelle der Abbilding: PSYLEX.de; King's College London, Oxford University, NeuroImage, Dezember 2015)

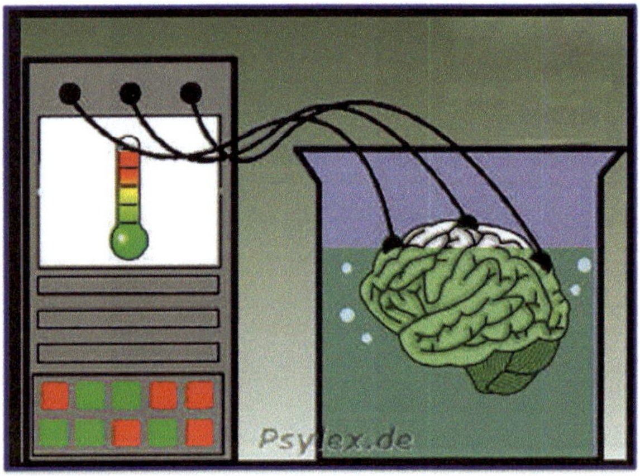

97 Kadosh, Kathrin C. et al.: "Using real-time fMRI to influence effective connectivity in the developing emotion regulation network". *Neuroimage* 125, 2016, S. 616-626.

Nach dieser Vorstellung ist es durchaus möglich, dass in näherer oder fernerer Zukunft Bedingungen für ein (beliebig langes) Überleben des Gehirns in einer klar definierten synthetischen Nährflüssigkeit ohne angeflanschten Körper gefunden werden. Dadurch würde es – mit Energie und Information gefüttert – die Fähigkeit beibehalten, all die typischen und spezifisch menschlichen Erfahrungen – dann eben „körperlos" – zu machen. Hier zeigt sich unmittelbar das zugrundeliegende „vertikale" Denken mit einer gegenüber dem Modell der „Körpermaschine" reversen Hierarchie. Die Metapher vom Gehirn als lediglich Informationen-verarbeitender Computer findet sich nicht nur in zahllosen Science-Fiction-Romanen und populärwissenschaftlichen Darstellungen, sondern – zwischen den Zeilen – auch in einschlägigen Lehrbüchern der Kognitionswissenschaften und Neurobiologie und übt – wenigstens unterschwellig – eine gewaltige Anziehungskraft auf Neurophysiologen und Hirnforscher[98], aber auch auf zeitgenössische Künstler aus. Sie manifestiert sich etwa in deren Überzeugung, dass die Visualisierung von im Gehirn ablaufenden biochemischen und elektrischen Prozessen durch moderne Bildgebende „Imaging"-Verfahren, wie MRT oder PET, nicht nur (wahrscheinlich) zu einem besseren Verständnis von Denk- und Bewusstseinsprozessen beitragen wird, sondern dass diese vielmehr allein das Fundament für jegliche Beschreibung und kausale Erklärung von geistigen Vorgängen bilden kann und muss. So begeistert sich der Musiker und Video-Künstler Peter Gabriel[99]:

> Wenn die Kosten für diese (Gehirnscanner) so weit fallen, ihre Auflösung und die Leistungsfähigkeit von Computern allgemein aber weiter steigt, dann scheint es mir unausweichlich, dass unser Denken bald sichtbar sein könnte. Man wird es herunterladen und so auf neue Art öffnen können....Die Muster, die man mit Magnetresonanztomographie-Apparaten erzeugen kann, wenn Probanden Videos ansehen, ermöglichen es, das Denken zu Bildern zu machen....Die Leistungsfähigkeit von Künstliche-Intelligenz-Algorithmen wird das Übrige erledigen....Aber der Nutzen ist so enorm, dass die Realisierung unvermeidlich ist....Unsere Gedanken könnten also aus unseren Köpfen in den Computer springen, von dort ins Internet und damit in die Welt. Vor uns liegt das Zeitalter des sichtbaren (und hörbaren) Denkens. Ohne Zweifel wird es das menschliche Leben stärker beeinflussen, als jeder evolutionäre Fortschritt, als jede andere Technologie zuvor. Die Essenz dessen, was wir sind, steckt in unseren Gedanken und Erinnerungen, die nun wie Konservendosen geöffnet und über die schlafende Welt ausgegossen werden....Wir erlebten im vergangenen Jahr, wie Roboter Brücken und Häuser bauten, aber bislang arbeiten sie noch nach Anleitung. Bald wird im Film, der Musik und allen anderen kreativen Prozessen passieren. Die Grenzen zwischen Vorstellung und Realität werden sich vollständig auflösen.

98 Mayer, Verena: „Husserl und die Kognitionswissenschaften". In: Mayer V. / Erhard C. / Scherini M. (Hrsg.) *Die Aktualität Husserls.* Karl Alber: Freiburg 2011, S. 118–119.

99 Gabriel, Peter: „Das Zeitalter des sichtbaren Denkens". *Süddeutsche Zeitung* 16./17.1.2016.

Allerdings hatte der Mathematiker und Philosoph Edmund Husserl bereits zu Anfang des 20. Jahrhunderts, also lange vor Aufkommen des Modells vom „Gehirncomputer“, eine Methode mit den damit einhergehenden Konsequenzen beschrieben, wie Beobachtungen und Gegebenheiten der Lebenswelt durch geeignete technische Modelle – für Husserl durch Mathematisierung – erklärt werden können[100]. Der Wissenschaftstheoretikerin und Husserl-Expertin Verena Mayer ist auf eindrucksvolle Weise der Nachweis gelungen, dass der Husserlsche Versuch der Mathematisierung der Lebenswelt – geringfügige Modifikationen vorausgesetzt – auf die Computerisierung des menschlichen Bewusstseins und dessen Vorhersagbarkeit übertragen werden kann[101].

> Wir messen dem Bewusstsein durch das Computermodell ein Ideenkleid an, d.h. wir konstruieren in einer (wie wir hoffen) wirklich und bis ins Einzelne durchzuführenden und sich ständig bewährenden Methode zunächst bestimmte symbolische Repräsentationen für die wirklichen und anschaulichen ‚Füllen‘ unserer Erlebnisse, mit denen sich dann rechnen lässt, und eben damit gewinnen wir Möglichkeiten einer Voraussicht der konkreten noch nicht geschehenen Erlebnisse; einer Voraussicht, welche die Leistungen der alltäglichen Voraussicht unendlich übersteigt.

Edmund Husserl erkannte als schwerwiegende Folge einer verbesserten Voraussicht durch Mathematisierung der menschlichen Kognition die Vorstellung des Funktionierens des menschlichen Gehirns nach mathematischen Regeln. Aber die Tatsache, dass menschliche Weltmeister im Schachspiel durch moderne Schachcomputer, deren Voraussicht der theoretisch möglichen Spielzüge die menschliche exorbitant übersteigt, bezwungen werden können, darf nicht zum Analogieschluss verführen, wonach das menschliche Gehirn nach den Prinzipien eines – wenn auch relativ leistungsschwachen – Computers arbeite und seine Funktionsweise deshalb durch das Modell eines Zentralcomputers hinreichend genau abgebildet und kausal-mechanistisch erklärt werden könne. Die Akzeptanz dieses physikalistischen Modells eines „Gehirncomputers“ wurde und wird durch die permanente Nutzung des Computers und das „Auf-ihn-angewiesen-sein“ in fast allen Lebenslagen weiter vorangetrieben. Menschliches Bewusstsein, Gehirncomputer und Personal Computer verschmelzen somit in der menschlichen Vorstellung zu Daten-verarbeitenden Vorgängen und Maschinen als Korrelate für funktionale, das Alltagsbewusstsein formende Hirnprozesse (Abb. 5).

100 Husserl 1939.
101 Mayer 2011, S. 119.

Abb. 5 Die Schnittstelle im „programmierbaren Gehirncomputer." Als direkte Verbindung zwischen Gehirn und Computer innerhalb des „Gehirncomputers" ermöglicht die TTD (Thought Translational Device) über eine Selbststeuerung von Hirnsignalen (EEG-Feedbackscheife), in der das EEG einer Person, über einen EEG-Verstärker einem Computer zugeführt und von diesem verarbeitet, dieser Person wieder als Feedbacksignal auf einem Computerbildschirm präsentiert wird, die Kommunikation des Gehirns mit (s)einem Computer (Quelle: ab-wissenschaften. de)

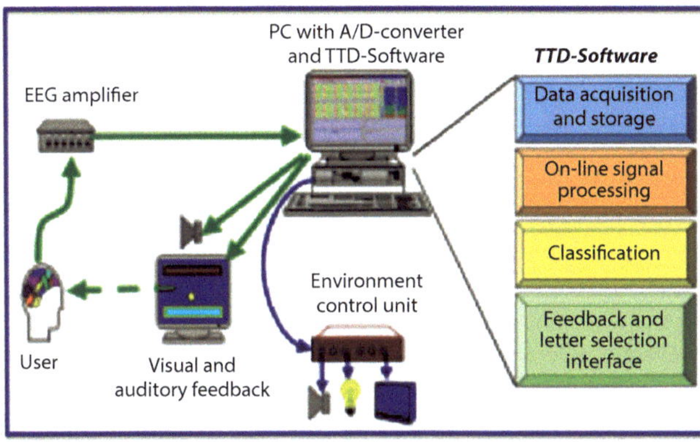

Dabei wird davon ausgegangen, dass sich diese Korrelate in entsprechenden physischen Entitäten niederschlagen, nämlich in einer Kombination aus digitalen Stromimpulsen, wie beim Personal Computer und biochemischen und elektrophysiologischen Reaktionsabläufen, wie in kultivierten Nervenzellen. Beide lassen sich mit wissenschaftlichen Methoden erforschen, aber eben nur diese. Dabei hat die naturwissenschaftliche Forschung bisher nicht einmal einen einzigen Hinweis auf das Operieren des digitalen Prinzips in auch nur einem einzigen Lebensvorgang, ob in einer Einzelzelle oder im Gesamtorganismus Mensch, erbringen können. Der Wirkungsmacht der Metapher vom „Gehirncomputer" hat dies bisher keinen Schaden zugefügt[102].

Gemäß den Protagonisten des Modells vom „Gehirncomputer" werden eventuell erkennbare Mängel des Modells hinsichtlich der Erklärung bestimmter Aspekte des Bewusstseins in der Zukunft eliminiert werden. Zu diesen Aspekten gehören dessen Zeitlichkeit, dessen Modifizierbarkeit durch sozio-kulturelle Einflussfaktoren und durch – nicht nur im Gehirn zu verortende – Emotionen und dessen Abhängigkeit von intersubjektiven Wechselwirkungen in Folge von Anpassung, Optimierung und Ausdehnung des Modells auf einen größeren Geltungsbereich. Dies erfordere den Anschluss der „Gehirncomputer" an eine lebende „Körpermaschine", die mittels ihrer Sinnesorgane mit immer größerer Auflösung und Schnelligkeit Datensignale

102 Mayer 2011, S. 121.

und Informationen über die Außenwelt an den „Gehirncomputer" liefere. „Gehirncomputer" und „Körpermaschine" würden dann in Kombinationen von zunehmender Komplexität eine Art lebendige „Denk- und Bewusstseinsmaschine" bilden. Diese biologische Maschine werde dann tatsächlich über jene Fähigkeit verfügen, die selbst hartgesottene Informatiker den gegenwärtig zur Verfügung stehenden Computern noch nicht zusprechen wollen und können, nämlich die qualitative Erfahrung zu wissen, *„wie es sich anfühlt", eine „biologische Maschine"* zu sein[103]. Spätestens dann könnte *quasi* konstruktivistisch gemäß den entsprechenden Theorien der zweiten Hälfte des 20. Jahrhunderts (s. 3.1.2.5 und 3.1.4) argumentiert werden, dass die kausalen Erklärungen und die daraus resultierende Vorhersagbarkeit für menschliche Erfahrungen als elektrische und physikalisch-chemische Prozesse im menschlichen „Hirncomputer" durch die Naturwissenschaften und Mathematik konstruiert werden würden.

Zusammenfassend lässt sich also festhalten, dass das Modell des „Gehirncomputers" einerseits die Vorstellung von der Natur der menschlichen Kognition und des menschlichen Bewusstseins grundlegend verändert hat: Es erkennt nur solche Prozesse als real und objektiv existierend an, die dem technischen Vorhaben der Mathematisierung und des quantitativen Prozessierens der Daten unterzogen werden können und verweist alle anderen Prozesse und Ergebnisse als lediglich qualitative und subjektive Befindlichkeiten in das Reich des Zufälligen, Irrealen und Irrationalen. In diesem Sinne argumentierte der an der Harvard Universität lehrende Kognitionsforscher Steven Pinker[104]:

> „Zum Glück hat sich aber die Kenntnis über die Fehler menschlicher Erkenntnis schon weit verbreitet, und die Lösung für das Problem ist damit geläufiger geworden: objektive Daten. In vielen Lebensbereichen ersetzen Beobachter inzwischen ihr Bauchgefühl durch quantitative Analysen....Das sind interessante Neuigkeiten wissenschaftlicher Natur, denn die Diagnose kommt aus der Kognitionswissenschaft, die Therapie aus der wissenschaftlichen Analyse von Daten. Die interessanteste Nachricht aber ist, dass die Quantifizierung des Lebens auf die größte aller Fragen ausgeweitet wurde: Haben wir Fortschritte gemacht?....Ein schlichtes Diagramm, das einen Fortschritt sichtbar macht, kann uns allerdings Mut machen: Die Aufwärtskurve lädt uns ein, die Kräfte zu identifizieren, welche die Kurve nach oben oder nach unten bringen – und sie dann zu dem Zweck einzusetzen, die Kurve noch weiter in dieselbe Richtung zu treiben.... Allerdings liefern uns die kognitionswissenschaftlichen und die Daten-Revolutionen auch eine Warnung: Wir sollten unsere Einschätzungen, welchen Sachverhalts auch immer, nicht auf subjektive Eindrücke oder zufällig herausgepickte Ereignisse stützen."

Andererseits stellt dieses Computermodell aufgrund der Übertragung des Maschinenkonzepts vom Körper auf das Gehirn eine bloße Variante oder „Verlängerung" des durch Platon etablierten „vertikalen" dualistischen Denkens dar.

---

103 Mayer 2011, S. 121.

104 Pinker, Steven: „Blick auf eine bessere Welt". *Süddeutsche Zeitung* 11.01.2016.

2.9 „Vertikale" und „horizontale" Pathogenese einer Zivilisationskrankheit

Am Beispiel der Zivilisationskrankheit Altersdiabetes lassen sich die Auswirkungen dieses hierarchisch-dualistischen Konzepts hinsichtlich ihrer naturwissenschaftlichen Erklärbarkeit als Defekt der menschlichen „Körpermaschine" und / oder des menschlichen „Gehirncomputers" im Sinne einer „vertikalen" oder „horizontalen" Pathogenese aufzeigen. Gleichzeitig wird die Zumessung der Rolle von intrinsischen und extrinsischen Risikofaktoren, darunter der individuellen Lebensgeschichte und psychologischer Faktoren, wie Depressionen und Stress, sowie der Gesundheitspolitik für die Prädiktion und Prävention in der gegenwärtigen kanonischen Auffassung der naturwissenschaftlichen Forscher und Ärzte deutlich, etwa über Evidenz-basierte Medizin.

2.9.1 Die Zivilisationskrankheit T2D

Diabetes mellitus umfasst eine Gruppe von Stoffwechselkrankheiten, die durch eine erhöhte Konzentration von Zucker im Blut charakterisiert sind[105]. Die Ursache für diese sogenannte Hyperglykämie ist bei der häufigsten Form, der Diabetes mellitus Typ II, nachfolgend vereinfachend T2D genannt, darin zu sehen, dass das die Konzentration des Blutzuckers kontrollierende Hormon Insulin von der Bauchspeicheldrüse nicht mehr in ausreichender Menge produziert und in das Blut freigesetzt werden kann (Defekt in der Insulinsekretion) und gleichzeitig die Blutzucker-senkende Wirkung von Insulin in den Zucker-verbrauchenden und -speichernden Geweben (Muskel, Fett, Leber) aufgrund einer erniedrigten Reaktivität oder Empfindlichkeit gegenüber Insulin nicht mehr ausreicht (Defekt der Insulinwirkung oder Insulinresistenz). Als Konsequenz der Kombination beider Defekte kommt es zu einem eingeschränkten Abfluss der mit der Nahrung aufgenommenen Glukose aus dem Blut in die Gewebe. Der erhöhte Blutzucker verursacht zunächst keine Schmerzen. Aber durch feste Anlagerung an bestimmte Eiweiße verursacht er strukturelle Veränderungen und funktionelle Beeinträchtigungen dieser Eiweiße, welche im Verlauf von Jahren zu den gefürchteten diabetischen Komplikationen und Spätschäden führen. Der erhöhte Blutzucker führt also erst nach einem längeren Zeitraum ohne klinische Symptome zur Entwicklung der sogenannten diabetischen Komplikationen oder Spätschäden. Diese umfassen Schädigungen der Niere (bis hin zu Nierenversagen mit der Notwendigkeit zur Dialyse oder Transplantation), Augen (verminderte Sehleistung bis hin zu Erblindung), Nerven (Schmerzen, Ausfallerscheinungen, kognitive Minderleistung), Gefäße (Bluthochdruck, Atherosklerose, schlechte Wundheilung, verminderte Durchblutung bis hin zu Amputation der Gliedmaßen) und des Herz-Kreislaufsystems (Herzinfarkt, Thrombosen). Auch

105 Müller, Günter: „Personalisierte Medizin – Vision oder Fiktion? Diagnose des T2D". *Biologie in unserer Zeit* 40, 2010b, S. 46–54.

wenn in der Mehrheit der diagnostizierten Diabetesfälle eine mehr oder weniger gute Kontrolle des Blutzuckers erreicht wird, sind Diabetespatienten in der Regel deutlich weniger gesund als gleichaltrige nicht-diabetische Personen. Zusätzlich zum erhöhten Risiko für diabetische Komplikationen sind sie auch stärker gefährdet für Depressionen und Infektionskrankheiten[106]. Damit ist die Lebensqualität von an T2D leidenden Patienten deutlich verringert, was sich auch am höheren Anteil von Behinderungen bei Altersdiabetikern (30 % bei 45- bis 60-Jährigen und 45 % bei über 70-Jährigen) gegenüber Nicht-Diabetikern (10 bzw. 20 %) manifestiert. Auch die Lebenserwartung ist für Altersdiabetiker gegenüber Nicht-Diabetikern um etwa 10 Jahre reduziert.

Die T2D tritt in allen ethnischen Gruppen auf und ist in allen Teilen der Welt nachgewiesen worden, so dass aus globaler Perspektive von einer Epidemie bis Pandemie gesprochen werden kann. Mehr als 347 Millionen Erwachsene sind gegenwärtig weltweit an T2D erkrankt mit einer prophezeiten Verdopplung innerhalb der nächsten 25 Jahre. Das Auftreten der T2D ist eindeutig mit dem sozioökonomischen Status assoziiert. Ihre Häufigkeit ist mit 5 bis 10 % (durchschnittlich 6,2 %) der über 40-Jährigen mit steigender Tendenz in den westlichen Ländern fast doppelt so hoch wie in den Entwicklungsländern (3,5 %). Jedoch wird die relative Zunahme in den Entwicklungsländern in den nächsten 25 Jahren mit 170 % deutlich größer sein als in den westlichen Ländern (42 %). Gegenwärtig lebt unter allen entwickelten Ländern die größte Zahl an Altersdiabetikern (16 Millionen) in den USA. Ein Anstieg auf 22 Millionen bis zum Jahr 2025 ist vorhergesagt, davon ein erheblicher Teil undiagnostiziert.

Pathobiochemisch und pathophysiologisch gesehen ist bei Altersdiabetikern der Abfluss der über die Nahrung aufgenommenen Glukose aus dem Blut in das Muskel-, Fett- und Lebergewebe und ihre Verwertung entscheidend vermindert und gleichzeitig die Produktion von Glukose in der Leber im nüchternen Zustand erhöht. Diese Prozesse werden in gesunden Personen durch die in der Bauchspeicheldrüse auf eine Erhöhung bzw. Erniedrigung der Blutglukose hin gebildete und in das Blut freigesetzten Hormon Insulin bzw. Glucagon stimuliert. Wahrscheinlich sind 5 bis 30 % aller Gene des Menschen, also 1500 bis 10000 Gene, direkt oder indirekt über die Steuerung der Synthese von Eiweißen und Enzymen an der Glukoseverwertung und Glukoseproduktion und deren hormonellen Kontrolle beteiligt. Prinzipiell ist jedes dieser Gene ein Kandidat für ein sogenanntes Krankheits- oder Prädispositionsgen für T2D. Durch eine Mutation in diesen ausgelöste funktionelle Veränderungen könnten zu einer verminderten Glukoseverwertung und/oder zu einer erhöhten Glukoseproduktion und damit zu Hyperglykämie und als Konsequenz zu diabetischen Spätschäden und Komplikationen führen.

---

106 Berge, Line I. / Riise, Trond: "Comorbidity between type 2 diabetes and depression in the adult population: Directions of the association and its possible pathophysiological mechanisms". *Int. J. Endocrinol.* doi: 10.1155/2015/164760, 2015.

2.9.2 Die „vertikale" Pathogenese – Defekte in der „Körpermaschine" oder im „Gehirncomputer"

Die Pathogenese von T2D wird nach gegenwärtiger kanonisch-naturwissenschaftlicher Sehweise „vertikal gedacht" und primär durch Defekte entweder in der peripheren „Körpermaschine" oder im zentralen „Gehirncomputer" verursacht begriffen. So werden für die reduzierte Glukoseverwertung, die zu einer Akkumulation der Glukose im Blutkreislauf und damit zur Hyperglykämie führt, seit der Aufklärung der Rolle der Bauchspeicheldrüse bei der Stoffwechselregulation durch den Arzt Oskar Minkowski im Jahr 1888 Defekte in der „Körpermaschine", nämlich (i) in der Bauchspeicheldrüse selbst hinsichtlich ihrer Empfindlichkeit und Reaktivität gegenüber dem Reiz Glukose, also in den physiologischen Prozessen der Glukosewahrnehmung, (ii) in der Bauchspeicheldrüse hinsichtlich der Insulinproduktion und –sekretion, (iii) in den Muskel-, Fett- und Lebergeweben hinsichtlich deren Empfindlichkeit und Reaktivität gegenüber dem Reiz Insulin, also in der Insulinsignalübertragung und (iv) in den Muskel-, Fett- und Lebergeweben hinsichtlich der Aufnahme der Glukose und ihrer Umwandlung in und Speicherung als Fett oder Glykogen verantwortlich gemacht.

In der jüngeren Vergangenheit hat die „Körpermaschine" als die entscheidende Source für Defekte starke „Konkurrenz" durch den „Gehirncomputer" bekommen. Auf der Basis seiner Beobachtung aus dem Jahr 1854, dass in Kaninchen durch Punktieren der Unterseite des 4. zerebralen Hirnventrikels Diabetes hervorgerufen werden kann, schlug der Physiologe Claude Bernard eine Funktion des Hirns sowohl in der Regulation des Blutzuckers, wie auch in der Diabetes-Pathogenese vor. Diese Rolle des Gehirns blieb bis zur Entdeckung von Insulin und seiner Blutzuckersenkenden Wirkung im Jahr 1921 und der nachfolgenden Identifizierung von Leber-, Muskel- und Fettgeweben als den prinzipiellen Ziel- und Wirkorten für die potenten Effekte von Insulin auf die Glukoseaufnahme und -speicherung im Bewusstsein der Wissenschaftler verhaftet. Aber dann gelang es den Langerhans'schen Inseln der Bauchspeicheldrüse in Kombination mit der experimentellen Evidenz, dass die Entstehung von Diabetes mit Störungen in der Insulinsekretion und/oder Wirkung kausal verknüpft ist, schnell, das Gehirn als die zentrale Komponente zum Verständnis dieser Erkrankung und als die primäre Source für Defekte zu überschatten. In der Folgezeit kam es zur Entwicklung des bis heute dominierenden, traditionell peripheren, auf die pankreatischen Inseln und die peripheren Glukose-verwertenden Gewebe zentrierten Modells der normalen und gestörten Blutzuckerhomeostase.

Als Claude Bernard dem Gehirn eine dominierende Aufgabe in der Kontrolle der Blutzuckerhomeostase und Pathogenese der Diabetes zuschrieb, war diese Annahme nicht so radikal, wie sie heutzutage erscheint. Denn schon damals wurde das Gehirn mit der homöostatischen Kontrolle der meisten physiologischen Prozesse, die für das Überleben Voraussetzung sind, in Verbindung gebracht, ausgehend von der Energie- und Nährstoffspeicherung im Körper über die Körpertemperatur und den Blutdruck bis hin zu den vielen endokrinen Systemen. Von dieser Perspektive aus mutet die Annahme der Kontrolle der Glukosehomöostase ausschließlich durch periphere körperliche Mechanismen, wie auch die Annahme der Pathogenese der T2D ausschließlich durch Defekte in der „Körpermaschine" – ohne jegliche Beteiligung des „Gehirncomputers" erstaunlich an. In der Tat wurde die molekulare und klinische Diabetes-Forschung während der letzten 90 Jahre mehr oder weniger ausschließlich durch diese auf die periphere „Körpermaschine" fokussierte und den zentralen „Gehirncomputer" ausklammernde Denkweise geprägt.

2.9.3 Die „horizontale" Pathogenese – Defekte im „Gehirn-Körper-System"

Die Überraschung, die in der jüngsten Vergangenheit der Nachweis einer vom Gehirn vermittelten und Insulin-unabhängigen Normalisierung der diabetischen Stoffwechsellage hervorgerufen hat, führt überdeutlich vor Augen, dass die Diabetesforschung seit der Entdeckung von Insulin sich lediglich auf ein einziges Teil der „Körpermaschine" konzentriert hat, welches die Glukosehomöostase steuert, nämlich auf die pankreatischen Inseln. Diese waren unter der Annahme der Alleinverantwortlichkeit von Insulin für diese Funktion ausgewählt worden. Obwohl die Insulin-unabhängige Glukoseverwertung (Aufnahme und Speicherung) eine vergleichbare Rolle wie die Insulin-abhängige spielen dürfte, wurde erstere bisher lediglich als reines Phänomen beschrieben, dessen Untersuchung auf molekularer Ebene von geringerem Interesse sei, zumal die Möglichkeit seiner Regulation durch den „Gehirncomputer" bis in die Gegenwart hinein nicht ausreichend berücksichtigt wird. Mittlerweile wurde jedoch von führenden Neurobiologen und Neuroendokrinologen, wie Matthias Tschöp experimentell überzeugend gezeigt, dass gezielte pharmakologische oder genetische Eingriffe in die Funktionsweise von Nervenzellen in bestimmten Arealen des Hypothalamus und des Hirnstammes die Regulation des Blutzuckers entscheidend beeinflussen können[107].

Obwohl im 19. Jahrhundert dem Gehirn von Wissenschaftlern eine bedeutende Rolle in der Aufrechterhaltung eines konstanten Blutzuckers zuerkannt worden war (s. 2.9.2), blieb die Diabetes-Forschung fast das ganze 20. Jahrhundert der Vorstellung verhaftet, dass das Wissen um die Funktion der pankreatischen Inseln sowohl notwendig wie auch ausreichend für das Verständnis der Regulation der Glukosehomöostase sei und dass Diabetes aus Defekten der Insulinsekretion und/oder der Insulinwirkung resultiere, die in der peripheren „Körpermaschine" zu verorten seien. So entwickelte sich das bis heute dominierende traditionelle, auf die pankreatischen Inseln zentrierte „vertikale" Modell der normalen und gestörten Glukosehomöostase. Demnach ist unter normalen physiologischen Bedingungen die Glukosehomöostase primär durch die Wirkung der steigenden Blutzuckerkonzentration auf die pankreatischen Inseln und die darin lokalisierten ß-Zellen kontrolliert, worauf diese mit der Produktion und Sekretion von Insulin in die Blutbahn

107 Schwartz, Michael W. et al.: "Cooperation between brain and islet in glucose homeostasis and diabetes". *Nature* 503, 2013, S. 59–66.

reagieren. Insulin übt seine Wirkung dann auf periphere Gewebe aus, so dass (i) in der Leber die Glukoseproduktion und –freisetzung gehemmt und (ii) in der Leber, im Muskel- und im Fettgewebe die Glukoseaufnahme und –verwertung, d.h. die Speicherung der in der Glukose enthaltenen Energie als Fett oder Glykogen, stimuliert wird.

Erhöht sich die Zuckerkonzentration im Blut, etwa nach Nahrungsaufnahme, so führt die dadurch bewirkte Insulin-Antwort der pankreatischen Inseln zu einer schnellen und zuverlässigen Wiederherstellung der Blutzuckerkonzentration auf den basalen, d.h. nüchternen Wert, der zur Energieversorgung aller von Glukose abhängigen Zellen, wie Hirn- und Blutzellen, ausreicht. Entwickelt sich in Personen, die über eine normal funktionierende „Körpermaschine", d.h. über intakte pankreatische Inseln verfügen, eine durch Prädispositionsgene in Kombination mit intrinsischen und extrinsischen Risikofaktoren, wie fettreiche Ernährung oder unzureichende körperliche Aktivität, verursachte Insulinresistenz, so kommt es zu einer Reduktion in der Sensitivität von Fett-, Muskel- und Lebergeweben gegenüber Insulin und als Folge zu einer verminderten Insulin-stimulierbaren Glukoseaufnahme und –speicherung. Gemäß des Insel-zentrierten „vertikalen" Modells wird die Glukosehomöostase dann durch die Fähigkeit der Inseln zur vermehrten Insulinsekretion aufrechterhalten. Die aus der Insulinresistenz resultierenden Folgen eines erhöhten Blutzuckers werden also durch Insulinkonzentrationen kompensiert, die deutlich über denen von normalen (insulin-sensitiven) Personen liegen. Dieser Insel-spezifische Kompensationsmechanismus sorgt dafür, dass Insulin-resistente Personen, d.h. solche mit erhöhten Insulinspiegeln, aufgrund normaler Blutzuckerspiegel nicht an T2D leiden. Tritt aber zur Insulinresistenz, dem primären Defekt in der „Körpermaschine" noch eine Störung in den Inseln, also ein sekundärer Defekt in der „Körpermaschine" hinzu, so dass die Inseln nicht mehr in der Lage sind, über eine adäquat erhöhte Insulinsekretion die Insulinresistenz zu kompensieren, stellt sich die sogenannte Glukoseintoleranz ein. Dabei sind die Blutzuckerspiegel gegenüber normalen Patienten permanent erhöht und zwar trotz mehr oder weniger gesteigerter Insulinsekretion. Besonders nach Nahrungsaufnahme kommt es zu einer übermäßigen und lange währenden Erhöhung der Blutzuckerkonzentration, bevor die (gegenüber normalen Personen ohnehin) erhöhten Werte des nüchternen Zustands wieder erreicht werden. Mit fortschreitender Fehlfunktion der Inseln und Insulinresistenz der peripheren Gewebe als Konsequenz der Defekte in der peripheren „Körpermaschine" führen die sich weiter steigernde Glukoseproduktion der Leber und die weiter abnehmende Glukoseverwertung durch Muskel- und Fettgewebe zur Entwicklung der T2D.

Jedoch ist mittlerweile bekannt, dass Insulin-unabhängige Mechanismen, die auch als Glukose-Effektivität bezeichnet werden, etwa 50 % der gesamten Glukoseverwertung bestreiten und dass eine verminderte Glukose-Effektivität ebenfalls zur Pathogenese von T2D betragen kann. Obwohl die der Glukose-Effektivität zugrundeliegenden molekularen Mechanismen bisher nur unvollständig verstanden sind, spricht eine wachsende experimentelle Evidenz für eine wichtige Rolle des Gehirns in der dynamischen Regulation dieses Prozesses. Offenbar kann das Gehirn als Blutzucker-kontrollierendes System den Blutzucker sowohl über Insulin-abhängige, wie auch Insulin-unabhängige Mechanismen regulieren. Dabei steht es über komplexe und koordinierte Wechselwirkungen mit den pankreatischen Inseln in dynamischer Wechselwirkung, um die Aufrechterhaltung einer optimalen Blutzuckerhomeostase zu gewährleisten. Da die Aktivierung eines der beiden regulatorischen Systeme, im „Gehirncomputer" oder in der peripheren „Körpermaschine" (d.h. in den pankreatischen Inseln) offenbar ausreicht, um einen Defekt oder Ausfall des jeweiligen Partnersystems auszugleichen, scheinen Störungen simultan in beiden Systemen Voraussetzung für die Entwicklung von T2D zu sein.

Obgleich Unsicherheit über die molekulare Identität der betroffenen Nervenzellpopulationen im „Gehirncomputer" und ihre Funktion in der Glukosehomöostase herrscht, konnte gezeigt werden, dass die Injektion von Insulin oder Glukose in diskrete hypothalamische Areale die Blutzuckerspiegel senken und die Insulinsensitivität der Leber erhöhen kann. Umgekehrt führt die Entfernung der Rezeptoren für Insulin von der Zelloberfläche (oder der die entsprechenden Signale weiterverarbeitenden intrazellulären Komponenten) aus definierten hypothalamischen Nervenzellpopulationen zu Insulinresistenz und Glukoseintoleranz. Dies deutet auf eine physiologische Rolle dieser Nervenzellen in der Kontrolle des Glukosestoffwechsels hin. Diese und viele andere Beobachtungen mit mehr oder weniger artifiziellen Tiermodellen für T2D legen nahe, wie der „Gehirncomputer" die Glukosehomöostase als Antwort auf von der peripheren „Körpermaschine" herkommende afferente Signale beeinflussen kann. Aber es bleibt zu klären, in welchem Ausmaß solche Antworten auch in der physiologischen nicht-diabetischen Kontrolle des Blutzuckers eine Funktion zukommt.

Auf der Basis dieser Daten wurde ein „horizontales" Modell der Kooperation zwischen peripherer „Körpermaschine" (Pankreas) und zentralem „Gehirncomputer" (Hypothalamus) für die Regulation der Blutzuckerhomeostase vorgeschlagen. Demnach sind Defekte in der Kooperation innerhalb des Gesamtsystems „Gehirncomputer"-„Körpermaschine" für die Entstehung von T2D verantwortlich. Experimentelle Beobachtungen und ihre Interpretationen führten zum Vorschlag, dass eine Kooperation zwischen Insel- und Gehirn-abhängigen Systemen der „Körpermaschine" bzw. des „Gehirncomputers" an der Wiederherstellung der Glukosehomöostase nach Nahrungsaufnahme beteiligt und dafür unverzichtbar ist. Nachdem die eingenommenen und verdauten Nährstoffe in die Zirkulation übergegangen sind, fördern die Stimulation der Sekretion von Insulin und dessen nachfolgende kanonische Wirkung auf Muskel, Fett und Leber sowohl die Verwertung der aufgenommenen exogenen Glukose, wie auch die Unterdrückung der Produktion von endogener Glukose in der Leber. Zur gleichen Zeit trägt die Aktivierung von Insulin-unabhängigen, etwa vom „Gehirncomputer" gesteuerten Mechanismen zum Gesamtprozess bei, in einem Ausmaß, das den Insulin-abhängigen Mechanismen vergleichbar ist. Wie die Insulinwirkung selbst dienen diese Insulin-unabhängigen Mechanismen sowohl zur Erhöhung der Glukoseverwertung, wie auch der Drosselung der Glukoseproduktion. Nach einer Mahlzeit sind die Beiträge der Insulin-abhängigen und -unabhängigen Mechanismen zum Gesamtprozess ungefähr gleich, worin sich die Kooperation zwischen den direkten Insulineffekten auf die peripheren Systeme der „Körpermaschine“ und der Aktivierung des zentralen Systems des „Gehirncomputers“ niederschlägt. Diese Kooperation garantiert die effiziente Absenkung der erhöhten Blutzuckerwerte auf die für den nüchternen Zustand typischen Werte.

Darüberhinaus vermag das Gehirn-abhängige System die Effektivität des Insel-abhängigen Systems zu erhöhen, indem es etwa die Sensitivität und Reaktivität der peripheren „Körpermaschine“ (Muskel, Fett) gegenüber Insulin verbessert und damit die Insulin-abhängige Glukoseverwertung (bei einer durch die Insulinsekretionsleistung der pankreatischen Inseln bestimmten Insulinkonzentration im Blut) stimuliert. Die Effizienz der Insulin-abhängigen Glukoseverwertung wird also sowohl durch das Insel-abhängige System der „Körpermaschine“ – über die Menge des von den Inseln freigesetzten Insulins – wie auch durch das Gehirn-abhängige System der „Gehirncomputers“ – über die Kontrolle der Insulinsensitivität der peripheren „Körpermaschine“ (Muskel- und Fettgewebe) – determiniert. Obgleich Insulin die Glukoseproduktion der Leber durch seine direkte Wirkung – über Bindung an Rezeptoren – hemmen kann, benutzt es hierfür auch einen indirekten Mechanismus, der auch in Leberzellen operiert, die auf Insulin nicht direkt ansprechen. Es wird angenommen, dass von den Inseln freigesetztes Insulin im „Gehirncomputer“ die Produktion von Signalen hervorruft, die nach Weiterleitung an die Leber die Hemmung der Glukoseproduktion unabhängig von einer direkten Insulinwirkung auf die Leber hervorrufen. Dieses kooperative „horizontale“ Zwei-Systeme-Modell vereinigt damit Teilsysteme des „Gehirncomputers“ und der „Körpermaschine“ in ein physiologisches Gesamtsystem der Regulation der Glukosehomöostase, konstituiert von miteinander interagierenden Insulin-abhängigen und -unabhängigen, direkten und indirekten Mechanismen, die koordiniert durch den „Gehirncomputer“ und die „Körpermaschine“ gesteuert werden.

Die gegenwärtige Hypothese einer „horizontalen“ Pathogenese der T2D geht also davon aus, dass Defekte in beiden Systemen, im Insel- wie auch im Gehirn-abhängigen System der „Körpermaschine“ bzw. des „Gehirncomputers“, entweder allein oder in Kombination, für die Beeinträchtigung der Insulinsekretion und Insulinwirkung verantwortlich sind. Solange die Fehlfunktion im System des „Gehirncomputers“ moderat bleibt, wird die daraus resultierende Tendenz zu erhöhten Blutzuckerspiegeln die Insulinfreisetzung aus den Inseln stimulieren, wodurch die Glukosehomöostase – auf Kosten gestiegener Insulinspiegel – aufrechterhalten werden kann. Bei stärker ausgeprägten Fehlfunktionen des Gehirn-abhängigen Systems sind jedoch selbst deutlich erhöhte Insulinkonzentrationen nicht mehr zur Gewährleistung der Glukosehomöostase in der Lage. Dies geht v.a. auf die verminderte Glukose-Effektivität, also Insulin-unabhängige Glukoseverwertung zurück, die durch die gesteigerte Insulinsekretion nicht mehr kompensiert werden kann. Dadurch stellen sich hohe Blutzuckerkonzentrationen selbst im nüchternen Zustand ein, ein Kennzeichen der T2D.

Umgekehrt kann eine milde Störung der Insulinfreisetzung im Insel-abhängigen System der „Körpermaschine“ durch eine supraphysiologische Aktivierung des Gehirn-abhängigen Systems des „Gehirncomputers" kompensiert werden, wodurch eine fast normale Blutzuckerhomeostase über Insulin-unabhängige Mechanismen erreicht wird. Eine schwerwiegende Fehlfunktion der „Körpermaschine", d.h. der pankreatischen Inseln, kann jedoch durch Aktivierung des Gehirn-abhängigen Systems nicht mehr ausgeglichen werden. Dies wird v.a. durch eine reduzierte Insulinsekretion verursacht, die durch eine – mittels der Aktivität des Gehirn-abhängigen Systems – gesteigerte Insulinsensitivität der peripheren Gewebe nicht ausgeglichen werden kann. Darüberhinaus trägt eine eingeschränkte Funktion der „Körpermaschine" (Inseln) selbst zu einer Verschlechterung der Funktion des „Gehirncomputers" bei. Der Grund hierfür liegt v.a. in der reduzierten Sekretion von Insulin und von anderen humoralen Faktoren, die das vom „Gehirncomputer" abhängige System zur Hervorbringung von Signalen für die Stimulation der Glukoseverwertung (Muskel, Fett) und für die Insulin-unabhängige Hemmung der Glukoseproduktion (Leber) in der peripheren „Körpermaschine" anregen. Diese sich aufschaukelnden Prozesse initiieren einen Teufelskreis zwischen „Körpermaschine" und „Gehirncomputer", der anfänglich Glukoseintoleranz verursacht, um dann bei fortschreitender Fehlfunktion von beiden Systemen in permanent – also auch im nüchternen Zustand – erhöhten Blutzuckerkonzentrationen und somit in T2D zu münden.

Die experimentellen Befunde, dass der „Gehirncomputer" die sogenannte Glukose-Effektivität entscheidend erhöhen kann, zusammen mit der Beobachtung, dass die Injektion von bestimmten Hormonen (z.B. Leptin) direkt in das Gehirn von Nagern den durch unkontrollierten Diabetes verursachten hohen Blutzucker normalisiert, weisen auf die Möglichkeit der effektiven Kompensation von schwerwiegendem Insulinmangel durch die Aktivierung des Gehirn-abhängigen Systems hin. Diese Schlussfolgerung ist umgekehrt kompatibel mit der Möglichkeit, dass für die Initiation der Pathogenese von T2D Fehlfunktionen sowohl im Insel-, wie auch im Gehirn-abhängigen System, also sowohl in der „Körpermaschine", wie auch im „Gehirncomputer" erforderlich sind. Diese Hypothese der Kombination und Simultanität von Defekten in zwei Teilsystemen würde auch die Beobachtung erklären, dass ein Verlust der kanonischen Insulinwirkung in bestimmten Geweben (z.B. Leber) nur geringfügige Auswirkungen auf die Glukosehomöostase ausübt und dass verminderte Glukose-Effektivität einen wichtigen Beitrag zum hohen Blutzucker in T2D liefert.

Aber gibt es experimentelle Evidenz für eine Beeinträchtigung der Funktion des „Gehirncomputers" in Personen mit T2D oder – umgekehrt – sind Fälle von T2D dokumentiert, in denen keine Störungen im „Gehirncomputer" vorliegen? Folgende Befunde werden im Sinne einer engen Kopplung zwischen T2D und eines Defekts im „Gehirncomputer" interpretiert: (i) Die Wirkung des „Gehirncomputers" hinsichtlich seiner Rolle bei der Glukosehomöostase hängt von der normalen Funktion der pankreatischen Inseln der „Körpermaschine" ab, indem er auf Eingangssignale, wie Insulin oder andere Hormone, angewiesen ist, deren Sekretion funktionierende Inseln erfordert und im T2D gestört ist. (ii) Tiermodelle für T2D sind häufig mit Veränderungen und Verletzungen im „Gehirncomputer“, nämlich im Hypothalamus assoziiert, einschließlich einer „Gliosis“, also der übermäßigen Proliferation der für die Ernährung der Nervenzellen des „Gehirncomputers“ verantwortlichen Gliazellen. Solche strukturellen und funktionellen Veränderungen im Hypothalamus des „Gehirncomputers“ stellen möglicherweise eine wichtige Ursache für dessen Fehlfunktion hinsichtlich Glukosehomöostase dar, indem sie dessen Fähigkeit zur Reaktion auf relevante humorale Signale, einschließlich Insulin und andere Hormone, einschränken. In der Folge könnte der damit verbundene Abfall der Glukose-Effektivität den Beginn der systemischen Insulinresistenz verursachen. Diese stellt wiederum gesteigerte Anforderungen an die pankreatischen Inseln der „Körpermaschine“ und könnte den zu T2D führenden Teufelskreis weiter befeuern. Gegenwärtig ist noch unklar, ob diese Art der hypothalamischen Veränderungen und Verletzungen im „Gehirncomputer“ auch beim Menschen vorkommen, aber erste experimentelle Befunde sprechen für diese Möglichkeit. Damit kommen Verletzungen oder entzündliche Prozesse im „Gehirncomputer“ als mögliche Mechanismen für die kausale Verknüpfung von funktionalen Defekten zwischen „Gehirncomputer“ und „Körpermaschine“ einerseits und zwischen Defekten im System „Gehirncomputer-Körpermaschine“ und der Pathogenese der T2D andererseits in Frage.

Durch Berücksichtigung der Möglichkeit einer Interaktion zwischen „Gehirncomputer“ und „Körpermaschine“ in der neurophysiologischen Forschung der Gegenwart unter bewusster Ausklammerung der Frage nach dem primären Defekt, also des „Henne-Ei-Problems“, wird die „vertikale“ Zuweisung der Pathogenese der T2D, einschließlich der Möglichkeiten ihrer Prädiktion und Prävention, zu einem der „hierarchisch“ angeordneten Teilsysteme, also entweder zu einem das Gehirn beherrschenden Körperteil (Pankreas, Leber, Muskel, Fett) oder umgekehrt zu einem den Körper dominierenden Gehirnteil (Hypothalamus, Hirnstamm) in eine „horizontale“ und „egalisierende“ Annäherung der Teilsysteme transformiert. Dabei entscheidet die spezifische Situation des „ganzen“ Menschen und Patienten, einschließlich seiner Umgebung, über eine jeweils flexibel und reversibel operierende Verschiebung und Anpassung des „Schwerpunkts“ der Interaktion der Teilsysteme in Richtung „Körpermaschine“ oder „Gehirncomputer“, ohne dass dies gegen deren prinzipielle „Gleichberechtigung“ verstoßen würde. Aber die „vertikale“ naturwissenschaftliche Vorgehensweise bleibt – wie auch die „horizontale“ – dem Dualismus zwischen dem Körper, begriffen als Gesamtsystem aus „Körpermaschine“, „Gehirncomputer“ und der sie umgebenden Umwelt, welches über quantitative, messbare und objektive Daten dem Forschungssubjekt prinzipiell als die Außenwelt des Forschungsobjekts zugänglich ist und dem Geist, verstanden als Bewusstsein, welches über qualitative, fühlbare und subjektive Erfahrungen dem Forscher und Arzt prinzipiell als die Innenwelt des Patienten verschlossen bleibt, verhaftet. Nur der Analyse des Gesamtsystems „Körpermaschine-Gehirncomputer-Umwelt“ wird von der EbM und der biomedizinischen Forschung der Gegenwart ein Wert für die Erklärung von Krankheiten und deren Prädiktion und Prävention zugesprochen.

2.9.3.1 *Intrinsische Risikofaktoren*

Zur naturwissenschaftlich-biomedizinischen Analyse des Gesamtsystems „Körpermaschine-Gehirncomputer-Umwelt" zählen – gemäß EbM – wesentlich Informationen über die gegebene individuelle Konstitution, einschließlich der Krankheits- und Prädispositionsgene, sowie über Reize aus der Umwelt, die im molekularbiologischen Zeitalter als die intrinsischen bzw. extrinsischen, modifizierbaren bzw. nicht-modifizierbaren Risikofaktoren für die „Körpermaschine" und den „Gehirncomputer" gelten (Abb. 6).

Abb. 6 Intrinsische (grün) und extrinsische (blau) Risikofaktoren für T2D (rot) und ihre kausalen Verknüpfungen nach gegenwärtigen biomedizinischen Vorstellungen

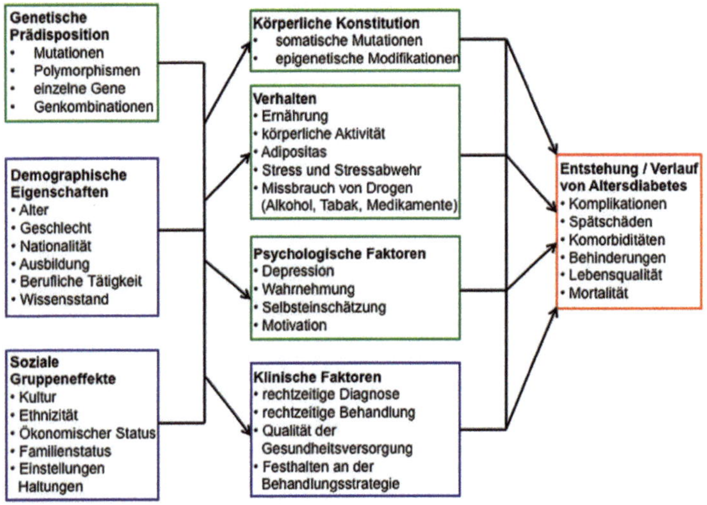

2.9.3.1.1 *Geschlecht*

In den meisten Bevölkerungsgruppen ist die Häufigkeit von T2D für beide Geschlechter vergleichbar. Jedoch verursacht die Krankheit unter Frauen im Allgemeinen schwerwiegendere und schwieriger zu kontrollierende diabetische Spätschäden und Komplikationen. Es wird angenommen, dass dieser Geschlechtsunterschied überwiegend durch unterschiedliche Ausprägung und Natur der Adipositas und der physischen Aktivität, sowie durch Unterschiede im Hormonstatus bedingt ist. Darüberhinaus mögen bestimmte soziokulturelle Faktoren, wie etwa die anspruchsvollere Rolle der Frau in der Familie, die Empfänglichkeit der Frau für T2D positiv beeinflussen. So wirken Frauen häufig als Bewahrer der Kultur, die kulturelle Praktiken und Sitten weitergeben, etwa dadurch, dass bestimmte Speisen zu bestimmten Feierlichkeiten serviert oder dass Familienmitglieder zu bestimmten kulturellen Aktivitäten angehalten werden. Diese offenkundige

Verantwortlichkeit, kulturelle Praktiken zu bewahren und an die nächste Generation weiterzugeben, kann einer Mutter oder Großmutter den erfolgreichen Wandel ihres Lebensstils erschweren. Viele der extrinsischen Risikofaktoren für T2D haben für Frauen eine größere Bedeutung als für Männer. So ist die inverse Beziehung zwischen dem sozioökonomischen Status und dem Risiko für T2D bei Frauen steiler ausgeprägt, unabhängig von ihrer Zugehörigkeit zu einer bestimmten ethnischen Gruppe.

2.9.3.1.2 Ethnische Zugehörigkeit

Die Häufigkeit für T2D schwankt deutlich zwischen Angehörigen der verschiedenen ethnischen Gruppen. So beträgt sie in den USA bei 40- bis 74-jährigen für die nicht-spanische weiße Subpopulation ungefähr 7 %, für afrikanische Amerikaner 12 % und für mexikanische Amerikaner 14 %. Unter den verschiedenen amerikanischen Bevölkerungsgruppen im asiatischen Raum und auf den pazifischen Inselgruppen variiert die Häufigkeit stark und kann dabei 15 bis 20 % erreichen. Die höchsten Häufigkeitsraten in den USA mit geschätzten 37 % und mehr sind bei nativen amerikanischen Bevölkerungsgruppen im Südwesten anzutreffen, worunter die Pima-Indianer in Arizona mit 50 % weltweit den traurigen Rekord halten. T2D bleibt in der adulten Population oft lange Zeit unerkannt, wird also nicht oder erst spät nach Auftreten der diabetischen Spätschäden und Komplikationen diagnostiziert, weil sie in frühen Stadien im Allgemeinen ohne (auffällige) Symptome verläuft und deshalb nur über regelmäßige und systematische Reihenuntersuchungen entdeckt werden kann. Die Schätzungen für nicht-diagnostizierte T2D in den USA belaufen sich auf 6 % für nicht-spanische Weiße, 7 % für afrikanische Amerikaner, 10 % für mexikanische Amerikaner und 15 % für die „Urbevölkerung" Amerikas. Diese erheblichen Anteile von nicht-diagnostizierter T2D zeigen nicht nur, dass die Bürde durch T2D viel größer ist als die Statistik für die diagnostizierte Erkrankung erscheinen lässt, sondern auch, dass die Bedrohung durch unerkannte T2D für die nicht-weißen kulturell diversen Subpopulationen am größten ist. Nicht-weiße Bevölkerungsgruppen sind nicht nur einer höheren Häufigkeit von T2D ausgesetzt, sondern sie leiden auch häufiger an diabetischen Spätschäden und einer schwerwiegenderen Ausprägung der Erkrankung. Studien mit älteren Diabetespatienten in den USA haben gezeigt, dass für mexikanische und afrikanische Amerikaner T2D insgesamt eine deutlich größere Bedrohung darstellt als für nicht-spanische Weiße. Dies trifft besonders für die durch T2D beeinflussten Mortalitätsraten zu. Die altersberichtigte totale Häufigkeit von T2D als Todesursache beträgt etwa 10 % für nicht-spanische weiße Diabetespatienten, 20 % für spanische Amerikaner und 30 % für afrikanische und native Amerikaner. Diese Unterschiede zwischen Subpopulationen ohne Berücksichtigung des Alters werden bei einem Vergleich der Diabetes-Häufigkeiten zwischen Bevölkerungsgruppen des höheren Alterssegments noch prägnanter. Während für nicht-spanische Weiße die Diabetes-Häufigkeit bei den über 65-Jährigen mit zunehmendem Alter konstant bei 10 % bleibt, nimmt sie bei afrikanischen und mexikanischen Amerikanern signifikant ab, worin sich die erhöhte Mortalität in diesen Bevölkerungsgruppen während der jüngeren Jahre manifestiert.

2.9.3.1.3 Krankheits- und Prädispositionsgene

Gene sind die materiellen Träger der Information für die Produktion (einschließlich ihrer Steuerung und Kontrolle) der Stoffe und Strukturen, die Lebewesen konstituieren, determinieren jedoch nicht deren Form und Organisation, die sich etwa in der die Zelle umhüllenden und diese von der Umwelt als „Rand" abgrenzenden Plasmamembran oder den membranumhüllten Organellen im Inneren der Zellen manifestieren. Dies wichtige Einschränkung verdeutlicht ein einfaches Gedankenexperiment: Alle von den menschlichen Genen direkt (etwa 30000 Eiweiße) oder indirekt (z.B. Kohlenhydrate, Fette, Metabolite) kontrollierten Stoffe und Strukturen, in der richtigen Menge und zum richtigen Zeitpunkt (gemäß der Biogenese oder Embryonalentwicklung der Einzelzelle bzw. des entsprechenden Lebewesens) synthetisiert, werden in einem Reagenzgefäß vereinigt und bei idealen Bedingungen inkubiert. Das Ergebnis wird zwar nicht unerwartet, aber dafür umso eindeutiger sein: Es lässt sich auch mit modernsten und sensitivsten Analysemethoden lediglich eine chaotische „Stoffbrühe" ohne Form und Organisation nachweisen und keinesfalls ein lebendiges Lebewesen, ob Einzelzelle oder höherer Organismus, mit funktionellen Plasmamembranen und Organellen. Dass die Information für die Form und Organisation von Lebewesen, einschließlich der Biogenese von Zellmembranen und Organellen, direkt vom Mutterorganismus über eine „Grundausstattung" von eben diesen Membranen und Organellen auf den Tochterorganismus übertragen und nicht über Gene vererbt wird, wird erstaunlicherweise selbst von Naturwissenschaftlern und Ärzten häufig übersehen. Veränderungen und Defekte in Genen, die sog. Mutationen, üben also „nur" indirekt einen – wenn auch bedeutenden – Einfluss auf die Funktionalität und Lebenstüchtigkeit des Organismus aus. Dieser wird über den Einbau von den neu produzierten veränderten oder defekten Stoffen und Strukturen in die bereits vorliegenden – vererbten – Formen und Organisationen ausgeübt, wodurch deren Wachstum und Entwicklung oder deren Funktion beeinträchtigt wird, etwa die Insulinfreisetzung oder Glukoseaufnahme bei Mutationen in bestimmten Eiweißkomponenten von vesikulären Organellen der pankreatischen Inseln bzw. der Muskelzelle, wodurch T2D ausgelöst werden kann.

Reicht eine einzelne Mutation in einem Gen aus, um die Funktionalität des von diesem Gen direkt kontrollierten Stoffs oder der von ihm indirekt kontrollierten Organisation und Form in einem Ausmaß zu vermindern, so dass hieraus eine pathogenetischen Entwicklung resultiert, wird allgemein von einem Krankheitsgen gesprochen. So spricht man etwa von einem Diabetesgen, wenn die entsprechende Mutation bestimmte an der Insulinfreisetzung oder Glukoseaufnahme beteiligte Eiweiße (z.B. Enzyme, Transporter) in relevanten Teilen des Gehirns oder Körpers betrifft und allein für die Entstehung von T2D verantwortlich gemacht werden kann[108]. Meistens ist dies jedoch nicht der Fall und es müssen noch weitere Mutationen mit jeweils begrenzten funktionalen Auswirkungen in anderen, für den entsprechenden physiologischen Prozess relevanten Genen und den von ihnen kontrollierten Eiweißen, etwa in Transportproteinen und Enzymen der Glukoseaufnahme oder Ionenkanälen der Insulinfreisetzung gleichzeitig auftreten, um in Kombination und im Zusammenwirken das „Krankheits-Fass", hier also das „Diabetes-Fass", zum Überlaufen zu bringen. Solche Gene, die nicht „alleinverantwortlich" und „automatisch" – einem linearen Ursache-Wirkungsmechanismus folgend – mit 100 %iger Wahrscheinlichkeit eine Krankheit verursachen, sondern erst nach dem Hinzutreten weiterer bestimmter (intrinsischer oder extrinsischer) Risikofaktoren, erhöhen *per se* „lediglich" die Erkrankungswahrscheinlichkeit (die immer unter 100 % bleiben wird), disponieren also für eine Krankheit. Das Auftreten und Zusammenwirken vieler solcher sogenannter Prädispositionsgene, die entweder von den Eltern über die Keimbahnzellen geerbt oder in den Körperzellen während der Lebenszeit erworben wurden, schlägt sich in der komplexen, nicht den Mendelschen Erbgängen folgenden, sog. polygenen Vererbung der entsprechenden Krankheit, etwa der T2D nieder.

Somit sind sehr viele Kombinationen von Mutationen in unterschiedlichen Prädispositionsgenen in den verschiedenen Diabetes-relevanten Teilen des Gesamtsystems Körper-Gehirn, etwa im Pankreas, Leber-, Muskel- und Fettgewebe, Hypothalamus, Hirnstamm vorstellbar. Dies erklärt die außerordentliche Heterogenität der Pathogenese und des klinischen Erscheinungsbildes der T2D und der meisten anderen Zivilisationskrankheiten. Wahrscheinlich existieren – vielleicht mit der Ausnahme von eineiigen Zwillingen – kaum zwei Altersdiabetiker mit demselben genetischen Profil oder Hintergrund, d.h. mit einer identischen Kombination von Mutationen in bestimmten relevanten Prädispositionsgenen. Selbst innerhalb von Familien ist die Wahrscheinlichkeit der Vererbung des kompletten genetischen Profils für T2D recht gering. So haben Nachkommen, wenn entweder deren Vater oder deren Mutter oder wenn beide Elternteile an T2D leiden, über die Lebenszeit ein etwa 40 % bzw. 70 % erhöhtes Risiko für die Entwicklung dieser Erkrankung. Trotzdem besteht kein Zweifel an einer ausgeprägten genetischen Komponente für die Entwicklung von T2D, also am Vorliegen einer genetischen Prädisposition in betroffenen Familien, Zwillingen oder Populationen.

Zur Komplexität der Vererbung von T2D trägt bei, dass hinsichtlich der gegenwärtig etwa 80 bekannten Gene, die mit dieser Krankheit assoziiert werden, – mit der Ausnahme von TCF7L2 – der durch jedes einzelne Gen für sich hervorgerufene Effekt außerordentlich klein ist. Aufgrund dieser kleinen sogenannten „Effektgröße" erklären diese 80 Gene zusammengenommen weniger als 20 % der Erblichkeitskomponente der T2D. Darüberhinaus hat sich die Aufklärung der den genetischen Assoziationen zugrundeliegenden funktionellen Mechanismen und der Nachweise

108 Müller, Günter: "Personalized Prognosis and Diagnosis of Type 2 Diabetes – Vision and Fiction?". *Pharmacology* 85, 2010a, S. 168–187.

ihrer Kausalität als extrem schwierig herausgestellt. Dafür verantwortlich ist die Tatsache, dass der Großteil der Mutationen in „Diabetes-Genen" Abschnitte des Gens betrifft, die (bisher) nicht der Produktion von Eiweißen oder deren Kontrolle zugeordnet werden können. Dies gilt übrigens typischerweise für alle komplexen multifaktoriellen „Zivilisationskrankheiten", zu denen neben T2D auch Herzkreislauferkrankungen, (neuro-)degenerative Erkrankungen und viele Formen von Krebs zählen. Ähnlich verhält es sich auch mit der Vererbung von komplexen menschlichen Sonderbegabungen, wie ein Blick auf die Musikerfamilien Bach und Mozart unschwer erkennen lässt.

2.9.3.2 Extrinsische Risikofaktoren

Zusätzlich zu Mutationen in bestimmten Genen können sich auch Reize, Agenzien und Einflüsse aus der Umwelt negativ auf physiologische Prozesse und Funktionen des Gesamtsystems Körper-Gehirn auswirken, wodurch eine bestimmte Pathogenese eingeleitet werden kann. So mag in einer „normalen" Umwelt selbst das Vorliegen von zahlreichen Prädispositionsgenen für mangelnde Glukoseaufnahme und Insulinfreisetzung, also von typischen intrinsischen Risikofaktoren für T2D, noch nicht ausreichen, um T2D auszulösen (Müller 2012a). Dies ist immer dann der Fall, wenn Mutationen in diesen Prädispositionsgenen nur jeweils moderate Funktionseinbußen im direkt betroffenen Stoff, etwa eines Eiweißes und in der indirekt betroffenen Organisation, etwa der Plasmamembran oder der vesikulären Organellen, des Gesamtsystems verursachen. Auch in Kombination mögen diese zusammen eine kritische Schwelle in der Glukoseaufnahme und Insulinfreisetzung noch nicht unterschreiten. Oder die durch die Prädispositionsgene herbeigeführten Funktionsverluste hinsichtlich Stoff und Organisation werden durch das Vorliegen von Mutationen in anderen, sogenannten Protektionsgenen, die mit einer Steigerung der Glukoseaufnahme und Insulinfreisetzung einhergehen, annähernd kompensiert. Wird dann allerdings die funktionelle Stofflichkeit oder Organisation in relevanten Teilen des Gesamtsystems Körper-Gehirn durch äußere Reize und Agenzien der Umwelt, also durch extrinsische Risikofaktoren, (weiter) eingeschränkt, kann das – durch die Prädispositionsgene der menschlichen „Körpermaschine" und des menschlichen „Gehirncomputers" ohnehin fast volle – „Diabetes-Fass" zum Überlaufen gebracht werden (s. Abb. 6 in 2.9.3.1).

2.9.3.2.1 Alter

Das Risiko für T2D nimmt mit dem Alter deutlich zu. Obwohl Erwachsene über 65 Jahre und darüber gegenwärtig nur 15 % der Weltbevölkerung ausmachen, sind unter diesen mehr als 40 % an T2D erkrankt. Dies ist deshalb von besonderer Bedeutung, weil sich der Anteil dieser Population in den nächsten zwei Jahrzehnten auf 25 % erhöhen wird.

2.9.3.2.2 Sozioökonomischer Status

Sozial und ökonomisch benachteiligte Bevölkerungsschichten besitzen ein erhöhtes Risiko, an T2D zu erkranken. In den USA haben 40 % der erwachsenen Diabetespatienten einen niedrigeren Schulabschluss als den einer High School im Vergleich zu 20 % der Gesamtbevölkerung. Diabetespatienten verdienen im Durchschnitt mit einem Jahreseinkommen von 9550.- US$ deutlich weniger als nicht an Diabetes Erkrankte (20125.- US$). Darüberhinaus ist ein nicht zu unterschätzender Teil der Patienten mit T2D arbeitslos, obgleich die Mehrheit von ihnen einer Arbeit nachgeht. So sind unter den 45- bis 64-Jährigen 49 % der Diabetespatienten, aber nur 28 % der Nicht-Diabetiker ohne Arbeit. Sozioökonomische Ungleichverteilungen werden als Konsequenz einer Vielzahl von die individuelle Lebensgeschichte konstituierenden biologischen und sozialen Mechanismen interpretiert, die als Risikofaktoren die T2D kausal verursachen können. Zu diesen gehören falsche Ernährung, Übergewicht, zu wenig ausgeprägtes Gesundheitsbewusstsein (manifestiert etwa in mangelnden physischen oder sportlichen Aktivitäten, in sedentärem Lebensstil, in übermäßigem Konsum an Tabak und Alkohol, in übermäßiger Stressbelästigung) und unzureichender Zugang zum Gesundheitsversorgungssystem. Letzterer ist vor allem im mittleren Lebensalter mit dem höchsten Risiko für die Entwicklung von T2D von größter Relevanz. Nach Ausbruch der Erkrankung leistet dann eine adäquate Gesundheitsversorgung den größten Beitrag für den Verlauf und die Kontrolle der T2D. Durch diese kann die Entstehung und der Schweregrad von diabetischen Spätschäden verzögert bzw. vermindert und die durch Diabetes-verursachte Mortalität verhindert werden. Niedriger sozioökonomischer Status mag die Entstehung von T2D auch über eine inadäquaten Ernährungsstatus der Mutter (Über- und Untergewicht) während oder sogar vor der Schwangerschaft begünstigen.

2.9.3.3 Die Lebensgeschichte

Ein – besonders illustratives – Beispiel für die entscheidende Wirkung, Vernetzung und Bedeutung von extrinsischen und intrinsischen Risikofaktoren ist die persönliche Lebensgeschichte und Lebensführung hinsichtlich der Pathogenese von T2D. Mit über die Jahre zunehmendem (Über-)Gewicht kommt es unter dem Einfluss von Insulin zur Ablagerung von Fett im Fettgewebe, in der Leber und im Muskel. Diese Organe schützen sich vor weiterer „Verfettung" als Folge der Umwandlung der mit der Nahrung aufgenommenen (zu hohen) Menge an Glukose und ihrer Speicherung als Fett mit einer verminderten Insulin-Stimulation der Glukoseaufnahme und -speicherung als Fett. Diese wird verursacht durch die über teilweise noch nicht verstandene molekulare Mechanismen vermittelte Verminderung der Empfindlichkeit und Reaktivität bestimmter Teile der „Körpermaschine" gegenüber (i) dem intrinsischen Reiz Insulin und (ii) dem extrinsischen Reiz Glukose, einhergehend mit Insulinresistenz der Muskel-, Fett- und Lebergewebe bzw. gestörter Insulinfreisetzung auf Basis der Kooperation zwischen pankreatischen Inseln und Hypothalamus. Diese „kontraproduktive" Kommunikation zwischen den Teilsystemen des Gesamtsystems Körper-Gehirn bewirkt eine (weitere) Einschränkung der Glukoseaufnahme und -verwertung. Damit ist zunächst (nur) ein übermäßiger Anstieg des Blutzuckers unmittelbar nach Nahrungsaufnahme verbunden, der aber aufgrund der relativen Hyperaktivität der pankreatischen Inseln über erhöhte Insulinfreisetzung kurze Zeit später wieder normalisiert wird. Von dieser „Vorform" der Diabetes aus, die selbst noch keinen Krankheitswert besitzt, kommt es nur dann zur Entwicklung der T2D, wenn auch die pankreatischen Inseln aufgrund (i) von Mutationen in bestimmten Prädispositionsgenen, (ii) des Einwirkens bestimmter extrinsischer Risikofaktoren oder (iii) der „konzertierten Aktion" von intrinsischen und extrinsischen Risikofaktoren „geschwächt" sind. Dann sind die pankreatischen Inseln nicht mehr in der Lage, den Defekt der insulinresistenten Glukoseaufnahme und –speicherung in der „Körpermaschine" zu kompensieren. Dabei reagieren die Teilsysteme des Gesamtsystems „Körpermaschine-Gehirncomputer", wie Muskel, Leber, Fett, pankreatische Inseln, Hypothalamus, von verschiedener Individuen mit unterschiedlicher Sensitivität auf die verschiedenen extrinsischen Risikofaktoren, die selbst wiederum von Prädispositionsgenen bestimmt wird.

Intrinsische und extrinsische Risikofaktoren, Prädispositionsgene und Umwelteinflüsse, verursachen also in Kombination über komplexe Wechselwirkungen die Pathogenese der T2D und sind für deren phänotypische Heterogenität zwischen betroffenen Individuen verantwortlich. Dabei wird die Liste der Risikofaktoren für T2D, die in (individuell und persönlich) modifizierbare (Übergewicht, Fettleibigkeit, physische Inaktivität, sitzende Berufstätigkeit, Ernährung, Rauchen, erhöhte Blutfettwerte, Bluthochdruck, Entzündungen, Exposition gegenüber Umweltgiften wie Pestiziden und PCBs) und nicht-modifizierbare (Alter, Geschlecht, ethnische Zugehörigkeit, Familienhintergrund d.h. Prädispositionsgene, Schwangerschaftsdiabetes, intrauterine Umgebung) klassifiziert werden können, dank der immer intensiveren Anstrengungen der molekularen und klinischen Forschung immer länger (Abb. 7). Intrinsische, extrinsische, modifizierbare und nicht-modifizierbare Risikofaktoren nehmen im komplexen und kaum entwirrbaren Wechselspiel einen entscheidenden Einfluss auf die individuelle Lebensgeschichte, deren Wirkung auf die Pathogenese der T2D für einige Faktoren nachfolgend kurz dargestellt wird.

Abb. 7 Risikofaktoren und Biomarker für die Prädiktion und Diagnose von T2D

Gene (Mutationen, Polymorphismen)	Familiengeschichte an Altersdiabetes (v.a. Eltern und Geschwister)
Eiweißfaktoren im Plasma oder Geweben (Beispiele)	HNF4A, CAPN10, ENPP1, ADIPOQ, TCF7L2, ABCC8, KCNJ11,GCK SLC2A2, INS, PPARG, INSR, PIK3R1, IRS1, IRS2, SOS1, ADCY5
Rasse, Ethnizität	z.B. afrikanische, spanische, asiatische und native Amerikaner
Adipositas	BMI ≥ 27; ≥ 20% über gewünschtem Körpergewicht
Alter	≥ 45 Jahre
Blutdruck	≥ 140 systolisch oder ≥ 90 diastolisch
Plasmalipide	LDL-Cholesterin > 150 mg/dl; Triglyzeride > 250 mg/ml
Schwangerschaftsdiabetes	Geschichte von Schwangerschaftsdiabetes oder Geburt eines Säuglings > 4,5 kg
Verschlechterte Glukosetoleranz	Plasmaglukose zwei Stunden nach Einnahme von 75 g Schokolade 140-199 mg/ml
Erhöhter Nüchternblutzucker	Plasmaglukose im nüchternen Zustand 110-125 mg/dl
Geschlecht	weiblich > männlich
Erziehung	< Abitur
Einkommen	< Durchschnittseinkommen oder Armut
Lebensweise	nicht ausreichende körperliche Aktivität, zu hohe Kalorienzufuhr persönliche Unzufriedenheit, Depressionen

2.9.3.3.1 Lebensstil

Das Risiko, an T2D zu erkranken, korreliert in hoch-signifikanter und positiver Weise mit dem Körpergewicht. Die Mehrheit der an T2D Erkrankten ist übergewichtig und physisch wenig aktiv, oft einhergehend mit einer sitzenden Berufstätigkeit. Mehr als 45 % der erwachsenen Diabetespatienten haben einen BMI von wenigstens 30. Adipositas selbst verursacht eine deutliche Reduktion der Empfindlichkeit und Reaktivität von Muskel, Fett und Leber der „Körpermaschine" gegenüber der Stimulation der Glukoseaufnahme und -verwertung durch Insulin. Diese Insulinresistenz wird zunächst durch erhöhte Insulinfreisetzung aus den pankreatischen Inseln der „Körpermaschine" kompensiert. Nachfolgend führt die mit zunehmendem Körpergewicht sich steigernde Insulinresistenz in Kombination mit nachlassender Insulinfreisetzung durch das überlastete und mit der Zeit Schaden nehmende Gesamtsystem „Körpermaschine-Gehirncomputer" (bestehend aus pankreatischen Inseln und Hypothalamus) zu permanent erhöhten Blutzuckerspiegeln.

Selbst viele nicht-adipöse Diabetespatienten weisen einen erhöhten Anteil abdominalen Fetts auf. Letzteres stellt für viele nicht-weiße Erwachsene ein besonderes Problem dar. Zahlreiche Studien haben ergeben, dass mexikanische und afrikanische Amerikaner gegenüber nicht-spanischen Weißen mit vergleichbarem BMI durch höhere Insulinspiegel im Blut und geringere Empfindlichkeit gegenüber Insulin gekennzeichnet sind.

Adipositas stellt für Frauen ein größeres Problem dar als für Männer. Bei Erwachsenen über 25 Jahre beträgt die Häufigkeit von Adipositas 21 % unter Männern und 27 % unter Frauen. Unter den nicht-weißen und kulturell diversen Bevölkerungsgruppen in den USA ist Adipositas bei afrikanischen und mexikanischen Amerikanerinnen um 13 bzw. 18 % häufiger als bei den jeweiligen Amerikanern. Es besteht auch eine eindeutige Korrelation zwischen Adipositas und bereits im Jugendalter einsetzender T2D, besonders unter den nicht-weißen kulturell diversen Subpopulationen. T2D wird gewöhnlich bei Erwachsenen über 45 Jahren diagnostiziert. Mittlerweile wird sie in steigender Häufigkeit auch bei jungen Erwachsenen und Kindern festgestellt, wahrscheinlich als unmittelbare Konsequenz des bei diesen Altersgruppen zunehmenden Auftretens von Adipositas, physischer Inaktivität und sedentärer Lebensweise.

Andere vom Lebensstil abhängige und die Entwicklung der T2D begünstigende Faktoren schließen den Konsum von Tabak und Alkohol, falsche Ernährung und – am bedeutendsten – physische Inaktivität ein. Eine sitzende Lebensweise trägt nicht nur entscheidend zur Entwicklung von Adipositas bei, sondern verschlechtert unabhängig davon die Empfindlichkeit gegenüber Insulin und die Kapazität zur Insulinfreisetzung. Körperliche Anstrengung und Training verbessern bei Diabetespatienten nicht nur die Kontrolle des Blutzuckers, sondern tragen auch zu einem verbesserten Schutz vor Entwicklung der diabetischen Spätschäden und Komplikationen bei, wie etwa von kardiovaskulären Erkrankungen, Bluthochdruck und erhöhten Konzentrationen an Blutfetten. Wieder sind Frauen gegenüber Männern, sowie afrikanische und mexikanische gegenüber nicht-spanischen weißen Amerikanerinnen einer größeren Gefahr durch körperliche Inaktivität vor allem mit zunehmendem Alter ausgesetzt.

Zusammenfassend lässt sich festhalten, dass Frauen gegenüber Männern allein geschlechtsspezifisch nur ein leicht erhöhtes Risiko für T2D aufweisen, dagegen ein deutlich höheres aufgrund von anderen Risikofaktoren, darunter von niedrigerem sozioökonomischen Status, Adipositas, körperlicher Inaktivität und Schwangerschaft. Darüberhinaus besitzen Frauen eine höhere Lebenserwartung als Männer mit der – nicht überraschenden – Konsequenz, dass Frauen auch häufiger an T2D erkranken.

2.9.3.3.2 Depression und Stress

Da Depression mindestens doppelt so häufig unter Diabetes-Patienten als in der Gesamtbevölkerung auftritt und für diese mit einer ungünstigeren Prognose verbunden ist als die T2D alleine, wird Depression mit der Entwicklung von T2D in Verbindung gebracht. Beide Erkrankungen sind häufiger in niedrigeren sozioökonomischen Bevölkerungsschichten anzutreffen. Depressionen gehören auch zu den primären Ursachen für die mit T2D assoziierten Spätschäden und Komplikationen und tragen wesentlich zur Bürde und Leidensgeschichte für die Patienten bei. Diabetespatienten mit Depression entwickeln mit größerer Wahrscheinlichkeit diabetische Spätschäden, andere chronische Komorbiditäten und Behinderungen als Diabetiker ohne Depression. Die Gefahr eines vorzeitigen Todes ist bei ihnen um das vierfache höher. Zusätzlich zur verminderten Lebensqualität, Lebenstüchtigkeit und Lebenserwartung stellt die depressive Stimmungslage eine zusätzliche Bedrohung für den Diabetespatienten dar, indem diese dem Festhalten an einer sinnvollen Behandlungsstrategie und an einer vernünftig angepassten Lebensweise entgegenwirkt und dadurch die Gefahr für diabetische Spätschäden und Komplikationen dramatisch erhöht. Diabetespatienten mit Depression sind weniger motiviert, an einem spezifischen Behandlungsprotokoll festzuhalten, sind weniger sozial und physisch aktiv und zeigen nach außen weniger Zufriedenheit mit dem Leben und Hoffnung für ihre Zukunft. Bipolare Erkrankungen werden heutzutage als bedeutende Risikofaktoren für Stoffwechselkrankheiten angesehen. So leidet einer von drei Altersdiabetikern an Depressionen und man schätzt, dass T2D die Häufigkeit von Depressionserkrankungen ungefähr verdoppelt. Aus diesem engen Zusammenhang zwischen T2D und Depression ergibt sich unmittelbar die Frage nach der Kausalität, also nach Ursache und Folge. Wirkt die T2D als unmittelbarer Auslöser für eine nachfolgende Depression oder umgekehrt erhöht eine Depression – kausal – die Wahrscheinlichkeit für die Entwicklung einer T2D?

Hinsichtlich letzterer Reihenfolge der Ereignisse kann eine Erklärung darin ausgemacht werden, dass depressive Personen aufgrund ungünstiger Nahrungsauswahl und geringer körperlicher Aktivität im Laufe ihres Lebens im Vergleich zu nicht depressiven mit deutlich höherer Wahrscheinlichkeit an Adipositas erkranken, einem entscheidenden extrinsischen Risikofaktor für T2D (s. 2.9.3.2). Alternativ oder zusätzlich zur diabetogenen Wirkung einer auf die depressive Gemütslage zurückgehenden Adipositas könnte eine durch Depressionen verursachte Stressbelastung der „Körpermaschine“ und des „Gehirncomputers“, die sich – über die Bildung von Sauerstoffradikalen als oxidativer Stress – bis auf die zelluläre Ebene auswirkt, die Fähigkeit des Muskel-, Fett- und Lebergewebes, sowie der pankreatischen Inseln, über Insulinfreisetzung die mit der Nahrung aufgenommene Glukose aus dem Blutkreislauf effizient zu entfernen und diese zur Energiespeicherung in Glykogen oder Fette umzuwandeln, signifikant verschlechtern. Die apparente Beeinträchtigung der Empfindlichkeit für Insulin und der Insulinfreisetzung führt nach Nahrungsaufnahme zu einer länger währenden Blutzuckererhöhung im Vergleich zu Personen ohne Stressbelastung und damit zur Initiation der Diabetes-Pathogenese. Darüberhinaus üben Stress und psychologische Belastungen auch nach Entwicklung einer T2D einen negativen Einfluss auf die physiologische und therapeutische Kontrolle des Blutzuckers aus.

Hinsichtlich der T2D als kausale Ursache für Depression ist seit langem bekannt, dass Personen mit Diabetes stärker gefährdet, klinische Formen einer Depression zu entwickeln als solche ohne. Und selbst wenn eine klinische Depression nicht vorzuliegen scheint, ist bei erwachsenen Diabetespatienten die Wahrscheinlichkeit für das Auftreten von Symptomen einer bipolaren Erkrankung und anderen Anzeichen einer psychischen Belastung um mehr als das zweifache erhöht. Gerade in den letzten Jahren wurde intensiv versucht, die molekularen Mechanismen zu begreifen, welche als Folge einer T2D die Entwicklung von depressiven Stimmungen vorantreiben. Der Fokus der wissenschaftlichen Forschungen liegt dabei auf der Identifizierung von möglichen (i) Diabetes-relevanten Einflussfaktoren auf die Gemütslage und Stimmung, wie Quantität und Qualität der Ernährung, Adipositas und Bauchfett, (ii) molekularen Mechanismen, welche die aus diesen Einflussfaktoren resultierenden metabolischen Signale mit der depressiven Symptomatik kausal verknüpfen, wie Hormone (z.B. Glucocorticoide, Insulin, Leptin, Resistin, Adiponectin) und inflammatorische Faktoren und (iii) zentralen Wirkungen dieser metabolischen Signale im Hinblick auf Angstgefühle, depressives Verhalten und Stimmungslage.

Zur Abgrenzung von Adipositas und T2D im Hinblick auf ihre Assoziation mit Depression und als deren direkte Ursache sind Befunde von großer Bedeutung, dass übergewichtige (BMI 25–29,9) und selbst adipöse (BMI $\geq$ 30) Personen ohne die spezifischen Diabetes-assoziierten Risikofaktoren, wie erhöhte Blutzucker- und Insulinspiegel, hoher Blutdruck, niedrige HDL-Cholesterinspiegel und hohe Triglyzeridspiegel im Serum, die folglich als „metabolisch gesund" eingestuft werden, keinem erhöhten Risiko für Depressionen ausgesetzt sind. Erste Anzeichen von Depressionen treten oft im prä-diabetischen Stadium auf, wenn bereits Insulinresistenz, d.h. erhöhte Insulinspiegel im Blut bei noch normalem Blutzucker im nüchternen Zustand nachzuweisen sind. Personen mit Insulinresistenz, die zusätzlich noch Übergewicht bis hin zur Adipositas oder das sogenannte metabolische Syndrom, also eine Kombination von erhöhtem Blutdruck, ungünstigen Blutfettwerten und anderen kardiovaskulären Risikofaktoren aufweisen, sind einem deutlich erhöhten Risiko für Depressionen ausgesetzt. Eine neuere systematische Meta-Analyse ergab eine zwar nicht sonderlich ausgeprägte, aber dennoch signifikante Assoziation zwischen Depression und Insulinresistenz bei Vergleich zwischen verschiedenen Personengruppen mit unterschiedlich ausgeprägter Insulinsensitivität/-resistenz.

Eine weitere Studie konnte zeigen, dass die Behandlung von Patienten mit multiplen depressiven Störungen in Kombination mit abdominaler Lipidakkumulation oder metabolischem Syndrom mit einem Wirkstoff, der die Insulinresistenz vermindert, über 12 Wochen mit einer signifikanten Abschwächung der depressiven Symptome und Angstzustände verbunden war. Dabei konnte eine positive Korrelation zwischen dem Ausmaß der Verbesserung der Insulinsensitivität und der Gemütslage verzeichnet werden. Der Nachweis von anti-depressiven Effekten durch Wirkstoffe gegen Insulinresistenz und andere Untersuchungen, bei denen Mäusen und Ratten dieser Wirkstoff verabreicht und dann Tests auf Antriebsschwäche und Immobilität durchgeführt wurden, ließen den Schluss zu, dass eine durch abdominale Lipidakkumulation hervorgerufene Insulinresistenz, möglicherweise assoziiert mit verminderter Insulinfunktion im „Gehirncomputer", die primäre Ursache für eine depressive Stimmungslage darstellt.

Konsequenterweise wurden intensive Studien mit Hilfe von intranasaler Verabreichung von Insulin durchgeführt, um die postulierte Insulinresistenz im „Gehirncomputer" durch „Überdosierung" zu kompensieren und um die mögliche Funktion von Insulin im Gehirn und im Zentralnervensystem (beide Systeme werden durch die intranasale Umgehung der Blut-Hirn-Schranke erreicht) in der Kontrolle von emotionalen Zuständen zu erforschen. Zusammengefasst bestätigt die auf Mäuseversuchen beruhende experimentelle Evidenz die positive Korrelation zwischen Insulinresistenz und Depression und deutet darüberhinaus auf Verbesserung der Stimmung und Gefühlslage durch Insulin hin. Jedoch bleibt zu klären, ob intranasal verabreichtes Insulin eine anti-depressive Wirkung auch auf an Depressionen leidenden Personen ausübt und, falls ja, ob auch auf depressive Diabetes-Patienten.

Aus diesen Studien lässt sich schließen, dass die Entwicklung von Depressionen offenbar erst durch die mit der T2D assoziierten metabolischen Entgleisungen vorangetrieben wird. Demnach funktioniert nach der gegenwärtigen Vorstellung die für T2D charakteristische Kombination aus Akkumulation von Bauchfett aufgrund ungesunder Ernährung und körperlicher Inaktivität in Kombination mit ungünstigen metabolischen Veränderungen aufgrund (genetischer) Prädisposition als Trigger für depressive Stimmung und depressives Verhalten in Patienten mit T2D.

Aufgrund der beobachteten positiven Korrelation zwischen Bauchfett, Störungen im Stoffwechsel und Depressionen wurden die folgenden molekularen Mechanismen und metabolischen Signale postuliert, die T2D und Depressionen kausal verknüpfen und dabei die Entwicklung oder das Vorliegen von Adipositas nicht voraussetzen (Hryhorczuk et al. 2013): Übermäßige Einnahme von Nahrung, die reich an (gesättigten) Fetten ist, führt unter den Bedingungen einer (genetisch) prädisponierten und mit T2D assoziierten Insulinresistenz bei damit einhergehenden erhöhten Insulinspiegeln im Blut zur Speicherung von Lipiden in den Fettzellen des Bauchfetts. Diese abdominale Lipidakkumulation verursacht endokrine Veränderungen, die sich in Fehlregulationen innerhalb der hypothalamisch-hypophysisch-adrenalen (HPA-)Achse auf der Ebene relevanter Signalübertragungskaskaden und Hormonspiegel (z.B. an Glucocorticoiden, Leptin, Adiponectin, Resistin, Insulin) manifestieren. Diese Hormone werden mit der zentralen Kontrolle der Gefühlslage und der Stimmung in Verbindung gebracht. Die durch die abdominale Lipidakkumulation bedingte Verschlechterung der durch Glucocorticoide, Leptin und Insulin ausgelösten Signalübertragungsvorgänge im „Gehirncomputer" könnte die erhöhten Spiegel an Cortisol, Leptin und Insulin über entsprechende Mechanismen der Hormonresistenz mit Depression kausal verknüpfen.

Die abdominale Lipidakkumulation führt darüberhinaus zur vermehrten Freisetzung von entzündungsfördernden Faktoren, wie den Zytokinen Tumornekrosefaktor-alpha und Interleukin-1ß und anderen Eiweißen, wie C-reaktives Protein, die alle im Gehirn neuroinflammatorische Reaktionen begünstigen oder sogar auslösen und dadurch zur Entwicklung von Depressionen beitragen können. Die massiv erhöhte abdominale Fettmenge in Kombination mit der durch die Insulinresistenz verursachten Umsetzung und Zerlegung des Fetts in den Fettzellen in die es konstituierenden Fettsäuren bedingt eine Erhöhung der Blutspiegel an freien gesättigten Fettsäuren. Ihr Eintritt in den „Gehirncomputer" mag die Entstehung von entzündlichen Prozessen und den Wirksamkeitsverlust von Leptin und Insulin, also die sogenannte Leptin- und Insulinresistenz, weiter vorantreiben und damit die Entwicklung von Depression fördern. Parallel hierzu könnten eine erhöhte Empfindlichkeit für und

Verletzbarkeit durch extrinsische Stressfaktoren, negative emotionale Zustände und ungünstige mentale Einstellungen, wie etwa ein geringes Selbstwertgefühl, den Konsum von energiereichen „bequemen" Nahrungsmitteln entscheidend stimulieren. Dadurch könnte ein verhängnisvoller und sich aufschaukelnder Zyklus aus abdominaler Lipidakkumulation, metabolischen Fehlsteuerungen und Depression in Gang gesetzt werden.

Ein weiterer Fokus der molekularbiologischen Depressionsforschung besteht in der Aufklärung der molekularen und zellulären Mechanismen, die der apparenten anti-depressiven Wirkung von Insulin zugrundeliegenden. Ergebnisse aus unterschiedlichen Forschungsbereichen verknüpfen die Entwicklung von depressiver Stimmung in Diabetes-Patienten mit Überernährung und abdominaler Lipidakkumulation in Kombination mit hohen, durch Insulinresistenz bedingten Insulinspiegeln und der dadurch stimulierten Fettsynthese. Weiterhin deuten neuere Befunde auf eine dominierende Rolle von in fettreicher Nahrung enthaltenden gesättigten Fettsäuren in der Entstehung von Diabetes-assoziierten Depressionen hin.

Die verfügbaren experimentellen Daten sind mit dem folgenden Modell des Diabetes-induzierten depressiven Verhaltens vereinbar: Mit der Nahrung aufgenommene gesättigte Fettsäuren, wie Palmitinsäure, werden zunächst im abdominalen Fettgewebe gespeichert, binden dann aber – bei nachlassender Synthese- und Speicherungskapazität des Fettgewebes – an einen spezifischen Rezeptor, der entzündliche Prozesse und die Infiltration des Fettgewebes mit spezifischen Immunzellen auslöst. Die daraufhin im Fettgewebe von den Immun- und Fettzellen produzierten und ins Blut freigesetzten pro-inflammatorischen Zytokine und andere Faktoren verursachen im Muskelgewebe und in der Leber eine Insulinresistenz. In analoger Weise könnten gesättigte Fettsäuren im „Gehirncomputer" innerhalb des Areals des *Nucleus accumbens* über neuroinflammatorische Prozesse und neuroplastische Adaptionen im *Striatum* eine Insulinresistenz (und Leptinresistenz) bewirken. Die damit einhergehenden erhöhten Konzentrationen an Insulin (und Leptin) im „Gehirncomputer" würden die Synthese von Fetten stimulieren, die dann – wie beobachtet – als Fetttröpfchen in Dopamin produzierenden Nervenzellen abgelagert werden. Diese Akkumulation von ungesättigten Fettsäuren könnte sehr wohl funktionelle Implikationen nach sich ziehen, wie zum Beispiel die Verstärkung der Insulinresistenz, in einem Teufelskreis aus erhöhten Insulinspiegeln, stimulierter Fettsynthese und –ablagerung und verringerter Insulinwirkung. Die Insulinresistenz mit den einhergehenden erhöhten Insulinspiegeln könnte über den wohl bekannten Mechanismus der Unterdrückung des exzitatorischen glutamatergischen Inputs auf Dopamin produzierende Nervenzellen durch Insulin einen Mangel des Neurotransmitters Dopamin verursachen. Der damit einhergehende verminderte Dopamin-Tonus im „Gehirncomputer" könnte die Entwicklung von Antriebslosigkeit bis hin zu Depressionen erklären. Zusätzlich oder alternativ besteht die Möglichkeit, dass Immunzellen nach ihrer Aktivierung im exzessiv proliferierten abdominalen Fettgewebe aus diesem in den „Gehirncomputer" einwandern und in spezifischen Arealen neuroinflammatorische Signale und entzündliche Prozesse auslösen. Diese könnten (auch) gegen die Dopamin produzierenden Nervenzellen gerichtet sein, welche dadurch in ihrer anti-depressiven Funktion beeinträchtigt werden.

Das quantitativ-numerische Vorgehen der Naturwissenschaften führt somit zur gegenwärtigen mechanistischen Vorstellung über eine kausale Wechselwirkung zwischen depressiven Erkrankungen und T2D, welche auf der Beziehung zwischen intrinsischen Risikofaktoren, also Mutationen in den Stoffwechsel kontrollierenden Genen und Eiweißen der „Körpermaschine“ und des „Gehirncomputers“ und extrinsischen Risikofaktoren, also u.a. sedentärem Lebensstil und niedrigem sozioökonomischem Status beruht und in Kombination zu übermäßiger Nahrungsaufnahme (etwa von gesättigten Fettsäuren) und Akkumulation von abdominalem Fett in der „Körpermaschine“ und nachfolgend zu Insulinresistenz und Inaktivierung von „stimmungsbildenden“ Nervenzellen im „Gehirncomputer“ führt. Die Wechselwirkung zwischen T2D und Depression gehe demnach mit einer Stimulation und Verstärkung der den beiden Erkrankungen jeweils zugrundeliegenden pathophysiologischen molekularen Mechanismen einher, wobei die Forscher – bei Festhalten an einer linearen Ursache-Wirkungskette – Kandidaten für den initialen molekularen Auslöser sowohl in der „Körpermaschine“ (Diabetes als primäre Ursache), wie auch im „Gehirncomputer“ (Depression als primäre Ursache) ausmachen. Diese Denkweise geht einher mit der Forderung nach Aufklärung der Kausalität durch intensive neurobiologische und molekulare Erforschung der Stimmungs- und Stoffwechsel-regulierenden Zentren und Mechanismen, über die die metabolischen, immunologischen, entzündlichen und neuronalen Signale während (prä-)diabetischer bzw. (prä-)depressiver Stadien ihre Wirkung entfalteten. Allerdings weisen die naturwissenschaftlichen Forscher selbst darauf hin, dass es schwierig sein dürfte, einen direkten Einfluss dieser Signale auf die durch Diabetes induzierte Depression bzw. auf die durch Depression induzierte Diabetes kausal nachzuweisen, da sie oft miteinander vernetzt seien und meistens räumlich und zeitlich überlappend operierten[109 110].

2.10 „Vorhermessen“ und molekulares Erklären von Zivilisationskrankheiten

Die naturwissenschaftlichen Tradition der quantitativen Prädiktion versucht, die Struktur, Stofflichkeit und Funktion eines Beobachtungsobjekts möglichst vollständig und präzise zu einem bestimmten Zeitpunkt zu beschreiben oder für einen zukünftigen Zeitraum vorherzusagen. Diese Forderungen lassen sich bei

109 Hryhorczuk, Cecile / Sharma, Sandeep / Fulton, Stephanie E.: “Metabolic disturbances connecting obesity and depression”. *Front. Neurosci.* 7, 2013, doi: 10.3389/fnins.2013.00177.

110 Moulton Calum D. / Pickup John C. / Ismail Khalida: “The link between depression and diabetes: the search for shared mechanisms”. *Lancet Diabetes Endocrinol.* 3, 2015, S. 461–471.

physikalisch-chemischen Gegenständen im Allgemeinen relativ einfach erfüllen und erkenntnistheoretisch rechtfertigen. Der strukturelle, stoffliche oder funktionale Zustand eines konkreten physikalischen Objekts oder eines „trivialen" physikalischen Systems, wie einer Maschine, kann zu einem gegebenen Zeitpunkt als solcher eindeutig beobachtet und erkannt, also diagnostiziert und seine weitere Entwicklung mit großer (fast an Sicherheit grenzender) Wahrscheinlichkeit vorhergesagt werden. Voraussetzung hierfür ist, dass durch die Beschreibung eindeutige „Rezepte" für die Unterscheidung dieses von anderen gleichartigen, aber nicht gleichen Objekten und dessen reproduzierbare Handhabung generiert werden. Die quantitative Prädiktion und Diagnostik für „nicht-triviale" biologische Systeme gestaltet sich jedoch deutlich schwieriger, da Lebewesen, bedingt durch ihre Autonomie, Eigendynamik und Autopoiese, kontinuierlich selbstorganisierenden Modifikationen ihrer Struktur, Stofflichkeit und Funktion unterworfen sind. Diese können mit Sicherheit erst nach ihrer Realisierung beschrieben, nicht jedoch mit einer – für „triviale" Systeme durchaus realisierbaren – hohen Verlässlichkeit vorhergesagt werden. Gemäß klassisch-naturwissenschaftlicher Sehweise betrifft diese prinzipielle Einschränkung sowohl den biologischen, wie auch die psychischen und sozialen Teilsysteme und Phänomenbereiche des Menschen, wenngleich die beiden letzteren davon ungleich stärker.

Erkenntnistheoretisch gesehen verfolgt die quantitativ-naturwissenschaftliche Prädiktion die Erzeugung von Ordnung, indem aus der Vielzahl und Vielfalt möglicher struktureller, stofflicher und funktionaler Zustände nur bestimmte herausselektiert werden und dabei spezifische tatsächliche Einheiten der Erkenntnisse produziert werden. Damit führt diese quantitative Art der Prädiktion zu einer Reduktion an Komplexität durch Generalisierung und Nivellierung von Unterschieden. Generalisierungen, also das Einführen von Kategorien, Klassen und Typen ermöglichen – im Einklang mit Ludwik Fleck (s. 3.1.3.2) – eine bessere Verständigung, zumal sie die Erwartung an einen bestimmten, dem vorhergesagten oder diagnostizierten Zustand zukommenden Sinn erhöhen. Damit geht aber leider oft einher, dass das so Klassifizierte und Geordnete eine Eigendynamik entwickeln und sich mit großer Stabilität verselbständigen kann. So werden unter der Sammeldiagnose T2D seit Jahrzehnten ganz unterschiedliche Formen einer komplexen Stoffwechselkrankheit zusammengefasst. Dahinter mag man den praktischen, aber zweifelhaften Vorteil erkennen, bei den betroffenen Patienten und den sich mit ihnen befassenden Ärzten und Forschern den Eindruck zu erwecken, den Zustand des Patienten als eine bestimmte Krankheit eindeutig vorhergesagt oder erkannt zu haben. Denn dann (erst) kann kommuniziert werden, was nun als Handlungsfolge von diesem Patienten zu erwarten sei. Dabei bleibt unberücksichtigt, dass Generalisierungen und Kategorisierungen in den meisten Fällen unbeabsichtigt Konnotationen mit sich führen, die bei den Betroffenen negative Auswirkungen haben.

2.10.1 „Vorhermessen“ mittels Biomarkern

Das nationale Institut für Gesundheit der USA, NIH, hat folgende Definition für prognostische und diagnostische Biomarker verabschiedet[111]: Ein Biomarker repräsentiert (i) ein Merkmal, welches objektiv gemessen und als Indikator für einen normalen biologischen Prozess, einen pathologischen Prozess oder eine pharmakologische Reaktion auf eine therapeutische Intervention herangezogen werden kann, (ii) einen klinischen Endpunkt oder eine klinische Variable, welche widerspiegelt, wie sich ein Patient fühlt, wie er funktioniert oder überlebt oder (iii) einen Surrogat-Endpunkt, wenn er einen klinischen Endpunkt ersetzen kann mit dem Potential zur Prädiktion des klinischen Vor- oder Nachteils auf Grundlage epidemiologischer, therapeutischer, pathophysiologischer oder anderer wissenschaftlicher Evidenz[112][113]. Somit besteht der Nutzen in der Anwendung von Biomarkern vor allem in der Vorhersage von komplexen multifaktoriellen Zivilisationskrankheiten. Die Definition der amerikanischen Gesundheitsbehörde FDA ist demgegenüber stärker auf die praktische Anwendung fokussiert, indem sie Biomarker mit einem Surrogat-Endpunkt gleichsetzt, der in klinischen Studien als Ersatz für einen klinisch relevanten Endpunkt und als direkt messbarer Parameter dafür dienen kann, wie ein Patient sich fühlt, wie er funktioniert oder wie er überlebt[114].

Somit stellt ein Biomarker in jedem Fall einen Indikator für eine Veränderung, also die Entwicklung eines Unterschiedes zwischen zwei Zuständen dar, zwischen dem gesunden und dem kranken, auf Basis des Funktionierens, des Überlebens und – bemerkenswerterweise – des Fühlens. Er fluktuiert deshalb mit der Zeit und unter dem Einfluss von äußeren und inneren Reizen und Agenzien, also extrinsischen und intrinsischen, modifizierbaren und nicht-modifizierbaren Risikofaktoren. Biomarker messen damit die „natürliche“ Geschichte einer Krankheit und indirekt gleichzeitig die Lebensgeschichte eines Patienten über die Zeit. Letztlich soll mit Biomarkern das „Wohlbefinden“ des Gesamtsystems Körper-Gehirn erfasst werden. Dieses wird mit einem entsprechenden Index quantitativ ermittelt, der von 0 (Tod) bis 100 (perfekte homöostatische Kontrolle unter gesunden Bedingungen) reicht. Als „reizbare Körpermaschinen“ und „programmierbare Gehirncomputer“, also als Funktionen von intrinsischen und extrinsischen Risikofaktoren, wie etwa Prädispositionsgenen, Umwelteinflüssen, Alter etc., versuchen die Individuen demnach, ein

111 Müller, Günter: “Microvesicles/exosomes as potential novel biomarkers of metabolic diseases”. *Diabetes, Metabolic Syndrome and Obesity: Targets and Therapy* 5, 2012b, 247–282.

112 Frank, Richard / Hargreaves, Richard: “Clinical biomarkers in drug discovery and development”. *Nature Drug Discov.* 2, 2013, S. 566–580.

113 Biomarker Definitions Working Group: “Biomarkers and surrogate endpoints: Preferred definitions and conceptual framework”. *Clin. Pharmacol. Ther.* 69, 2002, S. 89–95.

114 Temple, Robert: “Are surrogate markers adequate to address cardiovascular disease drugs?”. *JAMA* 282, 1998, S. 790–795.

„Wohlbefinden" als biologisches Gleichgewicht der homöostatischen Kontrolle aufrechtzuerhalten. In Bezug auf Stoffwechselkrankheiten, wie T2D, sollten Biomarker demnach dazu dienen, die individuelle Entwicklung ausgehend von einem Zustand der persönlichen Homöostase der Stoffwechsellage über den Beginn der Erkrankung und ihr Fortschreiten bis hin zum klinischen Endpunkt eines Ungleichgewichts, zu den diabetischen Komplikationen und Spätschäden, zu verfolgen.

Extrinsische und intrinsische Risikofaktoren steuern zusammen in engster Wechselwirkung gemäß des Modells von der „reizbaren Körpermaschine" und des „programmierbaren Gehirncomputers" letztlich die Lebensgeschichte des Individuums, auch hinsichtlich einer möglichen Entwicklung hin zu T2D. Demnach manifestiere sich diese Lebensgeschichte in Veränderungen in für T2D relevanten Molekülen, wie Eiweißen, Fetten und Metaboliten in relevanten Organen und im Blut, die der Pathogenese vorauseilen, sie begleiten oder ihr nachfolgen. Deshalb sei es wichtig, diese sogenannten phänotypischen Biomarker, die ja letztlich „näher" an der Pathogenese seien als die genotypischen, welche die Lebensgeschichte zwar zweifellos „starr" mitbestimmen, aber umgekehrt von dieser – scheinbar – nicht direkt modifiziert werden, zur individuellen Prädiktion heranzuziehen (s. Abb. 7 in 2.9.3.3). Allerdings wurde in jüngster Zeit durch Experimente an Mäusen auf überzeugende Weise nachgewiesen, dass Umwelteinflüsse, etwa der Ernährungszustand des Vaters oder der Mutter, die Funktionalität von bestimmten Genen, etwa der Stoffwechselregulation – über chemische Modifikationen – direkt beeinflussen können, die dann nach Weitergabe an deren Kinder die Lebensgeschichte der Kinder, etwa die Entwicklung von T2D oder Adipositas, entscheidend beeinflussen[115] (Huypens et al. 2016). Sollte eine Rolle dieser sog. epigenetischen Modifikationen, die nicht die Struktur (d.h. Sequenz) des Gens selbst betreffen, sondern mit dem Gen assoziierte kleine chemische Gruppen oder Proteine, bei der Kontrolle der Insulinfreisetzung oder der Empfindlichkeit für die Insulinwirkung auch in der „Körpermaschine" und im „Gehirncomputer" des Menschen nachgewiesen werden, könnten sie als „epigenetische Biomarker" eine herausragende Bedeutung (auch) für die Prädiktion von T2D erlangen, da sich in ihnen offenbar die genetische Konstitution in Kombination mit der Lebensgeschichte des Individuums (einschließlich der seiner Vorfahren) manifestiert.

2.10.2 „Vorhermessen" von T2D

Die Erst-Diagnose von T2D erfolgt gegenwärtig im klinischen Labor durch die biochemische Bestimmung von Glukose (Blutzucker) und von „glykiertem" Hämoglobin (HbA1c) im Blut. HbA1c wird in Folge der permanent hohen Blutzuckerspiegel durch (nicht-enzymatische) konzentrations- und zeitabhängige feste Anlagerung von Glukosemolekülen an das in den Erythrozyten gespeicherte Hämoglobin ge-

115 Huypens, Peter et al.: "Epigenetic germline inheritance of diet-induced obesity and insulin resistance". *Nat. Genet.* 48, 2016, S. 497–499.

bildet. Häufig erfolgt die Diagnose mit der erforderlichen Zuverlässigkeit erst im fortgeschrittenen Alter, wenn bereits eine Vorform der Diabetes, eine Prä-Diabetes vorliegt und oft nur im Rahmen einer zufälligen Routineuntersuchung. Dann leiden die Patienten aber – wie sich erst durch eine eingehende Untersuchung dann nachweisen lässt – häufig schon an ersten Anzeichen von Spätschäden und Komplikationen, waren also bereits einem – zwar nur leicht – überhöhten und nicht regulierten Blutzucker über einen längeren Zeitraum unbemerkt ausgesetzt. Das Vorliegen einer Prä-Diabetes als initiales Stadium der Pathogenese, welches auf die Möglichkeit der Entwicklung einer T2D – mit hoher Wahrscheinlichkeit hindeutet, kann mittels Messung der Blutzucker- und HbA1c-Spiegel, die in diesem Zeitraum eben noch kaum erhöht, dafür umso länger unbemerkt „wirksam" sein, nicht erkannt werden.

Gegenwärtig basiert die Prädiktion der T2D während einer begrenzten Zeitspanne von typischerweise 5 bis 10 Jahren vor ihrer endgültigen Diagnose, wie auch die endgültige Diagnose und die Prognose der zukünftigen Folgen der Erkrankung (diabetische Komplikationen und Spätschäden) auf der Messung der Spiegel von typischen und leicht zugänglichen Biomarkern im Blut, wie Metabolite des Kohlenhydrat- und Fettstoffwechsels (z.B. Glukose, Triglyzeride, Cholesterin, Lipoproteine) und davon abgeleitete Surrogatmoleküle (z.B. glykiertes Hämoglobin HbA1C)[116] [117] [118] [119] [120] (s. Abb. 7 in 2.9.3.3). Diese sogenannten traditionellen Biomarker ermöglichen in der Kombination eine Prädiktion der T2D mit einer Wahrscheinlichkeit von 65 bis 75 % (50 % entspricht der Wahrscheinlichkeit bei einem Würfelwurf). Die Ergänzung mit weiteren traditionellen Biomarkern, in denen sich Parameter der physikalischen Konstitution des Körpers (z.B. BMI, Verhältnis von Bauch- zu Hüftumfang, Alter, Geschlecht), des aktuellen Gesundheitszustands (z.B. Blutdruck, Blutfette, Fitness) und des Lebensstils (z.B. Rauchen, Alkoholkonsum, Nahrungsmittelkonsum) des Probanden manifestieren, bringt eine weitere Erhöhung der Vorhersagewahrscheinlichkeit auf 85 bis 90 % mit sich[121]. Es wird von naturwissenschaftlich-biomedizinischen Forschern davon ausgegangen, dass in Zukunft funktionelle Tests, die gegenwärtig – aufgrund des apparativen und finanziellen Aufwands – nur für die bestätigende Diagnose routinemäßig eingesetzt werden,

116 Lyons, Timothy J. / Basu Arpita: "Biomarkers in diabetes: hemoglobin A1c, vascular and tissue markers". *Transl. Res.* 159, 2012, S. 303–312.

117 Colagiuri, Stephen: "Optimal management of type 2 diabetes: the evidence". *Diabetes Obes. Metab.* 14(Suppl. 1), 2012, S. 3–8.

118 Lipska, Kasia J. / Kosiborod, Mikhail: "Hypoglycemia and adverse outcomes: marker and mediator". *Rec. Cardiovasc. Med.* 12, 2011, S. 132–135.

119 Rhee, Eugene P. / Gerszten, Robert E.: "Metabolomics and cardiovascular biomarker discovery". *Clin. Chem.* 58, 2012, S. 139–147.

120 Herder, C. / Karakas, M. / Koenig, W.: "Biomarkers for the prediction of type 2 diabetes and cardiovascular disease". *Clin. Pharmacol. Ther.* 90, 2011, S. 52–66.

121 Schulze, Matthias B. et al.: "Use of multiple metabolic and genetic markers to improve the prediction of type 2 diabetes: the EPIC-Potsdam study". *Diab. Care* 32, 2009, S. 2116–2119.

wie Glukose- und Insulintoleranztests, aber auch nicht-invasive Bild-gebende Verfahren, die sich gegenwärtig noch im Stadium der klinischen Prüfung und Zulassung befinden, wie MRI zur Bestimmung der Menge an Insulin-produzierenden ß-Zellen der pankreatischen Inseln, das Portfolio der traditionellen Biomarker vergrößern und deren prädiktive Kraft in der Kombination entscheidend verbessern werden.

Jedoch bleibt in jedem Fall ein prinzipielles Charakteristikum von sog. phänotypischen (d.h. traditionellen, funktionellen und Bild-gebenden) Biomarkern erhalten: Ihr Informationsgehalt erhöht sich mit dem Fortschreiten der Pathogenese einer Erkrankung unter dem Einfluss der individuellen Lebensgeschichte. Deshalb sind sie von besonderem Wert für die Prädiktion, wenn bereits ein späteres Stadium der Pathogenese erreicht ist oder wenn eine Krankheit bereits ausgebrochen ist hinsichtlich ihres Fortschreitens und ihrer Folgen, also im Fall von T2D die Spätschäden und Komplikationen betreffend. Zum Zeitpunkt der prä-diabetischen Phase und sehr früher Stadien einer ausgebrochenen T2D besitzen phänotypische Biomarker aufgrund der noch gering ausgeprägten individuellen „diabetogenen Lebensgeschichte" eine geringe Prädiktionskraft. Phänotypische Biomarker unterstützen also die Prädiktion auf Basis des persönlichen Lebensstils und der bis zum Zeitpunkt ihrer Bestimmung realisierten individuellen Lebensgeschichte. Damit unterscheiden sie sich prinzipiell von genotypischen Biomarkern (Krankheits- und Prädispositionsgenen), die in ihrer Struktur – mit der möglicherweise bedeutsamen Ausnahme von epigenetischen Modifikationen (s. 2.10.1) – von der Lebensgeschichte und dem Lebensstil nicht beeinflusst werden.

Damit erfüllen genotypische Biomarker als strukturelle Veränderungen (Mutationen) in allen für die T2D relevanten Prädispositionsgenen die typische Forderung nach einer von der individuellen Lebensgeschichte und vom persönlichen Lebensstil unabhängigen Prädiktion. Dennoch oder vielmehr gerade deshalb sind die bisher bekannten Ergebnisse aus epidemiologischen Studien recht enttäuschend, mit Vorhersagewahrscheinlichkeiten von 54 % für die Kombination aus drei voneinander unabhängigen Prädispositionsgenen bis 60 % für eine aus 18 Genen[122] [123] [124]. Offensichtlich können komplexe multifaktorielle Zivilisationskrankheiten, wie T2D, auf der Grundlage von genotypischen Biomarkern nicht mit ausreichender Prädiktionskraft oder –genauigkeit vorhergesagt werden. Noch enttäuschender scheint die Beobachtung zu sein, dass durch eine Kombination von genotypischen Biomarkern mit phänotypischen Biomarkern die vereinigte Prädiktionskraft im Vergleich zu einer Kombination aus ausschließlich phänotypischen Biomarkern kaum signifikant

122 Schulze 2009.

123 Van Hoek, Mandy et al.: "Predicting type 2 diabetes based on polymorphisms from genome-wide association studies: a population-based study". *Diabetes* 57, 2008, S. 3122–3128.

124 Kolberg, Janice A. / Jorgensen, Torben / Gerwin Robert W.: "Development of a type 2 diabetes risk model from a panel of serum biomarkers from the Inter99 cohort". *Diab. Care* 32, 2009, S. 1207–1212.

erhöht wird[125]. Häufig wird von naturwissenschaftlich-biomedizinischen Forschern argumentiert, dass in Zukunft die weitere Zunahme von identifizierten Prädispositionsgenen für zusätzliche, bisher unbekannte an der Pathogenese beteiligte Organe und molekulare Mechanismen zu einer deutlichen Verbesserung der Prädiktionskraft der genotypischen Biomarker alleine oder in Kombination mit phänotypischen Biomarkern führen wird. Allerdings sei der „Weg" vom Genotyp zum Phänotyp weit und komplex aufgrund der mannigfachen Interaktionen zwischen den verschiedenen relevanten Prädispositionsgenen und den anderen intrinsischen und extrinsischen Risikofaktoren, die den Lebensweg und die Lebensgeschichte mit bestimmen. Aus diesen grundsätzlichen Überlegungen heraus erscheine es sehr fragwürdig, ob die Analyse aller möglichen Kombinationen von Mutationen in allen relevanten Prädispositionsgenen für alle vollständigen pathogenetischen Mechanismen (s. 2.10.4) für T2D, wie etwa für die Insulinfreisetzung oder für die Empfindlichkeit für Insulinwirkung, in allen relevanten Organen und Geweben, wie etwa Gehirn, Pankreas, Leber, Muskel, Fett, wirklich jemals eine (wünschenswerte) Prädiktionswahrscheinlichkeit für T2D von mehr als 95 % zu einem (frühen) Zeitpunkt liefern und garantieren könne, an dem eine Prävention noch möglich ist. Diese „Nähe" der phänotypischen Biomarker manifestiere sich auch in deutlich unterschiedlichen Kombinationen von relevanten Biomolekülen unterschiedlichster Struktur zwischen den Stadien der Prä-Diabetes und der ausgebrochenen T2D, sowie zwischen den Individuen. Ein solcher anspruchsvoller, sozusagen „wissenschaftlich-ganzheitlicher" Ansatz – die sog. Systembiologie – versucht, alle relevanten Veränderungen von genotypischen und phänotypischen Biomarkern, also von Genen, Eiweißen, Fetten und Metaboliten, qualitativ und quantitativ vollständig und möglichst frühzeitig für ein Individuum zu erfassen, um dadurch eine personalisierte Prädiktion von maximaler Vorhersagekraft und Prävention von maximaler Effizienz zu erreichen[126].

Eine solche ausschließlich auf molekularen Biomarkern und molekularen Erklärungen im Sinne von Ursache-Wirkungsmechanismen beruhende Prädiktion gilt nach der gegenwärtigen biomedizinisch-naturwissenschaftlichen Auffassung als notwendig und hinreichend, um auch komplexe multifaktorielle Defekte – wie beim T2D vorliegend – rechtzeitig für adäquate präventive Maßnahmen zu erkennen. Unschwer lässt sich darin das Fortleben oder gar Aufblühen der alten „vertikalen" Vorstellungen vom Menschen als einer „reizbaren Körpermaschine" oder eines „programmierbaren Gehirncomputers" ausmachen. Aber selbst bei deren Akzeptanz ergibt sich mathematisch-naturwissenschaftlich, dass der individuelle Mechanismus der Entstehung einer Zivilisationskrankheit, also die persönliche Lebensgeschichte, aufgrund der theoretisch möglichen riesigen Zahl von Kombinationen der beteiligten intrinsischen und extrinsischen, modifizierbaren und nicht-modifizierbaren

125 Van Hoek et al. 2008.

126 Tschöp, Matthias H. / DiMarchi, Richard D.: "Outstanding scientific achievement award lecture 2011: defeating diabesity: the case for personalized combinatorial therapies". *Diabetes* 61, 2012, S. 1309–1314.

Risikofaktoren und der daraus ableitbaren genotypischen und phänotypischen Biomarker mit großer Wahrscheinlichkeit für jede betroffene „Körpermaschine“ und jeden betroffenen „Gehirncomputer“ bis zum Zeitpunkt ihrer quantitativen Analyse einzigartig ist. Damit wäre eine Bestimmung der bisherigen Lebensgeschichte über die Analyse von Biomarkern mit dem Ziel – unter Annahme eines unveränderten Lebensstils – eine künftige Erkrankung vorherzusagen einzig für diese eine „Körpermaschine“ oder für diesen einen „Gehirncomputer“ von Relevanz. Jedes System aus menschlicher „Körpermaschine“ und „Gehirncomputer“ verfügt also über eine – wahrscheinlich – einzigartige Kombination von Risikofaktoren und Biomarkern, die einerseits die Lebensgeschichte hinsichtlich einer bestimmten Zivilisationskrankheit reflektiert, aber andererseits molekular und kausal unerklärbar bleibt. Trotzdem geht die Mehrheit der naturwissenschaftlichen Forscher und Ärzte gegenwärtig davon aus, dass sich die Lebensgeschichte einer jeden „Körpermaschine“ und eines jeden „Gehirncomputers“ über die quantitativ-numerische Analyse der Wechselwirkungen aller Risikofaktoren und Biomarker bis zum Zeitpunkt ihrer Analyse prinzipiell „nachvollziehen“ lässt. Demnach wäre die Entwicklung einer bestimmten Zivilisationskrankheit - bei Fortwirken des bisherigen Lebensstils - nicht nur prinzipiell, sondern mit neuen genotypischen und phänotypischen Biomarkern in Zukunft auch tatsächlich „vorhermessbar“.

2.10.3 Gegenwärtige Programme zur „vorhermessenden“ Diabetes-Prädiktion und -Prävention

Nach bisherigem Wissensstand sind Mutationen in einem oder einigen wenigen Prädispositionsgenen für die Entwicklung einer T2D allein nicht ausreichend, sondern es sind hierfür vielmehr komplexe Kombinationen aus sehr vielen mutierten Prädispositionsgenen, den sog. genotypischen Biomarkern verantwortlich, deren Nachweis aufgrund der theoretisch möglichen Kombinatorik und der vermeintlichen Einzigartigkeit einer solchen Kombination für jedes betroffene Individuum mit den gegenwärtigen molekularbiologischen Analysemethoden nicht möglich ist. Aber selbst eine erfolgreiche Bestimmung aller möglichen „diabetogenen“ Kombinationen von Prädispositionsgenen stellt *per se* keine Lösung für das Prädiktionsproblem dar. Denn die Effekte der Prädispositionsgene als intrinsische Risikofaktoren werden von denen der extrinsischen Risikofaktoren auf komplexe Weise überlagert und beeinflusst. Dies sind wahrscheinlich die Gründe, warum die Bestimmung der gegenwärtig bekannten Prädispositionsgene für sich allein gegenüber den anerkannten traditionellen extrinsischen und intrinsischen Risikofaktoren für T2D (Alter, Geschlecht, BMI, nüchterner Blutzucker, Blutfette) zu einer geringeren Vorhersagekraft führt. So erhöhen bestimmte Kombinationen von drei bzw. 14 der identifizierten Prädispositionsgenen das Erkrankungsrisiko von 50 % (entspricht der theoretischen Wahrscheinlichkeit bei einem Münzwurf) auf lediglich 56 bzw. 58 %. Auf Basis der traditionellen Risikofaktoren allein lässt sich die Wahrscheinlichkeit für T2D bereits mit 59 % vorhersagen, die sich dann in der Kombination mit drei Prädispositionsgenen auf lediglich 61 % erhöht[127].

Bestimmungen des individuellen Profils von Mutationen in allen für T2D relevanten Prädispositionsgenen und in allen für T2D relevanten Kombinationen, also Tests auf die sogenannten genotypischen Biomarker, die aufgrund ihrer – vermeintlich – äußerst großen Zahl kaum je praktikabel sein dürften, werden allein schon aus (patho)physiologischen und kausal-mechanistischen Gründen eine Prädiktion mit sehr hoher Erkrankungswahrscheinlichkeit wahrscheinlich nicht erlauben[128]. Hierfür sind nach gegenwärtiger biomedizinisch-naturwissenschaftlicher Auffassung zusätzlich zu den Prädispositionsgenen als intrinsische Risikofaktoren auch die extrinsischen Risikofaktoren miteinzubeziehen (s. Abb. 6 in 2.9.3.1), die in der Wechselwirkung mit den intrinsischen die Pathogenese der T2D kausal hervorrufen. Die extrinsischen Risikofaktoren bleiben aber während der individuellen Lebensgeschichte und aufgrund gesellschaftlicher Wandlung kontinuierlich der Veränderungsmöglichkeit unterworfen und können dadurch die Pathogenese zu einem früheren oder späteren Zeitpunkt der prä-diabetischen Periode entscheidend – negativ oder positiv – beeinflussen.

Aus der Analyse der Wechselwirkung zwischen intrinsischen und extrinsischen Risikofaktoren und der darauf begründeten Anerkennung einer „horizontalen" Pathogenese der T2D im Sinne von defekten Molekülen im „Gehirn-Körper-System" bzw. von defekten Reizen aus der Umwelt wurde von den Verantwortlichen der westlichen Wissenschafts- und Gesundheitssysteme der eindeutige Schluss gezogen, dass T2D zuallererst als allgemeines, öffentliches und mit naturwissenschaftlich-biomedizinischen, sowie ökonomisch-sozialen Maßnahmen grundsätzlich lösbares Gesundheitsproblem erkannt und anerkannt werden muss. Da T2D alle Bevölkerungsgruppen eines jeden Alters (obgleich in unterschiedlichem Ausmaß) betrifft und mittlerweile einer epidemischen bis pandemischen Verbreitung unterliegt, wollen die offiziellen Institutionen hinsichtlich ihrer Prädiktion und Prävention wichtige Konsequenzen für die jeweiligen staatlichen Gesundheitsversorgungssysteme ziehen. Ein jüngerer Bericht der amerikanischen „Heart Outcomes Prevention Evaluation Study" geht davon aus, dass die Entwicklung der T2D und seiner Komplikationen und Spätschäden zum großen Teil durch rational-wissenschaftliches Vorgehen – also durch „Vorhermessen" von Biomarkern und daraus abzuleitende Lebensstilintervention und medikamentöse Therapie – wenigstens verzögert, wenn nicht gar völlig verhindert werden kann. Dabei sollten die Anstrengungen zur Prädiktion und Prävention allerdings nicht nur auf der Ebene eines individuellen, sondern auch auf der eines öffentlichen Gesundheitsproblems verstärkt werden. Interventionen auf der Ebene der Gesellschaft, einschließlich früher systematischer Reihenuntersuchungen und Änderungen des allgemeinen Lebensstiles, seien von überragender Bedeutung und müssten für die jeweiligen kulturellen Gewohnheiten

127 Müller 2010a.
128 Müller 2010a.

und Einstellungen einer Gemeinschaft geeignet sein bzw. entsprechend angepasst werden. Auch müssten den westlichen Gesundheitspolitikern zufolge Reihenuntersuchungen, v.a. für Personengruppen, die einem hohen Risiko ausgesetzt sind und Interventionsstrategien, die für die jeweilige Kultur geeignet sind, für die Zeitdauer der prä-diabetischen Stadien als Norm eingeführt werden, um insbesondere während junger Jahre bis hin zum frühen Erwachsenenalter „Diabetes-relevante" positive Veränderungen herbeizuführen. Dazu zählten Änderungen im Lebensstil und in der Lebensführung, vor allem in der Ernährung und körperlichen Aktivität.

Die gegenwärtige Auffassung der biomedizinisch-naturwissenschaftlichen Forschung zur quantitativen Prädiktion und Prävention von T2D lässt sich wie folgt zusammenfassen: (i) Das Beherrschen der T2D stellt für die Betroffenen ein außerordentlich forderndes und komplexes Unterfangen dar, welches vor allem große Standfestigkeit und Ausdauer, eine – oftmals grundlegende – Änderung der Lebensweise, das Festhalten an einer gegebenen Therapie- und Medikationsform und – als Voraussetzung für all dieses – fast „übermenschliche" Motivation und Antriebsstärke erfordert. (ii) Diejenigen, welche am meisten unter dieser Krankheit zu leiden haben, sind häufig am wenigstens bereit und fähig, mit ihr auf angemessene Weise umzugehen. (iii) Frühes Erkennen und erhöhte Aufmerksamkeit für T2D auf Basis der numerisch-quantitativen Prädiktion der Erkrankungswahrscheinlichkeit und der Diagnose von frühen prä-diabetischen Stadien – auf der Basis von Biomarkern (Molekülen), Risikofaktoren (Parametern des physischen, psychischen und soziokulturellen Status) und Korrelaten (Signalen und „Images" ohne bekannten direkten materiellen Träger) – ist von großer Bedeutung, aber *per se* möglicherweise nicht ausreichend. (iv) Alle Personen mit Diabetes-Risiko müssen mit größter Kompetenz und Intensität in der Ausbildung von solchen Fertigkeiten unterstützt werden, die für die Vermeidung oder Beherrschung dieser Erkrankung erforderlich und wirksam sind.

Die weithin in den Gesundheitssystemen der westlichen Industrienationen akzeptierte Strategie des „Managements" von T2D besteht also bei näherer Begutachtung in der verbesserten Überwachung und Kontrolle des Blutzuckers und HbA1C-Wertes. Diese lieferten den Schlüssel, um die Auswirkungen von T2D auf das Individuum und die Gesellschaft zu minimieren, etwa durch Verringerung (i) der Kosten für das Gesundheitssystem, (ii) der Häufigkeit und Schwere von diabetischen Spätschäden und Komplikationen und (iii) der durch diese Erkrankung bedingten Sterblichkeit. Es wird auf der Basis zahlreicher Studien davon ausgegangen, dass eine Reduktion des durchschnittlichen Blutzucker- und HbA1c-Wertes um gerade 10 % in einer Verringerung der Häufigkeit von diabetischen Spätschäden und den damit verbundenen Kosten um etwa 40 % resultieren würde. So wird auf Basis experimenteller Evidenz argumentiert, dass eine intensivierte Diabetes-Therapie das Auftreten von Augenerkrankungen bis hin zur Erblindung um bis zu 40 %, von Amputationen der unteren Extremitäten um über 40 % und von Nierenversagen um über 70 % senken würde. Obwohl mittlerweile wirksame medikamentöse lebensstilintervenierende Behandlungsstrategien und Vorbeugungsprogramme entwickelt worden seien, deuteten Beobachtungen aus der täglichen klinischen Praxis daraufhin, dass diese nicht breit zur Anwendung kämen.

Konsequenterweise empfiehlt ein Experten-Komitee für die Diagnose und Klassifizierung von Diabetes und die „American Diabetes Association“, dass alle Personen über 45 Jahre alle drei Jahre mittels „Vorhermessen“ auf Diabetes hin untersucht werden sollten, unabhängig davon, ob andere Risikofaktoren (als eben das Alter) vorliegen oder nicht. Personen mit bekanntermaßen erhöhtem Diabetesrisiko, darunter die verschiedenen nicht-weißen, kulturell diversen afrikanischen, mexikanischen und nativen Amerikaner, Individuen mit einer Familiengeschichte an T2D, in Armut, mit geringem Bildungsstand, in höherem Alter, mit Übergewicht oder mit überwiegend sedentärer Lebensweise sollten danach bereits in jüngerem Alter und in kürzeren Abständen untersucht werden. Weiterhin seien nicht-weiße, kulturell diverse Bevölkerungsgruppen und Frauen aufgrund ungenügender Gesundheitsvorsorge einem besonders hohen Risiko für inadäquate Blutzuckerkontrolle ausgesetzt. Auch sei für diese Gruppen die Wahrscheinlichkeit geringer, dass sie ausreichend praktische Selbstfürsorge betrieben, insbesondere das regelmäßige Messen des Blutzuckers. Auch müssten systematische Reihenuntersuchungen, v.a. für Personengruppen, die einem hohen Risiko ausgesetzt sind und Interventionsstrategien, die für die jeweilige Kultur geeignet sind, für die Periode der prä-diabetischen Stadien als Norm eingeführt werden, um insbesondere während junger Jahre bis hin zum frühen Erwachsenenalter „Diabetes-relevante“ Verhaltensänderungen herbeizuführen. Dazu zählten Änderungen im Lebensstil und in der Lebensführung, vor allem in der Ernährung und körperlichen Aktivität.

Gemäß der offiziellen gesundheitspolitischen Strategie der westlichen Industrienationen müssten letztlich all jene Gruppen mit dem höchsten Erkrankungsrisiko durch – „Vorhermessen“ und molekulares Erklären – dazu veranlasst und – durch sozioökonomische Maßnahmen – in die Lage versetzt werden, die Verantwortung für ihre Gesundheit selbst in die Hand zu nehmen.

2.10.4 Die „(un)vollständige“ Prädiktion von Defekten für die „Körpermaschine“ und den „Gehirncomputer“ des Menschen

Nach Rothman and Greenland[129] wird unter einem vollständigen Krankheitsmechanismus eine Bedingung, ein Ereignis oder eine Komponente auf physiologischer oder molekularer Ebene verstanden, die ausreicht, alleine (unifaktorieller Mechanismus) oder in Kombination aus mehreren dieser Faktoren (multifaktorieller Mechanismus) eine Pathogenese einzuleiten, die dann – früher oder später – mit absoluter Gewissheit (falls das entsprechende Lebensalter erreicht wird) zur Erkrankung führt. Falls alle für einen gegebenen vollständigen Krankheitsmechanismus erforderlichen Faktoren vorliegen, beträgt die Erkrankungswahrscheinlichkeit demnach 100 %, falls jedoch auch nur ein einziger oder mehrere der erforderlichen Faktoren fehlen 0 %.

---

129 Rothman, Kenneth J. / Greenland, Sander: “Causation and causal interference in epidemiology”. *Am. J. Public Health* 95(S1), 2005, S. S144–150.

Zufall oder Unbestimmtheit spielen in diesem Modell des vollständigen Krankheitsmechanismus keine Rolle. Für die menschliche „reizbare Körpermaschine" oder den „programmierbaren Gehirncomputer" sind hinsichtlich unifaktorieller Mechanismen zwei Extremsituationen denkbar[130]: (i) Aufgrund eines Krankheitsgens liegt ein angeborenen Defekt in der „Körpermaschine" oder im „Gehirncomputer" vor, der dann als intrinsischer Risikofaktor und nicht modifizierbarer genotypischer Biomarker zur Prädiktion herangezogen werden kann. So kommt es bei Vorliegen von drei Kopien des Chromosoms 21 (Trisomie 21) immer, d.h. mit 100 % Wahrscheinlichkeit zur Entwicklung des „Down-Syndroms" oder bei Vorhandensein einer bestimmten Mutation im für die Synthese des Eiweißes „Huntingtin" verantwortlichen Gens mit 100 % Wahrscheinlichkeit zur Pathogenese des sogenannten „Veitstanzes", wenngleich möglicherweise erst im höheren Lebensalter. (ii) Aufgrund eines schädlichen äußeren Reizes oder Agens wird ein Defekt in der „reizbaren Körpermaschine" oder im „programmierbaren Gehirncomputer" verursacht, so dass der Reiz selbst als extrinsischer Risikofaktor und modifizierbarer Biomarker zur Prädiktion genutzt werden kann. So kommt es bei Exposition gegenüber bestimmten Bakterien, Viren oder Umweltgiften (z.B. Asbestfasern einer bestimmten Größe) in bestimmter Konzentration für eine bestimmte Zeitdauer mit 100 % Wahrscheinlichkeit zur Entwicklung von Infektionskrankheiten bzw. Lungenkrebs.

Diese beiden – einfachen – Extremsituationen für eine „reizbare Körpermaschine" oder einen „programmierbaren Gehirncomputer" sind auf Zivilisationskrankheiten aufgrund der hierbei operierenden multifaktoriellen Mechanismen nicht übertragbar. Tatsächlich stellt die Aufklärung eines vollständigen Krankheitsmechanismus' für eine Zivilisationskrankheit, d.h. das Auffinden einer spezifischen, real existierenden Kombination von Risikofaktoren und Biomarkern unter der Vielzahl an theoretisch vorstellbaren Kombinationen, die die Pathogenese unvermeidlich herbeiführt, eine außerordentlich große – biomedizinisch-naturwissenschaftliche – Herausforderung dar. Aus den schon genannten Gründen ist die Zahl der möglichen Kombinationen außerordentlich groß und überschreitet typischerweise bei weitem die Zahl der zur Verfügung stehenden Probanden in – selbst großen – epidemiologischen oder klinischen Studien. So beträgt etwa im Fall der simultanen Analyse von 12 Prädispositionsgenen mit jeweils drei möglichen Mutationen die Zahl der möglichen Kombinationen $3^{12} = 531441$. Folglich wird also auch in einer großen Studie mit 30000 erkrankten Probanden weniger als jede fünfzehnte theoretisch mögliche Kombination bestenfalls jeweils einmal vertreten sein, sogar wenn bestimmte Kombinationen mit größerer Häufigkeit als andere auftreten sollten.

Die Konsequenzen hieraus für die Prädiktion von Zivilisationskrankheiten sind schwerwiegend[131]. Denn es wird dadurch sehr schwierig, einer bestimmten Kombi-

130 Müller, Günter: "Personalized strategies for the diagnosis and therapy of type II diabetes and obesity". *Immun. Endoc. Metab. Agents Med. Chem.* 12, 2012a, S. 80–109.

131 Janssens, A. Cecile J.W. / van Duijn, Cornelia M.: "Genome-based prediction of common diseases: advances and prospects". *Hum. Mol. Genet* 17, 2008, S. R166–R173.

nation von Risikofaktoren und Biomarkern, deren Assoziation mit einer bestimmten Zivilisationskrankheit in geeigneten epidemiologischen Studien statistisch nachgewiesen worden ist, eindeutig einen vollständigen Krankheitsmechanismus zuzuweisen. Dazu müsste für einen – noch nicht erkrankten – Probanden, der der identischen Kombination von Risikofaktoren und Biomarkern ausgesetzt ist, die Entwicklung der betreffenden Krankheit vorhergesagt und dann nachgewiesen werden. Da aber die Wahrscheinlichkeit, dass die bei einem Probanden identifizierte Kombination von Risikofaktoren und Biomarkern in identischer Form bei einem anderen Probanden auch vorliegt, extrem gering ist, lässt sich der Nachweis eines vollständigen Krankheitsmechanismus' nicht gemäß des wissenschaftstheoretischen Prozesses der Deduktion erbringen. Aber auch im Falle des erfolgreichen Nachweises eines vollständigen Krankheitsmechanismus' für eine bestimmte Zivilisationskrankheit hätte dieser nur einen recht geringen Wert für ihre Prädiktion. Denn diese Kombination von Risikofaktoren einer bestimmten „Körpermaschine" oder eines bestimmten „Gehirncomputers" wird mit einer fast an Sicherheit grenzenden Wahrscheinlichkeit nur von sehr wenigen – wenn überhaupt – anderen menschlichen „Körpermaschinen" und „Gehirncomputern" geteilt werden.

Demnach lässt sich die Unvollständigkeit von Krankheitsmechanismen für Zivilisationskrankheiten, so wie sie sich nach gegenwärtigem Wissensstand darstellt, indem nicht eine einzige Kombination von Risikofaktoren angegeben werden kann, die mit 100 % Wahrscheinlichkeit den Ausbruch einer Zivilisationskrankheit verursacht, auf folgende – sich gegenseitig nicht ausschließende, sondern möglicherweise ergänzende – Gründe zurückführen: (i) Für eine bestimmte Zivilisationskrankheit sind sehr viele – voneinander unabhängige – vollständige Mechanismen verantwortlich. (ii) Es sind noch nicht alle innerhalb eines bestimmten Mechanismus' operierenden Risikofaktoren bekannt. (iii) Es ist noch keine der zwischen diesen Faktoren stattfindenden Wechselwirkungen und die daraus resultierenden Ursachen und Effekte bekannt. Ansonsten würde das Wissen um die Vollständigkeit eines Krankheitsmechanismus' erlauben, zum Zeitpunkt der Prädiktion den Zustand der „Körpermaschine" oder des „Gehirncomputers" hinsichtlich der betreffenden Krankheit hinreichend genau zu beschreiben und bei Annahme einer bestimmten zukünftigen Lebensweise über das Wirken der bisherigen oder von neuen dadurch bedingten intrinsischen oder extrinsischen Risikofaktoren eine Prädiktion mit – theoretisch – 100 % Vorhersagekraft zu treffen. Eine solche Prädiktion wäre einerseits gegründet auf – von praktischen Experimenten und theoretischen Kalkülen abgeleiteten – Naturgesetzen, die über die Wechselwirkungen zwischen extrinsischen und intrinsischen Risikofaktoren die spezifische Pathogenese und – vorhergehend, begleitend oder nachfolgend – charakteristische Veränderungen in bestimmten genotypischen und phänotypischen Biomarkern ursächlich hervorrufen. Andererseits würde die Lebensgeschichte der „Körpermaschine" oder des „Gehirncomputers" von der Geburt bis zum Zeitpunkt der Prädiktion über die davon abhängigen Risikofaktoren und Biomarker einfließen. Gegenwärtig wird versucht, durch die Verwendung einer steigenden Zahl von neuen phänotypischen, d.h. funktionellen und Bild-gebenden Biomarkern zusammen mit den bisher bekannten genotypischen und traditionellen phänotypischen Biomarkern die Prädiktionskraft zu erhöhen und dem Idealwert von 100% anzunähern. Dadurch würde ein – gegenwärtig – noch unvollständiger in einen vollständigen Krankheitsmechanismus verwandelt werden.

Naturwissenschaftliche Forscher und Ärzte gehen also gegenwärtig davon aus, dass es auch für Zivilisationskrankheiten prinzipiell möglich sein sollte, (fast) vollständige Krankheitsmechanismen zu identifizieren und diese – zukünftig – für die Prädiktion zu nutzen. Sie setzen dabei folgende Bedingungen voraus: (i) Es können möglichst viele diese Mechanismen – mit begrenztem Aufwand an Zeit und Geld – bestimmt werden. (ii) Jeder der – einfach-linear oder komplex miteinander vernetzt – operierenden Mechanismen gehorcht dem Kausalgesetz von Ursache (Reiz) und Wirkung (d.h. Effekt auf die „Körpermaschine" oder den „Gehirncomputer"). (iii) Die Ergebnisse der – kausalen – Wechselwirkungen zwischen den verschiedenen Risikofaktoren und Biomarkern eines oder mehrerer Krankheitsmechanismen können qualitativ und quantitativ mit ausreichender Genauigkeit bestimmt werden. Unter der Annahme, dass die Vorbedingungen (i–iii) den Kriterien für kausale wissenschaftliche Erklärungen genügen, ließe sich demnach die für eine Zivilisationskrankheit relevante Lebensgeschichte und die bisherige individuelle Entwicklung einer jeden einzelnen „Körpermaschine" oder eines jeden einzelnen „Gehirncomputers" prinzipiell über die Wechselwirkung zwischen den intrinsischen und extrinsischen Risikofaktoren und den daraus hervorgehenden genotypischen und phänotypischen Biomarkern vollständig charakterisieren und damit die weitere Entwicklung – unter der Annahme eines unveränderten Lebensstils – mit 100% Wahrscheinlichkeit vorhersagen. Damit geht die Mehrheit der naturwissenschaftliche Forscher und Ärzte der westlichen Industrienationen und Gesundheitssysteme gegenwärtig davon aus, dass sich die Lebensgeschichte einer jeden „Körpermaschine" und eines jeden „Gehirncomputers" über die numerisch-quantitative Analyse der Wechselwirkungen aller Risikofaktoren und Biomarker bis zum Zeitpunkt ihrer Analyse prinzipiell „nachvollziehen" lässt. Demnach wäre die Entwicklung einer bestimmten Zivilisationskrankheit – bei Fortwirken des bisherigen Lebensstils – nicht nur prinzipiell, sondern mit Hilfe von noch zu identifizierenden neuen genotypischen und phänotypischen Biomarkern in Zukunft auch tatsächlich „vorhermessbar".

2.10.5 Der „Denkstil" kausaler pathogenetischer Mechanismen für T2D

Die naturwissenschaftliche Debatte um die der Entwicklung von T2D zugrunde liegenden physiologischen und molekularen Mechanismen liefert ein hervorragendes Beispiel für die Veranschaulichung die Problematik der kausal-mechanistischen Zusammenhänge und Erklärungen für die Pathogenese von Zivilisationskrankheiten. Seit etwa zwei Jahrzehnten herrscht unter präklinischen und klinischen Diabetologen, wie auch anderen Diabetes-Experten weitgehend Einigkeit darüber, dass der Prozess der Pathogenese von T2D von außerordentlich komplexer und multifaktorieller Natur ist. Damit intrinsisch verknüpft sind – diesen „Meinungsbildnern" zufolge – hohe Hürden hinsichtlich der Identifizierung der kausalen Faktoren, wie auch der Etablierung von kausalen präventiven und therapeutischen Maßnahmen.

Gemäß der konventionellen „peripheren Sehweise" kommt unter allen intrinsischen Risikofaktoren der Insulinresistenz und der abdominalen Adipositas die größte Bedeutung für die Initiation der Pathogenese von T2D zu[132 133 134 135 136 137 138 139]. Demnach verursache die reduzierte Ansprechbarkeit und Empfindlichkeit der peripheren Zellen der Leber, des Skelettmuskels und des Fettgewebes gegenüber der Insulinwirkung eine entscheidende Einschränkung in der durch Insulin stimulierten Absorption und Verwertung der mit der Nahrung aufgenommenen Glukose und damit eine transiente Erhöhung des Blutzuckers unmittelbar nach Nahrungsaufnahme, die sog. postprandiale Hyperglykämie. Zur Aufrechterhaltung eines konstanten Blutzuckers (Blutzuckerhomeostase) und damit einhergehend zur Vermeidung von diabetischen Spätschäden und Komplikationen durch langjährig erhöhten Blutzucker (Hyperglykämie) versuchten die Insulin-produzierenden ß-Zellen des Pankreas die Glukoseabsorption und –verwertung durch eine Erhöhung der Insulinproduktion und –freisetzung zu steigern (Hyperinsulinämie). Die daraus resultierende Überbeanspruchung der ß-Zellen – weiter verstärkt durch die zellphysiologisch ungünstigen Bedingungen der vorliegenden Hyperglykämie und Hypertriglyzeridämie (aufgrund abdominaler Adipositas und damit verbundener Freisetzung von Lipiden in den Blutstrom) – führe dann sekundär zu einer irreversiblen Schädigung und schließlich zum Absterben der pankreatischen ß-Zellen und damit einhergehendem (zunächst relativen und dann absoluten) Insulinmangel (Hypoinsulinämie). Dieser apparente ß-Zell-Defekt beruht wahrscheinlich auf noch unvollständig ver-

132 Carr Molly C / Brunzell John D.: "Abdominal obesity and dyslipidemia in the metabolic syndrome: Importance of type 2 diabetes and familial combined hyperlipidemia in coronary artery disease risk". *J. Clin. Endocrinol. Metab.* 89, 2004, S. 2601–2607.

133 Ritter, Olesja / Jelenik, Tomas / Roden, Michael.: "Lipid-mdiated muscle insulin resistance: different fat, different pathways?". *J. Mol. Med. (Berl)* 93, 2015, S. 831–843.

134 Stefan, Norbert et al.: "Phenotypes of prediabetes and stratification of cardiometabolic risk". *Lancet Diabetes Endocrin.* doi:10.1016/S2213-8587(16)00082–6, 2016.

135 Eckardt, Kristin / Taube, Annika / Eckel, Jürgen.: "Obesity-associated insulin resistance in skeletal muscle: Role of lipid accumulation and physical inactivity". *Rev. Endocr. Metab. Disord.* 12, 2011, 163–172.

136 Joost, Hans-Georg / Schürmann, Anette: "The genetic basis of obesity-associated type 2 diabetes (diabesity) in polygenic mouse models". *Mamm. Genome* 25(9–10), 2014, 401–412.

137 Yi, Chun-Xia / Tschöp, Matthias H.: "Brain-gut-adipose-tissue communication pathways at a glance". *Dis. Model Mech.* 5(5), 2012, 583–587.

138 Eckardt, Kristin / Sell, Henrike / Eckel, Jürgen: "Novel aspects of adipocyte-induced skeletal muscle insulin resistance". *Arch. Physiol. Biochem.* 114(4), 2008, 287–298.

139 Szendroedi, Julia / Phielix, Esther / Roden, Michael: "The role of mitochondria in insulin resistance and type 2 diabetes mellitus". *Nat. Rev. Endocrinol.* 8(2), 2011, 92–103.

standenen molekularen Mechanismen des zellulären und oxidativen Stresses, die möglicherweise mit der Freisetzung von Komplexen, Signaturen, Symbolen, Formen oder Gestalten vom ‚Rand', also der Plasmamembran der ß-Zellen assoziiert sind (s. 4.2.1). Damit impliziert diese „periphere Sehweise" eine klare Vorstellung von der Reihenfolge der physiologischen und molekularen Ereignisse, die zu T2D führen, indem die Insulinresistenz der peripheren Gewebe dem Versagen der pankreatischen ß-Zellen ‚primär' vorausgeht und die Hypoinsulinämie – über das Auslösen einer transienten Hyperinsulinämie während des prä-diabetischen Stadiums – sekundär und kausal hervorruft[140] [141] [142] [143] [144]. Demnach liegt der evolutionäre Vorteil für die Herausbildung dieses kausalen Mechanismus in der Vermeidung von diabetischen Spätschäden und Komplikationen, die sich ansonsten während des prä-diabetischen Stadiums als Folge von Hyperglykämie bereits in jüngeren Jahren, also noch vor dem 40. Lebensjahr und damit im reproduktionsfähigen Alter einstellen würden.

Diesen „Mainstream-Denkstil" mit der Kausalfolge „Periphere Zellen > ß-Zellen" hat der irische Biochemiker und Diabetologe Dennis McGarry mit der alternativen Sehweise „ß-Zellen > Periphere Zellen" vom Kopf auf die Füße gestellt. Nach McGarry[145] kann (gegenwärtig) grundsätzlich nicht ausgeschlossen werden, dass die Pathogenese von T2D ihren Ausgang in einer schlecht kontrollierten, nicht exakt angepassten und geringfügig überhöhten Insulinproduktion und –freisetzung (Hyperinsulinämie) nach Nahrungsaufnahme liegt. Die daraus resultierenden zu hohen Insulinspiegel im Blut müssten notwendigerweise durch eine Verminderung der Ansprechbarkeit und Empfindlichkeit der Zellen der peripheren Gewebe gegenüber Insulin kompensiert werden, um eine zu starke unphysiologische Absenkung des Blutzuckers zu vermeiden. Wird nämlich ein bestimmter Grenzwert des Blutzuckers (Normoglykämie) unterschritten, droht eine akute Unterzuckerung, die sich bis zum sog. hypoglykämischen Schockzustand verschlimmern kann. Dieser muss sofort mit Zuckerinfusionen behandelt werden, um Bewusstseinsverlust oder gar den Tod zu vermeiden, da das menschliche Gehirn auf Glukose als der wesentliche Energieträger angewiesen ist. Für Dennis

140 Izzo, Joseph L. / Swislocki, Arthur L.M.: "Workshop III – Insulin resistance: Is it truly the link?". *Am. J. Med.* 90, 1991, S. S26-S31.

141 Reaven, Gerald M.: "Insulin resistance, hyperinsulinemia, and hypertriglyceridemia in the etiology and clinical course of hypertension". *Am. J. Med.* 90, 1991, S. S7-S12.

142 Roberts, Christian K. / Sindhu, Kunal K.: "Oxidative stress and metabolic syndrome". *Life Sci.* 22, 2009, S. 705–712.

143 Samuel, Varma T. / Petersen, Kitt F. / Shulman, Gerald I.: "Lipid-induced insulin resistance: unravelling the mechanism". *Lancet* 375, 2010, S. 2267–2277.

144 Cerf, Marion E.: "Beta cell dysfunction and insulin resistance". *Front. Endocrinol.* 4, 2013, S. 37.
Chalmers, David: *The Pardox of Subjectivity. The Self in the Transcendental Tradition.* Oxford University Press: New York / Oxford 1999.

145 McGarry J. Denis: "What if Minkowski had been ageusic?". *Science* 258, 1992, S. 766–770.

McGarry and Dobbins[146] nimmt das Ausmaß der nicht-kontrollierten Hyperinsulinämie der pankreatischen ß-Zellen mit den Jahren kontinuierlich zu und zwingt damit die Zellen der peripheren Gewebe zur Ausbildung einer immer stärkeren Insulinresistenz. Die positive Assoziation von Hyperinsulinämie und Insulinresistenz setze sich solange fort, bis die pankreatischen ß-Zellen aufgrund der permanent zu hohen Insulinproduktion und -freisetzung und der damit verbundenen Überbeanspruchung und Stressbelastung irreversibel Schaden nähmen[147] . Sie seien dann nicht mehr in der Lage, Insulin in einer Menge freizusetzen, die erforderlich wäre, um eine effiziente Glukoseaufnahme und -verwertung in den – über die Jahre der Hyperinsulinämie – mittlerweile sekundär insulinresistent gewordenen Zellen der peripheren Gewebe hervorzurufen. Sowohl für die „periphere Sehweise" wie auch für die „pankreatische Sehweise" liegt also als Grund für den erhöhten Blutzucker (Hyperglykämie) bei Ausbruch der entwickelten T2D im Versagen der pankreatischen ß-Zellen mit dem Verlust ihrer Fähigkeit zur adäquaten Insulinproduktion und -freisetzung.

Beide wissenschaftlichen Sehweisen unterscheiden sich jedoch fundamental im „Denkstil" der Reihenfolge und damit des kausalen Zusammenhangs zwischen den (molekularen und physiologischen) Ereignissen während der prä-diabetischen Phase vor dem Ausbruch der Hyperglykämie und der etablierten T2D: Gemäß der „peripheren Sehweise" geht die periphere Insulinresistenz der pankreatischen Hyperinsulinämie voraus, bedingt diese also kausal, während für die „pankreatische Sehweise" die pankreatische Hyperinsulinämie die periphere Insulinresistenz kausal hervorruft. Akzeptiert man die Hillschen Kriterien für Kausalität (s. 2.7.1) kann bisher weder der „pankreatischen" noch der „peripheren" Sehweise der kausalen Zusammenhänge Gültigkeit zugesprochen werden. Allerdings zeigt ein Blick auf die einschlägige Fachliteratur (originale Forschungsarbeiten, Übersichtsartikel, Lehrbücher, Beiträge auf Kongressen), dass das gegenwärtig agierende „Denkkollektiv" – um eine Begrifflichkeit von Ludwik Fleck (s. 3.1.3.1) vorwegzunehmen – der Diabetes-Experten die periphere Insulinresistenz als „Wurzel allen diabetischen Übels" ansieht und gegenüber diesem „Denkstil" die Möglichkeit der inversen Kausalität ausgehend von einer pankreatischen Hyperinsulinämie völlig ausblendet oder geflissentlich übersieht. Dies ist umso bemerkenswerter, da bis zum gegenwärtigen Zeitpunkt einerseits keine eindeutige experimentelle Evidenz zugunsten des einen oder anderen „Denkstils" vorgebracht werden konnte und andererseits das gegenwärtige Verständnis der Physiologie und Evolution des menschlichen Stoffwechsels eher für die „pankreatische Sehweise" argumentiert: Unmittelbar lebensbedrohlich ist die Situation der – durch Hyperinsulinämie verursachten – Hypoglykämie und zwar unabhängig vom Lebensalter, während eine – trotz Hyperinsulinämie nicht kompensierbare – Hyperglykämie erst nach Jahrzehnten über die Entwicklung von diabetischen Spätschäden und Kom-

146 McGarry, J. Denis. / Dobbins, Robert L.: "Fatty acids, lipotoxicity and insulin secretion". *Diabetologia* 42, 1999, S. 128–138.

147 Björklund, Anneli et al.: "Fatty acids and beta-cell function". *Diabetologia* 40 (Suppl 3), 1997, B21-26.

plikationen die Lebensqualität und -erwartung allmählich und oftmals erst im nicht mehr reproduktionsfähigen Lebensalter mehr oder weniger ausgeprägt reduziert. Gemäß der modernen darwinistischen Evolutionsbiologie – ebenfalls ein abendländischer „Denkstil" des „Denkkollektivs" aus professionellen Naturwissenschaftlern und gebildeten Laien – müsste der evolutionäre Selektionsdruck eigentlich für die unbedingte Vermeidung einer Hypoglykämie gegenüber einer Hyperglykämie sorgen und damit der Entwicklung von Abwehrstrategien für pankreatische Mechanismen der Hyperinsulinämie – eben mit Hilfe peripherer Insulinresistenz – und weniger für periphere Mechanismen der Insulinresistenz – mit Hilfe pankreatischer Hyperinsulinämie – Vorschub leisten. Nichtsdestotrotz scheint es „gute" Gründe für den bei dem gegenwärtig „Denkkollektiv" der Diabetes-Experten dominierenden „Denkstil" der peripheren Insulinresistenz als primäre Ursache für T2D gegeben zu haben und noch zu geben, deren noch ausstehende Aufarbeitung sicherlich von großem wissenschaftstheoretischen und -historischen Interesse wäre.

Unabhängig davon lässt sich (die) eine zur T2D führende Kausalkette wahrscheinlich weder auf Basis experimentell-klinischer Daten, noch evolutionstheoretischer Überlegungen ‚finden', da ihr offenbar ein „Henne-Ei-Problem" zugrunde liegt. Man muss hingegen nach gegenwärtigem Kenntnisstand von einem komplexen, weit verzweigten und engmaschig miteinander verknüpften Netzwerk aus intrinsischen und extrinsischen Risikofaktoren, sowie der individuellen Lebensgeschichte und Lebenswelt ausgehen, die eine großen Zahl von ‚unscharfen', überlappenden, teilweise redundanten pathogenetischen ‚Systemen' ausbilden und nicht etwa zu linearen monokausalen pathogenetischen „Pathways" und vollständigen Krankheitsmechanismen ‚kondensieren' (s. 2.10.4). Das offensichtliche Nicht-Operieren von eindeutigen Ursache-Wirkmechanismen für die Entwicklung von Zivilisationskrankheiten im Allgemeinen und von T2D im Besonderen bedeutet jedoch keineswegs eine hoffnungslose Situation für die Prädiktion, Prävention und Therapie. Allerdings muss man sich vom Wunschdenken des <u>einen</u> Diabetes-Gens, des <u>einen</u> diabetogenen Umweltfaktors, des <u>einen</u> molekularen pathogenetischen Mechanismus' oder des einen molekularen Wirkmechanismus' für ein bestimmtes orales antidiabetisches Medikament verabschieden. Aber gerade dies scheint den Mitgliedern des gegenwärtigen „Diabetes-Denkkollektivs" besonders schwer zu fallen, vielleicht weil sie ihren Namen nur zu gern mit der Identifikation eines besonders wichtigen Gens, Faktors oder Mechanismus' in Verbindung gebracht sähen. Solche ‚Charakterzüge' können durchaus den „Denkstil" eines „Denkkollektiv" beeinflussen und in eine Richtung dirigieren, die nicht unbedingt dem Anspruch nach wissenschaftlicher Erkenntnis und deren Umsetzung in praktische Anwendung, wie etwa zur Prädiktion und Prävention von Zivilisationskrankheiten gerecht wird. Hierfür wäre es möglicherweise zielführender, die zeitintensive und finanziell aufwändige Suche nach Genen, Faktoren und Mechanismen aufzugeben zugunsten der ‚Hervorbringung' von komplexen Strukturen, Signaturen, Symbolen, Formen und Gestalten, ohne die Intention der Enthüllung ihrer materiellen Basis, ihres molekularen Ursprungs und ihres – erhofften, postulierten oder konstruierten – kausal-mechanistischen Beitrags zur Pathogenese (s. 4.2.1).

"All our knowledge has its origin in our perceptions" – „Each of our knowledge begins with the feelings."

Leonardo da Vinci[148]

3 These II: Das „Vorhererfahren" der qualitativen Forschung berücksichtigt die Bedeutung von Wahrnehmung und Intention bei der Konstruktion und Interpretation von lebensweltlicher Erfahrung

Nur wenige Naturwissenschaftler haben sich zusätzlich zu ihren eigenen bedeutsamen Forschungsaktivitäten auf dem Gebiet der quantitativen Lebenswissenschaften oder Biomedizin eingehend mit der erkenntnis- und wissenschaftstheoretischen Fundierung, sowie der wissenschaftshistorischen und –soziologischen Entwicklung ihrer jeweiligen Disziplin beschäftigt und darin eigenständige Denkweisen entworfen und bedeutsame, nachhaltige Beiträge publiziert. Umso ungewöhnlicher erscheint es, wenn sie sich dabei mehr oder weniger deutlich von der klassisch-naturwissenschaftlichen Auffassung des Menschen als eine „reizbare Körpermaschine" oder ein „programmierbarer Gehirncomputer" distanzieren und für eine neue alternative, auch die qualitative Dimensionen des menschlichen Körpers oder – besser – Leibes einbeziehende Forschung argumentieren. Stark vereinfachend lassen sich diese Konzepte in drei – einander nicht gegenseitig ausschließende, sondern vielmehr ergänzende – Ansätze zusammenfassen, den „systemisch-konstruktivistischen", den „phänomenologisch-lebensweltlichen" und den „gestalttheoretisch-gestaltpsychologischen (Abb. 8)."

148 da Vinci, Leonardo: *Jede Erkenntnis beginnt mit den Sinnen* – Aphorismen, Rätsel, Prophezeiungen. Schirmer: Mosel 2012.

Abb. 8 Grundlegende Annahmen und Entscheidungen innerhalb der Dualismen „subjektives vs. objektives" und „qualitatives vs. quantitatives Vorgehen" in den Lebenswissenschaften und in der Biomedizin einerseits und relevanten geisteswissenschaftlichen Strömungen andererseits (nach Morgan and Smircich[149]; modifiziert und ergänzt)

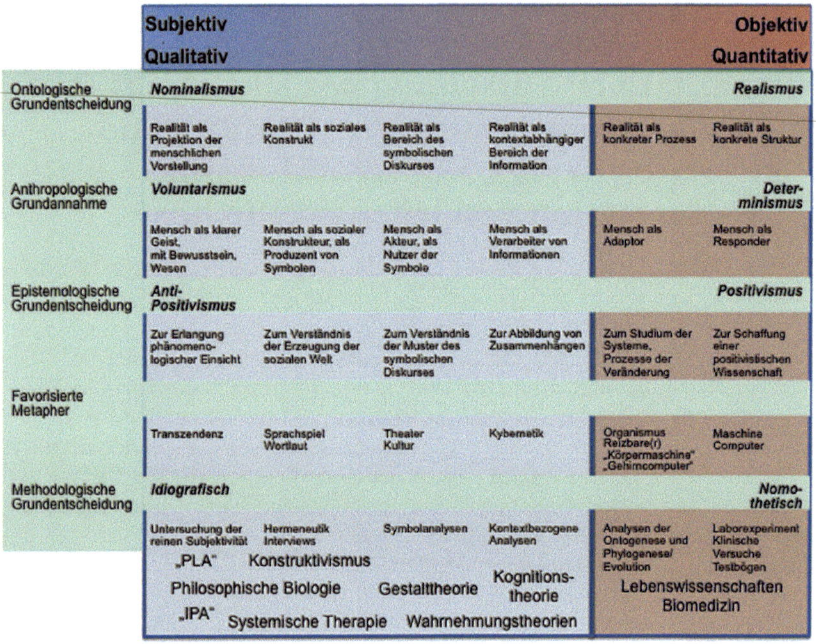

149 Morgan, Gareth / Smircich, Linda: "The case of qualitative research". *Academy of Management Review* 5, 1980, S. 491-500.

„I don't intend to publish it; I am merely going to record the facts for the information of God." „Don't you think God knows the facts?" Bethe asked. „Yes," said Szilard. *„He knows the facts, but He does not know this version of the facts."*

Leo Szilard (Physiker, Brief an den Physiker Hans Bethe über sein Vorhaben, ein Tagebuch zu führen)[150]

3.1 Die systemisch-konstruktivistische Theorie und Therapie

Der systemisch-konstruktivistischen Theorie und Therapie lassen sich Persönlichkeiten zuordnen, die von ihrer jeweiligen biomedizinisch-naturwissenschaftlichen Disziplin ausgehend auf die Geisteswissenschaften nicht nur zugingen, sondern beide Bereich zu „amalgieren" oder integrieren versuchten, wie der deutsche Physiker, Physiologie und Arzt Hermann von Helmholtz, der polnisch-jüdische Bakteriologie, Immunologe und Arzt Ludwik Fleck, die chilenischen Biologen, Anthropologen und Neurophysiologen Humberto Maturana und Francisco Varela und der deutsch-chilenische Psychologe und (Jugend-)Psychotherapeut Kurt Ludewig. Den umgekehrten Weg, von der (phänomenologischen) Philosophie zur (philosophischen) Biologie, ging Hans Jonas, der noch im fortgeschrittenen Alter als weltweit anerkannter Existenzial- und Religionsphilosoph bei dem Begründer der Systembiologie, Ludwig von Bertalanffy, Unterricht nahm und selbst biologische Studien durchführte.

3.1.1 Die „philosophische Biologie" von Hans Jonas

Ziel von Hans Jonas war es, die sogenannte Erblast aufzuheben, die der abendländischen Kultur seit 2500 Jahren anhaftet, den Dualismus von Geist und Natur, von „wollender" Subjektivität und „seiender" Materie. Rene Descartes hatte diesen – apparenten – dualistischen Gegensatz fälschlicherweise mit der – von Hans Jonas als biblische und philosophische Einsicht gewürdigten – ont(olog)ischen Differenz zwischen Subjekt und Objekt gleichgesetzt, wodurch die Wirklichkeit in den apparenten Gegensatz von „res cogitans" und „res extensa" aufgespalten wurde. Rene Descartes unterschied in seiner Ontologie eine nicht geschaffene, sich selbst bedingende Substanz (Gott) und zwei von Gott geschaffene Substanzen, die Materie („res extensa") und den Geist und die Seele („res cogitans") (s. Abb. 1 oben in 2.8.1). Da nach Descartes zwischen den beiden geschaffenen Substanzen keine Verbindungen oder Wechselwirkungen bestehen, musste er in seinem Bemühen scheitern, für den Menschen, der ja beide Substanzen besitzt, eine überzeugende Erklärung abzuliefern. Der apparente Gegensatz dieser beiden Substanzen beschäftigte auch nachfolgende Denker intensiv. Dadurch ist nach Jonas jener Dualismus mit schwer-

150 Szilard, Leo: *The collected works of Leo Szilard. Scientific Papers* (Volume 1). MIT Press: Cambrigde (Massachusetts) 1972.

wiegenden Folgen für die Erkenntnistheorie eingeführt worden. Seither herrschten die Alternativen, Inkompatibilitäten oder Gegensätze, entweder Subjektivismus oder Objektivismus, entweder Sinn verstehende Geisteswissenschaften oder kausal erklärende Naturwissenschaften. Hans Jonas lehnt die cartesianischen Unterscheidung „res extensa“ *vs.* „res cogitans“ als artifizielles Konstrukt strikt ab (s. Abb. 1 oben in 2.8.1), da beide im Organismus ja strikt aufeinander bezogen seien (s. Abb. 2 in 2.8.1). Im Organismus und im Leben liege eine Überbrückung oder Vermittlung dieser ont(olog)ischen Differenz (die ja gerade kein Gegensatz ist, sondern durch vermittelbare Pole konstituiert wird) und die Einheit von Materiellem (Materie) und Immateriellem (Geist, Seele) vor. Die Reduktion des Lebens auf die „res extensa“ opfere das Verständnis für jede Lebensfunktion: „Das Auge würde nicht als Auge erkannt, ein Organismus nicht als Organismus.“[151] Diese Auffassung von Hans Jonas findet ihre Entsprechung in verschiedenen lebensphilosophischen und anthropologischen Konzeptionen der ersten Hälfte des 20. Jahrhunderts.

Diesen Dualismus im Sinne von nicht zu vereinbarenden Polen oder Extrema bekämpfte Hans Jonas, indem er eine Vermittlung zwischen oder Vereinigung von Geist oder Seele und Materie, Subjekt und Objekt in dem stoffwechselnden und sich evolutionär zur Freiheit aufstufenden Organismus ausmacht. In „The Phenomenon of Life“, so der amerikanische Titel seiner „philosophischen Biologie“ aus dem Jahr 1963, wollte Jonas zeigen, dass das Phänomen Leben in der Vermittlung zwischen Geist oder Seele und Materie oder Körper (s. Abb. 1 unten in 2.8.1), Organismus und Freiheit besteht[152]. Trotz seiner Kritik am cartesianischen Dualismus von Subjekt *vs.* Objekt dachte Hans Jonas (wie auch Edmund Husserl und der frühe Martin Heidegger) in der phänomenologischen Einstellung eines Denkers, der Objekte in dem typischen Innen-Außen-Schema der Subjekt-Objekt-Beziehung beschreibt. Merkwürdigerweise ließ er unberücksichtigt, dass er dabei selbst *a priori* als – (gegenüber anderen) Geltung beanspruchender – Denker in (sprachlicher) Kommunikation zu anderen (Mit-)Denkern steht, damit also eine Subjekt-Kosubjekt-Beziehung unterhält. Offenbar setzte Jonas voraus, dass die Einbeziehung des Leibes als Erkenntnisinstrument das Operieren einer Kommunikationsgemeinschaft einschließt, dass sich Bedeutung nicht etwa aus einer direkten Beziehung auf Gegenstände und Gegebenheiten ergibt, sondern durch den – über den Leib vermittelten – Sprachgebrauch konstruiert wird. Aber nichtsdestotrotz interessierte er sich nicht für die weitreichenden Folgen dieser Voraussetzungen und hielt merkwürdigerweise letzten Endes und im Widerspruch zur Annahme der sprachlichen Bedingtheit des Denkens an dem Grundschema der klassischen – von Platon über Augustinus und Descartes bis zu Husserl herrschenden, seit Hermann von Helmholtz und Ludwig Wittgenstein jedoch grundlegend kritisierten – Sprach- und Denkauffassung fest, dass das Den-

---

151 Jonas, Hans: *Organismus und Freiheit – Ansätze zu einer philosophischen Biologie.* Vandenhoek & Ruprecht: Göttingen 1973 oder *Das Prinzip Leben.* Insel Verlag: Frankfurt a.M. 1994.

152 Jonas 1973 / 1994.

ken bzw. die Vorstellungskraft gleichsam autonom sei und sich der Sprache bloß als eines (von ihnen zu bildenden) Mediums bzw. Instruments bediene[153].

3.1.1.1 *Der Lebensbegriff*

Hans Jonas war der festen Überzeugung, dass das Phänomen des Lebens sowohl mit den Begriffen der Naturwissenschaften, wie auch mit denen der Philosophie und der Psychologie angegangen werden muss. Nur so könne eine umfassende Erkenntnis dessen, was Leben bedeutet, erreicht werden. In der „neuen Naturphilosophie" oder „philosophischen Biologie" von Jonas zeigt sich auf eine mit bisher nicht gekannter Konsequenz durchgeführte eindrucksvolle Weise die Bedeutung und Notwendigkeit einer Ergänzung und Verbindung von naturwissenschaftlicher Erklärung des Lebens auf der einen und geisteswissenschaftlichem Verstehen des Lebens auf der anderen Seite. Der Mensch ist als ein vernünftiges Wesen („animal rationale") nicht nur Teil der Natur, er steht der Natur auch als Denkender, Beobachtender, Forschender, Erkennender, Wertender und Handelnder gegenüber.

Die klassisch-naturwissenschaftliche Interpretation von Leben bewegt sich nach Hans Jonas auf der Ebene der physikalisch-mechanistischen Kausalerklärung. Der Organismus als eine Ganzheit würde damit zu einem Epiphänomen des Stoffaustausches mit der Umwelt und des Stoffwechsels innerhalb der jeweils analysierten Einheit des Lebens, etwa der Zelle, des Organs oder des Organismus' degradiert. So stelle sich für einen Beobachter gleichsam einem „Mathematiker-Gott" die Sicht auf einen Organismus dar, indem sich die Organismen ausschließlich von ihrer Außenseite präsentierten. Dem „Mathematiker-Gott", der lediglich den quantitativ beschreibbaren, nach außen zur Umwelt gerichteten oder verlängerten Aspekt des Organismus erkennen könne, entgehe somit das Wesentliche, gemäß Jonas die Pointe des Lebens, dass es nämlich als „aktiv organisierende Form" operiere.

Demgegenüber versteht die Naturphilosophie, Lebensphilosophie oder „philosophische Biologie" von Hans Jonas das, was Leben vom Nicht-Leben unterscheidet als die von den Organismen selbst betriebene aktive Selbstintegration in die Außen- oder Umwelt, die in Folge der aktiven „Absonderung" oder „Abstandsnahme" des Selbst von der Welt als eine der entscheidenden „ont(olog)ischen Differenzen" vom Organismus selbst hervorgebracht wird. Die formale Identität des Organismus falle dabei zu keinem Zeitpunkt mit seiner stofflichen und strukturellen Konstitution zusammen. Lebewesen seien nicht bloß phänomenologische Individuen, die sich erst durch Beobachtung bildeten. Sie repräsentierten vielmehr ontologische Individuen, die ihre Einheit durch „Absonderung" oder „Abstandsnahme" von der Außen- oder Umwelt selbst herstellen und durch ständige Selbsterneuerung aufrechterhalten würden. Damit ist Leben für Jonas in erster Linie die Fähigkeit zur „Absonderung" und – intrinsisch damit verknüpft – zur Selbstintegration. Alle am Stoffwechsel beteiligten Prozesse seien der Schaffung einer „konkreten Einheit Lebewesen" und der

153 Jonas 1973 / 1994, S. 341.

Bildung einer Form und Organisation für diese Einheit unterstellt. Daher verhielten sich Stoff oder Inhalt und Form oder Organisation, Teil und Ganzes bei Lebewesen exakt spiegelverkehrt zu leblosen Objekten, wie etwa Wasserwellen. Während bei der Welle der Stoff, die Wassermoleküle und deren Struktur, die Substanz, das Wesentliche ausmachten und die Form und Organisation zufällig und nicht wesentlich über die Wechselwirkung der Wassermoleküle zueinander entstehe, also eine Eigenschaft des Stoffes und seiner Struktur sei, werde bei – selbst einfachsten – Lebewesen, wie der einzelligen Amöbe, die Form und Organisation, also etwa die die Zelle umhüllende Plasmamembran, das die Zelle stützende Zytoskelett, die intrazellulären Energie-produzierenden Mitochondrien und der die Gene enthaltende Zellkern, zur Substanz und der Stoff, also die jeweiligen die Plasmamembran, das Zytoskelett, die Mitochondrien und den Zellkern aufbauenden Zuckermoleküle, Fette, Aminosäuren, Nukleotide etc. zum zufälligen Inhalt des Organismus'. Im lebenden Organismus stelle der Stoff oder Inhalt nur mehr das Substrat für die Form oder Organisation dar. Die Aufrechterhaltung der Form oder Organisation sei nicht das Ergebnis einer Veränderung des Stoffs oder seiner Struktur, sondern Voraussetzung für das Akkumulieren von Stoffen innerhalb dieser Form oder Organisation und somit deren Determinante[154]: „Form ist nicht Ergebnis, sondern Ursache der stofflichen Ansammlungen, in denen sie Nacheinander besteht." Für Hans Jonas ist das Leben als Urakt des „Absonderns" oder des „Abstandnehmens" einer Einheit des Lebens, etwa einer Zelle, von einem Ganzen der belebten und unbelebten Natur – mit dem Ergebnis der Entstehung einer „ont(olog)ischen Differenz" – und der nachfolgenden Integration der jeweiligen Lebenseinheit in den von allen belebten und unbelebten Dingen gebildeten „Rest" zu begreifen. Das Sein sondere sich ab oder nehme Abstand vom Nicht-Sein, die Form oder Organisation vom Stoff oder der Struktur, das Selbst von der Welt, das Ich von den Anderen, das erkennende und beobachtende menschliche Subjekt vom zu erkennenden und beobachteten menschlichen oder nicht-menschlichen Objekt. Dabei ist für Jonas entscheidend, dass die „Absonderung" oder die „Abstandsnahme" nicht zu typischen Dualismen von voneinander unabhängigen Entitäten, unüberbrückbaren Gegensätzen, unvereinbaren Extrema oder sich ausschließenden Alternativen führt. Vielmehr verursachten „Absonderung" und „Abstandsnahme" „prekäre" dialektische Spannungsverhältnisse, die zwischen den abgesonderten Polen im Abstand aufgespannt würden, die aber auch zwischen den Polen vermittelten. Da einerseits die Freiheit des Organischen als „Absonderung" der Form vom Stoff auf dem die „Absonderung" erst ermöglichenden Stoffwechsel beruhe, andererseits das Leben auf Austausch mit der Außen- oder Umwelt, also auf aktive Selbstintegration angewiesen sei, bedingten sich die Fähigkeit und die Freiheit der organischen Form, ihren Stoff zu wechseln und die Notwendigkeit, den Stoff zu wechseln, gegenseitig. Der polare Charakter aller Lebenseigenschaften und des Lebens selbst führe somit zu Thesen und Antithesen, zu entgegengesetzten Polen, zu „ont(olog)ischen Differenzen", zwischen denen sich das

154 Jonas 1973 / 1994.

Leben aufspanne, nämlich zwischen Freiheit und Notwendigkeit, „Absonderung“ und Selbstintegration.

Dabei war für Hans Jonas von entscheidender Bedeutung, dass die Notwendigkeit einer aktiven Selbstintegration des Lebens in das Naturganze zum Austausch mit der Außen- und Umwelt die Relationalität allen Lebens hervorruft. Darunter verstand Jonas die Bezogenheit des Lebens auf etwas, das „Über-Sich-Hinausweisen“ des Lebens, die Transzendenz des Organismus‘ hinsichtlich dessen, das zu ihm in Beziehung steht, also hinsichtlich der Außen- und Umwelt, einschließlich anderer Organismen und der anorganischen Natur. Der Organismus war für Hans Jonas letztlich über die mit der Außen- und Umwelt stoffwechselnde und stoffaustauschende (und damit kommunizierende) Form und Organisation charakterisiert. Diese bilde ein neues Element der Freiheit auf der Stufe der organischen Lebens und führe zum Selbst. Das stoffliche Element wirke lediglich als Substrat für die Form und Organisation. Durch „Abstandnehmen“ und „Absondern“ objektiviere sich das Leben gleichsam im Organismus und transzendiere diesen gleichzeitig. Dabei sei der Stoffwechsel für die Nicht-Identität der Stoffsumme als einfache „Addition“ aller Inhaltsstoffe eines Organismus‘ mit dem „ganzen“ intakten stoffwechselnden Organismus verantwortlich und mache damit den entscheidenden Unterschied zur Maschine aus. Damit war für Hans Jonas die Vorstellung des organischen (menschlichen) Körpers als „Körpermaschine“ und „Gehirncomputer“ obsolet.

Ganz im Gegenteil ist nach Hans Jonas das Leben eines jeden Organismus‘ als besonderer Modus des Seins stets aktiv durch die Prozesse des „Absonderns“ oder des „Abstandnehmens“ der Möglichkeit des Nicht-Seins abgetrotzt. Damit sei das Leben als gegenüber dem Nicht-Sein versuchtes und erfolgreich behauptetes Sein oder das Da-Sein als Wunsch, Intention oder letztlich Experiment mit steigenden Einsätzen und Risiken zu begreifen. Dazu gehöre dann konsequenter- und notwendigerweise auch das „In-Erwägung-Ziehen“ und Berücksichtigen der Möglichkeit von Scheitern, Misserfolg, Krankheit und Tod als wesentliche Voraussetzung für jegliche theoretische und praktische Beschäftigung mit dem Leben, und – man mag ergänzen also auch – für die Prädiktion und Prävention von Krankheiten.

3.1.1.2 Beobachtung und Leiblichkeit

Für die theoretische wie praktische Beschäftigung mit dem Leben genießt Hans Jonas zufolge der menschliche Beobachter den entscheidenden Vorteil, dass er zusätzlich zu der externen auch noch eine interne Perspektive auf den Beobachtungsgegenstand oder das Forschungsobjekt Leben nutzen kann. Er kenne die Innenansicht des Lebens. Jedoch bleibe dem auf dem inneren Auge blinden Beobachter das Leben unsichtbar. Der Mensch verfüge demnach[155].

> über Kenntnis von innen her....Kraft der unmittelbaren Zeugenschaft unseres Leibes können wir sagen, was kein körper-loser Zuschauer zu sagen imstande wäre, dass dem

155 Jonas 1973 / 1994.

> Mathematiker-Gott der entscheidende Punkt entgeht, der Punkt des Lebens selber: dass es nämlich selbst-zentrierte Individualität ist, für sich seiend, und in Gegenstellung gegen alle übrige Welt, mit einer wesentlichen Grenze zwischen Innen und Außen – trotz, ja auf der Grundlage des tatsächlichen Austausches.

Demnach werde der menschliche Beobachter und Forscher – im Unterschied zum „*Mathematiker-Gott*" – durch eine ganz ursprüngliche Erfahrung des Lebens vor dem Vergessen bewahrt. Die Beschreibung des Lebens nach seinen beiden Aspekten der Äußerlichkeit (Beobachten, Beschreiben, Erkennen, Erklären) und Innerlichkeit (Wahrnehmen, Erfahren, Erleben, Fühlen, Verlangen) habe nämlich „phänomenologisch" zu erfolgen[156]: „Der Beobachter des Lebens muss vorbereitet sein durch das Leben. Leben kann nur von Leben erkannt werden." Nach Jonas befindet sich der Mensch im Zentrum des Phänomens Leben und stellt sich diesem nicht einfach gegenüber, als ob dieses ein neutrales Objekt seiner Beobachtung und Erkenntnis wäre. Er erlebe das Leben zugleich von außen und von innen, sei nur aufgrund seiner psychophysischen Ganzheit, nicht etwa aufgrund von Rationalität inmitten einer Welt von Lebewesen doch „das Maß aller Dinge." Nach Jonas ist unser Anteil als Beobachtungs- und Erkenntnissubjekte nicht der einer Erzeugung und Konstruktion von Begriffen und Systemen – entsprechend der Ansicht des Konstruktivismus – sondern der einer „Bezeugung". Mit Hilfe seiner Selbsterfahrung habe der Mensch gleichsam Gucklöcher in die Innerlichkeit der Substanz. Nur die Selbstbeobachtung und -erfahrung erlaube dem Menschen, sich dem Leben in einem angemessenen Verhältnis zu öffnen, denn (i) hätten die Menschen immer schon eine vorangehende und bereits vorliegende Bekanntschaft und Erfahrung mit dem Leben, (ii) seien die Menschen in der Lage, das Leben zu erfahren und erkennen, weil sie selbst lebendig sind und (iii) hätten die Menschen durch den Besitz eines Leibes – für Jonas offensichtlich identisch mit dem organischen Körper – Zugang zum Leben und seien dadurch befähigt, es zu verstehen. Das Verstehen müsse also vom Menschen her beginnen, denn nur ihn selbst könnten die Menschen simultan in seiner Innerlichkeit und Äußerlichkeit erfahren. Nur von da aus sei ein Herabsteigen auf darunterliegende Schichten sinnvoll und möglich, d.h. vom Organismus zur Zelle zum Molekül, von der Ganzheit zur Einzelheit. Und selbst dies werde aufgrund fehlender Innerlichkeit auf den Organismus-freien Ebenen, wenn überhaupt, nur unter Schwierigkeiten gelingen. Demnach wäre der umgekehrte Übergang von der Einzelheit zur Ganzheit, wie er in den gegenwärtigen Lebenswissenschaften fast ausnahmslos versucht wird, etwa vom einzelligen Modellorganismus (z.B. Hefe) zum Menschen, von der Enzymreaktion zum Verhalten (s. 2.6), in jedem Fall zum Scheitern verurteilt.

---

156 Jonas 1973 / 1994.

3.1.1.3 Organismus und Umwelt

Beim Übergang der anorganischen in die organische Seinsstufe, d.h. beim Abstandnehmen oder bei der „Absonderung" der organischen Seinsstufe vom Naturganzen im Urzustand, wird der Organismus von der Form und Organisation, etwa die Zellen durch die Plasmamembran oder Zellwand, Gewebe durch extrazelluläre Matrices oder Flüssigkeiten, wie das Blut und komplexe Organismen, wie Säugetiere durch die Epidermis und Gewebeschichten begrenzt und von der Außenwelt abgegrenzt und damit zur Objektivationsform transformiert. Dabei grenzt an die Zelle, die Gewebsschicht und den Organismus die Außenwelt, also das unmittelbar Umgebende, mit dem die physikalisch-chemischen Austauschvorgänge des Stoffwechsels stattfinden, unmittelbar an. Die Unterscheidung oder Differenz zwischen Innen und Außen, welche nach Hans Jonas keineswegs eine Dichotomie, einen Dualismus oder einen Gegensatz begründet, beruhe demnach auf dem Abstandnehmen der Zelle, der Gewebsschicht oder des Organismus' vom ursprünglichen Naturganzen, wodurch nach erfolgreicher simultaner Selbstintegration dieser Zelle, der Gewebsschicht oder dieses Organismus' in eine „neue" Außen- und Umwelt, die „zurückgelassene restliche" Natur einen neuen Status annehme. Denn sie erfahre durch die „Absonderung" der Zelle, der Gewebsschicht oder des Organismus' eine – wenn auch geringe – Veränderung „durch Defizienz" und gehe mit eben der „abhandengekommenen" Zelle oder Gewebsschicht oder dem „abhandengekommenen" Organismus eine neuartige Beziehung über deren bzw. dessen Stoffwechsel ein.

Demnach „objektiviere" (d.h. entstehe ein Objekt gegenüber dem Subjekt) und „individuiere" sich (d.h. entstehe ein Individuum gegenüber der Allgemeinheit und „Ganznatur") im Organismus das Leben je nach dem Grad und der Art der „Absonderung" und der Abstandsnahme. Der Organismus sei nach Jonas eben gerade nicht passiv eingefügt in die Außen- und Umwelt, wie Materie unter Materie, sondern stehe dieser gegenüber als aktiv aufnehmende, anderes und sich selbst verbrauchende, permanent den Stoff wechselnde und regulierende Einheit und Ganzheit. Der Organismus repräsentiere damit „ein Stück Welt" als Koinzidenz von Innerlichkeit und Äußerlichkeit, zu verstehen als „Kontaktfläche", „Austauschraum" oder „Überlappung" des Organismus mit seiner Außen- und Umwelt. Deshalb könne die Frage nach dem Sein nur vom Leib oder Körper im Kontakt, im Austausch und in der Überlappung mit der Außenwelt her angegangen werden. Damit realisiert sich nach Jonas das „Selbst" des Organismus' nur als Teil einer Außen- und Umwelt, in die hinein er sich zu integrieren habe. Die „Selbstheit" müsse damit zur Polarität von oder zur Differenz zwischen Selbst und Welt, Innen und Außen, Subjekt und Objekt, Organismus und Umwelt führen. Für Hans Jonas determinieren den Organismus damit untrennbar, unaufhebbar und simultan seine Fähigkeiten und seine Bedürftigkeit gegenüber der Außen- und Umwelt[157]:

157 Jonas 1973 / 1994.

Bedürftig an die Welt gewiesen, ist das Leben ihr zugewandt; zugewandt (offen gegen sie) ist es auf sie bezogen; auf sie bezogen ist es bereit für Begegnung; begegnungsbereit ist es fähig der Erfahrung; in der tätigen Selbstbesorgung seines Seins, primär in der Selbsttätigung der Stoffzufuhr, stiftet es von sich aus ständig Begegnung, aktualisiert es die Möglichkeit der Erfahrung; erfahrend ‚hat' es die ‚Welt'. So ist die ‚Welt' da vom ersten Beginn, und die grundsätzlichen Bedingungen der Erfahrung: ein Horizont, aufgetan durch die bloße Transzendenz des Mangels, der die Abgeschlossenheit innerer Identität in einen korrelativen Umkreis vitaler Beziehung ausweitet.

3.1.1.4 Teleologie und Intentionalität

Die Natur begriff Hans Jonas – ähnlich wie Aristoteles – als Wachstums- und Entfaltungsprozess zur optimalen Verwirklichung ihres intrinsischen Wesens. Dabei würde sie keiner Trennung von Sein (naturale Tatsachen) und Sollen (ideale Normen) unterliegen und somit keine neutrale Größe darstellen, aber einen intrinsischen Wert besitzen. Auch der Stoffwechsel wurde von Jonas teleologisch aufgefasst als bewusste Aktivität des Organismus, die in seinem Willen zum Leben gründet. Das Leben sei nach Anlage und Verhalten des Organismus' für ihn ohnehin immer teleologisch, da (i) es eben keinen Organismus ohne Teleologie, keine Teleologie ohne Innerlichkeit gäbe, (ii) es dem Leben (auch in der einfachsten Form) nur darum „geht, zu sein", (iii) im Organismus immer eine Dimension von Innerlichkeit und Subjektivität vorläge, wie abgeschwächt auch immer, (iv) die Innendimension des Organismus alles jenseits der Grenzen des eigenen Ichs als Nicht-Ich, als fremd, als Außen- und Umwelt (dis)qualifiziere, (iv) die Lebensentwicklung als „Selbstfortsetzung" zu gelten habe, und (v) die „Selbstheit" und „Individuation" zu „radikaler Einzelheit und Heterogenität inmitten eines Universums homogen wechselbezogener Seiender" führe.

Die zunehmende Abstandsnahme oder „Absonderung" hat nach Jonas das Ziel zunehmender Freiheit des jeweiligen Organismus', welche im Menschen entwicklungsgeschichtlich von der Perfektionierung des Stoffwechsels über die zunehmende Bewegungsfreiheit, die Vervollkommnung der Sinnesorgane, den Einsatz von Werkzeugen, die Entwicklung der Sprache, die Schaffung von Kunstwerken und das Bewusstwerden der eigenen Sterblichkeit bis hin zur Selbsterkenntnis als der höchsten natürlichen Errungenschaft der Evolution geführt hat. Diese natürlichen Fähigkeiten zur immer effizienteren „Absonderung" und Schaffung einer Distanz zwischen dem Selbst und der Welt wären dann in der Neuzeit durch die künstlichen Errungenschaften der modernen Naturwissenschaften und Technologie ergänzt und schließlich von ihr abgelöst worden. Dabei sei es zu einer zunehmenden Blockade des Ziels der biologischen Evolution durch die schöpferische Freiheit gekommen, ermöglicht durch die den Menschen zur Verfügung stehenden technischen Mittel und dessen organisatorische Fähigkeit und systemimmanente Macht. Konsequent teleologisch sieht Jonas letztlich den Sieg der menschlichen Freiheit gegenüber der Natur voraus.

3.1.1.5 *Anthropomorphismus und Leiblichkeit*

Aus dieser menschlichen Freiheit gegenüber der Natur erwächst für Hans Jonas die „Verantwortung" als Sorge um ein anderes – menschliches oder nichtmenschliches – Sein, etwa um die Prädiktion und Prävention von (Zivilisations-) Krankheiten bei Mitmenschen und Patienten durch Forscher und Ärzte, für die er die Begrifflichkeit Anthropomorphismus wählte. Unter Anthropomorphismus wird allgemein die Übertragung von Menschlichem auf Nicht-Menschliches verstanden, verbunden mit den Gefahren (i) einer Vermenschlichung anderer Lebewesen oder der Natur, (ii) einer verfehlten naiven Projektion von menschlichen Eigenschaften, Sehweisen oder Standpunkten auf andere Lebewesen oder die Natur, (iii) einer unangebrachte Anwendung von Eigenschaften der (scheinbar) subjektiven Sphäre des Menschen auf die (scheinbar) objektive Sphäre der Natur bei Annahme einer radikalen dualistischen Unterscheidung von Subjekt *vs.* Objekt und (iv) einer Unterstellung des Ablaufens von teleologischen und intentionalen Prozessen in der nicht-menschlichen Natur. In der Philosophiegeschichte des 20. Jahrhunderts wurde die anthropomorphe Einstellung oftmals als Anthropozentrismus kritisch beurteilt und etwa als naturalistischer oder „Sein-Sollen"-Fehlschluss missverstanden.

Aus der Verbannung des anthropomorphen Denkens zur Erlangung kausalmechanistischer Erklärungen durch die Naturwissenschaften resultieren für Hans Jonas schwerwiegende Konsequenzen für sowohl unseren vorbegrifflichen, wie auch wissenschaftlichen Naturzugang, indem (i) der Selbsterfahrung des eigenen Lebens die Echtheit oder Nützlichkeit abgesprochen wird und damit der Selbstentfremdung des Menschen Vorschub geleistet wird, (ii) die Realität des Menschen als leibliches Wesen und die teleologische Deutung ursprünglicher Leiblichkeit verkannt wird, (iii) ein „ontologischer Sprung" des Menschen mit seiner teleologischen Dimension *„aus dem Himmel"* mitten unter die Naturdinge unter Verlust jeglicher teleologischer Dimension postuliert werden muss und (iv) Leben auf Lebloses reduziert, die Existenz des Lebens in Begriffen des Leblosen erklärt und tote Materie als defizienter Modus der Eigenschaften des empfindenden Lebens aufgefasst wird. Somit verurteilt Jonas eine Biologie ohne Anthropomorphismus als eine Biologie ohne Leben und geißelt die moderne naturwissenschaftliche Biologie und die molekularen Lebenswissenschaften als „Ontologie des Todes"[158].

Ein adäquater intelligenter, also eben nicht naiver Anthropomorphismus ist aus der Sicht von Hans Jonas schon deshalb unvermeidbar, da der Standpunkt des Menschen, also seine *„Seh- und Denkweise der Dinge"* grundsätzlich nicht verlassen oder vermieden werden kann. Damit sei jede Erkenntnis des Lebendigen notwendigerweise anthropomorph, eben weil (i) das erkennende Subjekt der Mensch sei, (ii) das erkannte Objekt nur mittels des Zugangs über im Menschen erfahrbare Eigenschaften erschlossen werden könne, (iii) *„point of view"* nicht *„point of nowhere"*, sondern

158 Jonas, Hans: *Wissenschaft als persönliches Erlebnis.* Vandenhoek & Ruprecht: Göttingen 1987.

„*view from (human) life*" sei und (iv) die verbale, aber auch non-verbale Kommunikation, wie das begriffliche, aber auch vorbegriffliche Wissen eben „menschlich" sei[159]:

> Tierisches Verhalten und Emotion muss mit den Worten menschlicher Sprache bezeugt werden. Doch ist dieser Anthropomorphismus nicht bloß ein Zeichen der Verlegenheit – weil uns andere nicht-menschliche Worte fehlen. Er ist, wenn er kritisch angewendet wird, auch ein Symbol der Partizipation, nämlich der Teilnahme am organischen Leben. Kritische Anwendung bedeutet die Reflexion des Standpunktes unserer Beobachtung, der einerseits unseren Blick perspektivisch begrenzt, der aber andererseits ein Standpunkt im Leben ist. Und nur der durch das Leben vorbereitete Beobachter kann das Leben überhaupt sehen. Ein Biologie, die glaubt, auf einen Anthropomorphismus (als speziellen Zoomorphismus) verzichten zu können, wäre eine Biologie ohne Leben.

Die Menschen sind also nach Hans Jonas nur deshalb in der Lage, das Leben zu erkennen, weil sie selbst lebendig sind und einen Leib haben. Nur durch die Zeugenschaft des menschlichen Leibs, den Jonas offenbar – und fälschlicherweise – mit dem organischen Körper gleichsetzt, haben die Menschen Zugang zum Leben und sind in der Lage, es zu verstehen. Das Leben in seiner Unmittelbarkeit und Vermittlung von Innerlichkeit und Äußerlichkeit ermögliche den Menschen das einzige vorgegebene Konkrete der Erfahrung überhaupt, und eröffne ihnen dadurch einen Zugang zum Bereich des Organischen. Die Menschen würden das Leben zugleich „von innen" erleben, um sich ihm in seinem angemessenen Verhältnis zu öffnen. Nach Jonas wird das Leben also weder durch nicht-leibliches Leben, also durch einen leiblosen, rein mathematisch operierenden Gott, noch durch Verzicht auf anthropomorphe Deutung erfassbar. Dem Leib komme demnach eine entscheidende Erkenntnisfunktion zu, da (i) die Wahrnehmung nicht bloß auf passiver Empfänglichkeit beruhe, wie etwa noch von David Hume und Immanuel Kant bis hin zur Sinnesphysiologie der Neuzeit (z.B.[160]) angenommen, sondern – wie genetische, kognitionswissenschaftliche und konstruktivistische Analysen der Sinnestätigkeit, wie etwa die von Hermann von Helmholtz oder Humberto Maturana durchgeführten nahelegen – vielmehr durch ein aktives Vermögen vollzogen werde, das ursprünglich auf ein spezifisches Kräfteverhältnis zwischen dem Einwirken der Welt und der leiblichen Gegenwirkung zurückzuführen sei, (ii) nicht der reine Verstand, sondern nur der konkrete Leib und seine sich selbst fühlenden Kräfte in der Interaktion mit der Welt die Quelle aller unserer Vorstellungen über das dynamische Geschehen und dessen Kausalität sei und (iii) der Schematismus gerichteter leiblicher Bewegung hin zur Außen- und Umwelt zwecks Austausch und von ihr weg zwecks „Absonderung" und Abstandsnahme als Erfahrungsgrundlage für die Dynamik des Wirklichen –

---

159 Jonas 1973 / 1994.

160 Schmidt, Robert F.: *Grundriß der Sinnesphysiologie*. Springer: Berlin 1980.

nur – den endlichen, aber leiblichen Menschen erfasse[161]: „Leben als selbst-zentrierte Individualität, für sich seiend und in Gegenstellung gegen alle übrige Welt, mit einer wesentlichen Grenze zwischen innen und außen – trotz, ja auf der Grundlage des tatsächlichen Austausches."

Zusammenfassend gilt nach Hans Jonas, dass die menschliche – individuelle und kollektive – Erfahrung und die persönliche Lebensgeschichte notwendig und untrennbar für ein Verständnis des Lebendigen sind. Denn der Mensch hat immer schon eine vorangehende Bekanntschaft mit dem Leben, steht im Zentrum des Phänomens Leben und stellt sich diesem nicht einfach gegenüber, als ob Leben ein neutrales Objekt seiner Beobachtung und Erkenntnis ist. Nur aufgrund seiner psychophysischen Ganzheit und nicht etwa aufgrund von Vernunft ist der Mensch inmitten einer Welt von Organismen das „Maß aller Dinge". Nach Jonas geben (i) ein adäquater Anthropomorphismus, (ii) die Anerkennung des Leibes als Erkenntnisfunktion, (iii) die Wiedereinführung der Subjektivität in das Reich der Natur, (iv) die Betrachtungsweise von Organismen nicht nur als funktionale, sondern als psychophysische Einheit und (v) die Anerkennung von Innerlichkeit, Subjektivität und Intentionalität als Grundlage für das Erklären, wie auch das Verstehen der Natur, dem Menschen einen Teil der Würde zurück, die ihm mit den naturwissenschaftlichen und technologischen Revolutionen der Neuzeit entzogen worden ist[162]. Die anthropomorphe Denkweise im Sinne von Hans Jonas kann deshalb als Voraussetzung für jegliche erklärende und verstehende Aktivitäten des Menschen begriffen werden, so auch für die Prädiktion und Prävention von Zivilisationskrankheiten.

3.1.2 Die Wahrnehmungstheorie des Hermann von Helmholtz

Hermann von Helmholtz geht als Mitbegründer der „Organischen Physik" in seinem „Handbuch der Physiologischen Optik"[163] von einem Beobachter aus, der mit seinen Augen wahrnimmt, der sich aber bewusst ist, dass seine Wahrnehmung der Außen- und Innenwelt ein Produkt seiner eigenen Interpretation ist, also – durchaus im Sinne von Hans Jonas – anthropomorph ist.

3.1.2.1 Die „Organische Physik"

Die „Organische Physik" wurde Mitte des 19. Jahrhunderts vor allem von Mathematikern und Ärzten mit dem Anspruch einer messenden Physiologie begründet. Ihr ursprüngliches Ziel bestand u.a. in der Schaffung einer neuen Erkenntnistheorie, die mit älteren (natur)philosophischen Ansätzen bricht. Hermann von Helmholtz,

161 Jonas, Hans: *Philosophische Untersuchungen und metaphysische Vermutungen.* Insel Verlag: Frankfurt a.M. 1992.

162 Jonas, Hans: *Leben, Wissenschaft, Verantwortung. Ausgewählte Texte.* Reclam: Stuttgart 2004.

163 Von Helmholtz, Hermann: *Handbuch der Physiologischen Optik.* Vero: Norderstedt 1867 / 2015.

der sich als ausgebildeter Militärarzt und Anatom zusammen mit Emil Du Bois-Reymond, Werner Siemens und Johannes Georg Halske als „die organischen Physiker“ bezeichnete, befasste sich im berühmten „Handbuch der Physiologischen Optik“ mit bahnbrechenden Gedanken auf dem Gebiet der Neurophysiologie. Demnach operiere das Gehirn als ein Organ zur komplexen Interpretation von sinnesphysiologischen Daten, die es jedoch nur als Zeichen wahrnehmen oder empfangen könne. Paradoxerweise führte für von Helmholtz der Gebrauch physikalischer Methoden für die Untersuchung der Sinne zur Erkenntnis, dass sich hinter der physikalisch zu bestimmenden Interaktion von Reizen, Agenzien und Umweltfaktoren mit den entsprechenden (Oberflächen-)Rezeptoren unserer Sinne und der Generierung von „Zeichensignalen“ als Reaktion erst die zukünftige Herausforderung verbirgt, nämlich die Verarbeitung dieser „Zeichen“ durch das Gehirn zu untersuchen und zu verstehen. Konsequenterweise zog von Helmholtz aus seinen eigenen Studien den Schluss, dass die Physik das Problem der Wahrnehmung und Erkenntnis alleine nicht zu lösen vermag. Diese entscheidende Einschränkung sei durch die eminente und unabdingbare Interpretationsleistung des Gehirns bedingt, wodurch der Psychologie eine wesentlich größere Bedeutung zugestanden werden müsse, als die „organische Physik“ dies zunächst angenommen und gestattet habe. Die Notwendigkeit der Beteiligung verschiedener Disziplinen, die sich mit Sinnesleistungen, dem Bewusstsein, den intellektuellen Leistungen des Gehirns und der Sprache beschäftigen, für die wissenschaftliche Behandlung des Wahrnehmungs-, Denk- und Erkenntnisproblems ist während der letzten einhundert Jahre eindrucksvoll bestätigt worden. Dabei ist ganz wesentlich, dass die durchaus radikalen Schlussfolgerungen, die von Helmholtz im „Handbuch der Physiologischen Optik“ gezogen hat, aus seinen physiologischen Messungen an Augen und Ohren resultierten. Diese führten letztendlich zum Schluss, dass der Mensch seine Umwelt nicht direkt wahrnehmen kann, sondern dass seine Sinnesorgane im Nervensystem vielmehr nur „Zeichen“ generieren, die nachfolgend vom Gehirn interpretiert werden müssen.

Die aktuelle neurophysiologische und wahrnehmungspsychologische Forschung geht davon aus, dass sich der Informationsgehalt der von den visuellen und akustischen Sinnen gelieferten „Zeichensignale“ und der Interpretation durch das Gehirn – bei allen Vorbehalten gegenüber der Methodik dieser Abschätzung – um mehrere Zehnerpotenzen voneinander unterscheidet. Aus dieser Differenz kann abgeleitet werden, dass der Mensch zwar auf seine Sinne angewiesen ist, dass aber die zentralnervöse Verarbeitung der von den Sinnen erzeugten „Zeichensignale“, Daten oder Informationen den überragenden Teil seiner Aktivitäten bestreitet. In den auf von Helmholtz folgenden wissenschaftlichen Diskussionen wurde das Verhältnis von Zeichen und Interpretation jedoch ganz unterschiedlich – aus der heutigen Perspektive sogar rückschrittlich – bewertet.

3.1.2.2 Das „positivistisch-behavioristische“ Umfeld

Zu Beginn des 20. Jahrhunderts gewann die „positivistisch-behavioristische“ Sehweise von Iwan Pawlow, Burrhus Frederic Skinner und Joan Broadus Watson die

Oberhand. Demnach gibt es absolute, vom Beobachter unabhängige Sachverhalte, die in ihrer Gesamtheit als Reize der Um- und Außenwelt die Reaktion und damit das Verhalten aller Organismen bestimmen. Auch bei geistig begabten Lebewesen, wie den Menschen, würden sich scheinbare Lernvorgänge allein durch Konditionierungs- und Verstärkungsprozesse der menschlichen „reizbaren Körpermaschine" oder des menschlichen „programmierbaren Gehirncomputers" ohne Rückgriff auf intrinsische mentale Leistungen erklären lassen. Den Behavioristen zufolge ist einzig das (vordergründige oder oberflächliche) Verhalten in der Außenwelt, vorzugsweise von Ratten in Laborlabyrinthen, nicht jedoch das Denken als geistiger Prozess in der Innenwelt wissenschaftlich zu beobachten. Damit negierten sie gerade das für von Helmholtz psychologische Kernproblem jeder Erkenntnistheorie, nämlich wie ein Beobachter das Denken als essentielle Komponente jeder Beobachtung beobachten kann, obwohl sich das Denken doch nur indirekt in den von der Geistestätigkeit initiierten Aktivitäten, Handlungen und Verhaltensweisen zeigt und manifestiert. Die Elimination genau dieses „geistigen" Bindeglieds zwischen der Wahrnehmung der Um- oder Außenwelt bzw. der Produktion der Zeichen, also der „Zeichensetzung" und der daraus resultierenden Verhaltensweise aus der naturwissenschaftlichen Forschung durch die Behavioristen lässt sich wahrscheinlich „psychologisch" und mit den zahlreichen historischen – in ihren Augen – Fehlschlägen einer introspektiven Annäherung an den Geist erklären. Diese setzt Selbstbeobachtung, also die Beobachtung des Beobachters durch sich selbst voraus und steht damit einer „neutralen", eben Beobachter-unabhängigen Beschreibung von Phänomenen entgegen. Eine derartige Methode, die offenbar einem hohen Risiko für subjektive, nicht quantitativ-messbaren Sichtweisen ausgeliefert ist, erfüllt für Behavioristen und Positivisten nicht die Kriterien für (natur-)wissenschaftliches Arbeiten.

In den 30er Jahren des 20. Jahrhunderts wurde die jahrzehntelange Dominanz des Behaviorismus in der Analyse des menschlichen Verhaltens durch die neuen wissenschaftlichen und technischen Disziplinen der Kybernetik und Nachrichtentheorie durchbrochen. Diese charakterisierten die geistige Tätigkeit unbekümmert über das Hervorbringen von mentalen Repräsentationen, Vorstellungen, Ideen, Bildern oder sprachlichen Konstrukten. Damit war unversehens das „Psychologische" und „Unsichtbare", das bereits von Helmholtz hinter den „Zeichen" der audiovisuellen Sinne vermutet und postuliert hatte, in der Wissenschaft wiederauferstanden. Diese Abkehr vom Paradigma des Behaviorismus wurde zweifelsfrei von der Entwicklung der ersten Elektronenrechner ab den 40er Jahren des 20. Jahrhunderts begünstigt. In diesen wurden attraktive technische Alternativen zum nur beschränkt zugänglichen Gehirn erblickt, mit denen sich das Denken – so die erste Euphorie – modellhaft und simulativ beobachten und begreifen lasse. Eine solche Maschine müsste in der Lage sein, das menschliche Denken – unter der Voraussetzung der rationalen Arbeitsweise des menschlichen „Gehirncomputers" – zumindest partiell zu simulieren oder nachzuvollziehen.

Parallel zur Entwicklung der Nachrichtentheorie und der ersten Elektronenrechner schuf Norbert Wiener in den späten 40er Jahren des 20. Jahrhunderts die Theorie der Kybernetik, in die er gerade auch Organismen mit ihrem Zentralnervensystem als große Regelkreise miteinschloss und in der er auf die große Bedeutung der Rückkopplung als eine Methode der fest installierten Selbstkontrolle des Systems abhob[164]:

> Es muss herausgestellt werden, dass unsere Ansicht beträchtlich über jene der Neurophysiologen hinausging. Das zentrale Nervensystem erscheint nicht mehr als ein in sich abgeschlossenes Organ, das Eingaben von den Sinnesorganen erhält und an die Muskeln abführt.

Schon von Helmholtz hatte in seinem „Handbuch der Physiologischen Optik" eine empirische Rückkopplungstheorie dargelegt[165]. Demnach verursachen Willensakte, durch die das Individuum zu Handlungen veranlasst wird, Modifikationen in der Außenwelt, die wiederum der Kontrolle und Steuerung durch die Sinne dieses Individuums unterliegen. Diese Verknüpfung zwischen der Festlegung eines Handlungsziels durch den Willen und der Erzeugung von „Zeichensignalen" durch die Sinne würde bei Verfehlen des anvisierten Ziels durch die Interpretationsleistung des Gehirns über eine Rückkopplungsschlaufe korrigiert werden. Von Helmholtz argumentierte dabei – die Wienerschen Regelkreise vorwegnehmend – mit stabil implementierten Abläufen der Verarbeitung von „Zeichensignalen" im Gehirn, die damit über Lernprozesse für ihr eigenes Entstehen verantwortlich sind. Wenn von Helmholtz die über einen Willensakt herbeigeführte Veränderung der Position eines Körpers im Raum als eine Differenz, etwa der dreidimensionalen Koordinaten dieses Körpers, begreift, die zunächst mit den Sinnen wahrgenommen wird, um nachfolgend im Gehirn verarbeitet und interpretiert zu werden, befindet er sich bereits in bemerkenswerter Nähe zum von Erich von Holst wesentlich später entwickelten Reafferenzprinzip[166]:

> Wir fragen nicht nach der Beziehung zwischen einer gegebenen Afferenz und der durch sie bewirkten Efferenz, also nach dem ‚Reflex', sondern gehen umgekehrt von der Efferenz aus und fragen: Was geschieht im ZNS mit der von dieser Efferenz über Effektoren und Rezeptoren verursachten Afferenz, die wir die ‚Reafferenz' nennen wollen?

Ähnlich argumentierte auch von Helmholtz. Die durch einen Willensakt hervorgebrachte Efferenz werde nach Wahrnehmung durch die Sinne als Afferenz und damit als Zeichenantwort an das Gehirn geleitet, wo das Entscheidende, nämlich ihre Weiterverarbeitung erfolge[167]. Damit entwickelte von Helmholtz eine frühe Form der Lerntheorie, konträr zur Reflexlehre des nachfolgenden Behaviorismus und die Verhaltenslehre der Kybernetik über ein halbes Jahrhundert vorwegnehmend.

---

164 Wiener, Norbert: *Cybernetics or control and communication in the animal and the machine.* MIT Press: Cambridge (Massachusetts) 1961, S. 34.

165 Von Helmholtz 1867.

166 Von Holst, Erich / Mittelstaedt Horst: *Das Reafferenzprinzip in: Zur Verhaltensphysiologie bei Tieren und Menschen. Gesammelte Abhandlungen* (Bd. I). Piper: München 1969, S. 135–166.

167 Von Helmholtz, Hermann: *Ueber das Ziel und die Fortschritte der Naturwissenschaft. In: Vorträge und Reden* (Heidelberger Texte zur Mathematikgeschichte Bd. I). Signatur Universitätsbibliothek Heidelberg: Heidelberg 1896, O 400–1::1(4).

3.1.2.3 Die Zeichen- und Lerntheorie

Von Helmholtz definierte Perzeptionen als die Eindrücke von Gegenständen und Sachverhalten der Außenwelt auf die Sinnesorgane, so wie sie durch die unmittelbar gegenwärtigen sinnlichen Empfindungen – ohne Einwirkung oder Beteiligung seelischer oder psychischer Prozesse – hervorgerufen werden. Demnach würden bei Perzeptionen auch die vollkommen in der Vergangenheit gemachten früheren Erfahrungen oder Erinnerungsbilder, die ja gerade ohne einen aktiven Anteil von Perzeptionen auskommen, keine Rolle spielen. Dagegen gelten Vorstellungen oder Wahrnehmungen bei Helmholtz als seelisch-psychisch bearbeitete Sinnesempfindungen, die durch die direkten und gegenwärtigen Perzeptionen gestützt sind und in der empiristischen, biophysikalisch gestützten Theorie der Wahrnehmung physikalisch vermessen werden. Anschauungen wiederum setzen sich nach Helmholtz aus Perzeptionen, Wahrnehmungen und Erinnerungsbildern zusammen. Demnach seien Wahrnehmungen der Umwelt, also Sinnesempfindungen, für das Gehirn lediglich Zeichen, denen erst über die Interpretation eine Bedeutung zugewiesen werde und die irgendwie eine Verbindung zur Sprache selbst aufwiesen und zum Überleben des Menschen als Lebewesen in der Welt beitragen würden. Damit adressierte von Helmholtz in seiner empirischen Zeichentheorie das erkenntnistheoretische Fundament der Neurophysiologie, nämlich die Frage, wie dem Menschen Gegenstände und Sachverhalte „erscheinen" und wie sie ihm etwas „bedeuten." Nach von Helmholtz liefern die Sinnesorgane dem Gehirn keine Abbilder der Gegenstände, Gegebenheiten und Sachverhalte der Außenwelt, sondern lediglich „Zeichensignale"[168]:

> Nun frage ich, welche Aehnlichkeit soll man sich denken zwischen dem Process im Gehirn, welcher die Vorstellung eines Tisches begleitet, und dem Tisch selbst. Soll man sich die Gestalt des Tisches von elektrischen Strömen nachgezeichnet denken, und wenn der Vorstellende sich vorstellte, dass er um den Tisch herumgehe, soll dazu noch ein Mensch mittels elektrischer Ströme gezeichnet werden. Perspectivische Projectionen der Außenwelt in den Gehirnhemisphären, wie sie wohl angenommen sind, genügen offenbar nicht, die Vorstellung von einem körperlichen Objecte darzustellen. Und gesetzten Fall eine kühne Phantasie schreckte vor einer solchen und ähnlichen Hypothesen nicht zurück, so wäre ein solches elektrisches Abbild des Tisches im Gehirn ein zweites Abbild des Tisches im Gehirn, ein zweites körperliches Object, welches wahrgenommen werden müsste, aber keine Vorstellung vom Tische.

Schon lange vor Einführung des Informationsbegriffs hat von Helmholtz erkannt, dass seinen Zeichensignalen eine Bedeutung erst im Kontext als Elemente einer Sprache zukommt und sie ohne die mit ihnen assoziierte Bedeutung im Gebrauch sinnlose Symbole bleiben[169]. „Die Sinnesempfindungen sind für unser Bewusstsein Zeichen, deren Bedeutung verstehen zu lernen unserem Verstande überlassen ist."

168 Von Helmholtz 1867.
169 Von Helmholtz 1967, S. 947.

Nur durch den Gebrauch in der Sprache erhalten die Zeichen dieser Sprache eine Bedeutung. Und dieser Sprachgebrauch stellt eben keine Messung eines Informationsgehalts dar. Der Gebrauch einer bedeutungshaltigen Sprache, bei Schriftsprache die Semantik, kann durch die statistische Erhebung der Regelmäßigkeit der Elemente als Code dieser Sprache, bei Schriftsprache die Syntax, nicht ersetzt werden. Daraus resultiert aber das Kuriosum, dass Zeichen, die an sich keine Bedeutung besitzen, den Menschen in einer bedeutungshaltigen Sprache über die Außenwelt informieren und ihm das (Über-)Leben erleichtern. Dies kann nur dadurch gelingen, dass die Sinnhaftigkeit der Interpretation der Zeichen für das (Über-)Leben *quasi* im permanenten Versuch der täglichen Lebenspraxis kontinuierlich getestet wird. Dafür setzt nach von Helmholtz der Mensch seinen Körper ein, der unter seinem Willen stehend Handlungen und Aktivitäten in Raum und Zeit ausführt, wodurch er kybernetische Regelkreise des Lernens integriert. Denn jede Handlung verursache in der Umwelt eine Antwort oder Reaktion als Differenz zwischen dem jetzigen und dem vorherigen Zustand, die über die von den Sinnesorganen erzeugten Zeichen registriert würde. Dabei diene der Körper simultan als Experimentator und Kontrolleur, indem er durch die versuchsweise, aber bewusste Durchführung von Handlungen und Aktivitäten die Außenwelt zu einer Reaktion und folglich zu einer korrespondierenden Zeichenantwort im Gehirn zwinge. Nach ihrer Interpretation erfolge die nächste Probehandlung unter Berücksichtigung des aktuellen Interpretationsergebnisses. Als Zyklus mit Rückkopplungsmechanismus führe die Abfolge von „Veränderung der Außenwelt (Efferenz) > Zeichensignal (Afferenz) > Interpretation > Handlung > Veränderung der Außenwelt (Efferenz) in einem Prozess des kontinuierlichen Lernens durch das Gehirn zur Entwicklung von Bedeutung für die Zeichen einer Sprache.

Nach von Helmholtz „erfindet" der Mensch seine eigene Wahrnehmung über seine experimentierende „Körpermaschine" und seinen experimentierenden „Gehirncomputer", die beide in Kooperation versuchen, als „Zeichensignale" registrierte Empfindungen der menschlichen Sinne mit den Veränderungen der Außenwelt in Einklang zu bringen. Der Mensch unterhalte also mit den zeichensetzenden Sinnesorganen und der körperlichen Motorik zwei nach innen bzw. nach außen hin orientierte Verbindungen zur Außenwelt. Mit letzterer führe er über seine Handlungen *quasi* Experimente in der Außenwelt durch (Efferenz), stelle also eine Frage, die er über erstere Verbindung (Afferenz) durch Interpretation der produzierten Zeichensignale auf das Erreichen des von ihm bewusst gewollten Handlungsziels, etwa des Überlebens in einer veränderten Umwelt, hin untersuche und damit letztlich beantworte. Dieses „Frage-und-Antwort-Spiel" oder „Efferenz-und-Afferenz-Spiel" mit seiner bidirektionalen Verbindung zur Außenwelt stelle damit eine unabdingbare Voraussetzung für jeden bewusst durchgeführten und auf ein Ziel fokussierten Lernprozess dar.

Deshalb können für von Helmholtz chemische Reaktionen und elektrische Ströme im „Gehirncomputer" nicht als Abbildungen in dem Sinne gelten, dass diese irgendeine (physikalische) Ähnlichkeit mit realen Objekten und Sachverhalten oder gar mit Wahrnehmungen und Anschauungen aufweisen würden. Und selbst bei der spekulativen Annahme der Erzeugung eines chemischen oder elektrischen Abbilds eines Objekts, etwa eines Tisches, würde man erneut mit dem Grundproblem konfrontiert, dass diese Muster von Farbreaktionen oder Hirnströmen und Aktionspotentialen des Tisches als körperlich-physikalischer Gegenstand abermals von den Sinnesorganen registriert werden müssten. Diese Beobachtung eines chemischen oder elektrischen Abbilds müsste aber erneut von einem Beobachter durchgeführt werden. Damit würde diese Abbildtheorie der menschlichen Wahrnehmung in einem Teufelskreis enden, gebildet aus dem „Homunculus" im Kopf des Beobachters zur Erzeugung des elektrochemischen Abbilds vom Tisch und einem weiteren „Homunculus" zur Beobachtung dieses Abbilds und so weiter. Das Problem, wie das Gehirn etwas repräsentiert, wird also nach von Helmholtz durch die Hypothese, dass die Vorstellung des Gehirns ein Abbild – von welcher Natur auch immer – eines Gegenstands, einer Gegebenheit, eines Sachverhalts, einer Wahrnehmung oder einer Anschauung der Außenwelt ist, nicht gelöst.

3.1.2.4 Repräsentation und Interpretation

Aus der Helmholtzschen Zeichentheorie ergibt sich unmittelbar die äußerst wichtige Einschränkung, dass die bloße Beschreibung über die von den Sinnesorganen hervorgebrachten „Zeichensignale" keine Erklärung für eine beobachtete Differenz zwischen zwei Zuständen liefert. Denn die „Zeichensignale" stellen keine simplen Abbilder für die Gegenstände oder Gegebenheiten der Außenwelt dar, sondern sie repräsentieren diese für das Gehirn „lediglich" und funktionieren „nur" als Werkzeuge für ein erfolgreiches Zurechtfinden und (Über-)Leben in dieser Welt. „Wahr" sind diese Repräsentationen nur in diesem pragmatischen, nicht im absoluten Sinn. Konsequenterweise stellen die in der experimentellen zeitgenössischen Neurophysiologie – mit nicht-invasiven Methoden gemessenen, aus Clustern von Nervenzellen oder bestimmten Hirnarealen abgeleiteten Aktivitätsmuster (z.B. 3D-Images, in Raum und Zeit aufgelöste Expressionsprofile von Genen und Eiweißen) lediglich – wenn auch sehr komplexe – „Zeichensignale" im Gehirn des beobachtenden Wissenschaftlers dar. Sie liefern nur dann „Wahrheiten" und werden zu Repräsentationen, wenn ihr Auftreten mit Zustandsveränderungen, also mit dem Verhalten der Nervenzellen korreliert werden kann und diese Korrelation dem einzelnen Wissenschaftler, der Gemeinschaft der Wissenschaftler, dem Patienten und letztlich der Menschheit zu einem Vorteil für das (Über-)Leben verhilft. Somit muss ein erfolgreicher Prozess des (Er-)Findens einer Korrelation oder Repräsentation, der eine typische Interpretationsleistung des Gehirns des Beobachters darstellt, als hinreichende Bedingung für diejenige „Wahrheit" gelten, wie sie eben aus neuronalen Aktivitätsmustern konstruiert werden kann. Ein Erklären der der Korrelation oder Repräsentation zugrundeliegenden physiologischen oder molekularen Mechanismen ist nicht erforderlich und würde weder zu einer Bestätigung noch zu einer Vertiefung dieser Wahrheit führen. Die Wahrheit „entsteht" also in der Interpretation, also der Zuweisung einer Korrelation zu Mustern von „Zeichensignalen", die damit zu Repräsentationen aufgewertet werden. Dies lässt sich am Beispiel einfacher Repräsentationssysteme veranschaulichen, etwa den dualen, dezimalen und römischen Zahlensystemen.

Die Zeichenfolge „0 I I I 0“ kann bei einem Beobachter, der nicht auf ein bestimmtes Zahlensystem festgelegt ist, unterschiedliche Interpretationen hervorrufen, nämlich die Zahl „111“ oder „1110“ bei „Vertraut sein“ mit dem Dezimalsystem oder die digitale Sequenz „nein-ja-ja-ja-nein“ bei Anwendung des binären Systems oder die Zahl „III“, also „3“ bei Auslegung im römischen System. Zusätzlich zu dem Wissen, für was, also für welche Gegenstände, Gegebenheiten oder Sachverhalte der Außenwelt die Zeichen, hier Zahlen, stehen, muss der Beobachter auch das System oder Spiel und die dazugehörigen (Spiel-)Regeln beherrschen, nach denen die Folge von „Zeichensignalen“, hier eine Zahlensequenz, zur Aufdeckung einer Korrelation verarbeitet und interpretiert werden muss. Da die Verarbeitung und Interpretation von „Zeichensignalen“ aus Wahrnehmungen und Beobachtungen typischerweise in Sprache erfolgen, muss der Beobachter also die Funktions- und Arbeitsweise der Sprache als der Gesamtheit der Zeichen verstehen, d.h. die Sprache korrekt anwenden, um Repräsentationen identifizieren zu können. In Verallgemeinerung bedeutet dies, dass ein Erklären und Verstehen (z.B. als korrelierende Repräsentation) eines jeden – komplexen – Systems (z.B. Arzt-Diabetespatient) lediglich aus den Eigenschaften (z.B. „Zeichensignale“ der Blutzuckermessung und Symptome) der es konstituierenden Komponenten (z.B. Blutzucker, Diabetespathogenese) ohne Kenntnis der Art ihrer Interaktionen (z.B. über Sprache, Moleküle) nicht möglich ist.

Für die Neurophysiologie ergeben sich aus dieser Repräsentationsproblematik weitreichende Konsequenzen. Nach von Helmholtz muss von ihr der „willentliche sensomotorische Weltzugang“ untersucht werden[170]. Dieser bedinge auf der psychologischen Seite im Individuum die Ausbildung eines stabilen Programms des Sehens, „materialisiert“ in der Struktur der verschalteten Nervenzellen. Hinter diesem Programm bzw. der Struktur koordiniere eine „Gehirnsprache“ alle relevanten Leistungen des Zentralnervensystems, wie etwa die Verarbeitung und – korrelative – Interpretation der „Zeichensignale“, „materialisiert“ in der Semantik und Syntax der Sprache. Daraus ergibt sich unmittelbar ein erkenntnistheoretisches Problem, nämlich inwieweit die neuronale Struktur die gesuchte „Gehirnsprache“ korrelativ abbildet, also repräsentiert. Dieses Problem lässt sich letztlich auf den cartesianischen Dualismus zwischen Materie und Geist zurückführen, das nun – in neurophysiologischer Diktion – als Beziehung zwischen materiellen Informationsträgern, etwa elektrischen Aktionspotentialen entlang der Nervenbahnen oder chemischen Neurotransmittermolekülen in den Synapsen als den Zeichen und – in linguistischer Diktion – als Beziehung zwischen Syntax und Semantik als die immateriellen geistigen Bedeutungszuweisungen dieser Zeichen wiederkehrt. Für von Helmholtz ist das Verstehen einer Sprache gleichzusetzen mit dem Verstehen der Verwendung und Interpretation der in dieser Sprache eingesetzten Zeichen. Auf die Neurophysiologie bezogen handelt es dabei um das nach wie vor ungelöste

170 Von Helmholtz 1867.

Problem, in welcher Form, d.h. Mustern von „Zeichensignalen“ wahrgenommene Gegenstände, Gegebenheiten und Sachverhalte der Außenwelt durch das Gehirn korrelativ repräsentiert werden und in welcher Sprache das Gehirn über diese repräsentierten Inhalte „spricht“.

Diese sogenannte semantische „Selbst-Referentialität“ ist auch für die „Gehirnsprache“ von von Helmholtz charakteristisch, in der, wie in jeder anderen Sprache auch, die sinnlichen „Zeichensignale“ erst durch die Semantik eine Bedeutung zugewiesen bekommen. Im gravierenden Unterschied zu manchem modernen Neurophysiologen, wie etwa Gerhard Roth[171], operiert das Gehirn für von Helmholtz nicht als geschlossenes System. Für seinen quasi systemtheoretischen Ansatz ist der körperlich-motorische Weltzugang des Menschen nur mit der Offenheit des Systems Gehirn vereinbar. Damit erhält das System Gehirn eine „aktive“ Verbindung zur Außenwelt – zusätzlich zur „passiven“ über die Wahrnehmung –, die im Laufe von zyklischen Lernprozessen der körperlichen Auseinandersetzung mit den Gegenständen, Gegebenheiten und Sachverhalten in der Welt die „Erarbeitung“ und das „Einüben“ der Bedeutung und korrekten Anwendung von sinnlichen „Zeichensignalen“ erst ermöglicht und garantiert. Damit kommt neben dem sensorischen auch dem motorischen Körpersystem eine essentielle Funktion für Beobachtung und Erkenntnis zu. Es wirkt als eine Art Rückkopplungsschleife für die sinnlichen „Zeichensignale.“ Deren Bedeutungszuweisung und Interpretation wird durch das Gehirn nach „Rückführung“ an die Außenwelt über diesen „Kanal“ auf Sinnhaftigkeit, also auf Nützlichkeit für das (Über-)Leben in dieser Welt getestet, um dann für den nächsten Beobachtungs- und Erkenntniszyklus – je nach Testergebnis – unverändert oder modifiziert wiederholt zu werden. Damit gerät die empirische Wahrnehmungs-, Zeichen- und Lerntheorie des von Helmholtz in erstaunliche Nähe zur erstmals in den 70er Jahren des 20. Jahrhunderts formulierten evolutionären Erkenntnistheorie. Erstaunlicherweise und möglicherweise wohlüberlegt hat er die ihm durchaus bekannte Evolutionstheorie von Charles Darwin in seiner konstruktivistischen und lerntheoretischen Erkenntnistheorie nicht berücksichtigt.

Zusammenfassend stellt für Hermann von Helmholtz die klassische Abbildtheorie eben deshalb einen fundamentalen Irrtum dar, weil die Sinnesorgane des Menschen eben kein „Abbild“, sondern lediglich die Außenwelt repräsentierende und für das Gehirn interpretierbare und zu interpretierende „Zeichensignale“ hervorbringen. Dennoch erfüllten diese Zeichen einen überlebenswichtigen Zweck. Denn jedes Lebewesen sei darauf angewiesen, seine Außenwelt so zu „erkennen“, dass mit dieser „Erkenntnis“ sein Dasein in der Welt ermöglicht oder erleichtert werde. Diese durch die Sinnesorgane vermittelte Erkenntnis könne deshalb nicht als letztgültige Wahrheit über die Wirklichkeit angesehen werden, sondern würde lediglich als Werkzeug für die Eröffnung eines pragmatischen Weltzugangs dienen, etwa für die Orientierung zur erfolgreichen Nahrungssuche. Da die Sinnesorgane nur reprä-

171 Roth, Gerhard: *Das Gehirn und seine Wirklichkeit. Kognitive Neurobiologie und ihre philosophischen Konsequenzen.* Suhrkamp: Frankfurt a.M. 1994.

sentierende „Zeichensignale“ produzierten, müsse ihre Bedeutungszuweisung und damit die Interpretation der Welt durch das Gehirn einem Korrekturmechanismus unterliegen, der die Wahrscheinlichkeit der Konstruktion von willkürlichen oder gar schädlichen Weltauslegungen vermindert. Dieser besteht nach von Helmholtz in den auf eine Wahrnehmung hin willentlich durchgeführten motorischen und sensorischen Aktivitäten des Körpers, die wiederum in vielfältigen Sinnen des Körpers eine weitere Antwort in Form veränderter *quasi* „leiblicher Zeichensignale“ induzieren. Deutungen, die sich aufgrund induktiver Anwendbarkeit und Nützlichkeit für das (Über-)Leben während des zyklischen Fortgangs dieser Rückkopplungsschleife innerhalb des gesamten Körpers, ja des Leibes, bewährt hätten, initiierten letztlich die feste Verschaltung von zentralnervösen Routinen zu – von von Helmholtz so benannten – „unbewussten Schlüssen“[172]. Während die äußere „experimentell“ hervorgerufene Wahrnehmung in bidirektionaler Richtung und auf dialogische Weise den Kontakt zu den Gegenständen, Gegebenheiten und Sachverhalten der Welt aufbaue, repräsentiere die innere Wahrnehmung Prozesse und Zustände unseres Seelenlebens und habe keinen Bezug zur sinnlich wahrgenommenen äußeren Welt. Von Helmholtz baute somit einerseits auf Kants Erkenntnistheorie auf und überführte diese in eine Vorform des Konstruktivismus und der Kognitionstheorie, die aber bereits bestimmte Aspekte der Leiblichkeit berücksichtigt.

3.1.2.5 Anfänge von Konstruktivismus und Kognitionstheorie

Die bereits in der Epoche des Hermann von Helmholtz und natürlich mehr noch die seitdem während der Blütezeit der Lebenswissenschaften bis heute (und sehr wahrscheinlich auch in der Zukunft) entwickelten Technologien und Methoden der Neurophysiologie waren und sind aufgrund ihrer faszinierenden instrumentell-analytischen Möglichkeiten in der Lage und dafür ausgerichtet, neue Beobachtungen und Erkenntnisse auf der Ebene des Mikrokosmos’ unter Erreichung ungeahnter qualitativer (z.B. Auflösung) und quantitativer Kriterien (z.B. Vergrößerung) hervorzubringen. Sie sind aber gerade wegen dieser Ausrichtung blind gegenüber grundlegenden Problemen und tiefreichenden Fragestellungen. Ganz im Sinne von Hermann von Helmholtz hat der Neurophysiologe Wolf Singer diesem Defizit Ausdruck verliehen[173] (Singer 2003):

> Ob im Morgen- oder im Abendlicht, die gleiche Rose erscheint uns im gleichen Rot, ungeachtet der Tatsache, dass sie wegen der verschiedenen Beleuchtungsbedingungen in ganz verschiedenen Spektralbereichen erstrahlt. Der Grund ist, dass wir unsere Farbbewertung auf Vergleiche mit den grünen Blättern, und nicht auf die Messung absoluter Wellenlängen des Lichtes hin treffen. Unsere Wahrnehmungen sind reine Interpretationen. Sollen wir also der Physik glauben oder uns? Im Grunde sind beide

---

172 Von Helmholtz, Hermann. „Die Tatsachen in der Wahrnehmung“. In: Hörz H. / Wollgast S. (Hrsg.): *Philosophische Vorträge und Aufsätze.* Akademie Verlag: Berlin 1878a / 1971, S. 252–259.

173 Singer, Wolf: *Ein neues Menschenbild.* Suhrkamp: Frankfurt a.M. 2003, S. 43–49.

> Beschreibungen richtig. Wir sind es doch, die wahrnehmen, und wir haben die Physik erfunden. Was das Beispiel lediglich zeigt, ist, dass unsere Wahrnehmungsvorgänge in hohem Maße konstruktivistisch und eben nicht abbildend sind.

Diese für die zweite Hälfte des 20. Jahrhunderts typische konstruktivistische Sehweise hat von Helmholtz in seiner Wahrnehmungs-, Lern- und Zeichentheorie mit dem Schritt, die durch die Sinnesorgane produzierten Abbilder durch „Zeichensignale" zu ersetzen, die es in Lernprozessen erst zu interpretieren und deuten gilt, entscheidend vorweggenommen, worauf die Begründer einer konstruktivistischen Kognitionstheorie ab den 70er Jahren des 20. Jahrhunderts nur zu gerne zurückgriffen. So bemerkte der Literaturwissenschaftler Siegfried J. Schmidt[174], dass „Wahrnehmung sich nicht in den Sinnesorganen vollzieht, sondern in spezifischen sensorischen Hirnregionen....Wahrnehmung ist demnach Bedeutungszuweisung.... ist Konstruktion und Interpretation." Und der Neurophysiologe Gerhard Roth begreift das Gehirn als ein System mit der Fähigkeit, seine eigene Sprache und nur diese zu verstehen[175]. Nur solche „Zeichensignale" würden von Sinnesorganen produziert und auf Nervenbahnen geschickt, die vom Gehirn als die eigene Sprache verstanden, verarbeitet und interpretiert werden können.

Auch für von Helmholtz existieren zwischen den Gegenständen und Sachverhalten der Außenwelt und den durch die Sinnesorgane hervorgebrachten „Zeichensignalen" bestimmte Relationen, die über leibliche Routinehandlungen eingeübt werden und erst nach Bewährung Stabilität erlangen. Damit stellt sich die Frage nach einer Abgrenzung zwischen direkter sinnlicher Empfindung oder Perzeption einerseits und andererseits Erfahrung oder Vorstellungsbild, welche ihren Ursprung in der Erinnerung haben und dem Einfluss der Interpretation unterliegen. Im Gegensatz zum Nativismus, der das Operieren von angeborenen Wahrnehmungsmustern annimmt, setzte von Helmholtz in seiner empirischen Wahrnehmungs- und Lerntheorie auf die postnatale Aneignung von Wahrnehmungsroutinen über Lernvorgänge nach dem Prinzip von Versuch-Irrtum[176]. Auf diesem erkenntnistheoretischen Stand ungefähr in den 70er Jahren des 19. Jahrhunderts angekommen, konnte für von Helmholtz naturwissenschaftliche Erkenntnis, einschließlich ihres Drangs zur Formulierung von Naturgesetzen und ihres Denkens in Kausalzusammenhängen, nicht mehr als Beweis für eine absolute Wahrheit gelten, nicht mehr als etwas Unveränderliches und Abgeschlossenes, sondern lediglich als Hypothese.

3.1.2.6 Die Interpretation von Naturgesetzen

Gesetzmäßigkeiten der Welt können gemäß des Prinzips des Induktionsschlusses nur wegen ihrer Wiederholung wahrgenommen werden. Andererseits beruht die

174 Schmidt, Siegfried J.: *Der Diskurs des Radikalen Konstruktivismus.* Suhrkamp: Frankfurt a.M. 1988, S. 14.

175 Roth 1994.

176 Ruoff, Michael: *Hermann von Helmholtz.* Wilhelm Fink: Paderborn 2008.

Überlebensfähigkeit eines Lebewesens unmittelbar auf sich wiederholenden Prozessen und der Regelmäßigkeit in seiner Außen- und Umwelt. Ohne ein Minimum an vorhersehbaren Prozessen und Sachverhalten wäre das Phänomen Leben unmöglich. Dabei muss das Leben so aufgebaut sein, dass von den relevanten Regelmäßigkeiten dieser Welt Anschauungsbilder der Perzeption in Form von Gesetzmäßigkeiten konstruiert werden können, die dem Menschen bei der Identifizierung, wie auch der Ausbildung der Bedingungen für sein Überleben in dieser Welt hilfreich sind. Nach von Helmholtz spiegelt sich darin die geforderte Verbindung von Perzeption und Sachverhalten der Welt im Naturgesetz wider[177]: „Insofern wir dann das Gesetz als eine unsere Wahrnehmung und den Ablauf der Naturprocesse Zwingendes, als eine unserem Willen gleichwerthige Macht anerkennen, nennen wir es ‚Kraft'." Diese physikalischen Kräfte sind für von Helmholtz die Gesetze, denn auch Gesetze bewirken Kräfte, die der Kausalität von Ursache und Wirkung entsprechen. Dies führe zur empiristischen Verknüpfung zwischen Innenwelt und Außenwelt. Dabei könne die Struktur der beobachteten und vermessenen Gegenstände, Gegebenheiten und Sachverhalte der Außenwelt bis zu einem gewissen Grad auf Übereinstimmung mit Strukturen des Wahrnehmungsapparates setzen. Allerdings hat selbst die aktuelle Neurophysiologie von der Natur dieser Strukturen keine Vorstellung.

Während also die Außenwelt als Thema für die Gesetzmäßigkeiten konstruierende Physik damit prinzipiell erkennbar ist, bleibt für von Helmholtz für die Innenseite die Psychologie zuständig. Grundsätzlich nicht-gesetzliche Relationen zwischen Innen- und Außenwelt wären auch für sie unerkennbar und damit unzulässig, denn dann wäre die einzig durch Wiederholbarkeit fundierte kausale Beziehung des – nach David Hume mit logischen Regeln nicht beweisbaren – Induktionsschlusses obsolet. Vielmehr sieht von Helmholtz in der Gesetzmäßigkeit eine generelle und unabdingbare Voraussetzung für jede Lerntheorie. Daraus ergibt sich die Frage, was und wie viel die wahrgenommenen „Zeichensignale" von der gesetzesmäßigen Konstruktion der Außenwelt zu repräsentieren imstande sind. Denn diese können Gesetzmäßigkeiten ja nicht abbilden. Letztlich geht es also um die Bedeutung dessen, was die Sinnesorgane in Form der von ihnen hervorgebrachten „Zeichensignale" für deren Interpretation eigentlich zur Verfügung stellen. Obwohl eine Antwort hierauf sowohl von Helmholtz, wie auch die nachfolgenden neurophysiologischen Forscher bis heute schuldig geblieben sind, lässt sich zumindest festhalten, dass „Zeichensignale" der Sinnesempfindungen zwar keine Abbilder von den Gegenständen, Gegebenheiten und Sachverhalten in der Welt liefern, aber dennoch in der Lage sind, die Gesetzmäßigkeiten in dieser Welt abzubilden.

Eine Verknüpfung zwischen der Welt und den „Zeichensignalen" erfolgt also über die zeitliche Ordnung. Sich permanent wiederholende Prozesse bilden mit Hilfe des induktiven Schlusses den Ursprung von Erfahrung. Eine weitere Verknüpfung zur Welt wird durch die Existenz der körperlichen Motorik realisiert. Der lebende Körper verfügt über die Fähigkeit, über Willensakte gesteuert Impulse

177 Von Helmholtz 1896.

in den Raum zu übertragen. Die daraus resultierende Positionsänderung im Raum verursacht wahrnehmbare Differenzen im Zustand des Körpers in einer zeitlichen Abfolge zwischen „früher" und „später". Da von Helmholtz den Willensakt als psychischen Vorgang begriff, der für eine registrierte Wahrnehmungsänderung verantwortlich ist, kommt dem Willensakt die Bedeutung einer Ursache zu. Man kann somit davon sprechen, dass das Gehirn Fragen stellt und – über den Umweg der Außenwelt – Antworten erhält, die in vielfachen Repetitionen und Stufen der Modifikation und Verbesserung in komplexe Programme der körperlichen Motorik transformiert werden. Dabei werden – *quasi* als Produkte der Lerntheorie, so wie sie von Helmholtz innerhalb seiner empirischen Wahrnehmungstheorie entwickelt hat – sogenannte unbewusste Schlüsse gezogen. Es handelt sich dabei – allgemein gesprochen – um feste Formen der Interpretation von sinnlich gegebenen Zeichen, die sich auf Grund von millionenfacher Bewährung – induktiv und vereinbarungsgemäß – entwickelt haben. Konkrete Beispiele sind motorische Bewegungsroutinen oder Wahrnehmungsformen, wie sie sich beispielsweise bei optischen Täuschungen zeigen, indem sie einem vermeintlich besseren Wissen hartnäckig widersprechen. Solche unbewussten Schlüsse können nicht willentlich beeinflusst werden, denn sie entwickeln ihren Einfluss vor dem Bewusstsein – womit sich auch ihr Name erklärt.

3.1.2.7 Die Interpretation von Kausalität

Die Annahme der Nicht-Abgeschlossenheit des Systems Gehirn durch von Helmholtz bezieht sich zum einen auf die bruchstückhafte Natur des Wissens, die jedoch immer prinzipiell einer – wenn auch langsamen – Komplettierung zugänglich ist und zum anderen auf das – schwerwiegendere – Problem der Verknüpfung zwischen Wahrnehmung und Erkenntnis über den Induktionsschluss. Einen wahren – also pragmatisch-lebenstauglichen – Wert für das Lebewesen erhält nach der empirischen Wahrnehmungstheorie eine Erkenntnis nur über unbewusste Schlüsse des die „Zeichensignale" und Zeichensprache interpretierenden Gehirns auf der Basis der experimentellen Wahrnehmung im Wechselspiel zwischen willentlicher (leiblicher) Aktion des Lebewesens und Reaktion seiner Umgebung. Beim unbewussten Schluss geht es letztlich um das Problem, wie eine Wahrnehmung, die lediglich „Zeichensignale", aber eben kein Abbild liefert, dennoch eine Information über die Welt zu produzieren vermag, die für Lebewesen in dieser Welt für ihr (Über)Leben von Nutzen ist. Nach von Helmholtz sind hierfür zwei grundsätzliche Bedingungen zu erfüllen. Die erste beruhe auf der Beständigkeit und Verlässlichkeit der Welt. Die Ausarbeitung von Gesetzen über den Gegenstand „Materie" setze deren nichtflüchtige und konstante und damit überhaupt erst zur Prädiktion geeignete Struktur voraus. Die zweite läge im gleichgerichteten Verlauf der inneren Zeit der Lebewesen und der äußeren Zeit der Umwelt und Materie. Erst hierdurch würde das Bestehen einer fundamentalen Relation zwischen dem zeitlichen Ablauf eines Prozesses in der Welt und seiner zeitlichen Ordnung in der Wahrnehmung und damit letztlich das Erkennen von Kausalbeziehungen zwischen Ursache und Wirkung ermöglicht. Das Erkennen von Gesetzmäßigkeiten und das Formulieren dieser Gesetzmäßigkeiten als Kausalgesetz als das fundamentale Konstrukt unseres Denkens erfolgt nach von Helmholtz im Rahmen eines induktiven Verfahrens[178]:

> Das erste Produkt des denkenden Begreifens der Erscheinung ist das Gesetzliche. Haben wir es so weit rein ausgeschieden, seine Bedingungen so vollständig und sicher abgetrennt und zugleich so allgemein gefasst, dass für alle möglicherweise eintretenden Fälle der Erfolg eindeutig bestimmt ist, und wir gleichzeitig die Überzeugung gewinnen, es habe sich bewährt und werde sich bewähren in aller Zeit und in allen Fällen: dann erkennen wir es als ein unabhängig von unserem Vorstellen Bestehendes an und nennen es die Ursache, d.h. das hinter dem Wechsel ursprünglich Bleibende und Bestehende.

Wird gemäß von Helmholtz die gleiche zeitliche Abfolge und Ordnung von Ereignissen wiederholt beobachtet, so schließt der Beobachter hieraus auf eine kausale Verknüpfung dieser Ereignisse. Für diese induktive Bestätigung müssten alle überhaupt vorstellbaren Möglichkeiten der Ereignisabfolge bei der Verallgemeinerung in eine Gesetzmäßigkeit Eingang finden. Die Anwendung des Kausalgesetzes garantiere die Verbindung der menschlichen Wahrnehmung zum „Material" der Wahrnehmung und dessen prinzipielle rationale Erklärbarkeit und stelle gleichzeitig den Schwachpunkt menschlicher Erkenntnis dar[179]:

> Wir können sagen, es (das Kausalgesetz) spricht das Vertrauen auf die vollkommene Begreifbarkeit der Welt aus. Das Begreifen, in dem Sinne, wie ich es beschrieben habe, ist die Methode, mittels derer unser Denken die Welt sich unterwirft, die Tatsachen ordnet, die Zukunft voraus bestimmt. Es ist sein Recht und seine Pflicht, die Anwendung dieser Methode auf alles Vorkommende auszudehnen, und wirklich hat es auf diesem Wege schon große Ergebnisse geerntet. Für die Anwendbarkeit des Kausalgesetzes haben wir aber keine weitere Bürgschaft als seinen Erfolg....Ein Beweis desselben aus der Erfahrung ist nicht möglich; denn die ersten Schritte der Erfahrung sind nicht möglich, wie wir gesehen haben, ohne die Anwendung von Induktionsschlüssen, d.h. ohne das Kausalgesetz.

Von Helmholtz erkennt damit in seiner wahrnehmungstheoretisch fundierten Erkenntnistheorie den Zirkel zwischen Induktionsschluss und Kausalgesetz, indem ersterer seine – scheinbare – Sicherheit nur über die Gültigkeit des Kausalgesetzes erhält. Ohne Kausalität könne es auch keine pragmatisch begründete Wahrheit der Wahrnehmungstheorie im Hinblick auf die angenommene Produktion von sinnlichen „Zeichensignalen" als Reaktion der „reizbaren Körpermaschine" Mensch auf Reize, Agenzien und Veränderungen der Außenwelt geben. Insofern müsse das Kausalgesetz als ein Gesetz *a priori* akzeptiert werden, welches die prinzipielle Erkenntnisfähigkeit des Menschen und die Möglichkeit allen Erkennens vor aller (experimentellen) Erfahrung konstatiert. Naturwissenschaftliche Erkenntnis sei somit

---

178 Von Helmholtz, Hermann: *Einleitung zu den Vorlesungen über Theoretische Physik*. J.A. Barth: Leipzig 1903, S. 20.

179 Von Helmholtz 1903.

mit unserer kognitiven Struktur kompatibel und stelle für diese eine Möglichkeit der geistigen Aktivität dar. Ihr ursprünglicher Anspruch auf absolute Wahrheit muss gemäß von Helmholtz aber relativiert werden, indem die von ihr konstruierten Gesetze auf Grundlage des Induktionsschlusses letztlich von unbestätigter, prinzipiell nicht bestätigbarer und spekulativer Natur sind[180]. Das Kriterium der wissenschaftlichen Überprüfbarkeit könne aber weder eine Minimalgrenze definieren, ab welchem Grad oder Ausmaß einer erfolgreichen Überprüfung die Arbeitshypothese als vollständig bestätigt und damit als Gesetz angesehen werden darf, noch eine rationale Begründung für das gewählte Verfahren angeben. Die Gültigkeit der empirischen Wahrnehmungstheorie lasse sich also nicht dazu verwenden, die Voraussetzungen ihrer eigenen Formulierung zu bestätigen oder zu negieren. Vielmehr ging von Helmholtz – im Einklang mit späteren Überlegungen von Ludwik Fleck zur sozialen Konstruktion von Wissen (s. 3.1.3.1) – von einer graduellen, kontinuierlichen, in kleinen Schritten erfolgenden Bestätigung einer Arbeitshypothese durch die experimentelle Überprüfung in der Gemeinschaft der Wissenschaftler aus, indem[181]

> die echte und Wissenschaft nichts anderes (ist), als eine methodisch und absichtlich vervollständigte und gesäuberte Erfahrung, und zwar eine Erfahrung, welche viel vollständiger und sicherer ist, als jede durch Zufall zusammengekommene Erfahrung eines einzelnen nicht methodisch verfahrenden Menschen.

Damit führt nach von Helmholtz die Trennung der zwangsweise hypothetisch operierenden Theorie von der experimentellen Überprüfung deshalb zur sichersten und vollständigsten – wenn auch nicht zu der sicheren und der vollständigen, also der „wahren" – Methode der Erkenntnis, weil sie sich nicht auf die subjektive Erfahrung des Einzelnen verlässt, sondern die Gemeinschaft der Beobachter, das Kollektiv der Wissenschaftler, über den Nutzen einer Transformation einer Arbeitshypothese in eine naturwissenschaftliche Gesetzmäßigkeit für das (Über-)Leben in der Welt urteilen lässt. Wissenschaftliche Wahrheit mit ihrem von der und für die Gemeinschaft erhobenen Anspruch auf Nützlichkeit für das Leben eben dieser Gemeinschaft genieße deshalb – zu Recht – einen höheren Stellenwert als die aus der subjektiven Erfahrung des Individuums abgeleitete pragmatische Wahrheit. Dieser Aspekt der empirischen Wahrnehmungs- und Lerntheorie des von Helmholtz weist bereits auf das etwa 50 Jahre später von Ludwik Fleck entwickelte Konzept der „Denkstile" und „Denkkollektive" voraus (s. 3.1.3). Wissenschaftliche Wahrheit kann von Helmholtz zufolge jedoch nicht den Gipfelpunkt der absoluten Wahrheit beanspruchen, da grundsätzlich aus keinem Naturgesetz Fragmente der ursprünglichen Arbeitshypothese, die zu dessen Formulierung erforderlich war, völlig eli-

180 Schiemann, Georg: *Wahrheits-Gewissheitsverlust – Hermann von Helmholtz' Mechanismus im Anbruch der Moderne*. Wissenschaftliche Buchgemeinschaft: Darmstadt 1997.

181 Von Helmholtz, Hermann: „Das Denken in der Medicin". In: *Philosophische Vorträge und Aufsätze*. Kindle Edition: Berlin 1878b / 2010, S. 219–245.

miniert werden können, sondern vielmehr – oftmals unbemerkt – die Fundierung des Naturgesetzes ausmachen[182].

3.1.3 Die „Denkstile" und „Denkkollektive" des Ludwik Fleck

Für Ludwik Fleck werden Naturgesetze und biomedizinisch-naturwissenschaftliche Fakten durch „Denkkollektive" in (wissenschaftlichen) Gemeinschaften durchgesetzt. Diese seien aus Individuen zusammengesetzt, die einen bestimmten gemeinsamen „Denkstil" teilen. Dieser „Denkstil" mag jedoch nicht unbedingt von anderen „Denkstilen" geteilt werden, ja mit diesen sogar inkommensurabel sein. Darüberhinaus würde in der Praxis die Akzeptanz eines gegebenen „Denkstils" die gleichzeitige Annahme eines anderen oftmals ausschließen. Dadurch gestalte sich die Kommunikation zwischen den verschiedenen „Denkkollektiven" so schwierig. In der Philosophiegeschichte wurde über Jahrhunderte im beobachtenden und erkennenden Menschen als Subjekt mit Verstand und konstanten Eigenschaften der Gegenpart zur objektiven Realität gesehen. Dem hält Fleck[183] entgegen: „Das Erkennen ist kein individueller Prozess eines theoretischen Bewusstseins überhaupt, es ist das Ergebnis sozialer Tätigkeit, da der jeweilige Erkenntnisstand die einem Individuum gezogenen Grenzen überschreitet."

Nach Fleck reichen „gute" Beobachtungen und Beschreibungen eines „guten" Forschers über einen unendlich langen Zeitraum nicht aus, damit sich daraus das gesamte Wissen „ automatisch ergibt", wie etwa der Astronom Henri Poincare angenommen hatte. Vielmehr sei die Annahme des „guten" Beobachtens *per se* eine Fiktion, denn man könne nur einen ganz bestimmten Sachverhalt beobachten, auf den die Aufmerksamkeit des Beobachters zuvor gelenkt worden ist. Es mache auch keinen Sinn, den von Poincare angedachten „guten" Forscher innerhalb eines unendlichen Zeitraums in allen möglichen wissenschaftlichen Beobachtungsmethoden zu unterrichten, denn das Erlernen bestimmter Techniken würde unweigerlich zum Verlust anderer bereits erworbener Fähigkeiten führen. Der Prozess der Erkenntnisgewinnung wurde von Fleck systematisch auf den Einfluss der Gesellschaft und die soziale Konstruktion von medizinischem Wissen, auf die Bedeutung der Ausbildung in medizinischen Berufen, auf den Zweck lebenswissenschaftlich-medizinischer Wahrheit, sowie auf die Unterscheidung zwischen Populärwissenschaft, „Vademecum-Wissenschaft" und Expertenwissen hin untersucht. Flecks wissenschaftstheoretische Auffassung hat seine Wurzeln nicht in seiner soliden philosophischen Ausbildung, sondern vielmehr in seiner täglichen wissenschaftlichen und medizinischen Praxis. Auf der Grundlage der eigenen klinischen (mikrobiologischen) Laborpraxis fragte Fleck am Ausgangspunkt nicht, wie Naturwissenschaft sein sollte oder sein muss, sondern versuchte herauszufinden,

182 Von Helmholtz 1896.

183 Fleck, Ludwik: „Zur Frage der Grundlagen der medizinischen Erkenntnis". *Klinische Wochenschrift* 14, 1935b, S. 1255–1259.

was Naturwissenschaft tatsächlich ist, wie sie in der täglichen Ausübung und konkreten Anwendung funktioniert und in welchem Verhältnis historische Prozesse und soziale Institutionen zur Entstehung von naturwissenschaftlichen Tatsachen stehen. Damit brach Ludwik Fleck radikal mit der in der Wissenschaftstheorie und -philosophie seit den 1920er und 1930er Jahren dominierenden Auffassung, dass Philosophen für die Rechtfertigung und zur intellektuellen Fundierung von Naturwissenschaft erforderlich seien. Stattdessen schlug Fleck dem Wissenschaftstheoretiker Stephen Toulmin[184] zufolge ein empirisches Forschungsprogramm für wissenschaftstheoretische Fragestellungen vor.

3.1.3.1 Die soziale Konstruktion von medizinischem Wissen

Obwohl der Einfluss der Gesellschaft auf die Entwicklung des biomedizinischen Wissens in der „primitiven" Heilkunde und Volksmedizin seit langem intensiv untersucht worden ist und immer noch wird, wurde oftmals eine absolute Unterscheidung zwischen dieser nicht-wissenschaftlichen Erkenntnisform und der modernen westlichen Medizin getroffen. Modernes biomedizinisch-naturwissenschaftliches Wissen wird in vielen Untersuchungen zur medizinischen Wissenschaftstheorie, -geschichte und -soziologie als homogen und kulturunabhängig angesehen, gegründet auf objektiver Beobachtung und neutraler Durchführung von experimentellen und epidemiologischen Untersuchungen[185 186]. Bis heute studieren Philosophen, die an der Gesamtkonzeption und an der Rahmenstruktur der Biomedizin und Lebenswissenschaften interessiert sind, üblicherweise nicht die gesellschaftlichen Determinanten der Evolution des biomedizinischen Wissens anhand konkreter Fälle. Einer der ersten, der die Bedeutung des Einflusses der Gesellschaft auf die Entstehung von biomedizinischem Wissen und der Lebenswissenschaften analysierte, war in den 1920er und 1930er Jahren Ludwik Fleck. In seinen wissenschaftstheoretischen Arbeiten entwickelte Fleck die Vorstellung, dass wissenschaftliche Erkenntnis konstruiert wird. Für ihn existieren die lebenswissenschaftlichen „Fakten" nicht „da draußen" in der Natur, um auf die Entdeckung durch objektive, neutrale und austauschbare Beobachter zu warten. Vielmehr entstünden diese als Endergebnis eines komplexen sozialen Prozesses der Entstehung und Entwicklung einer wissenschaftlichen „Tatsache." Die Erziehung und Ausbildung des Beobachters, seine vorgefassten Meinungen, seine Annahmen und seine Arbeitshypothesen spielten dabei eine substanzielle Rolle. Darüberhinaus werden für Fleck wissenschaftliche „Tatsachen" durch verschiedene „Denkkollektive" konstruiert, von denen jedes aus Individuen

184 Toulmin, Stephen: "Ludwik Fleck and the historical interpretation of science". In: Cohen R.S. / Schnelle T. (Hrsg.): *Cognition and fact: Materials on Ludwik Fleck.* D. Reidel Publishing Company: Dordrecht 1986, S. 267–286.

185 King, Stanley H.: *Perceptions of Illness and Medical Practice.* Russel Sage Foundation: New York 1962.

186 Freeman, H.E. / Levine, S. / Reader, L.G.: *Handbook of medical sociology.* Prentice-Hall Inc.: Engelwood Cliffs (New Jersey) 1972.

zusammengesetzt ist, die einen bestimmten „Denkstil“ teilen. Unterschiedliche und gleichwertig begründete „Denkstile“ für eine bestimmte wissenschaftliche Domäne könnten nebeneinander existieren und zwar nicht nur in verschiedenen zeitlichen Perioden, sondern auch synchron innerhalb des gleichen kulturellen Hintergrunds und Zeitraums. Nach Fleck ist das westliche Konzept der Krankheit sozial konstruiert. Inspiriert durch entsprechende Studien von Kulturanthropologen und Ethnologen behauptete er, dass unterschiedliche Kulturen unterschiedliche Ideen von Gesundheit und Krankheit haben[187]:

> There are cultures, as for example the Chinese culture, which in important fields, such as medicine, arrived at quite different realities from those of us westerners. Shall we punish them for this with pity? They have had a different history, different aspirations and demands that are decisive for their cognition.

Auch innerhalb der westlichen Zivilisation habe sich die Definition und das Verstehen einer gegebenen Krankheit mit der Zeit verändert. So ist das erste Kapitel von Flecks Buch der Analyse der Evolution der medizinischen Definitionen von Syphilis in verschiedenen historischen Epochen gewidmet. Die verschiedenen Definitionen von Syphilis wurden während aufeinanderfolgender historischer Perioden nach Fleck tiefgehend von den zur jeweiligen Zeit dominierenden Glaubensvorstellungen und Traditionen, sowie des jeweiligen in der Gesellschaft vorherrschenden Bewusstseins und ihrer praktizierten Geisteshaltung beeinflusst. Interessanterweise beschränkte Fleck diese Ideen nicht auf vergangene Definitionen von Krankheit. Vielmehr waren für ihn aktuelle Definitionen gleichermaßen durch die Geschichte „infiltriert“ und „konditioniert“[188]:

> They are the way they are because of just this particular history. Even the modern concept of the disease entity, for example, is an outcome of precisely such a development, and by no means the only logical possibility....as history shows, it is feasible to introduce completely different classifications of disease.

Nach Fleck ist auch die Klassifikation von Krankheiten – man könnte beispielhaft anstelle von Syphilis auch die verschiedenen Formen von Diabetes mellitus (Typ I–IV) heranziehen – nicht “natürlich” gegeben als Einheiten, die „da draußen in der Natur“ existieren und darauf warten, entdeckt zu werden. Für ihn ist das Ziel der Klassifikation von Krankheiten, ihre Prädiktion und Diagnose, also das Eintragen der Untersuchungsergebnisse in ein System von verschiedenen „Einheiten“ von Krankheit. Dieses Ziel nehme jedoch selbstverständlich an und setze voraus, dass solche „Einheiten“ tatsächlich existieren, der analytischen Methode zugänglich sind und ihre Analyse und Prädiktion dem Individuum und der Gesellschaft nützen.

---

187 Fleck, Ludwik: “Some specific features of the medical way of thinking”. In: Cohen R.S. / Schnelle T. (Hrsg.): *Cognition and fact: Materials on Ludwik Fleck.* D. Reidel Publishing Company: Dordrecht 1927a, S. 39–46.

188 Fleck 1935a.

Für Ludwik Fleck wird während der Periode einer wissenschaftlichen „Prä-Idee" eine vage Vorstellung oder ein unbestimmtes „Gefühl", etwa die vom „unreinen Blut" als Ursache für Syphilis, zwar typischerweise von vielen vertreten, kann aber nur von wenigen mit experimentellen oder klinischen Ansätzen auf ihre Tauglichkeit hin überprüft werden. Diese eigentliche Forschungstätigkeit der Durchführung, Auswertung, Interpretation und Bedeutungszuweisung von biomedizinischen Tests könne nur noch von den wenigen Wissenschaftlern aus derjenigen Forschergruppe, die diese Testentwicklung vorangetrieben hat, technisch und gedanklich realisiert werden. Solche Gruppen, „Denkkollektive" mit einem bestimmten „Denkstil" bestünden typischerweise aus einem Kollektiv von Wissenschaftlern, Technikern, Assistenten. Diese teilten einander ihre Vorstellungen und Interpretationen mit, führten mehr oder weniger intensive Diskurse und Diskussionen hierüber, gäben die gemeinsam erarbeiteten und von den Gruppenmitgliedern akzeptierten und „freigegebenen" Ergebnisse an kooperierende Laboratorien und auf Kongressen, Vorträgen und in Zeitschriftenartikeln und Lehrbüchern an die „scientific community" weiter, würden die Manuskripte von konkurrierenden Forschergruppen im „peer review" lesen, kritisieren und deren Publikation fördern oder verhindern. Solche typischen Forschergruppen „produzieren" als „Denkkollektiv" biomedizinisch-naturwissenschaftliche Erkenntnis von einem bestimmten „Denkstil" in einem komplexen gesellschaftlich-sozialen Prozess.

Flecks Ansatz war damit wenigstens partiell relativistisch, da nach ihm wissenschaftliche Erkenntnis nicht nur konstruiert wird, sondern darüberhinaus Aussagen über Wahrheit oder Unwahrheit nur innerhalb eines bestimmten „Denkkollektivs" und im Hinblick auf einen bestimmten „Denkstil" sinnvoll sind. Er war hingegen kein radikaler Relativist – obwohl sein Werk manchmal in diese Richtung interpretiert wird – da er nicht an die ausschließliche Theoriegeladenheit von Beobachtungen glaubte und eine kumulative Verbesserung von Wissenschaft für möglich hielt. Ludwik Fleck baute hingegen auf dem milderen, sogenannten „konventionalistischen" Ansatz der Wissenschaftsphilosophie und Wissenschaftsgeschichte auf. Diese anti-positivistische Vorgehensweise hebt die Bedeutung von Konventionen und Moden für jede wissenschaftliche Erkenntnis hervor und begreift die naturwissenschaftliche Tätigkeit als eine von vielen anderen Manifestationen der allgemeinen menschlichen Kreativität und also solche abhängig von einem bestimmten sozio-kulturellen Kontext. Nach „konventionalistischer" Auffassung sollte die in einer gewissen historischen Periode entwickelte Medizin und Lebenswissenschaft ausschließlich von der Sichtweise und Perspektive dieser (vergangenen) Periode ausgehend analysiert und beurteilt werden und nicht mit den Augen der modernen Gegenwartsmedizin und molekularen Biologie[189]. Ludwik Fleck gilt heute als der Pionier der konstruktivistischen Wissenschaftstheorie und der Soziologie der Naturwissenschaften. Dies schränkt seine Bedeutung allerdings zu sehr ein, denn für

189 Temkin, Owsei: "The double face of Janus". In: Temkin Owsei (Hrsg.): *The double face of Janus and other essays in the history of medicine"*. The Johns Hopkins University Press: Baltimore 1977, S. 137–169.

alle seine soziologischen und philosophischen Studien hat er grundsätzlich Beispiele aus der Geschichte und Praxis der Medizin ausgewählt. So war er darüberhinaus Autor von originellen Überlegungen über das Wachstum und die Verbreitung von medizinischem Wissen, über den Einfluss von populären Modellen der Krankheitsentstehung auf diejenigen der medizinischen Experten, über die Beziehungen zwischen Labor und Klinik und über die Mechanismen und Folgen der Spezialisierung und Diversifizierung in der Medizin.

3.1.3.2 Krankheitsbegriff und Reduktionismus

Nach Ludwik Fleck sind Krankheiten „ideale" fiktive Bilder, mit denen sowohl die variablen individuellen, wie auch die konstanten klassentypischen Erscheinungen, die sogenannten Phänotypen, von „Einheitskrankheiten" gruppiert dargestellt werden können, ohne jedoch diesen völlig zu entsprechen[190]. Darüberhinaus können gemäß Fleck solche verschiedenen fiktiven Bilder, d.h. unterschiedliche Konzepte von Krankheit, nebeneinander existieren und zwar nicht nur in unterschiedlichen Kulturen, sondern auch innerhalb einer gegebenen Kultur. Die Koexistenz von unterschiedlichen Krankheitskonzepten resultiere aus der Komplexität und dem hoch individuellen Charakter der pathologischen Phänomene, die es unmöglich machten, Pathologie auf Physik oder Chemie, ja nicht einmal auf Biologie zu reduzieren. Zu den bereits kaum beherrschbaren Schwierigkeiten bei der Analyse von „normalen" (gesunden) Lebewesen gesellten sich beim Studium von pathophysiologischen Prozessen die Probleme von multifaktoriellen und zeitabhängigen Phänomenen. Dies bedingt nach Fleck einen höheren Grad an Komplexität und als Konsequenz ein größeres Ausmaß an Unbestimmtheit als in der Biologie. Aufgrund dieser Unbestimmtheit könne es in der Medizin auch keine einfachen Kausalbeziehungen – die sich in Cartesianischen Koordinaten ausdrücken lassen – geben. Im Prinzip unterscheide sich das medizinische vom naturwissenschaftlichen Denken in der Verwendung des Gaus'schen Koordinatensystems im Mikrobereich. Die medizinische Beobachtung liefere also keinen „Punkt", sondern einen kleinen „Kreis". Im Unterschied nutze naturwissenschaftliches Denken für alle Zwecke hinsichtlich des Mikrobereichs das cartesianische System und nur hinsichtlich des Makrobereichs das Gaus'sche System (wie in der Relativitätstheorie). Dagegen kenne das medizinische Denken in der Gesamtheit des Makrobereichs überhaupt keinen konsistenten und rationalen Weg. Demnach verhindert die Unmöglichkeit der Ausarbeitung einer globalen medizinischen Theorie, die ein Verstehen aller beobachteter Phänomene vom Mikro- bis zum Makrobereich erlaubt, wie die Atomtheorie in der Chemie oder die Energetik in der Physik, die Entwicklung eines einzigen Ansatzes für ein Verständnis der

190 Fleck, Ludwik: "On the crisis of reality". In: Cohen R.S. / Schnelle T. (Hrsg.): *Cognition and fact: Materials on Ludwik Fleck.* D. Reidel Publishing Company: Dordrecht 1927b, S. 47–58.

Entwicklung, Prädiktion und Prävention von Krankheit im Allgemeinen und von Zivilisationskrankheiten, wie T2D, im Besonderen.

3.1.3.3 Die Bedeutung der Ausbildung

Nach Ludwik Fleck kann ein Beobachter ein Diphtheriebakterium unter dem Mikroskop nur dann erkennen, wenn er zuvor eine Anleitung über das mikroskopische Aussehen eines Bakteriums erhalten hat. Doch selbst dann könnten sich die Angeleiteten darüber uneins sein, ob die beobachtete angefärbte Struktur ein Diphtheriebakterium, eine Variante hiervon oder ein anderes Bakterium ist. Es hänge eben vom „Denkstil" ab, dass der angeleitete Beobachter (überhaupt) etwas wahrnimmt und was er wahrnimmt: *„Zwischen Fachleuten entsteht eine grundsätzliche Gemeinschaft des Denkstils"*[191]. Dieser „Denkstil" hänge von der Ausbildung („Denkschule") und dem Individuum, welches das Erlernte zu verarbeiten und umzusetzen hat, selbst ab, wodurch sich eine ausgeprägte Variationsbreite für die verschiedenen „Denkstile" ergeben könne. Die Erfordernis, die Beobachtung oder Wahrnehmung eines bestimmten Phänomens zu erlernen, verhindere, dass ihr Resultat in einer allgemeinen Sprache exakt beschrieben werden könne. Vielmehr sei hierfür eine Fachsprache erforderlich, auf deren Anwendung sich die „Denkschule", das „Denkkollektiv" geeinigt und deren Gebrauch der Beobachter erlernt habe. Fleck zeigte an der Entwicklung des Diphtheriebegriffs, dass es „die gute wissenschaftliche Beschreibung" nicht geben kann und dass bei der Konstruktion einer wissenschaftlichen Tatsache bestimmte Gesetzmäßigkeiten ablaufen. So würden in der Populärwissenschaft zirkulierende Vorstellungen durch einen Beobachter aufgegriffen, der diese in seiner Beobachtung manifestiert sieht bzw. mit seiner Beobachtung für kompatibel hält. Diese Manifestation oder Kompatibilität würde durch Diskurs innerhalb des „Denkkollektivs" zu einem Befund „hochstilisiert", um nachfolgend als wissenschaftliche Tatsache „Diphtheriebakterien" für die Mitglieder des „Denkkollektivs" zur Wirklichkeit und Wahrheit zu werden. Damit seien „Diphtheriebakterien" jetzt auch außerhalb dieses „Denkkollektivs" lokalisierbar, um sie Nicht-Experten schnell „beibringen" zu können. Das Entdecken der wissenschaftlichen „Tatsache", dass mit Hilfe bestimmter Methoden unter dem Mikroskop hervorgebrachte Farbkleckse ursächlich für Diphterie sind, stelle also einen sozialen Prozess, eine soziale Konstruktion unter Beteiligung von Experten, Schülern, Laien, Kritikern und anderen dar. Je nach Bedeutung der akzeptierten wissenschaftlichen Erkenntnis oder Tatsache bestünden die „Denkkollektive" aus wenigen Mitgliedern, etwa Experten der Mikrobiologie (Diphtheriebakterium als infektiöses Agens) oder umfassen Teile oder die Gesamtheit der Gesellschaft (Existenz von Infektionskrankheiten).

Nach Fleck können in den verschiedenen biomedizinischen und lebenswissenschaftlichen Disziplinen gravierende Unterschiede in der Art vorliegen, wie entsprechend dem adaptierten und akzeptierten „Denkstil" ein gegebenes Problem

191 Fleck 1927b.

verstanden oder ein gegebenes Objekt beobachtet wird. Demnach sei die Kunst der Beobachtung nicht eine allgemeingültige und schließe nicht alle wissenschaftlichen Gebiete zur gleichen Zeit gleichermaßen ein. Ganz im Gegenteil umfasse diese zu gegebener Zeit immer nur ein bestimmtes Gebiet. Ludwik Fleck beschrieb das Beispiel eines brillanten Chirurgen, der auf die Bauchhöhle spezialisiert war und nur ein paar Augenblicke und wenige Berührungen des Bauches benötigte, um den klinischen Zustand des Wurmfortsatzes des Darms fast unfehlbar zu diagnostizieren, manchmal in Fällen, in denen andere Ärzte überhaupt nichts „sahen." Aber der gleiche Spezialist habe nie gelernt, wie unter dem Mikroskop im Urin enthaltene Schleimspuren von hyalinen Sedimenten unterschieden werden können[192]. Fleck entwickelte – wahrscheinlich unter dem Einfluss der Gestalttheorie und -psychologie[193] – die Vorstellung, dass die Fähigkeit zur Beobachtung größtenteils über einen komplexen Lernprozess – gemäß des „Gestalt-Switch-Modells" (s. 3.3.3.1) – erworben wird. Konsequent erklärte er deshalb Unterschiede in der Wahrnehmung bei medizinischen Spezialisten durch Unterschiede in ihrer Ausbildung. Man müsse also zuerst in einer spezifischen Ausbildung lernen, diejenigen Formen und Gestalten zu sehen, die die Grundlage für eine gegebene Disziplin bilden. So könne etwa innerhalb der Dermatologie ein Laie, der auf anderen Gebieten in der Lage ist, gute Beobachtungen durchzuführen, etwa ein Bakteriologe, niemals geringfügige Veränderungen der Haut mit ausreichender Zuverlässigkeit erkennen und differenzieren[194]. Während ihrer Ausbildung und Spezialisierung eigneten sich die zukünftigen Spezialisten einen vorgegebenen „Denkstil" an und lernten, die „Wirklichkeit" im Einklang mit diesem zu sehen. Ein Student würde anfänglich durch das Mikroskop auf eine Bakterienpräparation blicken ohne eine Vorstellung von dem, was er annehmen soll, dort zu sehen. Eine lange Ausbildung sei erforderlich, um ihm beizubringen, wie er das Bild „richtig zu sehen" hat – gemäß Fleck als Bild im Einklang mit der gegenwärtigen bakteriologischen Tradition. Darüberhinaus – und wesentlich für ein Verstehen von Flecks Konzept der Inkommensurabilität – kann eine Ausbildung in einem bestimmten „Denkstil" die Fähigkeit des Ausgebildeten, auf das gleiche Objekt von einer völlig anderen Perspektive aus zu schauen, entscheidend behindern. Nach Fleck ist der Glaube, dass es einen hypothetischen idealen Forscher geben könnte, der – bei unbegrenzten Ressourcen an Zeit und personellen, instrumentellen und finanziellen Mitteln – als Spezialist auf allen Gebieten einfach alle in diesen vorkommenden Formen und Gestalten gleichermaßen sensitiv und „eineindeutig" wahrnehmen kann, ein psychologischer Unsinn. Die Entwicklung genau solcher Kräfte, die erforderlich sind, um bestimmte Formen und Gestalten wahrzunehmen,

192 Fleck 1935b.

193 Schnelle, Thomas: "Microbiology and philosophy of science, Lwow and the German holocoust". In: Cohen R.S. / Schnelle T. (Hrsg.): *Cognition and fact: Materials on Ludwik Fleck*. D. Reidel Publishing Company: Dordrecht 1986, S. 3–36.

194 Fleck 1935b.

sei mit dem Verschwinden der Möglichkeit, andere Formen und Gestalten zu erkennen, intrinsisch gekoppelt. So würde sich ein Arzt mit einer professionellen Ausbildung für die Beobachtung von variablen, sich fortwährend verändernden und sonderbaren pathologischen Formen, etwa von Missbildungen bei Neugeborenen, typischerweise eher als ungeeigneter Beobachter für typische, kontinuierlich wiederkehrende, reguläre Formen, etwa von diabetischen Spätschäden und Komplikationen erweisen. Dieser sei eben nicht an regulären Formen interessiert, weder dass er sie bemerke, noch dass er sie – als Nicht-Diabetologe – bemerken müsste, wenn er dafür ein guter Pathologe sei.

Während des Prozesses der Spezialisierung wird in der Medizin also Wissen gewonnen und verloren. Nach Fleck erfassen Dermatologen prinzipiell andere Dinge als ein Allgemeinarzt. Letzterer sei nicht in der Lage, marginale Veränderungen der Hautoberfläche zu sehen, sei hingegen dafür ausgebildet, den generellen Habitus eines Patienten wahrzunehmen und könne dabei viele Dinge an diesem beobachten, die für den Dermatologen unsichtbar blieben[195]. Jeder medizinische Spezialist sei also nur in der Lage, pathologische Phänomene in Rahmen desjenigen „Denkstils" zu beobachten, für den er spezifisch ausgebildet worden ist. Und jeder „Denkstil" ermögliche die Wahrnehmung einer Vielzahl von bestimmte Formen und Gestalten, sowie die „Konstruktion" von vielen anwendbaren „Fakten." Aber gleichzeitig mache er das Erkennen von anderen Formen der Wahrnehmung und deren Umwandlung in andere Tatsachen unmöglich.

3.1.3.4 Der Zweck der wissenschaftlichen Wahrheit

Medizin ist eine praktische Wissenschaft und gemäß Ludwik Fleck beeinflussen ihre praktischen Ziele die Entwicklung des medizinischen Wissens. Er veranschaulichte diese Behauptung mit einem Beispiel aus der Bakteriologie, in der seiner Meinung nach zwei prinzipiell verschiedene „Denkstile" gleichzeitig existieren, der botanisch-genetische und der medizinisch-epidemiologische. Bakteriologen mit botanisch-genetischen Forschungen über Bakterien befasst, neigten dazu, stringente biochemische Kriterien für die Klassifizierung von Bakterien aufzustellen. Sie zögen „falsch-negative" gegenüber „falsch-positiven" Ergebnissen vor. Epidemiologen würden umgekehrt weniger stringente Kriterien bevorzugen, da sie zunächst vor allem „falsch-negative" Ergebnisse vermeiden wollten und damit das Nicht-Erkennen eines potentiell gefährlichen Bakteriums, also die Nicht-Diagnose einer Infektionskrankheit. Fleck zog hierfür eine Studie heran, in der während einer Scharlach-Epidemie die Epidemiologen mit Hilfe ihrer Kriterien 100 % der beteiligten Bakterien als *Streptococcus haemoliticus* klassifizierten. Mit den stringenteren Kriterien der genetischen Bakteriologie wurden die gleichen Bakterien nur zu 84 % derartig klassifiziert. Für Fleck zeigt dieses Beispiel die Zweck- und Zielabhängigkeit von wissenschaftlichen „Wahrheiten", wobei für ihn der medizinisch-

195 Fleck 1935a.

epidemiologische „Denkstil“ so legitim ist wie der botanisch-genetische. Deshalb seien beide Ergebnisse „korrekt“ und führten trotzdem zu divergierenden, nicht austauschbaren „Wahrheiten“[196] (Fleck 1929). Jedes Ergebnis wäre innerhalb des „Denkstils“, der es hervorgebracht und produziert hat, valide, aber die „Wahrheit“ des theoretischen genetischen Bakteriologen wäre nicht identisch mit der des praktizierenden medizinischen Bakteriologen.

3.1.3.5 Populärwissenschaft, „Vademecum-Wissenschaft“ und Expertenwissen

Für Ludwik Fleck gehören die Spezialisten (der sog. esoterische Kreis) und die Allgemeinmediziner (der sog. exoterische Kreis) unterschiedlichen „Denkkollektiven“ an. Die Vorstellungen eines bestimmten „Denkkollektivs“ seien dabei während ihres Zirkulierens unter anderen „Denkkollektiven“ der mehr oder weniger drastischen Veränderung, Vereinfachung bis Verfälschung gemäß den jeweils geltenden „Denkstilen“ unterworfen. So würden typischerweise die „relative“ Ungewissheit und Unsicherheit des von den Spezialisten produzierten Wissens durch den Prozess der „Migration“ einer Vorstellung durch die „Denkkollektive“ hindurch in eine „heuristische Vademecum-Wissenschaft“ umgewandelt. Diese sei charakterisiert durch das Weglassen von Einzelheiten und gegensätzlichen Meinungen, was zu einer künstlichen Vereinfachung führen würde. Die Konstruktion und Entwicklung einer wissenschaftlichen „Tatsache“ ist nach Fleck somit das Ergebnis der Zirkulation von Vorstellungen durch „Denkkollektive“ hindurch und der Kommunikation zwischen „Denkkollektiven“[197].

3.1.3.5.1 Kommunikation zwischen „Denkkollektiven“

Was kann getan werden, wenn Vertreter von zwei unterschiedlichen „Denkstilen“, die an den jeweiligen divergierenden und nicht gegeneinander austauschbaren Wahrheiten festhalten, miteinander kommunizieren müssen? So gehören nach Ludwik Fleck etwa Patienten, also Laien, Allgemeinmediziner und Fachärzte verschiedenen „Denkkollektiven“ mit unterschiedlichen, meist unvereinbaren „Denkstilen“ an. Fleck nannte als konkretes anschauliches Beispiel die – oftmals viel zu vereinfacht dargestellte – Diagnose von Diphtherie über den Nachweis der diese verursachenden Bakterien auf Basis ihrer morphologischen Merkmale, Färbeeigenschaften und Kultivierungsbedingungen. Nach Fleck ist jedoch in der Bakteriologie die perfekte Übereinstimmung von allen relevanten Merkmalen sehr selten. Oftmals sei das Arrangement der Bakterien zueinander nicht so typisch, die Anfärbung nicht so eindeutig und die Kultivierungsbedingungen widersprächen der mikroskopisch definierten Art. Aber selbst im beschriebenen Idealfall der für den Experten größtmöglichen Sicherheit, es mit einem Diphtheriebakterium zu tun zu haben, würde

196 Fleck 1929.
197 Fleck 1935a, S. 112–113, 119.

die in der Sprache der Spezialdisziplin formulierte Antwort nach Fleck den Allgemeinmediziner, der eine klare Diagnose erwartet, zum Einspruch veranlassen. Dieser könnte folgendermaßen reagieren: „Ich habe dich gefragt, was dieser Auswurf wirklich enthält und du hast – hinterlistig – geantwortet, weil es ein Auswurf ist, ist es gerechtfertigt zu schließen, dass die enthaltenen Bakterien Diphterie-Bakterien sind. Ich wollte deine Unterstützung, aber du hast mich benutzt, um dich selbst zu bestärken." Demnach würde der Spezialist eine andere Beschreibung formulieren als der Allgemeinmediziner, etwa dass das mikroskopische Bild zahlreiche kleine keulenförmige Stäbchen zeigt, deren Form und Positionierung denen von Diphterie-Bakterien entsprechen und aus denen, in Kultur genommen, wiederum typische Diphterie-Bakterien hervorgehen. Während der Allgemeinmediziner dem Patienten die viel kürzere Beschreibung geben würde, dass er Diphterie habe[198].

Die Unverträglichkeit von „Denkstilen" kann also auf der kognitiven Ebene erklärt werden mit der Unmöglichkeit, eine einzige Theorie zur Erklärung der gesamten Fülle an lebenswissenschaftlichen und biomedizinischen Phänomenen aufzustellen und auf der soziologischen Ebene mit dem Prozess der Spezialisierung in der Medizin. Während es mit letzterer zwar zu einer Verbesserung der Wahrnehmungskapazität für einige Phänomene kommt, geht dies notwendigerweise mit einem Verlust der Wahrnehmungsfähigkeit für andere Phänomene einher. Nach Fleck verläuft die Zirkulation von Ideen zwischen „Denkkollektiven" nicht einseitig. Wissenschaftliche Erkenntnis sei nach ihrer Transformation in „Vademecum-Wissen" in der Lage, die öffentliche Meinung, wie auch die allgemeine „Weltauffassung" in spezifischer Weise zu gestalten und kehre in dieser Form zurück zu den Experten, um diese ebenfalls zu formen[199].

3.1.3.5.2 Transformation zwischen Expertenwissen und Populärwissenschaft

Der Hauptgegenstand von Flecks Arbeit „Genesis and Development of Scientific Fact" (Fleck 1935a) ist die Untersuchung des Einflusses der Gesellschaft auf die Ausbildung und Produktion einer bestimmten biomedizinischen „Tatsache", am Beispiel der Entwicklung des Wassermannschen serologischen Tests auf Syphilis. Flecks Hauptaussage ist, dass der populäre Glaube an die Existenz des „syphilitischen Blutes" einen starken Anreiz für die Entwicklung eines Bluttests für die Diagnose von Syphilis geliefert hat. Während der Ausarbeitung dieses Tests waren die ersten experimentellen Ergebnisse nach Fleck alles andere als ermutigend. Darüberhinaus wären die Ergebnisse nicht vollständig mit dem immunologischen Kenntnisstand der damaligen Zeit zu erklären gewesen. Bei rationaler Vorgehensweise hätte diese Datenlage eigentlich zur Aufgabe der Arbeitshypothese „syphilitisches Blut" und Formulierung einer alternativen Hypothese führen müssen. Aber die Erfinder des Tests wären hartnäckig geblieben und seien nach vielen weiteren Versuchen gemäß des „Versuch-Irrtum-Prinzips" in der

198 Fleck 1935a, S. 114.
199 Fleck 1935a, S. 113.

Lage gewesen, einen funktionierenden Bluttest zu liefern. Ludwik Fleck erklärte diese Hartnäckigkeit der Wissenschaftler, die sich unerklärlichen Befunden und anfänglichen Fehlschlägen gegenüber sahen, mit dem Einfluss des Jahrhunderte währenden populären Glaubens, dass Syphilis ganz bestimmte Modifikationen im Blut hervorruft[200]. Im frühen 19. Jahrhundert lange vor der Entdeckung von spezifischen Antikörpern im Serum versuchten Ärzte, chemische Veränderungen im Blut von Syphilis-Patienten zu identifizieren. Der Erfolg mit der Einführung der sogenannten Wassermann-Reaktion und seiner technischen Perfektionierung geht nach Fleck auf die Existenz dieses populären Glaubens zurück, einschließlich des Auftretens von bestimmten sozialen Reaktionen und des Akkumulierens von kollektiver Erfahrung[201]. Jedoch komme der Prozess damit noch nicht an sein Ende. Populäre Erkenntnis habe damit zunächst zur Ausbildung und Produktion von medizinischem Expertenwissen beigetragen. Aber nachfolgend würde das neu gebildete Expertenwissen in ein allgemein akzeptiertes „Vademecum-Wissen" umgewandelt. Dieser Translationsprozess sei obligatorisch für die Medizin, weil diese Disziplin Grundlagenwissen nutzen müsse, um ihre praktischen Ziele – wie die Prädiktion und Prävention von Krankheiten – zu erreichen.

Ludwik Fleck beschrieb im Detail, wie das medizinische Expertenwissen auf diesem Gebiet kodifiziert und vereinfacht werden und nachfolgend den Status eines „Vademecum-Wissens" erreichen kann. Die dafür erforderlichen Selektions-, Adaptations-, Vereinfachungs- und Translationsprozesse wurden von Fleck durch Vergleichen der ersten von Jakob von Wassermann und seinen Kollegen publizierten Artikel (als „Experten- oder Zeitschriftenwissen") mit den vereinfachenden und kodifizierten Wiedergaben und Abbildungen der Wassermann-Reaktion zur Diagnose von Syphilis in Lehrbüchern, die für die klinische Laborpraxis bestimmt waren („Vademecum-Wissen";[202]). Wenn das Expertenwissen zum „Vademecum-Wissen", also in eine „wissenschaftliche Tatsache" translatiert werde, habe es damit die Fähigkeit erworben, die Wahrnehmung der Wirklichkeit durch diejenigen, die es nutzen, entscheidend zu modifizieren. Nach Fleck kann in der Geschichte der Wassermann-Reaktion der Prozess erkannt werden, durch den vorläufiges persönliches „Experten- oder Zeitschriftenwissen" in allgemeingültiges kollektives „Vademecum-Wissen" transformiert wird. Dieser Prozess erscheine anfänglich als Änderung in der Konzeption, wie auch als Neuformulierung des Problems und nachfolgend als Einfließen in die kollektive Erfahrung. Beides werde durch spezifische Förderung der Bereitschaft der Öffentlichkeit vorangetrieben, gezielt wahrzunehmen und das Wahrgenommene intensiv zu assimilieren[203].

Ludwik Fleck entwickelte darüberhinaus eine hoch dynamische Sehweise von der Entstehung medizinischen Wissens, in der Expertenwissen durch Po-

200 Fleck 1935a, S. 11–13.
201 Fleck 1935a, S. 77.
202 Fleck 1935a, S. 70–76.
203 Fleck 1935a, S. 120.

pulärwissen beeinflusst wird und dann umgekehrt dieses wiederum beeinflusst. Demnach seien die Transformation und Modifikation von Ideen das obligatorische Ergebnis ihrer rekurrierenden Zirkulation durch die unterschiedlichen „Denkkollektive" mit ihren unverträglichen „Denkstilen". Diese Transformation von Ideen bringe einen wichtigen positiven Effekt mit sich. Wenn eine Idee, die zu einem bestimmten „Denkstil" gehört, in einen anderen transformiert wird, so befruchtete und reichere diese vornehmlich den fremden „Denkstil" an, während sie selbst modifiziert und assimiliert werde. Dadurch verändert sich nach Fleck der Inhalt manchmal jenseits der Erkenntnis, sogar wenn das Wort unverändert geblieben ist. Die Transformation könne deshalb am Anfang einer Innovation stehen. Die interkollektive Kommunikation von Ideen resultiere immer in einer Verschiebung oder Änderung der Gebräuchlichkeit und Verbreitung eines Gedankens bei allen Mitgliedern der Kollektive. Die Änderung im „Denkstil", also die Änderung in der Bereitschaft für eine gezielte Wahrnehmung, schafft für Fleck das Potential für neue Entdeckungen und konstruiert neue „Tatsachen"[204]. Auf diese Weise ermöglichte die alte populäre Idee des „syphilitischen Bluts" nach Transformation in ein neues „Denkkollektiv", nämlich das der Bakteriologen und Immunologen, die Entwicklung einer wichtigen diagnostischen Innovation, des Wassermann-Tests.

Zusammengefasst kann also für Ludwik Fleck medizinisches Wissen aufgrund seines Wesens nicht Expertenwissen bleiben, begrenzt auf das enge „Denkkollektiv" von Wissenschaftlern der Grundlagenforschung. Es muss sich in heuristisches „Vademecum-Wissen" transformieren und in engen Kontakt zu populären Vorstellungen von Krankheit treten. Die unvermeidlichen Modifikationen des medizinischen Expertenwissens, die sich während des sozialen Prozesses seiner Transformation und Anpassung hinsichtlich der konkreten Bedürfnisse der medizinischen Praxis und des Nutzens für die Patienten einstellen, könnten die Quelle für wichtige konzeptuelle Innovationen in der Medizin im Allgemeinen, sowie für praktischen Fortschritte in der Prädiktion und Prävention von Krankheiten im Besonderen darstellen. Nicht nur hierin zeigt sich die ungebrochene Aktualität des „Denkstils" von Ludwik Fleck bis in die Gegenwart.

3.1.3.6 Die Rezeption

Ludwik Fleck war unter den ersten, die den sozialen Ursprung von Konzepten zu Gesundheit *vs.* Krankheit, normale *vs.* pathologische Zustände postulierten. Er erklärte, wie viele Soziologen es erst viel später taten, dass Krankheiten soziale Konstruktionen sind. Aber während medizinische Soziologen typischerweise die Bedeutung von sozialen Faktoren bei der Entstehung von Krankheitsvorstellungen

204 Fleck 1935a, S. 109–110.

in Patienten hervorheben[205] [206], zeigte Fleck in seinen Arbeiten dagegen größeres Interesse für den Einfluss sozialer Faktoren auf die Konstruktion eines bestimmten Krankheitskonzepts durch die Forscher und Ärzte. In Bezugnahme auf die eingehende Analyse von konkreten Beispielen aus seiner doppelten beruflichen Erfahrung, die ihm die Kombination der Vorteile eines internen Teilnehmers und eines externen Beobachters einbrachte – er war als Grundlagenforscher in Bakteriologie und Immunologie ein „Insider" und als langjähriger klinischer Mikrobiologe in analytischen Routine-Laboratorien ein „Außenseiter" – versuchte Fleck, einige der Mechanismen aufzuklären, durch welche die Gesellschaft den Prozess der Konstruktion von medizinischem Wissen steuert und kontrolliert. Einige dieser Mechanismen sind von medizinischen Soziologen nachfolgend aufgegriffen und untersucht worden. Die Themen Ausbildung der Ärzte und ihre Spezialisierung, sowie die Auswirkungen der medizinischen Ausbildung auf die berufliche Einstellung der Ärzte gehören mittlerweile zu den „klassischen" Themen[207] [208].

Heutzutage ist – wahrscheinlich unter dem Einfluss der Vorstellungen des Wissenschaftstheoretikers und –historikers Thomas S. Kuhn über die Auswirkungen der Erziehung und Ausbildung auf die Herangehensweise bei wissenschaftlichen Beobachtungen und Beschreibungen, sowie bei der Konstruktion von wissenschaftlichen Tatsachen[209] – die Bedeutung der Spezialisierungsmuster in der Medizin für die Art des biomedizinischen Wissens und seine Konstruktion und Produktion durch Forscher und Ärzte in deren Bewusstsein präsent und wird in Studien weiter untersucht[210]. Dagegen sind die anderen Ideen Flecks, die Inkommensurabilität der von verschiedenen „Denkkollektiven" konstruierten wissenschaftlichen Vorstellungen, die Wechselwirkungen zwischen Zeitschriftenwissen, Lehrbuchwissen und Populärwissen, sowie die Transformation und Modifikation von „Denkstilen" im Laufe ihrer Zirkulation durch verschiedene „Denkkollektive" hindurch, bisher kaum weiterentwickelt worden. Zwar waren und sind die Unterschiede zwischen wissenschaftlichen und populären Krankheitsmodellen immer wieder Gegenstand von Untersuchungen, aber meistens (lediglich) um die apparenten Kommunikati-

---

205 Zola, Irving: "Problems of communication, diagnosis and patient care". *Journal of Medical Education* 38, 1963, S. 829–838.

206 Mechanic, David: "Social psychological factors affecting the presentation of body complaints". *New England Journal of Medicine* 286, 1982, S. 1132–1139.

207 Becker, H.S. et al.: *Boys in White*. University of Chicago Press: Chicago 1961.

208 Atkinson, Paul: "Training for certainty". *Social Science and Medicine* 19, 1984, S. 949–956.

209 Kuhn, Thomas S.: *Die Struktur wissenschaftlicher Revolutionen*. Suhrkamp: Frankfurt a.M. 1962 / 1976.

210 Gabbay, John: "Asthma attacked? Tactics for the reconstruction of a disease concept". In: Wright P. / Trecher A. (Hrsg.): *The problem of medical knowledge: Examining the social construction of medicine*. Edinburgh University Press: Edinburgh 1982, S. 23–48.

onsschwierigkeiten zwischen Ärzten und Patienten zu erklären und zu lösen[211] [212] und nicht, um ihre gegenseitige Beeinflussung zu analysieren.

Ludwik Fleck als überzeugter „Holist" behauptete, dass die Konstruktion von medizinischem Wissen ein zeitabhängiger, dynamischer Prozess ist, der von vielen komplexen Wechselwirkungen abhängt und nicht nur den begrenzten Kreis der medizinischen Experten, sondern die Gesellschaft in ihrer Gesamtheit einschließt. Nur eine Kombination von historischen, soziologischen, philosophischen und biomedizinischen Ansätzen in einem multidisziplinären Konzept, von ihm *„vergleichende Epistemiologie"* bezeichnet, könne für die Analyse des komplexen Phänomens der Konstruktion von (biomedizinischem) Wissen genügen[213]. Die ausführlichen medizinischen Beispiele in seinen Arbeiten geben uns einen ersten Eindruck von einem solchen multidisziplinären Ansatz zur Analyse der sozialen Konstruktion von biomedizinischem Wissen. Auf der anderen Seite könnte Flecks Konzept der komplexen dynamischen Interaktionen und der wechselseitigen Beeinflussung zwischen medizinischem Populär-, „Vademecum"- und Experten-Wissen zu einem besseren Verständnis der Entwicklung von Modellen zur Pathogenese einer Erkrankung und damit auch zu ihrer besseren Prädiktion und Prävention durch Ärzte und Forscher, wie auch Laien führen.

Für eine bestimmte wissenschaftliche Erkenntnis sind also jeweils bestimmte historische und soziologische Rahmenbedingungen und ein bestimmter „Reifegrad" des menschlichen Denkens erforderlich, der vom Zeitgeist abhängig ist. Dabei werden der Zeitgeist und die Denktradition der mit der wissenschaftlichen Aufgabenstellung im engeren und weiteren Sinne befassten „esoterischen" bzw. „exoterischen" „Denkkollektive" in die Konstruktionsleistung der initiierenden Forschergruppe „passiv" miteinfließen und damit „aktiv" zu berücksichtigen sein. Dies führt einerseits zwangsläufig zu einem eher konservativen Charakter aller Wissenschaft, da ja zunächst immer auf solche Denkarten, Vorstellungen, Technologien und Methoden zurückgegriffen werden wird, die von der Gesellschaft bereits akzeptiert und verwendet werden. Andererseits legte Fleck in seiner Analyse mit Blick auf die offenbar nicht kontinuierlichen, sondern sprunghaft evolutionären Entwicklungen des wissenschaftlichen Denkens während der Renaissance und nach dem ersten Weltkrieg nahe, dass große soziale Erschütterungen und die damit einhergehenden Brüche in den Vorstellungen von (nicht-wissenschaftlichen) „Denkkollektiven" zu Sprüngen in den Auffassungen und Interpretationsleistungen von anderen (wissenschaftlichen) „Denkkollektiven" oder – in der Diktion von Thomas S. Kuhn – zu Paradigmenwechseln führen können.

---

211 Tuckett, David A. / Williams, Anthony J.: "Approaches to the measurement of explanation and information giving in medical consultations. A review of empirical studies". *Social Science and Medicine* 18, 1984, S. 571–580.

212 Tuckett, David A. / Boulton, Mary / Olson, Coral: "A new approach to the measurement of patients understanding of what they are told in medical consultations". *Journal of Health and Social Behaviour* 26, 1985, S. 27–38.

213 Fleck 1935a, S. 22–23, 51.

Die Herausforderung besteht also für ein „Denkkollektiv“ darin, trotz des „Durchtränkt Seins“ oder „Indoktriniert Seins“ von einem bestimmten zeitabhängigen „Denkstil“ die Offenheit für andere „Denkstile“ zu bewahren. Dafür sind sicherlich eine fachgerechte Ausbildung, die Durchführung eigener Untersuchungen zur Lösung des jeweiligen Problems und das Verfolgen der Vorstellungen anderer rivalisierender „Denkkollektive“ über einschlägige Publikationen und Kongressbesuche Voraussetzung. Nur durch adäquate Aneignung der „Denkstile“ der eigenen Forschungsgruppe, der von anderen Gruppen (in der Gesamtheit also der „Scientific Community“) und der von Nicht-Experten (Laien) kann ein Wissenschaftler zur (sozialen) Konstruktion von wissenschaftlicher Erkenntnis beitragen. Die Angehörigkeit eines Wissenschaftlers zu den verschiedenen (wissenschaftlichen und nicht-wissenschaftlichen) „Denkkollektiven“ muss für ihn somit keine Fessel darstellen, sondern bildet vielmehr die Grundvoraussetzung für seine Loslösung von bestehenden und eventuell nicht mehr befriedigenden „Denkstilen“. Dies mag von besonderem Wert für die Untersuchung von komplexen wissenschaftlichen Problemen sein, etwa der Entstehung, Prädiktion und Prävention von Zivilisationskrankheiten, wie T2D, mit der besonders hohen Bedeutung von sozioökonomischen Risikofaktoren.

Während der österreichische Wissenschaftstheoretiker Sir Karl R. Popper die Vorstellung der sozialen Konstruktion von wissenschaftlichen Tatsachen in seinem etwa gleichzeitig erschienenen Buch „Logik der Forschung“ völlig unberücksichtigt ließ[214], verwies der amerikanische Wissenschaftshistoriker Thomas S. Kuhn im Vorwort zu seinem 1962 erschienenen Buch „Die Struktur wissenschaftlicher Revolutionen“ darauf, dass Ludwik Fleck viele seiner eigenen Ideen vorweggenommen und ihn inspiriert habe[215]. Weitere Schritte über Fleck hinaus gingen dann der Physiker, Wissenschaftstheoretiker und „Wissenschaftsanarchist“ Paul K. Feyerabend, indem er zwischen Wissenschaft und Kunst hinsichtlich ihrer sozialen Konstruktion und handwerklich-technischen Produktion keinen prinzipiellen Unterschied erkennt[216] und die Pädagogin Gertrud Kamper, die für eine neue kreative Weise der Erkenntnisgewinnung und Wissenserzeugung jenseits dualistischer Denk- und Machtstrukturen die so genannte „Wissenskunst“ vorschlägt[217]. Die gegenseitige Abhängigkeit, ja existentielle Bedingtheit des konkreten Akts des Hervorbringens eines Kunstwerks und dessen Inhalt wurde gerade von prominenten Vertretern der abstrakten Malerei hervorgehoben, so etwa von Willi Baumeister[218] „Klees relative Gegenständlichkeit und der Titel entstehen erst während der Produktion oder werden erst im beendigten Bild erkannt“ und Willi Groh[219] „viele Bilder sind bei ihm [Willi Baumeister]

214 Popper 1959.
215 Kuhn 1962.
216 Feyerabend, Paul K.: *Wissenschaft als Kunst.* Suhrkamp: Frankfurt a.M. 1984.
217 Kamper, Gertrud: *Kreativität und Wissenskunst.* Peter Lang: Frankfurt a.M. et al. 2003, S. 103–104.
218 *Baumeister, Willi: Magie der Form. Klein: Baden-Baden 1954.*
219 Grohmann Willi: „Texte von Willi Grohmann“ In: Mitwirkende des Kunstverlags Fingerle & Co (Hrsg.): *Texte zur Kunst der Moderne.* Kohlhammer: Stuttgart 1952.

wie bei Paul Klee aus handwerklich-technischen Einfällen entstanden und wie bei diesem trat während der Arbeit die Imago des Entwurfes aus dem Umgang mit den angewandten Mitteln wie von selbst heraus".

Aufgrund dieser gegenseitigen Bedingtheit und intrinsischen Verknüpfung der Gegebenheit eines Inhalts und der Hervorbringung dieses Inhalts sehen postmoderne Vertreter des Konstruktivismus, der Wissenschaftstheorie und der Kognitionstheorie im künstlerischen Schaffensprozess ein Modell für die Entstehung der westlichen Wissenschaft und damit auch für deren Verständnis von Krankheit. Für Ludwik Fleck und seine Nachfolger ist jedenfalls für eine adäquate Auffassung von Gesundheit und Krankheit die gleichzeitige Entwicklung und Anwendung von mehreren unterschiedlichen und inkommensurablen „Denkstilen" durch verschiedene „Denkkollektive" – man ist versucht zu ergänzen etwa von quantitativen und qualitativen Ansätzen und Methoden durch Natur- und Geisteswissenschaftler und Künstler – zwingend erforderlich.

3.1.4 Die systemisch-konstruktivistische Erkenntnistheorie des Humberto R. Maturana und Francisco J. Varela

Systemisch-konstruktivistisches Denken, das sich ab 1950 vor allem in Nordeuropa und in den USA rasch ausbreitete und ab den 70er Jahren des 20. Jahrhunderts vor allem die Physik und Biologie beschäftigte, hat zum Ziel, Grundfragen menschlicher Existenz auf der Basis der Erkenntnisse von Systemwissenschaften und Konstruktivismus zu klären. Dabei reichen diese Fragen von theoretischen Problemen des Erkennens und Seins, also der Epistemologie und Ontologie, bis hin zu praktischen Aspekten der Ethik. Die folgenden wesentlichen Aspekte dieses Denkens haben Humberto R. Maturana und Francisco J. Varela in ihrer biologischen Erkenntnis- und Kognitionstheorie entwickelt[220]. Diese weist teilweise Gemeinsamkeiten mit der Phänomenologie, der Wahrnehmungstheorie und dem Konstruktivismus von Hans Jonas, Hermann von Helmholtz bzw. Ludwik Fleck auf, obgleich sich Maturana und Varela nicht explizit darauf beziehen:

(i) Das Nervensystem des Menschen ist nicht in der Lage, zwischen internen und externen Reizen und damit prinzipiell zwischen Wahrnehmung und Illusion zu differenzieren, da dieses funktional und operational geschlossen wirkt.
(ii) Beobachten und Wahrnehmen ist ein biologisches Phänomen, welches ausschließlich durch die Struktur des beobachtenden und wahrnehmenden Organismus' als Subjekt bestimmt wird und eben nicht durch die Struktur des beobachteten und wahrgenommenen Objekts in der Außenwelt („Man sieht, was man sieht").
(iii) Erkenntnis als Resultat menschlichen Beobachtens und Wahrnehmens beruht damit ausschließlich auf der individuellen Leistung des beobachtenden

220 Maturana, Humberto R. / Varela, Francisco J.: *Der Baum der Erkenntnis – Die biologischen Wurzeln menschlichen Erkennens.* Fischer: Frankfurt a.M. 2012.

und wahrnehmenden Organismus', bleibt damit prinzipiell an dieses Subjekt (Mensch) gebunden und lässt sich nicht auf andere übertragen.

(iv) Während der Kommunikation von Erkenntnissen wird deren Informationsgehalt von der biologischen Struktur des Empfängers determiniert und nicht von der Struktur der Erkenntnis selbst („Man hört und versteht, was man hört und versteht").

3.1.4.1 Die biologischen Voraussetzungen für systemisch-konstruktivistisches Denken

Nach Maturana[221] (1998) ist der Beobachter als „linguierendes", autopoietisch organisiertes, strukturdeterminiertes, operational geschlossenes, autonomes, ziel- und zeitloses Lebewesen aufzufassen, indem eine Vielzahl verschiedenster (Teil-)Systeme miteinander interagieren. Bei den Systemen unterscheidet er – in der Nachfolge prominenter Philosophen von Aristoteles bis Hans Jonas (s. 3.1.1.1) zwischen deren Organisation oder Form einerseits und Struktur, Inhalt oder Stofflichkeit, andererseits. Gemäß der Grundannahme des systemisch-konstruktivistischen Denkens ist der Ausgangspunkt eines jeden Beobachtens und damit des Erkennens jeglicher Wirklichkeit der Beobachter selbst. Daher muss sich jede Erkenntnistheorie mit einer Analyse des Beobachtungsvorgangs einschließlich des Beobachters und einer Reflexion hierüber intensiv beschäftigen. Dies setzt wiederum eine Bewusstmachung der existentiellen Bedingungen des menschlichen Lebens voraus. Nun agieren Beobachter innerhalb verschiedenster Gemeinschaften, so dass deren divergierende biologischen und sozialen Existenzbedingungen adäquat berücksichtigt werden müssen. Diese Auffassungen werden im Folgenden genauer dargelegt.

3.1.4.1.1 Organisation und Struktur

Organisation beschreibt das Beziehungsgefüge zwischen den einzelnen Komponenten eines Systems. Dieses kann als Charakteristikum eines Systems beobachtet, von anderen Systemen unterschieden und somit zur Zuordnung dieses Systems zu einer bestimmten Klasse von Systemen genutzt werden. So besteht die Organisation einer Zelle in einem charakteristischen Beziehungsgefüge zwischen ihrer Zellmembran als „Rand" und Begrenzung nach außen und ihren intrazellulären Bestandteilen, also den löslichen und korpuskelartigen Bestandteilen, wie Wasser bzw. Organellen (z.B. Zellkern, Ribosomen, Mitochondrien als „Produktionsstätten" für zelluläre Stoffe und Komponenten). Unter Struktur versteht Maturana die aktuelle und spezifische Realisierung der Organisation einer bestimmten Systemklasse in einem ganz konkreten System zu einem ganz bestimmten Zeitpunkt. Die Struktur einer Zelle beschreibt das Vorhandensein (in qualitativer und quantitativer Hinsicht) von bestimmten zellulären Komponenten, wie Plasmamembran, Organellen, löslichen Bestandteilen und Energie in einer ganz bestimmten Zelle (oder Klasse von Zellen)

---

221 Maturana, Humberto R.: *Biologie der Realität.* Suhrkamp: Frankfurt a.M. 1998.

zum Zeitpunkt der Erbringung einer physiologischen Leistung oder Durchführung einer (molekularen) Analyse (z.B. während eines biochemischen Experiments) unter einer ganz bestimmten (experimentellen) Bedingung (z.B. Stress). So ist die Organisation bei verschiedenen Klassen von sog. eukaryontischen Zellen, die z.B. Pilze, Würmer, Fliegen, Fische, Mäuse und den Menschen konstituieren, identisch, während sich die Struktur und die Stoffe zwischen Zellen einer Klasse, zwischen Zellen verschiedener Klassen, zwischen den gleichen Zellen zu verschiedenen Zeitpunkten oder Bedingungen mehr oder weniger deutlich voneinander unterscheiden.

3.1.4.1.2 Autopoiese

Alle Lebewesen sind als autopoietische Systeme so organisiert, dass ihre Strukturen und die sie konstituierenden Komponenten und Stoffe bis zum Lebensende kontinuierlich produziert und reproduziert werden. Die niedrigste Ordnung eines sich selbst organisierenden Systems wird durch die Einzelzelle repräsentiert, denn deren Organisation kontrolliert *quasi* lediglich eine Molekülfabrik mit der ausschließlichen Aufgabe, die Moleküle und Organellen, also diejenigen Stoffe und Strukturen zu produzieren, aus denen die Einzelzelle selbst aufgebaut ist. Die nächsthöhere Ordnung autopoietischer Systeme umfasst mehrzellige Organismen, deren Gesamtorganisation die übergeordnete Gesamtsteuerung und Koordination des selbstorganisierenden Operierens aller Einzelzellen verantwortet mit der Aufgabe, die Struktur und Stofflichkeit – und damit die Operation und Funktion – des mehrzelligen Organismus zu garantieren. Ganz allgemein lassen sich autopoietische Systeme als Netzwerke zwischen denjenigen Prozessen (bei biologischen Systemen in Raum und Zeit) begreifen, die die Produktion, Transformation und Destruktion der sie konstituierenden Strukturen und Stoffe (bei zellulären Systemen etwa der Organellen), einschließlich der sie umgebenden Begrenzungen und Ränder (bei zellulären Systemen der Plasmamembran als Hülle und Oberfläche) und der für die kontinuierliche Reproduktion des Systems erforderlichen konstituierenden und begrenzenden Komponenten (bei zellulären Systemen etwa die Gene und der Zellkern) bewerkstelligen.

Nach Maturana bestimmt die Struktur eines lebenden Systems die Art und Weise seines Operierens und Funktionierens auf der Welt. Lebende Systeme unterliege also der sog. Strukturdeterminiertheit. Im Laufe eines autopoietischen Prozesses könne ein System seine Struktur reproduzieren oder modifizieren (Strukturtransformation) unter Erhalt oder Zerstörung einer mit dem Leben kompatiblen Organisation, letztere einhergehend mit dem Verlust der Lebensfähigkeit. Autopoietische Systeme, deren Operieren die Bewahrung der eigenen Organisation zur Folge habe, seien resistent gegenüber extrinsischen Einflussfaktoren, Agenzien oder Reizen, könnten also durch die Außenwelt nicht instruiert werden, d.h. von außen mit Struktur versehen werden. Dagegen könnten sie durch extrinsische Faktoren irritiert oder ver-/zerstört werden, vorausgesetzt, diese fänden eine Struktur des Organismus' vor, welche die entsprechende irritierende oder ver-/zerstörende Reaktion zulassen, ermöglichen oder gar determinieren. Die Reaktion wäre also durch den strukturellen

Zustand des Lebewesens und nicht durch den Faktor oder Reiz selbst determiniert. Dieses biologische Grundprinzip umfasse selbstverständlich auch den Prozess des Beobachtend, Wahrnehmens und Erkennens mit der tiefgreifenden Konsequenz, dass Kognition durch die spezifische Arbeitsweise und die ihr zugrundeliegende Struktur des beobachtenden Systems (des Beobachters) und nicht durch das Beobachtete determiniert wird.

3.1.4.1.3 Beobachten, Beschreiben, Erfahren, Erklären

Beobachten heißt Unterscheiden und ist untrennbar an einen Beobachter gebunden. Nicht-Unterscheidbares kann nicht beobachtet werden und existiert damit für den Beobachter nicht. Beobachten, also Unterscheiden, führt somit auch zur Unterscheidung des Beobachters oder Forschungssubjekts vom Beobachtetem oder Forschungsobjekt. Sowohl der Beobachter als Einheit der Beobachtung, wie auch das Beobachtete wird durch den Vorgang des Beobachtens simultan als Ursprung und Resultat erst generiert und geht dem Beobachten nicht etwa voraus. Beobachten, Beobachter und Beobachtetes setzen demnach ihre gegenseitige Existenz voraus. Beobachten basiert also auf Unterscheiden, denn ohne die Möglichkeit der Unterscheidung kann kein Akt des Erkennens stattfinden. Unterscheidungen werden durch das Nervensystem des Beobachters kontinuierlich produziert, wobei nur ein recht begrenzter Anteil typische Erfahrungen auslösen wird und von diesen ein noch geringerer Anteil in Beschreibungen transformiert, also „linguiert" werden wird. Das aufgrund von Beobachten Unterschiedene und dadurch „produzierte" Beobachtete kann mittels „Linguieren" (s. 3.1.4.1.6) in seinen Eigenschaften oder Komponenten als „einfache" bzw. „komplexe" Einheiten der Beobachtung beschrieben werden. Ein Lebewesen besitzt demnach nicht die Fähigkeit, „von innen heraus" zu beobachten und zu erkennen, denn ihm stehen ausschließlich die Beziehungsgefüge zwischen den Komponenten der eigenen Systeme zur Verfügung, z.B. zwischen denen des Nervensystems oder des motorischen Systems oder der intrazellulären Signalübertragungskaskaden. Sodann werden genau die Vorgänge durchgeführt, die die Aufrechterhaltung der Organisation, also die Autopoiese des betreffenden Systems garantieren, also das Beziehungsgefüge zwischen seinen einzelnen Komponenten unangetastet belassen.

Zur Veranschaulichung wählte Maturana das Beispiel der Landung eines Flugzeugs im dichten Nebel. Der Pilot habe dabei keinen Zugang zur „Außenwelt", zur Topographie der Landschaft, fliege also „blind" allein mit Hilfe der Instrumente in seiner „Innenwelt", in seinem Cockpit. Die Leistung bei einer erfolgreichen Landung bestünde damit im korrekten praktischen Umgang mit den Anzeigen und Daten nach gewissen Regeln und Vorschriften, die bestimmte für die Landung erforderliche Beziehungsgefüge zwischen diesen Anzeigen und Daten festlegen. Durch das Betätigen von Steuerknüppel und vielen anderen Reglern und Schaltern halte der Pilot dieses Beziehungsgefüge, d.h. die Organisation des Landeanflugs konstant. Auf analoge Weise „erkenne" das Nervensystem „nur" Veränderungen in seinem Beziehungsgefüge, wenn es etwa beim Umklammern eines Füllfederhalters durch die Hand einen Unterschied in der Relation zwischen den betroffenen sensorischen Nervenzellen der Fingerkuppen und Handfläche im Vergleich zur vorangegangenen Benutzung eines Bleistifts registriere. Dabei unterscheide und „erkenne" das Nervensystem nicht alleine als „Einzelkämpfer", sondern nur in Interaktion mit anderen (Teil-)Systemen, etwa dem motorischen, welches den eigentlichen Umklammerungsvorgang bewirkt. Der österreichische Physiker und Kybernetiker Heinz von Foerster hat dieses Erfassen und Prozessieren von Unterschieden in den Beziehungsgefügen innerhalb des Nervensystems und zwischen diesem und anderen Systemen als die Kalkulation der Eigenzustände durch den Beobachter charakterisiert[222]. Der kognitive Bereich wird also über interne Kalkulationen durch den Beobachter „aktiv" konstruiert und nicht etwa durch Abbildung im Beobachter „passiv" gespiegelt. In der strikten Ablehnung einer Abbildtheorie zeigt sich eindrucksvoll der Einfluss der empirischen Wahrnehmungs- und Lerntheorie des Hermann von Helmholtz (s. 3.1.2.3 und 3.1.2.5) auf die moderne systemisch-konstruktivistische Erkenntnistheorie.

Im biologischen Phänomenbereich prozessiert das Nervensystem also Unterschiede in seinem Beziehungsgefüge zwischen zwei strukturellen Zuständen, meistens in Interaktion mit anderen Systemen. Im psychischen Bereich werden dann bestimmte, etwa zeitlich aufeinanderfolgende oder sich wiederholende Unterscheidungen zu sinnhaften Erlebnissen gekoppelt und damit als eine Erfahrung „konstruiert." Solche Unterscheidungen konstituieren die Innenwelt und das subjektive Erleben des Beobachters. Werden solche Erfahrungen in der Gemeinschaft „linguiert", damit in Sprache transformiert und „gedacht", stellen sie für die beobachtende Gemeinschaft als „Beschreibungen" die Beobachtungs-Einheiten dar, aus denen für sie die Welt konstituiert ist, d.h. aus denen sie die Welt „konstruiert." Beschreibungen sind damit als Komponenten des von allen Beobachtern geteilten Kommunikationssystems aufzufassen. Gewisse Beschreibungen können von der Beobachter-Gemeinschaft auf Basis vereinbarter Regeln miteinander zu (wissenschaftlichen) Erklärungen verknüpft werden.

3.1.4.1.4 Strukturelle Kopplung und Kausalität

Die verschiedenen im Menschen operierenden Systeme konstituieren eine gemeinsame „Super-Organisation", in der die Systeme zu jedem Zeitpunkt spezifische Strukturen und Stoffe aufweisen und zueinander in einem bestimmten Beziehungsgefüge stehen, also über ihre Strukturen und Stoffe – eben strukturell – gekoppelt sind. Darunter versteht Maturana die Interaktion zwischen Systemen über die sie konstituierenden (strukturellen und stofflichen) Komponenten, um sich darauf einzulassen und entsprechend anzupassen, ohne dabei ihre wesentlichen Eigenschaften aufzugeben. So interagierten etwa die Komponenten des peripheren und zentralen Nervensystems kontinuierlich und produzierten dabei Strukturen, die in korrelativer Beziehung zueinander stünden, aber eben zu keiner Zeit ihre Identität und

222 Von Foerster 1985.

Eigenart verlieren oder in das Partnersystem übergehen würden. Diese Strukturen würden eben das Operieren des Partnersystems kausal nicht determinieren. Die strukturelle Kopplung zwischen Systemen, die für diese eine existentielle Koordinationsleistung bedeuten könne, mag von der Außenperspektive aus als Kausalität fehlinterpretiert werden, indem scheinbar das „aktive" System auf die Funktion des „passiv" interagierenden Systems Einfluss nimmt und damit als Ursache für die Reaktion des „passiven" Systems wirkt. Aber zwischen interagierenden Systemen existiert für Maturana keine Außen- und Innenwelt, denn jedes System repräsentiere jeweils die Umwelt des anderen. Die Operationen des einen Systems könnten diejenigen des anderen nicht kausal erklären, selbst nicht im Falle gegenseitiger existentieller Abhängigkeit.

Natürlich setze Bewusstsein Gehirnfunktionen voraus, basierten Emotionen auf physiologischen Leistungen und folge Kommunikation aus der Tätigkeit des Sprechens. Aber – und wiederum im Einklang mit Hermann von Helmholtz – rechtfertigen nach Maturana solche wechselseitigen Abhängigkeiten von unterschiedlichen Phänomenbereichen jedoch keineswegs deren Gleichsetzung, also von Bewusstsein mit Gehirnströmen, von Emotionen mit Hormonsekretion oder von Kommunikation mit dem physiologischen Sprechakt. So werde beispielsweise bei einem Konditionierungsexperiment mit Hunden der komplexe Zusammenhang zwischen Umweltreiz (Ertönen einer Hupe) und Verhaltensreaktion (Speichelfluss) oft als Kausalität gedeutet, da parallel ablaufend und deshalb als Ganzheit „beobachtet". Dabei seien beide Prozesse, Reizung und Reaktion, voneinander unabhängig. Die Reaktion des erhöhten Speichelflusses werde vielmehr von elektrophysiologischen Veränderungen bestimmter Neurone begleitet, welche normalerweise mit Appetenzreizen korrelieren. Aus der Perspektive des Beobachters gehörten die gemessenen physiologischen (biochemischen oder elektrischen) Prozesse, ihre Beschreibung und die daraus abgeleitete Erfahrung und Erklärung verschiedenen voneinander unabhängigen Phänomenbereichen der eigenen Kognition an. Der eine Phänomenbereich lasse sich nicht auf einen der anderen Phänomenbereiche zurückführen, ohne dass dies zu einem unzulässigen Reduktionismus, etwa zu einem Biologismus oder zu Kategorienfehlern führen würde. Die drei Phänomenbereiche des Lebendigen, also der biologische, psychologische und soziale, müssten deshalb als eigenständig operierende und dennoch miteinander über strukturelle Kopplung interagierende verstanden werden. Die strukturelle Kopplung zwischen diesen Phänomenbereichen erfolge über Kognition als (i) „Errechnen" von Differenzen im Beziehungsgefüge zwischen verschiedenen Zuständen oder Strukturen des Nervensystems, (ii) als Unterscheiden zwischen mindestens zwei unterschiedlichen subjektiven Beobachtungen eines Individuums und Darstellen der Ergebnisse über Gefühle und Empfindungen („Emotionieren") und (iii) als sprachliches Kommunizieren („Linguieren") und Abstimmen („Konsensualisieren") mit anderen Individuen in der Gemeinschaft[223].

223 Maturana, Humberto R.: *Erkennen: Die Organisation und Verkörperung von Wirklichkeit.* Vieweg: Braunschweig 1982.

3.1.4.1.5 *„Emotionieren“*

Innerhalb der autopoietischen (Teil-)Systeme, die den Menschen konstituieren, werden nach Humberto R. Maturana auch die Prozesse des Fühlens und Empfindens von der Struktur der entsprechenden fühlenden und empfindenden Systeme bestimmt und nicht durch das Objekt der Empfindung. Seit den 1980er-Jahren stand für Maturana fest, dass alles rationale Denken und Handeln letztendlich durch Gefühle und Empfindungen kontrolliert und gesteuert, also emotional motiviert wird, wofür er den Begriff „Emotionieren“ als den Übergang von einem emotionalen Zustand in einen anderen eingeführt hat. Als „Ko-Emotionieren“ definiert er einen Übergang in Übereinstimmung mit anderen Menschen innerhalb einer Gesellschaft. Eine Emotion bezeichnet demnach einen körperlichen Zustand mit der Disposition zu einem bestimmten Verhalten, wodurch der augenblickliche Handlungsbereich eines Menschen spezifisch determiniert wird und seine sozialen Interaktionen entscheidend beeinflusst werden.

3.1.4.1.6 *„Linguieren“*

Unter dem Begriff „Linguieren“ hat Humberto R. Maturana alle diejenigen Vorgänge zusammengefasst, über welche die Menschen ihre spezifische Lebensweise und ihr Verhalten als „Herdentiere“ gemeinschaftlich steuern, koordinieren und kontrollieren. Dabei könnten Menschen primäre, sekundäre und höhere Verhaltenskoordinationen miteinander koppeln, die dadurch hierarchisch aufsteigend von niedrigerer zu höherer Ordnung gesteuert würden, wobei sowohl verbale wie auch nicht-verbale Verhaltensweisen eingesetzt werden könnten. Dies führe letztlich zu einer „konsensuellen“ Verhaltenskoordination höherer Ordnung zwischen den beteiligten Menschen und damit zum Handeln im spezifisch menschlichen Phänomenbereich des „Linguierens“ oder „In-Sprache-Seins“. Durch das „Linguieren“ überwinde der Mensch die engen Grenzen, die anderen Lebewesen durch Beschränkung auf räumliche Verhaltenskoordinationen auferlegt seien. Er würde damit eine schier unbegrenzte Freiheit des Denkens und der Kommunikation erlangen. Nur in Sprache sei der Mensch fähig, überhaupt und unbegrenzt zu denken.

Es besteht also eine Beziehung zwischen den in autopoietischen Systemen aller Lebewesen operierenden Prozessen, welche – die Organisation der Systeme aufrecht erhaltend – operational geschlossen und auf sich selbst bezogen (selbstreferentiell) ablaufen und dem „Linguieren“ als dem spezifisch menschlichen Prozess der „Konsensualisierung.“ Gemäß Humberto R. Maturana beobachtet das nicht-menschliche Lebewesen ausschließlich subjektbezogen aus einer internen Sicht und beobachtet und lebt damit genau die Welt, die es im Prozess des Beobachtens und Lebens produziert. Dagegen lasse das „Herdentier“ Mensch diese *quasi* „autistische“ Form des Lebens hinter sich, indem es kontinuierlich und hartnäckig versuche, die durch seine biologische Individualität auferlegten Schranken mit Hilfe „linguierender Konsensualisierung“ niederzureißen. Innerhalb der auf diese spezifische Weise erzeugten Gemeinschaften und Gesellschaften transformiere der Prozess der Kommunikation deren Erzeuger zu sozial konstituierten Menschen. Dieses gemeinschaftliche Operieren in Form der „linguierenden Konsensualisierung" dürfe aber keinesfalls zur falschen Interpretation eines mit anderen geteilten und damit „objektiven" Beobachtens und Lebens in einer „objektiven" Welt führen.

3.1.4.1.7 Kognition – Realität und Beliebigkeit

Unerlässliche Voraussetzung für jede Kognition ist die Tätigkeit des Beobachtens, ausgeführt vom Nervensystem, von allen Systemen des Organismus', von allen Systemen der Gemeinschaft. Humberto R. Maturana und Francisco J. Varela[224] (2012) haben den inhärenten Zusammenhang zwischen Kognition und Verhalten in ihrem Aphorismus „Alles Tun ist Erkennen, und alles Erkennen ist Tun" auf den Punkt gebracht. Wie oben dargelegt, ist für Maturana und Varela unter Erkennen und Kognition das „Errechnen" von Veränderungen im Beziehungsgefüge zwischen den Komponenten des Nervensystems allein oder in Interaktion mit anderen, z.B. motorischen Systemen, sowie die daraus resultierende Rückwirkung auf den Organismus und dessen Veränderung zu verstehen. Solche Verhaltensänderungen könnten über strukturelle Kopplung die Umwelt beeinflussen, die ihrerseits wiederum Anpassungen in diesem Organismus induzierten. Auch dieser Rückkopplungsmechanismus ist von Hermann von Helmholtz in seiner Lerntheorie bereits vorweggenommen worden (s. 3.1.2.3). Ob überhaupt und wie ausgeprägt dieses Wechselspiel von Veränderungen stattfindet, werde ganz wesentlich von der Flexibilität der relevanten Strukturen des Organismus" und der Umwelt hinsichtlich ihrer Anpassung, sowie vom tatsächlichen Status dieser Strukturen bestimmt.

Ein Lebewesen könne von einem Beobachter je nach Interesse auf sehr unterschiedliche Weise beschrieben werden, etwa über seine internen Systeme und deren strukturelle Veränderungen oder über alle mit dem ganzen Lebewesen als ein System interagierenden (Teil-)Systeme der Umwelt. Damit würden unterschiedliche Phänomenbereiche, wie einerseits biochemische, physiologische und neurobiologische Prozesse und andererseits Verhalten, Kommunikation und Denken angesprochen. Da der Beobachter durch sein Interesse an bestimmten ausgewählten Phänomenbereichen einen Zusammenhang zwischen diesen nahelegte, würden (kausal) zusammenhängende Phänomene nur durch die Beobachtung als empirische Kopplung produziert werden. Die folgenschweren Vermischungen von Phänomenbereichen, wie etwa Erklärungen des Lebens als physikalisch-chemisches Phänomen, Erkennen und individuelles Verhalten als biologisches Phänomen oder soziales Verhalten als psychologisches Phänomen, müssen deshalb – als Physikalismus, Biologismus bzw. Psychologismus – kritisiert werden. Ebenso inakzeptabel erscheine die Annahme einer linearen Kausalität zwischen menschlichem Verhalten und Erbanlage oder Umwelt, woraus die unsägliche alte – ob akademische oder populärwissenschaftliche – Streitfrage resultiere, ob ein bestimmtes Verhalten entweder durch physiologische Prozesse oder Umweltfaktoren determiniert werde. Monokausale Erklärungen, die lediglich das Nervensystem, das Verhalten oder die Umwelt umfassen, seien für

224 Maturana / Varela 2012.

Kognition jedoch nicht ausreichend. Für einen Beobachter läge Erkennen nur dann vor, falls er ein Beziehungsgefüge zwischen dem Organismus, seinem Verhalten und seiner Umwelt konstruieren kann und dabei das beobachtete Handeln des Individuums als effektiv beurteilt. Effektiv heiße dabei, die Herausforderung seiner Umwelt zu meistern, um dadurch seine eigene Organisation zu bewahren, also um zur Autopoiese fähig zu sein und zu bleiben oder – mit den Worten von Hermann von Helmholtz – schlichtweg um zu überleben. Dies bedeutet nach Maturana jedoch nicht, dass Kognition ein auf das Ziel Autopoiese gerichteter Prozess ist. Denn mit dieser Erklärung würde ein Beobachter das Phänomen Kognition in Beziehung zu Kausalität oder Finalität setzen. Aber ein Organismus „erkenne" kein „warum" oder „wozu", sondern kalkuliere lediglich Veränderungen im Beziehungsgefüge seiner Komponenten und führe daraufhin Handlungen zur Kompensation dieser Veränderungen oder zur Anpassung seiner Organisation durch. Der Mensch besitzt nach Maturana und Varela demnach keinen anderen Zugang zur Außenwelt als über die Prozesse des Errechnens und damit auch nicht über die Möglichkeit einer mehr oder weniger wirklichkeitsgetreuen Abbildung von äußeren Umständen. Kognition sei vielmehr der Vorgang der Konstruktion einer Welt, in der die erkennenden Lebewesen überleben können. Nach Heinz von Foerster[225] (1985) ist die Welt, in der wir leben, unsere Erfindung.

Die Konstruktion der Welt durch das beobachtende Lebewesen bedeutet für Humberto R. Maturana und Francisco J. Varela natürlich nicht, dass die Welt nach Belieben erfunden werden kann, wie manche Kritiker des systemisch-konstruktivistischen Denkens behauptet haben. Vielmehr ist aus systemisch-konstruktivistischer Sicht Kognition das zwingende Resultat eines kontinuierlichen „kalkulierenden" Prozesses eines strukturell determinierten Systems. Das systemisch-konstruktivistische Denken beschäftigt sich ausschließlich mit dem Ursprung von Beobachtungen, Wahrnehmungen und Beschreibungen, also mit dem, was dem Menschen zugänglich ist, aber nicht mit der Existenz oder Nicht-Existenz einer vom Beobachter unabhängigen Wirklichkeit, also der Frage, ob etwa alle für uns sichtbaren Objekte „wirklich" oder nur „scheinbar" vorhanden sind, bzw. ob die Objekte nur „existieren", solange sie beobachtet werden. Das systemisch-konstruktivistische Denken basiert auf der Annahme *a priori*, dass jede Kognition eine Unterscheidung voraussetzt und dass die Möglichkeit, eine Unterscheidung zu (re)produzieren auf Vorgängen beruht, die mit der Realität in einer gewissen Beziehung stehen. Humberto R. Maturana hat den Kognitionsbereich des Menschen auf die Beschreibungen beschränkt, die er produziert[226]: „Alles Gesagte wird von einem Beobachter zu einem anderen Beobachter gesagt, der er selbst sein kann".

Diese Feststellung der Zurückführung der Gesamtheit des für Menschen „scheinbar" oder „wirklich" Existierenden auf Beobachten und Beschreiben dürfe nicht in dem Sinn der Nicht-Existenz einer Beobachter-unabhängigen Welt interpretiert

225 Von Foerster 1985.
226 Maturana 1982.

werden. Sie bringe lediglich zum Ausdruck, dass der Ursprung aller Beschreibungen der Welt im Vorgang des Beobachtens liege und auf diesen zurückweise. Gleichzeitig bringt Maturana damit die Unmöglichkeit zum Ausdruck, über Beobachtungen über die Welt, die der Mensch „In-Sprache" konstruiert, hinauszugelangen. Jeder Versuch, diesen Phänomenbereich zu überschreiten, würde ausnahmslos zu einer weiteren Beschreibung und nicht zur beschriebenen „Wirklichkeit" selbst führen. So bleibe etwa ein materielles Objekt auch nach unendlicher Wiederholung seiner Beschreibung eben „materiell" und werde nicht „physikalischer" Bestandteil des Diskurses und umgekehrt bleibe die Beschreibung eine Aneinanderreihung von Wörtern und werde nicht zu einer „semantischen" Komponente des Gegenstands. Aussagen über Entsprechung oder Nicht-Entsprechung von der realen, über den Beobachter hinausgehenden Objektwelt mit ihren Beschreibungen durch den Beobachter seien deshalb grundsätzlich nicht unterscheidbar und damit nicht entscheidbar und sinnlos. Der Beobachter sei als Lebewesen auf Unterscheidungen angewiesen, die seine Systeme aufgrund ihrer jeweiligen Struktur, Stofflichkeit, Organisation, Gestalt und Funktionsweise produziere. Nach ihrer Produktion würden diese Unterscheidungen für konkrete praktische Ziele den Charakter des „Realen" annehmen. Real sei oder werde, was Konsequenzen habe oder haben werde[227]: „Realität ist ein Bereich, der durch Operationen des Beobachters bestimmt wird."

3.1.4.1.8 Kommunikation – „Viabilität" und kommunikative Brauchbarkeit

Da eine Beobachter-unabhängige Welt für die Kognition nicht zugänglich ist, kann das systemisch-konstruktivistische Denken das traditionelle Objektivitätskriterium als Übereinstimmung von Erkenntnis und Gegenstand der Erkenntnis nicht akzeptieren und ersetzt dieses deshalb durch die pragmatische Analyse des Nutzens von Erkenntnis. Doch ist auch die Festlegung von Nützlichkeit mit Problemen verbunden, da auch diese nicht unabhängig von einem Beobachter durchgeführt werden kann. Deshalb befürwortet Humberto R. Maturana – hier einer phänomenologischen Vorgehensweise folgend (s. 3.2.1.2.3) – das „Einklammern" des Begriffs Objektivität, um damit dem Beobachter immer wieder die Nicht-Entsprechung von Objekt und Erkenntnis über dieses Objekt vor Augen zu führen. Vielmehr stelle sich im günstigsten Fall eine Entsprechung zwischen Beschreibungen ein, auf die sich die Beobachter aus pragmatischen Gesichtspunkten heraus im wissenschaftlichen Diskurs – mit den Worten von Ludwik Fleck also innerhalb eines von einem „Denkkollektiv" geteilten „Denkstils" – vorab geeinigt hätten.

Jedoch hat die Forderung von radikalen Konstruktivisten nach völliger Aufgabe des Objektivitätskriteriums und damit auch einer jeden „Idee" von Wirklichkeit wohl keine Aussicht auf Erfolg und würde in der täglichen Praxis auch kaum nützen. Der Unterschied zwischen objektiv oder real und subjektiv oder beliebig ist eher ein „quantitativer" als ein „qualitativer" und wird so im täglichen Leben wie auch im wissenschaftlichen Diskurs erfolgreich praktiziert, vor allem dann,

227 Maturana 1982.

wenn sich die beobachtenden Teilnehmer des Ursprungs des Unterschiedes bewusst sind. Die Auffassungen über Wirklichkeit unterscheiden sich zwischen Realisten und Konstruktivisten hinsichtlich des Kriteriums, das im Prozess des Vergleichens zwischen Erkenntnis und Gegenstand der Erkenntnis eingesetzt wird. Realisten untersuchen die Merkmale der Objektwelt, Konstruktivisten die Operationen, die die Wirklichkeit generieren. Konstruktivisten interessiert deshalb der Prozess des Unterscheidens, der die Wirklichkeit produziert, einschließlich seiner Validitätskriterien, die den „Regeln" der Kommunikation und des Diskurses folgen. Ernst von Glasersfeld forderte als Begründer des radikalen Konstruktivismus als valides Kriterium für sinnvolle Kognition und wertvolles Wissen, dass die daraus hervorgehenden Instruktionen (i) in der Welt praktisch umgesetzt werden können und (ii) das Erreichen des unter den Beobachtern vereinbarten Ziels dieser Erkenntnis maßgeblich unterstützen[228] (von Glasersfeld 1987). Dieses Kriterium der „Viabilität" berücksichtigt also nur die Durchführbarkeit des Weges der Kognition und nicht seine „Richtigkeit."

In Anlehnung an Maturana und Varela unterscheidet der klinische Psychologe, Psychotherapeut und Systemtheoretiker Kurt Ludewig für die qualitative Beurteilung von Kognition zwischen der „Viabilität" von individuellen mentalen Fähigkeiten, Beobachtungen und Beschreibungen und der „kommunikativen Brauchbarkeit" von interindividuellem Wissen[229]. Nach Ludewig gilt eine Beschreibung dann als brauchbar, falls diese von den Beobachtern einer Gemeinschaft genutzt werden kann, um ein von dieser Gemeinschaft gesetztes und mit ihren Mitgliedern vereinbartes Ziel zu erreichen. Solche Beschreibungen würden also von den beobachtenden Gesellschaftsmitgliedern als „Rezepte" für den Umgang mit einem bestimmten, von diesen ausgewählten und zu „bearbeitendem" Phänomen gebraucht und eingesetzt. Sie würden mit Hilfe gewisser Regeln und Handlungsanweisungen mehr oder weniger präzise festlegen, welche Operationen jedes einzelne Mitglied einer Beobachter-Gemeinschaft durchzuführen habe, um zu identischen oder wenigstens vergleichbaren Resultaten zu gelangen. Diese Regeln seien mit allen anderen oder wenigstens mit der Mehrheit der Mitglieder vorab über Diskurs oder die tägliche Lebenspraxis vereinbart worden. Sind verschiedene Beobachter einer Gemeinschaft in der Lage, auf Basis einer Beschreibung für das Phänomen Vorhersagen zu treffen, praktische Anwendungen zu entwickeln oder einen anderen sinnvollen Umgang aus ihr abzuleiten, etwa die Prädiktion und Prävention einer Krankheit, so wird diese Beschreibung von der Gemeinschaft als kommunikativ brauchbar eingestuft und weiter tradiert werden. Das Kriterium der kommunikativen Brauchbarkeit lässt sich auf Phänomene der alltäglichen Lebenspraxis wie auch der Naturwissenschaft anwenden, indem die entsprechenden Tests auf Brauchbarkeit von den beobach-

228 Von Glasersfeld, Ernst: *Wissen, Sprache und Wirklichkeit.* Vieweg: Braunschweig 1987.

229 Ludewig, Kurt: *Systemische Therapie. Grundlagen klinischer Theorie und Praxis.* Klett-Cotta: Stuttgart 1992.

tenden Mitgliedern der verschiedenen Gemeinschaften, wie etwa der „Scientific Community“ oder der „Denkkollektive“ durchgeführt werden.

3.1.4.1.9 Phänomenbereiche und Systeme

Neben den biologischen Phänomenen bilden psychische und soziale jeweils einen eigenen Phänomenbereich. Voraussetzung für die Existenz von biologischen Phänomenen ist eine „Basis“ von bestimmten physikalisch-chemischen Phänomenen, die in ihrer Gesamtheit als physikalisch-chemischer Phänomenbereich die für das Entstehen von biologischen Phänomenen als eigenständige Qualität erforderliche Umfeld konstituieren. In analoger Weise hängt die Entstehung psychischer und sozialer Phänomene als eigenständige Entitäten vom biologischen Phänomenbereich ab. Ein adäquates Menschenbild muss die physikalisch-chemisch-räumliche und biologisch-autopoietische Beschreibung verlassen, um die spezifisch menschlichen psychischen und sozialen Phänomenbereiche zu erfassen, die beide wiederum auf der Sprachlichkeit, dem „Linguieren“ gegründet sind. Erst durch Sprache wird das Beobachten durch Transformation in Beschreibung als individuelle psychische und interindividuelle soziale Tätigkeit von den Beobachtern als „linguierende“ Lebewesen koordiniert und damit letztendlich realisiert. Das systemisch-konstruktive Denken begreift die Biologie und Psychologie, also die physiologische und mentale autopoietische Individualität, wie auch die Soziologie, also die sprachlich-sinngebundene Gemeinschaft, als die den Menschen konstituierenden Komponenten. Menschen sind als Beobachter, Beschreibende und Erkennende nur als „linguierende“ Lebewesen in Gemeinschaft mit anderen vorstellbar. So stellt bereits die Beobachtung als Ausgangspunkt für jede Kognition als „Unterscheiden-in-Sprache“ oder „linguierendes“ Unterscheiden einen sozialen Prozess dar, der nicht vom Individuum in Isolation, sondern nur in sozialen Systemen durchgeführt werden kann.

Der Begründer der Systemtheorie, der deutsche Soziologe Niklas Luhmann hat auf dem biologischen Konzept von Humberto R. Maturana aufbauend in den 1980er Jahren den Systembegriff in die Soziologie eingeführt[230]. Auch bei der soziologischen Anwendung muss die systembezogene Beschreibung im Gegensatz zur Beschreibung einfacher Einheiten, für die eine Auflistung aller ihrer Merkmale ausreicht, die Charakterisierung der Komponenten und ihrer Beziehungen zueinander umfassen, also das im System operierende Beziehungsgefüge analysieren. Somit können biologische und soziologische Systeme in analoger Weise als von der jeweiligen Umwelt abgegrenzte „Gebilde“ oder separate „Zusammenstellungen“ (wörtliche Übersetzungen des griechischen „systema“) aufgefasst werden. Diese sind aus einer Vielzahl von Komponenten in spezifischen Relationen zueinander in einer Organisation aufgebaut und somit durch ein mehr oder weniger komplexes Beziehungsgefüge charakterisiert. Niklas Luhman unterscheidet vier Klassen von Systemen, nämlich (i) Maschinen, (ii) Organismen, (iii) psychische Systeme und (iv) soziale Systeme, wobei (ii), (iii) und (iv) autopoietisch operieren und sich die Komponenten von (ii),

230 Luhmann 1984.

(iii) und (iv) selbst organisieren. Die temporalisierten psychischen und sozialen Systeme produzierten im Unterschied zu den biologischen Systemen die Komponenten „Sinn“ und „Bedeutung“. Hinsichtlich der sozialen Systeme unterscheidet Luhman[231] wiederum drei Klassen, nämlich Interaktionen, Organisationen und Gesellschaften, von denen den Interaktionssystemen für die vorliegende Untersuchung eine besondere Bedeutung zukommt. Interaktionssysteme erfordern die Präsenz der Mitglieder einer Gemeinschaft, entstehen also praktisch *vis-a-vis*, etwa während eines konkreten Prozesses der Prädiktion oder Prävention, Beratung oder Supervision zwischen Arzt oder Forscher und Patient. Organisationen wiederum, etwa ein Forscher-Team oder die Familie des Patienten, mit Betonung der Rolle ihrer Mitglieder gegenüber dem konkreten Patienten sind für die vorliegende Fragestellung weniger relevant. Gemeinschaften schließlich, etwa die Gesellschaft, bewirken im Hintergrund die Herbeiführung und Aufrechterhaltung von Traditionen und Normen, wodurch die Interaktionssysteme, etwa zwischen Arzt oder Forscher und Patient, (de-)stabilisiert werden.

In sozialen Systemen tritt an die Stelle der direkten physikalischen Interaktion zwischen den Komponenten von biologischen Systemen, etwa zwischen einem Hormon im Blutstrom und seinem Rezeptor auf der Zelloberfläche, die Kommunikation zwischen den Mitgliedern. Die überragende Bedeutung von Kommunikation, welche wiederum Beobachtung und Handlung voraussetzt, für die Autopoiese sozialer Organisationsformen erschließt sich aus folgenden Fakten:

(i) Die Motivation für Kommunikation basiert auf dem tiefen Wunsch des Menschen, seine Undurchschaubarkeit und Unberechenbarkeit füreinander hinsichtlich aller wesentlichen Fragen und Probleme des menschlichen Lebens zuverlässig und kontinuierlich zu durchbrechen, um eine einigermaßen brauchbare Prädiktion für (über)lebenswichtige Prozesse, etwa hinsichtlich Gesundheit und Krankheit zu ermöglichen.
(ii) Kommunikation vollzieht sich über einen Akt des Empfängers, der bereit ist, zu empfangen, was er empfängt, der begreift, was er begreift, und nicht über eine Übertragung von Informationen vom Sender zum Empfänger.
(iii) Kommunikation produziert „Sinn“ und Bedeutungszusammenhänge durch konsekutive Kopplung von Beobachtungen und Handlungen und trägt damit wesentlich zur Anschlussbildung von „Sinn an Sinn“ bei.
(iv) Das Ziel von Kommunikation besteht in der scheinbar paradoxen simultanen Verringerung (s. unter „i“) und Aufrechterhaltung (s. unter „iii“) von „Sinn“ und Bedeutung, wodurch sie grundsätzlich sensitiv und flexibel für Veränderungen und offen für Zufälle wird.
(v) Kommunikation bleibt grundsätzlich anfällig für Missverständnisse und mit Risiko behaftet.

231 Luhmann 1984.

Zusammenfassend lässt sich festhalten, dass Kognition gemäß der Erkenntnis- und Kognitionstheorie von Humberto R. Maturana und Francisco J. Varela weder in der Repräsentation einer vom Beobachter unabhängigen Wirklichkeit als deren getreues Abbild noch in einer vom Beobachter durchgeführten willkürlichen oder beliebigen Konstruktion besteht[232]. Vielmehr konstruiert der beobachtende Organismus – unter Erhaltung seiner Organisation und Gestalt – die Welt gemäß den Möglichkeiten der Strukturen und Stofflichkeiten seiner (Teil-)Systeme und ihrer möglichen strukturellen Kopplung an die Umgebung, einschließlich an die Strukturen anderer beobachteter und interagierender Organismen. Mit dieser konstruierten Welt lebt der Organismus so lange in Harmonie, d.h. strukturell angepasst und trotzdem ohne Identitätsverlust, wie er lebt. Definiert man traditionell objektive oder wahre Erkenntnis als „Übereinstimmung" von außen und innen, von Objekt und Repräsentation, so übersteigt diese die Möglichkeiten des Menschen. Denn die Abhängigkeit allen Erkennens von biologischen Strukturen (Inhalten und Stoffen) und Organisationen (Formen und Gestalten), sowie die durch fehlende biologische Mechanismen bedingte Unfähigkeit, zwischen Wahrnehmung und Illusion zu unterscheiden, limitiert die Einsatzmöglichkeiten des Kriteriums der Objektivität auf rhetorische und psychologische Belange.

3.1.4.2 Konsequenzen für die wissenschaftlich-medizinische Praxis

Die systemisch-konstruktivistische Theorie bringt wichtige Konsequenzen für das Verständnis von Gesundheit und Krankheit im Allgemeinen, für die Praxis der Prädiktion und Prävention von Zivilisationskrankheiten im Besonderen mit sich. Diese lassen sich direkt aus dem Prinzip der Strukturdeterminiertheit von lebenden Systemen und deren Fähigkeit zur „Autopoiese" ableiten lassen:

(i) Der Mensch ist aufgrund seiner biologischen Autonomie gegenüber gewissen Interventionen aus der Außenwelt inert. Während der „Autopoiese", also dem Erhalten der eigenen Organisation und Form (und damit des Lebens), versuchen Organismen, sich gemäß der ihnen inhärenten Eigengesetzlichkeit unabhängig von der Außenwelt, also autonom zu ordnen. So werden etwa Operationen von Systemkomponenten, etwa des Nervensystems, immer und ausschließlich Operationen anderer Komponenten des gleichen Systems, also des Nervensystems bedingen. Dieses Prinzip der operationalen Geschlossenheit macht die Systeme und damit den Organismus grundsätzlich resistent gegenüber externen kausal wirkenden Einflussfaktoren, belässt aber ihre Sensitivität gegenüber System- bzw. Organismus-internen Determinanten, die zur Funktionsweise des Systems bzw. Organismus' passen. Dabei bestimmt ausschließlich der Organismus, genauer die Struktur des jeweiligen Systems und eben nicht der jeweilige Faktor selbst, ob dieser überhaupt eine Wirkung ausüben kann, d.h. als Determinante „erkannt" oder einfach „übersehen" wird. Darüberhinaus

232 Maturana / Varela 2012.

legt die Systemstruktur die Art dieser Wirkung fest, d.h. auf welche Weise der Organismus auf die Determinante letztendlich reagiert. Die Struktur eines Lebewesens (etwa die Atmungskette in seinen Mitochondrien) kann zwar durch Faktoren und Determinanten (wie etwa durch das Atmungsgift Cyanid) gestört bis zerstört, aber nicht kausal (etwa durch Induktion der Biogenese von Mitochondrien durch Cyanid) festgelegt werden. Diesem Verstörungsprinzip zufolge hängen die Folgen des Einwirkens von reizenden oder destruktiven Faktoren entscheidend von der Struktur des Organismus' ab, da durch diese festgelegt wird, ob das betroffene System das Wirken des Faktors negieren, integrieren oder kompensieren kann und dadurch überlebt oder eben nicht.

(ii) Der durch die gegenwärtigen westlichen Naturwissenschaften und die Medizin geschürten Hoffnung, wie auch dem gesellschaftlichen Anspruch auf irrtumsfreie, auf pathogenetischen Kausalmechanismen gegründete Prädiktion von Krankheiten (und deren kausaler Prävention) ist aufgrund der unvermeidbaren Rückwirkung der propositionalen und normativen Konstrukte von Wissenschaft, Medizin und Gesellschaft mit deutlicher Skepsis zu begegnen. Die ersehnte Prädiktion, die eine Krankheit über alle relevanten physikalisch-chemischen Parameter und Biomarker (s. 2.10.1) mit annähernd 100 % Erkrankungswahrscheinlichkeit analytisch zu fassen sucht, muss – auch nach Einbeziehung von alternativen Ansätzen (s. 4.2.3) auf einen realisierbaren Anspruch „zurückgestutzt" werden. Da Zivilisationskrankheiten als menschliche und zwischenmenschliche Probleme nicht „lösbar", also „heilbar" im engeren Sinn sind, aber auflösbar, also vermeidbar sind, muss vielmehr ihr Austausch gegen realisierbare und akzeptierbare alternative Denk- und Handlungsweisen angestrebt werden.

(iii) Die Prädiktion (und Prävention) einer Krankheit muss innerhalb eines offenen, zu jeder Zeit modifizierbaren Kommunikationsprozesses zur adäquaten Erfassung von Phänomenen in den verschiedenen Bereichen erfolgen und zwar ohne Zuhilfenahme von bereits ausgearbeiteten konventionellen und starren Konzepten der Klassifizierung und Pathogenese dieser Krankheit. Diese sollte keineswegs ausschließlich auf der Annahme von Defekten in der „Körpermaschine" oder im „Gehirncomputer" und von deren Reizung bzw. „Programmierung" durch pathogene Umweltfaktoren (als molekulare Ursache) und deren Analytik (für die Prädiktion) gegründet sein. Dabei ist wichtig zu erkennen, dass Kommunikationsprozesse als nur temporalisierte, aber nicht-räumliche Operationen, sich prinzipiell von anderen, in Raum- und Zeitdimension stattfindenden Phänomenbereichen, z.B. den biologischen und physikalischen Prozessen, unterscheiden. Darüberhinaus sind Kommunikationsprozesse extrem kurzlebig und flüchtig, bedürfen also der permanenten Wiederholung und Erneuerung, um als Einflussfaktoren effizient wirken zu können, und diese Wirkung können sie nur im zwischenmenschlichen sozialen Phänomenbereich entfalten. Aufgrund dieser Charakteristika lassen sich Modalitäten, wie die für den physikalischen Phänomenbereich gültige Kausalität, auf Kommunikationsprozesse nicht anwenden. Umso wichtiger ist deshalb deren kontinuierliche Offenheit für Umgestaltungen jeglicher Art und jeglichen Ausmaßes.

Dieses erkenntnis- und kognitionstheoretische Fundament verpflichtet zu einer Denk- und Handlungsweise der Bescheidenheit, um damit der von Maturana und Varela[233] gegeißelten „Versuchung der Gewissheit" zu entgehen. Gewissheiten und ewige Wahrheiten zur Überprüfung der eigenen Aussagen würden durch systemisch-konstruktivistisches Denken nicht hervorgebracht. Denn dieses stütze sich ausschließlich auf Beobachtung und Kognition durch den Menschen, vermeide bewusst jegliche Letztbegründungen aus der Metaphysik und rate zur Skepsis gegenüber jeglichen Ansprüchen auf immerwährende Gültigkeit menschlicher Aussagen. Gerade im Gesundheitswesen versuchten „konventionelle" Forscher und Ärzte bei schwierigen, komplexen Situationen, den Patienten ihre Entscheidungen und Handlungsanweisungen normativ zu begründen und als nicht diskussionsfähig darzustellen. Systemisch-konstruktivistisch operierende Therapeuten würden dagegen versuchen, ihr Wissen in Bescheidenheit und unter angemessener Zurücknahme einer kausal-mechanistischen Argumentation zu präsentieren, ohne dabei eine angemessene Handlungsfähigkeit und den erforderlichen Handlungsdruck zu verlieren.

3.1.5 Die systemisch-konstruktivistische Therapie des Kurt Ludewig

Das „systemische Menschenbild" lässt sich als Reaktion auf kausal-mechanistische und gelegentlich menschenverachtende Vorstellungen der ersten Hälfte des 20. Jahrhunderts interpretieren. Denn es misst – trotz der Anerkennung der individuellen biologischen und psychischen Integrität des Menschen – der absoluten Abhängigkeit des Menschen von der Existenz und dem Tun anderen Menschen eine überragende Bedeutung zu. Die systemische Theorie wurde bisher fast ausschließlich in den Human- und Sozialwissenschaften zur theoretischen Begründung von innovativen praktisch-therapeutischen Konzepten eingesetzt, so etwa in der Psychotherapie, einschließlich Familientherapie und Klienten-zentrierte Gesprächspsychotherapie, in Deutschland vor allem durch Kurt Ludewig[234], sowie in der Gestalttheorie (die als Klammer zwischen der systemischen Theorie und der phänomenologischen Philosophie angesehen werden kann; s. Goerlich 2000[235]). Dagegen hat systemisches Denken in den molekularen Lebenswissenschaften, wie Biochemie, Molekulargenetik und Neurobiologie, bisher kaum nachhaltige Spuren hinterlassen. Denn die ab der Jahrtausendwende sich schnell und mit viel Wirbel ausbreitende so genannte Systembiologie bleibt in ihrem Versuch einer „globalen" Analyse der simultan

233 Maturana / Varela 2012.

234 Ludewig 2009a.

235 Goerlich, Stephan: „Auf die 'Sachen selbst' zurückgehen – Berührungspunkte zwischen philosophischer Phänomenologie und Gestalttheoretischer Psychotherapie". *Gestalt Theory* 22, 2000, S. 45–60.

stattfindenden Modifikationen an möglichst vielen bis allen zellulären molekularen Komponenten, Stoffen und Strukturen, etwa an Eiweißen, Genen und Metaboliten, in möglichst vielen biologischen Systemen, etwa im Blut, Nervensystem, endokrinen und motorischen System, ausschließlich dem biologischen Phänomenbereich verhaftet.

3.1.5.1 *Historie der systemischen Therapie*

Der amerikanische Psychiater Henry B. Richardson schrieb 1945 ein Buch mit dem Titel „Patients have families"[236], mit dem er die Grundlage für eine vollständig neuartige therapeutische Methode legte. Demnach agiere kein Patient isoliert von seinem sozialen Umfeld, in welches er permanent bewusst oder unbewusst eingebettet sei, entweder als Teil einer Familie oder als Mitglied in einem anderen sozialen System, das auf ihn wirke und ihn beeinflusse, das ihn gesund erhalten oder ihn krank machen könne. Auf der Basis von Richardsons' Buch begannen die Psychotherapeuten, auch die Eltern, Geschwister und Ehepartner zu den Sitzungen mit ihren Patienten einzuladen. Dabei stellte sich schnell heraus, dass die Wurzeln für die Symptome vieler psychischer Erkrankungen, wie etwa Schizophrenie und Depressionen, offenbar nicht allein in den Patienten selbst zu finden sind, sondern auch im durch die Familie aufgespannten sozialen Umfeld des Patienten. Die Symptome wurden nun lediglich als Zeichen dafür interpretiert, dass im täglichen Zusammenleben und in der Kommunikation innerhalb der Familie eine Störung vorliegt. Mit diesen empirischen Erfahrungen wurde Ende der 1950er Jahre in den USA ein Forschungsinstitut mit dem Ziel der Erforschung der kommunikativen Bedingungen innerhalb von Familien gegründet und damit die Familientherapie im engeren Sinn begründet. Nachfolgend wurde von den Therapeuten auch das berufliche Umfeld des Patienten und weitere für seine täglichen Kommunikations- und Handlungsakte relevante soziale Gebilde, wie Freundeskreis und Freizeitaktivitäten mit einbezogen. Damit entstand der – hohe – Anspruch dieser Therapieform auf adäquate Berücksichtigung des gesamten sozialen Systems des Patienten, wofür der Begriff „systemische Therapie" eingeführt worden ist. Im Anschluss wurden auch spezielle innovative Methoden entwickelt, die alle zum Ziel hatten, das bestehende Beziehungsgefüge des Patienten zu seinen verschiedenen sozialen Systemen zu stören oder gänzlich aufzubrechen, damit sich dieses auf neue günstigere Weise ordnen und stabilisieren kann und sich dadurch selbst kuriert.

3.1.5.2 *Das systemisch-konstruktivistische Menschenbild*

Die Biologie beschreibt den Menschen als Individuum im Sinne einer physikalisch-physiologisch „individuierbaren" Entität, welche aus einer Vielzahl strukturell und funktional unterschiedlicher Systeme zusammengesetzt ist, etwa dem endokrinen

236 Richardson, Henry B.: *Patients have families.* Commonwealth Fund: New York 1948.

System, Immunsystem, Nervensystem etc. Diese Systeme sind einerseits in ihrer Gesamtheit für die Aufrechterhaltung und das Fortdauern des Lebensprozesses verantwortlich. Andererseits repräsentieren sie die Umwelt und die Außenbedingungen für die (Re)Produktion der psychischen und sozialen Phänomene. Errechnete Veränderungen im Beziehungsgefüge innerhalb des Nervensystems, also Erkenntnisse, werden im psychischen System zu sinnvollen Erfahrungen transformiert und eventuell weiter zu Erlebnissen und Bewusstseinszuständen synthetisiert, die bestimmte Handlungen bewirken können. Alle physiologischen Lebens- und psychischen Erkenntnisprozesse des Individuums laufen nicht in einem von Mitmenschen befreiten Raum ab. Vielmehr stellt jedes menschliche Individuum als Mitglied vielfältiger sozialer Systeme ein soziales Wesen dar, welches eine Vielzahl von Kommunikationen (re)produziert, die ihrerseits unterscheidbare soziale Systeme generieren, konservieren oder untergehen lassen.

Ein die Komplexität des Menschen berücksichtigendes Menschenbild muss deshalb die komplexen Interaktionen zwischen den errechneten Veränderungen und Differenzen in den drei Phänomenbereichen der physiologischen Prozesse, psychischen Erfahrungen und sozial-sprachlichen Aktivitäten mit einbeziehen. Nicht-systemische Ansätze führen deshalb zwangsläufig zu einer Einschränkung des Menschen auf einen Phänomenbereich, der die jeweils anderen bewusst unter dem Vorwand einer erforderlichen Vereinfachung oder Konzentration auf das Wesentlich ausgrenzt und so dem Biologismus, Psychologismus oder Soziologismus Vorschub leistet. Dagegen vereinigt ein systemisches Menschenbild die Biologie des „Herdentieres" Mensch mit seiner von der Kommunikation abhängigen Psyche und mit seiner von Sprachlichkeit und Emotionalität getragenen Sozialität. Alle drei Systemtypen setzen ihr Operieren in einer Gemeinschaft zwingend voraus. Denn nur durch die Existenz von weiteren Mitgliedern der gleichen Spezies kann „Konsensualität" im jeweiligen System aufgebaut werden, aus der sich die Charakteristika des menschlichen Daseins entwickeln können. Aber der Mensch kommt eben mindestens zu zweit vor oder – wie Ludewig[237] meint – „Adam war vor Eva nur ein Baustein der noch undifferenzierten Natur." Erst in der Gemeinschaft einer Zwei- oder Mehrheit konnten die Voraussetzungen für erfolgreiches kontinuierliches „Konsensualisieren" und damit für Kognition, nämlich Sprache, Werte, Bräuche, Sitten, Kultur etc. adäquat entwickelt, effizient gepflegt und zuverlässig tradiert werden. Für die Anwendung eines systemisch-konstruktivistischen Menschenbildes auch in den molekularen Lebenswissenschaften und in der Medizin sprechen viele Argumente[238]:

(i) Menschen sind aufgrund ihrer autopoietischen und polysystemischen Organisation von außerordentlicher Komplexität und deshalb für keinen praktischen Zweck von außen oder innen durchschaubar und bestimmbar. Eine vollständige

237 Ludewig, Kurt: *Einführung in die theoretischen Grundlagen der systemischen Therapie.* Carl-Auer: Heidelberg 2009b, S. 53–70.

238 Ludewig 2009b.

Beobachtung von außen durch „Fremde" könnte nur bei deckungsgleichen Strukturen zwischen Beobachter und Beobachtetem erfolgreich sein, also bei fiktiver Aufgabe ihrer Individualität und Grenzen, d.h. bei ihrer Verschmelzung. Eine vollständige Beobachtung von innen aus der eigenen Perspektive ist ebenfalls zum Scheitern verurteilt. Beobachten heißt unterscheiden (s. 4.1.5) und setzt eben die Unterscheidung zwischen dem Selbst als Beobachter und dem Selbst als Beobachtetem voraus, die sich als zwei Entitäten prinzipiell nicht deckungsgleich überlappen können. So bleibt der Mensch dem anderen „fremd", denn selbst scheinbar perfekte „Konsensualisierungen", wie etwa zwischen Mutter und Baby, existieren nur in der vereinfachenden Interpretation des Beobachters. Trotz optimaler „Konsensualisierung", also Vernetzung, sind und bleiben Mutter und Baby eigenständige Organismen, die sehen, was sie sehen, hören, was sie hören, und verstehen, was sie verstehen.

(ii) Umgekehrt können Säuglinge nur in der Gemeinschaft überleben, Kinder nur in ihr lebenswichtiges Wissen erlernen. Auch deshalb versuchen die Menschen als „Herdentiere" permanent, ihre biologische Individualität und ihre biologisch auferlegten Grenzen durch strukturell gekoppelte Verflechtung über Prozesse des „Linguierens" und „Emotionierens", also durch „Konsensualisierung" mit anderen, zu „überschreiten" und „Sozialisation" zu garantieren. „Konsensualisierung" als Basis menschlichen Zusammenlebens setzt unweigerlich die Existenz von als gleichartig erfahrenen Mitmenschen voraus. Ein „Ich" kann es nur bei Existenz eines „Du" geben, die sich voneinander unterscheiden lassen oder anders formuliert, das „Ich" erfordert für seine Existenz die Existenz eines anderen „Ich", welches dann mit „Du" von ersterem „Ich" unterschieden wird. Ein soziales System, also ein „Wir", entsteht nun durch die Existenz wenigstens eines „Ich" und eines „Du", die „konsensualisieren". Das Individuum bildet zwar die grundlegende Komponente eines sozialen Systems mit „Ich-Du-Grundmatrix." Aber so wie das Individuum isoliert und ohne Kopplung an andere nicht denkbar ist, kann die Menschheit ohne das soziale System „Wir" nicht existieren. Daraus muss der Schluss gezogen werden, dass im sozialen Phänomenbereich auf der Ebene des sozialen Systems die „ont(olog)ische" Differenz zwischen biologischer Individualität und sozialer Identität zwar nicht „pseudo-dialektisch" aufgehoben ist, aber sich als zwei Seiten einer Medaille begreifen lässt. Es gilt also, ohne individuelle Komponenten kein gemeinschaftliches System, ohne Gemeinschaft keine Individuen. Auch für die Hervorbringung von wissenschaftlicher Erkenntnis sollte dieser Zusammenhang berücksichtigt werden und die Grundlage eines neuen Konzepts für systemisch-konstruktivistisches Verstehen anstelle mechanistisch-kausalen Erklärens bilden, etwa hinsichtlich der Entwicklung von Zivilisationskrankheiten und deren Prädiktion und Prävention.

(iii) Das zentrale Prinzip des systemisch-konstruktivistischen Denkens besteht im rekursiven Verständnis, dass das soziale System, also das „Wir" den Ursprung, die Voraussetzung und die Realisation der menschlichen Seins- und Lebensweise darstellt und dass alles Menschliche, etwa jede menschliche Tätigkeit, auch und gerade die wissenschaftliche, einerseits durch die Gemeinschaft hervorgebracht wird und andererseits eben diese erst ermöglicht. Dazu zählt auch das Beobachten als „Unterscheiden-in-Sprache“, welches gemeinschaftlich handelnde und miteinander kommunizierende Beobachter voraussetzt. Diese generieren in Folge geistige und materielle Strukturen oder Träger für den Unterschied, etwa Erwartungshaltungen, Auswahlkriterien oder Arbeitshypothesen bzw. Forschungsinstitute, Messinstrumente oder „3D-Images.“ Im Prozess des „Unterscheidens-in-Sprache“ werden alle die Welt konstituierenden Einheiten, also das Beobachtete als Objekt und der Beobachter als Subjekt selbst konstruiert. Die Vorstellung eines autarken, für sich allein existierenden Beobachters ist also eine Fiktion. Die konstruktivistische – auch und bereits von Hermann von Helmholtz geteilte – These, dass am Anfang (nur) ein (einziger) Beobachter war, muss demnach systemtheoretisch – im Einklang mit Ludwig Fleck – ergänzt werden, dass am Anfang (mehrere) Beobachter waren, die sich beim Beobachten selbst (gegenseitig) hervorbrachten.

3.1.5.3 Systemisch-konstruktivistisches Handeln

Eine systemisch-konstruktivistisch fundierte Anthropologie bietet die Möglichkeit zu einem breiten interdisziplinären Diskurs über den Menschen. Den traditionellen Dualismen Individuum-Gemeinschaft, Ich-Wir, Selbst-Andere, Innenwelt-Außenwelt, Organismus-Umwelt wird dadurch ihre überflüssige Polarisierung genommen. Die typisch dualistische einseitige Konzentration auf eines der beiden Elemente oder Pole dieser Gegenüberstellungen von Einzelkomponente und System führt zu scheinbar nicht auflösbaren Gegensätzen, Widersprüchen und Ausschließlichkeiten aufgrund einer überflüssigen und kontraproduktiven Überbetonung der die Elemente, d.h. Komponenten und das System, kennzeichnenden Unterschiede und vernachlässigt dabei die durch die Einzelkomponente(n) und das System gebildete Einheit.

So gelang in der systemischen Psychotherapie (s. 3.1.5.1) durch die Aufhebung der polaren Gegenüberstellung von Individuum und Kollektiv die Einführung von therapeutischen Konzepten, die alle für die Therapie relevanten, vom Individuum, vom Partner, von der Familie, von Kollegen und von diversen Gruppen, wie Vereinen und Nachbarn, ausgebildeten Systeme umfassen[239]. Nach Kurt Ludewig zeigt sich ihr systemischer Charakter in der Anerkennung der Differenz zwischen einer Einzelkomponente und dem System, ohne sich dabei auf die Charakteristika des einen oder anderen Elements, also entweder auf die Einzelkomponente oder das System zu fixieren und das jeweils andere gering zu schätzen.

Hans Jonas’ Prinzip der „Absonderung“ oder „Abstandsnahme“ des Organismus vom Naturganzen und der daraus resultierenden ont(olog)ischen Differenz zwischen

239 Ludewig, Kurt: „Therapieziele in der Systemischen Therapie“. In: Ambühl H. / Strauss B. (Hrsg.): *Therapieziele.* Hogrefe: Göttingen 1999a, S. 251–275.

Freiheit und Notwendigkeit (s. 3.1.1.1 und 3.1.1.4) aufnehmend ist für Kurt Ludewig die trotz oder gerade wegen der Differenz zwischen Einzelkomponente und System, Ich und Du oder Ich und Wir vom systemischen Prinzip postulierte Einheit dieser Differenz demnach für eine Grundbedingung und ein Grundmerkmal menschlicher Existenz verantwortlich, nämlich dass die Einzelkomponenten des Systems Menschheit, die Menschen, unabdingbar aufeinander angewiesen sind. Da das „Ich“ also immer auf das „Du“ angewiesen sei, um als „Ich“ existieren zu können, müsse das „Ich“ dem „Du“ grundsätzlich die Gleichartigkeit zugestehen, aber eben nicht die Gleichheit. Differenzen sind nach Ludewig nur im Vergleich mit Komponenten der gleichen Klasse zu erkennen[240]. Nur weil Menschen als Angehörige einer Spezies eine identische Organisation und Form ihrer Systeme teilten, entstünden durch die praktische Tätigkeit des Beobachtens die Unterschiede in der Struktur und Stofflichkeit ihrer Einzelkomponenten und damit deren individuelle Charakteristika in ungeheurer Vielfalt. Mit der Anerkennung dieser Vielfalt gehe auch die ethische Forderung nach deren Achtung einher. Auf der Anerkennung der existentiellen Abhängigkeit eines jeden Menschen von anderen gleichartigen Menschen basiere die ethische Forderung nach Achtung des anderen als ebenbürtiges Mitglied des Systems Menschheit.

Alle die das System Mensch konstituierenden (biologischen, psychischen und soziologischen) Teilsysteme fügen sich zu einer gemeinsamen Organisation und Form zusammen, deren Einzelkomponenten, die Teilsysteme, bestimmte Strukturen und Stofflichkeiten aufweisen und aufgrund struktureller Kopplung – die eben nicht als Kausalität missverstanden werden darf – in einem bestimmten Beziehungsgefüge zueinander stehen und entsprechend zueinander wirken. Diese Betrachtungsweise des Menschen als „polysystemische biopsychosoziale“ Einheit hatte für die systemische Psychotherapie weitreichende Konsequenzen. Zusätzlich zu Erkenntnissen aus theoretischer und klinischer Psychologie müssen solche über die Funktionsweise biologischer Systeme, einschließlich ihrer Biochemie, Genetik und Physiologie, wie auch über das Operieren soziologischer Systeme und über mögliche „Krankheits-Folgen“ von „Defekten“ in einem dieser Teilsysteme auf das System Mensch einbezogen werden. Die systemische Psychotherapie verfolgt diesen hohen, aber von ihr grundsätzlich erfüllbaren Anspruch[241], „Menschen zu helfen, mit dem, was sie in biologischer, psychischer und sozialer Hinsicht sind und sein können, besser zu leben“.

3.1.5.4 Prädiktion, Prävention und Kausalität

Will man im sozialen, psychischen und biologischen Phänomenbereich ohne die Annahme von Kausalitätsbezügen auskommen, müssen im Falle von „krankhaften“ Differenzen zwischen den Einzelkomponenten im entsprechenden sozialen,

---

240 Ludewig, Kurt: *Leitmotive systemischer Therapie*. Klett-Cotta: Stuttgart 2002.
241 Ludewig 1999a.

psychischen und biologischen System alternative Möglichkeiten der Prävention und Intervention angeboten werden. Dies ermöglicht den Patienten die Einnahme von alternativen Positionen, etwa im Sinne des „Sowohl-Als-Auch", während der selbstkritischen Reflexion über das gesundheitliche Problem und während des sich daran anschließenden selbstverantwortlichen Handelns. Diese alternativen Positionen sollten lediglich auf die Randbedingungen der Struktur und Stofflichkeit des jeweiligen Systems einwirken und nicht direkt auf die Struktur und Stofflichkeit selbst, wodurch ihnen eben keine Kausalität zukommt. Einwirkungen auf die Randbedingungen der Struktur und Stofflichkeit mögen deren Modifikation hervorrufen und so zu Funktionsveränderungen des betroffenen Systems unter Verringerung der „krankhaften" Differenz, also zur Heilung des Organismus' führen. Aber auch dann gilt die wichtige Konsequenz aus dem systemisch-konstruktivistischen Denken, dass Art und Ausmaß dieser intervenierenden Einwirkung, die den Kriterien der Nützlichkeit, des „Passens" und des „Respekts" genügen sollten, ausschließlich von der Struktur und Stofflichkeit des Systems und eben nicht von der Einwirkung selbst determiniert werden. Eine den Therapeuten möglicherweise selbst mental stärkende kausale Strategie der Prädiktion und Prävention kann bei den Patienten zum Verlust von Alternativen in ihrem Denken und Handeln führen, da sich diese – mangels Selbstbewusstsein – kaum gegen die Ratschläge der Experten „wehren" können.

Umgekehrt hat Kurt Ludewig zufolge die Gefahr von „negativen" Konnotationen bei kausaler Argumentation im psychischen Phänomenbereich seit den 1980er-Jahren zu dem Bestreben geführt, jeden „Ballast" einer Prädiktion aus der „kausalen Vergangenheit" zu entrümpeln und sich verstärkt der Praxis der Therapie zu widmen, vor allem der Entwicklung hilfreicher präventiver Strategien der Lebensstilintervention[242]. Damit wurde jedoch gleichzeitig mit der Entfernung kausalmechanistischer Argumentationsweisen – oftmals unbewusst – auch das Verstehen und Einfühlen, sowie die Rekonstruktion der Biographie des Patienten in den Hintergrund gedrängt, begleitet von zunehmender Zurückhaltung in der Generalisierung und Klassifizierung der zu therapierenden Individuen, Paare, Familien oder Gruppen. Konsequent wurden verdinglichende geringschätzige Generalisierungen und Klassifizierungen, wie „fette Familie", aus der Methodik der Prädiktion und Prävention verbannt. Dabei zeigt die tagtägliche Erfahrung von Therapeuten, dass sich Menschen durch Interventionen von außen nicht leicht und beliebig verändern lassen. Das gilt nicht nur für das „Gesamtsystem" Mensch, sondern ebenso für seine biologischen, psychischen und sozialen Teilsysteme. Als Folge der Aufgabe von Kausalitätsansprüchen müssten Kurt Ludewig zufolge die Therapeuten der jeweiligen Teilsysteme, wie Mediziner, Naturwissenschaftler, Psychologen und Psychotherapeuten, dann dem scheinbar paradoxen Auftrag gehorchen[243] „Interveniere wirksam, ohne im Voraus zu wissen, wie und was deine Intervention auslösen wird!"

242 Ludewig 1992.
243 Ludewig 1999a.

Dagegen „akzeptiert“ die systemisch-konstruktivistische Prädiktion und Prävention das Dilemma, welches aus den intrinsischen Eigenschaften von biologischen, psychischen und sozialen Systemen, nämlich aus deren operationaler Geschlossenheit, prinzipieller Undurchschaubarkeit, Nicht-Instruierbarkeit, Selbst-Referentialität und autopoietischer Organisation, erwächst. Nach dem Kybernetiker Heinz von Foerster operieren menschliche Systeme „nicht-trivial“ im Unterscheid zu „trivialen“ Systemen, die aufgrund ihrer übersichtlichen Struktur, Stofflichkeit und Funktion relativ sicher vorhersehbar seien[244] (s. 2.4). So führe etwa die Betätigung eines Kippschalters in einem elektrischen Schaltkreis zum Stromfluss, der eine elektrische Lampe zum Leuchten bringt. Dieses „triviale“ physikalische „Input-Output-System“ mit seiner konstanten Struktur, Stofflichkeit und Funktion finde seine Entsprechung in den Modellen der „Reiz-Reaktionsabfolge“ von Organismen im Sinne einer „reizbaren Körpermaschine“ (s. 2.8.2.1) oder eines „programmierbaren Gehirncomputers“ (s. 2.8.2.2), die für das naturwissenschaftliche Verstehen von biologischen, psychischen und sozialen Systemen herangezogen würden. Dagegen komme es in „nicht-trivialen“ Systemen nach jeder Operation zu mehr oder minder ausgeprägten Veränderungen ihrer Struktur, Stofflichkeit und Funktionsweise, womit eine sichere Prädiktion der Konsequenzen des nächsten Inputs oder Reizes in Form der Reaktion der „Körpermaschine“ oder des „Gehirncomputers“ wegen der großen Zahl an quantitativen und qualitativen Veränderungsmöglichkeiten praktisch unmöglich werde. Die Reaktionen würden vom jeweiligen strukturellen, stofflichen und funktionellen Zustand des Systems determiniert und dieser könne in seiner „Gesamtheit“ nicht direkt beobachtet oder nicht mit Sicherheit indirekt erschlossen werden.

3.1.5.5 „Gesunderhaltung“

Für den vorhersagenden und diagnostizierenden Forscher oder Arzt bringt das systemisch-konstruktivistische Denken damit schwerwiegende Konsequenzen mit sich, indem er auf seinen Anspruch auf sichere, präzise und quantitative Prädiktion und Prävention durch kausale Argumentation bzw. Intervention verzichten muss. Denn objektive Indikationsstellungen sind durch subjektive Problemdefinitionen durch diejenigen zu ersetzen, die das Problem *„per se“* beobachten und wahrnehmen, darunter leiden und nach Heilung streben, durch die Patienten also. Akzeptiert man den autonomen Menschen und Patienten, erscheint es sinnvoll, eine nach festgelegten und vorstrukturierten Strategien erfolgende kausale Prädiktion und mechanistische Prävention zugunsten eines Konzepts der „passenden“ Prädiktion und Prävention aufzugeben. Unter „passend“ versteht die systemisch-konstruktivistische Theorie eine nach „ästhetischen“ Kriterien getroffene Auswahl von möglichen Formen der Prädiktion und Prävention, die spezifisch an den aktuellen strukturellen, stofflichen und funktionellen Zustand des Systems Patient „ge-

244 Von Foerster 1985.

koppelt", d.h. adaptiert wurde. Diese „passende" Prädiktion und Prävention, die sich aus der kombinierten Anwendung von systemisch-konstruktivistischen (s. 3.1.4.2), phänomenologisch-lebensweltlichen (s. 3.1.5.4) und gestalttheoretischen (s. 4.2.1) Ansätzen ergibt, wird zur Unterscheidung von der quantitativen biomedizinisch-naturwissenschaftlichen Prädiktion und Prävention im Folgenden mit „Gesunderhaltung" bezeichnet.

Die sich aus diesen Ansätzen ergebenden Folgerungen legen also nahe, vom ohnehin nicht erfüllbaren Anspruch auf kausale Prädiktion und mechanistische Prävention abzusehen. Stattdessen ist die systemisch-konstruktivistische Denkweise anzuwenden, um ein die Selbstbeobachtung und -veränderung des Patienten nach eigenen Wünschen und Möglichkeiten begünstigendes Umfeld und die hierfür erforderlichen sozialen (Rand-)Bedingungen bereitzustellen. Das Treffen dieser Auswahl an „passender" Prädiktion und Prävention obliegt der Verantwortung und Fähigkeit des Forschers und Arztes, der versuchen wird, dabei auch „ästhetische" Kriterien einfließen zu lassen. Natürlich sollte für den Aufbau eines Vertrauensklimas der Arzt dem Patienten gegenüber eine respektvolle Haltung einnehmen und diese auch realisieren. Die systemisch-konstruktivistischen Kriterien für „passende" Prädiktion und Prävention, also für „Gesunderhaltung" sind somit (i) die Orientierung am zwischen dem Arzt <u>und</u> dem Patienten ausgehandelten Ziel, (ii) die „Ästhetik" der „passenden" prädiktiven und präventiven Methoden, (iii) die respektvolle Haltung des Arztes, (iv) die quantitative <u>und</u> qualitative Unterscheidung zwischen „krank" und „gesund", (v) die praktische Anleitung zur angemessenen und sinnvollen Reduktion der Komplexität der biologischen <u>und</u> psychischen <u>und</u> sozialen Systeme des Patienten und (vi) die Integration von persönlichen, biographischen und interaktionellen Charakteristika des Patienten <u>und</u> von Wissen um Risikofaktoren und pathogenetische Mechanismen.

3.1.5.5.1 Die Unterscheidung „krank – gesund"

Die menschlichen (biologischen, psychischen und sozialen) Teilsysteme verarbeiten – d.h. errechnen – Unterschiede in quantitativer und qualitativer Hinsicht zu Sinn- und Bedeutungszusammenhängen. Dagegen arbeiten die offiziellen Gesundheitsversorgungssysteme westlicher Gesellschaften und Staaten ausschließlich unter der Annahme von „harten" quantitativen Differenzen, die sich in Gegensatzpaaren oder „Dualismen" wie pathologisch-unauffällig, leidvoll-nichtleidvoll, defekt-funktional, gestört-normal widerspiegeln und oftmals zwecks Vereinfachung unter der Basis- oder Leitdifferenz krank-gesund zusammengefasst werden. Diese kontrolliert und steuert seit Jahrhunderten das gesamte Denken in der westlichen Medizin, hat sich dabei aber selbst in ihrem somatischen, die „Körpermaschine" und den „Gehirncomputer" umfassenden Teilbereich als recht problematisch erwiesen. Krankheit und Gesundheit sind – bis zu einem gewissen Maß – durch eine je eigene Dynamik charakterisiert und können deshalb nicht „wechselseitig" als Gesundheit = Nicht-Krankheit oder Symptomfreiheit bzw. Krankheit = Nicht-Gesundheit oder Symptombefall dualistisch definiert werden. Freilich trägt der Begriff „krank" zur Externalisierung bei, indem Patient und Arzt beruhigt und entlastet werden, weil sie jetzt wüssten, was der Fall sei (Prädiktion, Diagnose, Prognose) und was getan werden müsse (Prävention, Therapie). Dabei hat sich herausgestellt, dass gerade die zuverlässige und valide Prädiktion, Diagnose und Prognose von Zivilisationskrankheiten aufgrund diffuser Kategorien schwierig ist. Ihre Präzisierung wird durch das sogenannte „Validitäts-Reliabilitäts-Dilemma" erschwert, indem hohe Verlässlichkeit mit einem eingeschränkten Gültigkeitsbereich und umgekehrt breite Anwendbarkeit mit niedriger Zuverlässigkeit bezahlt werden müssen. Damit kann ein Verlust an Gültigkeit oder Genauigkeit bei Prädiktion, Diagnose und Prognose prinzipiell nicht vermieden werden. Gegenwärtig wird in der EbM (s. 2.5) das sogenannte „Störungskonzept" eingesetzt, welches detaillierte Kenntnisse der „richtigen" Funktionsweise der „Körpermaschine" bzw. des „Gehirncomputers" des Menschen voraussetzt. Nur im Vergleich mit der „richtigen" Funktion kann eine Abweichung oder Differenz als abnormale und nicht akzeptable Störung oder Dysfunktionalität erkannt werden.

Gleichzeitig führt dieses Konzept zu einer übertriebenen „Objektivierung" der veränderlichen Prozesse und Differenzen im Menschen, indem diese – trotz ihrer zeitlichen Dynamik – zu einem bestimmten Zeitpunkt *quasi* im „eingefrorenen" Zustand analysiert werden. Damit werden individuell und dynamisch ablaufende, rückbezügliche Prozesse, die auch durch die Wechselwirkung mit der Umgebung und anderen Menschen beeinflusst werden, unzulässig zu einem Gegenstand oder Sachverhalt reduziert, also „verdinglicht", im Sinne von man „hat" eine Zivilisationskrankheit, wie man ein Auto hat. Bei einem Auto lässt sich eine Störung als Abweichung von der normalen Funktionalität typischerweise unkompliziert vorhersagen und diagnostizieren, da seine Konstruktion, Herstellung und Arbeitsweise, wie auch sein aktueller struktureller, stofflicher und funktioneller „Ist-Zustand", wie bei allen von Menschen erdachten Maschinen, also „trivialen" Systemen, wohl bekannt sind. Dagegen erfahren „nicht-triviale" Systeme, wie eben Lebewesen, während und aufgrund ihres Operierens kontinuierliche Veränderungen in ihrer Struktur, Stofflichkeit und Funktion, die zu kaum vorhersagbaren Auswirkungen und damit zur enormen Variabilität und Streuung der Einzelbeobachtungen führen. Somit reichen detaillierte Beobachtung und Beschreibung der Struktur, Organisation und Funktion zu einem bestimmten Zeitpunkt für das präzise Erkennen des Zustandes eines „nicht-trivialen" Systems, also bereits für die Diagnose nicht aus. Wegen der Unmöglichkeit des Erkennens des „Ist-Zustandes" des Menschen, der dann nach der Diagnose unvorhersehbare und komplexe Wechselwirkungen mit anderen, für ihn relevanten Systemen der biologischen, psychischen und sozialen Phänomenbereichen – bewusst oder unbewusst, gewollt oder ungewollt – eingehen wird, kann eine zuverlässige Prädiktion der Veränderungen des „Ist-Zustandes" im Laufe der weiteren Lebensgeschichte, etwa die Entwicklung einer Zivilisationskrankheit wie T2D, ebenso wenig erwartet werden wie eine einfache „Reparatur" des kranken „Ist-Zustandes" zur Wiederherstellung des gesunden „Soll-Zustandes."

Aus diesen erkenntnistheoretischen Überlegungen vermeidet das systemisch-konstruktivistische Denken den klassischen Begriff der Krankheit und bietet stattdessen ein Konzept für prädiktives und diagnostisches Handeln an, welches auf den unpassenden Dualismus „gesund-krank“ verzichtet. Dieses Konzept stützt sich auf den Begriff „Problem“ und hat damit den Vorteil ausreichender Abstraktheit zum Schutz gegen die eindimensionale Verdinglichung. Wird eine Zivilisationskrankheit als Problem angegangen, wird unmittelbar klar, dass diese nicht auf der Abbildung einer Beobachter-unabhängigen Wirklichkeit basiert und damit als Objekt, Gegebenheit oder Sachverhalt *a priori* existiert, sondern durch Unterscheidungs- und Entscheidungsprozesse der Beobachter hervorgebracht wird.

Auch für das „Problem“ gilt gemäß systemisch-konstruktivistischen Denkens, dass das Erkennen eines Problems nur über das Unterscheiden von alternativen Zuständen erfolgen kann. Damit ein Problem im kognitiven Bereich des Patienten, Forschers oder Arztes produziert werden kann, müssen diese das Problem wie auch alternative Zustände ohne dieses Problem kennen. Unter diesen Alternativen ist nicht nur das „Nicht-Problem“ als ein beliebiger Zustand zu verstehen, sondern vielmehr eine Klasse von Zuständen, die in pragmatischer Hinsicht inkompatibel mit dem Problemzustand sind. Diese indirekte Komplementarität von Problem und Alternativen soll bewirken, dass bei Aktivierung von bisher nicht umgesetzten Alternativen der Patient in einen mit dem Problem inkompatiblen Zustand versetzt wird. Dem Arzt und Forscher kommt dabei die entscheidende Aufgabe zu, als kompetenter und adäquater Stimulator für das Auffinden von alternativen Zuständen und Ressourcen zu wirken, ohne dabei seine eigenen Ideen über Gebühr einzubringen. Denn der Arzt und Forscher kann aus systemisch-konstruktivistischer Sicht *per se* nicht die für den Patienten erfolgreichen alternativen Zustände erkennen. Dies kann nur der Patient selbst.

Die Entwicklung des Konzepts der „Gesunderhaltung“, die an die Prämissen des systemisch-konstruktivistischen Denkens anschließt, steckt noch in den Kinderschuhen. Als ersten Schritt hierfür hat Kurt Ludewig die Begriffe der „interaktionellen Diagnostik“ und „Überlebensdiagnostik“ eingeführt[245].

3.1.5.5.2 Die Prädiktion des „Über- und Weiterlebens“

Das Konzept der „Überlebensdiagnostik“ nach Kurt Ludewig betrachtet die menschlichen Teilsysteme und die mit ihnen interagierenden biologischen, psychischen und sozialen Systeme der Umgebung als geschichtlich entstandene und sich weiter entwickelnde (Ludewig 1999b). Demnach folgt der aktuelle strukturelle, stoffliche und funktionale Zustand eines jeden Systems sowohl in biologischer, wie auch psychischer und sozialer Hinsicht immer auf historische Zustände des gleichen Systems und Phänomenbereichs während eines mehr oder weniger langen zurückliegenden Zeitraums. Dies sei aber nicht mit biographischer Determiniertheit zu verwechseln, da der aktuelle Zustand zwar an einen früheren strukturell gekoppelt und damit „angepasst“, aber nicht durch einen einfachen linear-kausalen Mechanismus verursacht

245 Ludewig, Kurt: „'Überlebensdiagnostik' – Eine systemische Option“. *Kontext* 30, 1999b, S. 121–135.

worden sei. Denn biologische, psychische und soziale Systeme seien als komplexe „nicht-triviale“ Systeme innerhalb ihrer strukturellen, stofflichen und funktionalen Möglichkeiten und unter Beibehaltung ihrer Organisation zu selbstorganisierenden Wandlungen befähigt. Aber der Fokus auf das im aktuellen Zustand Vorhandene führe dem Patienten, Arzt und Forscher vor Augen, dass ein menschliches Problem immer nur einen bestimmten und oftmals geringen Teil der im System Patient oder in einem seiner Interaktionssysteme zu diesem Zeitpunkt realisierten Strukturen, Stofflichkeiten und Funktionen in Beschlag nehmen könne. Deshalb werde es immer nur einen Teil der Entwicklungsmöglichkeiten dieser Systeme blockieren. Die Konzentration auf vorhandene und nicht auf fehlende Strukturen führe gewissermaßen zu einer „Prädiktion des „Über- und Weiterlebens“, die bei Weiterentwicklung der vorhandenen Strukturen, Stofflichkeiten und Funktionen in die Zukunft weise und alle beteiligten Systeme weiterbringe.

Für die Kommunikation zwischen Patient, Arzt und Forscher ist folglich ein Mindestmaß an Übereinkunft nötig, denn sie alle sind auf möglichst zuverlässige Orientierung über die gegenseitigen Erwartungen angewiesen. Arzt und Forscher haben dabei die Wahl zwischen konventionellen Klassifikationen für eine Krankheit und tradierten Modellen ihrer Pathogenese, die ihnen eine gewisse Absicherung für den Einzelfall verschaffen können und dem Verzicht auf solche Generalisierungen, um im „prädiktiven Dialog“ mit geeigneten Fragen ein zügiges Ankoppeln an die vorhandenen Strukturen, Stofflichkeiten und Funktionen und an deren nutzbares Veränderungspotential zu erreichen. Dadurch kann von der „Prädiktion des „Über- und Weiterlebens“ im Dialog ohne den Umweg über Diagnostik direkt zur Prävention im Dialog übergegangen werden.

3.1.5.5.3 Der prädiktive Dialog

Beim prädiktiven systemischen Dialog geht es um das Auffinden von denjenigen Lebensbedingungen und -strategien, die es dem Patienten bisher ermöglichten, sein Leben zu meistern oder zumindest insofern zu führen, als er noch lebt. Nach Kurt Ludewig ist es während dieser Phase möglich und sinnvoll, das klassische „Störungswissen“, also unsere geschichtlich entwickelten Kenntnisse zur Pathogenese, einschließlich der kausalen molekularen pathophysiologischen Mechanismen, zu berücksichtigen und zu integrieren. Damit könnten ohne die Einschränkungen einer objektivistischen Pathophysiologie und Pathopsychologie die Lebensprobleme und Problemsysteme als Prozesse der Erzeugung und Verarbeitung von biologischen, psychischen und sozial-kommunikativen Bedeutungen und Sinnzuweisungen, sowie der Interaktion zwischen diesen begriffen werden. Zu ihrer Aufhebung müssten bei allen beteiligten Systemen, also bei den von dem Patient, dem Arzt und dem Forscher konstituierten biologischen und psychischen Systemen, sowie bei den von dem Paar, der Familie und der Gruppe konstituierten sozialen Systemen, die vorhandenen Ressourcen (re)aktiviert oder diese auf mögliche Alternativen zum Problem hin untersucht und dann diese Alternativen auch genutzt werden. Systemisch-konstruktivistische „Gesunderhaltung“ begreift sich also im Dialog als kommunikatives, Sinn- und Bedeutungs-stiftendes Handeln und nicht als mehr oder minder (un)zuverlässige Beobachter-unabhängige Beschreibung der aktuellen oder zukünftigen – möglicherweise defekten – Struktur, Stofflichkeit und Funktion des beobachteten Patienten und auch nicht als deren gezielte Korrektur oder Reparatur.

3.1.5.5.4 Der präventive Dialog

„Nicht-triviale" komplexe, lebende – biologische, psychische und soziale – Systeme sind gegenüber kausaler Intervention resistent. Denn eine zuverlässige gezielte Intervention setzt eine genaue Beobachter-unabhängige Beschreibung der Struktur, Stofflichkeit und Funktion des Systems zum Zeitpunkt der Intervention voraus. Solche Beschreibungen zu erstellen stellt aber ein komplexes Vorhaben mit geringen Erfolgsaussichten dar. Denn autopoietische Systeme können nur durch die Minimierung ihrer Freiheitsgrade etwas „durchschaubarer" gemacht werden. So kann etwa, wenn eine Katze lange hungern musste, mit hoher Wahrscheinlichkeit erwartet werden, dass sie auf den dann angebotenen Fressnapf mit hoher Geschwindigkeit zulaufen und fressen wird. Aber absolute Gewissheit hierüber besteht selbst angesichts des für die Katze reduzierten „Freiheitsgrades" nicht. Auf das Problem Krankheit angewendet bedeutet dies, dass ein Patient mit der Prädiktion T2D, konfrontiert mit dem Angstobjekt diabetische Spätschäden und damit mit der Gefahr von Amputation, Herzinfarkt, Erblindung, Dialyse etc., von der Auflösung dieser Angst durch eine systemisch-konstruktivistische Verstehensweise des „Problems T2D" unter einer bestimmten Voraussetzung mit einer gewissen Wahrscheinlichkeit ausgehen darf. Diese Voraussetzung betrifft die vorbereitende Information des Patienten über die (erkenntnistheoretischen) Grundlagen der systemisch-konstruktivistischen Prävention, wodurch dem ohnehin verunsicherten Patienten eine gewisse Sicherheit vermittelt werden dürfte, die sich positiv auf die Prävention und auf die gewünschte Veränderung der Struktur, Stofflichkeit und Funktion des Patienten auswirken sollte. In dieser Hinsicht ist systemische Prävention letztendlich immer Hilfe-zur-Selbsthilfe. Das Ziel des präventiven Dialogs besteht damit darin, innerhalb des kommunikativen Systems „Patient-Arzt-Forscher" Randbedingungen zu generieren, die es dem Patienten erleichtern, die beabsichtigte, aber bisher unterlassene Veränderung umzusetzen. Dabei verwendet der Patient seine Expertise, um auf den Dialog in seinem Sinne Einfluss zu nehmen und um die in der Interaktion produzierten Impulse in seine tägliche Lebenspraxis und in seine Lebenswelt einfließen zu lassen. In Adaption einer Auffassung von Anderson und Goolishian[246] sollte der prädiktive und der präventive Dialog zwischen gleichberechtigten Experten unter Einbringung ihrer jeweiligen Expertise durchgeführt werden. Der Patient agiert als Experte für das eigene Leben, der Arzt und Forscher als Experte für das Management der Dialoge.

246 Anderson, Harlene / Goolishian, Harold A.: „Der Klient ist Experte. Ein therapeutischer Ansatz des Nicht-Wissens". Zeitschrift für systemische Therapie 10, 1992, S. 176–189.

„Die Erscheinung ist vom Beobachter nicht losgelöst, vielmehr in die Individualität desselben verschlungen und entwickelt" – „Man suche nur nichts hinter den Phänomenen; sie selbst sind die Lehre."

Johann Wolfgang von Goethe[247]

3.2 Die phänomenologisch-lebensweltliche Theorie und Analyse

Der Begriff Phänomenologie verknüpft die griechischen Worte „phainomenon" und „logos." Das Verb „phaino" bedeutet ‚scheinen'. Ein Phänomen ist entsprechend etwas, was einem Menschen unmittelbar erscheint, das, was sich zeigt. Mit dem Wortende ist der „logos", also Vernunft und Reflexion angesprochen. Phänomenologie bezeichnet so nicht das Nachdenken über einen bestimmten Gegenstandsbereich, also ein Objekt, eine Gegebenheit oder einen Sachverhalt, sondern es geht um die ganze Bandbreite menschlichen Erlebens. Erfahrung, Bedeutung und Sinn sind gleichermaßen angesprochen[248]. Edmund Husserl machte zum „Prinzip aller Prinzipien" seiner Forschung[249] „dass alles, was sich dem Menschen in der ‚Intuition' originär (sozusagen in seiner leibhaftigen Wirklichkeit) darbietet, einfach hinzunehmen sei, als was es sich gibt, aber auch nur in den Schranken, in denen es sich da gibt".

Die Phänomenologie ist nicht so sehr eine wissenschaftliche Schule, sondern vielmehr eine weitverzweigte Bewegung, die in unterschiedlichen Ländern und in fast allen sozial- und humanwissenschaftlichen Disziplinen verschiedene bedeutsame Ausprägungen gefunden hat. Markante Gestalten dieser Bewegung sind etwa die deutschen Philosophen Martin Heidegger, Max Scheler und Nicolai Hartmann genauso wie die französischen Psychoanalytiker, Psychologen und Pädagogen Maurice Merleau-Ponty, Paul Ricouer und Emmanuel Levinas. Begriff und Gegenstand der Phänomenologie stellen einen Berührungspunkt zwischen Philosophie, Psychologie und Psychotherapie und gleichzeitig einen Ausgangspunkt für ein gewinnbringendes interdisziplinäres Gespräch dar[250].

---

247 Von Goethe, Johann W.: *Schriften zur Biologie.* Albert Langen, Georg Müller: München / Wien 1982.

248 Waldenfels, Bernhard: *Einführung in die Phänomenologie.* Fink (UTB 1688): München 1992.

249 Husserl, Edmund: „Logische Untersuchungen" (2. Band, 1.Teil, Husserliana XIX/1). In: Panzer U. (Hrsg.): *Untersuchungen zur Phänomenologie und Theorie der Erkenntnis.* Nijhoff: Den Haag 1984, S. 10.

250 Metzger, Wolfgang: (1976) „Psychologie zwischen Natur- und Geisteswissenschaften". In: Balmer H. (Hrsg.): *Die Psychologie des 20. Jahrhunderts* (Bd. I) *Die europäische Tradition.* Kindler: München 1976, S. 27–40.

Edmund Husserl beschrieb seine Theorie der Phänomenologie als eine Antithese zu jeglichem Objektivismus[251]. Bereits in seinen „Logischen Untersuchungen" führte er die grandiose Idee eines „Zurück zu den Dingen selbst" ein[252]. Anstatt wissenschaftliche Theorien und Techniken zwischen die Wissenschaftler und die Welt zu schieben, wollte er, dass Wissenschaft ein Teil der Welt wird. Innerhalb der Lebenswelt sei der Mensch in eine natürliche Haltung eingebettet, die niemals ein Objekt werden könne, da sie dic vorgegebene Grundlage und Vorbedingung für jegliche Erfahrung repräsentiere. Deshalb wollte Husserl mit seiner transzendentalen Phänomenologie für die Wissenschaften eine Position außerhalb der Lebenswelt finden. Dafür müssten sich die Menschen darüber Rechenschaft ablegen „wie uns die Dinge im Bewusstsein gegeben sind und welches Recht wir beanspruchen können, sie als das eine oder andere, raumzeitliche Objekt oder den idealen Gegenstand zu betrachten"[253].

Hierfür dürfe nicht über den Gegenstand oder den Sachverhalt spekuliert, theoretisiert oder dieser erklärt werden. Vielmehr müsse „schlichtweg" beschrieben werden, ohne auf traditionelle Vorstellungen zurückzugreifen, aber eine eventuelle Beeinflussung der eigenen Vorstellungen durch Traditionen berücksichtigend. Dieser Anspruch ist nicht erst durch Edmund Husserl erhoben worden, aber nur er war konsequent in seiner Forderung nach vorurteilsfreier und unbeteiligter Beobachtung der Phänomene bis in die kleinsten wahrnehmbaren Einzelheiten. Typischerweise wenden sich Natur- wie Geisteswissenschaftler nach einer Phase der Besinnung auf bloße Phänomene, konkrete Objekte, Gegebenheiten und Sachverhalte möglichst rasch wieder der in den Koordinaten des Raumes und der Zeit fassbaren „natürlichen" Welt zu und interpretieren diese als die Realität schlechthin. Für Husserl stellt dieses Vorgehen lediglich eine Hypothese dar, deren Rechtfertigung und erkenntnistheoretische Basis es zu hinterfragen gelte. Dabei vermied er – erstaunlicherweise – jegliche substantielle Kritik an der durch die naturwissenschaftliche Forschung (scheinbar) vermittelten Gewissheit und Nützlichkeit. Denn für ihn ließ sich sehr wohl trennen, „eine Sache in ihrem Sinn und Nutzen anzuerkennen" und "zu sagen, wie wir eigentlich zur Behauptung ihrer Tatsache kommen und wir sie rechtfertigen"[254]. Edmund Husserl verfolgte für eine neue Wissenschaftstheorie das Ziel der Begründung einer „deskriptiven apriorischen Lebensweltwissenschaft, in der die Strukturen der vorwissenschaftlichen Erfahrung als Grundlage der wissenschaftlichen untersucht werden sollten"[255]. Unter vorwissenschaftlicher (und vorbegrifflicher) Erfahrung verstand er – die Idee der Lebenswelt mit der des Ho-

251 Husserl, Edmund: „Die Krise der europäischen Wissenschaften und transzendentale Phänomenologie" (Husserliana VI). In: Biemel W. (Hrsg.): *Eine Einleitung in die phänomenologische Philosophie*. Nijhoff: Den Haag 1976.

252 Husserl, Edmund: *Philosophie als strenge Wissenschaft*. Felix Meiner: Hamburg 2000.

253 Mayer 2009, S. 13.

254 Mayer 2009, S. 14.

255 Mayer 2009, S. 132.

rizonts verknüpfend – die Gesamtheit der Erlebnisse und Erfahrungen, die in einer Person über das augenblicklich Bewusste hinaus wirksam ist, also vorangehende, simultane und nachfolgende Wahrnehmungen von Objekten, Gegebenheiten oder Sachverhalten. Dem Horizont einer Wahrnehmung ist die grundsätzliche „Unselbständigkeit" eines Objekts, einer Gegebenheit oder eines Sachverhaltes geschuldet, denn diese können schlichtweg nicht als autonom und separat von Außenwelt und Umweltfaktoren existierend vorgestellt werden[256]. Die damit von Husserl begründete „ganzheitliche" vorwissenschaftliche und vorbegriffliche Erfahrung von Objekten, Gegebenheiten und Sachverhalten ist konsequenterweise auch auf den Menschen selbst und seine Beziehungen zu anderen anzuwenden. Damit ist für Husserl jede Erkenntnis unlösbar mit der Lebenswelt des Beobachters und der durch ihn beobachteten und beobachtbaren Lebenswelt als – sehr begrenzte – Auswahl von den überhaupt möglichen Horizonten über die Welt verknüpft.

3.2.1 Die Analyse der Lebenswelt durch Edmund Husserl

Wie ein Fisch das Wasser, in dem er schwimmt, als selbstverständlich und gegeben voraussetzt, so finden die Menschen es schwierig, die qualitative Natur der Welt, in der sie leben, zu bemerken und zu artikulieren. Die menschliche Welt ist kein Universum von neutralen Objekten, Gegebenheiten und Sachverhalten, einschließlich der Menschen selbst, die sich in diese physikalischen Kräfte einfügen. So können alle menschlichen Erzeugnisse von Gegenständen, Gegebenheiten und Sachverhalten als „Objektivationen" oder „Materialisierungen" des Geistes begriffen werden und drücken dadurch einen bestimmten Erlebnis- und Erfahrungsgehalt aus[257]. Dieser kann als das menschliche vorwissenschaftliche und vorbegriffliche Weltverständnis auch als „Lebenswelt" bezeichnet werden, *„die Welt, in der leben, denken, wirken, schaffen"*[258]. In der phänomenologischen Philosophie des Edmund Husserl wird unter Lebenswelt diese alltägliche Ausgelegtheit der Welt verstanden, die vom Objektivismus der Naturwissenschaften ignoriert wird, gleichwohl aber Ausgangspunkt philosophischer Wesensschau sein kann und soll[259]. Verena Mayer hat den von Husserl ab dem Jahr 1917 in seinen Manuskripten eingeführten Begriff der „Lebenswelt" als die „vortheoretische und unhinterfragte Welt der natürlichen Einstellung", als die „subjektive anschauliche Welt von Personen" charakterisiert[260].

Menschen sind also nicht einfach Gehirn oder Geist, die diese neutrale Welt von Gegenständen, Prozessen und Sachverhalten „automatisch" mit Bedeutung

256 Mayer, 2009, S. 133.

257 Hartmann, Martin: „Auf einem Meer dunkler Triebe". In: Staas C. (Red.): *Wilder denken, freier lieben, grüner wohnen.* Die Zeit: Hamburg 2013, S. 68–72.

258 Husserl, Edmund: „Husserliana Materialien IV". In: Melle U. (Hrsg.). Nijhoff: Den Haag 1896, S. 18.

259 Welter, Rüdiger: *Der Begriff der Lebenswelt – Theorien vortheoretischer Erfahrungswelt.* Fink: München 1984.

260 Mayer 2009, S. 132.

und Sinn versehen. Es mag vielmehr etwas viel menschlich Vertrauteres über die Welt geben, in dem sich die Menschen wiederfinden. Edmund Husserl versuchte die Natur der Vertrautheit mit der menschlichen Welt als die von ihm so bezeichnete Lebenswelt deutlicher zu erfassen. Von ihr aus würden die menschlichen Erfahrungen in abstrakte Kategorien und Namen aufgespalten. Es sei eine Welt, die bedeutungsvoll und sinnhaft für das Bewusstsein in ihrer qualitativen „flüssigen" Gegebenheit sei, die aber eben keine objektive Welt „da draußen", sondern vielmehr eine Welt der menschlichen Beziehungen zu Objekten, Gegebenheiten, Sachverhalten etc. darstelle, voll von Bedeutungen und Sinngehalten. Da Husserl nicht nur Philosoph, sondern auch Mathematiker war, sorgte er sich zunehmend darüber, dass und wie abstrakte quantitative Messungen den Menschen die qualitative Grundlage, worauf sich die Zahlen eigentlich beziehen, die leiblich erfahrene und erfahrbare Welt, etwa farbige Bäume, funkelnde Sternen, zirpende Heuschrecken, Glück, Freude, Angst und Niedergeschlagenheit, vergessen lassen. Es sei diese Lebenswelt, auf die sich jede Zahl oder jedes Wort beziehen würde, ohne die Zahlen und Wörter keinerlei Bedeutung oder lebendigen Zusammenhang haben würden. Husserl wollte die vortheoretische, vorwissenschaftliche, vorbegriffliche Haltung, eine „Welt-zum-Bewusstsein" würdigen, die einfach der menschlichen Erfahrung vor jeder gedanklichen Durchdringung hinzugefügt wird. Gleichzeitig war er bemüht herauszuarbeiten, was „Das-ans-Licht-bringen" eben dieser Welt über die gegebenen Erfahrungen für das menschliche Selbstverständnis und die zentrale Rolle des Menschen bedeutet. In diesem Sinn sei Lebenswelt als die erfahrene Welt der Bedeutungs- und Sinnzuweisungen zu verstehen. Eine derartige qualitative Welt liefere die Grundlage für bedeutungshaltiges Wissen mit Relevanz für das menschliche Leben in und mit ihr. Jegliche Aufzählung von Ereignissen und Erfahrungen, die nicht von hier aus beginnt oder sich nicht auf eine derartige Beschreibung der Lebenswelt bezieht, könne demnach ihre Herkunft vergessen. Denn alle Ereignisse hätten eine qualitative Dimension.

So beschäftigen sich etwa die westlichen Systeme und die staatlichen Aktivitäten der Gesundheitsversorgung und -pflege überwiegend mit dem Erfüllen von Teilzielen und –problemen ohne ein Verständnis der Fülle der qualitativen Dimensionen von Gesundheit und Krankheit und messen ihre Qualität auf eine oberflächliche und möglicherweise sogar entmenschlichende Weise. Die Lebenswelt verfügt dagegen über eine „holistische" Qualität, indem sie mit aufeinander bezogenen und miteinander verknüpften Horizonten angefüllt ist. Jedes qualitative Merkmal oder Ereignis ist Teil einer größeren (Lebens-)Geschichte. Jedes Wort über sie wird in Beziehung zu anderen Worten, Bedeutungen und Sinngehalten gesagt. ‚Nahe' steht in Beziehung zu ‚fern', ‚gesehen' steht in Beziehung zu ‚verborgen', ‚selbst' in Beziehung zu ‚anderen'. Eine solche Relationalität ist primär und beschreibt eine gewisse Vertrautheit mit der Art, wie qualitatives Leben „holistisch" strukturiert und verknüpft ist. Diese Vertrautheit ist von einer kausalen Beziehung grundsätzlich zu unterscheiden. Vielmehr ist diese Vertrautheit am besten als Beziehung des wechselseitigen Entstehens und Hervorbringens zu charakterisieren. Somit stellt jegliche Beschreibung der Bedeutung oder des Sinns einer Lebenswelt eine Beschreibung der bedeutungshaltigen und sinnerfüllten Beziehungen innerhalb einer gelebten Welt dar, also nicht nur von Beziehungen als solche.

3.2.1.1 Beschreibung, Interpretation und Intentionalität

Der phänomenologische und hermeneutische Philosoph und Anthropologe Hans-Georg Gadamer hat die Forschungsobjekte der Naturwissenschaft als „blutleer" beschrieben: „Kein wirkliches Blut läuft in den Venen"[261]. Damit charakterisierte er eine dunkle Periode in der Philosophie und Wissenschaft, die auf der Basis des – später auch vom Wiener Kreis in den 1930er Jahren vehement vertretenen – Paradigmas einer vereinigten und von Zahlen beherrschten Wissenschaft davon ausging, wahres von falschem Verständnis unterscheiden zu können. Dieses Paradigma einer quantifizierbaren Welt ist ein Dorn im Fleisch solcher Philosophen und Forscher, die nicht an allgemeingültige und quantitative Lösungsmöglichkeiten für (alle) Probleme der Lebenswelt glauben. Sogar unter der Annahme, dass die verschiedenen natur- und geisteswissenschaftlichen Disziplinen recht weit in der Identifizierung der epistemologischen Bedingungen für ein quantitatives Verständnis der menschlichen Lebenswelt vorgedrungen sind, verbleiben viele Aspekte, die bisher nicht ausreichend klar beschrieben und nicht vollständig verstanden werden. Dazu zählt die Kontroverse zwischen Beschreibung und Interpretation. Einige Forscher behaupten, sie würden Bedeutungen, Sinngehalte und „das Wesentliche" beschreiben, andere sehen darin nicht anderes als Interpretation. Wiederum andere meinen, dass überhaupt nichts beschrieben werden kann, da die Interpretation die grundsätzliche und einzige Annäherung an die Welt darstellt.

Für die Psychologin und Philosophin Karin Dahlberg wird das Erkennen und Beschreiben der Bedeutung und des Sinns von Phänomenen der Lebenswelt durch eine reflexive Analyse der Lebenswelt ermöglicht. Sie argumentiert[262], dass die Auffassung von der Analyse der Lebenswelt als ein bloßer Akt der Interpretation, aber auch die Idee der grundsätzlichen Nicht-Beschreibbarkeit von Bedeutung und Sinn als positivistisches Überbleibsel des Wiener Kreises zu betrachten sei. Dieses lasse sich vom analytischen Glauben an ein aktives (Forschungs-)Subjekt ableiten, welches quantitative Erkenntnis über ein außerhalb des naturwissenschaftlichen Fensters liegendes (Forschungs-)Objekt zu erlangen suche, durch das der phänomenologische Forscher sorgfältig schaue, um mit dem Objekt der Untersuchung nicht zu interferieren. Die phänomenologischen Studien von Edmund Husserl, Maurice Merleau-Ponty und Martin Heidegger zeigen bei allen Unterschieden und Diskrepanzen eindeutig, dass die Dualismen und Dichotomien zwischen Subjekt und Ob-

---

261 Gadamer, Hans-Georg: *Wahrheit und Methode. Grundzüge einer philosophischen Hermeneutik*. Mohr Siebeck: Tübingen 1960 / 2010.

262 Dahlberg, Karin M.E. / Dahlberg, Helena K.: "To not make definite what is indefinite. A phenomenological analysis of perception and its epistemological consequences". *Journal of the Humanistic Psychologist* 31, 2003, S. 34–50.

jekt, quantitativer und qualitativer Forschung, Beschreibung und Interpretation nicht aufrecht erhalten werden müssen und dürfen.

3.2.1.2 Der Dualismus zwischen Subjekt und Objekt

Über seine Arbeit im Husserl-Archiv in Leuven hat Maurice Merleau-Ponty bestimmte Ansichten über Husserls' Philosophie entwickelt und so gewissermaßen Husserl über ihn hinaus getragen und weiter entwickelt[263]. Merleau-Ponty fand dabei eine Lösung auf das drängende epistemologische Dilemma, welches eine Spaltung zwischen Subjekt und Objekt, zwischen der „Welt für mich" und der „Welt an sich" und damit gleichzeitig eine Spaltung zwischen den beschreibenden Naturwissenschaften und den interpretierenden Geisteswissenschaften herbeigeführt hatte. Er entwickelte eine Philosophie, die endgültig mit dem Dualismus brach und lieferte Argumente für ein Verständnis, was es bedeutet, unsere Welt zu erfahren, anstelle nur zu beschreiben oder nur zu interpretieren.

Der Existentialphilosoph und Phänomenologe Martin Heidegger brachte das überzeugende Argument, dass es unmöglich ist, den subjektivierenden Einfluss von Sprache, Kultur, Ideologie, Erwartungen oder (Vor-)Annahmen auf jegliche Aktivität des Menschen unberücksichtigt zu lassen. Gleichzeitig sah Heidegger das menschliche Individuum als intrinsischen Teil der Wirklichkeit und eben nicht als ein „Ich" im dualistischen Sinn, getrennt von den Anderen und der Welt. Dadurch versuchte er, relativistische oder subjektivistische und realistische oder objektivistische Auffassungen über die Wirklichkeit in Einklang zu bringen. Heideggers' Realismus ist mehr praktisch als theoretisch-vernunftmäßig begründet. Dadurch besteht die Herausforderung also darin, Heideggers' Argumentation für einen Relativismus anzuerkennen und gleichzeitig seinen Realismus in einer Weise zu nutzen und auszudehnen, um methodische Möglichkeiten für die Identifikation von „Sinn" und „Bedeutung" zu schaffen.

Die Sehweise, dass das menschliche Individuum einen intrinsischen Bestandteil der Wirklichkeit darstellt und als eine Entität in die – von ihm konstituierte Lebenswelt – tief eingebettet und mit ihr unlösbar verflochten ist, geht unmittelbar auf Edmund Husserl zurück. Dieser argumentierte ebenfalls eindrücklich gegen eine dualistische Trennung von „Ich" und „Welt", von „Selbst" und „Andere", von „Subjekt" und „Objekt". Leider wird dieser – eigentlich offensichtliche – Ausgangspunkt für Husserls' Philosophie häufig übersehen, indem seine Ausführungen über das menschliche Bewusstsein und seine Intentionalität als ein „Gerichtet-sein-auf-Objekte" einseitig im Sinne einer Festigung der Vorstellung vom isolierten – über eine „innere" subjektive Domäne verfügenden – „Ich" interpretiert wurden. Wäre das Ziel die Entwicklung einer phänomenologischen Psychologie, so würde man aus diesen – fehlerhaften – dualistischen Schlussfolgerungen lediglich ein Interes-

---

263 Merleau-Ponty, Maurice: *Die Phänomenologie der Wahrnehmung*. Walter de Gruyter & Co: Berlin 1965.

se ableiten können, wie bestimmte Gegebenheiten, etwa Gegenstände, Vorgänge, Sachverhalte oder Ideen, den Menschen subjektiv in ihrer „Qualität erscheinen." Demgegenüber würden sich andere eher quantitativ-wissenschaftliche Ansätze der empirischen „Mainstream-Psychologie" sich der „wahren" und „objektiven" Natur des Menschen widmen, also dem, wie diese Gegebenheiten „in Wirklichkeit" sind. Für Edmund Husserl war hingegen von größerer Bedeutung, dass die Menschen objektive Erkenntnis und Gewissheit über jegliche Gegebenheit einzig über Bewusstseinsakte gewinnen können, denn der Welt müsse unvermeidlich und könne ausschließlich über dieses „Medium" begegnet werden. In einem gewissen Sinn klammerte Husserl die ganze Frage aus, ob eine Realität existiert, die von uns und unseren Gedanken hierüber getrennt ist. In einem tieferen Sinn bietet diese Sehweise die Möglichkeit einer andersartigen Interpretation des Wortes „Realität", welche dessen Abstammung von einem Verb mit der Bedeutung von ‚denken' berücksichtigt. Gemäß dieser Interpretation[264] sollte ‚Realität' besser im Sinne von „was über Gegebenheiten im Allgemeinen gedacht wird" verstanden werden und nicht als „wie die Gegebenheiten wirklich sind, nachdem das Denken hierüber eliminiert worden ist", also nicht gemäß der typischen modernen (natur)wissenschaftlichen Denkweise.

Als konsequente und radikale Reaktion auf dieses Missverstehen von Edmund Husserl entfernte Martin Heidegger systematisch jegliche Reste einer Idee vom „isolierten Ich" aus seiner hermeneutischen Phänomenologie. Diese Version einer Phänomenologie hält an der intentionalen Bezogenheit des Individuums auf eine bestimmte Gegebenheit als entscheidend für jegliche menschliche Aktivität fest, aber im Gegensatz zu Husserl bestreitet er die geistige und private Natur von Intentionalität[265]. Die Existenz privater Gedanken und – damit eng assoziiert oder sogar als Voraussetzung für diese – einer Privatsprache ist auch in der Erkenntnis- und Wissenschaftstheorie des 20. Jahrhunderts, etwa von Ludwig Wittgenstein vehement in Frage gestellt worden[266]. Heidegger kritisierte vor allem die Priorität, die die abendländische Tradition dem Geistigen und dem Privaten und den zugrundeliegenden hypothetischen mentalen Strukturen eingeräumt hatte[267]. Demgegenüber betonte Heidegger die kurzlebige, vergängliche *ad hoc* Natur des Denkens, die für ihn nicht viel mehr als eine von der „Gesamtintentionalität" abgeleitete und auf ihr gegründete – fast „nebensächliche" Tätigkeit sei und vom Menschen immer dann und nur dann ausübt werde, wenn er sich aktiv mit der ihn umgebenden Lebenswelt auseinandersetze. Es sei offensichtlich, dass bei gekonnter und erfolgreicher Begegnung mit einer besonderen Gegebenheit, etwa einem wertvollen Gegenstand

---

264 Bohm, David: *Wholeness and the implicate order.* Routledge, Francis & Taylor: London 1980.

265 Dreyfus, Hubert L.: *Being-in-the-world: A commentry on Heidegger's being and time. Division 1.* MIT Press: Cambridge 1995.

266 Wittgenstein 1984d.

267 Harre, Rom: *The singular self: an introduction to the psychology of personhood.* SAGE Publications Ltd.: London 1999.

oder einer schwierigen persönlichen Situation, nur sehr selten ein Gedanke an das Denken verschwendet, also das Denken selbst zum Problem erkoren werde. Es tauche meistens nur auf und scheine dann umso wichtiger zu sein, wenn die normale „natürliche“ Ordnung der Dinge zusammengebrochen ist. Eine solche Situation scheint Ludwig Wittgenstein in der „Verhexung“ des Verstandes von Philosophen durch die falsche, nicht-alltägliche Verwendung von Sprache erkannt zu haben[268]. ‚Falsch' bedeutet für ihn ein Gebrauch von Sprache (und damit des Denkens) eben nicht im Sinne des von der Sprach- (und Denk-) Gemeinschaft akzeptierten und so getätigten Gebrauchs der Worte und Grammatik durch diese Gemeinschaft, sondern vielmehr ein vom „Denken- und Sprechen-in-Gemeinschaft“ abweichendes und auf privaten Regeln und Abmachungen auf sich selbst „privat“ gegründetes Denken und Sprechen.

Im Zentrum des Arguments der Überschätzung von Denken (und Sprechen) steht Heideggers' Sehweise des Menschen als ausschließliche und unauslöschliche „Person-im-Kontext“. Es sei ein grober Fehler anzunehmen, dass Menschen je nach Bedarf über die Aufnahme oder Beendigung von Beziehungen zu physikalisch-somatischen und semantisch-psychischen Gegebenheiten, die die Welt konstituieren, entscheiden könnten. Denn dieses komplexe Netz aus Beziehungen sei ja fundamental für das menschliche „Da-Sein“. Der Mensch könne nicht nach Gutdünken aus einer isolierten subjektiven Sphäre in eine auf bedeutungs- und sinnlose Gegebenheiten gegründete Welt springen, um dieser eine Bedeutung oder einen Sinn zu verleihen. Die Menschen befänden sich bereits immer in dieser, einer Welt voller – manchmal eben ihm unbewusster – Bedeutung. Und eben diese Bedeutungs- und Sinnhaftigkeit trägt nach Heidegger entscheidend zur Konstitution der Welt bei. Die Menschen seien fundamentaler Bestandteil einer bedeutungs- und sinnhaften Welt. Nur als Operierende und Funktionierende innerhalb des komplexen Beziehungsnetzwerks zwischen den verschiedensten Objekten, Gegebenheiten und Sachverhalten und ihren von den Menschen zugewiesenen Bedeutungs- und Sinngehalten könnten sie angemessen verstanden werden.

Diese fundamentale Zurückweisung des cartesianischen Dualismus zwischen Subjekt und Objekt manifestiert sich auch in Heideggers Charakterisierung des „Mensch-Seins“ als „Da-Sein“. Dasein bedeute „Da-Sein“ als das Wesenhafte des Menschen schlechthin, immer irgendwo da, in oder mit der Welt zu sein, immer irgendwo und immer unter irgendetwas aufgestellt und mit irgendeinem bedeutungs- oder sinnhaften Kontext verknüpft zu sein. Heidegger warf der gesamten abendländischen Geistes- und Naturwissenschaft vor, die Auseinandersetzung mit dem „Da-Sein“ zugunsten der Untersuchung des „Seienden“, also der Objekte, Gegebenheiten und Sachverhalte „an sich“, also etwa der physikalischen Eigenschaften von konkreten Gegenständen, wie des Körpers oder der metaphysischen Merkmale von abstrakten Entitäten, wie des Geistes, aufgegeben zu haben.

---

268 Wittgenstein 1984d.

3.2.1.2.1 Bedeutungsvolle Intentionalität

Nach Maurice Merleau-Ponty ist es wichtig zu verstehen, dass Bedeutung und Sinn für lebensweltliche Erfahrungen nicht durch den Menschen produziert oder konstruiert werden. Dies würde nämlich eine idealistische Position voraussetzen, die nicht mit der Phänomenologie und Lebenswelt-Theorie kompatibel wäre. Auch sei Bedeutung und Sinn nicht etwas, worüber man beim „Treffen" auf den Gegenstand oder den Sachverhalt „stolpere". Dies würde nämlich eine empiristische Position voraussetzen, die ebenfalls nicht mit der Phänomenologie und Lebenswelt-Theorie kompatibel wäre. Folglich sei das Auffinden des Wesentlichen nicht etwas, das die Menschen – als Forscher – explizit in ihre Forschung hineinlegten. Bedeutung und Sinn für ein Phänomen werde mit einem Schlag sowohl entdeckt, wie auch geschaffen und zwar nicht innerhalb des Phänomens selbst, sondern im intentionalen Umfeld des Phänomens. Bedeutung und Sinn gehören demnach zur „In-Between-Struktur" der Lebenswelt, die in Husserls', wie auch Merleau-Pontys' Phänomenologie als gegenseitige Abhängigkeit von Beobachter und Beobachtetem, Subjekt und Objekt offenkundig wird. Beobachten und Wahrnehmen besteht demnach nicht nur in der Übernahme der Kontrolle über Gegenstände, Gegebenheiten und Sachverhalte außerhalb des Beobachters. Diese können umgekehrt auch Kontrolle über den Beobachter erlangen, so dass der Beobachter mit seiner Beobachtung eins wird.

Merleau-Ponty erweitert diesen Gedanken, indem er von einem ‚Ding' als etwas spricht, das den Menschen verführt und gefangen hält, in dem Sinne, dass der Blick das „Ding liebt"[269]. Es sei dieses Erforschen des intentionalen Bereichs, wo es nicht mehr länger möglich sei, zwischen dem ‚Ding' und dem mit diesem ‚Ding' „Hantierenden", z.B. zwischen dem Schlaf und dem Schlafenden zu unterscheiden. Der Schlafende werde sein Schlaf, so dass man zu verstehen vermag, wie Bedeutung und Sinn etwas sein könne, das zugleich entdeckt und geschaffen werde. An diesem Punkt wird verständlich, dass man während des Erfahrens und Erlebens sofort nach der Bedeutung und nach dem Wesentlichen greift. Nach Husserl und Merleau-Ponty kann die Erforschung von Bedeutung und Sinn eines Phänomens oder die Analyse der einem Phänomen wesentlichen sinnhaften Struktur niemals ein Akt der bloßen Interpretation sein.

Edmund Husserl hat nachgewiesen, dass die menschliche Lebenswelt ein intentionaler Bereich ist. „Da-Zu-Sein" und eine Welt zu haben, heiße, mit Bedeutung und Sinn umzugehen. Diese Betonung der Bedeutungs- und Sinnzuweisung wurde von Maurice Merleau-Ponty nochmals verstärkt. Er erklärte, dass die Menschen zur Bedeutung ‚verurteilt' sind und der Bedeutung gar nicht entkommen können. Wenn etwa ein Schriftsteller seinen Blick von der Arbeit an dem Manuskript auf das Fenster richtet, würde er niemals – auch nicht für eine Mikrosekunde – neutrale Beispiele von organischen oder nicht-organischen Materie-Clustern sehen, sondern Pferde, Bäume und grüne Wiesen[270]. Andere vor Husserl und Merleau-Ponty

269 Merleau-Ponty 1965.
270 Merleau-Ponty 1965.

versuchten zu erklären, wie die Wahrnehmungen zustande kommen, aber eine Phänomenologie der Wahrnehmung müsse nach Merleau-Ponty ein Verständnis dafür liefern, dass Intentionalität etwas „Ganzes" sei, indem Bedeutung bereits vor allen Versuchen des Menschen vorläge, mit der Ratio das zu verstehen, was der Mensch erfährt und erlebt. Die Bedeutung und der Sinn kommen sozusagen in der gleichen Verpackung daher wie die Beobachtung und Erfahrung, aber auch wie das Wesentliche. Wenn man etwas erfährt, erfasst man das Wesentliche von ihm. Wenn jemand das bezaubernde Bild ruhig äsender Pferde draußen vor dem Fenster genießt, erfährt er diese als ‚seine Pferde', d.h. als das Wesentliche oder die Hauptsache. Erfahrung ist also die Erfahrung der Bedeutung und des Wesentlichen. Phänomenologisch gesprochen gehört das Machen, also das Entdecken und Hervorbringen von bedeutungshaltigen Erfahrungen, von Wesentlichem, von Sinnhaftem zur Lebenswelt und zur alltäglichen Art und Weise, wie Menschen ihr Leben führen, ob sie nun Forscher sind oder nicht.

3.2.1.2.2 Intersubjektives Verstehen

Das Verstehen der Lebenswelt eines anderen stellt ein besonderes Problem bezüglich der Wahrnehmung von dessen Sinn- und Bedeutungszuweisungen dar. Steht man etwa vor einem Haus und plötzlich stellen sich Zweifel ein, ob es mit einer Rückseite ausgestattet ist, so kann man – wie Merleau-Ponty[271] nüchtern konstatierte – seinen Körper dorthin bewegen und nachschauen. Sieht man jedoch eine Person lächeln, so kann man eben nicht schnell irgendwohin gehen und hinter das Lächeln schauen, um ihre „Rückseite" zu verstehen, also zu verstehen, wofür das Lächeln steht und was es für diese Person bedeutet. Diese konkrete Tatsache hat viele (Wissenschaftler) verwirrt und zur Annahme verführt, dass ein fundamentaler Unterschied zwischen der Erfahrung von Gegenständen, Gegebenheiten und Sachverhalten einerseits und von Menschen andererseits bestehe. Karin Dahlberg, die Begründerin der phänomenologischen Lebensweltanalyse, sieht keinen Grund für die Annahme einen solchen Unterschieds[272]. Dahlberg zufolge hat bereits Edmund Husserl diskutiert, wie andere zu verstehen sind. Seine Lösung des Problems bestehe darin, dass man die Lebenswelt des anderen durch die eigene erreiche und dass jeder über einen lebenden Körper bzw. Leib verfüge. Die Lebenswelt bilde eine Sphäre des ‚Selbst' und hierfür sei der Leib von zentraler Bedeutung. Für Husserl existieren die Menschen nicht lediglich als physikalische Körper, sondern vielmehr als sinnliche Leibe. Als Leib-Subjekt verfüge der Mensch über einen direkten und unmittelbaren Zugang zu seinem Leib, wie sonst zu nichts anderem auf der Welt. Der Leib des Menschen sei ein Subjekt, der Mensch sei sein Leib, der Leib des Mensch sei der Mensch. Für Merleau-Ponty sind die Menschen nur aufgrund ihrer Leiblichkeit

271 Merleau-Ponty 1965.

272 Dahlberg, Karin M.E. / Dahlberg Helena K.: "Description vs. interpretation – a new understanding of an old dilemma in human science research". *Nursing Philosophy* 5, 2004, S. 268–273.

‚sichtbar'. Diese Sichtbarkeit im Sinne von leiblicher Wahrnehmung liefere das Fundament für jegliche Erfahrung[273]. Jede Erfahrung beinhalte somit sichtbare und unsichtbare Aspekte. Somit bestehe kein grundsätzlicher Unterschied hinsichtlich Sichtbarkeit und Unsichtbarkeit zwischen einer anderen Person und einem Buch. Bestimmte Dimensionen würden für immer verborgen bleiben, seien es die inneren Erfahrungen eines Mitmenschen oder die Bedeutungszuweisungen beim Gelesen werden eines Buches als „Artefakt" aus dem 19. Jahrhundert. Mitmensch und Buch seien gleichermaßen sichtbar und unsichtbar.

Die Aufgabe einer von der Lebenswelt geleiteten Wissenschaft besteht deshalb nach Merleau-Ponty nicht darin, die Erfahrung einer anderen Person zu „interpretieren", sondern die Verknüpfung zwischen dem Sichtbaren und dem Unsichtbaren analysierend freizulegen, um das Unsichtbare durch den Rückgriff auf das Sichtbare als Ausgangspunkt sichtbar und verstehbar zu machen. Eine der unsichtbaren Dimensionen der Erfahrung der Welt sei deren soziale Dimension. Als Leib-Subjekte teilten die Menschen eine gemeinsame Welt. Bevor die Menschen als ‚Ich' und ‚Du' existierten, existierte also bereits eine soziale Welt. Die „Zwischen-Leiblichkeit" oder „Intersubjektivität" repräsentiert nach Maurice Merleau-Ponty[274] eine Dimension der Welt, nämlich ihre Struktur.

Somit stellt „Intersubjektivität" für phänomenologische Philosophen, wie Edmund Husserl[275], Martin Heidegger[276] und Maurice Merleau-Ponty[277], kein Problem dar, im scharfen Kontrast zu vielen Vertretern der analytischen Philosophie in der Vergangenheit und Gegenwart. Für erstere ist die soziale Dimension bereits immer vorhanden. Denn wenn Menschen feststellen, dass sie existieren, existieren sie bereits, sind sie bereits in der Welt und zwar zusammen mit Anderen. Für die Phänomenologie von Merleau-Ponty ist diese soziale Dimension eine Weise des „Zur-Welt-Zu-Seins". Die soziale Dimension durchdringe somit jeden Millimeter der Welt, und ein Buch würde kein Buch sein ohne seine Verwobenheit mit der sozialen Welt, als „Da zu sein für jeden, um es zu lesen"[278]. In der sozialen Dimension läge auch der Wert eines guten Treffens mit einer anderen Person. So sei ein Dialog mehr als lediglich zwei Personen, die miteinander sprechen. Das Treffen bringe eine Situation mit sich, während der zwei „Leib-Subjekte" durch das Deuten innerhalb der Situation, d.h. durch das Deuten des Gesprächs, geführt würden. So ein Dialog lasse Erinnerungen und Erfahrungen aufleben. Diese Sichtweise deute auf eine fundamentale Gemeinschaft zwischen dem Anderen und dem „Selbst" hin.

---

273 Merleau-Ponty 1965.

274 Merleau-Ponty 1965.

275 Husserl, Edmund: "Husserliana Materialien IV". In: Melle U. (Hrsg.). Nijhoff: Den Haag 1896, S. 18.

276 Heidegger, Martin: *History of the concept of time.* Indiana University Press: Bloomington (Indianapolis) 1925 / 1985.

277 Heidegger, Martin: *Was heißt Denken*? Reclam: Stuttgart 1954 / 1992.

278 Merleau-Ponty 1965.

Merleau-Ponty[279] argumentierte in seiner „Phänomenologie der Wahrnehmung", dass „der andere....ein verallgemeinertes Ich darstellt" und dass „meine Beziehung zu mir selbst bereits Verallgemeinerung ist".

In „Das Sichtbare und das Unsichtbare" entwickelte er diese Annahme weiter, indem er das ‚Ich' und den Anderen als aus der gleichen Anonymität geboren begreift, als das ‚Fleisch' der Welt[280]. Weiterhin gibt es für Merleau-Ponty keinen entscheidenden Unterschied zwischen dem Verstehen des eigenen spontanen Gefühls und dem Verstehen des Gefühls eines Anderen, welches einen ebenso spontan ergreift. Demnach würden Menschen manchmal durch das Bewusstwerden der engen Verknüpfung mit ihrem eigenen lebendigen Körper in die Irre geführt, aber die Psychotherapie zeige immer wieder, wie leicht Menschen sich selbst missverstehen können.

3.2.1.2.3 Vertrautheit, „Zügeln" und „Einklammern"

Die Vertrautheit oder Übereinstimmung mit einem Anderen, etwa in einer Diskussion, ist eine Seite der Beziehung des Menschen zu seiner Welt. In Merleau-Pontys' Verständnis ist das Eingehen auf einen Anderen über eine „teilweise Übereinstimmung" charakterisiert. Das bedeutet, dass das Andere, etwa ein Gegenstand, eine Gegebenheit oder ein Sachverhalt, den man verstehen will, nicht nur sichtbar, sondern auch unsichtbar ist. Die „teilweise Übereinstimmung" bedeutet also, dass wenn etwas zu einem Menschen ähnlich ist, es zur gleichen Zeit seine Andersheit oder Nicht-Übereinstimmung behält. Will man etwa verstehen, was das Lächeln des Anderen bedeutet, und zwar nicht nur für einen selbst, sondern auch für den Anderen, so ist ein Verstehen der „Andersheit" des Anderen erforderlich. Wenn folglich eine Seite der Beziehung zur Welt durch Vertrautheit charakterisiert ist, so bleibt es wichtig, auch die andere Seite zu betonen, nämlich die Idee des „Zügelns." Nach Karin Dahlberg erklärt das Verständnis der Wahrnehmung, der Lebenswelt und der Intentionalität, warum die „natürliche Haltung" nicht die Haupthaltung der wissenschaftlichen Arbeit sein kann[281]. Wegen der Charakteristik der Wahrnehmung sei eine phänomenologische Annäherung erforderlich. Der Mensch existiere auf der Welt und sei leiblich und intentional eng an die Welt gekettet. Man könne nichts anderes machen, außer alle diese Tatsachen als Fundierung für das Dasein in der Welt und für das Verstehen dieser Welt und anderer Mitmenschen anzuerkennen. Die Lebenswelt sei sowohl die erforderliche Bedingung, um überhaupt eine Welt zu haben und zur gleichen Zeit konstituiere sie die Grenzen der gleichen Welt. Man könne niemals über die Lebenswelt hinausgehen und sollte niemals daran interessiert sein, es zu tun. Aber was man machen könne und was man machen müsse, sei, über die „natürliche Haltung" hinauszugehen und eine phänomenologi-

279 Merleau-Ponty 1965.

280 Merleau-Ponty, Maurice: *Das Sichtbare und das Unsichtbare*. Wilhelm Fink: Paderborn 1968 / 2011.

281 Dahlberg / Dahlberg 2003.

sche Haltung anzunehmen, mit der sich die „natürliche Haltung“ zugunsten einer reflexiven modifizieren oder sogar aufgeben lässt[282].

Diese phänomenologische Haltung mit ihrem reflexiven Standpunkt versteht unter „Zügeln“ unser unmittelbares und spontanes Verständnis der Welt, so dass das „Vor-Verständnis“ unser Verständnis der Welt nicht in einer unkontrollierten Art beeinflussen kann[283]. Die Autoren benutzen das Konzept „Zügeln“ statt des Husserlschen „Einklammerns“, da sie offenbar zögern, ein Konzept zu verwenden, das die Genauigkeit und die Endgültigkeit der Mathematik mit sich herumträgt. Darüberhinaus führt „Zügeln“ den Gedanken des respektvollen oder demütigen Umgangs mit etwas ein, welches „gezügelt“ wird, nicht um es zu beherrschen, zu verletzen oder zu verschlucken, was das „Einklammern“ scheinbar oder möglicherweise mit sich bringen kann, sondern um Vertrautheit herbeizuführen.

3.2.1.2.4 Methoden des „Zügelns“

Für den hermeneutischen Philosophen Hans-Georg Gadamer[284] (1960) kann, wenn unser Alltagsverständnis ans Ende kommt, Theorie über diese Grenze hinweg helfen. Jedoch kann eine Theorie sehr wohl ein Risiko bedeuten, indem zu großer Nachdruck auf das Forschungssubjekt und auf das gelegt wird, was dieses zur Forschungssituation beitragen könnte. Wenn man ein Phänomen erklären und dafür Theorie oder andere Werkzeuge des „Sich-Entfernens“ oder – in den Worten von Hans Jonas[285] – der „Absonderung“ oder des Abstandnehmens des ‚Selbst‘ vom Anderen oder des Naturganzen benutzen will, kann man leicht zu distanziert werden und dann weit entfernt von diesem Phänomen enden.

Anstelle von Theorie wird manchmal Dichtung und Musik benutzt, um die verborgene Bedeutung einer Erfahrung zu erforschen. Hierbei liegt nach Gadamer ein großes Risiko nun umgekehrt darin, dass Dichtung und Musik einen zu nahe an eine Erfahrung herankommen lassen und die Distanz in Folge vollständig verloren gehen kann. Das bedeute, dass man die positive Distanz verliert, die einen näher an ein die „Andersheit“ (an)erkennendes Verständnis heranbringt. Oder anders formuliert, durch das „Zu-Nahekommen“ an das Phänomen ende man zu weit entfernt von der Bedeutung des Phänomens. Jedoch bedeute dies nicht zwangsläufig, dass man Theorie, Dichtung oder Musik für das Verständnis oder die Erklärung eines Phänomens der Lebenswelt, etwa in der Gesundheitsforschung und Biomedizin, überhaupt nicht nutzen sollte. So ist die „die phänomenologische Lebenswelt analysierende“ Psychologin Karin Dahlberg überzeugt, dass jede Methode der „Zügelung“, also der phänomenologischen Reflexion auf Grundlage von Offenheit gegenüber dem Phänomen mit oder ohne Hilfe von Theorie, Dichtung oder Musik hinsichtlich

282 Dahlberg, Karin M.E.: “The scientific dichotomy and the question of evidence”. *Int. J. Qualitative Stud. Health Well-being* 8, 2013, S. 21846.

283 Dahlberg / Dahlberg 2003.

284 Gadamer 1960.

285 Jonas 1987.

Forschung und Wissenschaft eingesetzt werden muss – gerade wenn es sich um biomedizinisches Phänomen handelt[286] (Dahlberg et al. 2009).

3.2.1.3 Vorverständnis und Offenheit

Sowohl in der quantitativen wie auch in der qualitativen Forschung hat man sich mit Vorannahmen, also ‚Vor-Verständnis' und ‚Vor-Urteilen' auseinandersetzen, die der Offenheit gegenüber dem gesamten Prozess der wissenschaftlichen Forschung entgegenstehen. In phänomenologischen Studien ist es deshalb von größter Bedeutung, ‚Vor-Urteile' auf der Suche nach dem Wesentlichen, dem Sinn und der Bedeutung eines Phänomens zu erkennen und „einzuklammern" oder zu „zügeln." In hermeneutischen Studien muss der Forscher ‚Vor-Urteile' und ‚Vor-Verständnis' und den daraus resultierenden Einfluss auf die durchgeführten Interpretationen erkennen. Wenn man sich dieser Vorannahmen nicht bewusst ist oder die mit ihnen verbundenen Probleme nicht berücksichtigt, dann erhöht sich das Risiko, Ergebnisse zu erhalten, die primär ein widergespiegeltes Abbild von etwas darstellen, das bereits im Verständnis der Forschers vor der Analyse vorlag. Dabei stellt sich natürlich die Frage, ob ein Forscher sich seines ‚Vor-Verständnisses' jemals vollständig bewusst sein kann.

Karin Dahlberg, die Begründerin der sogenannten „phänomenologischen Lebensweltanalyse", bezweifelt dies[287]. Es gäbe gute Gründe anzunehmen, dass einige Teile unseres ‚Vor-Verständnisses' unbewusst oder unterbewusst sind. Dies vermindere jedoch nicht den Bedarf nach Reflexionen über die Natur und Struktur des ‚Vor-Verständnisses' und seines Einflusses auf die Forschung. Durch erhöhte Offenheit sei es möglich, dass man sich besser über das eigene ‚Vor-Verständnis' und dessen Wirkung auf das eigene Verstehen bewusst werde. Friedrich Schleiermacher bemerkte im frühen 19. Jahrhundert, dass Missverstehen eine natürliche Form des Verstehens darstellt[288]. Ungefähr 50 Jahre später fragte Wilhelm Dilthey, ob man einen Text objektiv verstehen kann, obgleich viele Interpretationen vor-reflexive Elemente beinhalten[289]. Für ihn was das Verstehen eher ein historischer als ein wissenschaftlicher Prozess. Die Welt könne demzufolge nur über den Bezug auf das Leben in all seiner Geschichtlichkeit und Zeitlichkeit verstanden werden. Als Martin Heidegger versuchte, das ‚Sein' zu analysieren, erkannte er in der Interpre-

286 Dahlberg, Karin M.E. / Todres, Les / Galvin, Kathleen: Lifeworld-led healthcare is more than patient-led care: an existential view of well-being. *Med. Health Care Philos.* 12, 2009, S. 265–271.

287 Nyström, Maria / Dahlberg, Karin: "Pre-understanding and openness – a relationship without hope?". *Scand. J. Caring Sci.* 15, 2001, S. 339–346.

288 Schleiermacher, Friedrich: *Hermeneutik und Kritik. Mit einem Anhang sprachphilosophischer Texte Schleiermachers.* Suhrkamp: Frankfurt a.M. 1838 / 1977.

289 Dilthey, Wilhelm: *Das Wesen der Philosophie.* Matrix Verlag GmbH: Wiesbaden 1924 / 2008.

tation die Grundlage eines jeglichen menschlichen Verstehens[290]. Interpretationen seien jedoch keine direkten Überlegungen über die ‚reale' Welt. Sie würden von ‚Vor-Strukturen' in unserer Innenwelt geleitet. Aus diesem Grund könne es keine Interpretationen geben, die frei von Vorannahmen oder objektiv sind. Auch Hans-Georg Gadamer schenkte der Erforschung der Natur des ‚Vor-Verständnisses' und seiner Bedeutung für das Alltagsdenken, wie auch für wissenschaftliche Studien größte Aufmerksamkeit. Das ‚Vor-Urteil', wie er es nannte, ist ein Konzept des ‚Vor-Verständnisses', das zentral für seine Philosophie ist. In „Wahrheit und Methode" verdeutlichte er[291], dass die Bedeutung der hermeneutischen Aufgabe darin liegt, sich des eigenen ‚Vor-Urteils' bewusst zu werden, so dass sich der Text selbst in seiner ganzen Andersheit präsentieren könne und seine eigene Wahrheit gegenüber der eigenen ‚Vor-Meinung' verteidige. Und tatsächlich sei es genau dieser Prozess, der jegliche wissenschaftliche Anstrengung sicher mache. Und hier, meinte Gadamer[292], sei das Fragen von essentieller Bedeutung: „Das Wesen des Fragens, ist das Eröffnen von Möglichkeiten und diese offen zu halten."

3.2.1.3.1 Die Bedeutung der Kognition

Die Theorie von Jean Piaget über die Entwicklung von kognitiven und konzeptionellen Strukturen legt nahe, dass man sich nicht vollständig darüber bewusst sein kann, wie sich Meinungen oder Interpretationen in Personen, einschließlich in einem selbst, über Gegenstände, Gegebenheiten und Sachverhalte um sie bzw. um einen herum so ausbilden, wie sie sich ausbilden[293]. Nach Piaget hängt der Mensch in seiner Auseinandersetzung mit neuen Situationen von extrinsischen Faktoren seiner Biologie und Umwelt ab. Deshalb sei gemäß der seiner Kognitionspsychologie wenigstens ein Teil unseres ‚Vor-Verständnisses' ‚vor-bewusst' und ‚vor-reflexiv.' Durch das Einbeziehen des Konzepts von den relativ fixierten kognitiven, in Kognitionstheorien „Schemen" genannten Strukturen, wird deutlich, dass ein Großteil des menschlichen Verständnisses außerhalb expliziten und kritischen Nachdenkens steht. Denn die „Schemen" formen gemäß Piaget den Weg, wie die Menschen neue Dinge erfahren und auf diese reagieren. Aber durch das Lenken seiner Aufmerksamkeit auf die Tatsache, dass diese „Schemen" existieren, befinde man sich bereits auf dem halben Weg zu einem besseren ‚Selbst-Bewusstsein' über das eigene ‚Vor-Verständnis.'

3.2.1.3.2 Die Bedeutung sozialer Interaktionen

Gruppen von Individuen entwickeln unterschiedliche Werte und Meinungen über ein bestimmtes Objekt, eine bestimmte Gegebenheit, einen bestimmten Sachver-

290 Heidegger, Martin: *Was ist Metaphysik*? Suhrkamp: Frankfurt a.M. 1929 / 1998.

291 Gadamer 1960.

292 Gadamer 1960.

293 Piaget, Jean: *Adaptation and intelligence. Organic selection and phenomenology.* University of Chicago Press: Chicago / Paris 1980.

halt. Man könnte auch von einem unterschiedlichen ‚Vor-Verständnis' sprechen. Die Sichtweise des symbolischen Interaktionismus kann diesen Aspekt des ‚Vor-Verständnisses' besser verständlich machen. Diese Theorie konzentriert sich auf die Natur der Wechselbeziehungen zwischen Individuen und der dynamischen sozialen Aktivitäten, die zwischen ihnen stattfinden. Der symbolische Interaktionismus vertritt ein aktives Bild des menschlichen Wesens und verwirft die Vorstellung vom passiven und determinierten Lebewesen. Gesellschaften sind aus miteinander interagierenden Individuen aufgebaut. Diese durchlaufen permanent mehr oder weniger ausgeprägte Veränderungen in ihrem Netzwerk der Interaktionen mit Anderen und umgekehrt verändert sich die Gesellschaft durch die unzähligen Interaktionsnetzwerke auf kontinuierliche und mehr oder weniger nachhaltige Weise. Unter Interaktion ist jedoch nicht nur einfach das zu verstehen, was sich zwischen den Personen abspielt, sondern auch, was sich nachfolgend als Konsequenz innerhalb des Individuums ereignet. Gemäß der Theorie des symbolischen Interaktionismus agieren Menschen (nur) in einer Welt, die sie definieren können. Diese Definition umfasse bewusstes Auswählen. Dementsprechend würden sich die Menschen ausrichten, ihre eigenen Handlungen und die der anderen bewerten und sich darauf bezugnehmend erneut ausrichten. Diese Handlungen, Definitionen und Ausrichtungen könnten jedoch ‚prä-reflexiv' und ‚vor-bewusst' eingenommen werden. Mit dem Fortschreiten der Interaktionen könnten sich mit der Zeit auch die Definitionen und Ausrichtungen ändern und dies wiederum beeinflusse die Interpretationen und Handlungen des Individuums. Demzufolge leite sich der Mensch selbst durch die Übernahme der Sehweise eines anderen Menschen, mit dem er in Beziehung steht und mit dem er kommuniziert. Die menschliche Interaktion bilde den Ausgangspunkt für die Entstehung von Symbolen, Sprache und Sehweisen, die in der Folge zu Interpretationen führen und deshalb den Kern des Interesses des symbolischen Interaktionismus ausmachen.

Aufgrund seiner symbolischen Natur antworte das menschliche Wesen nicht passiv auf die Realität, die sich selbst aufzeigt, sondern schaffe und wieder erschaffe vielmehr die Welt, in der er handelt. Die Menschen benennen, erinnern sich, kategorisieren, nehmen wahr, gehen über sich selbst hinaus, generieren Abstraktionen, Definitionen und neue Ideen und überschreiten Raum und Zeit auf konstruktive und aktive Weise – hier greift der symbolische Interaktionismus konstruktivistische Ideen auf – aber eben nur mit der Hilfe von Symbolen.

3.2.1.3.3 Die Bedeutung der Wirkungsgeschichte

Jedes Verstehen ist – ob man sich dessen bewusst ist oder nicht – eine Wirkungsgeschichte, d.h. eine Geschichte der Wirkung. Geschichte bewirkt im voraus, was den Menschen als wert erscheint, erforscht zu werden. Um die Wirkungsgeschichte besser zu verstehen, ist es hilfreich, die kognitiven, sozialen und emotionalen Aspekte des ‚Vor-Verständnisses' zu untersuchen. In den empirischen Disziplinen der Psychologie, Sozialpsychologie und Psychoanalyse findet man Erklärungen für die Macht der Tradition und folglich der entsprechenden auf Traditionen aufbauenden

Lebenswelten. Gemäß des symbolischen Interaktionismus (s. 3.2.1.3.2), wie auch der Psychoanalyse ist es offenkundig, dass „Vor-Verständnis' nur wegen der Geschichtlichkeit sich entwickeln und existieren kann. Wahrscheinlich werden sogar kognitive Schemata innerhalb einer Tradition entwickelt, aber hier muss auch die Biologie des Gehirns mit einbezogen werden.

Für Phänomene aus dem Bereich der Gesundheitsforschung und Biomedizin wird die Bedeutung der Wirkungsgeschichte unmittelbar ersichtlich hinsichtlich der persönlichen Erfahrungen mit dem gesunden oder kranken Zustand des eigenen oder eines anderen Leibes. Für einen Arzt oder Forscher mögen diese Erfahrungen von bewusster oder unbewusster Natur sein, aber sie werden in jedem Fall den Prozess und das Ergebnis seiner therapeutischen bzw. forschenden Aktivität beeinflussen. Wenn etwa eine Krankenschwester als Kind während Phasen des Schmerzes und der Krankheit um sie gut sorgende Eltern hatte, wird sich diese Haltung und Auffassung zur Sorge und Pflege wahrscheinlich als gutes internes Ziel für eine Krankenschwester in ihr als erwachsene berufstätige Person manifestieren. Eine solche Auffassung zur Sorge und Pflege kann sogar ein kognitives Schema werden und diese Haltung kann im Prozess der Rollenübernahme während der Berufsausbildung weiter gestärkt werden. Wenn jedoch diese Krankenschwester in ein Forschungsprojekt über menschliches Leiden aufgrund von eigenen Gesundheitsproblemen einbezogen wird, werden ihre diesbezüglichen Kindheitserfahrungen, wie auch ihre berufliche Funktion eine Wirkungsgeschichte konstituieren. Wenn sie ihre Erziehung und Berufsausbildung nicht als ‚Vor-Verständnis" betrachten will oder kann, sich über ihre eigene Wirkungsgeschichte und Geschichtlichkeit nicht bewusst wird, ist es sehr wahrscheinlich, dass dadurch das Ergebnis der Untersuchung in einer nicht-kontrollierbaren Weise beeinflusst wird.

Sich „geschichtlich" bewusst zu werden, bedeutet auch, dass man begreift, dass ‚Selbst-Erkenntnis' niemals vollständig sein kann. Die meisten wissenschaftlichen Theorien sind in der Tradition der westlichen Welt entwickelt worden. Aber sie können trotzdem die Macht jeglicher Tradition eindrücklich vor Augen führen. Tradition umfasst emotionale Einflüsse beginnend mit der frühen Kindheit, verschiedene kognitive Schemata und viele Formen der Rollenübernahme innerhalb der Kindheit bis hin zum Erwachsenenalter. Die Rechtfertigung von Tradition ist dabei jenseits der rationalen Begründbarkeit zu verorten. Dies ist der Grund, warum Traditionen unsere Einstellungen und Haltungen bestimmen. Alles was durch Tradition sanktioniert worden ist, verfügt über eine Autorität und ‚Existenzberechtigung', die namenlos sind und die jeder Mensch als Wirkungsgeschichte erfährt. Jede Erziehung und Ausbildung greift darauf zurück und hängt davon ab. Sogar bei Verlust des direkten Kontakts und der direkten Funktion der Eltern oder der erziehenden Personen wird das Individuum nicht (vollständig) sein eigener Herr im Sinne von Freiheit und Abwesenheit von jeglicher Tradition.

‚Vor-Verständnis' wird häufig als bereits vorhandenes Wissen verstanden, welches für das Verstehen von neu erhobenen Daten wichtig ist, wodurch jedoch die tiefere Bedeutung der Geschichtlichkeit für das menschliche Verstehen außer Acht bleibt. Dagegen wird ein besseres Begreifen des ‚Vor-Verständnisses' im Sinne von

Hans-Georg Gadamer zu einem besseren Verstehen der durchgeführten Forschung führen, etwa warum gewisse Fragen in einem bestimmten Forschungsbereich gestellt werden und andere nicht. Während des gesamten Forschungsprozesses müsse sich der Forscher über die benutzte Methode Rechenschaft ablegen, wie auch über die Bedeutung, die er den gefundenen Daten zuweist[294]. Dementsprechend ruft sowohl Husserl, wie auch Gadamer den Forscher dazu auf, über die „natürliche Haltung" nachzudenken und dem eigenen ‚Vor-Verständnis' zu widerstehen, um etwas Neues zu finden, das noch nicht bereits im ‚Vor-Verständnis' vorliegt. Edmund Husserl bezeichnet die Kontrolle der natürlichen Einstellung als „Einklammern", während Hans-Georg Gadamer und Karin Dahlberg die weicheren Bezeichnungen des „Infrage Stellens" bzw. „Zügelns" wählten (s. 3.2.1.2.3).

Eine wichtige Konsequenz liegt darin, dass sowohl das „Einklammern", wie auch auch das „Infrage Stellen" und „Zügeln" Aktivitäten darstellen, die die Disziplin des Forschers voraussetzen. Durch kritisches Nachdenken und Hinterfragen des Wissens über einen selbst kann die Beziehung zwischen ‚Vor-Verständnis' und Offenheit erfolgreich gestaltet werden. Mit Hilfe von Strukturen aus verschiedenen geistes- und naturwissenschaftlichen Disziplinen können Teile der Wirkungsgeschichte und ihr Einfluss auf das ‚Vor-Verständnis' aufgeklärt werden. Vollständig kann das ‚Vor-Verständnis' wohl niemals erfasst werden und deshalb muss es immer wieder überdacht werden. Dieser Akt der Reflexion kann für den Forschungsprozess von Vorteil sein, da er in wechselseitiger Beziehung zu anderen Menschen durchgeführt werden muss. ‚Vor-Verständnis' hat die unangenehme Tendenz, für andere Personen offensichtlicher zu sein als für einen selbst. Offenheit bedeutet deshalb, sich seiner eigenen Voreingenommenheit aufgrund der Geschichtlichkeit des menschlichen Verstehens bewusst zu werden.

Nachfolgend werden zwei auf dem Konzept der Lebenswelt gegründete Ansätze für das Verstehen einer bestimmten gesundheitsrelevanten Situation, hier die Entwicklung der Zivilisationskrankheit T2D und die hieraus resultierenden Konsequenzen für die involvierten Ärzte, Forscher und Patienten vorgestellt. Die phänomenologische Lebensweltanalyse „PLA" und die interpretative phänomenologische Analyse „IPA" könnten die „Gesunderhaltung" (s. 4.2.3) im Hinblick auf Zivilisationskrankheiten wesentlich unterstützen.

3.2.2 Die phänomenologische Lebensweltanalyse „PLA"

Der Ansatz der „PLA" baut auf dem Interesse an der Lebenswelt auf, die die Grundlage für das Verstehen der Menschen, ihres Lebens, ihrer Gesundheit, ihrer Leiden und ihres Befindens im Allgemeinen darstellt. Unter Lebenswelt wird gemäß Edmund Husserl (s. 3.2.1) das menschliche vorwissenschaftliche und vorbegriffliche Weltverständnis, also letztlich die Interpretation der Alltagswelt durch Vernunft und Herz, ohne ‚Vorbelastung' durch wissenschaftliches Denken verstanden. Die

294 Gadamer 1960.

Erforschung der Offenheit für, wie auch der Unbelastetheit durch die verschiedenen Lebenswelten wird durch das „Einklammern", „Infrage Stellen" oder „Zügeln" der naturwissenschaftlichen Erklärungsweise für das betreffende Phänomen Nachdruck verliehen. Somit eröffnet die „PLA" eine Forschungshaltung gegenüber der Welt, wie sich diese selbst unmittelbar darstellt und bewahrt eine Sensitivität für die Vieldeutigkeit der Lebenswelt[295] [296]. Durch die Verwendung der „PLA" erhalten die Ärzte und Forscher die Gelegenheit, Empfänglichkeit und Sensibilität gegenüber dem zu untersuchenden Phänomen selbst auszubilden oder zu verbessern, um dieses Phänomen so zu erforschen, wie es von den Betroffenen gelebt wird, etwa das Phänomen T2D von Personen mit T2D.

3.2.2.1 Die Grundlagen

Den Prozess des wissenschaftlichen Erklärens „einzuklammern", „infrage zustellen" oder zu „zügeln" bedeutet nicht, daran zu glauben, dass jede Art von ‚Vor-Verständnis' oder Vor-Urteil eliminiert oder beiseite gelassen werden könnte. Dies ist tatsächlich nicht möglich. Vielmehr stellt das ‚Vor-Verständnis' eine unabdingbare Voraussetzung für jegliches Verstehen dar. Wenn das ‚Vor-Verständnis' jedoch ‚unkontrolliert' operiert, veranlasst es, dass die Menschen das sehen, was sie erwarten zu sehen und sie bereits gesehen haben. Die Idee des „Zügelns" fordert die Forscher zur Ausbildung einer reflektierenden und kritischen Einstellung auf, in deren Verlauf der Prozess des Verstehens oder Erklärens verlangsamt wird, um das Phänomen in einem neuen Licht zu sehen. Die grundlegende Frage in Bezug auf eine humanere Gestaltung, etwa der Gesundheitsversorgung im Allgemeinen und der Prädiktion und Prävention von Zivilisationskrankheiten im Besonderen, besteht darin, auf welche Beziehungen Rücksicht genommen werden sollte, wenn man eine Welt beschreiben möchte, die ‚menschlich' gelebt wird. Die Theorie der Lebenswelt ist hierfür außerordentlich nützlich, da sie versucht, das ‚welche' anzugeben. Das ‚welche' bezieht sich dabei auf die Kategorien Zeitlichkeit, Räumlichkeit, Intersubjektivität, Embodiment und emotionale Einstellung – also Dimensionen, die als essentielle Komponenten der Lebenswelt angesehen werden und sich in Übereinstimmung mit dem Holismus der Lebenswelt gegenseitig bedingen und eng miteinander verknüpft sind. Die Analyse dieser Dimensionen durch Edmund Husserl wurde von Martin Heidegger und Maurice Merleau-Ponty weiter entwickelt und wird nachfolgend kurz zusammengefasst.

295 Dahlberg / Dahlberg 2003.

296 Johansson, Karin / Ekebergh, Margaretha: "The Meaning of Well-being and Participation in the Process of Health and Care – Women's experiences following a myocardial infarction". *International Journal of Qualitative Studies on Health and Well-being* 1, 2006, S. 100–108.

3.2.2.1.1 *Zeitlichkeit*

Zeitlichkeit bezieht sich auf Kontinuitäten und Diskontinuitäten der Zeit, wie sie der Mensch erfährt. Jeder Augenblick der menschlichen Erfahrung ist Teil einer Wirkungsgeschichte und Zeitlichkeit und verhilft der menschlichen Erfahrung zu ihrer geschichtlichen Natur. Die Qualitäten der Zeitlichkeit sind nicht einfach ihre quantitativen neutralen ‚Tick-Tacks', obwohl sie manchmal so erfahren wird, da zunehmend versucht wird, sein Leben dem Druck der Uhrzeit anzupassen. Tatsächlich zeigt das Wort ‚Druck' nur eine mögliche Variation der qualitativen Zeit an. Die Vergangenheit mag näher kommen und die Zukunft zurücktreten. Der Rhythmus der Jahreszeiten kann erfrischen oder bedrücken. Die Beschreibungen solcher zeitlicher Bedeutungen sind in Übereinstimmung mit der alltäglichen Intuition, was es bedeutet, ein Mensch zu sein. Innerhalb der Gesundheitsforschung und -versorgung müsste eine Beschreibung der Lebenswelt dies mit einschließen und nicht nur das ‚Tick-Tack-Messen', etwa des Wachstums eines Tumors.

3.2.2.1.2 *Räumlichkeit*

Räumlichkeit bezieht sich auf die umgebende Welt, eine Welt von Plätzen, Gegenständen und Sachverhalten, die für das Leben eine Bedeutung haben. Die Menschen existieren in Beziehung zu dem, was da ist in Bezug auf räumliche Nähe oder Entfernung. Aber die Nähe oder Entfernung ist in ihrer quantitativen Messung in Metern oder Zentimetern primär nicht bedeutungsvoll. Vielmehr sind Plätze, Gegenstände oder Sachverhalte nahe oder entfernt in Bezug auf ihre Bedeutung für das tägliche Leben der Menschen. Diese persönliche Topographie verändert sich von Augenblick zu Augenblick. Wenn man krank mit Schmerzen im Bett liegt, mag die Welt auf die unmittelbare Umgebung des Krankenzimmers schrumpfen. In dieser Stimmung mag man sich besonders auf die Sicht aus dem Fenster auf einen dunklen Park oder eine Gruppe von Bäumen fokussieren. Wenn man sich in einem künstlerischen Projekt engagiert, mag das Fallen der Blätter auf den Boden das Älterwerden symbolisieren. Gegenstände in der umgebenden Welt haben also keine einfachen eindeutigen Bedeutungen, sondern verfügen über eine Vielzahl von möglichen Bedeutungen, die davon abhängen, wo sie in unser Leben in diesem Augenblick passen. Eine qualitative Beschreibung der menschlichen Räumlichkeit schließt deshalb ein, wie Gegenstände in Bezug auf Nähe oder Entfernung und in Bezug auf Bedeutung innerhalb dieses Raumes erscheinen. Eine Beschreibung der Lebenswelt, die intuitiv mit dem menschlichen Alltagsleben übereinstimmt, würde eine Beschreibung einschließen, wie die Bedeutung der umgebenden Welt aussieht oder sich verändert, wenn sich die Umstände verändern. Wenn man sich etwa wieder besser zu fühlen beginnt, erscheinen einem die Vorhänge nicht mehr länger schützend, sondern verkürzen die erwünschte Reichweite der Sonne mit ihrer Einladung nach draußen.

3.2.2.1.3 Intersubjektivität

Intersubjektivität bezieht sich darauf, wie die Menschen mit anderen zusammen auf und in der Welt sind. Als ‚Selbst' kann der Mensch nicht verstanden werden ohne Bezug auf das ‚Wie' des Vollzugs des menschlichen Lebens innerhalb einer sozialen Welt. Intersubjektivität bedeutet, dass die Menschen mit anderen auf eine verständliche Weise existieren oder wie Maurice Merleau-Ponty[297] es ausdrückte, dass die Menschen Teil einer verkörperlichten Welt sind. Die anderen zögen immer irgendetwas in irgendeiner Weise in Betracht – sogar das Nicht-Betrachten von jemanden sei eine Form des In-Betracht-Ziehens. Die menschliche Fähigkeit für Sprache erweitert die menschliche Intersubjektivität und das soziale Verstehen, indem man Meinungen teilen kann und diese Meinungen mit der eigenen einzigartigen Situation, so wie sie sich darstellt, in Beziehung setzen kann. Durch Intersubjektivität und Sprache platziert sich der Mensch bedeutungsvoll in der zwischenmenschlichen Welt.

Wenn man sich unwohl fühlt, mag die Berührung einer menschlichen Hand wieder ein Gefühl der Hoffnung vermitteln, das andere Möglichkeiten der zwischenmenschlichen Beziehung, die über die Krankheit hinausreichen, willkommen heißt oder sie kann einem umgekehrt eine größere Distanz fühlen lassen. Formen der Intersubjektivität können zur Erhöhung der Menschlichkeit oder zum Gegenteil beitragen, also Feindlichkeit oder Gewalttätigkeit. Die Natur und die Macht eines Dialogs von der Art, den Patienten und Ärzte eingehen, können somit ein bedeutsamer Faktor für den Heilungsprozess sein. Somit mag eine Beschreibung der intersubjektiven Welt einer Person den Schlüssel für das Beschreiben der Beziehungen darstellen, die für diese Lebenswelt intrinsisch sind. Intersubjektivität beinhaltet auch, wie sich der Mensch in die Kultur und Tradition eingebettet versteht und wie er diese (an die nächste Generation) weitergibt oder er sich selbst davon auf bewussten und unbewussten Wegen entfernt oder er sich davon differenziert. Man kann die Qualität einer Krankheit, so wie sie vom Patienten ertragen wird, nicht vollständig verstehen, wenn man nicht auch versteht, was diese intersubjektiv und kulturell bedeutet.

3.2.2.1.4 „Embodiment"

„Embodiment" bezieht sich auf das konkrete ‚hier' des menschlichen ‚Selbst.' Der Begriff beinhaltet nicht nur die menschlichen Körper als Objekte, denen etwas zustoßen kann (obwohl die Körper auch als solche empfunden werden können). Stattdessen bezieht sich „Embodiment" auf den lebenden Körper, einen der nicht nur und am besten mit Begrifflichkeiten aus der Chemie und Biologie beschrieben wird, sondern wie man mit seinem Körper auf bedeutungshaltige Weise in Beziehung zur Welt und anderen Menschen tritt. Das körperliche ‚Selbst' handelt und positioniert sich selbst im Raum auf spezifische und intelligente Weise – so wie

297 Merleau-Ponty 1965.

man „weiß“, seine Füße ohne jedes Nachdenken zu setzen. Körperlich befindet man sich in bedeutungshaltiger Beziehung zum Raum. Das körperliche ‚Selbst' fühlt – es zählt und misst nicht einfach seine Hormone, sondern ‚verschmilzt' mit Liebe oder zieht sich aus Furcht zusammen. Dieser ‚flüssige' – eben nicht starre – Körper formt sich selbst auf emotionale Art gegenüber der Welt. Der anorektische Körper sagt nicht einfach wegen des physikalischen Ernährungszustandes ‚nein', sondern wegen der zweifelhaften ‚Angebote' des emotionalen Ernährungszustandes, die aufgekommen sind.

Körperlich steht man auch in einer ursprünglichen Beziehung zur intersubjektiven Welt. Die Körpersprache spricht Bände. Somit sind Bedeutungen der Lebenswelt nicht nur gedacht, sondern sie sind verkörperlicht, sie gehen tief ein in die Art und Weise, wie man die Bedeutungen der Lebenswelt ausweitet oder zusammenzieht, verdaut, sich ihnen stellt, übernimmt oder ausschlägt. Bedeutung ist auf den Mustern körperlicher Existenz gegründet. Umgekehrt verleihen diese den Strukturen, Gerüchen, Blicken, Klängen und dem Geschmack Bedeutung.

Als menschliche Wesen versteht man solche Beschreibungen des körperlichen Lebens intuitiv, denn sie stimmen in der Regel gut mit unseren alltäglichen Wirklichkeiten überein. So würde während einer Erkrankung eine Beschreibung der Lebenswelt nicht nur eine Beschreibung der Innenseite des Körpers als ein Objekt, also seiner physikalisch-chemischen Bestandteile und ihrer Aktivitäten und Interaktionen, beinhalten, sondern würde auch in Betracht ziehen, wie der Körper bedeutungsvoll in dieser Welt lebt und funktioniert. Diese sorgfältige Beschreibung, wie eine Person ihrem Körper Bedeutung und Sinn verleiht, kann dazu beitragen, eine Krankheit in einer vollständigeren Weise zu verstehen, wie sie wechselseitig mit der Welt interagiert, manchmal von außen nach innen (wie etwa in Gesten der Abscheu über eine Lebensweltsituation, die zu Verdauungsproblemen führt) und manchmal von innen nach außen (wie etwa in chronischen Schmerzen der Wirbelsäule, die zu Platzangst führen). Eine Beschreibung des verkörperlichten Zusammenhangs wird also dessen Bedeutung für die Räumlichkeit, Zeitlichkeit und Intersubjektivität in der Gesamtheit zu umfassen haben.

Typischerweise wird die erlebte Erfahrung durch die persönliche Stimmung angereichert. Sie durchdringt die anderen Dimensionen der Lebenswelt und bildet die räumlichen, zeitlichen, intersubjektiven und verkörperlichten Horizonte. Angst verrät viele Profile der Welt, so wie dies für Freude oder Introvertiertheit der Fall ist. Während Phasen von Niedergeschlagenheit werden andere Zeiten und Räume für den – langsam gehenden – Körper ersehnt. In der Einsamkeit gibt es selbst in einem überfüllten Raum niemanden – also wenig intersubjektive Fülle. In gewisser Weise befriedigt Stimmung das menschliche „In-dieser-Welt-Sein“ und wirkt so primär und ursprünglich wie Räumlichkeit, Zeitlichkeit, Intersubjektivität und „Embodiment.“ Stimmung hat sehr viel damit zu tun, wie man sich selbst findet. Sie stellt einen mächtigen Botschafter für die Bedeutung und den Sinn der eigenen Situation, als vages Gefühl, dass etwas falsch läuft, bevor man etwas (Genaueres) weiß oder als Gefühl, wie sich etwas in einer komplexen intersubjektiven Situation abspielt. Stimmung spürt die Situation auf und erfasst die Wichtigkeit von Objekten,

Gegebenheiten und Sachverhalten auf unmittelbare und körperlich fühlbare Weise. Stimmung ist komplex und oft mehr als Worte sagen können. Sie stellt nicht nur ein Ereignis der Innenwelt dar, sondern ist wahrnehmbar und interaktiv. So wie Farben nicht von ihren Objekten abgetrennt werden können, so können emotionale Einstellungen nicht von der Lebenswelt abgelöst werden.

Darüberhinaus können emotionale Einstellungen sowohl erhellen wie verdunkeln. Liebe gibt den eigenen Vorhaben und Werten einen völlig anderen Stellenwert als Angst. Stimmung besitzt also eine Kraft zur Organisation und kann stark motivierend oder demotivierend für jede gerichtete Tätigkeit sein (und sogar für neuronale, chemische und muskuläre Reaktionsfolgen). Somit stellt sowohl während Krankheit, wie auch während Wohlbefindens die Beschreibung der Stimmung als eine qualitative Dimension einen Teil eines ganzheitlichen kohärenten Verstehens von Gesundheit und Krankheit dar. Angst, Sympathie, Depression, Gelassenheit, Verzweiflung, Zuversicht etc. beeinflussen alle auf komplizierte Weise und werden alle beeinflusst von den eigenen verkörperlichten funktionalen Fähigkeiten. Die Ströme der Stimmung verlangen deshalb nach Beschreibungen der Lebenswelt, die den ‚Ton' dieser Stimmung sprachlich mit einbeziehen. In diesem Sinne ist für Svenaeus[298] das „Krank-Sein" im Wesentlichen als eine Bedingung des „Nicht-Zuhause-Seins" zu charakterisieren, indem man von der Möglichkeit und Art, wie man sich im eigenen Körper zusammen mit anderen in Zeit und Raum zu Hause fühlt, entfremdet ist.

3.2.2.2 Vorgehensweise

Für die von der „PLA" einzusetzenden Methoden hat Karin Dahlberg folgende Anforderungen aufgestellt[299]:

(i) Die Methodik muss auf einer Sprache basieren, die voll menschlicher Anteilnahme ist und die den Menschen ermöglicht, sich intuitiv über die beschriebenen Phänomene auszutauschen, die das „Ich im Du" findet, die also eine Sprache der Erfahrung in ihren eigenen Ausdrücken operiert.

(ii) Die Methodik muss den Wert des menschlichen Individuums als Ausgangspunkt der Wissenschaft herausstellen. Dies schließt die Rückkehr zu konkreten Erfahrungen ein, um ein Gleichgewicht zwischen den sich artikulierenden Variationen einer Erfahrung und der von den erfahrenden Menschen geteilten Wirkungsgeschichte zu erreichen. Der Ansatz bewegt sich vom Besonderen auf das Allgemeine hin zu, um beide Ebenen des Verstehens und ihre Komple-

---

298 Svenaeus, Fredrick: *The hermeneutics of medicine and the phenomenology of health: Step towards a philosophy of medical practice.* Kluwer Academic Publisher: London 2000.

299 Dahlberg, Karin M.E. / Dahlberg, Helena K. / Nyström, Maria: *Reflective lifeworld research.* Studentlitteratur: Lund 2008.

mentarität und gegenseitige Bedingtheit im Rahmen des sog. hermeneutischen Zirkels zu berücksichtigen.

(iii) Die Methodik muss die Freiheit gewährleisten, das Phänomen nicht als endgültiges und gesetzartiges Absolutes aufzufassen, sondern vielmehr als Möglichkeit, um die herum sich viele einzigartigen Variationen und Aktualisierungen des betreffenden Sachverhalts oder Objekts ereignen können. Somit stellt Wahrheit gemäß dieser Sehweise ein sich fortentwickelndes Gespräch dar, welches weder willkürlich und beliebig, noch determiniert und abgeschlossen sein wird und entscheidend von Fragestellungen aus dem Kontext und der Wirkungsgeschichte gesteuert wird.

3.2.2.3 „PLA" und Zivilisationskrankheiten

Die „PLA" besitzt eine für Gesundheit und Krankheit relevante Komponente, die wesentlich komplexer ist als lediglich die Bereitsteller und Nutzer der Gesundheitsversorgungssysteme über die entsprechenden zur Verfügung stehenden Dienstleistungen und (medikamentösen) Therapien zu befragen. Die Beschreibungen der Lebenswelt des Patienten sind von höherem Detaillierungsgrad und Informationsgehalt als ein Ansatz, der sich lediglich auf quantitativ-numerische und messbare Bewertungen und Beurteilungen stützt, seien diese von Laien oder Professionellen. In Gesundheitsversorgungssystemen als Teilhabegesellschaften mögen Programme besser über die Art der Transparenz evaluiert werden, welche auf einem mitfühlenden Verständnis für das gründet, was die Menschen in beschreibenden Begriffen erleben und erfahren. Weitergehende Interpretationen sind deshalb auf der Lebenswelt der tatsächlichen Erfahrungen zu gründen. Diese politische Dimension eines von der Lebenswelt geleiteten Gesundheitsversorgungssystems würde die Entwicklung von gesundheitspolitischen Strategien und Prozessen fördern, welche die Einbeziehung der Erfahrungen der Bürger und Patienten in die täglichen Vereinbarungen mit Ärzten und Forschern, etwa zur Prädiktion und Prävention von Zivilisationskrankheiten, deutlich besser ermöglicht als ein ausschließlich auf naturwissenschaftlichen Kriterien basierendes.

Eine „PLA", die auf der Evidenz von wirklichen Krankheitserfahrungen gegründet ist, liefert eine Art von Glaubwürdigkeit, die nur von menschlichen Lebens- und Wirkungsgeschichten geliefert werden kann. Eine solche „narrative Wahrheit" unterscheidet sich grundsätzlich von messbarer „statistischer Wahrheit", in dem diese nicht bloß einen numerischen Schnappschuss von Durchschnittswerten und statistisch signifikanten Abweichungen darstellt, sondern ein „menschlich strukturierter Schauplatz" ist, der Bedeutung, Sinn und Wichtigkeit kommuniziert und dabei das trägt und mitteilt, was jemandem wirklich zugestoßen ist[300]. Solche strukturierten Ereignisse und Bedeutungen führen zu Menschlichkeit, indem sie von Stimmung

300 Spence, Donald P. *Narrative truth and historical truth.* Norton: New York 1982.

und den ästhetischen Qualitäten des Lebens angefüllt sind[301]. Darüberhinaus würde eine systemisch-konstruktivistische und von der „PLA“ geleitete „Gesunderhaltung“ (s. 4.2.3) die Bürger und Patienten auf gesundheitspolitische Weise fördern, sich zu den Formen der Gesundheitsvorsorge und -pflege, die sie mittel- und unmittelbar betreffen, zu bekennen und sich an diesen adäquat zu beteiligen[302]. Die Betonung der Förderung und Ertüchtigung der Bürger durch die „PLA“ liegt gerade darin, dass sie Perspektiven und eine Methodologie liefert, die jenseits der Suche nach dem empathischen Verständnis von Mitmenschen an das „menschliche Herz“ des Gesundheitssystems appelliert. Damit sind die Stellen angesprochen, die die Betroffenen in einer gemeinsamen existentiellen Situation verbinden, jenseits der wirtschaftlichen Situation, jenseits von Rasse und Überzeugung. Diese Schwerpunktsetzung fördert also kooperative Strategien des Zusammenarbeitens von Patienten, Forschern, Ärzten, Pflegekräften und den Verantwortlichen des Gesundheitssystems[303].

3.2.3 Die interpretative phänomenologische Analyse „IPA“

Die im Jahr 1996 von dem Psychologen Jonathan A. Smith eingeführte „IPA“ stellt eine Kombination aus Phänomenologie für die Herausarbeitung der persönlichen Erfahrungen von Patienten und Hermeneutik für die Interpretation dieser Erfahrungen durch den Arzt oder Forscher und den Patienten dar[304]. Dabei gilt das ‚Motto', dass es ohne Phänomenologie nichts zu interpretieren gibt und ohne Hermeneutik nichts wahrzunehmen ist. Der Mensch wird als Sinn-suchende, Bedeutungs-stiftende Kreatur begriffen, die Sinn und Bedeutung aus ihren wesentlichen Lebenserfahrungen und Wirkungsgeschichten ableitet und für sich und die Mitmenschen konstruiert und produziert. Der Untersuchungsgegenstand der „IPA“ ist genau dieser Prozess der Gewinnung von Sinn oder von etwas Wesentlichem oder Bedeutendem für das eigene Leben aus dem alltäglichen Fluss von Erlebnissen und Erfahrungen, also der Prozess der Einengung und Konzentrierung der aus dem Lebensfluss entsprungenen mehr oder weniger wichtigen Erfahrungen in die eine Erfahrung mit Bedeutung und Sinn. Da Erfahrung oftmals an wichtige Ereignisse in der Vergangenheit und an die Wirkungsgeschichte gekoppelt ist, wird diese von der „IPA“ als Ausgangspunkt für ausgeprägtes Reflektieren, Denken, Empfinden und

301 Todres, Les: "The qualitative description of human experience: The aesthetic dimension". *Qualitative Health Research* 8, 1998, S. 121–127.

302 Todres, Les / Galvin, Kathleen / Dahlberg, Karin: "Lifeworld-led healthcare: revisiting a humanising philosophy that integrates emerging trends". *Med. Health Care Philos.* 10, 2007, S. 53–63.

303 Todres, Les / Galvin, Kathleen / Dahlberg, Karin: "'Caring for insiderness': Phenomenologically informed insights that can guide practice". *Int. J. Qualitative Stud. Health Well-being* 9, 2014, S. 21421.

304 Smith, Jonathan A.: "Beyond the divide between cognition and discourse: Using interpretative phenomenological analysis in health psychology". *Psychology and Health* 11, 1996, S. 261–271.

Fühlen herangezogen. Die Analyse des Hineinlegens und Zuweisens von Bedeutung und Sinn in die eigene Erfahrung wird mit Hilfe eines phänomenologischen Ansatzes versucht. Denn dieser hat seit seiner Einführung als philosophische Methode des Erkenntnisgewinns durch Edmund Husserl (s. 3.2.1) die genaue Analyse der gelebten menschlichen Erfahrung ohne vorgeprägte Kategorien, Definitionen, ‚Vor-Verständnisse' und ‚Vor-Urteile', ausgedrückt in eigenen, nicht-abstrakten Formulierungen zum Ziel.

Dabei erfordert die Abhängigkeit von der Mitteilung der Erfahrung durch den Patienten zusätzlich einen hermeneutischen Ansatz. Strenggenommen wird sogar doppelt hermeneutisch vorgegangen, zum einen durch den Patienten selbst in seiner „Sinn-Suche erster Ordnung" und zum anderen durch den vom Patienten abhängigen Forscher oder Arzt in dessen „Sinn-Suche zweiter Ordnung." Diesem kommt dabei aber zugleich eine delikate Doppel-Rolle zu, nämlich als Forscher oder Arzt einerseits und Teilnehmer der Untersuchung andererseits mit einer jeweils speziellen und – hoffentlich – ‚Selbst-bewussten' Expertise. Da beide Menschen sind, werden sie sich in der einen oder anderen Expertise mal mehr, mal weniger unterscheiden oder ähneln oder wie es der Begründer der Hermeneutik, Friedrich Schleiermacher[305], formuliert hat: „Jeder trägt ein Minimum eines jeden Anderen in sich selbst."

Das praktische Vorgehen der „IPA" ist qualitativ und ideographisch, indem sie von Einzelfällen im besonderen Kontext ausgeht und in eben diesen Einzelfällen untersucht, welche Bedeutung oder welchen Sinn eine bestimmte wichtige Erfahrung für eine einzelne Person in qualitativer Hinsicht hat. Dabei wird bewusst auf eine kleine Zahl von Teilnehmern pro Studie und eine homogene Zusammensetzung der Teilnehmergruppe Wert gelegt. Nach erfolgreicher Rekrutierung wird die Erfahrung eines jeden Teilnehmers detailliert erfasst und Gemeinsamkeiten, also Konvergenzen und Unterschiede, also Divergenzen, zwischen den Teilnehmern herausgearbeitet. Die Datenerhebung erfolgt typischerweise in Form semi-strukturierter Interviews von flexibler Struktur. Bereits beim Design der Studie kommt dem Teilnehmer eine wichtige Rolle zu, v.a. bei der Eingrenzung und Formulierung der im Interview gestellten Fragen. Die Interviews werden über systematische qualitative Analyse ausgewertet und dabei in eine narrative Form übergeführt. Dabei werden so weit wie möglich die wörtlichen Extrakte des Teilnehmers und die detaillierte analytische Interpretation des Forschers aus dem Interview eingebunden. Daraus gehen typischerweise Analysen mit geringerem generellen Anspruch hervor, die aber möglicherweise auch einen Transfer auf allgemeinere Mechanismen oder eine Schlussfolgerung hinsichtlich theoretischer Verallgemeinerung zulassen. Für die Darstellung der Ergebnisse und Schlussfolgerungen wird auf das beim Teilnehmer vorliegende theoretische und praktische Wissen Rücksicht genommen, soweit es der jeweiligen analysierten Erfahrung angemessen erscheint.

305 Schleiermacher 1838.

3.2.3.1 Theoretische Grundlagen

Die „IPA" versucht also, die Perspektive des „Insiders" herauszuschälen. Dies ist zwar leicht gesagt, aber viel schwieriger in die analytische Praxis umzusetzen. Es geht nicht nur um eine Analyse der „ersten Ordnung", mit der sich in der Vergangenheit viele Studien der Gesundheitspsychologie übervorsichtig zufrieden gaben, also nicht lediglich um das Sammeln und Zusammenfassen von Überlegungen und Sehweisen der Teilnehmer ohne einen (bewussten) Anspruch auf Erreichung einer weiterführenden interpretativen oder konzeptionellen Ebene. Der Grund für diese ‚Selbst-Beschränkung' kann darin gesehen werden, dass im Falle von gesellschaftlichen Gruppen, deren ‚Stimmen' bisher nicht gehört worden sind, es ausreichend erscheinen mag, diese einfach zu sammeln und zu ‚repräsentieren.' Aber dies führt zu einer wenig hilfreichen Vereinfachung der Aufgabe der qualitativen Psychologie und unterschätzt das Potential der „IPA", die persönlichen Erfahrungen und Ansichten der Teilnehmer zu beschreiben, zu verstehen und zu kommunizieren.

„IPA-Forschung" findet typischerweise auf der idiographischen Ebene statt[306]. In der Psychologie ist dieser Ausdruck traditionell mit der Analyse von individuellen Personen assoziiert, obwohl er ursprünglich in einem breiteren Sinn zur Unterscheidung des Studiums des ‚Spezifischen' (Gegenstands) vom Studium (des Gegenstands) ‚im Allgemeinen' benutzt wurde. Damit kann auch die Untersuchung und Differenzierung einer jeden spezifischen Situation oder eines jeglichen Ereignisses als idiographisch klassifiziert werden. Die „IPA" geht idiographisch in beiden Aspekten vor, indem sich die Studien auf bestimmte einzelne Individuen und/oder auf spezifische Situationen oder Ereignisse in ihrem Leben konzentrieren[307]. Dies bedeutet methodisch, dass „IPA" typischerweise eine hoch-detaillierte und tiefgehende Analyse der Ausführungen einer vergleichsweise geringen Anzahl von Teilnehmern liefert. Diese verbal übermittelten Ausführungen werden gewöhnlich mündlich über „semi-strukturierte" Interviews oder Gruppenarbeit und schriftlich über Tagebücher oder Briefe erfasst und dann eingehend auf bereits vorhandene oder sich erst im Laufe der Erfassung der Ausführungen entwickelnde Bedeutungsmuster hin untersucht. Diese Bedeutungsmuster werden sodann thematisch geordnet und in einem Bericht zusammengefasst[308]. Für die bisher vorliegenden „IPA-Studien" ist die ausgeprägte Variabilität und Flexibilität des methodischen Vorgehens charakteristisch, mit dem der Beobachter versucht, das eigentliche Ziel der Identifizierung von Bedeutung oder Sinn, den ein bestimmter Teilnehmer einem bestimmten Objekt, Sachverhalt oder Ereignis zumisst zu erreichen. Die angewandten Methoden einschließlich der qualitativen Datenanalyse unterscheiden sich dabei

306 Smith, Jonathan A. / Flowers, Paul / Larkin, Michael: *Interpretative phenomenological analysis. Theory, Method and Research.* SAGE Publications Ltd.: London 2009.

307 Smith, Jonathan A. / Osborn, Mike / Jarman, Maria: "Doing interpretative phenomenological". In: Murray, M. / Chamberlain, K. (Hrsg.): *Qualitative health psychology analysis.* SAGE Publications Ltd.: London 1999.

308 Smith et al. 2009.

nicht grundsätzlich von denen anderer Disziplinen der qualitativen Psychologie und Gesundheitsforschung[309].

Das ‚Herz' jeder „IPA-Studie" ist zweifelsohne der Anspruch und Versuch einer phänomenologischen Herangehensweise zur Identifizierung der Erfahrungen, Behauptungen und Sorgen der Teilnehmer. Somit muss der „IPA-Forscher" die erhobenen Daten hinsichtlich zweier Ziele bearbeiten. Das erste Ziel besteht im Versuch, die (Lebens-)Welt der Teilnehmer zu verstehen und zu beschreiben, wie sich diese für die Teilnehmer darstellt. Diese Ziel legt damit den Fokus auf die Erfahrungen der Teilnehmer hinsichtlich eines bestimmten Objekts, Sachverhalts, Ereignisses oder Vorgangs oder einer bestimmten Wechselwirkung mit der sich aus Mitmenschen, Naturganzem und leblosen Gegenständen konstituierenden Um-/Außenwelt. Aber dabei wird sofort klar, dass der Zugriff auf „Erfahrungen" nur unvollständig möglich ist und in jedem Fall außerordentlich komplex verläuft[310]. Das analytische Vorgehen wird also niemals ‚wirkliche' Auffassungen von ‚der ersten Person' und nur von dieser liefern können. Vielmehr werden während der Analyse die Auffassungen durch den Teilnehmer und den Arzt oder Forscher in einer ‚konzertierten Aktion' konstruiert und generiert. Somit kann das erste Ziel – während der anfänglichen Studienphase – lediglich in der Produktion einer in sich stimmigen, durch psychologische Kenntnisse gestützten Beschreibung der Auffassung ‚der dritten Person' liegen, die möglichst nahe an die des Teilnehmers heranreicht. Das zweite Ziel von „IPA-Studien" besteht in der Entwicklung einer interpretativen Auslegung dieser initial konstruierten Beschreibung der Auffassung der ‚ersten Ordnung' des Teilnehmers, die diese in Beziehung zu einem breiteren sozialen und kulturellen und möglicherweise sogar theoretisch-philosophischen Kontext setzt. Diese Auffassung der ‚zweiten Ordnung' zielt auf einen kritischen und konzeptionellen ‚Kommentar' über die persönlichen Bedeutungs- und Sinn-gebenden Aktivitäten des Teilnehmers ab[311]. Diese Interpretationsleistung bietet dem Forscher die Gelegenheit, die Daten in einer spekulativeren Weise zu bearbeiten, nämlich darüber nachzudenken, was es für den Teilnehmer ‚bedeutet', diese Behauptungen und Auffassungen kommuniziert und diese Gefühlsregungen und Sorgen in dieser spezifischen persönlichen Situation zum Ausdruck gebracht zu haben. Die „IPA" stellt einen Forschungsansatz dar, welcher bereits in einer Vielzahl von Teilbereichen der – überwiegend angewandten – Psychologie erfolgreich Anwendung gefunden hat und sicherlich in vielen anderen Disziplinen der humanen Lebenswissenschaften und Medizin, etwa bei der Prädiktion und Prävention von Zivilisationskrankheiten, in Zukunft mit Gewinn genutzt werden wird.

---

309 Smith et al. 2009.

310 Smith 1996.

311 Smith, Jonathan A. / Osborn, Mike: "Interpretative phenomenological analysis". In: Smith, Jonathan A. (Hrsg.): *Qualitative Psychology: A Practical Guide to Research Methods.* SAGE Publications Ltd.: London 2003.

3.2.3.1.1 Qualitative Methoden und Zivilisationskrankheiten

Patienten versuchen, ihre chronischen Erkrankung zu erklären, d.h. sich bewusst zu machen, welche Bedeutung oder welchen Sinn diese für sie hat oder welche Bedeutung sie dieser zuweisen. Bisher sind hierüber nur relativ wenige Studien auf der Basis qualitativer Analysen von Patienten-Interviews publiziert worden. Es erscheint merkwürdig, dass für die Erforschung der Phänomenologie von Krankheit bisher eher auf soziologische als auf psychologische Studien zurückgegriffen wurde. Zahlreiche Forscher der medizinischen Soziologie haben mit Hilfe qualitativer Untersuchungen versucht, näher an die individuelle Bedeutung einer chronischen Erkrankung oder an den Sinn, die der Betroffene dieser zuweist heranzukommen. So zeigte Williams[312] etwa auf, wie an Arthritis Erkrankte ihrer Krankheit eine Bedeutung zu verleihen versuchen, indem sie diese in einen kohärenten sozialen und biographischen Kontext stellen. Dementsprechend betrachtete ein Betroffener seine Erkrankung als Konsequenz aus der und überzeugendes Beispiel für die Ausbeutung eines Arbeiters durch einen Arbeitgeber – eine Thematik, die der eigenen Auffassung über seine Biographie interne Kohärenz verlieh. Ein andere Studienteilnehmerin stellte ihre Arthritis in den Kontext der von Stress begleiteten Rollen in ihren Beziehungen und vor allem in ihren Verlusten, die sie am Beginn ihrer Erkrankung erlitt. So verließ ihre Tochter unter unerfreulichen Bedingungen ihr Zuhause und ihr Ehemann wurde selbst sehr krank.

Die amerikanische Psychologin Shelley E. Taylor analysierte mit qualitativen Methoden die Strategien, die von Krebs-Patienten angewendet werden, um mit ihrer Krankheit fertig zu werden. Taylor ist eine der wenigen Psychologinnen, die qualitative Forschung über Vorstellungen von Patienten mit chronischen Krankheiten publiziert hat[313]. Hinsichtlich der Erfahrungen von Krebs-Patienten meinte sie, in den Interviews drei zentrale übergeordnete Thematiken erkennen zu können, (i) die Suche nach Bedeutung in der Krankheitserfahrung, (ii) den Versuch, wieder Herrschaft über das eigene Leben zu erlangen und (iii) den Versuch, die Selbstachtung zu stärken. Taylor lieferte zahlreiche Beispiele, um ihre Interpretation zu stützen. So argumentierte sie etwa hinsichtlich der Anstrengungen, wieder ‚Herr' des eigenen Lebens zu werden, dass eine häufig angewandte Strategie von Frauen darin bestehe, eine Diskontinuität zwischen Gegenwart und Vergangenheit wahrzunehmen, also eine Trennung des früheren Lebens mit der Entwicklung der Krankheit von der aktuellen erfolgreichen beruflichen Situation und günstigen Prognose ausmachen zu wollen und auch tatsächlich vorzunehmen. Deshalb habe eine Frau ihren ersten Ehemann als brutalen Vergewaltiger beschuldigt und die Beziehung für das Auftreten der Krankheit verantwortlich gemacht. Im Gegensatz dazu böte ihr aktueller Ehemann uneingeschränkte Unterstützung und verhelfe ihr so zu außerordentli-

312 Williams, Gareth: "The genesis of chronic illness: narrative reconstruction". *Sociology of Health and Illness* 6, 1984, S. 175–200.

313 Taylor, Shelley E: "Adjustment to threatening events: a theory of cognitive adaptation". *American Psychologist* 38, 1983, S. 1161–1173.

chem Wohlbefinden. Die qualitative Methodologie hilft sowohl die Besonderheiten, wie auch mögliche Formen der Anpassung dieser Strategien herauszuarbeiten. So unterstützt Taylors' Anwendung der Methode ihr Argument, dass ein Individuum eine aktuell sich selbst verstärkende Auffassung oder Erklärung zu finden versuche, die dann später wieder aufgegeben werden kann, falls sie das nicht mehr länger zu leisten imstande ist oder auch nicht mehr leisten muss.

3.2.3.1.2 „Person-im-Kontext", Distanz und Begegnung, Konstruktivismus und Relativismus

Das Menschenbild von Martin Heidegger bringt eine Reihe von interessanten Konsequenzen für die Psychologie im Allgemeinen und für die „IPA" im Besonderen mit sich. Für die Psychologie mag die weitreichendste darin liegen, dass es während des Prozesses der Erkenntnisgewinnung tatsächlich nicht möglich ist, den Erkenntnissuchenden und seine Gedanken, sowie sein Bezugs- und Bedeutungssystem aus der beobachteten und zu erkennenden Welt zu entfernen. Genau dies war und ist immer noch eine Forderung der Naturwissenschaften, um gerade aufgrund dieser ‚Distanz' oder Abstraktion' herauszufinden, wie die Gegebenheiten in einem eindeutigen und letztgültigen Sinn ‚wirklich' sind. Merkwürdigerweise ist dies eine Schlussfolgerung, die bisher und auch erst sehr zögerlich an den ‚Schnittflächen' zu den ‚harten' Naturwissenschaften akzeptiert worden ist, so etwa von Prigogine und Stengers[314] als

> ziemlich naive Annahme einer direkten Verbindung zwischen unseren Beschreibungen der Welt und der Welt selbst. Objektivität....beruht auf einer viel feineren Unterscheidung....Was immer Wirklichkeit bedeuten mag, es entspricht immer einer aktiven intellektuellen Konstruktion. Die durch die Wissenschaft konstruierten Beschreibungen können nicht länger von den jeweiligen Frage- und Untersuchungs-Aktivitäten entkoppelt und von diesen unabhängig als wahre Realität präsentiert werden.

Im Allgemeinen jedoch verhält sich die Psychologie und andere Naturwissenschaften zögerlich in der Akzeptanz solch merkwürdiger Behauptungen. Die Vorstellung, dass ‚Wirklichkeit' eine intellektuelle Konstruktion sein könnte oder dass wissenschaftliche Beschreibungen nicht völlig von der theoretischen Fragestellung und praktischen Untersuchungstätigkeit getrennt werden können, scheint gegen den ‚gesunden' Menschen-Verstand gerichtet zu sein. Es wurde befürchtet, dass die Annahme eines (sozialen) Konstruktivismus unvermeidlich zum Wuchern eines (kruden) Relativismus führt, in dem aufgrund fehlender Unterscheidungskriterien für richtig und falsch willkürliche Entscheidungen und Behauptungen über die Wirklichkeit getroffen werden könnten. Letztlich hinge dann die Existenz einer jeden Gegebenheit, eines jeden materiellen Objekts, eines jeden Sachverhalts in

---

314 Prigogine, Ilya / Stengers, Isabelle: *Order out of chaos: man's new dialogue with nature.* Heinemann: London 1984.

irgendeiner Weise von den (beobachtenden, beschreibenden und behauptenden) Menschen ab. Nichtsdestotrotz würde Heidegger – im Einklang mit vielen qualitativen Psychologen und selbst Konstruktivisten – behaupten, dass die Akzeptanz eines (sozialen) Konstruktivismus nicht automatisch zu Relativismus oder zu einem anarchischen Zustand in der Wissenschaft führen muss. Tatsächlich sollte Martin Heidegger zweifelsohne als Realist verstanden werden. Dreyfus[315] beschreibt ihn als einen „minimalen hermeneutischen Realisten." Diese scheinbar widersprüchliche philosophische Position ist gekennzeichnet durch die Auffassung, dass das, was ‚wirklich' ist, nicht von den Menschen oder der Existenz eines Beobachters abhängt, dass aber sehr wohl die Natur oder die Beschaffenheit und die Bedeutung oder der Sinn, welche die Menschen der ‚Realität' zuweisen, von ihnen selbst bestimmt werden. Damit erkennt der „minimale hermeneutische Realist" ordnungsgemäß die Existenz von gewissen Gegebenheiten, Objekten oder Sachverhalten an, auch bei Nicht-Existenz oder Abwesenheit von Menschen oder Beobachtern, so dass diese „Gegebenheiten, Objekte oder Sachverhalte wirklich sind." Aber er erkennt auch, dass die drängenden Fragen nach der separaten Existenz von Beobachter und Beobachtetem, also nach der Beobachter-unabhängigen Existenz und in Konsequenz nach der ‚wirklichen' Beschaffenheit und Bedeutung des Existierenden und Beobachteten nur deshalb aufkommen, weil die Menschen „da sind", um diese „Pseudo-Fragen" zu stellen.

Kurzum, gemäß der Sichtweise von Martin Heidegger kann keine Gegebenheit jemals als eine wirkliche oder unwirkliche, wahre oder unwahre identifiziert werden, außer der Mensch begegnet ihr, stößt auf sie, setzt sich mit ihr auseinander und bringt sie damit bedeutungshaft und sinnvoll in den Kontext seiner Lebenswelt und der Lebenswelten seiner Mitmenschen (und anderer Lebewesen) ein[316]. In diesem Kontext der menschlichen Lebenswelt wird es offensichtlich, dass die Menschen im kollektiven Sinn, in der Gemeinschaft, entscheiden und übereinkommen, was als ‚wirklich' anzusehen erlaubt und möglich ist und was nicht, und damit, was „wirklich da ist". Martin Heidegger[317] (1925) drückte dies in phänomenologischer Terminologie aus:

> Es muss festgehalten werden, dass eine Einheit als eine Einheit in sich selbst ist und unabhängig von jeglicher Besorgnis um sie; dennoch kann das Sein der Einheit nur in der Begegnung mit ihr gefunden werden und kann nur aus der Darstellung und Interpretation der Struktur der Begegnung heraus erklärt und verständlich gemacht werden.

Die Implikationen hieraus für psychologische und andere natur- wie geisteswissenschaftliche Forschung sind eindeutig: Jede Entdeckung, die der Mensch macht, muss letztlich notwendigerweise eine Funktion des komplexen Beziehungsnetzwerks sein, welches sich zwischen dem Forscher und dem Untersuchungsgegen-

315 Dreyfus 1995.
316 Polt, Richard: *Heidegger: an introduction.* UCL Press: London 1999.
317 Heidegger 1925.

stand, also zwischen Forschungssubjekt und Forschungsobjekt, zwischen Person und Welt aufspannt. Daraus resultiert unausweichlich das Dilemma der Rückbezüglichkeit oder Reflexivität, mit welchem die meisten qualitativen Forscher wohl vertraut sind. Tatsächlich repräsentiert diese Funktion genau das, was unter der Annahme zu erwarten wäre, wenn der Forscher, Untersuchende oder Beobachter als intrinsischer Bestandteil der Welt, die es zu beobachten und zu beschreiben gilt, auszumachen sei. Die sich auftuende, entstehende ‚Wirklichkeit', also die resultierenden Beschreibungen und Erklärungen und das Verstehen der Beschaffenheit des Beziehungsnetzwerks Forschungssubjekt-Forschungsobjekt kann deshalb als von gerade denjenigen Prozessen der intellektuellen Konstruktion abhängig gedeutet werden, die die „Struktur der Begegnung" zwischen Forscher und Untersuchungsgegenstand, zwischen Forschungssubjekt und Forschungsobjekt bilden.

Damit wird auch offenkundig, dass die Wahl des experimentellen Ansatzes und des Experimentalsystems von außerordentlich großer Bedeutung ist. Um Antworten von Wert zu erhalten, muss die eingesetzte experimentelle Methode und die das Forschungsobjekt betreffende Fragestellung sorgfältig durchdacht und nach folgenden Kriterien ausgewählt werden: (i) Die Methode muss – zumindest in bestimmtem Umfang – zu dem stimmig sein, was die Menschen – natürlich im Kollektiv – meinen und bereits über das Forschungsobjekt wissen. (ii) Die Beschaffenheit des Forschungsobjekts legt unvermeidlich Beschränkungen darüber fest, was durch die ausgewählte Methode überhaupt erkannt werden kann, wobei die Methode mit der größten ‚Sensitivität' und ‚Reaktivität' gegenüber dem Forschungsobjekt die wertvollsten Ergebnisse erzielen wird. Die Parameter ‚Sensitivität' und ‚Reaktivität' stehen deshalb im Zentrum von Heideggers' phänomenologischer Methode und sind auch für die Phänomenologie innerhalb der „IPA" fundamental.

Im Sinne von Martin Heidegger liegt das zentrale Ansinnen der Phänomenologie in der Annäherung, Begegnung, Auseinandersetzung und im aktiven Umgang mit dem gewählten Forschungsobjekt. Dies hat so zu erfolgen, dass diesem die größtmögliche Gelegenheit zuteil wird, sich selbst als ‚Selbst' – so wenig wie möglich fremden Einflüssen eines ‚Nicht-Selbst' ausgesetzt – zu zeigen. Anders ausgedrückt strebt der Phänomenologe nach „Enthüllung" des Untersuchungsgegenstands auf der Basis und mit Hilfe von dessen eigenen Vorstellungen und Bezeichnungen. Damit ist also nicht der Rückgriff und die Übernahme eines bereits (von anderen) vorgefertigten und eingesetzten Konglomerats von Annahmen und Erwartungen, also eines ‚Vor-Verständnisses' gemeint. Aber nichtsdestotrotz muss dieses hehre Ziel gemäß Heidegger verfehlt werden, denn Menschen operierten ausschließlich – im menschlichen und nicht-menschlichen Umfeld – als „Person-im-Kontext." Deshalb könne ein Beobachter, unvermeidlich platziert innerhalb der bedeutungs- und sinnhaften Welt, die er beobachtet, niemals den ‚Vorweg-Annahmen', ‚Vor-Urteilen' und ‚Prä-Konzeptionen', die diese Welt mit sich bringt, völlig entkommen. Trotzdem sollte genau dies unaufhörlich versucht werden. Wenn die empathische Behandlung eines Forschungsobjekts von zentraler Bedeutung für die „IPA" ist und die Bereitschaft des Beobachters oder Forschungssubjekts zur Anpassung seiner Vorstellungen und Annahmen als Reaktion auf die Regungen, die innere Stimme oder die Gefühlslage des Forschungsobjekts vorliegt, dann befindet sich der Forscher auf dem Weg, eine Heideggersche Phänomenologie zu entwickeln, welche sich ideal für die „IPA" einsetzen lässt. Dabei ist von Bedeutung, dass sein Erfolg als Phänomenologe letztlich nicht von der Enthüllung der ‚reinen' Erfahrung des Teilnehmers einer „IPA-Studie" abhängt, sondern von der Bereitschaft des Forschers, die Studie mit der größtmöglichen ‚Sensitivität' und ‚Reaktivität' durchzuführen, trotz aller epistemologischen und methodologischen Restriktionen.

Eine Vielzahl von analytischen Strategien können auf der interpretatorischen Ebene der „IPA" eingesetzt werden, um den Balanceakt zwischen Beschreibung und Interpretation, zwischen Einzelfall und allgemeingültigen Mustern zu bewältigen. Die Wahl der Strategien hängt vom Engagement, den Interessen, den Erfahrungen und den Kenntnissen des Forschers und von der gestellten Frage ab. Darüberhinaus wird sie von den zugrunde gelegten wissenschaftlichen (gesundheitspsychologischen) Theorien und früheren Forschungsergebnissen beeinflusst, sofern diese auf einer phänomenologischen Auffassung gründen. Darin besteht eben die große Stärke der „IPA", dass sie sich als spezielle Form der qualitativen Forschung mit anderen soziologisch- oder psychologisch-qualitativen, wie auch naturwissenschaftlich-quantitativen Formen des Wissenserwerbs ‚einlässt' und eine produktive Kombination mit diesen nicht nur zulässt, sondern geradezu einfordert.

3.2.3.1.3 „IPA" und Gesundheitspsychologie

Die Gesundheitspsychologie, so wie sie in sozial-kognitiver Ausrichtung gegenwärtig praktiziert wird, geht von der Annahme aus, dass die Menschen über ihre Körper nachdenken und dass das, was sie über ihre Körper aussagen, in irgendeiner Weise etwas mit diesen Gedanken zu tun hat. Wenn also etwa ein Patient mit T2D einen Fragebogen über seine Krankheit ausfüllt, nimmt der Gesundheitspsychologe das Operieren einer (Kausal-)Kette oder einer (kausalen) Verknüpfung zwischen dem „tatsächlichen" physiologischen, also diabetischen Zustand, der Wahrnehmung der T2D und den verbal zum Ausdruck gebrachten Gedanken über seine T2D an. Diese Wirkkette wird durch die sog. „Diskursanalysten" in Frage gestellt, indem diese primär an der ‚Kultur' und der sozialen Konstruktion der Krankheit T2D, etwa im Gespräch mit normalen Mitmenschen, Diabetes-Patienten oder Diabetologen, interessiert sind. Dagegen halten sie die beiden innerhalb der Wirkkette angenommenen Beziehungen und Verknüpfungen zwischen den im Diskurs geäußerten Gedanken über T2D und den zugrundeliegenden Wahrnehmungen über T2D, sowie zwischen diesen Wahrnehmungen und dem vorangehenden physiologischen diabetogenen Zustand für problematisch. Somit haben „Diskursanalysten" und Gesundheitspsychologen mit sozial-kognitiver Ausrichtung radikal unterschiedliche Ausrichtungen und Zielsetzungen.

Dagegen nimmt die „IPA" eine ‚Position der Mitte' zwischen Körper – genauer Leib –, Krankheit und deren Wahrnehmung ein. Das Erkennen einer ‚Fehlstelle', die zwischen einer Gegebenheit oder eines Sachverhalts am Körper, als etwa zwischen dessen gesundem oder krankem Zustand, und dessen Wahrnehmung durch ein

Individuum besteht, wird im „IPA-Forscher“ das Interesse an der Charakterisierung dieser ‚Fehlstelle’ wecken. Diese Charakterisierungen können dann mit den verschiedenen Auffassungen über die zugrundeliegenden physikalisch-physiologischen Prozesse verglichen werden. So mag ein Phänomenologe den Fokus auf die Art und Weise ausrichten, wie zwei Personen sehr unterschiedlich darüber sprechen, was nach ihrer persönlichen, wie auch professionell medizinischen Beurteilung als T2D klassifiziert werden sollte. Dadurch wird Licht auf diejenigen subjektiven Wahrnehmungsprozesse solcher Personen geworfen, die während der persönlichen Interpretation ihres Gesundheitszustands als Ausgangspunkt und Grundlage von ihnen herangezogen wurden. Somit teilt die „IPA“ mit dem sozial-kognitiven Ansatz der Gesundheitspsychologie den Glauben an und die Besorgnis über die (Kausal)Kette zwischen Auffassung, Wahrnehmung und physikalisch-physiologischem Zustand, berücksichtigt dabei aber zusätzlich wie die „Diskursanalysten“ die Möglichkeit von deren sozialer Konstruktion.

„IPA-Forschung“ kann in zwei möglichen Versionen durchgeführt werden, einer ‚starken’ und einer ‚schwachen.’ Die ‚starke’ quantitative Version erfordert die Separierung von objektiv gewonnenen Variablen und die Messung der Beziehung zwischen diesen. Genau hierauf verzichtet die ‚schwache’ qualitative Version. Je nach Fragestellung mag die ‚starke’ oder die ‚schwache’ Version besser geeignet sein. Ist man etwa interessiert, die persönliche Auseinandersetzung einer Person mit einer chronischen Erkrankung, wie T2D, zu erfassen, wird vorzugsweise die qualitative Methodologie ins Spiel kommen. Durch das Hinzuziehen von autobiographischen Dokumenten oder die Durchführung von semi-strukturierten Interviews gelangt man möglicherweise zu einer gehaltvolleren ‚reicheren’ Auffassung darüber, was die untersuchte Person über komplexe Diabetes-bezogene Fragen denkt und wie sie mit diesen umgeht. Oftmals wird eine Kollaboration zwischen quantitativen und qualitativen „IPA-Forschern“ geboten erscheinen, wobei jeder von ihnen auf jeder Ebene zu einem gesundheitsrelevanten Forschungsprojekt beitragen kann. Während also quantitative Forschung auf der Makroebene der Konstruktion von breit anwendbaren Modellen stattfindet, etwa über die Beziehungen zwischen Wahrnehmung von gesundheitsrelevanten Daten und Wahrnehmung von gesundheitsrelevantem Verhalten, operiert qualitative Forschung auf der Mikroebene der Erforschung des Bedeutungsgehalts von bestimmten individuellen Meinungen, Haltungen und Reaktionen, etwa zu Eigenverantwortung bei der Gesundheitsvorsorge. Somit besitzt qualitative Forschung das Potential, die bereits etablierten quantitativen Methoden der Gesundheitsforschung zu ergänzen, zu erweitern und deutlich zu bereichern.

3.2.3.2 Methodische Grundlagen

Jonathan A. Smith und Mitarbeiter warnen vor einem Rückzug der „IPA“ vom Diskurs auf eine Art von dauerhaftem und gewissem Wissen über eine innere, bewusste oder kognitive Domäne[318]. Dieses Vorgehen würde notwendigerweise eine Abwendung von der Phänomenologie nach sich ziehen und den Zugriff auf das unterbinden, was traditionell unter der subjektiven Welt oder – phänomenologisch ausgedrückt – der „Lebenswelt" eines Teilnehmers verstanden wird. Dies gelte schon allein deshalb, weil Menschen „Personen-im-Kontext" sind. Für Martin Heidegger bedeutet dies, dass die subjektiven Welten gerade nicht primär von geistiger Natur oder etwa im Inneren verborgen sind. Denn die Beschaffenheit des menschlichen Daseins zeige sich im „Da-Sein" da „draußen" in der Welt, lokalisierbar und beobachtbar im Beziehungsgefüge des Menschen zu seiner menschlichen und nicht-menschlichen Umgebung, vorausgesetzt, dieses stehe für ihn in einem bedeutungs- und sinnhaften Kontext.

Für den französischen Phänomenologen Maurice Merleau-Ponty[319] impliziert dies, dass die persönlichen Erfahrungen des Menschen eine ‚Struktur' aufweisen, die sich über Raum und Zeit ausdehnt oder ausbreitet und über geeignetes Ausdrucksverhalten anderen Mitgliedern der Gemeinschaft, welche zu dessen Dechiffrierung befähigt sind, mitgeteilt werden kann. Auf Basis dieser Vorstellung würde Merleau-Ponty zweifellos darauf bestehen, dass eine kommunizierte Auffassung von T2D legitimer weise dafür genutzt werden könnte und sollte, die Beschaffenheit von denjenigen Personen (teilweise) zu erkennen, die diese Auffassung produziert haben und eben diese Auffassung selbst erfahren und zum Ausdruck bringen. Gemäß der Theorie der „IPA" kann eine von einer Person zum Ausdruck gebrachte Auffassung dazu dienen, etwas über diese Person zu ‚erfahren.' Aber dies gilt eben nur hinsichtlich der gegenwärtigen Positionierung dieser Person in Beziehung zu den menschlichen und nicht-menschlichen Objekten, Gegebenheiten und Sachverhalten der Welt, etwa in der Begegnung mit Körpern, Nahrungsmitteln, Bewegungen, physiologischem Wissen, gesundheitsrelevantem Verhalten, Leiden, Ärzten etc. So konstituieren diese Gegebenheiten alle zusammen etwa die Krankheit T2D im Bekanntenkreis des Patienten, in seinem beruflichen und sozialen Umfeld, in seinem Kulturkreis, in der Wissenschaftsgemeinde seines Gesundheitsversorgungssystems etc. und bewirken die soziale Konstruktion der Diabetes-Erfahrung in diesem Patienten. Es wird also immer nur ein flüchtiger und limitierter Blick auf die Art der aktuellen subjektiven Verflechtung einer Person mit einem spezifischen Kontext oder Aspekt der Welt, etwa mit einer Krankheit, möglich sein, und dies ist genau das Ziel von „IPA-Studien". Die damit befassten Forscher werden sich somit auf die „Person-im-Kontext", also auf eine bestimmte Person in einem bestimmten Kontext, fokussieren müssen und deren Beziehungsgefüge zum „Phänomen auf der Hand", etwa zur T2D, untersuchen wollen. „IPA-Forscher" interessiert also, wie die Teilnehmer ihre Erfahrungen zu einem Phänomen verstehen und aus ihnen Bedeutung und Sinn für sich ableiten, im Sinne der Begegnung, Auseinandersetzung und des aktiven Umgangs mit diesem Phänomen.

318 Smith et al. 2009.
319 Merleau-Ponty 1968.

Wird die Unterscheidung zwischen Subjekt und Objekt aufgegeben, wie Edmund Husserl und Martin Heidegger gefordert haben und viele andere – auch naturwissenschaftliche Forscher – mittlerweile raten, dann wird es natürlich nicht einfach, subjektive und objektive Wirklichkeit auseinanderzuhalten. Hängt die objektive Wirklichkeit, die Menschen erkennen, (zum Teil) von den Vorgängen intellektueller Konstruktion ab und deshalb von den unterschiedlichen Weisen ihrer subjektiven Begegnung und Auseinandersetzung mit der Welt, dann wird jede Analyse dieser intellektuellen Konstruktionen auch etwas über die objektive Wirklichkeit enthüllen (s. Prigogine und Stenger[320]). Eine von einem Teilnehmer einer Studie produzierte und konstruierte Auffassung kann deshalb sehr wohl genutzt werden, um etwas sehr handfestes und ‚sehr wirkliches' über die Konstitution des zu untersuchenden Objekts zu enthüllen.

Martin Heidegger argumentierte, dass das Subjekt als eine „Person-in-Kontext" immer einer Analyse zugänglich sei, falls diese seine aktuelle Intentionalität und sein „Bezogen-sein-auf" reflektiert[321]. In einer „IPA-Studie" würde dies allerdings unweigerlich eine Verpflichtung zur Akzeptanz der Sichtweise einer ‚dritten Person' gegenüber der Auffassung einer ‚ersten Person' mit sich bringen. Wenn jedoch eine Bereitschaft zu wirklich phänomenologischem Vorgehen im Heideggerschen Sinne vorliegt – also sensitiv und reaktiv gegenüber dem Subjekt zu sein und die eigenen Annahmen entsprechend anzupassen – dann kann die Sichtweise einer ‚dritten Person' dem Teilnehmer einer „IPA-Studie" als ‚erste Person' in gewisser Weise bewusst machen, wie er in sich selbst „da-ist", natürlich immer in seinem Beziehungsgefüge zur Welt. Die „IPA-Forscher" können und müssen versuchen, die Welt so zu erfahren, wie die Studien-Teilnehmer sie erfahren.

Kurzum, die „IPA" beschäftigt sich mit dem Verstehen der „Person-im-Kontext" und mit dem Erforschen des Beziehungsgefüges einer Person zu oder seiner Auseinandersetzung mit der Welt. Indem die „IPA-Methode" für ein bestimmtes Forschungsprojekt ausgewählt wird, verpflichtet sich der Forscher zur Beobachtung, Beschreibung, Interpretation und Bewertung der Mittel und Vorgehensweise, mit denen der Studien-Teilnehmer seinen Erfahrungen Bedeutung und Sinn beimisst. Diese Methodik wurde als „Kontextualismus" beschrieben[322], um kurz und einfach auf die Integration der Position des „minimalen hermeneutischen Realismus" und der Position des Bewusstmachens einer bestimmten „Person-im-Kontext", wie sie etwas versteht, hinzuweisen. Die phänomenologische Sichtweise der „IPA" geht also davon aus, dass jegliche Schlussfolgerungen über die ‚innere' Erfahrung eines Studien-Teilnehmers nur deshalb möglich sind, weil diese primär und ausschließlich in mitten einer Welt aus bereits bedeutungs- und sinnhaften Objekten,

320 Prigogine / Stenger 1984.

321 Heidegger 1954.

322 Madill, Anna / Jordan, Abbie / Shirley, Carolline: "Objectivity and reliability in qualitative analysis: realist contextualist and radical constructionist epistemologies". *British Journal of Psychology* 91, 2000, S. 1–20.

Gegebenheiten und Sachverhalten zu finden sind. Es kann also nur deshalb etwas über die ‚innere' Erfahrung in Erfahrung gebracht werden, weil es über die mit Empathie geführte Analyse der Diskurse und der subjektiven Auseinandersetzungen der Studien-Teilnehmer mit der Welt möglich ist zu erkennen, wie sie sich um die verschiedenen Objekte, Gegebenheiten und Sachverhalte kümmern oder von diesen verstört oder unberührt bleiben. „IPA" ‚findet' also keine innere Erfahrung, sondern erkennt einfach an, dass das Subjekt ausschließlich als „Person-im-Kontext" zu finden ist.

Ist der Untersuchungsgegenstand eine Krankheit, etwa die Zivilisationskrankheit T2D, wird der „IPA-Forscher" primär nicht an der Beschaffenheit der Erkrankung *per se* im Sinne von Klassifizierung oder Pathogenese interessiert sein. Vielmehr wird er sich mit einer an T2D leidenden Person und ihren Erfahrungen mit T2D und ihren Vorstellungen hierüber befassen. Diese Interessenslage ist ziemlich radikal, insofern sie eine Verlagerung des Forschungsobjekts mit sich bringt. T2D *per se* wird ersetzt durch die Person, die diese Erkrankung erfährt. Sie ist auch deshalb radikal, da der Zugriff auf die Erfahrung von individuellen Personen als ein notorisch fehleranfälliges und komplexes Unterfangen gilt. Dies hat oft dazu geführt, dass das einem Forschungsobjekt gegenüber stehende Forschungssubjekt häufig aus diskursiven Analysen „ausgeklammert" wurde. Es ist daher essentiell, dass die „IPA" entlang ihres gewählten Weges mit großer Vorsicht und kluger Strategie vorgeht, immer das unvermeidlich fragmentierte, unvollständige und störanfällige Wesen des „IPA-Prozesses" berücksichtigend. Besondere Aufmerksamkeit erfordern die Auswahl der Teilnehmer, der Erhebung der Daten in Form von semi-strukturierten Interviews und deren Transkription, sowie die detaillierte und systematische qualitative Analyse der Daten.

3.2.3.2.1 Die Teilnehmer

Ausgehend von einer detaillierten Fallstudie in Form des jeweiligen individuellen Transkripts von einem mündlichen Interview oder schriftlichen Bericht besteht das primäre Ziel von „IPA-Studien" in der tiefgehenden Untersuchung von Wahrnehmungen und Auffassungen einer bestimmten (kleinen) Gruppe von Personen und weniger im Aufstellen von allgemeingültigen Behauptungen, wie Regeln, Zusammenhängen und Gesetzmäßigkeiten. Damit ist nicht gesagt, dass die „IPA" sich gegen allgemeinere Aussagen über größere Gruppen und Populationen wendet, sondern bedeutet lediglich, dass sie sich zunächst ganz der (mühevollen) Analyse von Einzelfällen widmet. Der „IPA-Forscher" wird also zunächst typischerweise versuchen, eine ziemlich homogene ‚Probe' von Studien-Teilnehmern zu finden. Dahinter verbirgt sich der Grundsatz, dass etwa im Falle eines Interviews mit 10 Teilnehmern es wenig Sinn macht, von einer ‚randomisierten' repräsentativen Probennahme zu sprechen. Deshalb handelt es sich bei der „IPA" um eine zielgerichtete kontrollierte Probennahme mit dem Ziel der Identifizierung einer eng umgrenzten, klar definierten Gruppe von Forschungsobjekten, für die das Forschungsziel eine Bedeutung haben wird. Dieses Vorgehen ähnelt dem eines Sozialanthropologen, der ethnographische Forschung über eine bestimmte Gemeinschaft durchführt und dabei im Detail über diese besondere Kultur berichtet, aber eben ohne Anspruch auf Gültigkeit seiner Aussagen für alle Kulturen. Nachfolgend werden Studien mit anderen Gruppen durchgeführt werden, um dadurch mit der Zeit allmählich breitere und allgemeinere Aussagen treffen zu können. Jede davon lässt sich auf eingehende Untersuchung einer entsprechenden Gruppe in einem bestimmten Teil der Fallstudien zurückführen.

3.2.3.2.2 Die Daten und ihre qualitative Analyse

„IPA-Forscher" wollen im Detail analysieren, wie die Teilnehmer eine bestimmte Gegebenheit, die ihnen widerfahren ist und mit der sie sich auseinanderzusetzen haben, wahrnehmen und dieser Bedeutung und Sinn zuweisen. Dies erfordert eine flexible Methode der Datenerhebung. Während es vielfältige Methoden gibt, für „IPA-Studien" geeignete Daten zu erheben (z.B. persönliche mündliche Überlieferung, Tagebücher, Briefe), scheint die beste Möglichkeit – mit der die meisten „IPA-Studien" auch bisher durchgeführt worden sind – hierfür das semi-strukturierte Interview zu sein. Dies erlaubt dem Forscher und dem Studien-Teilnehmer, in einen Dialog einzutreten, wobei die ursprünglichen Fragen unter Berücksichtigung der Antworten des Teilnehmers während des Interviews modifiziert werden. Gleichzeitig kann der Forscher sich dabei neu ergebende interessante und wichtige Aspekte auf ihre Eignung testen. In der Praxis mag das dazu führen, dass das tatsächlich durchgeführte Interview ganz erheblich von dem abweichen kann, was ursprünglich beabsichtigt worden war. Die Interviews werden elektronisch aufgezeichnet und dann wort-wörtlich ins Schriftliche transkribiert. Die Transkripte werden sodann Fall für Fall einer detaillierten und systematischen qualitativen Analyse unterzogen. Dazu wird das erste Transkript wiederholt gelesen. Bei jedem Lesevorgang versieht der Forscher den Text mit Kommentaren. Der nächste Schritt umfasst die Transformation dieser Kommentare in Themenblöcke, die die wesentlichen Inhalte der verschiedenen Lesevorgänge differenziert zusammenfassen. Nachfolgend wird versucht, zwischen diesen Themenblöcken Verknüpfungen herzustellen, bis eine kohärente und thematisch organisierte Betrachtung des betreffenden Falls, einschließlich übergeordneter Thematiken als ‚roter Faden' entsteht. Jede übergeordnete Thematik wird dabei mit den zugrundeliegenden Ausgangsthemen verbunden, die wiederum mit den ursprünglichen Wahrnehmungen und Bedeutungszuweisungen des Studien-Teilnehmers in Verbindung stehen. Zuletzt wird der vollständige Satz an übergeordneten Thematiken in einem Bericht in erzählende Form gebracht. Darin werden die übergeordneten Thematiken mit konkreten Beispielen veranschaulicht und mit wörtlichen Auszügen des Teilnehmers versehen dargestellt. Dieses Vorgehen ist typisch für die qualitative Forschung[323]:

323 Kidder, L. / Fine, M.: "Qualitative inquiry in psychology: a radical tradition". In: Fox D. / Prilleltensky I. (Hrsg.): *Critical Psychology*. SAGE Publications Ltd.: London 1997, S. 48–49.

> Qualitative researchers return home with hours of field notes, voices on tapes, intimate knowledge of communities under siege....(and)....they grow uncomfortable aware of many incompatible responsibilities. There is a responsibility to hear what informants are saying about their lives and the meaning of their experience, and a responsibility to construct interpretations that may or may not conform to what informants have told us....Whether we agree with the words of informants or not, whether we even like them or not, we have an obligation to surround their words with analyses for which we are the authors....Partial, temporary and tentative, we have a responsibility to position ourselves in relation to our data, and our position will not necessarily be the same as our informants (have no illusions – they will not agree with each other either).

Die "IPA" überschreitet auch schon wegen ihres phänomenologischen Ursprungs die bloße Beschreibung. Sie konzentriert sich auf die Bedeutungs- und Sinn-gebenden Aktivitäten der Menschen in ihrer Auseinandersetzung mit der Welt. Dabei stellt die Einnahme der „Perspektive des Insiders" nur einen Teil des analytischen Vorgehens dar. Der „IPA-Forscher" vollbringt mehr, indem er eine interpretative Auffassung über das anbietet, was es für den Studien-Teilnehmer bedeutet, innerhalb seines spezifischen Kontexts solche Überlegungen anzustellen. Genau dies zeichnet die "IPA" aus[324]:

> Hermeneutic approaches....do not subscribe to a 'correspondence theory of truth', which assumes that the truth of a particular theoretical statement is determined by the degree to which it corresponds to the hard and fast 'facts' of reality, and thus which understands that the ultimate goal of any science is to provide accurate (or, at the very least, 'falsifiable') descriptions and explanations of an independent reality. Rather, hermeneutic approaches view the knower and the known as fundamentally interrelated, and thus assume that any interpretation necessarily involves an essential circularity of understanding – a hermeneutic circle in which the interpreter's perspective and understanding initially shapes his (sic) interpretation of a given phenomenon, and yet that interpretation, as it interacts with the phenomenon in question, is open to revision and elaboration, as the perspective and understanding of the interpreter, including his biases and blind spots, are revealed and evaluated.

„IPA-Studien" haben zum Ziel, über die bloße Beschreibung von Erfahrung hinauszugehen. Dabei müssen den „IPA-Forschern" die offensichtlichen Probleme bewusst sein, die mit dem Übergang von Beschreibung zu Interpretation verknüpft sind. Im Hinblick auf das „dem Studien-Teilnehmer-eine-Stimme-verleihen" müssen sie deshalb notwendigerweise das Beschreiben, Abbilden und Repräsentieren in ein Gleichgewicht zum Interpretieren und „In-den-Kontext-stellen" bringen. Um dies zu erreichen, können die „IPA-Forscher" auf einen erheblichen interpretatorischen Spielraum zurückgreifen. Obwohl dieser Ansatz einen eindeutigen primären Fokus auf die Produktion und Konstruktion der „Perspektive des Insiders" besitzt, führt er *a priori* zu keiner einzelnen und geschlossenen Annahme darüber, wie die „Per-

---

324 Tappan, Mark B.: "Interpretative psychology: stories, circles and understanding lived experience". *Journal of Social Issues* 53, 1997, S. 645–656.

spektive des Insiders" interpretiert werden kann und muss. Diese epistemologische Offenheit gegenüber dem „Sich-Einbringen" oder Engagieren des „IPA-Forschers" ist einzigartig unter den qualitativen Ansätzen in der Psychologie. Seine Aufgabe erfordert also zum einen die Produktion und Konstruktion der Auffassung eines „Insiders" und zum anderen die Suche nach Bedeutung, Sinn und Allgemeingültigkeit über diese „Insider- Perspektive" hinaus. Diese Bedingung spiegelt Heideggers Unterscheidung zwischen deskriptiver Phänomenologie – als Enthüllung einer Gegebenheit, wie sie „in-sich-da" ist – und hermeneutischer Phänomenologie – als Enthüllung einer Gegebenheit, die sich während der besonnenen und sorgenden Begegnung und Auseinandersetzung mit ihr als etwas ganz anderes herausstellt[325].

3.2.4 Ausgewählte, mit den Methoden der „IPA" oder „PLA" durchgeführte Studien mit an T2D erkrankten Patienten

Die Bedeutung der Anwendung der „IPA" und „PLA" für ein besseres Verständnis der Sorgen und Probleme von an Zivilisationskrankheiten leidenden Patienten lässt sich bereits an den wenigen bisher (Stand Juli 2015) publizierten Studien erkennen, die Erfahrungen von an T2D Erkrankten auf Basis der entsprechenden Methodik beschreiben und interpretieren. Nachfolgend werde einige ausgewählte Publikationen über die Anwendung der Methoden der „IPA" und „PLA" für die Erforschung der Erfahrungen von Patienten mit T2D vorgestellt. Die im jeweiligen Diskussionsteil der einzelnen Publikationen dargelegten Interpretationen, Hinweise auf andere Studien, Schlussfolgerungen etc. repräsentieren die Meinung der jeweiligen Autoren.

3.2.4.1 Janes, R., Titchener, J., Pere, J., Pere, R. and Senior, J. (2013) Understanding barriers to glycaemic control from the patient's perspective[326]

Ziel: Diese Studie wurde durchgeführt, um Hemmnisse bei der Kontrolle des Blutzuckers aus der Sehweise des Patienten besser zu verstehen. Während in früheren Untersuchungen die Patienten und Kliniker über die wahrgenommenen Schwierigkeiten hinsichtlich des Umgangs mit T2D direkt befragt worden waren, kam hier ein indirekter phänomenologischer Ansatz zum Einsatz, um die vielen Faktoren auszParvanehumachen, die die Betroffenen in ihrer Art des Umgangs mit Blutzuckerkontrolle beeinflussen.

Methode: Die „IPA-Methode" wurde eingesetzt, um die Erfahrungen von 15 Erwachsenen mit T2D zu untersuchen. Ihre Erfahrungen im täglichen Umgang mit T2D wurden in semi-strukturierten (F2F) Interviews elektronisch aufgezeichnet. Die Teilnehmer wurden auch nach Erfahrungen mit T2D vor ihrer eigenen Diagnose,

325 Dreyfus 1995.
326 Janes, Ronald D. et al.: "Understanding barriers to glycaemic control from the patient's perspective". *J. Prim. Health Care* 5, 2013, S. 114–122.

nach ihren persönlichen Erfahrungen des Lebens mit T2D (Diagnose, Behandlung, Medikation, Insulintherapie, Spätschäden) und nach den Auswirkungen auf sie selbst und die Familienmitglieder befragt. Aus den transkribierten und extrahierten Interviews wurden mittels einer Patienten-zentrierten Struktur systematische Zusammenfassungen der individuellen Bedeutungszuweisungen erstellt. Diese wurden nach Überprüfung durch die einzelnen Teilnehmer zur Identifizierung der Barrieren für Blutzuckerkontrolle und deren Systematisierung in übergeordnete Thematiken und Subthemen gemäß den klinischen Grundsätzen der Patienten-zentrierten Medizin benutzt.

Ergebnisse: Die Erzählungen der Teilnehmer bestätigten viele der von der Literatur her bekannten Hemmnisse für eine adäquate Blutzuckerkontrolle. Dazu zählen insbesondere jene, die im Zusammenhang mit dem Umfeld des Patienten stehen, wie Familie, Finanzen, Beruf. Aber Barrieren gründen auch auf negativen emotionalen Reaktionen gegenüber Diabetes, wie Angst vor neuen unangenehmen Ereignissen (Diagnose, Medikamenteneinnahme, Insulininjektion), Schuldgefühle für das Erkranken an Diabetes und für die offenbar fehlende Kontrolle über diese Erkrankung und Schamgefühle wegen der Tatsache, an Diabetes erkrankt zu sein. Aber es wurden auch Barrieren hinsichtlich ‚unwissenschaftlicher' und persönlicher Überzeugungen identifiziert und darüberhinaus solche im Hinblick auf eine ungünstige Beziehung zwischen klinischem Personal und Patient. So unterschieden sich die Vorstellungen der Patienten über Gesundheit, Krankheit und die Akzeptierbarkeit von therapeutischen Maßnahmen fundamental von denen des klinischen Personals und machten eine wechselseitige Verständigung und Übereinkunft schwierig. Die Studien-Teilnehmer berichteten, dass die Kliniker von ihnen erwarteten, einfach (nur) das zu tun, was ihnen gesagt worden war. Es gab auch kulturelle Unterschiede hinsichtlich der Beurteilung der Wertigkeit und Qualität von Nahrungsmitteln. Nicht nur wurden den Patienten Ziele auferlegt, sondern einige Kliniker gaben offenbar für alle Patienten identische Empfehlungen ab, ohne die spezifische Situation (körperliche Aktivität, Arbeitssituation etc.) zu berücksichtigen. Die therapeutischen Ziele wurden also nicht individualisiert. Insgesamt gesehen besaßen die Teilnehmer ungenügende Kenntnis über T2D und sie beklagten, dass ihnen die klinischen Mitarbeiter einfach mitteilten und diktierten, was zu tun sei.

Diskussion: Zusammenfassend lässt sich festhalten, dass mit Hilfe des angewandten Patienten-fokussierten Ansatzes viele – auch bisher noch nicht beschriebene – Hindernisse für die adäquate Kontrolle des Blutzuckers identifiziert werden konnten. Die Autoren sind der Meinung, dass das Unwissen des klinischen Personals über die Ängste, Überzeugungen, Erwartungen und das sozioökonomische Umfeld des Patienten, sowie über die für ein positives therapeutisches Verhältnis erforderlichen äußeren Umstände und die Grenzen des biomedizinischen Ansatzes eine Schlüsselbarriere für das Festhalten an therapeutischen Maßnahmen zur Blutzuckerkontrolle darstellt. In Anbetracht sowohl einer sich verschlimmernden Epidemie der T2D, wie auch immer weitreichender Kürzungen in den Gesundheitsversorgungssystemen weltweit, scheint es für die Autoren dringlich geboten zu sein, dass den klinischen Mitarbeitern bewusst wird, dass in erster Linie sie selbst und nicht ihre Patienten ihren Zugang zu und ihre Vorstellungen über T2D verändern müssen. Nur so kann sich den Autoren zufolge der Umgang mit Patienten mit T2D und deren Situation entscheidend verbessern.

Schlussfolgerung: Diese Studie zeigt, dass die Bedeutung von Gesundheit und Krankheit für eine Person entsprechend seines Umfeldes variiert. So wie der Körper aus einer Vielzahl von miteinander eng verknüpften Teilsystemen aufgebaut ist, so ist auch das Individuum Teil einer Familie, einer Gemeinschaft, einer Kultur und eines ökologischen Systems. Klinische Information besitzt nur dann nützliches Patienten-relevantes Wissen, wenn sie in den Kontext der Lebenswelt des jeweiligen Patienten gestellt wird. Die Nicht-Berücksichtigung des Kontextes wird zu Fehlern sowohl in der Interpretation, wie auch in der Umsetzung der Befunde in the therapeutischen Praxis führen. Der Kontext oder das Umfeld des Patienten schließt dabei die Person selbst (ihre Lebens- und Wirkungsgeschichte und ihre Entwicklungsstufe) und ihren Platz in der Gesellschaft (Familie, berufliche Situation, Freizeit, Finanzen, Kultur etc.), kurzum die gesamte Lebenswelt des Patienten ein.

Die Ignoranz des klinischen Personals und ihr Nicht-Wissen um (i) den ‚gesamten' Patienten (d.h. einschließlich seiner Krankheitserfahrung und seiner Lebenswelt), (ii) die kritische Rolle der therapeutischen, auf gegenseitigem Vertrauen und Respekt basierenden Beziehung zwischen Patient und klinischem Personal und (iii) die positive Interaktion zwischen diesen beiden Schlüsselkomponenten verstärken offenbar alle oben genannten Barrieren. Ohne dieses Wissen ist das klinische Personal gemäß den Autoren nicht in der Lage, sich selbst als ‚Katalysator' für Veränderungen zu nutzen und einzubringen. Innerhalb des biomedizinischen Paradigmas gäbe es die unausgesprochene Annahme, dass die Aufgabe des Krankheitsexperten und des Patienten darin besteht, klinische Empfehlungen auszusprechen bzw. sich diesen zu fügen.

Die Autoren sind der Meinung, dass dieser sogenannte „kognitive blinde Fleck der Biomedizin" auf die Methodologie des Positivismus zurückzuführen sei, die ausschließlich auf quantitative Forschung zur Aufdeckung der Wahrheit setzt und davon ausgeht, dass der Arzt als objektiver Beobachter das Ergebnis des von ihm beobachteten Experiments in Form einer therapeutischen Maßnahme oder klinischen Studie nicht beeinflusst. Kliniker, die innerhalb dieses Paradigmas ausgebildet worden sind, würden sich selbst als objektive Beobachter gegenüber dem zu beobachtenden Phänomen der Intervention (etwa der Behandlung von T2D mit Medikamenten) und der zu messenden körperlichen Parameter als Ergebnis der Behandlung (etwa der Konzentration von HbA1c im Blut) betrachten. Wenn dann die vielen möglichen Faktoren zu analysieren sind, die für ein schlechtes Ergebnis des Patienten verantwortlich sein mögen, dann komme es dem Kliniker oftmals einfach nicht in den Sinn, dass gerade die Art und Weise, mit der sie die Untersuchungen der Gründe für eine inadäquate Blutzuckerkontrolle durchführen, sie davon abhalten wird zu erkennen, dass ihre Beziehung zu und Interaktion mit den Patienten als bedeutendes Hindernis für den selbstverantwortlichen Umgang der Patienten mit ihrer T2D wirkt.

3.2.4.2 *Holström, I.M. and Rosenqvist, U. (2005) Misunderstandings about illness and treatment among patients with type 2 diabetes*[327]

Ziel: Trotz guter Absichten der Verantwortlichen der Gesundheitssysteme beklagen sich gegenwärtig viele Patienten, dass die Gesundheitssysteme der eigenständigen Versorgung und Schulung eher entgegenstehen als diese unterstützen. Mehrere Umstände mögen für diesen negativen Effekt verantwortlich sein, (i) die Ethik des Individualismus, die sich oft im Tadel des individuellen Patienten und in einer einseitigen Schuldzuweisung manifestiert, (ii) die (hierarchische) Positionierung des Experten über den Laien Patient, (iii) die Einbahnschiene des Informationsflusses vom Experten zum Patienten, (iv) das geringe Verständnis der Verantwortlichen in den Gesundheitssystemen, die die positive Rolle der Patienten-Schulung sehr wohl anerkennen, für die unterschiedliche Akzeptanz und Bedeutung, die Patienten selbst ihrer Schulung zuweisen und (v) die Tatsache, dass das professionelle Verstehen einer kranken Person nicht primär eine Angelegenheit der Psychologie darstellt, sondern vielmehr auf dem Verständnis der Lebenswelt dieser Person beruht. Vielfach dokumentierte Beobachtungen weisen auch darauf hin, dass die westlichen Gesundheitsversorgungssysteme häufig den Arzt oder die Krankenschwester in den Mittelpunkt stellen und nicht den Patienten. Der Grund für das Festhalten an diesem traditionellen Ansatz der Konsultation mag in der Tatsache liegen, dass die medizinische Ausbildung in den westlichen Ländern sich darauf konzentriert, wie mit einem Problem und weniger wie mit einer kranken Person umzugehen ist[328].

Das Ziel dieser Studie war, einige Missverständnisse zu herauszufinden, die schwedische Patienten mit T2D über ihre Krankheit und die Behandlung haben. Es war wohl bekannt, dass Patienten mit T2D eine intensive Unterstützung und Unterrichtung benötigen, wie sie mit dieser Krankheit umgehen und leben sollten. Jedoch hatte eine schwedische Umfrage ergeben, dass nur 34 % dieser Patienten eine gute Stoffwechsellage, metabolische Kontrolle und Blutzuckereinstellung aufweisen. Trotz intensiver Erziehung, Schulung und Unterstützung schienen Missverständnisse über die Erkrankung selbst und ihre Therapie weit verbreitet zu sein. Darüberhinaus beschwerten sich die Patienten häufig, dass die Gesundheitsversorgungssysteme der Selbsthilfe und dem eigenständigen Lernen entgegen stehen, anstatt dies zu unterstützen.

Methode: Die Studie hatte die Verbesserung des Verständnisses bzw. den Abbau von Missverständnissen (hinsichtlich Erfahrungen und Auffassungen über T2D) zwischen Arzt oder Krankenschwester und Patienten zum Ziel. Hierfür wurde ein

327 Holmström, I.M. / Rosenqvist, U.: Misunderstandings about illness and treatment among patients with type 2 diabetes. *Journal of Advanced Nursing* 49, 2005, S. 146–154.

328 Dall'Alba, Gloria / Sandberg Jörgen: "A phenomenological perspective on researching work and learning". In: Billett Stephen / Harteis Christian / Gruber Hans (Hrsg.): *International handbook of research in professional and practice-base learning*. Springer: Dordrecht (Netherlands) 2014, S. 279–304.

qualitativer induktiver, auf Phänomenologie basierender Ansatz ohne vorbestimmte Kategorien, die „PLA-Methode" nach Karin Dahlberg[329] angewendet. Das Ziel der Phänomenologie besteht im Aufbau eines direkten Kontakts zu gelebten Erfahrungen von Personen und im Aufdecken ihrer Bedeutung für diese Personen, wie sie in die Lebenswelt eingewoben sind. 18 Konsultationen zwischen einem Patienten mit T2D und einem Diabetologen oder einer auf Diabetes spezialisierten Krankenschwester wurden über Video aufgezeichnet. Nachdem die Patienten das Video gesehen hatten, analysierten und reflektierten sie, was sich während der Konsultation zugetragen hatte. Die Videoaufzeichnungen hierüber und die transkribierten Analysen und Reflexionen wurden thematisch geordnet und weiter untersucht.

Ergebnisse: Fünf übergeordnete Themenblöcke an Missverständnissen wurden identifiziert: (i) T2D ist keine ‚wirkliche' Diabetes, (ii) Spätschäden und Komplikationen sind als Horrorvisionen zu unterdrücken, (iii) die eigenständige Messung des Blutzuckers und die Medikation sind Routine und nicht kontinuierlich anzupassen, (iv) die Reduktion des Fetts in der Nahrung und körperliche Aktivität sind gut – so sagten sie den Forschern. Vier der 18 Patienten zeigten keine Missverständnisse. Somit sind Missverständnisse über T2D häufig trotz regelmäßiger Untersuchungen und ungehindertem Zugang zum Gesundheitsversorgungssystem. Die Patienten hielten meistens an den verschriebenen Behandlungsmaßnahmen fest, aber wussten häufig nicht, warum sie eine Routinehandlung durchführen oder warum diese für sie von Vorteil sein könnte.

Diskussion: Die Autoren schlagen eine Patientenschulung mit erzieherischer Intervention angepasst an und ausgerichtet auf das ureigene Verständnis und spezifische Wissen des Patienten von seiner Erkrankung und Behandlung. Dieser Ansatz arbeite grundsätzlich mit den gleichen Prinzipien wie die „Schule der Befähigung". „Befähigung" wird in diesem Zusammenhang als generelle Stärkung des Wissens, der Fähigkeiten und der Rechte der Patienten verstanden, ist aber mit einigen grundsätzlichen Problemen und erheblichem Aufwand verbunden[330]. Eine „Schule der Befähigung" würde ein „Sich-Entfernen" von Checklisten und vorbestimmten Krankheitsmodellen erfordern und ein „Zu-Bewegen" auf reflektierendes Fragen. Der Ausgangspunkt sollte deshalb in den unmittelbaren Erfahrungen des Lebens liegen und nicht in medizinischen Tatsachen. Viele Patienten mit T2D seien der Auffassung, dass das, was sich im wirklichen Leben ereignet, von großer Bedeutung für ihren Gesundheitsstatus ist und hofften, dass ihre Erfahrungen von den Verantwortlichen der jeweiligen Gesundheitssysteme in Zukunft adäquate Anerkennung und Berücksichtigung finden würden.

329 Dahlberg et al. 2008

330 Paterson, Barbara: "Myth of empowerment in chronic illness". *Journal of Advanced Nursing* 34, 2001, S. 574–585.

Schlussfolgerungen: Van Manen[331] hat vor einiger Zeit bemerkt, dass in einem phänomenologischen Sinn Wissen die Praxis nicht informiert, sondern dass vielmehr das Nachdenken über Praxis zu einem neuen (theoretischen) Verständnis führt, welches wiederum die Praxis auf neue Wege bringt. Den Autoren der vorliegenden Studie zufolge ist hierfür das phänomenologische Konzept der Intentionalität von großer Bedeutung. Unser Bewusstsein sei intentional, da es immer gegen irgendjemanden oder irgendetwas gerichtet ist. Ein Lernen finde immer dann statt, wenn eine Person eine Veränderung in der Art und Weise wahrnimmt, wie ein Phänomen verstanden werden kann. Das Nachdenken über das, was erfahren wird, sei deshalb eine Kernaktivität des Lernens. Deshalb sei es von eminenter Bedeutung, dass die Spezialisten der Schulung von Diabetes-Patienten dieses Verständnis in ihre pädagogischen Programme miteinbezögen und dafür einen phänomenologischen Ansatz des Lernen benutzten. Das Nachdenken über diese Art von Diabetes-Erfahrungen könne ein wichtiges Werkzeug sein, um Patienten vom ‚Laien zum Experten' zu entwickeln.

3.2.4.3 Ingadottir, B. and Halldorsdottir, S. (2008) To discipline a "dog": The essential structure of mastering diabetes[332]

Die Ergebnisse dieser Studie, durchgeführt mit den Methoden der „PLA“ und hermeneutischen Phänomenologie, haben zu neuen Einblicken in das Leben mit T2D geführt. Gleichzeitig wurden dabei die Restriktionen enthüllt, die einem solchen Leben durch die verschriebenen Behandlungsmaßnahmen auferlegt werden. In diesem Rahmen wurde klarer erkennbar, wie Personen mit T2D auf der Welt existieren und wie sie sich bemühen, Bedeutung aus der Erfahrung zu gewinnen, dass bei ihnen eine chronische Krankheit diagnostiziert worden ist, dass sie krank sind und dass sie in einem für immer für sie unvorhersehbaren, nicht einschätzbaren und sich verändernden Körper eingeschlossen sind.

Die Interpretation und das Verstehen eines Lebens, das unter dem Einfluss einer schlecht wirkenden Behandlungsmaßnahme steht, durch die Diabetespatienten selbst unterscheidet sich demnach fundamental von der vorherrschenden Sichtweise der Verantwortlichen der Gesundheitssysteme, die zur medizinischen Pflege der Diabetespatienten ‚ernannt' worden sind. Wird das Festhalten an therapeutischen Vorschriften zu ‚Leben für die Jahre' und nicht nur zu ‚Jahren zu Leben' führen? Die Befunde dieser Studie führten auch zu Fragen über die Einflüsse, welche die Gesellschaft ihren Mitgliedern auferlegt, wie etwa welche Definition von Gesundheit und welches gesundheitsrelevante Verhalten zu akzeptieren und welche Sprache – ob die der Experten oder die der Laien – zu benutzen sei, wenn Behandlungsvorschriften

---

331 Van Manen, Max: *Researching lived experience: Human science for an action sensitive pedagogy.* Suny Press: New York 1990.

332 Ingadottir, Brynja / Halldorsdottir, Sigridur: "To discipline a 'dog': The essential structure of mastering diabetes". *Qualitative Health Research* 18, 2008, S. 606–619.

festgelegt und eingefordert werden. Den Autoren zufolge gibt die Studie reichlich Anlass zu weiterer Forschung, um das Verständnis über das (Nicht-)Festhalten an Behandlungsvorschriften für chronische Erkrankungen, wie T2D, zu verbessern. Studien zur Prävention von T2D mit dem Ziel, Patienten im Erkennen von spezifischen Merkmalen und – subtilen – Reaktionen des eigenen Körpers, besser des eigenen Leibes, zu unterstützen, die mit zu hohem (oder zu niedrigem oder normalem) Blutzucker assoziiert sind, sollten auf der Basis von hermeneutischer Phänomenologie und „PLA" ebenfalls durchführbar sein.

3.2.4.4 Abazari, P., Doosti Irani, M., Babaee, S. and Shahgholian N. (2008): Can I do…? Life with type II diabetes: a phenomenological study[333]

Ziel: Da die Überzeugungen und Vorstellungen des Patienten über Gesundheit und Krankheit seine Maßnahmen zum Selbstmanagement leiten, ist gemäß den Autoren ein ganzheitliches Verständnis des Patienten erforderlich. Das Ziel dieser Studie lag in der Identifikation und Beschreibung der gelebten Erfahrungen von Patienten mit T2D in einer qualitativen Studie.

Methode: 11 Patienten wurden rekrutiert und mit diesen ausführliche, nicht-strukturierte Interviews unter vier Augen durchgeführt. Die Daten wurden transkribiert und nach Themen gemäß der „Collizi-Methode" analysiert. Fünf Themenkomplexe wurden identifiziert, (i) „warum habe ich diese Krankheit bekommen?" (ii) Voraussetzungen für diese Krankheit, (iii) „kann ich dieses und jenes machen?" (iv) Einschränkungen wegen dieser Krankheit und (v) „stille Bewegung zum Tod". Die ersten drei Themen beziehen sich auf die Wahrnehmung des Patienten im Hinblick auf Krankheitsentstehung, die Behandlungsmöglichkeiten und die Gefühle über seine Lage. Die letzten beiden Themen weisen auf die Überzeugungen des Patienten im Hinblick auf Einschränkungen in der Ernährung und auf die Möglichkeit, ein gesundes Kind zu bekommen, sowie auf die chronische nicht-heilbare und lebensverkürzende Natur der Krankheit.

Ergebnisse: Die Befunde zeigen, dass die Vorstellungen der Patienten von ihre Erkrankung und gesundheitlichen Situation ihr gesundheitsrelevantes Verhalten und ‚Selbst-Management' sehr wohl beeinflussen können und damit als Barrieren oder ‚Katalysatoren' für die Entwicklung und Veränderung hin zu angemessenen Verhaltensweisen des Patienten wirken.

Diskussion: Diabetes betrifft alle Aspekte des täglichen Lebens. Die Erfahrungen des bisherigen Lebens und die gesamte Lebens- und Wirkungsgeschichte, wie auch die Teilnahme an Schulungsprogrammen rufen in Diabetespatienten eine Vielzahl von Wahrnehmungen und Überzeugungen über ihre Krankheit und Lage hervor. Die fünf in dieser Studie identifizierten Themenkomplexe spiegeln diese Erfahrungen

333 Abazari, Parvaneh et al.: "Can I do…? Life with type II diabetes: A phenomenological study". *IJNMR* 13, 2008, S. 94–99.

wider. Trotz der langen Zeiträume, in denen die Studien-Teilnehmer bereits mit T2D leben mussten, an Diabetes-Schulungen teilnahmen und relevante Zentren der Gesundheitsversorgung aufsuchten, waren die meisten Teilnehmer der Überzeugung, dass einige Belastungen, die ihnen bereits vor der Diagnose widerfahren waren, zu ihrer T2D beigetragen haben oder sogar für diese verantwortlich waren. Eine Betroffene nannte Vererbung, eine andere die überwiegend sitzende Lebensweise und übermäßige Essenslust oder sogar Gefräßigkeit als wahrscheinliche Ursachen für ihre Krankheit. Gemäß der Bemerkungen der Teilnehmer führen außerordentliche Belastungen zum Versagen von nicht-pharmakologischen Therapien und zum Anstieg des Blutzuckers. Aus diesem Grund würden sie versuchen, ihre Sorgen zu zerstreuen. Ihrer Ansicht nach waren Ernährung und körperliche Aktivität von größerer Bedeutung als Medikation.

Andere Fallstudien haben gezeigt, dass trotz Besuchs von Schulungsprogrammen die meisten Teilnehmer glauben, dass T2D sich auf der Basis von – v.a. psychischen – Belastungen, Vererbung und übermäßigem Essen in der Kindheit entwickelt. Obwohl die Patienten versuchten, T2D zu definieren, waren sie sich nicht im Klaren über die Art der Erkrankung und ihre Pathogenese, wie diese als Lehrbuchmeinung vertreten wird. Einige Patienten nahmen die Diabetes gar als eine allgemeine und Alle betreffende Erscheinung des (höheren) Alters wahr und sahen deshalb keine Notwendigkeit, sie behandeln zu lassen.

Das „sich Bewegen auf den Tod zu" war ein weiteres wichtiges Gefühl in der Erfahrung der Studien-Teilnehmer. Die Teilnehmer fassten T2D generell als eine Erkrankung auf, die letztlich zu Amputation, Erblindung, Nierenversagen und unvermeidlich zum Tod führt. Einige Teilnehmer beschrieben sich selbst als unfähig und unterlegen, während andere der Meinung waren, dass sie ihr Leben trotz ihrer Erkrankung unter Kontrolle haben und in der Lage sind, der Krankheit zu begegnen.

Das Gefühl der Patienten, das Krankheitsgeschehen beeinflussen zu können, stellt einen wichtigen psychologischen Faktor für das Festhalten von Patienten an einer vereinbarten therapeutischen Maßnahme dar. Die Überzeugung der Machtlosigkeit bedeutet eine Katastrophe, da Patienten mit diesem Gefühl ihre Selbstsorge und Eigenverantwortlichkeit aufgeben. McCord und Brandenburg[334] fanden, dass die meisten Patienten, die das Gefühl haben, über ausreichendes Wissen über die Krankheit zu verfügen, ein höhere Bereitschaft zur Übereinstimmung mit den Vorschlägen der Ärzte und Pflegekräfte aufweisen. Umgekehrt glaubten Diabetespatienten, die sich therapeutischen Behandlungsmaßnahmen und –programmen nicht unterordnen wollten, dass T2D ihr Alltagsleben und die Ergebnisse ihres Lebens nicht beeinflussen würden.

Schlussfolgerung: Für die Autoren scheint von großer Bedeutung zu sein, dass Patienten mit T2D das Gefühl und die Einstellung entwickeln, dass (i) ihr Verhalten die Folgen der Erkrankung beeinflusst, (ii) Diabetes eine beherrschbare Krankheit

334 McCord, Elisabeth C. / Brandenburg, Cynthia A.: "Beliefs and attitudes of persons with diabetes". *FAM Med.* 27, 1995, S. 267–271.

ist und (iii) jede betroffene Person ein gutes Leben trotz und mit dieser Krankheit führen kann. Um dieses Ziel zu erreichen, sei es unabdingbar, dass die Verantwortlichen des Gesundheitswesens, v.a. Pflegekräfte und Ärzte, die Einstellungen, Gefühle und Erfahrungen der Patienten im Sinne von Machtlosigkeit oder Wirkungslosigkeit identifizieren und bewerten, um einen individualisierten und wirksamen Pflege- und Sorgeplan planen und implementieren zu können, der das Selbstbewusstsein der Patienten stärkt und auf diesem aufbaut.

3.2.4.5 Davies L.E. and K. Thirlaway (2013): The influence of genetic explanations of type 2 diabetes on patients' attitudes to prevention, treatment and personal responsibility for health[335]

Ziel: In dieser Studie wurde untersucht, ob die Wahrnehmung der primären Ursache von T2D in entweder den Erbanlagen oder bestimmten Umweltfaktoren die Einstellung hinsichtlich der Kontrollierbarkeit der Erkrankung beeinflusst.

Methode: 200 Teilnehmer über 40 Jahre erhielten einen Fragebogen, in dem der Grund für T2D mit überwiegend genetisch oder überwiegend durch die Umwelt bedingt angegeben werden konnte. Die Einstellungen der Teilnehmer hinsichtlich persönlicher Verantwortlichkeit, Vorbeugung, präventiver Maßnahmen und Behandlung wurden mittels eines Fragebogens ermittelt.

Ergebnisse: Die Ergebnisse zeigen eindeutig, dass die Einstellung zur Behandlungsmöglichkeit durch die angenommene Ätiologie beeinflusst wird. Interessanterweise stellte sich eine signifikante Wechselwirkung zwischen der angenommenen Ätiologie und der Familiengeschichte ein, so dass der Einfluss der angenommenen Ätiologie nur bei Studienteilnehmern mit einer positiven Familiengeschichte in T2D nachzuweisen war. Für diese Gruppe beeinflusste die angenommene genetische Ursache die Einstellung hinsichtlich der Wirksamkeit von Behandlungen auf negative Weise. Diese Daten bestätigen frühere Forschungsergebnisse, dass immer dann, wenn genetische Faktoren auch nur für einen Teil der Erkrankung verantwortlich gemacht werden, viele Menschen glauben, dass die Krankheitsfolgen nicht (völlig) unter ihrer Kontrolle stehen.

Somit wurde eine eindeutige Beziehung zwischen der wahrgenommenen Ursachen-Wirkungskette und der Einstellung zu Behandlungsmöglichkeiten nachgewiesen. Teilnehmer mit einer Familiengeschichte in T2D nahmen die Behandlung als weniger wirksam wahr, wenn sie als Ursache „genetisch" gelesen hatten, während dies bei Teilnehmern ohne Familiengeschichte nicht der Fall war. Auch zeigte sich, dass ein Patient als für die Entwicklung von T2D weniger verantwortlich wahrgenommen wurde, wenn die Teilnehmer – unabhängig von der Familiengeschichte – auf dem Fragebogen als Ursache „genetisch" gelesen hatten.

335 Davies, Linsay E. / Thirlaway, Katie: "The influence of genetic explanations of type 2 diabetes on patients' attitudes to prevention, treatment and personal responsibility for health". *Public Health Genomics* 16, 2013, S. 199–207.

Diskussion: Die Autoren schlossen aus diesen Befunden, dass das Bewusstsein der Verantwortlichen des Gesundheitssystems (Ärzte, Pflegekräfte) über den Beitrag der Erbanlagen zur Pathogenese der T2D von großer Bedeutung ist für die Ermutigung der Patienten zu positiven Einstellungen hinsichtlich (i) der persönlichen Verantwortlichkeit, (ii) adäquater Veränderungen des Lebensstils und (iii) erfolgsversprechender Behandlung der Erkrankung. Weiterhin schlugen die Autoren auf der Basis ihrer Ergebnisse vor, die Art und Weise, wie präventive Maßnahmen für T2D mitgeteilt werden, der Wirkungs- und Familiengeschichte der Betroffenen anzupassen.

Die bisherigen Forschungsergebnisse hinsichtlich der Wirkung von Information über genetisches Risiko für Krankheiten auf das Verhalten der Patienten stehen im Einklang mit dem sog. „Selbstregulationsmodell" der Krankheitswahrnehmung. Dieses besagt, dass die Meinung und Auffassung von Personen über eine Krankheit davon abhängt, mit welchen Attributen sie diese versehen[336]. So scheint die Bezeichnung ‚genetisch' in der Pathogenese einer Erkrankung den Glauben zu beeinflussen, dass diese als unter der Kontrolle des Individuums stehend wahrgenommen wird oder eben nicht. Demnach veranlasste die angenommene genetische Empfänglichkeit für T2D die Studienteilnehmer zur Annahme, dass diese Erkrankung eine feste, unveränderliche persönliche Eigenschaft darstellt und deshalb therapeutischen Interventionen nicht zugänglich ist.

Die Familiengeschichte kann Entscheidungen über Gesundheitsvorsorge und den Lebensstil entscheidend beeinflussen, da die Kenntnis von einer bestimmten chronischen Erkrankung bei Verwandten die – bisher offenbar nicht betroffenen – verwandten Personen zum Glauben veranlassen könnte, dass sie dem gleichen Krankheitsweg folgen werden[337]. Dieses Wissen um eine für eine bestimmte Krankheit vorliegende Familiengeschichte beeinflusst also die Auffassungen über und die Wahrnehmungen von dieser Erkrankung[338]. Hierbei ist von besonderem Interesse, ob die Wahrnehmung des Erkrankungsrisikos, das mit einer Familiengeschichte für T2D verbunden ist, irgendeinen Einfluss auf die Einstellung zu einer – erforderlichen – Veränderung des persönlichen Lebensstils ausübt. So könnte das Wissen um individuelle genetische Profile die Annahme der Kontrollierbarkeit einer bestimmten Krankheit, die eine entscheidende Determinante für Handlungsentscheidungen hinsichtlich des Lebensstils ist, negativ beeinflussen.

Schlussfolgerung: Das „Common-Sense-Modell der Selbstregulation von Gesundheit und Krankheit" von Leventhal und Mitarbeitern[339] liefert für die Befunde dieser Studie eine Erklärung: Der angenommene Grund für eine Krankheit geht

---

336 Leventhal, Howard / Meyer, Daniel / Nerenz, David R.: "The common sense representation of illness danger". In: Rachman S. (Hrsg.): *Contributions to medical psychology*. Pergamon Press: New York 1980, S. 17–30.

337 Hunt, Kate et al.: "Are perceptions of a family history of heart disease related to health-related attitudes and behaviour?". *Health Educ. Res.* 15, 2000, S. 131–143.

338 Leventhal et al. 1980.

339 Leventhal et al. 1980.

üblicherweise auf Informationen zurück, die sich von dem persönlichen Erfahrungsbereich, wie auch von den Meinungen anderer, einschließlich der Familienmitglieder, der Verantwortlichen der Gesundheitssysteme und der Medien ableiten. Diese Auffassungen der Laien, auch Krankheitswahrnehmungen genannt, werden in ein mentales Modell des persönlichen Erkrankungsrisikos integriert, das die Betroffenen benutzen, wenn sie Gesundheitsinformation interpretieren. Demnach liefern Krankheitswahrnehmungen eine Erklärung, warum Individuen mit einer Familiengeschichte in T2D eine weniger positive Einstellung gegenüber Behandlungsoptionen entwickeln. Sie sind eben mit großer Wahrscheinlichkeit bereits Zeugen eines fehlgeschlagenen Therapieversuchs gewesen oder Beobachter des Fortschreitens der Erkrankung trotz Behandlung. Deshalb erscheint es als plausibel, dass eine angenommene genetische Empfänglichkeit für eine chronische Erkrankung die Einstellung hinsichtlich ihrer angenommenen Kontrollierbarkeit in Personen (über etablierte Krankheitswahrnehmungen) beeinflusst, die eine Familiengeschichte in dieser Krankheit, etwa in T2D, aufweisen.

Die Studie zeigt darüberhinaus, dass eine angenommene Ätiologie darauf Einfluss nehmen kann, inwieweit die Studien-Teilnehmer glauben, dass eine Person für den Ausbruch oder das Fortschreiten einer chronischen Krankheit wie T2D verantwortlich ist. Die Ergebnisse der vorliegenden Studie belegen, dass (gesunde) Teilnehmer mit einer Familiengeschichte in T2D Personen für die Entwicklung dieser Erkrankung eine geringere persönliche Verantwortlichkeit zuweisen als jenen ohne Familiengeschichte. Krankheitswahrnehmungen liefern eine plausible Erklärung für den Einfluss der Familiengeschichte auf die Einstellung zur Eigenverantwortlichkeit[340]. Diese Einstellungen von Laien vermögen sehr wohl die Wahrnehmung der Verantwortlichkeit für Krankheit zu beeinflussen, insbesondere wenn ein nahes Familienmitglied betroffen ist und dessen Erfahrungen mit dieser Krankheit von anderen aus dem Familienkontext geteilt werden[341]. Dies erfordert ein – durch Forschung unterstütztes – Verstehen der familiären Sozialstruktur und der Art und Weise, wie diese die genetische Risikoinformation beeinflusst und von ihr beeinflusst wird.

Schließlich geht den Autoren zufolge aus der Studie klar hervor, dass bei Annahme des Lebensstils als wichtige Komponente der Kausalkette zur Krankheit die Teilnehmer eher annehmen, dass der Schutz vor oder der adäquate Umgang mit dieser Krankheit der individuellen Verantwortlichkeit obliegt. Dieser Befund ist sowohl für die Prävention, wie auch für die Therapie von T2D von besonderer Relevanz, da diese entscheidend von der individuellen Anpassung an einen gesünderen Lebensstil abhängen. Entscheidend für den Erfolg von Strategien der Verhaltensänderung ist die Akzeptanz der persönlichen Verantwortlichkeit für präventive und therapeutische Maßnahmen durch die Individuen. Adäquate Strategien der Verhaltensänderung erfordern deshalb Erklärungen der Ätiologie und Krankheitsursachen, die

340 Leventhal et al. 1980.
341 Hunt et al. 2000.

Wert auf die Bedeutung von modifizierbaren Faktoren des Lebensstils legen. Für die Autoren würden dadurch Diabetespatienten zur Übernahme von Verantwortlichkeit für die eigenen gesundheitsrelevanten Aktionen und Interaktionen ermutigt.

3.2.4.6 Nicklett, E.J. and Kuzminski Damiano, S. (2014) Too little, too late: Socioeconomic disparities in the experience of living with diabetes[342]

Ziel: Benennen, Klassifizieren und Charakterisieren von Krankheiten im Allgemeinen und der Nachweis einer chronischen Erkrankung, wie T2D im Besonderen, stellen Prozesse der sozialen Konstruktion dar und verleihen somit der Interpretation der Erfahrungen durch die Studien-Teilnehmer große Bedeutung. Bis zum Ereignis der Diagnose, also der Benennung, Klassifizierung oder Bestätigung der Erkrankung durch einen praktischen Arzt oder Diabetologen, fehlt den Patienten oftmals die Bereitschaft, adäquate Veränderungen und Korrekturen an ihrem Lebensstil vorzunehmen. Dies hängt eng mit der „zerstörerischen" Natur eines überstürzt durchgeführten Lebenswandels zusammen. So haben zahlreiche Untersuchungen den Prozess der Diagnose einer chronischen Erkrankung als einen traumatischen Vorgang für die Patienten ausgemacht. Weitere Studien über die Patientenperspektive nach einer Diagnose haben zur Identifikation eines Prozesses des Übergangs von der Diagnose zur Anpassung an die Erkrankung geführt. Das Ziel der vorliegenden Studie bestand im Auffinden von sozioökonomischen Faktoren, welche die persönlichen Erfahrungen von Patienten im Zusammenhang mit der Diagnose und dem Bewusstwerden von T2D beeinflussen und im Erkennen von kausalen Zusammenhängen zwischen den persönlichen Krankheitserfahrungen und den sozioökonomischen Erfahrungen, wie diese durch den sog. subjektiven sozialen Status (SSS) charakterisiert werden.

Methode: Hierfür wurden mit 18 an T2D leidenden Frauen semi-strukturierte Interviews über das Ereignis der Diagnose durchgeführt. Die Transkripte der Interviews wurden mit Hilfe der Methode der „IPA" untersucht.

Ergebnisse: Die Ergebnisse belegen für weniger privilegierte Patienten eine spätere und eher traumatische Diagnose. Darüberhinaus neigten Frauen mit relativ niedrigem SSS dazu, ihren Sorgen hinsichtlich der möglichen Folgen der Diabetes, wie Amputationen und vorzeitiger Tod, Ausdruck zu verleihen, während Frauen mit relativ hohem SSS sich eher auf Veränderungen im Lebensstil im Zuge der Entdeckung der Erkrankung konzentrierten. Schon früher war die Diagnose von chronischer Krankheit aus der Perspektive des Patienten als traumatische Erfahrung

342 Nicklett, Emily J. / Kuzminski, Damiano, Sara: "Too little, too late: Socioeconomic disparities in the experience of living with diabetes". *Qual. Soc. Work* 13, 2014, S. 372–388.

identifiziert worden[343]. Während diese Ergebnisse nahelegten, dass anfängliche Sorgen als Folge der Diagnose einer Erkrankung über das gesamte sozioökonomische Spektrum gleichermaßen verteilt sind, variiert gemäß vorliegender Studie die Art und Weise, wie diese Emotionen aktiviert werden, zwischen Frauen mit unterschiedlichem SSS.

Aus der Analyse der Daten wurden von den Autoren einige allgemeine Mechanismen und Einflussfaktoren herausmodelliert, die für die Ausbildung unterschiedlicher persönlicher Erfahrungen verantwortlich gemacht werden können, wie (i) die spezifische Situation und die speziellen Umstände der Entdeckung und des Nachweises der T2D, einschließlich des Grades und der Schwere der Erkrankung zum Zeitpunkt der Diagnose, (ii) das Ausmaß der Beherrschbarkeit, das die Studien-Teilnehmer der T2D zuschreiben, (iii) das Ausmaß des Wissens über und der Erfahrung mit T2D vor der Diagnose und (iv) die Möglichkeiten des Wissenserwerbs über die Erkrankung kurze Zeit nach der Diagnose. Aufgrund der Natur dieser Einflussfaktoren besaßen Personen mit niedrigem SSS besonders ungünstige Erfahrungen im Zusammenhang mit der Entdeckung und dem Nachweis von T2D. Dieses Ergebnis lässt sich mit der „Theorie der beschränkten und erzwungenen Wahlmöglichkeiten" erklären.

Diskussion: Gemäß den Autoren sind ihre Befunde von grundsätzlicher Bedeutung, indem sie zeigen, dass die individuelle Sichtweise zum Zeitpunkt der Diagnose und folglich der Bewusstwerdung der Erkrankung die Auffassung des Patienten über die Welt im Allgemeinen und im Besonderen die Bereitschaft des Patienten, gesundheitsrelevante Dienstleistungen in Anspruch zu nehmen und Eigenverantwortung zu übernehmen, entscheidend beeinflusst. Weitere Ergebnisse legen nahe, dass es hinsichtlich dieser Bereitschaft günstiger ist, vom Beginn der eigenen Diabetes-Erkrankung über eine Routine- oder jährliche Untersuchung zu erfahren als durch einen aufgrund eines spezifischen Verdachts hin veranlassten Arztbesuch.

Die Studie zeigte darüberhinaus Unterschiede in den Gefühlszuständen zum Zeitpunkt der Diagnose auf, die sich auf Unterschiede im SSS zurückführen lassen und die für die mit der Diagnose befassten praktischen Ärzte relevante Informationen liefern können. Einige Betroffene begriffen die Möglichkeit von unangenehmen Konsequenzen als motivierende Kraft, um die T2D zu beherrschen, um eine lange (restliche) Lebenszeit zu ermöglichen und um einen guten Gesundheitszustand aufrechtzuerhalten. Für andere Betroffene führte die Angst vor der Erkrankung zur Schwächung und zu einem Verhalten der Vermeidung und des verminderten Festhaltens an geeigneten Verhaltens- und Therapieformen. Über längere Zeiträume mögen die mit Schuldzuweisung an sich selbst und mit Frustration bei ausbleibenden Therapieerfolgen verbundenen negativen Gefühle den Glauben an die Wirksamkeit des eigenen Handelns oder an die Wiedererlangung der Selbstkontrolle durch

343 Charmaz Kathy: *Constructing grounded theory. A practical guide through qualitative analysis.* SAGE Publications Ltd.: London 2006.

die Therapie und damit an den Behandlungserfolg nachhaltig beeinträchtigen, vor allem im Hinblick auf Ernährung, körperliche Aktivität und Schulung der Patienten.

Schlussfolgerung: Die in dieser Studie herausgearbeiteten Zusammenhänge sind für die Autoren von außerordentlicher Bedeutung, da sie auf die Verknüpfung und den Zusammenhang zwischen Geist und Körper während der Entwicklung einer Zivilisationskrankheit hinweisen. Bisher seien in der relevanten gesundheitspsychologischen Literatur Gefühlszustände mit Körperfunktionen lediglich im Stadium der bereits ausgebrochenen Krankheit in Verbindung gebracht worden. Weiterhin belege diese Studie nachdrücklich, dass das Stadium der Entdeckung einer Erkrankung von großer Bedeutung für die Ausbildung einer der Krankheit angepassten veränderten Identität ist. Demnach stellt gemäß den Autoren die Diagnose den idealen Zeitpunkt für die Einführung von therapeutischen Maßnahmen dar. Dies gilt im Besonderen für – vom Patienten zu akzeptierende und akzeptierte – Änderungen des Lebensstils und des zugrundeliegenden Selbstverständnisses und betrifft vor allem sozial benachteiligte Patienten.

3.2.4.7 Drescher, U., Huber, J. and Essau, C. (2011) The experience of adapting to and living well with type 2 diabetes: An interpretative phenomenological analysis[344]

Ziel: Diese Studie hatte zum Ziel herauszufinden, was Personen mit T2D hilft, adaptive Reaktionen zu entwickeln, die ihr emotionales und physiologisches Wohlergehen unterstützen.

Methode: Hierfür wurden 19 Personen, die ihre T2D und ihre Emotionen entsprechend einer kürzlich durchgeführten Umfrage gut im Griff haben ausführlich über ihre Erfahrung der Anpassung an das tägliche Leben mit T2D befragt. Ihre Antworten wurden der „IPA" unterworfen.

Ergebnisse: Es wurden fünf übergeordnete Themenkomplexe identifiziert, (i) die Akzeptanz der Diabetes, d.h. das Zurücklassen des innerlichen Widerstandes und das Gespür für die Verantwortlichkeit, Wege zu finden, um mit der Erkrankung wirkungsvoll umzugehen, (ii) die persönliche Identität und Selbst-Wirksamkeit als jemand, der damit fertig wird, einschließlich des Selbstbewusstseins darüber, die T2D nicht mit dem Leben interferieren zu lassen, (iii) die Auseinandersetzung mit Diabetes auf sowohl kognitiver, wie auch emotionaler Ebene, um ein „Interesse" an der Diabetes zu entwickeln und um das „Suchen" nach ausführlicher Information über die Krankheit und die Nutzung von verfügbarer Unterstützung zu erleichtern, (iv) die bewusste Kontrolle von Gedanken und Aufmerksamkeit, sowie die Aufnahme von Sichtweisen auf das, was als gut und genussvoll wahrgenommen wird und weniger auf mögliche Ursachen für Angst und Unglück und (v) das selektive

344 Drescher, U. / Huber, Jorg / Essau, Cecillia: *The experience of adapting to and living well with type 2 diabetes: An interpretative phenomenological analysis.* (Division of Health Psychology Annual Conference). (Poster) 2011.

Lösen vom (alleinigen und zwanghaften) Denken über T2D, um sich auf vorhandene geschätzte Lebenserfahrungen konzentrieren zu können.

Diskussion: In dieser Studie ging die Erfahrung, sich an die Diabetes anzupassen und gut mit ihr zu leben, über die Faktoren hinaus, die in den gegenwärtigen Modellen des gesundheitsrelevanten Verhaltens Berücksichtigung finden und in klinischen Interventionen im Allgemeinen angegangen werden. Die Werte der Teilnehmer, ihre Überzeugungen und Einstellungen, wie auch ihre bewusste Aufmerksamkeit hinsichtlich Pflege und Betreuung tauchten als zusätzliche Faktoren auf. Diese werden von den Autoren als bedeutende Voraussetzungen interpretiert, die die adaptiven Verhaltensweisen zur Unterstützung des emotionalen Wohlbefindens und des Umgehens mit der T2D motivieren.

3.2.4.8 Devenney, R. and O'Neill, S. (2011) The experience of diabetic retinopathy: A qualitative study[345]

Ziel: Die Aufrechterhaltung der Blutzuckerkontrolle gilt als der Schlüssel für die Vermeidung von Spätschäden und Komplikationen als Folge von T2D. Das allgemeine Ziel der Behandlung von T2D besteht somit in der Verbesserung der Lebensqualität der betroffenen Individuen über vorbeugende Maßnahmen zum Schutz vor Symptomen und Komplikationen und nach ihrem ersten Auftreten in deren Abmilderung. Das Anbieten von Schulungsprogrammen über einen gesunden Lebensstil, über Selbstmanagement und die Entdeckung und Kontrolle von mikro- und makrovaskulären Folgeerkrankungen gehören zu den wichtigsten Einflussgrößen für die Prävention von diabetischen Komplikationen, wie Retinopathie. Darüberhinaus können psychologische Faktoren, wie individuelle Einstellungen, Selbstkontrolle und Überzeugungen hinsichtlich gesundheitsrelevanter Themen eine wichtige Rolle für das Gestalten des Lebensstils, für die Kontrolle des Blutzuckers und für die Übereinstimmung mit den Empfehlungen der Diabetes-Experten spielen. Das Ziel dieser Studie bestand in der Identifizierung der „Fehlstelle“ zwischen den Vorstellungen von Diabetes-Experten über die Erfahrungen von Patienten mit diabetischer Retinopathie und der Art und Weise, wie diese mit ihrem täglichen Leben umgehen und sich versuchen zu behelfen.

Methode: Es wurden individuelle semi-strukturierte Interviews mit 10 Personen aus Irland durchgeführt, bei denen T2D diagnostiziert worden war und die bereits an Sehverlust als Folge einer Retinopathie litten. Wörtliche Transkripte dieser Interviews wurden mit Hilfe der Methode der „IPA“ untersucht. Die durch die qualitative Analyse identifizierten Hauptthemen und übergeordneten Themenkomplexe umfassten die mit der Retinopathie verbundenen Verluste, das „Fertigwerden“ mit der emotionalen Bedeutung von Verlust, mit dem bei Erblindung erforderlichen Selbstmanagement und dem veränderten Lebensstil.

345 Devenney, Roisin / O'Neill, Siobhan: "The experience of diabetic retinopathy: A qualitative study". *British Journal of Health Psychology* 16, 2011, S. 707–721.

Ergebnisse: Die Retinopathie wurde von den Teilnehmern mit einer Reihe von Verlusten assoziiert. Der Verlust des Augenlichts wurde von einem Gefühl der Abhängigkeit, der sozialen Isolation und des Verlusts von wichtigen sozialen und beruflichen Aufgaben verbunden. Der wahrgenommene Verlust an Unabhängigkeit und Mobilität resultierte in der Notwendigkeit für Unterstützung während des Umstellens des Lebensstils (vor allem im Hinblick auf körperliche Aktivität), welches für eine adäquate Blutzuckerkontrolle unabdingbar ist. Eine Reihe von unterschiedlichen Strategien des ‚Fertigwerdens' wurde eingesetzt. Soziale und familiäre Unterstützung wurde als wichtig für die Aufrechterhaltung des psychologischen Wohlbefindens wahrgenommen.

Diskussion: Diese Studie weist nach dem Urteil der Autoren eine Reihe von methodischen Limitationen auf. Die Probengröße war klein aufgrund des Ziels, die individuellen Erfahrungen zu verstehen. Die Teilnehmer wurden zweckbezogen aus der NCBI-Datenbank ausgewählt. Jedoch gab es dennoch einige Variation in ihrer demographischen Charakteristik und in der Zeitdauer des Sehverlustes. Die Ergebnisse konnten deshalb nicht verallgemeinert und auf andere Populationen und Kulturen übertragen werden. Die Individuen waren einer Organisation bekannt, welche Personen mit Sehverlust unterstützt und deshalb könnten sich deren Erfahrungen von anderen blinden Diabetes-Patienten unterscheiden, die keinen Zugang zu dieser Hilfe haben. Der mögliche Einfluss einer anderen – den Patienten begleitenden – Person, die während des Interviews anwesend war, wurde von den Forschern in die reflexive Analyse miteinbezogen. Obwohl diese Begleitpersonen gewöhnlich während des Interviews wenig oder gar nicht sprachen, kann nicht ausgeschlossen werden, dass ihre Präsenz mit der Offenheit der von den Diabetespatienten gegebenen Antworten interferierte. Für einige Teilnehmer war die Diskussion über ihre Erfahrungen mit der Krankheit offenkundig schwierig, sogar dann, als das Interview ohne Begleitperson durchgeführt wurde. Auch war es nicht auszuschließen, dass Teilnehmer in der Kommunikation von Information selektiv vorgegangen sind. Schließlich besitzt in der qualitativen Forschung die Charakteristik des Forschers selbst großen Einfluss auf die Art und Qualität der erhobenen Daten. In der reflexiven Analyse überdenkt der Forscher die Möglichkeit, dass er und wie er die Daten und deren Interpretation beeinflusst haben könnte, in der Hoffnung, dass dieses Bewusstmachen die Genauigkeit der Daten zu verbessern hilft.

Rose und Mitarbeiter[346] haben berichtet, dass die Schwierigkeit, die Blutzuckerkontrolle aufrechtzuerhalten, auch auf psychologische Faktoren zurückgeht. So ist eine gleichzeitig mit der T2D manifeste Depression häufig mit dem Verlust einer

346 Rose, Matthias et al.: "The network of psychological variables in patients with diabetes and their importance for quality of life and metabolic control". *Diabetes Care* 25, 2002, S. 35–42.

adäquaten Blutzuckerkontrolle verbunden[347]. Depressionen können in einer eingeschränkten Motivation resultieren, einen gesunden Lebensstil und eine angemessene Blutzuckerkontrolle zu verwirklichen. Darüberhinaus mag es auch eine physiologische Verbindung zwischen ungenügender Blutzuckerkontrolle und Depression geben (s. 2.9.3.3.2). Nichtsdestotrotz ist die Wirksamkeit von körperlicher Aktivität hinsichtlich Blutzuckerkontrolle und Depression reichlich dokumentiert. Weiterhin stellt die Tatsache, dass Personen mit T2D und diabetischer Retinopathie es im Vergleich zu gesunden für schwieriger finden, körperliches Training regelmäßig durchzuführen, ein eminentes Problem dar. Die Befunde unterstreichen die Bedeutung, Patienten mit Diabetes und Retinopathie geeignete professionelle Hilfe zukommen zu lassen, um ihnen den Umgang mit und die Beherrschung beider Konditionen zu erleichtern.

3.2.4.9 Ijaz, S. and Asir Ajmal, M. (2011) Experiencing type II diabetes in Pakistan[348]

Ziel: Die vorliegende Studie wurde durchgeführt, um die Erfahrungen von Patienten und ihrem Pflegepersonal mit T2D in einem nicht-westlichen Land zu untersuchen.

Methode: Die Probe bestand aus vier Patienten mit T2D (40 bis 70 Jahre) und vier (gesunden) Personen aus dem Pflegebereich (17 bis 50 Jahre). Semi-strukturierte Interviews wurden durchgeführt und die Daten mit der Methode der „IPA“ analysiert. Vier übergeordnete Themenkomplexe wurden sichtbar im Hinblick auf (i) Schwere der Erkrankung, (ii) Diabetes-bezogene Verzweiflung und persönliche Nöte, (iii) positive emotionale Reaktionen und (iv) das Führen eines veränderten Lebens. Darüberhinaus ließ sich in Diabetes-Patienten die Entwicklung von folgenden Subthemen nachvollziehen: (i) Prägung der physiologischen Gesundheit, (ii) Reaktionen der Familie, der Freunde sowie der Verwandten auf die T2D, (iii) Ansichten der Diabetespatienten über Nicht-Diabetiker und (iv) Sieg über T2D. In den Pflegekräften entwickelten sich die Themenkomplexe (i) der Auseinandersetzung mit dem Leben eines Diabetespatienten, (ii) des Fertigwerdens mit der übertragenen Verantwortung in der Pflege, (iii) der eigenen Ansichten über nicht im Pflegebereich Tätige, (iv) des Besiegens der T2D und (v) der eigenen Nöte. Diese Befunde wurden im Licht der kulturellen Unterschiede diskutiert.

Ergebnisse: Nach Meinung der Autoren bringt die Diagnose der T2D eine Reihe von emotionalen Problemen, wie Verweigerung, Sorge, Verängstigung, Zorn, Furcht, Frustration und Depression, mit sich. Patienten mit T2D leiden an Müdigkeit, Antriebslosigkeit und Schwindel. Sie tragen auch Gefühle der Schuld oder Angst mit sich herum, sobald sie nicht mehr in der Lage sind, mit ihrer Diabetes

347 Bailey, Clifford J. / Krentz, Andrew J.: *Type 2 diabetes in practice*. Royal Society of Medicine Press Ltd.: London 2001.

348 Ijaz, Shirmeen / Ajmal, Asir M.: “Experiencing type II diabetes in Pakistan”. *Pakistan Journal of Social and Clinical Psychology* 9, 2011, S. 50–56.

umzugehen. Abgesehen von diesen emotionalen Schwierigkeiten wird das Leben von Diabetespatienten auf unterschiedlichste Weise beeinflusst. So ergaben frühere Untersuchungen, dass in bestimmten Fällen Familien hilfreich und unterstützend sein können, in anderen dagegen nicht. Es wurde auch festgestellt, dass Diabetespatienten die Diskussion über ihre Krankheit mit solchen Familienmitgliedern, Freunden oder Bekannten vermeiden, die selbst nicht an Diabetes leiden. Sie fühlen sich diesen gegenüber als weniger ‚wert.' Diabetespatienten haben auch Probleme, einem angemessen veränderten Lebensstil zu folgen und sie benutzen verschiedene Strategien, um mit ihrer Erkrankung fertig zu werden.

Auch gemäß dieser Studie bleibt es unzweifelhaft, dass T2D einen bedeutenden Einfluss auf den Lebensstil des Patienten ausübt. Patienten mit T2D erfahren emotionale und physiologische Probleme. Sie erleben Zustände des Schocks, des Stresses, der Angst und Furcht, der Depression, der Verweigerung und so weiter. Die Realität, an Diabetes erkrankt zu sein, ist für Diabetespatienten sehr schwierig zu akzeptieren. Patienten mit T2D fürchten sich vor Insulininjektionen und den mit T2D verbundenen Spätschäden und Komplikationen hinsichtlich Herz, Augen und Nieren. Sie sind auch enttäuscht, wenn es ihnen nicht gelingt, ihre Blutzuckerwerte zu kontrollieren. Zusätzlich zu den emotionalen Problemen sehen sich Patienten mit T2D auch physiologischen Herausforderungen gegenüber, wie Verlust der Zähne, Müdigkeit, Schwäche, Gedächtnisprobleme, Taubheit in den Füßen, Herzprobleme, trockene Kehle, schwaches Augenlicht, Schmerzen, Schwindel etc. Patienten mit T2D leiden nicht nur an emotionalen und körperlichen Problemen, auch ihr Familienleben wird empfindlich gestört. Sie waren oftmals gewohnt, all ihre Arbeit eigenständig auszuführen, aber nach der Diagnose von Diabetes wurden sie von ihren Familienmitgliedern abhängig.

Schlussfolgerung: Den Autoren zufolge bestätigt ihre Studie, dass T2D das soziale Leben der Betroffenen empfindlich stört und zwar auch in dem nicht-westlichen Land Pakistan. Da es sehr schwierig sei, den Behandlungsvorschriften für Diabetes zu folgen, v.a. am Arbeitsplatz und bei diversen sozialen und gesellschaftlichen Aktivitäten, vermieden Patienten mit T2D, gesellschaftliche Ereignisse zu besuchen oder soziale Funktionen zu übernehmen, da diese häufig mit der Möglichkeit oder gar dem „Zwang" zum Konsum von unangemessenen Nahrungsmitteln und Getränken verbunden sind. Dadurch würden sie sozial isoliert. Patienten mit T2D vermieden auch das Gespräch über ihre Krankheit mit ihren Freunden und Verwandten. Diese hätten häufig kein ausreichendes Wissen über Diabetes oder sogar eine negative Einstellung zu ihr und liefen deshalb Gefahr, den Diabetespatienten falsche Vorschläge hinsichtlich ihres Lebensstils zu machen. Manche Personen hielten T2D sogar für eine ansteckende Krankheit. Diese Vorstellung sei für Patienten mit T2D sehr schmerzhaft und in der Folge nähmen sie ihr Leben häufig als farblos, geschmacklos, begrenzt und gehemmt wahr.

3.2.4.10 *Dellasega, C., Gabbay, R., Durdock, K. and Martinez-King, N. (2010) Motivational interviewing to change type 2 diabetes self-care behaviours*[349]

Ziel: Zusätzlich zu der Vielzahl körperlicher Komplikationen beeinflusst T2D die emotionale Gesundheit und das Wohlbefinden der Betroffenen auf ungünstige Weise. Die Häufigkeit von klinischer Depression liegt bei Patienten mit T2D schätzungsweise bei 10 bis 30 %. Da die kognitiven Funktionen die Fähigkeit zur täglichen Selbstsorge entscheidend mitbestimmen, können psychische Schwierigkeiten eine indirekte, aber negative Wirkung auf die Blutzuckerkontrolle ausüben. Experten der Diabetes-Schulung behaupten, dass die größte Herausforderung für die Verbesserung der Situation von Patienten mit T2D in wirksameren Strategien für Verhaltensänderung auf vielfältigen Ebenen liegt. Bisherige typische Ansätze umfassen (i) die Taktik der Abschreckung, (ii) das Erteilen von Ratschlägen, (iii) das Beharren und Insistieren auf vorgeschlagenen Aktivitäten und (iv) andere eindeutig direktive Methoden, die nicht besonders förderlich für Verhaltensänderungen sind. Im Gegensatz dazu haben Ansätze, die die Ertüchtigung der Patienten, ihre Schulung, die Förderung ihres psychosozialen Verständnisses und kurze Beratungen über adäquate Verhaltensänderung beinhalten, vielversprechende Ergebnisse gezeigt[350]. Motivierendes Führen eines Interviews (MI) ist ein auf die zu befragende Person zugeschnittener Ansatz für Beratung und Betreuung, der die Person aktiv miteinbezieht und auf die Motivation für eine Verhaltensänderung abzielt. MI betont besonders die Bedeutung des Verstehens der für den jeweiligen Patienten spezifischen Sichtweise und Priorisierung, wenn für diesen ein Behandlungsplan entwickelt werden soll. MI bedient sich des überlegten Zuhörens, der therapeutischen Kommunikation und des Aufbaus einer engen Beziehung, um eine Stärkung und Ertüchtigung, sowie eine Verhaltensänderung zu fördern[351]. Ziel der Studie war somit zu untersuchen, ob im Vergleich zur Standardpraxis die Teilnehmer mit T2D auf Betreuung durch geschulte Pflegekräfte in der Art des MI in einer Weise reagieren, die letztlich zu für sie günstigeren Ergebnissen führt.

Methode: Die Studie wurde mit 19 Teilnehmern im Durchschnittsalter von 62 Jahren und einer jeweils mehr als 21 Jahre währenden Krankengeschichte mit T2D über eine Periode von sechs Monaten durchgeführt. Jedes Interview wurde (mit Erlaubnis der Teilnehmer) elektronisch aufgezeichnet, transkribiert und validiert. Zur Analyse der Daten wurde die Methode der „IPA" eingesetzt. Da die „IPA" anstrebt, die Bedeutung, die eine bestimmte Erfahrung für die betreffende Person

---

349 Dellasega, Cheryl et al.: Motivational interviewing to change type 2 diabetes self-care behaviours. *Journal of Diabetes Nursing* 14, 2010, S. 112–118.

350 Miller William R. / Rollnic, Stephen: *Motivational interviewing: Preparing people to change addictive behavior.* Guilford Press: New York 1991.

351 Miller, William R. / Rollnick, Stephen / Butler, Christopher C.: *Motivierende Gesprächsführung in den Heilberufen: Core-Skills für Helfer.* Probst: Lichtenau 1993.

besitzt, an die Oberfläche zu bringen, wird sie sich eher mit persönlichen Gefühlen und Reaktionen als mit objektiven Messungen beschäftigen. Damit einhergehend spielen auch die Überzeugungen und Vorstellungen des Forschers eine entscheidende Rolle bei der Interpretation der Erfahrungen des Teilnehmers. In diesem Sinne waren die Beobachtungen und Aufzeichnungen der Pflegekräfte und Ärzte ein wichtiger Bestandteil der Analyse.

Ergebnisse: Obwohl die Studie noch nicht vollständig ausgewertet vorlag, zeigten die Feststellungen der Pflegekräfte, dass viele Teilnehmer die angestrebten Ziele im Hinblick auf Verhaltensänderung zum ersten Mal während der Studie erreichten. Alle Teilnehmer (der Kontroll- und Behandlungsgruppen) wiesen stärkere Anzeichen von durch die T2D verursachten psychischen Verstörungen auf, eine geringere Bereitschaft zum Festhalten an Verhaltensweisen der Selbstsorge, sowie eine geringere Zufriedenheit mit der Therapie und zeigten mit größerer Häufigkeit Depressionen als in der Literatur im Allgemeinen berichtet wird. Sie bildeten deshalb eine Hochrisikogruppe für einen ungünstigen Ausgang der Erkrankung.

Interessanterweise enthüllten die Ergebnisse der Analyse, dass die Betreuung auf Basis des MI sich günstig auf einige – quantitativ nicht messbare – psychologische Parameter auswirkte. So fühlten sich einige Teilnehmer soweit gestärkt, um Veränderungen in ihrem Lebensstil hinsichtlich Ernährung und körperlicher Aktivität anzugehen und sie zeigten ein erhöhtes Vertrauen in ihre Fähigkeit, mit den Herausforderungen auf angemessene Weise umzugehen. Dabei ist wichtig hervorzuheben, dass viele Teilnehmer der Meinung waren, dass das Wissen und der professionelle Hintergrund der Pflegekräfte den Beitrag des MI bei der Betreuung bedeutend erhöhten. In einem zweimonatlich erscheinenden Mitteilungsblatt für die Teilnehmer der Behandlungsgruppe, tauschten sich diese beeindruckende Darstellungen aus über (i) ihre verbesserte Fähigkeit der Akzeptanz ihrer Lage und Diabeteserkrankung, (ii) den geringeren, mit speziellen Verhaltensprogrammen der Selbstfürsorge (z.B. Überwachung des Blutzuckers) verbundenen Stress, (iii) ihre effizientere Art, mit einer chronischen Erkrankung fertig zu werden und (iv) die Übernahme einer aktiveren Rolle im Selbstmanagement der Erkrankung.

Schlussfolgerung: Für die Autoren stellt die MI eine Strategie der therapeutischen Kommunikation dar, die eine große Relevanz für die Pflege und die allgemeine Medizin besitzt. Für das Arbeiten mit Individuen, deren chronische Erkrankung Selbstfürsorge und Selbstüberwachung erfordert, ermögliche diese Technik den Ärzten, Pflegekräften und Patienten als ein Team zu operieren und zu funktionieren. Die Entscheidung darüber, ob es angemessener ist, MI oder eine Standardmethode der Gesundheitsversorgung anzuwenden, sei damit zur Herausforderung geworden und setze spezielle Ausbildungsstrategien für das medizinische Personal voraus. Die Autoren fanden zudem heraus, dass die Schlüsselkonzepte der MI (Stärkung und Ertüchtigung, emotionale Unterstützung, kommunikative Fertigkeiten und Motivation) für das Festlegen der primären Versorgung für eine chronische Krankheit, wie T2D, besonders wertvoll ist und relativ leicht durchführbar sein kann.

Die an der Studie beteiligten Pflegekräfte fühlten, dass eine auf Basis des MI durchgeführte präventive Strategie zu besseren Beziehungen zu den Ärzten und zur besseren Befähigung der Patienten zur Selbsthilfe führen kann. So wurden die Sitzungen mit MI zur Förderung von Verhaltensänderungen mit „mehr ein Tanz als ein Boxkampf, wie er sich üblicherweise entwickelt" beschrieben.

3.2.4.11 Penckofer, S., Estwing Ferrans, C., Velsor-Friedrich, B. und Savoy, S. (2007) The psychological impact of living with diabetes. Women's day-to-day experiences[352]

Ziel: Depressionen beeinflussen die Selbstsorge und den selbstverantwortlichen Umgang mit Diabetes. Depressionen von Personen mit T2D gehen einher mit schlechterer Ernährung und geringerem Festhalten an einer vereinbarten Medikation, stärkeren funktionellen Einschränkungen und letztlich höheren Kosten für das Gesundheitssystem. Frühere Befunde zeigten, dass schwere Depressionen mit geringerer körperlicher Aktivität, ungesunder Ernährung und verringertem Festhalten an vereinbarten Medikationen (orale Blutzucker-, Blutdruck- und Blutfett-senkende Medikamente) einhergeht. Depressive Symptome üben einen direkten und eindeutig negativen Einfluss auf das Festhalten an vereinbarten Behandlungsprotokollen aus, der in der Folge die Entwicklung von diabetischen Komplikationen und Spätschäden ungünstig beeinflusst.

Psychische Erkrankungen, wie Angstzustände, Zorn und Aggression sind oft mit Depressionen verbunden. Das Auftreten von Angstzuständen in Personen mit T2D wird mit 30 bis 40 % angegeben, wobei Frauen davon signifikant stärker betroffen sind. Angstzustände sind direkt mit schlechterer Blutzuckerkontrolle und Lebensqualität im Allgemeinen verbunden und scheinen das Bemühen um Selbstsorge zu verringern. Durch erhöhte Stimulation des sympathetischen Nervensystems und die damit verursachte Blutdruckerhöhung tragen Angstzustände zum erhöhten kardiovaskulären Risiko für Frauen mit T2D bei. Die Vorschriften für die Beherrschung und den Umgang mit T2D können sehr anspruchsvoll sein, verbunden mit Gefühlen der Frustration und des Zorns, besonders dann, wenn die Blutzuckerspiegel unkontrolliert bleiben. Zorn war auch in erhöhtem Ausmaß in Personen mit T2D, die sich wegen psychischer Erkrankungen behandeln ließen im Vergleich zu Personen ohne Diabetes nachweisbar.

Das Ziel diese Studie bestand im Verstehen der Gefühle von Depression, Angst und Zorn, die Frauen mit T2D erfahren, sowie des Einflusses, den diese Gefühle auf die Qualität ihres alltäglichen Lebens ausüben.

Methode: Folgende übergeordnete Themenkomplexe konnten aus den Daten von 41 Frauen mit Durchschnittsalter 55,6 Jahre, Angehörigkeit zu zwei unterschiedlichen Rassen (weiß oder afrikanische Amerikaner) und einer durchschnittlichen Dauer der Diabetes-Erkrankung von 8,7 Jahren herausgearbeitet werden, (i) die

352 Penckofer, Sue / Estwing Ferrans Carol / Velsor-Friedrich, Barbara / Savoy, Suzanne: "The psychological impact of living with diabetes. Women's day-to-day experiences". *The Diabetes Educator* 33, 2007, S. 680–690.

Auseinandersetzung mit der sich verändernden gesundheitlichen Situation, (ii) die Auseinandersetzung mit den Herausforderungen der veränderten Beziehungen zu sich selbst, zur Familie und zu anderen, (iii) die Sorge um die Gegenwart und die Zukunft, (iv) die Übernahme vielfältiger Verantwortlichkeiten für sich selbst und andere und (v) die Entscheidung, eine Auszeit zu nehmen. Das folgende Fragen-Format wurde für die Charakterisierung der entsprechenden Gefühle (Depression, Angst, Zorn) eingesetzt: (i) Hatten Sie jemals eines dieser Gefühle in Bezug auf ihre Erkrankung? (ii) Welche Umstände rufen bei Ihnen diese Gefühle hervor? (iii) Was unternehmen Sie, wenn diese Gefühle bei Ihnen aufkommen?

Ergebnisse: Frauen drücken Gefühle von Depression, Angst und Zorn aus, die primär mit der eigenen Erkrankung T2D, wie auch mit dem Umgang mit den vielfältigen Verantwortlichkeiten einer Pflegekraft für T2D in Zusammenhang standen. Es gab keine signifikanten Unterschiede hinsichtlich der Rassenzugehörigkeit. Die Autoren schlossen, dass Frauen mit T2D Gefühle der Depression, Angst und Zorn erfahren, die ihren Gesundheitszustand und ihre gesamte Lebensqualität entscheidend beeinflussen. Diese Befunde legen nahe, dass die Verantwortlichen des Pflegebereichs die psychische Gesundheit von Frauen mit T2D eruieren sollten, wenn sie Pläne für deren Pflege und Versorgung aufstellen. Durch Verständnis für und Zugehen auf die emotionale Gesundheit von Frauen mit T2D mögen sich die Beziehungen zwischen Patient und Familie und den Verantwortlichen des Pflegebereichs verbessern und die Aussichten auf einen erfolgreichen Umgang mit T2D erhöhen.

Diskussion: Ein wichtiger Befund dieser Studie besteht nach Ansicht der Autoren darin, dass sich Frauen mit T2D mit gewaltigen Herausforderungen in ihren Beziehungen konfrontiert sahen. Auf persönlicher Ebene wurden sie zornig aufgrund ihrer Unfähigkeit, erfolgreich mit ihrer Erkrankung umzugehen. Sie wurden auch verstört durch den Mangel an Verständnis von Anderen im Hinblick auf die Schwierigkeiten, mit dieser Krankheit zu leben. Der mangelnde Erfolg im Selbstmanagement wurde zum Teil der Tatsache zugerechnet, dass die entsprechenden Verantwortlichen des Pflegebereichs nicht auf ihre Bedürfnisse hörten und die gleichen Informationen bei jedem Besuch wiederholt wurden. Die Befunde der Studie legen nahe, dass das Eruieren der psychischen Gesundheit und ihr Einfluss auf das Selbstmanagement von T2D für Verantwortliche des Pflegebereichs wichtig ist. Aufgrund der Tatsache, dass auch andere Gefühle mit schlechter Blutzuckerkontrolle assoziiert sein können, sei mit den Patienten auch über ihr gesamtes psychisches Wohlergehen zu diskutieren. Dadurch könnten solche Gefühle identifiziert werden, bei denen eine Überweisung an einen Spezialisten der Psychologie oder Psychiatrie erforderlich und hilfreich zu sein scheint. Darüberhinaus könnten Diskussionen mit Patienten, die über deren körperliche Gesundheit hinausgehen, für den Aufbau einer vertrauensvollen Beziehung zu den Verantwortlichen des Gesundheitssystems hilfreich sein. Dadurch werde den Patienten ermöglicht, ihren Frustrationen und Angstzuständen Ausdruck zu verleihen und mögliche Veränderungen ihrer Behandlungsstrategien zu planen.

Ein weiterer wichtiger Befund dieser Studie ist darin zu sehen, dass der Kampf mit der täglich sich verändernden gesundheitlichen Situation schwerwiegende

Einschränkungen im Alltagsleben hervorrufen kann. Bedenken hinsichtlich der Blutzuckerkontrolle ruft bei Frauen Selbstbeschränkungen hinsichtlich des Autofahrens, des Verreisens in den Urlaub und des Treffens einschließlich Essens mit Freunden hervor. Diese Selbstbeschränkungen im Alltagsleben aufgrund der Gefahr möglicher Unterzuckerung war für die Teilnehmer dieser Studie besonders störend und verstärkte häufig Zorn und Depressionen. Als sehr ernsthafte Folge ist anzunehmen, dass Selbstbeschränkungen, wie etwa das zu Hause bleiben, die Diabetes-Patienten in die Isolation treiben kann, die wiederum Depressionen und Ängstlichkeit verstärkt. Durch Analyse der Routineaktivitäten des Patienten kann der Verantwortliche des Pflegebereichs einen Einblick erlangen, inwieweit die Blutzuckerkontrolle auf normale Aktivitäten, insbesondere auf solche, die Freude bereiten, einen negativen Einfluss ausüben.

Schlussfolgerung: Schulungsprogramme für T2D sollten den Autoren zufolge eine Empfehlung über eine gesunde psychische Lebensführung beinhalten. Die Konsequenzen einer schlechten emotionalen Gesundheit auf die Entwicklung von diabetischen Komplikationen und Spätschäden ist in früheren Studien bereits eindrücklich gezeigt worden. So erhöhen Depressionen für Patienten mit T2D das Risiko für Retinopathie, Nephropathie, Neuropathie und Herzkreislauferkrankungen. Darüberhinaus hat eine neuere Studie gezeigt, dass das gleichzeitige Vorliegen von Depression und T2D mit signifikant erhöhter Mortalität gegenüber einer alleinigen Erkrankung an Diabetes oder Depression verbunden ist. Deshalb kann das rechtzeitige Erkennen und die sofortige adäquate Behandlung von schlechter psychischer Gesundheit für Frauen mit T2D eine wichtige Strategie darstellen, um ihr Selbst-Management zu verbessern, die Spätschäden zu mildern und die Lebensqualität und Lebenserwartung zu erhöhen.

3.2.4.12 Morris, J.E., Povey, R.C. and Street, C.G. (2005) Experiences of people with type 2 diabetes who have changed from oral medication to self-administered insulin injections. A qualitative study.[353]

Ziel: Es wird unter Diabetes-Experten generell davon ausgegangen, dass die Mehrheit der Patienten mit T2D früher oder später eine Behandlung mit Insulin benötigen, wenn sie ihren Blutzucker innerhalb der empfohlenen Werte halten wollen. Während viel über die physiologischen Vorteile von Insulin bekannt ist, weiß man kaum etwas über die gelebte Erfahrung während des Prozesses des Übergangs von der oralen Medikation (mit Tabletten) zur Insulintherapie (mit Injektionen). Trotz der starken klinischen Evidenz für die gesundheitlichen Vorteile einer verbesserten Kontrolle des Blutzuckers und trotz des Wissens, dass Insulintherapie in der

353 Morris, J.E. / Povey, R.C. / Street, C.G.: "Experiences of people with type 2 diabetes who have changed from oral medication to self-administered insulin injections. A qualitative study". *Pract. Diab. Int.* 22, 2005, S. 239–243.

Regel sehr wirksam in der Blutzuckerkontrolle ist, wenn andere Behandlungsmöglichkeiten zu keinem befriedigenden Erfolg (mehr) führen, zeigt die vorliegende Untersuchung, dass die Patienten oft sehr zögerlich und widerstrebend einem Übergang zur Insulintherapie zustimmen. Diese Angst der Patienten vor Insulin wird manchmal mit „psychologischer Insulinresistenz" bezeichnet und schließt die Furcht vor Gewichtszunahme (v.a. bei bereits Übergewichtigen), vor den Injektionen selbst und vor Unterzuckerung ein. Es gibt viele Einflussfaktoren für die „psychologische Insulinresistenz", darunter (i) irrtümliche Überzeugungen hinsichtlich der Notwendigkeit für den Beginn der Insulintherapie (aufgrund inkorrekter medizinischer Entscheidungen oder eigener Fehler bei der herkömmlichen oralen Therapie), (ii) irrtümliche Vorstellungen über die Konsequenzen der Insulintherapie (physische Unbequemlichkeit, soziale Stigmatisierung) und (iii) Faktoren, die die Entscheidung über den Beginn der Insulintherapie beeinflussen (soziale Beziehungen, Beziehung zum Pflegeteam). Die Gründe für die Verweigerung scheinen also recht komplex zu sein und es ist von großer Wichtigkeit, dass das verantwortliche Pflegepersonal diese Ängste, Vorstellungen und Erwartungen (an)erkennt und auf sie eingeht, wenn es die Patienten bei ihrem Übergang zur Insulintherapie effektiv unterstützen will.

Das Ziel der vorliegenden Studie bestand in der Erforschung des Bereichs der persönlichen Erfahrungen von Frauen und Männern mit T2D, die vor kurzer Zeit zur Insulintherapie übergegangen waren. Somit hatte diese Studie nicht nur den Augenblick der Umstellung zum Gegenstand, sondern schloss ein longitudinales Element ein, indem die Teilnehmer einen Monat später auf ihre Erfahrungen mit der anfänglichen Anpassung an die Insulintherapie hin untersucht wurden. Dabei wurde besonders Wert auf ihre Erwartungen von und Erfahrungen mit Insulin gelegt, sowie auf die Bedeutung und Wirkung, die die Insulintherapie – ihrer Meinung und ihrem Gefühl nach – auf ihr tägliches Leben ausübt.

Methode: Es wurde eine Probe von sechs Personen mit T2D, die kürzlich zur Insulintherapie übergegangen waren, zusammengestellt. Die Daten wurden mit Hilfe von semi-strukturierten Interviews gesammelt, die *per* Tonband aufgezeichnet und dann transkribiert wurden. Die Transkripte wurden zusammen mit den aufgezeichneten Beobachtungen der Forscher und dokumentarischen Materialien (z.B. Lebensläufe, medizinische Berichte) mit Hilfe der Methode der „IPA" untersucht. Die Haupt- und Nebenthemen, die sich aus den Berichten der Teilnehmer herauskristallisierten, wurden kategorisiert in (i) anfängliche Reaktionen mit Schockzuständen, Furcht vor Injektionen, vor Zufügung von Schmerz und Schädigung, vor Machtlosigkeit, vor Angst und Verweigerung, (ii) Wahrnehmungen von Insulin als Freund oder Feind, als Restriktion, als Fehlschlag, als Bestrafung, (iii) veränderte Selbstwahrnehmung durch Einnehmen der Rolle eines Kranken, durch Verlust der „Normalität", durch Selbsteinschätzung als „Frankenstein", durch Hoffnung auf Wiedererlangung der Gesundheit und (iv) Veränderung der persönlichen Einstellungen im Sinne von Akzeptanz und Ertüchtigung.

Ergebnisse: Die Analyse der Daten offenbarte, dass die Patienten einen weiten Bereich von anfänglichen Reaktionen des Schocks über hysterische Angst bis hin zu Verweigerung zeigen und dass die Wahrnehmungen von Insulin manchmal in einem veränderten Selbstverständnis resultieren. Die Überzeugungen der Teilnehmer scheinen durch Erfahrungen in der Vergangenheit, die Einstellungen anderer, die Wahrnehmung der eigenen Diabeteserkrankung und ihr Verständnis vom Krankheitsprozess beeinflusst zu sein. Dazu zählt etwa der Glaube, dass eine Insulintherapie das Ergebnis eines persönlichen Fehlverhaltens sei, oder dass eine Insulintherapie Unbequemlichkeiten mit sich bringe. Jedoch zeigte die vorliegende Studie auch, dass, wenn die Insulintherapie erst einmal begonnen worden ist, das Vertrauen der Betroffenen in den Nutzen für ihre Gesundheit wachsen kann und dass diese dann ein Gefühl der Macht und Kontrolle über ihre eigene Gesundheit spüren können. Dadurch änderten sich mit der Zeit manche Vorstellungen, woraufhin einige Patienten dann bereit waren, Insulininjektionen zu akzeptieren. Diese gingen dann auch wesentlich gestärkt aus der Umstellung auf die Insulintherapie hervor.

Schlussfolgerung: Die Autoren schlossen aus diesen Befunden, dass Patienten, die auf Insulintherapie umgestellt werden, ein spezifisches Programm für eine Schulung und individuelle Unterstützung benötigen, die nicht nur auf die Vermittlung von Wissen und neuen Fertigkeiten (z.B. Technik der Selbstinjektion) gerichtet ist. Die Verantwortlichen des Gesundheitswesen müssten zuerst die Vorstellungen, Überzeugungen, Erwartungen und Ängste der Patienten hinsichtlich ihrer Erkrankung und Therapie, wie auch des Medikaments Insulin ergründen. Nur dadurch würden von den Patienten das vermittelte neue Wissen akzeptiert und die neu erlernten Fertigkeiten konsequent angewendet werden.

Wenn Patienten mit der Insulintherapie starten, bestünde die oberste Priorität für die Verantwortlichen des Gesundheitssystems natürlich darin, den Patienten die erforderlichen Fertigkeiten für die sichere Durchführung einer Injektion und das Wissen, wie eine mögliche Unterzuckerung zu erkennen und zu behandeln ist, zu vermitteln. Aber die Befunde dieser Studie legten den Autoren zufolge nahe, dass im Eifer der Verantwortlichen, diese Erfordernisse zu erfüllen, die psychologischen Bedürfnisse der Patienten oftmals vernachlässigt würden, indem ihre Ängste und ihr Bedarf an Informationen zu diesem Zeitpunkt nicht adäquat identifiziert werden und in der Folge unberücksichtigt bleiben.

Für jeden Teilnehmer dieser Studie wurde die Entscheidung, wann mit der Insulintherapie zu beginnen sei, von den Verantwortlichen des Gesundheitssystems getroffen. In einigen Fällen wurde diese Entscheidung von den Betroffenen als „aufgezwungen" wahrgenommen, was zu negativen anfänglichen Vorstellungen über die Insulintherapie führte. Da T2D eine fortschreitende Erkrankung darstellt und viele Patienten mit T2D früher oder später Insulin benötigen werden, um eine angemessene Kontrolle ihres Blutzuckers zu gewährleisten, so lässt sich aus den Ergebnissen dieser Studie der Rat ableiten, die Idee der Insulintherapie viel früher in die „Diabetes-Geschichte" des Patienten einzuführen, damit dieser aktiv an der Entscheidung über ihren Beginn mitwirken kann. Die Autoren sind der Überzeugung, dass dieses Vorgehen zu einem verbesserten subjektiven Gefühl der Kontrolle über die Erkrankung beitragen würde, welches als wichtige Determinante für den Anpassungsprozess an eine neue Behandlungsstrategie für Diabetes-Patienten gilt.

„Zentrale der Kontrolle“ gilt als wohl-etabliertes Modell in der Gesundheitspsychologie. Es behauptet, dass immer dann, wenn Menschen geholfen werden kann, ihre Entscheidungen selbst zu treffen und dadurch den Ort der Kontrolle zu „internalisieren“, die Wahrscheinlichkeit für eine eigenverantwortliche Selbstsorge für ihre Gesundheit und für eine positive Haltung dieser gegenüber zunimmt. Diese „Internalisierung“ des Orts der Kontrolle kann nur dann stattfinden, wenn die Ängste und Erwartungen der Patienten berücksichtigt und angegangen werden. Dies zeigt eindringlich die Bedeutung der qualitativen phänomenologischen Forschung, die darauf abzielt, die Erfahrungen der Patienten, einschließlich ihrer Ängste und Erwartungen, zu erforschen und zu verstehen.

3.2.4.13 Johansson, K., Ekebergh, M. and Dahlberg, K. (2008) A lifeworld phenomenological study of the experience of falling ill with diabetes[354]

Ziel: Das Ziel der Untersuchung war, aus der Perspektive von Patienten Kenntnisse über den Prozess der Erkrankung an Diabetes zu gewinnen. An T2D zu erkranken und sich darüber bewusst zu werden, bedeutet „mit sofortiger Wirkung“ eine andere Person zu werden, eine mit T2D. Der Fokus auf den Prozess des Krankwerdens ist für ein Verständnis dieser Patientengruppe hilfreich, denn dadurch kann ihrem Leiden besser begegnet werden und ihre Anpassung an die Erkrankung und an die neue Lebenssituation effizienter unterstützt und wesentlich erleichtert werden.

Methode: Das Phänomen der Erfahrung und des Erlebens des Prozesses der Entwicklung von T2D wurde mit dem Ansatz der sogenannten „reflexiven Erforschung der Lebenswelt“ untersucht, welcher auf der von Karin Dahlberg erarbeiteten „phänomenologischen Epistemologie“, auch „phänomenologischer Lebensweltansatz“ oder hier „phänomenologische Lebensweltanalyse (PLA)“ genannt (Dahlberg et al. 2008) basiert. In der vorliegenden Studie wurde die Methode des „Zügeln“ durch den jeweiligen Forscher auf individuelle Weise eingesetzt. Aber die Autoren diskutieren auch den Entwicklungsprozess des wechselseitigen Verstehens unter Forschern mit Hilfe des gemeinsamen „Vor- und Zurückgehens“ zwischen den Erzählungen der Patienten und den von ihnen zugewiesenen Bedeutungen, die die Forscher darin zu erkennen glauben. Um Formulierungen und schriftliche „Manifestationen“ der von den Patienten gelebten Erfahrungen zu erhalten, wurden sowohl mündliche Erzählungen, wie schriftliche Berichte verwendet[355]. Da man davon ausging, dass insbesondere im Schreibprozess die gelebte Erfahrung freigesetzt wird[356], wurden die Patienten gebeten, eine detaillierte und vollständige Erzählung ihrer Wahrneh-

354 Johansson, Karin / Ekebergh, Margaretha / Dahlberg, Karin: “A lifeworld phenomenological study of the experience of falling ill with diabetes”. *Int. J. Nurs. Stud.* 46, 2009, S. 197–203.

355 Dahlberg et al. 2008.

356 Van Manen 1990.

mungen und Erfahrungen über den Vorgang, an T2D zu erkranken, in schriftlicher Form anzufertigen. Gleichzeitig wurden Sie dazu aufgefordert, möglichst keine Gedanken und keine Gefühle wegzulassen, die irgendwie – und wenn auch nur entfernt – im Zusammenhang mit ihrer Erfahrung über den Erkrankungsprozess und mit dem Prozess des Bewusstwerdens hierüber stehen. Ferner wurde darauf hingewiesen, dass es wichtiger sei, frei aus dem Herzen zu schreiben, als sprachlich und grammatikalisch korrekt. Die Daten wurden als geschriebene Erzählungen erfasst, transkribiert und dann auf Bedeutung hin analysiert. Sieben Personen mit neu diagnostizierter T2D an zwei Krankenhäusern im Süden von Schweden nahmen an der Studie teil.

Ergebnisse: Die Ergebnisse zeigen, dass für diese Patienten die wesentliche Bedeutung des Prozesses des Erkrankens an T2D im Bemühen bis hin zum Kampf bestand, an T2D eben nicht zu erkranken, und wenn doch, dann unter möglichst unveränderten Bedingungen auf Basis einer möglichst natürlichen und handhabbaren neuen Lebenssituation. Ein anfängliches Gefühl des körperlichen Unwohlseins oder Ungleichgewichts konnte entweder verleugnet oder auf „natürliche" Weise erklärt werden, nährte aber den Verdacht, dass etwas „falsch" läuft. Sobald das körperliche Ungleichgewicht oder Unwohlsein als Folge der T2D verifiziert war, wurde es als solches angenommen oder sogar akzeptiert. Dabei stellte die Akzeptanz in manchen Fällen möglicherweise eine Illusion oder eine falsche Aussöhnung in der Hoffnung dar, wie bisher weitermachen zu können. Allerdings gibt es den Autoren zufolge keine Alternative zu Anpassung oder Akzeptanz. Wenn sich Diabetes-Patienten wohlfühlen wollen, müssten sie hinsichtlich ihrer Erkrankung anpassungsfähig sein. Dafür hätten sie sich mit den an sie gestellten Anforderungen auseinanderzusetzen und zu arrangieren, auch damit diesen Anforderungen nicht ermöglicht werde, ihr Leben zu bestimmen. Trotz der Diagnose einer T2D wollten die Betroffenen ihr bisheriges Leben fortsetzen und die gleiche Person wie vor der Diagnose bleiben – obwohl sie jetzt eine Krankheit in sich tragen. Zur gleichen Zeit manifestierte sich bei einigen Diabetes-Patienten ein Gefühl des Verlustes des früheren „richtigen" Lebens. Die Studie legt nahe, dass größere Sorgfalt auf und stärkeres Interesse an die Untersuchung der Prozesse des Bewusstmachens und Bewusstwerdens, eine bestimmte chronische Krankheit (künftig) zu entwickeln oder (bereits) entwickelt zu haben, aufgewendet bzw. ausgebildet werden sollte.

Diskussion: Obwohl in Studien aus der Gesundheitspsychologie beschrieben wurde, wie Patienten mit etablierter T2D ihr Leben mit dieser Krankheit erfahren und mit dieser Krankheit leben und fertigwerden, gab es bisher keine Untersuchungen über die Erfahrungen, die die Betroffenen im Laufe des Prozesses der Entwicklung der Krankheit machten. Die vorliegende Studie beschreibt, wie Personen mit diagnostizierter T2D darum kämpfen, dass ihre Erkrankung ihr Leben nicht zu sehr beeinflusst und bestimmt und keine grundlegenden Veränderungen ihres bisherigen Identitätsbewusstseins verursacht. Die Autoren sehen ihre Untersuchung deshalb als komplementär zum bestehenden biomedizinischen Wissen und zu anderen experimentellen und klinischen Studien über diese T2D an. Ihr Wert sei vor allem darin auszumachen, für Ärzte und Pflegepersonal die Möglichkeit zu verbessern, auf die

Erfahrungen ihrer Patienten einzugehen und diese zu verstehen. Damit würden Diabetes-Patienten effektiv in ihren Anstrengungen um Wohlbefinden in einer sich für sie stark verändernden Lebenssituation unterstützt.

Schlussfolgerung: Für die Autoren legt das Ergebnis dieser Studie die Notwendigkeit der „Lebenswelt-Perspektive" in der Gesundheitsversorgung, im Allgemeinen und in der Prädiktion und Prävention von Zivilisationskrankheiten, im Besonderen, nahe. Denn diese fördere bei Personen mit gerade diagnostizierter T2D, die sich der Gefahr ausgesetzt sähen, im Laufe der Zeit schwerwiegende Komplikationen und Spätschäden als Folge der Erkrankung zu entwickeln, die Bereitschaft, diese Krankheit allmählich in ihre alltägliche Lebenssituation einzubauen. Die „Lebenswelt-geführte" Gesundheitsversorgung verhindere, dass die Erkrankung die täglichen Aktivitäten des Patienten entscheidend beeinflusst oder gar dominiert und würde den Patienten in die Lage versetzen, sich mit der neuen Lebenssituation auszusöhnen. Voraussetzung hierfür sei, dass mit Hilfe einer „Lebenswelt-geführten" Gesundheitsversorgung Lösungen gefunden werden, wie mit der – und eben nicht wie gegen die – Erkrankung als zwar unerwünschter, aber dauerhafter „Begleiter" das Führen eines reichen Lebens fortgesetzt werden kann. Die Autoren sind der Überzeugung, dass eine „Lebenswelt-geführte" Gesundheitsversorgung – kompetent und professionell ausgeführt – genau diese Voraussetzung erfüllen könne.

3.2.5 Phänomenologisch-lebensweltliche Methoden und der Versuch ihrer Naturalisierung

Natürlich hat es seit der vollständigen Ausarbeitung und beginnenden Ausdehnung des phänomenologischen Denkens während der ersten Hälfte des 20. Jahrhunderts nicht an Versuchen gefehlt, die ‚weiche' Methode der Phänomenologie an die ‚harte' naturwissenschaftliche Vorgehensweise anzunähern oder beide sogar miteinander zu verschmelzen. Klammert man einige, aufgrund grundlegender Missverständnisse über das Wesen der Phänomenologie gescheiterte Ansätze eines *quasi* ‚dialektischen Kompromisses' aus, gebührt der sog. „Neurophänomenologie" einige Aufmerksamkeit. Hierin hat Francisco J. Varela versucht, eine Verknüpfung zwischen den ‚harten' Naturwissenschaften mit ihrer „Perspektive der dritten Person", v.a. den Kognitionswissenschaften und all denjenigen ‚weichen', v.a. phänomenologischen Ansätzen herzustellen, welche die „Perspektive der ersten Person" in den Mittelpunkt ihres Interesses stellen. Dabei fasste er ‚seine' Kognitionswissenschaft als Forschung über Denk- und Bewusstseinsprozesse auf, die nicht isoliert in einem Gehirn, sondern vielmehr in einer in einer bestimmten Umwelt eingebetteten und entsprechend handelnden Person ablaufen. Auf der Basis dieses sog. „Enactive Approach" hat Varela phänomenologische Beschreibungen des inneren Zeitbewusstseins mittels neurophysiologischer Bild-gebender Technologien mit Abbildungen bestimmter Gehirnareale zeitlich korreliert. In dieser Hinsicht gibt es eine Vielzahl weiterer Beispiele für die – scheinbar – erfolgreiche Synthese von Kognitionswissenschaft und Phänomenologie, bzw. für die ertragreiche Anwendung phänomenologischer Methodik in den Kognitionswissenschaften oder genauer in der Realisierung kognitionswissenschaftlicher Beobachtungen. Hierzu zählt etwa die Beobachtung, dass Bewegungen über ihr eigentliches physikalisches Ende hinaus als weiterlaufend ‚wahrgenommen' werden, die phänomenologisch – nach Edmund Husserl – als zeitliche Vorwegnahme von Sinneswahrnehmungen plausibel verstanden, aber nicht physikalisch-mechanistisch erklärt werden können.

Trotz des durchaus stattfindenden und konstruktiven Austausches zwischen bestimmten Teilen der Naturwissenschaft und der Phänomenologie herrscht dennoch im Allgemeinen bei den naturwissenschaftlichen Kognitionswissenschaftlern eher Skepsis, Unverständnis oder gar klare Ablehnung gegenüber der phänomenologischen Analyse vor. Diese gehen von einem radikal physikalistischen Weltbild aus, welches das Erforschen und Erklären von Denk- und Bewusstseinsprozessen vollständig auf objektiv nachweisbare und quantitativ messbare physikalische, biochemische und elektrische Reaktionsabfolgen im Gehirn reduzieren will. Alles andere, „nur" qualitativ Feststellbare, subjektiv Erfahrbare, Nicht-Materielle, Nicht-Mechanistische und Nicht-Kausale über das Denken und Bewusstsein gilt zumindest als rätselhaft und suspekt, wenn nicht gar als irrational. Für Edmund Husserl ist das „nicht-reduzierte" und „nicht-reduzierbare" Bewusstsein immer *an sich* und unveräußerlich gegeben und somit ganz im Gegenteil weder rätselhaft noch irrational[357]. Dies trifft für ihn vielmehr für die „blinde" und auf „Vor-Annahmen" gegründete Annahme der Objektivität des Physikalischen und Materiellen zu. Diese „Blindheit" des bei Naturwissenschaftlern so breit akzeptierten Reduktionismus und Physikalismus lässt sich nach Husserl nur aufheben, indem das Bewusstsein als Voraussetzung und Fundament anerkannt wird, auf dem sich jegliche Objektivität – nach noch zu erforschenden Grundsätzen und Regeln – erst aufbauen kann. Verena Mayer hat sich eindrucksvoll der Frage gewidmet, wie es zu der „für Husserl äußersten Selbstvergessenheit des [gemäß den Bedingungen des Physikalismus] forschenden Subjekts", also des Naturwissenschaftlers und letztlich zum Erfolg des „naturalistischen Programms" kommen konnte[358]. Und tatsächlich sind vor diesem Programm selbst phänomenologische Ansätze nicht gefeit, wie die „Neurophänomenologie" Francisco J. Varelas zeigt[359].

3.2.5.1 Neurophänomenologie

Als Kognitionswissenschaftler war Francisco J. Varela an der korrekten Darstellung subjektiver Erfahrungen interessiert, die er als Phänomenologe von den Versuchspersonen aus der „Perspektive der ersten Person" mittels phänomenologischer Methodik als vorurteilsfreie Beobachtungen und Beschreibungen ihrer Erlebnisse erhalten wollte. Dabei sollte diese Methodik der vorurteilsfreien Eigenbeobachtung in einen wissenschaftlichen Naturalismus integriert werden, der Denk- und Bewusstseinsprozesse nicht

357 Mayer 2011.
358 Mayer 2011, S. 114–144.
359 Varela, Francisca J.: "Neurophenomenology. A methodological remedy for the hard problem". *Journal of Consciousness Studies* 3/4, 1996, S. 330–349.

nur als empirisch nachweisbare physikalische Sachverhalte begreift, sondern auf diese reduziert. Varela ging damit sogar über eine bloß kausal-mechanistische Verknüpfung zwischen physikalischen Reaktionen und Bewusstseinsprozessen hinaus, indem er diese nicht als klar voneinander unterschiedene, aber miteinander interagierende Bereiche der Beschreibung auffasste, sondern sie mit demselben – vereinigenden – Modell beschreiben wollte[360]. Varela und einige seiner Kollegen, etwa J. Peritot, forderten deshalb konsequent von einer „Naturalisierung der Phänomenologie", dass diese beschreibend, analytisch und erklärend vorzugehen und dabei den phänomenologischen Daten bestimmte Eigenschaften des Gehirns oder Körpers zuzuordnen habe, ohne auf irgendwelche geistige Substanzen zurückgreifen zu müssen[361]. Diese ‚Übersetzung' von phänomenologischen Daten in Gehirn- oder Körperprozesse scheint dem „Naturalisierungsverbot" der Phänomenologie diametral entgegenzustehen. Nach Verena Mayer sind Peritot und Kollegen der Meinung, dass die theoretische Basis oder Begründung für dieses Verbot, Paradigma oder Postulat in der von Edmund Husserl angenommenen Nicht-Quantifizierbarkeit und Nicht-Mathematisierbarkeit von qualitativen Erfahrungen, etwa von Farben und Klängen, zu suchen sei[362]. Dies mag gemäß Peritot und Kollegen zwar zu Husserls Epoche zugetroffen haben. Aber mit der Entwicklung der Mathematik dynamischer Systeme in der zweiten Hälfte des 20. Jahrhunderts sei nun eine Möglichkeit der adäquaten Erfassung von Bewusstseinsprozessen mit mathematischen Modellen möglich, die Husserl eben noch für schlichtweg unmöglich gehalten habe. Mit Hilfe der dynamischen Mathematik sei es jetzt möglich, die phänomenologischen Daten über vorurteilsfreie Erfahrungen der Selbstbeobachter in physikalische Sachverhalte der Naturwissenschaften „transformieren". Dadurch könnte zwischen der – durchaus zeitlich fluktuierenden – Qualität einer Erfahrung und der Quantität bestimmter Denk- und Bewusstseinsprozesse eine messbare und mathematisch formulierbare Assoziation konstruiert werden. Auf Basis dieser Idee könnte die Phänomenologie – entgegen der Husserlschen Argumentation von der *a priori* Nicht-Messbarkeit von qualitativen Phänomenen – letztlich doch erfolgreich naturalisiert werden[363]. Verena Meyer legte überzeugende Gründe vor, dass diese „neurophänomenologische" Sehweise der Naturalisierbarkeit phänomenologischer Daten offensichtlich auf einem Missverständnis der Grundlage des Husserlschen ‚Verbots' beruht[364].

So könnte man dem Anspruch auf Naturalisierung qualitativer phänomenologischer Daten entgegenhalten, dass Husserl eine vergleichbare Vorgehensweise bereits in den ‚reinen' Naturwissenschaften nachgewiesen zu haben beanspruchte. Demnach „transformiere" diese durch indirekte – statt durch „dynamische" – Mathematisierung qualitative Erfahrungen kausal-mechanistisch in die „Form" von quantitativ

360 Mayer 2011, S. 133.

361 Petitot, Jean et al.: *Naturalizing phenomenology* (*Issues in contemporary phenomenology and cognitive science*). Stanford University Press: Stanford 1999, S. 19.

362 Mayer 2011.

363 Mayer 2011, S. 135.

364 Mayer 2011, S. 136–142.

messbaren Korrelaten, Signalen, Signaturen, etwa in die „Form“ von Licht- und Tonschwingungen mit messbarer Frequenz und Amplitude. Für Husserl erklärte diese Mathematisierung der qualitativen – scheinbar subjektiven und sekundären – Erlebnisse und ihre scheinbare Zurückführung auf physikalische – scheinbar objektive und primäre – Hirnprozesse die Entstehung des Dualismus zwischen subjektiven Erfahrungen und objektiven Daten. Damit verbunden seien die Geringschätzung des Qualitativen und die damit verbundene „Sinnentleerung“ durch die mathematische Naturwissenschaft der Gegenwart[365]. Trotzdem versuchte Edmund Husserl, eine Brücke zwischen Naturwissenschaft und Phänomenologie mit der Forderung zu schlagen, dass jede Wissenschaft auf einer phänomenologischen Basis von klar umrissenen inneren Erfahrungen zu gründen habe. Zu letzteren zählte er etwa ‚Motivation', welche eindeutig von mechanistischer Kausalität separiert werden müsse.

3.2.5.2 Brückenschlag

Die Erforschung der Beziehung zwischen der phänomenologischen und naturwissenschaftlichen Untersuchungsebene ist sicherlich das entscheidende Kriterium für das Gelingen einer Naturalisierung der Phänomenologie. Hierfür müssen nach Verena Mayer der Körper hinsichtlich seiner physikalischen Natur und der Leib hinsichtlich seiner stofflichen und strukturellen Grundlage für das Bewusstsein als „Werkzeuge“ der Interaktion zwischen beiden Ebenen in den Mittelpunkt des Forschungsinteresses gestellt werden[366]. Gleichzeitig muss die phänomenologische Kritik gegen den Naturalismus, den der Philosoph Bernhard Waldenfels als philosophische Deformation der Naturwissenschaft bezeichnet hat, weiter geschärft werden. Nach Waldenfels verkürzt die naturalistische Sehweise die Gegebenheiten und Sachverhalte zu elementaren Tatsachen, die kausal oder assoziativ auf eine Art verknüpft werden, die jeden Bezug zur Lebenswelt und Zuweisung von Sinn und Bedeutung verhindern: „Es entstehen unsinnige Fragen wie die, warum der Mensch trotz eines umgekehrten Netzhautbildes die Dinge richtig herum sieht, so als wäre der Mensch nichts weiter als ein Fotograph, dessen Bewusstsein sich in eine Camera obscura verwandelt hat.“ Der nachfolgende Denkanstoß und Projektvorschlag (s. 4.2.5) ist hingegen weniger als weiterer Naturalisierungsversuch der Phänomenologie aufzufassen. Stattdessen soll der potentielle Gewinn des sinnvollen Auslotens, Adaptierens, Anpassens, Abwägens und Anwendens von naturwissenschaftlichen, phänomenologisch-lebensweltlichen, „systemisch-konstruktivistischen“ und gestalttheoretischen Methodologien innerhalb des von den drei Leitdifferenzen der „Gesunderhaltung“ aufgespannten Raums im Hinblick auf T2D eruiert werden. Es ist die Überzeugung des Autors, dass zur Aufstellung von methodologischen Grundsätzen für die Prädiktion und Prävention von Zivilisationskrankheiten, etwa von T2D, zur Erforschung der ungeteilten Lebenswelten zurückgekehrt werden muss.

365 Mayer 2011, S. 139.
366 Mayer 2011, S. 140.

Diese ungeteilte Lebenswelt liegt eben dann vor, wenn man zu einer bestimmten Erfahrung über die Lebenswelt durch eine im Diskurs ausgelotete, passende und ausgewogene Kombination aus physikalischen, systemisch-konstruktivistischen, phänomenologisch-lebensweltlichen und gestalttheoretischen Denkweisen gelangt. Der oft begangenen Fehler scheint für den Autor darin zu liegen, dass Phänomenologie auf eine *quasi* analytische oder naturalisierte Weise praktiziert wird. Es mag sein, dass dies das paradoxe Ergebnis von Wilhelm Diltheys' Versuch ist, den von Rene Descartes geerbten Dualismus zu überwinden. Aber Wilhelm Dilthey schuf gleichzeitig einen neuen Dualismus zwischen der Naturwissenschaft, die die Welt erklärt und der Geisteswissenschaft, die die Welt versteht. In der Tat lassen sich die hier vorgestellten Ansätze der „PLA", „IPA", philosophischen Biologie, systemischen Therapie, des Konstruktivismus, der Kognitionstheorie und Gestalttheorie relativ zueinander und zu den modernen molekularen Lebenswissenschaften im dualistischen Spannungsfeld von subjektiv-qualitativen Verfahren der Geisteswissenschaften und objektiv-quantitativen Verfahren der Naturwissenschaften differenziert verorten (s. Abb. 8 in Teil 3).

> *„Als ich 1931 nach Frankfurt kam, gab es dort zwei getrennte Fakultäten, eine mathematisch-naturwissenschaftliche und eine philosophische. Das philosophische Seminar war offenbar eine von beiden gemeinsam getragene Einrichtung. An seinem einen Ende thronte der Philosoph, der Geisteswissenschaftler....Paul Tillich....Am anderen Ende saß damals Max Wertheimer, der Naturwissenschaftler, der zugleich die Psychologie vertrat. Zwischen ihnen erstreckte sich die nicht unbeträchtliche gemeinsame Bibliothek."*
>
> Wolfgang Metzger[367]

3.3 Die Gestalttheorie

Das Ziel der Gestalttheorie besteht im Begreifen und Nachvollziehen, wie in den Prozessen der Wahrnehmung, des Beobachtens, des Beschreibens, des Denkens, des Fühlens, des Interpretierens, des Sinngebens, des Bedeutungszuweisens und des Verhaltens Ordnung und Struktur hervorgebracht wird. Dabei werden Menschen grundsätzlich als offene Systeme angesehen, die die Substanzen und Strukturen ihrer Außen- und Umwelt aktiv bearbeiten und interpretieren und dabei ihre Wahrnehmungen, ihr Denken, ihre Sinnzuweisungen, ihr Fühlen und ihr Verhalten mit bestimmten Organisationsweisen, Gestalten und Formen unterlegen. Die Ursprünge der Gestalttheorie werden häufig mit Johann Wolfgang von Goethe, Ernst Mach und Christian von Ehrenfels in Verbindung gebracht, die eigentlichen Begründer sind in Max Wertheimer (erste Generation), Wolfgang Köhler und Wolfgang Metzger (zweite Generation) zu sehen. Die Gestalttheorie

367 Waldenfels 1992, S. 17-18.

kann als Gegenpol und Opposition zu Assoziationismus und Behaviorismus aufgefasst werden. Gemäß Wolfgang Metzger, greift zu ihrer Charakterisierung das Aristoteles zugeschriebene Bonmot „Das Ganze ist mehr als die Summe seiner Teile“ zu kurz. Denn nach Wolfgang Metzger[368] ist es im Sinne von Max Wertheimer

> nicht zutreffend, wenn man sagt, das Ganze sei mehr als die Summe seiner Teile. Vielmehr muss es heißen: Das Ganze ist etwas anderes als die Summe seiner Teile. Es kommen nicht etwa nur zu den – unveränderten – Teilen Gestaltqualitäten hinzu, sondern alles, was zu einem Teil eines Ganzen wird, nimmt selbst neue Eigenschaften an.

Hiermit im Einklang hat Max Wertheimer die Gestalttherapie über Zusammenhänge definiert[369],

> bei denen nicht, was im Ganzen geschieht, sich daraus herleitet, wie die einzelnen Stücke sind und sich zusammensetzen, sondern umgekehrt, wo – im prägnanten Fall – sich das, was an einem Teil dieses Ganzen geschieht, bestimmt wird von inneren Strukturgesetzen dieses seines Ganzen....Gestalttheorie ist dieses, nicht mehr und nichts weniger.

Ein gestalttheoretisches Verständnis von Zivilisationskrankheiten darf sich nicht nur auf die Thematik der Ganzheitlichkeit von Wahrnehmung und deren Gestaltfaktoren beschränken, sondern wird sich auf folgende Prinzipien stützen müssen: (i) Die phänomenale Lebenswelt des Menschen allein, so wie er sie erfährt und interpretiert, einschließlich der Bedeutungen, die er den Erfahrungen für sein Leben bemisst, stellt die unmittelbar gegebene und zu analysierende Realität dar. (ii) Die Erfahrungen und Sinn- und Deutungszuweisungen und daraus abgeleiteten Verhaltensweisen des Menschen lassen sich weder durch Trieb- und Persönlichkeitsstrukturen und den diese konstituierenden Genen oder Gennetzwerken, noch durch Umwelteinflüsse und die Struktur der Außenwelt, noch durch die Determination der menschlichen „Körpermaschine“ durch exogene Reize oder des menschlichen „Gehirncomputers“ durch soziale oder kulturelle Programme kausal-mechanistisch erklären. Vielmehr werden diese durch dynamische – anstelle durch starre kausale – Wechselwirkungen zwischen Individuum und seiner Lebenswelt, sowie Lebens- und Wirkungsgeschichte hervorgebracht. (iii) Die erkenntnistheoretische Grundlage wird von einem kritischen (hermeneutischen) Realismus gebildet, nicht unähnlich dem der Phänomenologie von Martin Heidegger (s. 3.2.1.2) oder des Konstruktivismus von Humberto R. Maturana (s. 3.1.4.1.3). (iv) Die methodische Basis wird in einer sinnvollen Verknüpfung von experimentell-quantitativen nomothetischen und phänomenologisch-qualitativen ideographischen Vorgehensweise gesehen.

---

368 Metzger 1976.

369 Wertheimer, Max: „Gestalt Theory“. *Social Research* 12, 1944, S. 278–296.

Der Begriff der „Ganzheit“ ist oftmals auf Basis (i) der konventionellen Haltung des Beschreibungsegalitarismus, (ii) des Beschreibungspluralismus, (iii) der Idee von der Protokollsprache und (iv) des Prinzips der Gleichgültigkeit energisch kritisiert worden. Sie alle gehen von der prinzipiellen Gleichwertigkeit und Substituierbarkeit aller Beschreibungs- und Begriffssysteme aus, so wie sie etwa von der Analytischen Philosophie des Wiener Kreises vehement vertreten wurden. So schreibt der Gründer des Wiener Kreises Moritz Schlick[370] in „Über den Begriff der Ganzheit“

> Probleme der passenden Beschreibung, der zweckmäßigen Definitionen....[werden] mit Tatsachenfragen verwechselt, und so entstehen scheinbar ontologische Probleme, metaphysische Streitfragen....Die Frage: Summe oder Ganzheit? scheint keine Tatsachenfrage, sondern eine Angelegenheit der willkürlichen Festsetzung zu sein.

Damit stellt Schlick den gestalttheoretischen Ansatz grundsätzlich in Frage, der – phänomenologisch wie ontologisch – auf der Annahme der realen Existenz von „Gestalten“ und „Formen“ beruht und ein atomistisches Begriffssystem ablehnt, welches Beobachtung und Beschreibung auf einzelne Sinnesdaten, Zeichensymbole oder Zeichensignale zurückführt. Gemäß der Gestalttheorie sind auf Basis von Atomismus und Reduktionismus ganzheitliche Phänomene – wie etwa die Entwicklung von Zivilisationskrankheiten – überhaupt nicht oder nur mit Hilfe der scheinbar obsoleten Theorien der (Helmholtzschen) unbewussten Schlüsse zufriedenstellend zu erklären.

Überraschenderweise versuchten einige Mitglieder des Wiener Kreises dennoch und parallel zu dieser Kritik, den Gestaltbegriff in den neopositivistischen Anspruch der Entwicklung einer physikalistischen Einheitssprache für die Einheitswissenschaft zu integrieren. Nach ihnen müssten hierfür lediglich die phänomenalen Gestalten als physische Korrelate „naturalistisch“ behandelt und dabei von ganzheitlichen in atomistische Theorien überführt werden, die dann „beschreibungspluralistisch“ als gleichwertige Modelle zu betrachten wären „insofern (nach Otto Neurath[371] in „Einheitswissenschaft und Psychologie“) atomische und ganzheitliche Theorien als bloße Modelle betrachtet werden, welche darüber hinaus sogar gemeinsam mit der physikalischen Einheitssprache aufgehen können sollen.“ Allerdings spielen bei diesem Integrationsversuch des Wiener Kreises die „Gestalten“ nur terminologisch als begrifflich erfasste physische Korrelate – nicht jedoch

370 Schlick, Moritz: „Über den Begriff der Ganzheit“. In: Stoelzner M. / Uebel T. (Hrsg.): *Wiener Kreis – Texte zur Wissenschaftlichen Weltauffassung von Rudolf Carnap, Otto Neurath, Moritz Schlick, Philipp Frank, Hans Hahn, Karl Menger, Edgar Zilsel, und Gustav Bergmann.* Felix Meiner: Hamburg 1939, S. 616–620.

371 Neurath, Otto: *Einheitswissenschaft und Psychologie.* Gerold & Company: Wien 1933.

ontologisch – eine Rolle. Steffen Kluck[372] und Fiorenza Toccafondi[373] haben das Weiterleben dieser Auffassung, wonach gestalttheoretische Beobachtungen, Inhalte und Schlussfolgerungen ‚ohne Verlust' über eine physikalistische Einheitssprache vermittelt werden können, auch nach der Auflösung des Wiener Kreises verfolgt und sind etwa bei Philipp Frank („Das Ende der mechanistischen Physik"), sowie Kurt Gelling und Paul Oppenheim („Der Gestaltbegriff im Lichte der neuen Logik") fündig geworden.

3.3.1 Empfindung und Wahrnehmung – Modelle

Werden physische und psychische Zustände der Außen- und Innenwelt, etwa hinsichtlich Gesundheit und Krankheit, ‚ganzheitlich' empfunden oder wahrgenommen? Sind Empfindungen und Wahrnehmungen identisch und werden etwa als ‚Gestalten' oder Biomarker beobachtet oder erfahren? Werden Empfindungen in Wahrnehmungen überführt und wenn ja, welche Mechanismen sind dabei involviert? Laufen diese Mechanismen passiv ohne das Zutun des empfindenden oder wahrnehmenden Subjekts, etwa des Arztes und Patienten, ab oder werden die Wahrnehmungen von diesem aktiv ‚geformt'? Es sind solche Fragen und die Versuche ihrer Beantwortung durch die im Laufe von ungefähr 500 Jahren Wahrnehmungs- und Bewusstseinsphilosophie entwickelten Vorstellungen, die zur Offenlegung der verborgenen oder unausgesprochenen ‚Vor-Bedingungen' und ‚Vor-Annahmen', aber auch der notwendigen Voraussetzungen für ein „Vorhermessen" und „Vorhererfahren" von Krankheitsempfindungen oder -wahrnehmungen beitragen.

3.3.1.1 Camera obscura

Bei der Vorstellung von der *Camera obscura*, die entscheidend von Rene Descartes[374] mitentwickelt und geprägt worden ist, kommt es zu einem Analogieschluss zwischen der (anatomischen) Struktur eines menschlichen Auges und einer mechanischen Kamera, die im Kopf des Beobachters in ‚Dunkeln' operiert und von einem ‚Homunculus' im Kopf bedient wird. Daraus folgt unmittelbar, dass der Beobachter die materielle Welt nicht unmittelbar wahrnimmt, sondern ausschließlich über die Bilder, welche die *Camera obscura* zwischen der ‚wirklichen' Welt und dem Beobachter entwirft (Abb. 9).

---

372 Kluck, Steffen: Gestaltpsychologie und Wiener Kreis. Stationen einer bedeutsamen Beziehung. Karl Alber: Freiburg 2008.

373 Toccafondi, Fiorenza: „Buchbesprechung Steffen Kluck: Gestaltpsychologie und Wiener Kreis". *Gestalt Theory* 32, 2008, S. 191–196.

374 Descartes, Rene: *Die Welt oder Abhandlung über das Licht.* Akademie Verlag: Berlin 1633 / 1989, S. 9–11.

Abb. 9 Das Modell der „Camera Obscura." In ihrer grundlegenden Form besteht sie aus einem Raum oder einem Kasten, der mit der Außen-/Umwelt lediglich über ein kleines Loch in Verbindung steht. Sobald Licht durch das Loch fällt, wirft dieses ein Abbild der Außen-/Umwelt auf die Innenseite des Gehäuses oder Raums, welches aber auf dem Kopf steht. Der Beobachter nimmt über seine Sinnesorgane die Außen-/Umwelt nicht direkt, sondern über deren Abbild oder Repräsentation im Gehirn wahr (Quelle: intotheskelacluff.worldpress.com)

Dieses Modell unterstellt dem Beobachter also, dass dieser typischerweise von der Annahme einer direkten Wahrnehmung der Welt mit seinen eigenen Sinnen ausgehe und damit aber einer Illusion erliege. Denn in Wahrheit nähmen die eigenen Sinne entsprechend der Funktionsweise der *Camera obscura* nur von dieser gelieferte Bilder, Repräsentationen oder „Ideen" wahr, welche die eigentlichen unmittelbaren Objekte der Wahrnehmung darstellten. Das wahrgenommene Objekt als Bild der materiellen Außenwelt müsse demnach im Wahrnehmungsorgan selbst lokalisiert werden. Der Beobachter blicke demnach nicht auf die Welt, sondern ausschließlich in sich selbst. Die Entwicklung des Bildes oder der Repräsentation im Wahrnehmenden oder Beobachter folge dabei kausal-mechanistischen biologischen und physikalischen Gesetzen, ganz dem Verständnis der modernen Kognitionswissenschaft entsprechend.

Dieses cartesianische Modell wird von John Locke[375] entscheidend weiter entwickelt und auf das gesamte Bewusstsein ausgeweitet. Nicht nur die Wahrnehmung, sondern das Bewusstsein selbst ist hinsichtlich seiner inneren Struktur und Funktionsweise im Sinne der Vorstellung vom Beobachter in einer *Camera obscura* aufzufassen. Für Locke bestimmt die Vorstellung von Wahrnehmung die Vorstellung von Bewusstsein. Jeglicher Akt des Bewusstseins, des Wahrnehmens, des Denkens, des Wünschens, des Fühlens und des Wollens repräsentiert ein Bild oder eine Idee, die dadurch Eingang ins Bewusstsein finden, weil sie als Bild oder Idee im Bewusstsein wahrgenommen werden. Ein Bewusstsein von etwas zu entwickeln heißt demnach

375 Locke, John: *Versuch über den menschlichen Verstand.* Felix Meiner: Hamburg 2000.

ein Bild oder eine Idee davon wahrzunehmen. Gleichzeitig präzisierte Locke das *Camera obscura*-Modell der Wahrnehmung durch dessen Auflösung in zwei Teilschritte, (i) die Erzeugung von Bildern, Ideen oder Repräsentationen im Wahrnehmungsorgan (z.B. Auge) – von ihm als „Sensation" beschrieben – und (ii) deren Bewusstwerdung in einem Akt der Reflexion. Nach der Erzeugung des Bildes in der Kammer der *Camera obscura* bzw. des Bewusstseins müsse dieses als Bild nochmals wahrgenommen werden, entweder von einem Besucher der *Camera obscura* oder von einem *Homunculus*, der die Repräsentationen auf der Leinwand bzw. im Kopf betrachtet. Dieses Modell impliziert, dass neben dem Beobachter mit dem Wahrnehmungsorgan der ersten Ebene ein zusätzlicher Beobachter mit Bewusstsein auf einer zweiten Ebene agiert, der die Repräsentationen seinerseits wahrnimmt. Dies hat zur Konsequenz, dass jede Repräsentation von einem Objekt, einem Sachverhalt oder einer Gegebenheit als Produkt einer Wahrnehmung gleichzeitig eine Repräsentation für jemanden – der diese versteht – als Objekt der Wahrnehmung darstellt. In seiner radikalen Ausprägung des cartesianischen *Camera obscura*-Modells durch John Locke[376] ist die Entwicklung von Ideen mit der Wahrnehmung dieser Ideen oder das Bewusstsein mit einem Akt der Wahrnehmung gleichzusetzen: „Bewusstsein ist die Wahrnehmung dessen, was im eigenen Geist vorgeht."

Das Modell der *Camera obscura* impliziert nach John Locke ein gewisses Verständnis vom Subjekt, indem es als ausschließlich passiv agierender Beobachter ein Objekt wahrnimmt, das im Wahrnehmungsorgan kausal-mechanistisch entsteht[377]: „Denn bei der reinen Wahrnehmung bleibt der Geist meist nur passiv, und was er wahrnimmt, muss er unvermeidlich wahrnehmen." Damit versuchte Locke die passive Rolle des Beobachters und die Nicht-Beliebigkeit von Wahrnehmungen zu erklären, wonach diese eben nicht von der Aktivität des Beobachters abhängen. Dennoch bleibt unklar, ob der Akt des Wahrnehmens vollständig ohne einen aktiven Beitrag des Beobachters adäquat charakterisiert werden kann. Wenn nicht, dann besitzt jeder Akt der Wahrnehmung eine eigene Geschichte und ist das Resultat der Aktivitäten einer Person mit individueller Geschichte oder Lebens- und Wirkungsgeschichte. Und genau diese Annahme ist mit dem Modell der *Camera obscura* nicht zu vereinbaren. Dieses Defizit wurde dann durch das alternative Modell der unbewussten Tätigkeiten behoben.

3.3.1.2 Unbewusstes Lesen

Thomas Reid[378] macht im *Camera obscura*-Modell einen sog. philosophischen Kategorienfehler aus, indem die Analogie zwischen dem menschlichen Wahrnehmungsorgan und optischen Instrumenten, etwa einer Kamera (s. Abb. 9 in 3.3.1.1), zu

376 Locke 2000.
377 Locke 2000.
378 Reid, Thomas: *Untersuchung über den menschlichen Geist nach den Grundsätzen des gemeinen Menschenverstandes.* Schwickertsche Verlage: Leipzig 1764, S. 85–97, 300–313, 368–372.

falschen Analogien in den sprachlichen Beschreibungen verleite, etwa zu der der räumlich ausgedehnten Kamera für den Geist, verbunden mit der „Materialisierung" des Bewusstseins. Solche rein metaphorischen Assoziationen und unsinnige Begriffsbildungen ohne wissenschaftliche Basis griff Thomas Reid an, denn das Bild oder die Repräsentation einer räumlich-materiellen Gegebenheit sei selbst nun mal nicht von räumlicher oder materieller Natur. Deshalb entwickelte Reid[379] eine fundamental andere Beschreibungsweise für den Wahrnehmungsakt. Zunächst forderte er die sprachanalytisch saubere Unterscheidung von Empfindung und Wahrnehmung ein:

> Ein und dieselbe Art von Ausdruck wird zur Bezeichnung von Empfindung und Wahrnehmung gebraucht, und daher laufen wir Gefahr, sie als wesensgleiche Gegenstände zu betrachten. Von den zwei Sätzen ‚Ich fühle einen Schmerz' und ‚ich sehe einen Baum', bezeichnet der erste eine Empfindung, der letztere eine Wahrnehmung. Die grammatikalische Analyse beider Sätze ist die gleiche, denn beide bestehen aus einem aktiven Verb und einem Objekt. Aber wenn wir auf die durch diese Sätze bezeichneten Dinge aufmerksam sind, so werden wir feststellen, dass in dem ersten die Unterscheidung zwischen dem Akt und dem Objekt nicht wirklich, sondern nur grammatikalisch ist; beim zweiten ist die Unterscheidung nicht bloß grammatikalisch, sondern auch wirklich. Die Form des Satzes ‚Ich fühle Schmerz' könnte beinhalten, dass das Fühlen etwas von dem gefühlten Schmerz Unterschiedenes ist, aber in Wirklichkeit gibt es keinen Unterschied.

Thomas Reid erkannte klar, dass derjenige, der etwas empfindet, sich in einem bestimmten, für die Wahrnehmung relevanten Zustand befindet. Diese Empfindung sei ein rein subjektiver Zustand ohne Objekt. Ein Objekt könne ihm nur artifiziell über die Grammatik „angedichtet" werden, im Sinne von ‚Ich habe Schmerzen.' Im deutlichen Unterschied hierzu sei derjenige, der etwas wahrnimmt, auf etwas gerichtet. Dadurch könne der Akt der Wahrnehmung vom Objekt der Wahrnehmung unterschieden werden und das Objekt der Wahrnehmung erscheine als unabhängig von der Wahrnehmung selbst.

Die sprachphilosophisch saubere phänomenologische Trennung zwischen Empfindung und Wahrnehmung versuchte Thomas Reid[380] nun interessanterweise zu überbrücken, also eine Erklärung für die Frage zu finden, wie aus Empfindungen Wahrnehmungen werden. Sein Lösungsvorschlag ist verblüffend einfach: Empfindungen werden durch unbewusste Tätigkeiten in Wahrnehmungen transformiert. Für Thomas Reid[381] gleicht dieser scheinbar unbewusste Vorgang oder die unbewusste Tätigkeit, mit dem der Wahrnehmende aus Empfindungen und Sinnesdaten Wahrnehmungen und Beobachtungen erzeugt, dem Lesen von Zeichen, also schlichtweg einem Leseakt. Die Empfindungen, Reize oder Sinnesdaten, die durch die

379 Reid 1764.
380 Reid 1764.
381 Reid 1764.

beobachtete Gegebenheit, das beobachtete Objekt oder den beobachteten Sachverhalt im Beobachter ausgelöst werden, stellen Zeichen(signale) dar, die zuerst durch Lesen entschlüsselt und dann durch Interpretation zu Wahrnehmungen von dieser Gegebenheit, diesem Objekt oder diesem Sachverhalt transformiert werden. Nach Reid[382] ist es „eine Sache, eine Empfindung zu haben, und eine andere, auf diese zu achten und sie zu einem deutlich bestimmten Gegenstand der Reflexion zu machen."

Mit dieser Charakterisierung des scheinbar unbewussten Vorgangs als ein Lesen von Zeichen(signalen) basiert auf den Überlegungen von Hermann von Helmholtz über den Ort, an dem von Empfindungen und Sinnesdaten zur Wahrnehmung gewechselt wird, nämlich im Falle von Sehempfindungen und optischen Sinnesdaten die Netzhaut des Auges. Im krassen Unterschied zu den Vorstellungen über ein Funktionieren als *Camera obscura* können die Empfindungen selbst keine Abbilder sein und damit identisch mit dem sein, was die Empfindungen erzeugen, sondern können lediglich als semiotische Phänomene beschrieben werden. Dieses „Phänomen" auf der Netzhaut steht mit der beobachteten Gegebenheit zwar noch in einer bestimmten Beziehung unter Beibehaltung einer gewissen „räumlich-morphologischen" Ähnlichkeit. Doch wandelt es sich schon im nächsten Augenblick in Lichtempfindungen, elektrische Ströme, Nervenimpulse, Hormonausschüttungen etc., die nach Thomas Reid keinerlei „räumlich-morphologische" Ähnlichkeit mehr mit dem „Phänomen" auf der Netzhaut, sondern nur noch den Charakter von Zeichen(signalen) haben[383]:

> Unsere Empfindungen sind eben Wirkungen, welche durch äußere Ursachen in unseren Organen hervorgebracht werden....Insofern die Qualität unserer Empfindung uns von der Eigentümlichkeit der äußeren Einwirkung, durch welche sie erregt ist, eine Nachricht gibt, kann sie als ein Zeichen derselben gelten, aber nicht als ein Abbild. Denn vom Bilde verlangt man irgendeine Art der Gleichheit mit dem abgebildeten Gegenstand.

Damit ordnet Reids' Modell des unbewussten Zeichenlesens der Wahrnehmung keine Charakteristika des wahrgenommenen Objekts, der wahrgenommenen Gegebenheit oder des wahrgenommenen Sachverhalts zu und vermeidet dadurch das mit dem Camera obscura-Modell verbundene Problem der Materialisierung des Bewusstseins[384]: „So wie es bei künstlichen Zeichen oft weder Übereinstimmung zwischen dem Zeichen und dem bezeichneten Ding, noch irgendeine, sich notwendig aus dem Wesen der Dinge ergebende Verbindung gibt, so ist es auch bei natürlichen Zeichen." Der ohne Zweifel eminente Vorteil dieser Sehweise der Wahrnehmung als semiotischer Vorgang liegt darin, dass dieser konsequenterweise als das Operieren der zu „lesenden" Zeichen(signale), also der Sinnesdaten und Empfindungen, als „materielle" Träger von Bedeutungen gedeutet werden kann. Daraus erwächst naturgemäß die Frage nach der Art der Zuweisung von bestimmten Bedeutungen

382 Reid 1764.
383 Reid 1764.
384 Reid 1764.

und Sinngehalten zu den einzelnen Sinnesdaten und Empfindungen, sowie nach der Natur der Kontrollinstanz für die korrekte Zuweisung und deren Begründung. Für Thomas Reid sind diese Fragen eindeutig zu beantworten[385]: „Die Zeichen, durch welche uns die Gegenstände in der Wahrnehmung gegenwärtig sind, sind die Sprache der Natur."

3.3.1.3 Unbewusstes Extrahieren

Genau in diesem Verständnis von Zeichen und Sprache als Mittel zur Informationsübermittlung und Kommunikation darin erkannte James J. Gibson ein entscheidendes Problem des Wahrnehmungsmodells der unbewussten Tätigkeit, nach dem die in den Sinnesdaten und Empfindungen kodifizierten Informationen unbewusst gelesen und dabei dechiffriert werden[386]:

> Wir neigen dazu, uns Informationen in erster Linie als etwas vorzustellen, das gesendet und empfangen wird, und anzunehmen, daß es dazu eines ‚Kommunikationsmediums" oder eines ‚Kanals' bedarf, durch den die Information sozusagen fließen muss. Information in diesem Sinne besteht aus Botschaften, Zeichen und Signalen.

Nach Gibson ist dieses Informations-Modell für Empfindungen nicht zutreffend, denn sie zeigen sich dem Beobachter nicht als für sich einzeln zu registrierende Zeichen(signale) mit Bedeutung, wie es für die einzelnen Wörter einen Buches wohl zutrifft[387]:

> „Diskrete Perzepte wie auch diskrete Ideen sind eine Erfindung....Die Information für die Wahrnehmung wird nicht übertragen, sie besteht nicht aus Signalen und erfordert auch keinen Sender und Empfänger. Die Umwelt kommuniziert nicht mit den Beobachtern, die in ihr wohnen. Die Vorstellung, dass die Reize Signale sind, die interpretiert werden müssen, impliziert solch unsinnige Vorstellungen wie die von einer Weltseele, die versucht, mit uns Verbindung aufzunehmen....Die Geheimnisse der Natur werden nicht dadurch enträtselt, dass wir ihren Kode entziffern."

Als Konsequenz auf diese Kritik sind drei Modifikationen des Modells der Wahrnehmung als unbewusste Tätigkeit vorgeschlagen worden, die nicht auf eine spekulative Bedeutungsstiftung oder natürliche Kodierung bzw. Dechiffrierung in den Sinnesdaten und Empfindungen zurückgreifen. Stattdessen begreifen diese die Transformation von Empfindungen in Wahrnehmung als (i) unbewusstes Extrahieren (James J. Gibson) oder als (ii) künstlerische Gestaltung (Konrad Fiedler) oder als (iii) unbewusste Abduktion (Charles Sanders Peirce). Alle drei modifizierten Wahrnehmungstheorien teilen die Auffassung, dass das wahrnehmende Subjekt,

---

385 Reid 1764.

386 Gibson, James J.: „Der ökologische Ansatz in der visuellen Wahrnehmung". In: Lücke G. / Kohler I. (Hrsg.): *Wahrnehmung und Umwelt.* Urban & Schwarzenberg: München / Wien / Baltimore 1975, S. 55–58, 66–69.

387 Gibson 1975, S. 221–225, 256–257, 266–268.

der Beobachter, nicht von seiner spezifischen Umgebung losgelöst gedacht werden darf. Denn die Annahme, dass ein Beobachter ein Objekt, eine Gegebenheit oder einen Sachverhalt ruhig und bewusst ansieht, um dann die Empfindungen ‚korrekt' zu lesen, ist für die Beschreibung der Wahrnehmung, wie sie der Wahrnehmende hervorbringt oder erfährt, wohl nur für die künstliche Situation eines Laboratoriums gültig, stellt aber für das Alltagsleben ein artifizielles Konstrukt dar. Denn im Alltag liegt nach Gibson in der Regel eine massive Reizüberflutung vor, mit der umgegangen oder besser, die bewältigt werden muss. Im Unterschied zum Modell des unbewussten Lesens kann dies nicht durch Lesen aller in den Zeichen(signalen) enthaltenen Informationen gelingen, sondern nur durch unbewusstes Weglassen von – offenbar weniger wichtigen – Informationen und die dadurch bedingte Fokussierung auf offenbar invariante, bedeutende oder sich wiederholende Sinnesdaten und Empfindungen.

3.3.1.4 Unbewusstes Gestalten

Konrad Fiedler erkannte in dem Prozess der Transformation von Empfindungen in Wahrnehmung, so wie sie der Beobachter erfährt oder generiert, einen Akt der formalen Gestaltung. In seiner Schrift „Über den Ursprung der künstlerischen Tätigkeit" stellte er fest[388]: „Freilich beruht schon die kümmerlichste Wahrnehmung des Gesichtssinns auf einem sehr komplizierten Geschehen; aber dieses Geschehen vollzieht sich im Inneren des Menschen, ist äußerlich nicht wahrnehmbar, und eine Tätigkeit kommt uns dabei nicht zum Bewusstsein."

Damit liefert Fiedler eine Erklärung für die unterschiedliche Wahrnehmung ein- und derselben Gegebenheit in Abhängigkeit von der individuellen Persönlichkeit des Beobachters, seiner augenblicklichen physischen und psychischen Konstitution, sowie seiner Einbettung in den historischen und sozialen Kontext. Wahrnehmungen sind demnach als aktive Gestaltungen eines psychophysischen Subjekts zu begreifen, das durch die Wahrnehmung eine Gegebenheit nicht *per se* erfasst, sondern zu dem macht, was sie ist[389]:

> Reißen wir uns nun los von der Annahme einer außer uns in ihrem gesamten Sein verharrenden Welt und richten wir unsern Blick dahin, wo wir das Dasein der Wirklichkeit tatsächlich konstatieren können, auf unser eigenes Wirklichkeitsbewusstsein, so tritt an die Stelle jenes vorausgesetzten, auf sich und in sich beruhenden Seins ein ganz anderes Bild. Der Blick in die innere Werkstatt, in der die Bestandteile des Weltbildes erst entstehen müssen, wenn sie ein Sein für uns gewinnen sollen, lässt uns nicht einen festen Besitz an fertigen Gestalten gewahren, vielmehr enthüllt sich ihm ein rastloses Werden und Vergehen, eine Unendlichkeit von Vorgängen, in denen die Elemente alles Seins in den mannigfaltigsten Arten auf den mannigfaltigsten Stufen ihrer Verarbeitung

388 Fiedler, Konrad: „Über den Ursprung der künstlerischen Tätigkeit". In: Boehm G. (Hrsg.): *Schriften zur Kunst I.* Fink Verlag: München 1887, S. 113–118.
389 Fiedler 1887, S. 146–158.

> erscheinen, ohne dass das flüchtige, sich immer erneuernde Material jemals zu festen, unveränderlichen Formen erstarrte.

Damit stellt sich für Fiedler Wahrnehmung nicht nur als ein intentionaler Akt für die Gewinnung von Information über ein Objekt, eine Gegebenheit oder einen Sachverhalt dar, sondern wird als Akt stets auch durch das Wahrnehmungssubjekt selbst – physisch und psychisch – determiniert. So ändert sich im kranken Zustand die Art und Weise, wie ein- und dieselbe Gegebenheit wahrgenommen wird gegenüber dem gesunden. Gleichzeitig gibt Fiedler – ähnlich wie, aber noch radikaler als Thomas Reid und Hermann von Helmholtz – die Vorstellung des Wahrnehmungsaktes als erklärbare und begründbare Tätigkeit auf. Während es sich bei letzteren beim Lesen von Zeichen(signalen) mit Bedeutung um einen rationalen und keinesfalls beliebigen Prozess handelt, bei dem der Beobachter eine vorgegebene Bedeutung aus seinen Sinnesdaten herausliest, sieht Konrad Fiedler den Beobachter als Wahrnehmungssubjekt in einer Position von größerer Souveränität und Autonomie. Dieses agiere *quasi* als schaffender, in jeweils unterschiedlichen physischen und psychischen Zuständen sich befindender Künstler. Der jeweilige Zustand manifestiere sich in der Wahrnehmung selbst, d.h. das Wahrnehmungssubjekt offenbare sich in der Art, wie es wahrnimmt. Damit wird für Fiedler der Prozess der Wahrnehmung zu einer unbewussten „Ausdrucksbewegung", in der der Beobachter aus seinen Sinnesdaten die Wahrnehmungen, ähnlich wie ein Komponist aus Tönen eine musikalische Gestalt, etwa ein Thema oder eine Sinfonie, formt. Sowohl die Wahrnehmung, wie auch das Kunstwerk sind für Fiedler Manifestationen des Subjekts und vor allem von dessen Intention. Treibt man wie Fiedler diese Analogie weiter, dann kann das wahrnehmbare Kunstwerk wahrnehmungsphilosophisch als die letztgültige und einzig ‚wahre' Objektivation oder Materialisierung von Wahrnehmung aufgefasst werden. Demnach würde das Wesen der Wahrnehmung durch Kunstwerke wesentlich besser charakterisiert als durch geisteswissenschaftliche Schriften oder naturwissenschaftliche Experimente, indem in Kunstwerken die unbewussten und nicht sichtbaren Gestaltungsfaktoren des Wahrnehmungsprozesses offengelegt werden. So brauchen wir Konrad Fiedler zufolge[390] „nur unbefangenen Auges zu sehen, was der Künstler tatsächlich tut, um zu begreifen, dass er eine Seite der Welt fasst, die nur durch seine Mittel zu fassen ist, und zu einem Bewusstsein der Wirklichkeit gelangt, das durch kein Denken jemals erreicht werden kann."

Hieraus erwächst für Fiedler die Konsequenz, dass die adäquate phänomenologische Reduktion der Beschreibung von Wahrnehmung mit sprachlichen Mitteln allein nicht gelingen kann, sondern immer die Kombination und Integration von künstlerischen Ausdrucksformen voraussetzt. In diesem Sinn wird der Wahrnehmungsprozess erst durch eine künstlerische Tätigkeit hinreichend beschrieben oder in den Worten von Fiedler[391] (1887): „Die Kunst ist eine Vollzugsform der Wahrnehmungsphilosophie."

---

390 Fiedler 1887, S. 187–189.
391 Fiedler 1887, S. 190–191.

3.3.1.5 Unbewusstes Abduzieren

Sowohl beim Modell des unbewussten Gestaltens von Konrad Fiedler, wie auch des unbewussten Abduzierens von Charles Sanders Peirce geht es um die Spezifizierung des unbewussten Charakters dieser Tätigkeiten während der Transformation von Empfindungen in Wahrnehmung. Darüberhinaus geht es bei Pierce um die Bildung von Wahrnehmungsurteilen, also eines Urteils über die Wahrnehmung, das für ihn nicht eine der Wahrnehmung nachgereichte, bewusst ausformulierte und an diese gekoppelte Aussage mit dem Ziel ihrer Bewertung ist, sondern eine intrinsische Komponente des Wahrnehmungsprozesses selbst darstellt. Während der Wahrnehmung werden nach Pierce dem Wahrnehmenden unbewusst und unkontrollierbar Urteile über diese Wahrnehmung aufgedrängt, deren Entstehung dennoch möglicherweise einer bestimmten inneren Logik folgen und die dennoch eine sinnvolle Wirkung entfalten können. Für Pierce entspricht diese Entstehungslogik dem Vorgang der unbewussten Abduktion. Abduktion wird traditionell als logischer Grundbegriff für den Prozess des Aufstellens einer erklärenden Hypothese verstanden, mit deren Hilfe aus wahrgenommenen Zeichen Wahrnehmungsurteile konstruiert werden können. Damit sind für Peirce Wahrnehmungsurteile die Produkte einer unbewusst operierenden Vermutung mit dem Ziel und der Fähigkeit, Sinn und Bedeutung zu generieren und zu vermitteln[392]. Alexander Roesler bringt diese Modell von Charles Sanders Peirce, welches seinen Ausgang in Sinnestäuschungen und der Abhängigkeit ihrer Wahrnehmung von Einstellungen, Wissen, Sprache, Grammatik etc. nimmt, auf die Formel[393]

> dass Wahrnehmen unbewusstes, kontinuierliches und abduktives Schlussfolgern in Zeichen ist....In Begriffen der Wahrnehmung ausgedrückt lautet die abduktive Form der Schlussfolgerung folgendermaßen: Ein bestimmtes, bereits bekanntes Objekt hat die und die Eigenschaft; das Objekt vor mir hat auch diese Eigenschaften; also kann es sein, dass das Objekt vor mir ein solches Objekt wie das bereits bekannte ist....Diese Folgerung ist immer unsicher....Das zeichnet jedoch eine Hypothese oder Abduktion immer aus.

Diese Unsicherheit des abduktiven Verfahrens scheint gerade die Stärke und der Zweck dieses Modells zu sein. Darüberhinaus teilt die Theorie der unbewussten Abduktion mit den anderen der unbewussten Tätigkeiten das Vermögen, Erklärungen für die individuelle, relative und spontane Natur des Wahrnehmungsprozesses liefern zu können, indem eben abhängig vom Zeitpunkt der Wahrnehmung und von der physischen und psychischen Konstitution und Situation der wahrnehmenden Person deren Wahrnehmung von den unterschiedlich ausgeprägten unbewussten

---

392 Peirce, Charles S.: "Lectures on Pragmaticism". In: Apel Karl-Otto (Hrsg.): *Schriften zum Pragmatismus und Pragmatizismus.* Suhrkamp: Frankfurt a.M. 1903 / 1991, S. 355–359, 403–407.

393 Roesler, Alexander: *Illusion und Relativismus – Zu einer Semiotik der Wahrnehmung im Anschluss an Charles S. Peirce.* Schöningh Ferdinand GmbH: Paderborn 1999.

Tätigkeiten des Lesens, Extrahierens, Gestaltens und Abduzierens beeinflusst und determiniert wird. Indem Charles S. Peirce die Zeichen(signale) der Wahrnehmung als Beschreibung der Wahrnehmungsprozesse definiert, kann er Wahrnehmung als unbewusstes abduktives und kontinuierliches Schlussfolgern in Zeichen interpretieren. An dieser Stelle muss betont werden, dass das Operieren von unbewussten Tätigkeiten – aus phänomenologischer Sicht – grundsätzlich nicht bewiesen werden kann, wie dies ja auch für die Existenz von Sinnesdaten und Repräsentationen der Fall ist. Bei allen Theorien der unbewussten Tätigkeit handelt es sich um erdachte, konstruierte Modelle, die unter der (hypothetischen) Vorbedingung und Voranname des „Nicht-Bewusstseins" Erklärungen für das Zustandekommen von Wahrnehmungen aus Empfindungen heraus geben wollen. Aber gerade dieses „Nicht-Bewusstsein" von Wahrnehmung kann und muss hinterfragt werden.

3.3.2 Kritik an den Modellen der *Camera obscura* und unbewussten Tätigkeit

Der Mitbegründer der Gestalttheorie Christian von Ehrenfels setzte den hypothetischen unbewussten Tätigkeiten beim Wahrnehmen die bewusste Wahrnehmung von kompletten „Gestalten" als eigenständige und erkennbare Qualitäten von komplexen, aus vielen einzelnen Komponenten oder ‚Atomen' konstituierten Entitäten entgegen. Zur Veranschaulichung benutzte er gerne anstelle der optischen die akustische Wahrnehmung mit dem Erkennen, also Wahrnehmen, einer aus vielen Tönen bestehenden – auch polyphonen – Melodie, welches nicht auf das Hören, also das Empfinden, der Einzeltöne reduziert werden könne[394]: „Den Beweis für die Existenz von ‚Gestaltqualitäten' in unserem Sinne....liefert die Ähnlichkeit von Melodien und Figuren bei durchgängiger Verschiedenheit ihrer tonalen oder örtlichen Grundlage."

Damit kritisiert von Ehrenfels die – spekulative – Vor-Annahme, dass jegliche Wahrnehmung ihren Ausgang von ‚punktförmigen' – nicht mehr weiter zerlegbaren – Empfindungen, Sinnesdaten und Zeichen(signalen) nimmt, die dann erst während der unbewussten Prozesse des Lesens, Extrahierens, Gestaltens oder Abduzierens zu einer „flächigen" oder „körperlichen" Gestalt verschmolzen oder synthetisiert werden. Vielmehr sind nach von Ehrenfels[395] die primär wahrzunehmenden Elemente, Komponenten oder ‚Atome' bereits die „Gestalten". Deshalb bestehe auch keinerlei Notwendigkeit zur Annahme des Operierens von unbewussten Prozessen und Tätigkeiten, welche die ‚punktförmigen' Empfindungen in komplexere Wahrnehmungen transformieren. Die postulierte Existenz von ‚punktförmigen', *quasi* ‚atomaren' Empfindungen sei schlichtweg eine Fiktion[396] .

394 Von Ehrenfels, Christian: *Das Primzahlengesetz, entwickelt und dargestellt auf Grund der Gestalttheorie.* (Vierteljahresschrift für wissenschaftliche Philosophie). Reisland: Leipzig 1922.

395 Von Ehrenfels 1922.

396 Von Ehrenfels, Christian: *Über Gestaltqualitäten.* (Vierteljahrsschrift für wissenschaftliche Philosophie 14). Reisland: Leipzig 1890, S. 249–292.

Auch Maurice Merleau-Ponty lehnte die Vorstellung von Sinnesempfindungen oder –daten, Zeichen(signalen), „impressions" oder „sensations" ab, die zunächst passiv auf den Beobachter einwirken, um dann im Geist entweder – passiv – im Sinne einer kausalen Reiz-Reaktionsabfolge ein Bild produzieren zu lassen oder – aktiv – mit Hilfe unbewusster Tätigkeiten in eine Wahrnehmung verwandelt zu werden, etwa in eine Gestalt, da Konrad Fiedler[397] zufolge „alle Wirklichkeit uns einzig und allein bekannt sind in den sich in uns und durch uns vollziehenden Vorgängen, deren Anfänge wir in den Sinnesempfindungen voraussetzen, deren Resultate wir da erfassen, wo sie sich zu bestimmten Formen entwickeln." Eine solche und ähnliche Vorstellungen in allen ihren Varianten bleiben für Merleau-Ponty eine beliebige, spekulative und nicht akzeptable Voraussetzung und Vor-Annahme der Modelle von der *Camera obscura* bzw. vom unbewussten Schluss. In beiden Modellen wird die Wahrnehmung als Resultat, Produkt, Folge oder Wirkung aufgefasst, deren Ursache – durchaus im Einklang mit kausal-mechanistischem Denken – in äußeren Reizen zu finden ist. Dieses für Fiedler offenkundig am Anfang jeglicher Wahrnehmung wirkende ‚Material' wird von Merleau-Ponty als ein der Wahrnehmung nachträglich aufgepfropftes Konstrukt disqualifiziert, das sich in der Wahrnehmung selbst nicht manifestiert[398]: „Die Empfindung selbst ist nicht empfunden."

Damit bringt Maurice Merleau-Ponty die phänomenologische Interpretation von Empfindungen, Zeichen(signalen) und Sinnesdaten drastisch zum Ausdruck. In seiner „Phänomenologie der Wahrnehmung"[399] liefert er eine verblüffende und radikale Erklärung, warum der Begriff der Empfindung überhaupt eingeführt wird, nämlich immer dann und nur dann,

> wenn wir, auf unser Wahrnehmen reflektierend, zum Ausdruck zu bringen suchen, dass es niemals ausschließlich unser eigenes Werk ist. Die als Wirkung von Reizen auf unseren Körper definierte reine Empfindung ist ein ‚Endprodukt' unserer Erkenntnis, und zwar unserer wissenschaftlichen Erkenntnis, es ist bloß eine – sehr natürliche – Täuschung, die sie uns an den Anfang setzen und aller Erkenntnis vorgängig glauben lässt. Es ist dies die notwendige, aber auch notwendig trügerische Weise, in der der Geist seine eigene Geschichte sich zur Vorstellung bringt.

Damit verweist Merleau-Ponty Empfindungen, Zeichen(signale) und Sinnesdaten in das Reich des – nachträglich – Konstituierten, die nicht als Voraussetzung für die ‚Schlussfolgerung' Wahrnehmung dienen können, da diese ‚am Anfang' schlichtweg nicht existieren. Genau diesen Primat, diese Gegebenheit der Empfindungen *a priori*, woraus dann Wahrnehmungen hervorgehen, setzten alle Theorien der unbewussten Tätigkeit voraus. Daher müsse die Annahme von und Suche nach ‚Vorläuferstrukturen' der Wahrnehmung zum Postulieren von fiktiven Modellen führen. Der Wahrnehmung selbst gehe also nichts voraus, nur sie sei *per se* gegeben und könne

397 Fiedler 1887, S. 187–191.
398 Merleau-Ponty 1968.
399 Merleau-Ponty 1965.

erforscht werden, oder in der phänomenologischen Diktion von Maurice Merleau-Ponty[400]: „Was Wahrnehmung ist, kann einzig und allein die Struktur des wirklichen Wahrnehmens lehren. Die reine Impression ist sonach nicht allein unauffindbar, sie ist unwahrnehmbar, und folglich undenkbar als Moment der Wahrnehmung."

Diese verblüffende und radikale Sehweise einer Konstruktion von Empfindungen und Nicht-Rückführbarkeit von Wahrnehmungen auf Empfindungen, die dem Beobachter während der Wahrnehmung selbst nicht mehr bewusst sind, bringt weitreichende methodische Konsequenzen mit sich. Denn es müssen jetzt – als Alternative zu Empfindungen – diejenigen Einflussfaktoren identifiziert werden, die die Wahrnehmung in eindeutiger und unumkehrbarer Weise determinieren und sich dabei simultan in diesem Akt der Wahrnehmung manifestieren. Für Merleau-Ponty beruht die generell akzeptierte Annahme von primären Empfindungen, Zeichen(signalen) und Sinnesdaten auf der völligen Vernachlässigung der Bedeutung des wahrnehmenden Körpers, also des Leibes des Beobachters für den Prozess der Wahrnehmung. Aber gemäß Merleau-Ponty stellt gerade der Leib die unabdingbare Voraussetzung für die Entstehung jeglicher Wahrnehmung dar, ja im und am Leib präsentiere sich jegliche Wahrnehmung und der Leib verleihe der Wahrnehmung Bedeutung und Sinn. Die Nicht-Berücksichtigung des Leibes eliminiere damit die Möglichkeit einer adäquaten Beschreibung der Wahrnehmung aus phänomenologischer Sicht. Der eigene Leib der Beobachters agiert für Merleau-Ponty als das „allgemeine Medium", über den und nur über den der Beobachter eine Beziehung zur Welt über seine Wahrnehmung der Welt aufnehmen könne. Die Rolle des Leibes für die Wahrnehmung sei keineswegs in naturalistischer Sicht auf physiologische Voraussetzungen, etwa die Funktion von Sinnesorganen, zu beschränken, sondern müsse phänomenologisch-transzendental gedeutet werden. Zum einen könne ein Beobachter die Manifestation seines Leibes in seinen Wahrnehmungen zu jeder Zeit selbst konstatieren und bestätigen, aber eben gerade nicht in seinen Empfindungen, Zeichen(signalen) und Sinnesdaten. Zum anderen erkenne der Beobachter den eigenen Leib als eine Voraussetzung an, von anderen wahrgenommen werden zu können. Diese Manifestation des Leibes in der Wahrnehmung offenbare sich in der Perspektivität, indem alles Wahrgenommene von einem bestimmten Standort aus wahrgenommen werde und in einer bestimmten räumlichen Relation zum eigenen Leib stehe. Hiervon gäbe es nur eine einzige Ausnahme und diese sei der Leib selbst. Gerade hieraus erwächst für Maurice Merleau-Ponty die einzigartige transzendentale Funktion des Leibes als Vorbedingung und Voraussetzung für die perspektivische Wahrnehmung. Die perspektivische Wahrnehmung von äußeren Objekten, Gegebenheiten und Sachverhalten auf der Welt durch einen Beobachter werde allein daraus verständlich, dass sein Leib sich der perspektivischen Veränderung entziehe[401]:

400 Merleau-Ponty 1965.
401 Merleau-Ponty 1965.

> Als die Welt sehender oder berührender ist so mein Leib niemals imstande, selber gesehen oder berührt zu werden. Weil er das ist, wodurch es Gegenstände überhaupt erst gibt, vermag er selbst nie Gegenstand, niemals völlig konstituiert zu sein. Der Leib ist also nicht lediglich einer unter anderen äußeren Gegenständen, der allein dadurch sich auszeichnete, stets da zu sein. Seine Ständigkeit ist eine absolute, die jederlei relativer Ständigkeit der eigentlichen, stets der Abwesenheit fähigen Gegenstände erst den Grund gibt.

Die Kritik von Merleau-Ponty am Denken in Modellen, im Allgemeinen und am Modell der Transformation von Empfindungen in Wahrnehmungen durch unbewusste Tätigkeiten, im Besonderen, stellt eine der radikalsten in der gesamten Wahrnehmungsphilosophie dar und verändert das menschliche Verständnis von den Möglichkeiten, Wahrnehmung zu beschreiben, zu erkennen, zu interpretieren und ihr Sinn und Bedeutung zu zuweisen auf fundamentale Weise. Allerdings eliminiert, wie Burkhard Liebsch[402] zu Bedenken gibt, das völlige Negieren von rationaler Evidenz für das Operieren von Empfindungen als Ausgangspunkt für Wahrnehmungen jede Möglichkeit einer wissenschaftlichen Herangehensweise zur Klärung, wie Erkenntnis und Erfahrung entstehen, sich im Laufe der Lebens- und Wirkungsgeschichte eines Menschen weiter entwickeln und sich im Umfeld der menschlichen Gemeinschaft eventuell als (wissenschaftlicher) Fortschritt und Theorie über bloß individuelle – grundsätzlich gegenüber Irrtum und Irrationalität anfällige – Empfindungen, Beobachtungen und Wahrnehmungen erheben.

3.3.3 Wahrnehmung und Theorie

Die klassische Wissenschaftstheorie hat über die Einführung des sog. „Zwei-Sprachen-Modells“ die Trennung der wissenschaftlichen Sprachebenen zwischen Theorie- und Wahrnehmungs- oder Beobachtungssprache herbeigeführt[403][404]. Dabei wird die theoretische Metasprache durch Regeln und operationale Definitionen mit der sich auf Wahrnehmungen und Beobachtbares beziehenden Beobachtungssprache verknüpft und kann dadurch intersubjektiv verstanden und interpretiert werden. Diese Dichotomie zwischen Theorie- und Beobachtungssprache bedeutet nicht, dass jede einzelwissenschaftliche Disziplin über einen in sich geschlossenen, ausschließlich Forschungsobjekt-abhängigen und damit Theorie-unabhängigen Satz von Grundbegriffen der Beobachtung und Wahrnehmung verfügt. Die Beobachtbarkeit eines Objekts, einer Gegebenheit oder eines Sachverhalts wird vielmehr in

402 Liebsch, Burkhard: „Eine Welt von Konsequenzen ohne Prämissen...Ein Nachtrag zur Geschichte des Theorems vom unbewussten Schluss“. *Archiv für Begriffsgeschichte* 24, 1991, S. 326–367.

403 Leinfellner Werner: Einführung in die Erkenntnis- und Wissenschaftstheorie. Biographisches Institut – Hochschultaschenbücher: Mannheim 1967.

404 Stegmüller, Wolfgang: *Aufsätze zur Wissenschaftstheorie.* Wissenschaftliche Buchgemeinschaft: Darmstadt 1970.

hohem Umfang von den fachwissenschaftlichen und ‚sprachlichen' Fähigkeiten des beobachtenden Wissenschaftlers, einschließlich des theoretischen und praktischen Wissenstands seiner Epoche, wie er sich etwa im Bau von Beobachtungsinstrumenten manifestiert, beeinflusst[405]. Damit darf die Beobachtungs- oder Wahrnehmungssprache nicht als zeitlich und inhaltlich fixierte Ebene des wissenschaftlichen Sprachgebrauchs und Aussagesystems betrachtet werden[406 407]. Sie enthält hingegen alle diejenigen beschreibenden Zeichen und Elemente, die für den Beobachter oder Wahrnehmenden zum Zeitpunkt der Beobachtung oder Wahrnehmung und gemäß seines Theorienstandes „historisch-pragmatisch" verfügbar sind. Dadurch erfährt die Ebene der Beobachtungssprache oder der empiristischen Grundsprache eine ausgeprägte Relativierung, worin die Theoriegeladenheit oder –abhängigkeit von Beobachtungen und Wahrnehmungen ihren Niederschlag findet. Die Grenze zwischen der Theoriesprache und Beobachtungssprache wird dabei kontinuierlich und flexibel durch „historisch-pragmatische" Kräfte verschoben, wobei die Richtung der Interpretation von beobachtungssprachlichen Zeichen hin zu den theoretischen Begrifflichkeiten und damit die Annahme der Erlangung einer stabilen intersubjektiven Verstehbarkeit der Theoriesprache mit Hilfe der Beobachtungs- und Wahrnehmungssprache unangetastet bleiben.

Die apparente Theoriegeladenheit oder –abhängigkeit des empiristischen Vorgehens wird nun von bestimmten Wissenschaftstheoretikers seit der zweiten Hälfte des 20. Jahrhunderts in erster Linie auf der Basis von wissenschaftshistorischen Analysen in einer wesentlich verschärften Variante vertreten, in der die Beziehung zwischen Beobachtung und Theorie umgekehrt betrachtet wird[408 409 410] – *quasi* in Analogie zum „Auf-den-Kopf-Stellen" der Relation zwischen Empfindung und Wahrnehmung durch Merleau-Ponty (s. 3.2.2.1). Begrifflichkeiten der Beobachtungssprache dienen demnach nicht der Interpretation der Theorie, sondern umgekehrt die Theoriesprache wird für die Interpretation von Aussagen in der Beobachtungssprache benutzt[411]. Damit werden – zusätzlich zu Empfindungen – auch Beobachtungsaussagen auf die Ebene reiner Gedankengebilde, Hypothesen oder Spekulationen ‚hinuntergezogen'

405 Stegmüller, Wolfgang: *Probleme und Resultate der Wissenschaftstheorie und Analytischen Philosophie.* Band IV: *Personelle und statistische Wahrscheinlichkeit.* 1. Halbband: *Personelle Wahrscheinlichkeit und rationale Entscheidung.* Springer: Berlin 1973.

406 Hempel, Gustav: *Philosophie der Naturwissenschaften.* Deutscher Taschenbuch Verlag: München 1974.

407 Stegmüller 1973.

408 Hanson, Norwood R.: *Patterns of Discovery. An Inquiry into the Conceptual Foundations of Science.* Cambridge University Press: Cambridge 1961.

409 Kuhn 1962.

410 Feyerabend, Paul K.: *Wider den Methodenzwang. Skizze einer anarchistischen Erkenntnistheorie.* Suhrkamp: Frankfurt a.M. 1981.

411 Groeben, Norbert / Westmeyer, Hans: *Kriterien psychologischer Forschung, Grundfragen der Psychologie.* Juventa Verlag: Landsberg am Lech 1975, S. 134–145.

und der „historisch-pragmatisch" bedingten Interpretationsleistung des beobachtenden Wissenschaftlers unterworfen. Im Theorienumfeld einer bestimmten Epoche bleibt diese intrinsische und unlösbare Verknüpfung der Wahrnehmungs- und Beobachtungsaussagen mit der vorherrschenden interpretatorischen Theorie in der Regel unerkannt. Dies gilt v.a. deshalb, weil die daraus konstruierten Welt- und Menschenbilder als natürlich, selbstverständlich und wahr unbewusst im Hintergrund verbleiben und damit nicht hinterfragt werden. Erst die Bewusstmachung von alternativen historischen – scheinbar naturwissenschaftlich überholten – Methoden der Beobachtung führt wieder vor Augen, wie groß die Abhängigkeit des sprachlichen Ergebnisses von Beobachtungen von der Theorienbildung ist[412]. Oder in anderen Worten, jede Theorienbildung bringt eine eigene – Theorien-spezifische – Erfahrung und Beschreibung von der Welt insgesamt oder von einzelwissenschaftlichen Forschungsobjekten in die Welt des Forschungssubjekts Wissenschaftler ein. Demnach sind alle Modelle der stetigen Kumulation von Beobachtungsfakten mit daraus resultierendem linearen bis exponentiellen Wissensfortschritt als der Fortschrittsgläubigkeit des des Industriezeitalters geschuldete Fiktion abzulehnen.

3.3.3.1 Das „Gestalt-Switch"-Modell

Dieses Konzept der Theorie-Geladenheit und Abhängigkeit der Beobachtung gilt auch und gerade für die Naturwissenschaften, wie Hanson[413] noch vor Kuhn[414] und Feyerabend[415] in tiefreichenden Analysen von historischen Paradigmenwechseln in der Astronomie, dem ‚Übergang' des geozentrischen Weltbildes nach Tycho Brahe auf das heliozentrische durch Johannes Kepler nachweisen konnte. Für Hanson liegt die Theorie-Geladenheit und Abhängigkeit der Beobachtung im Wissen des Beobachtenden selbst, wodurch dessen (Fähigkeit zur) Beobachtung entscheidend beeinflusst werde und das nicht nur als ‚nützliche' und keineswegs neutrale ‚Beigabe' wirke. Die in den beiden Astronomen wirksamen alternativen Theorien oder Weltbilder bedingten und spiegelten sich in Beobachtungen und Erfahrungen völlig gegensätzlicher Art. Der Wechsel der Theorie oder des Weltbildes führe also zu einer radikal veränderten Weise des Wahrnehmens, Beobachtens, Beschreibens und Erfahrens eines Objekts, einer Begebenheit oder eines Sachverhalts. Der Gestaltpsychologe Norbert Groeben[416] baute hierauf auf, indem für ihn „der Wechsel von einer Theorie zu einer alternativen, konkurrierenden daher auch aus einem radikal-abrupten Wechsel des gesamten Erfahrungsfeldes, so wie bei einem Kippbild die Wahrnehmung der darin gesehenen Gestalt(en) unvermittelt umschlägt."

---

412 Feyerabend, Paul K.: „Probleme des Empirismus I". In: Coldny R.G. (Hrsg.): *Beyond the Edge of Certainty.* Prentice-Hall: Englewood Cliffs 1965.

413 Hanson 1961.

414 Kuhn 1962.

415 Feyerabend 1981.

416 Groeben 1975.

Dieser „gestalt switch“ repräsentiert ein sehr anschauliches Bild für das plötzliche und simultane Umschlagen der Wahrnehmung eines Objekts, des Erfahrens eines Sachverhalts und des Erlebens einer Begebenheit zusammen mit der Bedeutungs- und Sinnzuweisung und Interpretation dieser Gegebenheiten von einer bestimmten „historisch-pragmatisch“ bedingten Struktur zur nächsten. Die Elemente, die die beiden unterschiedlichen Sehweisen eines Kippbildes konstituieren und die vom Beobachter wahrgenommen werden, sind identisch, aber deren gedankliche Organisation durch den Beobachter ist für beide Formen des Kippbildes völlig unterschiedlich und offensichtlich nicht miteinander in Einklang zu bringen. Eines der – zumindest im philosophischen Zusammenhang – bekanntesten Kippbilder stellt wohl der von Ludwig Wittgenstein in den „Philosophischen Untersuchungen“ benutzte Hasen-Enten-Kopf dar[417], womit er eine frühe *quasi* konstruktivistische Diskussion gemäß der Auffassung ‚Man sieht (hört) nur, was man weiß' initiierte. Das Bild des „gestalt switch“ erlaubt also – scheinbar – die Veranschaulichung des Paradigmas der Theoriegeladenheit und –abhängigkeit jeglicher Beobachtung, wobei jede Theorie zu ihrer eigenen speziellen Wahrnehmungs- und Erlebenswelt führt und in der Konsequenz mit anderen vorausgegangenen oder nachfolgenden Theorien unvergleichbar (inkommensurabel) bleiben muss. Nach Thomas S. Kuhn[418] ist eben diese Inkommensurabilität zwischen Theorien, hervorgerufen durch abrupte Bedeutungswechsel der von den Theorien eingesetzten Begrifflichkeiten, ein entscheidendes Merkmal der „Struktur wissenschaftlicher Revolutionen“. Sie umfasse nicht nur die Unvereinbarkeit inhaltlicher Gegensätze, sondern auch die logische Unvergleichbarkeit der Beobachtungssätze und der sie konstituierenden Begrifflichkeiten, wodurch die Basis für einen rationalen kritischen Diskurs zwischen den miteinander im Wettbewerb stehenden Theorien entfalle[419][420]. Damit wird die scheinbar innovative Ablösung einer bisher geltenden Theorie von einer neuen ‚besseren' von einem Akt der rationalen Nutzung von Theorie-unabhängigen ‚neutralen' Wahrnehmungen, Daten oder Zeichen(signalen) zu einem Akt der bloßen Irrationalität degradiert, vergleichbar religiösen oder politischen Glaubenskämpfen. Demnach würden wie bei diesen die Konflikte zwischen konkurrierenden Theorien weniger oder kaum durch rationale Argumentation und Diskussion als vielmehr durch Überredung bis Überrumpelung, sowie das Verschwinden der Exponenten der scheinbar ‚alten' und ‚obsoleten' Theorie durch Ausschluss aus der wissenschaftlichen Gemeinschaft oder Tod[421][422]. Das Konzept der Inkommensurabilität lässt sich damit auch nicht mit dem Paradigma einer rationalen kontinuierlichen Annäherung an die Wahrheit im Sinne einer „Logik der Forschung“ von Sir Karl Popper[423] ver-

417 Wittgenstein 1984d.
418 Kuhn 1962.
419 Kuhn 1962.
420 Feyerabend 1981.
421 Kuhn 1962.
422 Stegmüller 1973.
423 Popper 1959.

einbaren. So stellt für Paul K. Feyerabend[424] die „Ratiomanie" der Popper-Schule der Versuch der Immunisierung des empirisch-naturwissenschaftlichen Dogmas gegenüber der aus der Inkommensurabilitätstatsache resultierenden Forderung nach einer vollständig Normen- und Regel-freien – ‚anarchischen' – Hervorbringung (und auch Anwendung) von Methoden und Theorien – und zwar in beliebiger Reihenfolge.

3.3.3.2 Kritik am „Gestalt-Switch"-Modell

Bei aller unmittelbaren intuitiven Überzeugungskraft verbirgt sich hinter der Inkommensurabilitätsthese mit dem Bild des Umkippmodells der Erkenntnis letztlich ein deutlicher Hang zur Irrationalität und Ablehnung eines praktizierbaren Wissenschaftsbegriffs, die in der Folgezeit als in sich kontradiktorisch und durch Selbstanwendung *ad absurdum* führbar kritisiert worden ist[425 426]. Demnach bringe die völlige Nivellierung der Unterschiede zwischen den Prozessen der erstmaligen Entdeckung und Aufstellung einer Theorie (durch Zufall, Überredung etc.) und ihrer (nachträglichen) rational-wissenschaftlichen Begründung eine extreme Betonung der Subjektivität mit sich, die das Streben nach und die Möglichkeiten für eine objektive Wissenschaft als Fiktion erscheinen lasse[427]. Demgegenüber bestehen die Kritiker auf einer gewissen – wenn auch möglicherweise losen – Verknüpfung und – wenn auch möglicherweise begrenzten – Vergleichbarkeit zwischen unterschiedlichen Theorien im Hinblick auf den gleichen von diesen bearbeiteten Phänomenbereich, sowie auf dem Operieren einer wenigstens partiell Theorie-neutralen und -unabhängigen Beobachtungssprache. Dadurch könne eine rationale Begründung für den Übergang von einer Theorie zur nächsten geleistet werden. Die Rechtfertigung des klassischen Wissenschaftsprozesses beruhe demnach also auf der Beibehaltung des „Zwei-Sprachen-Modells" und der Ablehnung des Konzepts des abrupten Bedeutungswandels der von beiden Sprachen benutzten Begrifflichkeiten gemäß eines kognitiven „gestalt switch", so wie ihn die deskriptiven Analysen von historischen Erfahrungswelten und -prozessen, einschließlich der daraus hervorgegangenen Beobachtungsbegriffe, zunächst psychologisch nahe zu legen und später zur Norm zu erheben versuchten.

3.3.3.3 Die Gestalttheorie zwischen Wahrnehmung und Theorie

Lässt sich das Problem des wissenschaftstheoretischen Irrationalismus, das sich aus der Anwendung des „gestalt switch" auf die kognitiven Vorgänge während des Wechselns wissenschaftlicher Theorien und Paradigmen offenbar unvermeidlich einstellt, durch den Einsatz gestalttheoretischer Überlegungen vermeiden, ohne

424 Feyerabend 1981.

425 Scheffler, Israel: *Science and Subjectivity*. The Bobbs-Merrill Company: Indianapolis / New York / Kansas City 1967.

426 Kordig, Carl R.: *The justification of scientific change*. Springer: Dordrecht 1971.

427 Scheffler 1967.

gleichzeitig wieder einem Szientismus anheim zu fallen? Dieser Frage ist Wolfgang Metzger nachgegangen[428]. Für ihn zeigt eine genauere Analyse der Analogie zwischen dem Bild des „gestalt switch" und der Theorie-geladenen und -abhängigen wissenschaftlichen Beobachtung, dass es sich bei den (auch von Hanson verwendeten) Kippbildern um relativ simple Reiz-Reaktions-Muster mit einem durchschnittlichen Zeitbedarf für ihr Umschlagen von 8 bis 10 Sekunden handelt[429]. Diese hohe Umschlagsgeschwindigkeit lasse sich mit Sicherheit nicht auf die wesentlich komplexeren Wechsel zwischen Theorie-geladenen Beobachtungsvorgängen übertragen. Die Analogie könne also gar nicht so direkt, sondern lediglich suggestiv und metaphorisch gemeint sein. Nicht nur die Betrachtung der Zeitdimension lege nahe, dass die „gestalttheoretische Veranschaulichung" der Inkommensurabilitätsthese eine unzulässige Vereinfachung und Übertragung eines einfachen kognitiven Konzepts über Wahrnehmungsprozesse auf einen wesentlich komplexeren, stärker differenzierten und mit anderen kognitiven Leistungen verschränkten Vorgang darstelle. Damit lässt sich nach Metzger die postulierte Inkommensurabilität von Theorien durch das Konzept des „gestalt switch" als scheinbar aus psychologischen Gründen nicht vermeidbares kognitives Phänomen nicht fundieren. Vielmehr werde der Irrationalismus – auf Basis der Theorie-bedingten Nicht-Vergleichbarkeit der verschiedenen spezifischen Beobachtungs- und Erfahrungswelten – durch eine unzulässig naive bis fehlerhafte Transformation eines einfachen kognitiven Modells der Gestalttheorie von hoher Suggestivkraft auf den außerordentlich differenzierten kognitiven Phänomenbereich der Beobachtung und Theoriebildung ausgedehnt.

Gerade die Übertragung der Konzepte der Gestalttheorie auf den kognitiven Phänomenbereich des ‚produktiven Denkens", einschließlich der wissenschaftlichen Theorienbildung, hat zu einer Reihe von außerordentlich differenzierten Analysen geführt und die Grundlage für eine mögliche rationale Rekonstruktion der Entwicklung und Veränderung von Theorien geliefert[430 431]. Die dabei entwickelten differentiellen Ansichten über komplexe Transformationen und Transitionen zwischen den einzelnen kognitiven Strukturen der Beobachtungs- und Interpretationsprozesse führten zur Identifikation von Übergangsprozessen, die in ihrer Komplexität die Metapher des abrupten Wechsels der Gestalt einer Kipp-Figur weit hinter sich lassen und deshalb die Möglichkeit eröffnen, einen rational rekonstruierbaren Zugang zum Problem des Wechselns wissenschaftlicher Theorien und

---

428 Metzger, Wolfgang: „Gestaltheorie als Irrationalismusbasis?". In: Ertel S. / Kemmler L. / Stadler M. (Hrsg.): *Gestalttheorie in der modernen Psychologie.* Steinkopff: Darmstadt 1971, S. 134–145.

429 Stadler, Michael / Erke, R.K.: „Über einige periodische Vorgänge in der Figuralwahrnehmung". *Vision Research* 8, 1968, S. 1081–1092.

430 Köhler, Wolfgang: *Gestalt Psychology. The definitive statement of the Gestalt Theory.* MIT Press: Cambridge (Mass.) 1970.

431 Wertheimer, Max: *Produktives Denken.* Kramer: Frankfurt a.M. 1957.

Paradigmen zu finden. So betonen etwa die Gestaltpsychologen Karl Duncker[432] und Max Wertheimer[433] hinsichtlich des produktiven Denkens die Bedeutung der Transformation einer kognitiven Struktur oder Organisation in die nächste und damit die eminente Rolle der Natur des umstrukturierenden Prozesses. In der Tat erfasst Max Wertheimer mit dem Prozess der Umstrukturierung exakt die Transitionen zwischen aufeinanderfolgenden kognitiven Strukturen, die sich während einer wissenschaftlichen Theoriebildung entwickeln und nimmt damit eigentlich das Paradigma des abrupten fundamentalen Bedeutungswechsels vorweg[434]. Nach Wertheimer wird dieser Wechsel durch „radikale strukturelle Änderungen" in der Sehweise des wissenschaftlichen Problems hervorgerufen, wodurch es zu einer produktiven Transformation der ursprünglichen Sehweise kommt. Die eigentliche Triebkraft für die Ausbildung einer „umfassenden neuen Einsicht" erkennt Max Wertheimer[435] in Fehlstellen oder Defekten der ursprünglichen kognitiven Struktur, die durchaus mit den auf neue Strukturen hinzielenden „Anomalien der normalen Wissenschaft" von Thomas S. Kuhn[436] vergleichbar sind. Die daraufhin einsetzende Umstrukturierung als produktiver Prozess der Problemlösung nimmt ihren Ausgang von einer Situation von entscheidenden Bedeutung[437]. Wie Gisela Ulmann[438] betont, scheint die sich daraus entwickelnde neue Struktur also bereits in dieser Situation vorbereitet zu sein. Wolfgang Metzger hat den Prozess der gestalttheoretischen Umstrukturierung nach phänomenologischen Kriterien in acht Teilvorgänge zerlegt[439]:

> (i) Austausch von Funktionen zwischen verschiedenen Teil-Sachverhalten des Ganzen; (ii) die Umgliederung als der Ersatz einer Einteilung des Ganzen durch andere; (iii) die Umzentrierung; (iv) Bereichsänderungen als Bereichserweiterung, Lückenschließung und Einordnung in umfassendes Ganzes; (v) das Herausgreifen unklarer Stellen; (vi) die gemeinsame Erfassung verschiedener, bisher nur einzeln erfasster Gegenstände; (vii) vom Chaos zum geordneten System (Gestalten des Ungestalteten); (viii) die Ausscheidung von ‚Fremdkörpern'.

---

432 Duncker, Karl: *Zur Psychologie des produktiven Denkens.* Springer: Berlin et al. 1935.

433 Wertheimer, Max: „Untersuchungen zur Lehre von der Gestalt". *J. Psychol. Forsch.* 1, 1922, S. 189–202.

434 Wertheimer 1957.

435 Wertheimer 1957.

436 Kuhn 1962.

437 Wertheimer 1957.

438 Ulmann, Gisela: „Kreativität. Neue amerikanische Ansätze zur Erweiterung des Intelligenzkonzepts". In: Weinheim / Beltz (Hrsg.): *Kreativitätsforschung. Neue Wissenschaftliche Bibliothek Nr. 59. Psychologie.* Kiepenheuer & Witsch: Köln 1973.

439 Metzger 1971, S. 171–172.

„Wo das Leben beginnt, hört die Wissenschaft auf, und wo die Wissenschaft beginnt, hört das Leben auf."

Egon Fridell[440]

4 These III: Die Integration von „vorhermessender" molekularer und „vorhererfahrender" systemisch-lebensweltlich-gestalttheoretischer Analyse führt zu verbesserter „Gesunderhaltung"

Der Versuch einer Nutzung von „vorhererfahrenden" Methoden für die „Gesunderhaltung" erfordert eine Charakterisierung oder – idealerweise – eine Definition für die Erfahrung im Sinne von Empfindung oder Wahrnehmung einer Krankheit, sowie für deren Beurteilung gemäß den verschiedenen Modellen für Gesundheit oder Krankheit. Diese Charakterisierungen, Definitionen und Modelle dienen der Bewusstwerdung der – wenn auch minimalen – Vorbedingungen oder Vorannahmen, die dem weiter unten vorgestellten gesamtwissenschaftlichen Ansatz zugrunde liegen.

4.1 Modelle der Erfahrung, Empfindung und Wahrnehmung von Krankheit

Tatsächlich funktioniert der Weg über eine Definition in den meisten Fällen eines wissenschaftlichen Problems, wie etwa bei der Frage ‚Was ist ein Atom?'. Im Falle der Begriffe der Erfahrung, Empfindung und Wahrnehmung einer Krankheit (oder Gesundheit) versagt dieser Weg jedoch, diese Begriffe lassen sich nicht definieren. Während es für die meisten Phänomenen der Wissenschaft und des Alltags möglich ist, mittels empirischer Methoden deren entscheidende Eigenschaften zu ermitteln, entziehen sich die Begriffe der Erfahrung, Empfindung und Wahrnehmung einer Krankheit dem experimentell-empirischen Zugriff auf ihr ‚Wesen.' Möglicherweise teilen sie diese ‚Unbestimmtheit' mit allen philosophisch relevanten Begriffen, die nach Theodor W. Adorno[441] prinzipiell nicht definierbar sind. Ihm zufolge wollen

440 Friedell, Egon: *Kulturgeschichte der Neuzeit. Die Krisis der europäischen Seele von der schwarzen Pest bis zum Weltkrieg. – Erster Band: Einleitung, Renaissance und Reformation.* C.H. Beck: München 1927.

441 Adorno, Theodor W.: *Philosophische Terminologie.* (Bd. 1). Suhrkamp: Frankfurt a.M. 1962, S. 14–29.

Philosophen gedanklich die Bedeutung, den Sinne und die korrekte Anwendung von klassischen Begriffen klären, die im Alltagsverständnis ‚normalerweise' kein großes Problem hervorrufen, wie etwa von ‚Leben', ‚Sein', das ‚Gute', ‚Wahrheit' oder ‚Raum.' Für Adorno liegt die Lösung der meisten philosophischen Probleme somit in ihrer eindeutigen und zeitlos gültigen Definition. Doch dieser Versuch sei zum Scheitern verurteilt und zwar nicht wegen einer prinzipiellen Disziplinlosigkeit der Philosophie, unter demselben Begriff dieselbe Bedeutung zu verstehen und umgekehrt. Vielmehr würde eine schlichte Begriffsdefinition im Stil der Naturwissenschaften lediglich zur Bestätigung einer bereits allgemein akzeptierten bestehenden philosophischen Theorie und der diese fundierenden – oftmals unbewussten – Vorannahmen und Vorbedingungen führen. Eine philosophische Definition könne demnach Gültigkeit immer nur innerhalb des philosophischen Systems beanspruchen, welches durch eben diese Definition seine weitere Affirmation erfahre. Um diesen „circulus vitiosus" verlassen zu können, muss für philosophische Begriffe – als Notlösung oder zur Kompensation – die starre abgeschlossene Definition in einen die offene Reflexion fördernden Definitionsvorschlag oder –ersatz überführt werden, womit nach Theodor W. Adorno der Rückgriff auf eine, die fixe Definition selbst schon voraussetzende Begrifflichkeit entfallen kann, ja vielmehr durch eine gewisse ‚konstruktive Unschärfe' der Begriffsbildung ersetzt werden muss[442]:

> Machen Sie einmal den ganz einfachen Versuch, den Begriff ‚Raum' oder den Begriff ‚Zeit' zu definieren, ohne dass Sie bei der Definition selber bereits Begriffe voraussetzen, die sich ihrerseits schon auf Räumliches oder auf Zeitliches beziehen, also ohne in einen Zirkel zu geraten.

Diese Feststellung lässt sich ohne Einschränkung auf die Begriffe Erfahrung, Empfindung, Wahrnehmung, Gesundheit, Krankheit anwenden. So gilt gemäß des Alltagsverständnisses und diverser philosophischer Lexika als die ‚normalerweise' benutzte Standarddefinition für den Begriff der Wahrnehmung das Vermögen von Organismen, mit Hilfe ihrer Sinnesorgane Informationen über ihre materielle Außenwelt zu gewinnen, d.h. im Falle des Wahrnehmens von Gesundheit oder Krankheit mit Hilfe der eigenen Sinnesorgane Informationen über den (patho)physiologischen Zustand des eigenen Körpers zu erhalten. Und tatsächlich werden sich die meisten ‚alltäglichen' Wahrnehmungsprobleme mit dieser, dem breiten „common sense" entsprechenden Standarddefinition völlig ausreichend lösen lassen. Denn wohl jeder ist davon überzeugt, die physische Beschaffenheit von Gegenständen auf dieser materiellen Welt, einschließlich des (pathophysiologischen) Zustandes des eigenen Körpers, wie etwa bei Hautkrebs, einer Oberschenkelfraktur, Karies oder einer Erkältung – möglicherweise die Anwendung geeigneter technischer Hilfsmittel, wie etwa eines Fieberthermometers voraussetzend – sinnlich wahrnehmen zu können. Und wohl jeder ist der Meinung, dass diese Wahrnehmung der eigenen Erkrankung – im wesentlichen – von den meisten Mitmenschen geteilt werden würde.

442 Adorno 1962.

Verwendet man jedoch Begriffe, wie etwa Wahrnehmung, nicht im üblichen traditionellen Sinn des „common sense" und beabsichtigt, die entsprechende Definition auf die Richtigkeit der darin konstatierten Merkmale des Phänomens Wahrnehmung hin zu untersuchen, dann sucht man nach Begründungen für jedes in der Definition enthaltene Wahrnehmungsurteil. Kann also ein Krankheitszustand tatsächlich selbst wahrgenommen werden oder sieht man lediglich morphologische und farbliche Veränderungen der Haut, bemerkt bei körperlicher Belastung das Nicht-Funktionieren des Beins, spürt mit der Zunge das Loch im Zahn oder fühlt und hört die schniefende Nase. Kann man also Krankheitszustände *quasi* absolut wahrnehmen oder empfindet man lediglich im Vergleich zum gesunden Zustand gewisse morphologische, physiologische oder funktionelle Veränderungen und schließt aus diesen auf die Manifestation einer Krankheit? Kann man die Wahrnehmung einer Krankheit – die Abwesenheit von akuten Schmerzen vorausgesetzt – tatsächlich einstellen oder wird diese weiterhin wahrgenommen, aber eben nicht weiter beachtet? Kann einem Patienten tatsächlich vorgeworfen werden, die Entwicklung seiner – grundsätzlich wahrnehmbaren – Krankheit nicht wahrgenommen zu haben, obwohl er beteuert, davon nichts bemerkt zu haben? Solche Fragen sind mit „common sense" nicht zu beantworten. Denn wie kann man beurteilen, ob die Krankheitswahrnehmung des Patienten diejenigen Merkmale aufweist, die in den jeweiligen Urteilen über diese Krankheit konstatiert werden?

Ungeachtet der lebensweltlichen Brauchbarkeit der „common sense" Definition für Wahrnehmung muss es bei dem Versuch der Integration von „Vorhererfahren", „Vorherempfinden", „Vorherwahrnehmen" in den Prozess der Prädiktion von Zivilisationskrankheiten um die widerspruchsfreie, begründbare und sprachlich angemessene Deskription von Erfahrung, Empfindung und Wahrnehmung gehen. Erst dadurch wird aus einer für den Alltag sehr sinnvollen Definition, mit der sich im Alltag bestens leben lässt und die durch kein philosophisches Gedankengebäude jemals erschüttert werden kann, etwa dass man ein gebrochenes Bein wahrnehmen kann, ein philosophisch relevantes Problem. Erst der Wunsch, die Begrifflichkeiten „Vorhererfahren", „Vorherempfinden", „Vorherwahrnehmen" für die „Gesunderhaltung" bezüglich Zivilisationskrankheiten zu nutzen und die Berechtigung dieses Vorgehens wissenschaftlich zu begründen, lässt „Erfahrung", „Empfindung", „Wahrnehmung" zu einem problematischen Phänomen werden. In Anverwandlung von Augustinus scheint zu gelten[443] „wenn mich niemand danach fragt, dann weiß ich, was Wahrnehmung ist; soll ich es aber einem Fragenden erklären, dann weiß ich es nicht mehr."

Zusätzlich zu dieser philosophisch relevanten Problematik gibt es einen Beweggrund, die Berechtigung zur Annahme des Erfahrens, Empfindens oder Wahrnehmens von Krankheitszuständen in Zweifel zu ziehen, nämlich die ‚eingebildeten' Krankheiten. Die ‚eingebildete' Krankheit mag als empirischer Beleg für die Re-

443 Wiesing, Lambert: *Philosophie der Wahrnehmung – Modelle und Reflexionen.* Suhrkamp: Frankfurt a.M. 2002, S. 39–52.

lativität und Fehleranfälligkeit von Krankheitserfahrungen, -empfindungen oder -wahrnehmungen herangezogen werden. Der „common sense" geht davon aus, dass Krankheiten wahrgenommen werden können, die sich in dieser Form überhaupt nicht oder nur in einer ganz anderen Variante in der Realität manifestieren. In dieser Hinsicht mag man an den „Eingebildeten Kranken" von Moliere und an Sinnestäuschungen, sowie deren übertriebene und fehlerhafte Auslegungen denken. Diese repräsentieren nicht nur ein praktisches, sondern stellen auch ein prinzipiell-kategoriales Problem dar, indem sie die Frage evozieren, wie man eine Krankheit ‚korrekt' erfahren, empfinden oder wahrnehmen kann, wenn gleichzeitig die Aussage ‚diese Wahrnehmung der Krankheit hat mich getäuscht' sinnvoll sein kann. Diese kategoriale Herausforderung betrifft jede Form von Illusion und Sinnestäuschung, da doch mit dieser scheinbar etwas erfahren, empfunden oder wahrgenommen wird, was „offensichtlich" nicht erfahren, empfunden oder wahrgenommen werden kann. Können Krankheitszustände demnach ‚offensichtlich' überhaupt wahrgenommen werden und wenn ja, welche und welche sind ‚offensichtlich' nicht wahrnehmbar? Gibt es Kriterien für eine Unterscheidung zwischen ‚wirklicher' Wahrnehmung und dem Glauben an eine Wahrnehmung, also Illusion? Für die Beantwortung dieser kategorialen Fragen hinsichtlich dessen, was im Falle einer Sinnestäuschung, etwa einer (eingebildeten) Krankheit (der Gesundheit), tatsächlich erfahren, empfunden oder wahrgenommen wird, sind empirische Untersuchungen, seien sie von physikalischer, biologischer oder psychologischer Art, nicht hilfreich.

Aber möglicherweise hilft eine Rückbesinnung auf die antike aristotelische Vernunftkonzeption und Rationalität, gerade im Unterschied zur Vernunftkritik der Aufklärung des 18. Jahrhunderts. Während letztere von der mentalen „Repräsentation" ausgeht, die im Beobachter als erkennendes Subjekt von den beobachteten Objekten während des Aktes der Empfindung und Wahrnehmung direkt hervorgebracht werden (s. 3.3.1.1), setzt die aristotelische Rationalität auf die „Präsentation" als Weise der Erfahrung, Empfindung und Wahrnehmung, wobei auf die Unterschiede geachtet wird, die in und zwischen den Objekten, Gegebenheiten oder Sachverhalten selbst bestehen. Wie der Altphilologie und Philosoph Arbogast Schmitt herausgearbeitet hat, begreift die moderne „Repräsentationsphilosophie" das Denken in Begriffen und Definitionen als nachträgliches Hinterhererfassen von Gegebenheiten, die als unmittelbare Erfahrung, Empfindung oder Wahrnehmung voraus liegen, während die antike „Unterscheidungsphilosophie" von der direkten, auf dem unterscheidenden Bestimmungsakt der Objekte, Gegebenheiten und Sachverhalte beruhenden Erkenntnis ausgeht[444]: „Eine jede Sache wird an ihrem Vermögen (dynamis) und ihrer Leistung (ergon) erkannt und in dem, was sie ist, unterscheidend bestimmt." Aus diesen philosophisch relevanten, wie praktischen Gründen scheint vor der eingehenden Diskussion des eigentlichen Vorschlags für eine Integration von „vorhermessenden" und „vorhererfahrenden" Verfahren für

444 Schmitt, Arbogast: *Wie aufgeklärt ist die Vernunft der Aufklärung? Eine Kritik aus aristotelischer Sicht.* Universitätsverlag Winter: Heidelberg 2016.

die „Gesunderhaltung“ die Charakterisierung der ‚Natur’ von Krankheitserfahrungen, -empfindungen und -wahrnehmungen auf der Basis von unterscheidenden Bestimmungen und Leitdifferenzen unabdingbar zu sein.

4.1.1 Das Modell des dualistischen Interaktionismus

Eine auf numerisch-quantitativen Methoden gegründete naturwissenschaftliche Prädiktion und Prävention von Krankheiten geht typischerweise von der wechselseitigen Unabhängigkeit des menschlichen Körpers und Geistes aus als Voraussetzung für eine verlässliche, auf der Messung und Quantifizierung von materiellen extrinsischen (z.B. Umweltgiften) und körperlichen intrinsischen Risikofaktoren (z.B. Prädispositionsgenen) beruhende Kalkulation der Erkrankungswahrscheinlichkeit und -schwere. Die Annahme einer solchen Unabhängigkeit oder Autonomie von Körper und Geist ist jedoch gänzlich unangemessen, denn die Menschen benutzen ihren Körper oder ihren Geist ja nicht wie Werkzeuge, die bei fehlendem Bedarf zur Seite gelegt oder bei Nichtgefallen zurückgegeben werden können. Wenn der Körper oder der Geist stirbt, bleibt auch vom jeweiligen apparenten Pendant, also vom Geist bzw. Körper schlichtweg nichts übrig. Als Konsequenz aus dieser an sich trivialen Feststellung wird seit vier Jahrhunderten in unzähligen Büchern zur Philosophie des Geistes im Vorwort die Überwindung des cartesianischen Dualismus’ zwischen Körper und Geist gefordert und von den jeweiligen Autoren dann auch konsequent in Anspruch genommen. Doch auch populärwissenschaftlich und gesamtgesellschaftlich ist dieses „Descartes-Bashing“ zur überaus beliebten Mode aufgestiegen. Ganz im Gegensatz dazu folgen die alltagspsychologischen und umgangssprachlichen Selbstcharakterisierungen und Verhaltensauslegungen fast ausnahmslos dem dualistischen Denkschema.

In diesem Schema wird gemeinhin das Operieren einer psychischen Instanz angenommen, meistens vorsichtshalber als „das Ich“ oder „das Selbst“ bezeichnet, welches über den Körper herrscht, indem es seine physiologischen Prozesse steuert, seine Gefühle kontrolliert und seine Impulse rational lenkt. Dieser ‚Vulgär- oder Alltagsdualismus’ spiegelt sich auch in Literatur und Dichtung wider, wie etwa in Versen des großartigen Lyrikers Robert Gernhardt[445]:

Mein Körper ist ein schutzlos Ding,
wie gut, daß er mich hat.
Ich hülle ihn in Tuch und Garn
und mach ihn täglich satt

Mein Körper ist voll Unvernunft,
ist gierig, faul und geil.
Tagtäglich geht er mehr kaputt,
ich mach ihn wieder heil.

445 Gernhardt, Robert: *Siebenmal mein Körper* aus *Gesammelte Gedichte*. S. Fischer: Frankfurt a.M. 2005.

Mein Körper kennt nicht Maß noch Dank,
er tut mir manchmal weh.
Ich bring ihn trotzdem übern Berg
und fahr ihn an die See.

Mein Körper ist so unsozial.
Ich rede, er bleibt stumm.
Ich leb ein Leben lang für ihn.
Er bringt mich langsam um.

Der Mensch ist zwar unausweichlich mit seinem Körper verknüpft oder – aus monistischer Sehweise – gekettet, aber er kann sich dennoch nach „Körperlosigkeit" sehnen und die Sprengung der Bande oder Ketten zwischen seinem ‚Ich' oder Geist und seinem Körper wünschen oder diese Bande wenigstens – wie der krebskranke Gernhardt – verachten. Genau diese Abkoppelung oder Unabhängigkeit des Körpers vom Geist wird für die Prädiktion und Prävention von Krankheiten mit Hilfe numerisch-quantitativer Methoden als notwendig, hinreichend und gegeben oder zumindest als wünschenswert angenommen – zum ‚Wohle' des Körpers gegenüber dem Geist. Interessanterweise argumentieren selbst Dualisten nicht für eine völlige Unabhängigkeit des Geistes vom Körper, diese extremistische Position gelingt erst den Kritikern des Dualismus. Dieser Einwand ist bisher allerdings noch nicht allgemein – vor allem von naturwissenschaftlicher Seite – akzeptiert. Auch der ‚Erzdualist' Rene Descartes stellte nüchtern fest[446] (Descartes 1662), dass der Geist dem Körper

> nicht nur zugesellt, wie etwa ein Schiffer dem Schiffe, sondern…auf das innigste mit dem Körper vereint ist….Wie könnte sonst Ich, ein lediglich denkendes Ding, bei einer Verletzung des Körpers Schmerz empfinden? Ich würde jene Verletzung rein geistig wahrnehmen, wie das Auge des Schiffers es wahrnimmt, wenn am Schiffe etwas zerbricht.

Für Descartes beweisen Phänomene wie Durst, Hunger, Schmerz, Krankheit, dass der menschliche Körper „viel enger zu mir gehört als irgendein anderer", denn von diesem kann „ich mich nicht trennen wie von anderen". Diese Auffassung, dass Körper und Geist sich kausal wechselseitig beeinflussen, auch als dualistischer Interaktionismus bezeichnet, ist in den nach-cartesianischen Jahrhunderten zu einem weitverbreiteten populären trivialpsychologischen Deutungsschema aufgestiegen, welches aber nichtsdestotrotz nur von wenigen Natur- und Geisteswissenschaftlern zu einer soliden und fundierten Theorie des Geistes (oder Körpers) mit adäquaten Erkärungs- bzw. Deutungsansprüchen entwickelt worden ist. Dazu gehört selbstverständlich weder Descartes selbst noch der andere große Dualist der Philosophiegeschichte Immanuel Kant. Keiner von ihnen hat eine einigermaßen nachvollziehbare Erklärung versucht oder gar abgeliefert, wie der Körper vom immateriellen Geist

446 Descartes 1662.

gesteuert, bzw. der Geist vom materiellen Körper beeinflusst wird. Wohl aufgrund dieser Fehlschläge hat der Wissenschaftstheoretiker und Sprachphilosoph Gilbert Ryle in der zweiten Hälfte des 20. Jahrhunderts den cartesianischen Dualismus – oder zutreffender den dualistischen Interaktionismus – als den „Mythos vom Gespenst in der Maschine" diskreditiert[447] und diesem den Anspruch als eine ernsthafte theoretische Option für eine zeitgemäße Philosophie des Geistes abgesprochen.

So erschöpft sich die gegenwärtige neurobiologisch motivierte Kritik an der Annahme, dass der menschliche Körper lediglich als „reizbare Körpermaschine" operiert, nach wie vor an der fälschlichen Unterstellung eines cartesianischen Dualismus'. Viele Neurobiologen können sich nicht vorstellen, wie man etwas über den materiellen Körper Hinausgehendes, das nicht quantitativ-numerisch messbar, sondern ausschließlich qualitativ-narrativ erfahrbar sein soll, anders verteidigen könnte als durch die Unterstellung eines über dem Körper frei schwebenden immateriellen Geistes, der kausal auf diesen Körper ‚unter sich' einwirkt. Der Hirnforscher Wolf Singer etwa wollte die Kritik des Philosophen Peter Janich an diesem neurobiologischen Dualismus durch folgenden Vorschlag entkräften[448] (Singer 2008): „Bitte schlagen Sie ein Experiment vor, mit dem die These falsifiziert werden kann, dass alle mentalen (geistigen) Phänomene auf neuronalen Prozessen beruhen und folglich diesen nach- und nicht vorgängig sind". Damit stellte Singer die spiegelbildliche These auf, dass der Geist im Gehirn nicht den Körper steuert, sondern umgekehrt neuronale körperliche Mechanismen über physikalisch-chemische Gesetzmäßigkeiten allen geistigen Prozessen zugrunde liegen und diese determinieren.

Für die Prädiktion und Prävention von Krankheiten folgt aus diesem neurobiologischen dualistischen Interaktionismus, unabhängig von der gewählten Hierarchie zwischen Körper und Gehirn, dass ausschließlich die quantitativ-numerische Analyse von diese körperlichen Mechanismen widerspiegelnden Parametern des Patienten für ein „Vorhermessen" der Entwicklung einer Krankheit als Wert anerkannt werden können, aber nicht die qualitativ-narrative Erfassung von mentalen Vorgängen in Form von Erfahrungen, Empfindungen oder Wahrnehmungen und deren Deutungen und Sinnzuweisungen durch den Patienten für ein „Vorhererfahren."
Diese *quasi* neurobiologisch fundierte Theorie der Prädiktion führt also aufgrund einer fehlenden geistigen Durchdringung des cartesianischen Dualismus eine Art „Kryptocartesianismus" ein. Gemäß den Neurowissenschaftlern Peter Hacker und Max Bennett[449] wurde die Weiche hierfür bereits durch Rene Descartes selbst mit seiner „Verkörperung" des Geistes zur „res cogitans" falsch gestellt und durch ihn auch die Fahrt in die falsche Richtung begonnen aufgrund seiner Auffassung vom Geist, dem Sitz von Vermögen, Fähigkeiten und Aktivitäten, als vom Körper, der „res

447 Ryle, Gilbert: *Der Begriff des Geistes*. Reclam: Stuttgart 1969.

448 Singer, Wolf: „Die Beweislast liegt bei Ihnen" (offener Brief an Peter Janich). *Frankfurter Allgemeine Zeitung* (6) 08.01.2004, S. 33.

449 Bennett, Max R. / Hacker, Peter M.S.: *Philosophical foundations of neurosciences*. Blackwell Publishing: Oxford 2003.

extensa", separierte Entität mit einer eigenen, vom Körper unterschiedlichen Substanz (s. Abb. 1 oben in 2.8.1). Die modernen molekularen Lebenswissenschaften und die gegenwärtige EbM sprechen sich zwar offiziell gegen einen Dualismus Körper *vs.* Geist aus, benutzen aber gemäß Hacker und Bennett[450] weiterhin – unbewusst – die Unterscheidung zwischen einer menschlichen Innen- und Außenseite. Für die jetzt dem Gehirn – statt dem Geist – zugeschriebenen Fähigkeiten und Aktivitäten, also für die neuronalen – statt der bisherigen mentalen – Repräsentationen werden sodann neuronale Korrelate für den irrtümlicherweise als Innenseite des Menschen aufgefassten Geist gesucht. Sollte man etwa in Zukunft hinsichtlich der Prädiktion der Zivilisationskrankheit T2D zu dem – für die meisten modernen Diabetologen allerdings eher unwahrscheinlichen – Schluss kommen, dass die Einbeziehung von Erfahrungen, Empfindungen und Wahrnehmungen und daraus abgeleiteten Deutungen und Sinnzuweisungen des Patienten die – kalkulierte – Eintrittswahrscheinlichkeit und Schwere dieser Krankheit beeinflusst, so wären hierfür gemäß der gegenwärtigen neurobiologischen Sehweise einzig die entsprechenden mess- und quantifizierbaren neuronalen Korrelate und Biomarker heranzuziehen, die ja die mentalen Repräsentationen an der Innenseite des Menschen – im Gehirn – hervorbringen.

Allerdings erkennt mittlerweile eine Reihe von naturwissenschaftlichen Forschern und Ärzten, die sich am dualistischen Interaktionismus orientieren, die Probleme und Grenzen einer ausschließlich auf Biomarkern und Korrelaten basierenden quantitativ-numerischen Kalkulation der Erkrankungswahrscheinlichkeit an. Das Urteil einer prinzipiell limitierten Vorhersagekraft des „Vorhermessens" würden diese bemerkenswerterweise sogar für den Fall aufrechterhalten, dass sich künftig die Vorhersagekraft deutlich verbessert – mit Hilfe weiter entwickelter modernster Analyseverfahren und Technologien zur Messung von neuen aussagekräftigeren Biomarker-Kombinationen und Korrelat-Mustern in allen Diabetes-relevanten Körperflüssigkeiten und Organen, geeignet für Reihenuntersuchungen von Risikopatienten oder normalen Probanden. Darüberhinaus schließen sich eine Auffassung vom dualistischen Interaktionismus und die Betonung des Wertes der Ausbildung von ‚Fertigkeiten' der potentiellen Diabetes-Patienten für das Erfahren, Empfinden, Wahrnehmen, Vermeiden und Beherrschen der Krankheit unter Anwendung von qualitativ-narrativen Verfahren, wie der „IPA" und „PLA" in einem kooperativen gesamtwissenschaftlichen Ansatz zwischen Forscher, Arzt und Patient keineswegs aus.

4.1.2 Modelle des „teilnehmenden Schauens" und „methodischen Einfühlens"

Am Rande des „Mainstream" Paradigmas des quantitativ-numerischen Denkens konnten sich schon von Beginn an – mal mehr, mal weniger bedeutsame – alternative Denkformen und -traditionen entwickeln und – mal mehr, mal weniger gut –

450 Bennett / Hacker 2003.

behaupten, so etwa die Schriften von Johann Wolfgang Goethe zur Verfahrensweise des Wissenschaftlers und zur Praxis der (biologischen) Wissenschaften als „Teilnehmendes Schauen“[451], seine Farbenlehre als Wahrnehmungswissenschaft[452] oder seine „Morphologie der Pflanzen“ als Wissenschaft vom Lebendigen[453] oder das „Methodische Einfühlen“ der Genetikerin und Nobelpreisträgerin Barbara McClintock[454].

Gerade durch die Denk- und Forschungsweise von Barbara McClintock wird dem Naturwissenschaftler des 21. Jahrhundert vor Augen geführt, dass Goethes biologische Schriften keinesfalls veraltet oder obsolet sind, sondern dass Goethe als Biologe höchst aktuell ist. Das bezieht sich weniger auf die Ergebnisse seiner eigenen Forschungen, etwa über die „Urpflanze“ oder die Entdeckung des Zwischenkieferknochens beim Menschen, als auf die Art seines naturwissenschaftlichen Denkens, seine Einstellung zur Natur und die daraus folgenden Methoden, die sich folgendermaßen charakterisieren lassen: (i) Die Natur repräsentiert eine Ganzheit als Geist und Materie; (ii) das Lebendige in der Natur stellt eine Sphäre eigenen Rechts dar und kann nicht aus dem Anorganischen erklärt werden; (iii) der Mensch – auch der forschende Mensch – ist als Teil der Natur zu begreifen, die in ihm mit den gleichen Kräften wirkt wie außerhalb von ihm; (iv) die Organe des Menschen, einschließlich seines Gehirns, sind Erzeugnisse der Natur, so dass sie sich durch den Menschen gleichsam selbst erkennen; (v) die adäquate Methode, die Natur in allen ihren Bereichen zu erschließen, ist daher die der „anschauenden Urteilskraft“ und des „teilnehmenden Schauens“, wodurch sich das Innere und Äußere der Natur dem Menschen öffnet und er sich als wirkender Teil der Natur selbst wahrnimmt. Ein solche wissenschaftliche Haltung ist der modernen westlichen, die die Natur als zu berechnendes und berechenbares, als zu beherrschendes und beherrschbares Objekt begreift, diametral entgegengesetzt. Dabei ist es nicht so erheblich, ob die Ergebnisse der *quasi* erkenntnis- und wissenschaftstheoretischen Forschungen Goethes im einzelnen einer strengen Prüfung immer noch standhalten würden. Wesentlich ist hingegen seine wissenschaftliche Grundeinstellung, von der alle Forschungen Zeugnis ablegen, nämlich (i) die Sorgfalt des Naturforschers, der eigene (Vor-)Urteile zurückhält, um die Natur selbst sich aussprechen zu lassen, (ii) die Ehrfurcht vor dem Leben und seiner Eigenständigkeit und (iii) die Dankbarkeit für die Fülle und Schönheit der Natur.

Gemäß der Argumentation des österreichischen Physikers und Wissenschaftstheoretikers oder besser ‚Wissenschaftsanarchisten' Paul K. Feyerabend sollten die in westlichen Kulturen allgemein verbreiteten Auffassungen und Voranahmen zu solchen Ideen in älteren europäischen und nicht-europäischen Traditionen kritisch überprüft werden, die als Folge der ideologischen Machtübernahme durch

451 Von Goethe 1982.

452 Von Goethe, Johann W.: *Zur Farbenlehre.* Cotta: Tübingen 1810.

453 Von Goethe 1982.

454 McClintock, Barbara: “The significance of response of the genome to challenge”. *Science* 226, 1984, S. 792–801.

die westlichen Wissenschaften seit der Aufklärung mit Hilfe von Kolonialisierung und christlicher Missionierung faktisch aus dem Horizont westlichen Denkens eliminiert worden sind[455]. So versuchen die Initiatoren des Projekts „Ethikrelevante Wissenszugänge zur Natur" unter der Leitung von Gernot Böhme im Anschluss an die – und nicht im Gegensatz zu den – Traditionen des europäischen Wissenschaftsdenkens solche alternativen Annäherungen an Erkenntnis weiter zu entwickeln, die parallel oder an den Grenzen zu oder auch im Widerspruch zum „Mainstream" der neuzeitlichen und modernen Naturwissenschaft entstanden sind[456]. Carola Meier-Seethaler[457] beschäftigt sich mit der in der neuzeitlichen westlichen Wissenschaft fast verschwundenen Traditionslinie der emotionaler Vernunft oder des empathischen Denkens von Blaise Pascal bis Susanne Langer. Dabei wird empathisches Denken als Fähigkeit, sich in einen anderen hineinzuversetzen, die Welt auch mit dessen Augen zu sehen, seine Perspektive einzunehmen, sich in ihn einzufühlen, verstanden, das als Prozess – mehr oder weniger ausgeprägt – in allen Menschen irgendwie abläuft. Während dieses Prozesses werden über einem Fundament der Ur-Anteilnahme auf Basis von Lernen und Intelligenz immer komplexere Schichten angelegt, sodass die Reaktionen von zunehmender Urteilsfähigkeit geprägt sind, bis hin zu vollständig entwickeltem Einfühlen mit der Bereitschaft und praktischen Fähigkeit, dem anderen gezielt zu helfen. Als Voraussetzungen für empathisches Denken gelten gemeinhin (i) das Gespräch, denn wer redet, kalkuliere die Perspektive des anderen (etwa eines Geisteswissenschaftlers) mit ins Gespräch ein und (ii) die Ausbildung eines ‚Selbst', denn wer sich selbst (etwa als Naturwissenschaftler) wahrnimmt, könne sich in Zusammenhängen sehen und somit auf andere eingehen. Dabei darf empathisches Denken nicht mit mitleidendem Denken gleichgesetzt werden. In letzterem, in der Sympathie (etwa des Naturwissenschaftlers mit dem Geisteswissenschaftler) verschmilzt das eigene mit dem fremden ‚Ich', wird die ‚mentale Trennung' aufgehoben, die eine wesentliche Voraussetzung für empathisches Denken darstellt. Sympathisches Denken spiegelt eher die Besorgnis um den anderen wider und den bloßen Wunsch, dessen Lage zu verbessern, wobei nicht notwendigerweise auch die entsprechenden Fähigkeiten hierzu im erforderlichen Ausmaß entwickelt sein müssen und oftmals auch nicht sind.

Annegret Stopczyk[458] beginnt ihren Ansatz einer leibphilosophischen Perspektive mit einem Bezug auf unterschiedliche europäische Philosophen von Parmenides bis Hermann Schmitz und Gernot und Hartmut Böhme. Allen gemeinsam ist, das Unbefriedigende, Nicht-Ausreichende, Limitierende eines ausschließlich auf die Ratio fokussierten wissenschaftlichen Ansatzes nach Erkenntnis, Wahrheit und Weisheit

455 Feyerabend 1981.

456 Böhme, Gernot: *Leibsein als Aufgabe. Leibphilosophie in pragmatischer Hinsicht.* Suhrkamp: Frankfurt a.M. 2008.

457 Meier-Seethaler, Carola: *Gefühl und Urteilskraft. Ein Plädoyer für die emotionale* Vernunft. C.H. Beck: München 1998.

458 Stopczyk, Annegret: *Sophias Leib – Entfesselung der Weisheit: Ein philosophischer Aufbruch.* Carl-Auer-Systeme: Heidelberg 1998.

erkannt, verbalisiert und als Alternative oder Ergänzung hierzu dem menschlichen Leib eine entscheidende Rolle zuerkannt zu haben. Morris Berman[459] sieht im Psychoanalytiker Wilhelm Reich und im Systemtheoretiker Gregory Bateson mal mehr, mal weniger erfolgreiche Wissenschaftler, die sich den von den westlichen Wissenschaften umgangenen Themen und „blinden Flecken", wie etwa den von ihnen benutzten Methoden und ihren theoretischen Grundlagen annahmen. Und in der Entwicklung des Sprachphilosophen Ludwig Wittgenstein in den 30er Jahren des 20. Jahrhunderts von seiner Frühphilosophie des „Tractatus" ausgehend zur Spätphilosophie der „Untersuchungen" erkennt Berman eines der (seltenen) Beispiele, wie ein hochrationaler und brillanter – wenngleich mystisch inspirierter – Wissenschaftler und Repräsentant der dominierenden westlichen – apparent positivistischen – Denktradition sein Interesse scheinbar ohne ‚Vorwarnung' auf vom herrschenden naturwissenschaftlichen Paradigma vermiedene und vernachlässigte Themen und Traditionen verlagerte. Evelyn Fox Keller[460] erkennt in der Genetikerin und Nobelpreisträgerin Barbara McClintock eine Widerstreiterin zur dominierenden Wissenschaftsauffassung, gemäß der die Forschungssubjekte zum Zwecke erfolgreicher Erkenntnisgewinnung Macht, Kontrolle und Überlegenheit über das Forschungsobjekt Natur, im Allgemeinen und menschlicher Körper, im Besonderen, auszuüben haben. Demnach interpretiere McClintock ihre wissenschaftliche Tätigkeit dagegen vornehmlich als eine Art „erotische Aktivität" und lasse damit Reminiszenzen an die verdrängte Tradition des sogenannten „methodischen Einfühlens" der Alchemisten der Renaissance anklingen. Für Evelyn Fox Keller führt die Wissenschaftsauffassung von Barbara McClintock notwendigerweise zum Mitgefühl für die Mitmenschen, indem sie Ordnung und Struktur gegenüber Regeln und Gesetzen, Respekt und Aufmerksamkeit gegenüber Machtinteressen und Herrschaftsansprüchen, Unterschiede und Variabilität gegenüber Einheitlichkeit und Gleichförmigkeit präferiere. Die Achtung vor dem Unterschied zum anderen und die Bereitschaft zum Mitgefühl bildeten für McClintock die notwendigen Voraussetzungen für das naturwissenschaftliche Interesse am (Mit-)Menschen. Fox Keller erweitert die Argumentation von McClintock[461] mit dem Hinweis, dass diese Form der Relation und Intimität zwischen Forschungssubjekt und Forschungsobjekt unter Respektierung der zwischen ihnen bestehenden Unterschiede und diese Form der Aufmerksamkeit und des naturwissenschaftlichen Interesses des Forschungssubjekts gegenüber dem Forschungsobjekt schlichtweg als Liebe bezeichnet werden könnte[462].

---

459 Berman, Morris: *Coming to our senses. Body and spirit in the hidden history of the west.* Seattle Writer's Guild: Seattle 1998.

460 Fox Keller, Evelyn: *Barbara McClintock. Die Entdeckerin der springenden Gene.* Birkhäuser: Basel / Boston / Berlin 1995.

461 McClintock 1984.

462 Fox Keller 1995.

Ein Vergleich der methodischen Standpunkte des deutschen Physikers, Molekularbiologen und Nobelpreisträgers Max Delbrück mit denen von Barbara McClintock lässt den Unterschied zwischen physikalischer Außenperspektive und „methodischer Einfühlung" deutlich sichtbar werden und zwar beginnend auf der Ebene von gesamten Forschungsprogrammen und –strategien bis hinunter auf die Ebene des einzelnen Experiments[463]. Erwin Schrödinger charakterisierte in seinem Essay „Was ist Leben?" in Analogie zum Schwannschen Konzept der Zellen als „imbibitionsfähige Kristalle" die Gene als „aperiodische Kristalle"[464]. Dadurch wollte er verdeutlichen, dass sich die Auffassung von der Zelle als kleinste nicht-teilbare Lebenseinheit Anfang des 20. Jahrhunderts auf das Gen verschoben habe[465]. Man muss Schrödingers' Kristallanalogie als Komponente eines umfassenden Sprachspiels oder Forschungsprogramms, des „Delbrück-Modells" der Erbsubstanz begreifen, das Max Delbrück zusammen mit Nikolai Timofeeff-Ressovsky in der Publikation „Über die Natur der Genmutation und der Genstruktur" entwickelt hatte. In den gleichen Zusammenhang muss auch die Interpretation des Tabakmosaikvirus – nach dessen erfolgreicher Kristallisation 1936 durch Wendell Stanley – als „lebendes Molekül" durch Stanley selbst gestellt werden. Die Ansätze von Schrödinger, Timofeeff-Ressovsky, Delbrück und Stanley sind letztlich auf den philosophischen Vorstellungen von Niels Bohr gegründet und allesamt lieferten einen philosophischen Beitrag zur damaligen methodischen Grundlagendiskussion über eine wissenschaftliche Erklärung des Lebens. So hatte Bohr in seinem Kopenhagener Vortrag „Licht und Leben" versucht, mit Hilfe der Idee der Komplementarität eine vermittelnde Position zwischen Physikalismus und Vitalismus einzunehmen. Darüberhinaus war ihm sehr wohl bewusst, dass sich das Lebendige vom Nicht-Lebendigen auch dadurch unterscheidet, indem das Untersuchen von Lebewesen auf der Ebene von Atomen unausweichlich zur Zerstörung von deren Funktionen und Lebensfähigkeit führt. In Fortführung plante Max Delbrück sein eigenes Forschungsprogramm der Analyse von lebenden Zellen auf Basis eines reduktionistischen Programms, um die Analyse des Lebendigen so weit voranzutreiben, bis dieser Rückgriff auf Bohrs Komplementarität unvermeidlich werden würde.

Für den Wissenschaftsphilosophen Kristian Köchy sind in der neuzeitlichen und modernen Naturwissenschaft im Allgemeinen und in den Lebenswissenschaften im Besonderen sowohl ganze Forschungsprogramme, wie auch einzelne Experimente von einer merkwürdigen speziellen Forderung nach Distanz, Abstandnehmen und Separation geprägt, die nicht nur für die Teile des Forschungsobjektes, etwa voneinander getrennte Organismen, Organe, Gewebe und Zellen und deren möglichst sauber fraktionierte Organellen und gereinigte Biomoleküle, sondern auch für das Forschungssubjekt, also den Forscher selbst und seine ‚leidenschafts-

463 Fischer, Ernst P.: *Das Atom der Biologen. Max Delbrück und der Ursprung der Molekulargenetik.* R. Piper: München 1988, S. 79.

464 Schrödinger 1951 / 1989.

465 Fischer 1988.

lose' distanzierte Beziehung zum seinem Forschungsobjekt zutrifft[466]. Als Form von Machtausübung, Autorität, Steuerung und Priorisierung solle Köchy zufolge diese vorgeschriebene und erwünschte Distanz gemäß naturwissenschaftlicher Auffassung die erforderliche Kontrolle und Einhaltung von adäquaten experimentellen Bedingungen und methodischen Regeln garantieren. Dabei würden sukzessiv unterschiedliche Dimensionen von Distanz durchlaufen. Zunächst bestehe die Aufgabe in der Gewinnung von objektivem Wissen über Objekte, Gegebenheiten und Sachverhalte der materiellen Außenwelt mit Hilfe von objektiven Technologien, wofür eine innere und äußere Neutralität des Wissenschaftlers Voraussetzung sei. Dabei werde unter äußerer Neutralität die Abwesenheit von politischen, religiösen oder ideologischen Einflussfaktoren verstanden, während innere Neutralität auf die Vorannahmen und Präferenzen des Forschers abziele, die „natürlich" keine das Experiment beeinflussende Variablen darstellen dürften. Mit dieser Neutralitätsforderung werde versucht, subjektive variable Einflussfaktoren vollständig zu eliminieren oder diese wenigstens in bestimmbare Konstanten des methodischen Ablaufs eines Experiments zu transformieren. Der ideale Forscher in den Lebenswissenschaften oder in der Biomedizin agiere demnach als nüchterner, neutraler und distanzierter Beobachter, dessen Einstellung zum Experiment durch persönliche Vorlieben und Interessen nicht tangiert wird. Zwar befinde sich der Forscher im Laborraum in unmittelbarer Nähe zu seinem Forschungsobjekt und müsse zu diesem für die kompetente Durchführung ‚seines' Experiments ein gewisses Maß an ‚Vertrautheit' entwickeln. Er dürfe jedoch unter keinen Umständen während der Messung und Datenaufnahme mit dem experimentellen Ablauf interferieren und in diesen nur unter strikter Befolgung von vorher durch die „scientific community" festgelegten Regeln für adäquates wissenschaftliches Arbeiten eingreifen[467].

Diese apparente Idealvorstellung der ‚Neutralität' und ‚Distanz' des Forschungssubjekts lässt sich für lebenswissenschaftliche und biomedizinische Forschung jedoch nur mit bestimmten Limitationen und Zugeständnissen realisieren. So bleibt die uneingeschränkte Gültigkeit des epistemologischen Hauptpostulats des maximalen Abstandnehmens und der ‚sicheren' Entfernung zwischen Forschungssubjekt und Forschungsobjekt zu klären und damit die Möglichkeit zu untersuchen, ob also naturwissenschaftliche Erkenntnis und Wahrheit nur für das vom Beobachter gewissermaßen Entfremdete und Distanzierte in Anspruch genommen werden darf. In der Tat ist im Laufe der langen historischen Entwicklung der Lebenswissenschaften und Biomedizin die Annahme von einander ausschließenden Innen- und Außenperspektiven und die ausschließliche Zulassung von Distanz bzw. das uneingeschränkte Verbot von Annäherung zwischen Forschungssubjekt und -objekt – verfügt auf dem erkenntnistheoretischen Fundament der durchaus erfolgreichen Naturwis-

466 Köchy, Kristian: *Biophilosophie zur Einführung*. Junius Verlag: Hamburg 2008, S. 114–115.

467 Köchy, Kristian: „Lebewesen im Labor". In: Köchy K. / Schiemann G. (Hrsg.): *Natur im Labor.* Sonderheft der Zeitschrift Philosophie naturalis 43, 2006b, S. 74–110.

senschaft – wiederholt kritisiert worden. So wurden manche alternativen Konzepte vorgeschlagen, darunter das schon erwähnte Programm der „methodischen Einfühlung" von Barbara McClintock. Ihr methodologisches Vorgehen in der Genetik und Molekularbiologie setzte bislang den Schlusspunkt in der Tradition solcher lebenswissenschaftlicher und biomedizinischer Forschung, die eine verstehende Partizipation des Menschen am Lebensprozess, im Allgemeinen und des Forschers am Forschungsprozess, im Besonderen, für unverzichtbar hält.

Gegen die Allgemeingültigkeit des Distanzpostulats spricht auch die Einsicht der zwischen Tatsachen-Beobachtung und Daten-Auswertung oder -Interpretation eines biomedizinischen Experiments sich aufspannenden engen Wechselbeziehung[468 469]. Darüberhinaus werden biomedizinische Beobachtungen und Experimente immer von einer zugrunde gelegten Theorie, einer Arbeitshypothese oder einem Paradigma (an)geleitet[470]. Diese Relationen und Abhängigkeiten unterlaufen oder zumindest erschweren das Postulat einer unabdingbaren objektivierenden Distanz. Lebenswissenschaftliche Empirie gründet demnach niemals auf wertfreier neutraler Beobachtung und experimenteller Praxis, sondern wird im Rahmen ausgewählter epistemologischer und methodologischer Vorannahmen hervorgebracht.

Deshalb sind systemisch-lebensweltlich-gestalttheoretische Ansätze auf eine Erkenntnistheorie gegründet, die diejenigen Forschungssubjekte aus der Lebenswissenschaft und Biomedizin stimulieren und inspirieren kann, die den Anspruch der neuzeitlichen und modernen Wissenschaft auf Wahrheit und Objektivität über das Forschungsobjekt Mensch in die Sorge und Besorgnis um die Erhaltung, Stärkung und Verbesserung der subjektiven Gesundheit, der Vitalität, des angemessenen Lebensrhythmus und des Wohlfühlens von potentiellen Patienten, kurzum in deren „Gesunderhaltung" transformieren wollen. Das theoretische Rüstzeug des phänomenologischen Konzepts der Lebenswelt (s. 3.2.1) kann dabei dem Zweck dienen, die Lebenswelten der potentiellen Patienten, ihre Intentionalität und ihre Sinn- und Bedeutungszuweisungen hinsichtlich der von ihnen gelebten Welt zu verstehen. Dabei ist die Phänomenologie in der Lage, qualitative Methoden bereitzustellen, wie das Forschungssubjekt oder der Beobachter vermeiden kann, dass die eigenen Vor-Annahmen oder Vor-Urteile nicht – über ein unvermeidbares Ausmaß hinaus – in die wissenschaftlichen Resultate und deren Interpretation einfließen. In diesem Sinn werden Ansätze der qualitativen Forschung zu Forschung von hoher Qualität für die Information von allen, am Diskurs für die „gesamtwissenschaftliche Gesunderhaltung" (s.u.) beteiligten Forschern, Ärzten und potentiellen Patienten. Insbesondere könnte damit letzteren geholfen werden, dass sie einen bedeutungsvollen, also mit Bedeutung unterlegten Weg finden, ihre intendierten Lebensprojekte und – damit verbunden – ihre „Gesunderhaltung" zu realisieren. In diesem Sinn geht die „gesamtwissenschaftliche Gesunderhaltung" weit über den Anspruch

468 Popper 1959, S. 72.
469 Feyerabend 1981, S. 161.
470 Kuhn 1962.

einer ausschließlich quantitativ-numerischen Prädiktion und Prävention von Zivilisationskrankheiten hinaus.

Dabei ist besonderes Augenmerk auf die von Diskursen im Allgemeinen ausgehenden Machteffekte zu legen, die in einem paradoxen Verhältnis zu der von phänomenologisch-hermeneutischen Diskursen beabsichtigten Subjektivität, ja Intimität stehen. Immanuel Kant erkannte darin den Widerspruch zwischen dem Anspruch, als autonomes Subjekt eigenständig zu denken und der Bereitschaft, sich durch eben diesen Diskurs von fremden Mächten und Herrschaftsansprüchen abhängig zu machen. Diese Abhängigkeit ist nach Kant aufgrund fehlenden Widerstands gegen diese Einflüsse oft „selbstverschuldet"[471] (Kant 1784). "Es ist so bequem, unmündig zu sein....Habe ich....einen Seelsorger, der für mich Gewissen hat, einen Arzt, der für mich die Diät beurteilt, usw., so brauche ich mich ja nicht selbst zu bemühen."

Interessanterweise wird dabei aus der Unterscheidung zwischen Seelsorger und Arzt die durch die Aufklärung herbeiführte Veränderung der Gewichtung klar ersichtlich. Immanuel Kant empfiehlt für das Gelingen des seelischen wie des körperlichen Lebens sich von den entsprechenden und später so bezeichneten jeweiligen Experten, also von den Seelsorgern und den Ärzten, als Agenten der Unmündigkeit vollkommen zu lösen und eigenständig zu denken. Aber dies ist offenkundig leichter gesagt als getan. So stellt *per se* auch das Buch oder der Diskurs keinen Ausweg dar, denn als äußere Instanz halten beide das Denken am Gängelband. Damit führen Buch und Diskurs einerseits in die Unmündigkeit, andererseits sind sie für Denken und Wissen offensichtlich unverzichtbar. Einerseits muss das aufgeklärte Subjekt auf den Rat der Ratgeber verzichten, will sein Leben ausschließlich vom eigenen Verstand gesteuert und kontrolliert führen, will autonom agieren. Andererseits ist dieses von allen äußeren Einflüssen befreite und sich autonom fühlende „Ich" aufs Innigste mit den Vermittlern und Übertragungsprozessen seines Wissens verschweißt. Seine ureigenen Komponenten, sein Geist und sein Körper, werden von mächtigen und allgegenwärtigen Diskursen bestimmt und beherrscht, die das apparent autonome und mündige Subjekt erst zum eigenverantwortlichen Denken und Handeln, gerade auch hinsichtlich gesundheitsrelevanter Probleme, wie der eigenverantwortlichen „Gesunderhaltung" anregen.

4.1.3 Modelle der Dritten- und Ersten-Person-Perspektive

Seit den 50er Jahren des 20. Jahrhunderts parallel zum Aufkommen der modernen Neuro- und Kognitionswissenschaften und dem Versuch der (neurophänomenologischen) Strukturierung und Interpretation ihrer experimentellen Forschung (s. 3.2.5) wird heftig darüber diskutiert, ob ein Zugang zu Bewusstseinstatsachen mit der speziellen Methodik einer reflexiven ‚Ersten-Person-Perspektive' zusätzlich zur wohl

471 Kant, Immanuel: „Beantwortung der Frage: Was ist Aufklärung?". In: Weischedel, W. (Hrsg.): *Werkausgabe Bd. XI.* Suhrkamp: Frankfurt a.M. 1784 / 1978, S. 53.

etablierten und allgemein akzeptierten Analyse aus der ‚Dritten-Person-Perspektive' überhaupt notwendig ist und was damit erreicht werden könnte[472 473 474 475 476]. Dabei steht seit den 70er Jahren fest, dass die Benutzung von Daten, die mit der Methodik der ‚Ersten-Person-Perspektive' erzeugt worden sind, nicht ohne weiteres mit solchen aus neuro- und kognitionswissenschaftlichen Studien vermengt werden dürfen und dass die Selbstintrospektion bei Laien keinen direkten Zugang zu ihrem Bewusstsein und ihren kognitiven Fähigkeiten garantiert[477]. Als Konsequenz hat der Wahrnehmungsphilosoph und -psychologe Daniel Dennett wiederholt behauptet, dass eine Erforschung des Bewusstseins aus der ‚Ersten-Person-Perspektive' eine Fiktion darstellt[478 479 480]. Nach ihm können zwar Überzeugungen hinsichtlich unserer Erfahrungen, aber eben nicht ‚bewusste Erfahrungen selbst' als Datensätze für die wissenschaftliche Analyse des Bewusstseins genutzt werden. Diese dürfe dagegen – wie jede andere Naturwissenschaft auch – nur mit der Methodik der ‚Dritten-Person-Perspektive' durchgeführt werden, die eben für die Erforschung und Validierung von Überzeugungen hinsichtlich menschlicher Erfahrungen aus der ‚Ersten-Person-Perspektive' herangezogen werden könne. Dieser methodische Ansatz wurde von Daniel Dennett als sog. Heterophänomenologie mit dem Anspruch des einzig möglichen wissenschaftlichen Zugangs zum Bewusstsein der Phänomenologie gegenübergestellt[481].

---

472 Varela 1996.

473 Varela, Francisca J. / Shear, Jonathan: *The View from Within.* Imprint Academic: Exeter 1999a.

474 Lutz, Antoine / Thompson, Evan: "Neurophenomenology. Integrating Subjective Experience and Dynamics in the Neuroscience of Consciousness". In: Jack A. / Roepstorff A. (Hrsg.): *Trusting the Subject? The Use of Evidence in Cognitive Science* (Vol. 1). Imprint Academic: Exeter 2003, S. 31–52.

475 Gallagher, Shaun: "Phenomenology and Experimental Design. Toward a Phenomenologically Enlightened Experimental Science". In: Jack A. / Roepstorff A. (Hrsg.): *Trusting the Subject? The Use of Evidence in Cognitive Science* (Vol. 1). Imprint Academic: Exeter 2003, S. 85–99.

476 Marbach, Eduard: "On Bringing Consciousness into the house of science – with the help of Husserlian Phenomenology". *Angelaki. Journal of the Theoretical Humanities* 10, 2005, S. 145–160.

477 Nisbett, Richard E. / Wilson Timothy Decamp: "Telling More Than We Can Know: Verbal Reports on Mental Processes". *Psychological Review* 84, 1977, S. 231–259.

478 Dennett, Daniel C.: "How to Study Human Consciousness Empirically or Nothing Comes to Mind". *Synthese* 59, 1982, S. 159–180.

479 Dennett, Daniel C.: *Consciousness Explained.* Little Brown: Boston 1991.

480 Dennett, Daniel C.: "Who's On First? Heterophenomenology Explained". In: Jack A. / Roepstorff A. (Hrsg.): *The Use of Evidence in Cognitive Science* (Vol. 1). Imprint Academic: Exeter 2003, S. 19–30.

481 Dennett, Daniel C.: *Sweet Dreams. Philosophical Obstacles to a Science of Consciousness.* The MIT Press: Cambridge 2005.

4.1.3.1 Heterophänomenologie

Daniel Dennett vertritt mit seiner Heterophänomenologie die These, dass die Erforschung – auch subjektiver Inhalte – des Bewusstseins mit ausschließlich empirisch-naturwissenschaftlichen Methoden grundsätzlich möglich ist und dass diese erlaubt, minimalistisch ohne Aussage[482] „about what consciousness might be, or even where it might be found“ und neutral die privaten Gedanken und Erfahrungen aus der ‚Dritten-Person-Perspektive' zu erschließen[483]. In diesem apparent neutralen Vorgehen sieht Dennett eine Anwendung der Husserlschen Epoché, indem Urteile über kognitive Leistungen und deren Interpretation aus der ‚Ersten-Person-Perspektive' durch die ‚Dritte-Person-Perspektive' des empirischen Wissenschaftlers hinsichtlich ihrer Gültigkeit einzuklammern sind[484]. Tatsächlich ist diese vorgeschlagene Methodik aber weder neutral noch minimalistisch, denn sie beruht auf einer bestimmten ontologischen Grundsatzentscheidung hinsichtlich der Natur des Bewusstseins. Diese besteht in der Annahme, dass der ‚Ersten-Person-Perspektive' zugängliche Bewusstseinsinhalte und Erlebnisse keine sicheren Aussagen über deren Zutreffen und Realitätsbezug zulassen, sondern erst durch die Analyse der kognitiven und sie generierenden neuronalen Strukturen ermöglicht werden[485]. Darüberhinaus entgeht Dennett, dass Husserl gerade durch den phänomenologischen Prozess der Einklammerung und eidetischen Reduktion die entscheidenden Strukturen des Bewusstseins *quasi* mathematisch exakt zu analysieren trachtete. Und diese eidetischen Strukturen repräsentieren eben konkrete Daten und Einsichten aus der ‚Ersten-Person-Perspektive', die trotzdem oder gerade deshalb prinzipiell intersubjektiv überprüfbar, methodisch nachvollziehbar, rational kritisierbar und eindeutig korrigierbar sind. Die phänomenalen Objekte, Sachverhalte oder Gegebenheiten, deren eidetische Strukturen freizulegen sind, werden zwar aus der ‚Ersten-Person-Perspektive' heraus bestimmt, sind aber grundsätzlich als Datensätze – ähnlich wie die Lösungswege eines mathematischen Problems unter verschiedenen Mathematikern – zwischen verschiedenen phänomenologisch ausgebildeten Wissenschaftlern und/oder Probanden miteinander vergleichbar und vereinbar. Demnach sollte es möglich sein, neuro- und kognitionswissenschaftliche Forschungsresultate, die ja nur indirekte Informationen über Bewusstseinszustände liefern können, mit Ergebnissen zu strukturellen Merkmalen des Bewusstseins aus der ‚Ersten-Person-Perspektive' zu vergleichen, um letztere auf dieser Grundlage kritisch zu hinterfragen und bei Bedarf zu berichtigen. Und umgekehrt sollte die Interpretation von experimentellen Befunden der Neuro- und Kognitionswissenschaften auf Basis phänomenologischer Theorien und ihrer praktischen Umsetzung tiefgehende Schlussfolgerungen ermöglichen, wie bereits durch einige neurophä-

482 Dennett 1982, S. 159.
483 Dennett 1991, S. 72.
484 Dennett 2003, S. 22.
485 Dennett 1982, S. 165.

nomenologische Studien eindrucksvoll belegt worden ist[486 487], so etwa beim Nachweis der fehlerhaften Verwendung von – neurowissenschaftlich scheinbar exakt definierten – Begriffen und logischen Fehlschlüssen[488].

4.1.3.2 Die gesamtwissenschaftliche Perspektive

Gerade die Neurophänomenologie hat einen überaus fruchtbaren Weg aufgezeigt, wie Datensätze aus der Analyse durch die ‚Erste- und Dritte-Person' in eine ‚einzige' Wissenschaft vom Bewusstsein integriert werden können[489]. Nach adäquater Schulung in phänomenologischer Selbstintrospektion besitzen Probanden in der Regel die Fähigkeit, sich – gestützt auf eine qualitativ veränderte Aufmerksamkeit – solche Erfahrungsbereiche reflexiv zu eröffnen, die ihnen ansonsten aufgrund mangelnder Möglichkeiten der Verbalisierung verschlossen bleiben würden. Diese phänomenologisch differenzierten und verbalisierten Daten und Struktureinsichten können dann zur experimentellen Erforschung der zugrundeliegenden neurophysiologischen Korrelate systematisch herangezogen werden[490 491], worin sich das phänomenologische Forschungspotential manifestiert[492]. Als eine Art phänomenologische Schulung ist wohl auch die Auffassung von Varela und Shear[493] über die ‚Erste-Person-Perspektive' zu deuten, wonach „we need to harmonize and constrain them by building the appropriate links with third-person studies". Demnach ist zur wissenschaftlichen-empirischen Erforschung des Bewusstseins die Erzeugung von Daten aus der ‚Ersten-Person-Perspektive' hilfreich, ja vielmehr sogar unerlässlich, vorausgesetzt, diese erfolgt auf der Grundlage von validierten und allgemein akzeptierten Methoden und erfüllt die Kriterien der intersubjektiven Nachvollziehbarkeit und Überprüfbarkeit. Damit ist aber noch nicht gesagt, dass innerhalb dieses phänomenologischen Rahmens eine komplette Naturalisierung des Bewusstseins für wünschenswert oder gar realisierbar erachtet werden sollte. Dies hängt wiederum von der jeweiligen ontologischen Grundeinstellung ab. Vertreter einer naturalistischen Bewusstseinstheorie, wie etwa Daniel Dennett, lassen nur solche Daten

---

486 Varela, Francisca J: "Present-time consciousness". *Journal of Consciousness Studies* 6(2–3), 1999, S. 111–140.

487 Haggard, Pattrick / Johnson, Henry C.: "Experiences of Voluntary Action". In: Jack A. / Roepstorff A. (Hrsg.): *Trusting the Subject? The Use of Evidence in Cognitive Science* (Vol. 1). Imprint Academic: Exeter 2003, S. 72–84.

488 Bennett / Hacker 2003, S. 72–79.

489 Chalmers 1999.

490 Lutz, Antoine: "Guiding the study of brain dynamics by using first-person data: synchrony patterns correlate with ongoing conscious states during a simple visual task". *Proc. Natl. Acad. Sci. USA* 99, 2002, S. 1586–1591.

491 Thompson, Evan: "Empathy and consciousness". *Journal of Conscious Studies* 8, 2001, S. 1–33.

492 Gallagher 2003, S. 93.

493 Varela, Francisca J. / Shear, Jonathan: "First-person Methodologies. What, why, how?". *Journal of Consciousness Studies* 6, 1999b, S. 1–14.

über mentale Ereignisse und Eigenschaften als real gelten, die gemäß des physikalistischen Weltbildes prozessiert werden können. Und sie verwerfen Daten über bestimmte phänomenale Merkmale des Bewusstseins als irreal, falls für diese mit empirisch-naturwissenschaftlichen Methoden keine physiologisch-materiellen Korrelate, also im weitesten Sinn physikalistische Tatsachen gefunden werden können. Dagegen bestreiten Vertreter einer gesamtwissenschaftlichen Bewusstseinstheorie, wie etwa Christian Tewes[494], dass es zulässig oder hilfreich ist, den Nachweis von physiologischen Korrelaten als Voraussetzung für die Akzeptanz der Existenz von mentalen Erlebnissen und Bewusstseinsvorgängen zu fordern.

Zusammenfassend muss festgehalten werden, dass Heterophänomenologie weder eine neutrale, noch eine adäquate Analyse des Bewusstseins ermöglicht, sondern durch phänomenologische Methoden um den Zugang zum Bewusstsein über die ‚Erste-Person-Perspektive' komplementär ergänzt werden muss. Nur dadurch kann die für ein vollständiges Verständnis des Bewusstseins unabdingbare Integration beider Forschungsperspektiven erreicht werden.

4.1.3.3 Die phänomenologische Analyse der Lebenswelten und -geschichten

Den thematischen Ausgangspunkt für jegliche phänomenologische Analytik bilden konkrete lebensweltliche Situationen, etwa Arbeit, Urlaub oder eben eine bestimmte Krankheit, wie T2D (s. 3.2.1). Aus der phänomenologischen Grundannahme der Intentionalität jeglichen Verhaltens zu lebensweltlichen Situationen (s. 3.2.1.2.1) resultieren eine Reihe von Implikationen[495] [496] [497]:

(i) Will man das Subjekt in seiner Situationsbezogenheit adäquat beschreiben, ist seine Leiblichkeit einzubeziehen, zum einen, weil Personen von einer bestimmten Position und Lokalität aus – ihre Außen-/Umwelt – erfahren und (diese entsprechend be)handeln, zum anderen, weil sich der Sinn und die Bedeutung von Gegebenheiten, seien es Erfahrungen, Sachverhalte, Objekte oder Ereignisse, dem Subjekt, etwa dem Gesunden, Kranken, Übergewichtigen, Diabetiker, abhängig von seiner leiblichen Konstitution präsentiert. In Anerkennung der cartesianischen Leib-Seele-Dichotomie hat die westliche Wissenschaft die Erforschung der mentalen Zustände und Prozesse der Psychologie, der körper-

494 Tewes, Christian: *Grundlegungen der Bewusstseinsforschung. Studien zu Daniel Dennett und Edmund Husserl.* Karl Alber: Freiburg 2007.

495 Graumann, Carl F.: *Grundlagen einer Phänomenologie und Psychologie der Perspektivität.* Walter de Gruyter: Berlin 1960.

496 Graumann, Carl F.: „Bewusstsein und Verhalten". In: Lenk H. (Hrsg.): *Handlungstheorien – interdisziplinär* (Band III/2). Fink: München 1984.

497 Graumann, Carl F. / Wintermantel, Margret: „Sprachverstehen als Situationsverstehen". In: Engelkamp J. (Hrsg.): *Psychologische Aspekte des Verstehens.* Springer: Berlin 1984, S. 205–229.

lichen der Medizin zugewiesen. Diese Dichotomie zwischen Physischem und Psychischem ist für die Analyse der intentionalen Person-Welt-Interaktion und –Beziehung wenig hilfreich, ja sogar kontraproduktiv. Deshalb hat zuerst Max Scheler und in der Nachfolge Maurice Merleau-Ponty das phänomenologische Subjekt als Leib-Subjekt aufgefasst[498]. Beide möchten hierfür nicht nur die Bedeutung des gelebten Leibes herausstellen, sondern – im Gegensatz zu bestimmten anderen Denkströmungen der wissenschaftlichen Subjektivität – die ‚kognitiven' und ‚reflexiven' Fähigkeiten des Subjektes relativieren. Sie sehen im Übergang vom leiblichen ‚vorprädikativen' Erleben hin zum mentalen rationalen Reflektieren eine Möglichkeit einerseits zur Fundierung der prinzipiellen Kompatibilität von phylogenetischer Evolution und historischer Entwicklung zum biologischen bzw. ‚humanen' Menschen, andererseits zur Aufhebung der Dichotomie zwischen der bewussten und unbewussten Innenwelt des Menschen.

(ii) Der Leiblichkeit eines phänomenologischen Subjekts, wie auch seiner intentionalen Zustände, etwa des Hoffens, Fürchtens oder Liebens, stehen die Qualitäten der intentionalen materiell-räumlichen Außen-/Umwelt bzw. der mentalen Welt *quasi* als diese durchdringende und über diese hinausführende Korrelate gegenüber[499]. In diesen manifestiert sich das Ausmaß der menschlichen Annäherung oder Entfremdung von der intentionalen (materiellen oder geistigen) Außen-/Umwelt und damit des (interpretierenden) Verstehens in den Humanwissenschaften überhaupt[500].

(iii) Die Zeitlichkeit jeglicher Erfahrung, also die Fundierung der augenblicklichen Erfahrung durch die vorhergegangene und der künftigen durch die augenblickliche, wie auch die historische Bedingtheit jeglicher Einbettung eines Individuums, aber auch eines Gegenstands oder Sachverhalts in einer Situation beruhen auf ihrer „Geschichte", während der sie ihre Identität trotz unterschiedlicher Erscheinungsweisen beibehalten. Deren „Geschichten" haben zunächst nichts oder wenig miteinander zu tun, aber mit der Zeit, mit dem „Altern" können alle diese Geschichten Teil einer anderen oder gar übergeordneten gemeinsamen Geschichte werden. Der deutsche Rechtsphänomenologe Wilhelm Schapp sprach in diesem Sinn von der „Verstrickung von Menschen in die Geschichte(n) anderer"[501] [502]. Dadurch werde die Phänomenologie der Wahrnehmung in eine Philosophie der Geschichte transformiert, wonach alle Erfahrungen über Men-

498 Merleau-Ponty 1968.

499 Taylor, Charles: *The explanation of behaviour*. Routledge & Paul Kegan: London 1964.

500 Taylor, Charles: *Erklärung und Interpretation in den Wissenschaften vom Menschen*. Suhrkamp: Frankfurt a.M. 1975.

501 Schapp, Wilhelm: *Beiträge zur Phänomenologie der Wahrnehmung*. Heymann: Wiesbaden 1976a.

502 Schapp, Wilhelm: *In Geschichten verstrickt – Zum Sein von Mensch und Ding*. Heymann: Wiesbaden 1976b.

schen, wie auch über Gegenstände nur im Lichte ihrer Geschichte erlebbar, interpretierbar und Sinn ergebend seien und somit[503] „Welt und Geschichte, in die wir verstrickt sind, zusammenfallen". Ein Überspringen der geschichtlichen Welt und der mit ihr unlösbar verknüpften Sprache einschließlich der sie konstituierenden Sprachgemeinschaft ist nach Schapp reine Illusion.

(iv) Die Geschichte eines jeglichen Menschen ist nicht ‚seine' Geschichte, sondern wird von Beginn an mit Anderen, mit denen er zusammen in einer gemeinsamen Sprache denkt und kommuniziert, geteilt[504]. Der Erfahrungshorizont eines jeglichen Menschen wird durch den Horizont seiner Mitmenschen erweitert oder beschränkt. Nach Edmund Husserl besitzt jeder Mensch von Geburt an seine „Mitmenschheit" und stellt – auch ohne weiteres Zutun – eine Komponente des „Menschheitshorizonts" und der unmittelbaren und mittelbaren Sprachgemeinschaft dar[505]. Nur solche Objekte, Sachverhalte, Gegebenheiten existieren, können erkannt, erlebt und bearbeitet werden, die in den ‚Wir-Horizont' einer Sprachgemeinschaft aufgenommen vorliegen und dadurch prinzipiell in einer ‚allgemeinen' Sprache für alle Menschen – und nicht bloß in einer (fiktiven) Privatsprache innerhalb des ‚Ich-Horizonts' – ansprechbar geworden sind. Ansprechbar sind aber auch Gegebenheiten, die nicht oder nicht so existieren, wie die Sprache suggeriert. Die Funktion der Sprache liegt also nicht nur in der ‚technischen' Bezeichnung von Gegebenheiten als Mittel zum Zweck der eindeutigen Zuordnung. Sie dient darüberhinaus als intentionales Korrelat, wobei die ‚wahre' Erfahrung einer Gegebenheit maskiert und eine fiktive Realität hervorgebracht werden kann.

4.1.4 Das Modell des verstehenden Experimentierens und experimentierenden Verstehens

Geisteswissenschaftler habe eine Reihe von Gründen für die Inadäquatheit, ja Schädlichkeit der Methodik des Experiments beim Erforschen der Innenwelt des Menschen angeführt: (i) Die im Experiment von einem Probanden erhobenen Daten seien weit vom Leben entfernt und würden in der Regel durch das im Alltagsleben gezeigte Verhalten von „natürlichen" Menschen nicht bestätigt werden. (ii) Das Experiment am Menschen erniedrige diesen zu einem manipulierbaren Forschungsobjekt. (iii) Erlebnisse und Bewusstseinsinhalte entstammten der Innenwelt und blieben deshalb als private ‚Daten' dem experimentierenden Forschungssubjekt grundsätzlich verschlossen. (iv) Das naturwissenschaftliche Experiment beruhe auf seiner Wiederholbarkeit und der Reproduzierbarkeit der gewonnenen Daten, die jedoch beim Menschen als Forschungsobjekt aufgrund der Einmaligkeit eines jeden

503 Schapp, Wilhelm: *Philosophie der Geschichte.* Heymann: Wiesbaden 1975, S. 145.
504 Schapp 1975, S. 180.
505 Husserl, Edmund: *Ideen zu einer reinen Phänomenologie und phänomenologischen Philosophie* (2. Buch, Husserliana IV). Nijhoff: Den Haag 1952, S. 369.

einzelnen Individuums, aber auch eines jeden einzelnen Verhaltensakts oder Erlebnisses durch ein und dasselbe individuelle Forschungsobjekt. (v) Das Experiment greife unvermeidbar in die Verhaltens- und Erlebnisstrukturen des Probanden ein und generiere dadurch neue Bewusstseinsinhalte, die von den ‚natürlichen' dieses Probanden in Abwesenheit experimenteller Eingriffe mehr oder weniger deutlich abweichen, sowie zwischen verschiedenen Probanden kaum reproduzierbar sein würden. (vi) Die Methodologien der Natur- und Geisteswissenschaften seien aufgrund ihrer „nomothetisch", d.h. nach allgemeinen Gesetzmäßigkeiten suchenden Natur bzw. „idiographischen", d.h. die Einzelfälle oder einzelnde Individuen darstellenden und beschreibenden Natur gemäß der „Heidelberger Schule" mit Heinrich Rickert[506] [507] und Wilhelm Windelband[508] von einer unüberbrückbaren Differenz gekennzeichnet. (vii) Die messenden und rechnenden experimentierenden Naturwissenschaften beabsichtigten, die materielle und physische (Außen-)Welt nach dem Vorbild der Physik zu erklären, während die Human- oder Geisteswissenschaften über die typische Methodik des Deutens und Interpretierens die Objektivationen und Hinterlassenschaften des menschlichen Geistes zu verstehen versuchten. Zwar habe selbst Wilhelm Dilthey, auf den diese prinzipielle Unterscheidung zwischen Erklären und Verstehen zurückgeht, mit Einschränkungen akzeptiert, dass wenigstens für gewisse Bereiche zwischen der Innen- und Außenwelt, also für den ‚Rand' des Innenlebens, wie die Sinneswahrnehmung und einfachste, der Kausalität einer Reiz-Reaktion gehorchende Verhaltensmuster, der Einsatz von naturwissenschaftlichen Verfahren, wie des Experiments, sinnvoll und mit gewissen Erfolgen verbunden sein könne. Aber dennoch sei die fundamentale Ablehnung der naturwissenschaftlichen Methodik für die Erforschung der menschlichen Erlebniswelten und Bewusstseinsinhalte bei vielen geisteswissenschaftlichen Strömungen und ihren Vertretern erhalten geblieben.

4.1.4.1 Komplementarität zwischen Natur- und Geisteswissenschaften

Alle diese Einwände hat der deutsche Gestalttheoretiker der 2. Generation Wolfgang Metzger in ihrem Absolutheitsanspruch entkräftet[509]: Ad (i) Die vermeintliche Lebensfremdheit könne durch geschickte Wahl der experimentellen Rahmenbedingungen, etwa durch die Verlegung des Forschungsortes aus dem Labor in die ‚Lebenswirklichkeit', wodurch den Probanden ihre Teilnahme an einem Experiment

---

506 Rickert, Heinrich: *Psychologische Causalität und Psychophysiologischer Parallelismus.* Haacke: Leipzig 1900.

507 Rickert, Heinrich: *Kulturwissenschaften und Naturwissenschaften.* J. C. B. Mohr / P. Siebeck: Tübingen 1926.

508 Windelband, Wilhelm: „Einleitung in die Philosophie". In: Medicus F. (Hrsg.): *Grundriß der philosophischen Wissenschaften* (Bd. 1). J. C. B. Mohr (Paul Siebeck): Tübingen 1914.

509 Metzger, Wolfgang: „Das Experiment in der Psychologie". *Studium generale* 1, 1952, S. 19–33.

nicht bewusst würde, zumindest vermindert werden. Das Ausmaß der Verzerrung bei der Übertragung der ‚Lebenswirklichkeit' in das Labor sei ihrerseits prinzipiell der wissenschaftlichen Bestimmung zugänglich und könne dann bei Bedarf entsprechend verringert werden. Ad (ii) Die angebliche Unzumutbarkeit treffe für alle die Experimente mit Bewusstseinsinhalten und Erlebnistatsachen als ihr Forschungsgegenstand nicht zu, da der Proband hierbei durch das primäre Forschungssubjekt als *quasi* Hilfsforscher oder sekundäres Forschungssubjekt auf ebenso kollegiale Weise wie durch die Versuchsleiter in anderen Naturwissenschaften behandelt und eben nicht als Forschungsobjekt angesehen werden würden. Die Zumutbarkeit finde – wie im Alltagsleben auch – dort ihre „natürlichen" Grenzen, wenn die Versuchsleiter in Untersuchungen des von außen experimentell zugänglichen Verhaltens des Probanden diesen in irgendeiner Weise beeinflussen, d.h. überreden, überzeugen, erziehen, ausbilden etc. wollten. Ad (iii) ‚Privat' seien im strengen Sinn alle unsere eigenen Erlebniswelten und Bewusstseinsinhalte, einschließlich der Außenwelterscheinungen, und diese ‚Tatsache' mache jegliche – verbale und nonverbale – Verständigung zwischen zwei Personen und eben nicht nur zwischen Forschungsobjekt und -subjekt zu einem komplexen, wenn nicht gar höchst unsicheren Unterfangen. Freilich müssten im Falle des Experiments mit besonderer Sorgfalt oberflächliche und voreilige Interpretationen und Schlussfolgerungen vermieden werden, was jedoch bei wohl geplanten und durchgeführten Analysen durchaus realisierbar sei. Ad (iv) Der einmalige Charakter eines jeden Individuums, bzw. seiner einzelnen Bewusstseinsinhalte und Erlebniswelten, dürfe nicht überschätzt werden. Denn offensichtlich basiere dieser auf von den meisten Menschen geteilten Auffassungen und Eigenschaften, da im Falle der Zugehörigkeit der Menschen zu (völlig) ‚verschiedenen Welten' eine Verständigung selbst über einfachste Objekte, Sachverhalte und Gegebenheiten des Alltags oder die erfolgreiche Bewältigung einer gemeinsamen Herausforderung kaum möglich sein sollte. Ad (v) Die Möglichkeit der Beeinflussung eines Probanden durch die experimentelle Methodik und die damit gewonnenen Resultate sei zwar *a priori* nicht völlig auszuschließen, aber auch nicht zu überhöhen. Natürlich könne ein bestimmter Forschungsansatz Versuchsbedingungen erfordern, die selbst bei lediglich einmaliger Realisierung den Probanden in seinem Denken, Empfinden, Wahrnehmen und Fühlen für längere Zeit so einschneidend verändern, dass eine Repetition des Experiments nicht sinnvoll erscheine, etwa bei Benutzung einer Denksportaufgabe, deren Lösung bei einer Wiederholung für denselben Probanden kein Rätsel mehr darstelle. Aber in der Mehrzahl der Versuchsanordnungen zu von außen sichtbarem Verhalten seinen Veränderungen im Verhalten des Probanden – wenn diese überhaupt feststellbar seien – oftmals nicht endgültig und ‚in Stein gemeißelt', sondern könnten durch weitere nachfolgende Erlebnisse und Erfahrungen mit der Zeit wieder rückgängig gemacht werden. Ad (vi) Auch Naturwissenschaften seien mit ideographischen Aufgabenstellungen befasst, wenn etwa die Geologie oder die Astronomie die Entstehung der Alpen bzw. des Weltalls zu ergründen und verstehen suchten, beides einmalige Gegebenheiten und Ereignisse. Diese Naturwissenschaften beschränkten ihre Erklärungen also nicht auf die Analyse allgemeiner Gesetzmäßigkeiten, die für jeden überhaupt vorstellbaren Planeten oder jeden vorstellbaren Kosmos Gültigkeit besitzen. Und umgekehrt würden auch die Geisteswissenschaften die Objektivationen des menschlichen Geistes als Forschungsgegenstände auf allgemeine Gesetzmäßigkeiten hin untersuchen mit dem Kriterium der unter ähnlichen Bedingungen sich wiederholt zeigenden Kausalzusammenhänge, wenn etwa in der Psychologie die funktionalen Zusammenhänge zwischen Frustration und Aggression überzeugend herausgearbeitet werden. Wolfgang Metzger betonte dabei immer wieder die verblüffende Ähnlichkeit zwischen den methodischen Ansätze von Natur- und Geisteswissenschaften bei der Erforschung von strukturell verwandten Problemen, so etwa zwischen der philologischen Erstellung eines Stammbaumes für ein mittelalterliches Gedicht über Handschriften und der paläontologischen Bestimmung der zeitlichen Sequenz der Entstehung von Gesteinsschichten mit Hilfe von Versteinerungsfunden[510]. Demzufolge werden nach Metzger von jeder Wissenschaft, sei ihr Forschungsobjekt nun die Innen- oder Außenwelt des Menschen, sowohl die idiographische, wie auch die nomothetische, aber auch die systematisch-beschreibende Methodologie eingesetzt, letztere etwa von der Chemie, systematischen Botanik und Zoologie bis hin zur typisierenden Anthropologie. Ad (vii) Erklären führe zur induktiven Ableitung von mathematisch fassbaren Kausalzusammenhängen, mit deren Hilfe die Prädiktion des Verhaltens von physikalischen Gegebenheiten nach Herstellung und erfolgreicher Kontrolle bestimmter experimenteller Rahmenbedingungen möglich werde. Für Physiker mache es sicher einen entscheidenden Unterschied, ob sie eine durch induktiven Schluss erhaltene und zweifelsfrei gültige Formel verstehen oder ob sie deren Gültigkeit und Verwertbarkeit akzeptieren müssen, ohne sie zu verstehen. Letzteres sei bei vielen in Formeln gefassten Naturgesetzen zunächst der Fall und führe konsequenterweise zu der Verstehens-Frage, warum gerade dieser Kausalzusammenhang besteht, warum also ausgerechnet diese Gesetzesformel und keine – zunächst auch nicht verstehbare – andere als wahr anerkannt worden ist. Daraus folgert Wolfgang Metzger, dass auch der Physiker zwischen ‚verstandenen' und ‚unverstandenen' Erklärungen differenzieren kann und muss.

Im scheinbar krassen Unterschied zum physikalischen Erklären gilt bei Philosophen und Psychologen das Verstehen als die Fähigkeit des Forschers, sich in den Probanden hineinzuversetzen und das von ihm Erlebte nach zu erleben. Da offensichtlich nur von Menschen Erlebtes von Menschen nacherlebt werden kann, hat diese Definition den Vorteil, eine eindeutige Unterscheidung des menschlichen (Innen-)Bereichs vom außermenschlichen (Außen-)Bereich liefern zu können. Allerdings ist die Gleichsetzung von Verstehen und Nacherleben kritisch zu hinterfragen. So betonen Psychotherapeuten immer wieder, dass eine bloße Wiederholung des Erlebens des Patienten im Therapeuten selbst für ein Verstehen des Patienten nicht ausreichend sei. Es komme vielmehr auf ein Verstehen von dem an, was der Patient an seinem Erleben noch nicht versteht, also von all den vielen kleinen Details in seinem Verhalten als Ausdruck eines Erlebens, das er selbst noch gar nicht

510 Metzger 1976.

als solches erfahren, aber von anderen – und nicht nur vom Therapeuten – bereits gesehen und erkannt worden ist. Diese Art des Verstehens geht also deutlich über das Nacherleben der Erlebniswelten der Mitmenschen hinaus oder in anderen Worten das Nacherleben von Bewusstseinsinhalten anderer kann zu Unverstandenem führen. Konsequenterweise fordert Wolfgang Metzger deshalb ein neues geschärftes Verständnis für den Begriff des „Verstehens" sowohl innerhalb des menschlichen, wie auch des außermenschlichen Bereichs, um diesen als entscheidendes Unterscheidungskriterium für Geistes- und Naturwissenschaften nutzen zu können[511]. Für ihn sind solche Zusammenhänge verstanden, „die ich nicht genötigt bin, als Fakten einfach hinzunehmen, sondern von denen ich sehe, dass sie so sein **müssen** und gar nicht anders sein **können**." Als Beispiel führt Metzger zwei Schüler an, von denen der eine die Beweisführung für den pythagoreischen Lehrsatz aus dem Lehrbuch perfekt auswendig gelernt darbietet und der andere mit Papier, Bleistift und glänzenden Augen und in eigenen Worten nachweist, wieso dieser Lehrsatz so sein muss und nicht anders sein kann.

4.1.4.2 Die Idee von der Gesamtwissenschaft

Wilhelm Dilthey hat also zur Unterscheidung von Natur- und Geisteswissenschaften die Begriffe des Erklärens und Verstehens dadurch zu präzisieren versucht, dass er sie mit wesentlichen Attributen theoretischer Ansätze versehen hat, die zum einen atomistisch, reduktionistisch und mechanistisch, zum anderen holistisch, gesamtwissenschaftlich und dynamisch operieren können. Nach den auf den Atomismus gegründeten Erfolgen der klassischen Naturwissenschaften, allen voran die Physik etwa mit der mechanischen Wärmelehre oder die Biologie mit der Zell- und Vererbungslehre, versuchte nun auch die Philosophie und Psychologie reduktionistisch ‚Elemente', ‚Einheiten' oder ‚Elementartatsachen' zu identifizieren in der Hoffnung, später mit Hilfe eines ausformulierten Kausalgesetzes über deren Zusammenhang und –wirken das Verhalten von Menschen im Sinne einer „reizbaren Körpermaschine" erklären, vorherzusagen oder gar verstehen und beeinflussen zu können. Dagegen vertrat Dilthey die fundamentale Auffassung, dass Bewusstseinsvorgänge nicht durch hierarchische Interaktionen von ‚Elementartatsachen' kausal-mechanistisch hervorgerufen werden und somit mit atomistischen und reduktionistischen Erklärungsweisen verstanden werden können. Vielmehr müssen nach ihm einzelne Erlebnisse und Erfahrungen ausschließlich als Funktion der gesamten Lebenswelt, also des komplexen Zusammenhangs aus Persönlichkeit, Lebensgeschichte und Innenwelt verstanden werden. Allerdings vermied Wilhelm Dilthey, die Gültigkeit dieser Einsicht auf den gesamten Phänomenbereich des Psychischen, also auch auf die Außenwelt und die Außenbereiche der einfachen Empfindungen und Sinneswahrnehmungen und der daraus hervorgehenden einfachen Reaktionen und psychischen Funktionen

511 Metzger 1976.

auszuweiten[512]. Für deren Erklärung akzeptierte Dilthey die naturwissenschaftlich-experimentellen Forschungsmethoden, wie sie zu dieser Zeit etwa von dem deutschen Physiologen, Psychologen und Philosophen Wilhelm Maximilian Wundt[513] und von Hermann von Helmholtz[514] benutzt wurden. Dabei übersah er, dass für diese experimentelle Erforschung das atomistisch-reduktionistische Vorgehen eine unabdingbare Voraussetzung oder in den Worten von Wolfgang Metzger die „begleitende Ideologie" darstellt und sich eben nicht als Folge oder Resultat aus dem Experiment ‚automatisch' einstellt. Damit stand für Wilhelm Dilthey der Geltungsbereich des atomistisch-reduktionistischen Ansatzes für die Erforschung der elementaren Phänomene des Außenbereichs und an der Grenze zur Innenwelt, also v.a. von Empfindungen und Sinneswahrnehmungen außer Frage. Damit einher ging für ihn die Überzeugung, dass die experimentelle Methodologie und das atomistische Denken untrennbar miteinander verknüpft seien, worauf sich letztlich die tiefsitzende Abneigung gegen das Experiment von ihm und seinen Nachfolgern zurückführen lässt.

Daraus erwuchs ein dann Menschenbild, nach dem die Innenwelt und die Bewusstseinsinhalte des Menschen ausschließlich gesamtwissenschaftlich und dynamisch verstanden werden können, während die Übergangsbereiche von der Innen- zur Außenwelt, einschließlich der einfachen Phänomene und Reaktionen der Sinneswahrnehmung und des atomistisch strukturierten Seinsbereichs, prinzipiell als Objekte und Sachverhalte mit Hilfe der atomistisch-reduktionistischen Methodik der experimentellen Erforschung und Erklärung zugänglich sind. Demnach stellt sich der psychische Phänomenbereich als in Schichten mit unterschiedlicher bis inkompatibler Funktionalität strukturiert dar. Sinnesphysiologen und Wahrnehmungspsychologen, wie Hermann von Helmholtz, wollten dadurch die Diskrepanzen zwischen der atomistisch-reduktionistischen Herangehensweise an Sinneswahrnehmungen und den tatsächlich wahrgenommenen Phänomenen überbrücken und teilten menschliche Verhaltensvorgänge in ‚niedrige', mit Hilfe des atomistisch-reduktionistischen Prinzips zu erklärende physiologische Reaktionen und in ‚höhere', durch rationales Denken zu verstehende psychologische Vorgänge ein. In der Folgezeit setzte sich jedoch – trotz der grundsätzlichen Beibehaltung dieser Trennung – die Auffassung des Operierens und Funktionierens von physiologischen Korrelaten auch für psychische Prozesse durch. Erst Max Wertheimer und seine Mitarbeiter der ersten und zweiten Generation, wie Wolfgang Metzger, Wolfgang Köhler und Karl Duncker, gelang es mit der Gestalttheorie, die theoretische und methodische Einheit in der Erforschung der menschlichen Bewusstseinsinhalte und Erlebniswelten wieder herzustellen. Mit Hilfe der Gestalttheorie konnte gezeigt

---

512 Dilthey, Wilhelm: *Ideen über eine beschreibende und zergliedernde Psychologie.* Sitzungsbericht der Preußischen Akademie der Wissenschaften. Berlin 1894.

513 Wundt, Wilhelm M: *Beiträge zur Theorie der Sinneswahrnehmung.* Winter: Leipzig 1862.

514 Von Helmholtz, Hermann: „Über das Sehen des Menschen". In: Hörz H. / Wollgast S. (Hrsg.): *Philosophische Vorträge und Aufsätze.* Akademie Verlag: Berlin 1855 / 1971, S. 48–62.

werden, dass auch in den elementaren und einfachen Phänomenbereichen einzelne Reaktionen nur über deren Positionierung und Funktionalität im jeweiligen Gesamtgefüge und Gesamtzusammenhang der beteiligten Innen- und Außenwelten, einschließlich ihrer Grenz- und Übergangsbereiche, verstanden werden können[515 516]. Die Notwendigkeit zur gesamtwissenschaftlichen Erforschung darf also nicht auf die Innen- und Erlebniswelt beschränkt werden. Dass dieses ursprünglich von Wilhelm Dilthey verfolgte Ziel nun letztlich mit Hilfe des von ihm vehement abgelehnten Experiments erreicht wurde, zeigt darüberhinaus die prinzipielle Separierbarkeit des wissenschaftlichen Experiments vom atomistisch-reduktionistischen Denkansatz.

Dabei erkennt die Gestalttheorie an, dass das Psychische nur in engster Koppelung mit dem allen außermenschlichen Naturgesetzen gehorchenden menschlichen Körper zu beobachten ist und deshalb eine außerordentliche Sensitivität gegenüber physiologischen Defekten und Fehlleistungen aufweist. Doch offenbar ist diese Koppelung zwischen dem Psychischen und Physischen als Voraussetzung für ein Verstehen von Bewusstseinsinhalten und Erlebniswelten selbst scheinbar willkürlich oder zumindest unverstehbar, wie etwa die Verbindung zwischen dem Namen eines Kontoinhabers und dessen Kontonummer. Dies war der Ausgangspunkt für die Überlegungen Wolfgang Köhlers in seinem Buch „Die physischen Gestalten"[517]. Für Köhler haben sich Philosophen und Biologen, insbesondere in den Epochen nach J.W. Goethe und C.G. Carus, die ‚Natur' des Menschen lediglich als Phänomen am Randbereich des Physischen im Sinne von Reiz-Reaktions-Ketten behandelt, die in von Menschen zu einem definierten Zweck konstruierten Maschinen operieren. Konsequenterweise könne deren Struktur nicht mit der Struktur von physischen Gegebenheiten und Prozessen identisch sein, die nicht vom Menschen für einen definierten Zweck generiert worden sind. Interessanterweise analysiert die Physik bereits seit längerem – ohne explizit darauf hinzuweisen – die Struktur von Objekten, Gegebenheiten und Prozessen, die eine verblüffende Ähnlichkeit mit derjenigen der von Dilthey und Wertheimer experimentell identifizierten Elemente des psychischen Phänomenbereichs aufweisen. So charakterisierte der Physiker und Wissenschaftstheoretiker Ernst Mach bestimmte mikro- und makromolekularen Systeme als von sich aus – mit intrinsischer Dynamik – zu einer definierten und ausgesprochen regelmäßigen, stabilen und harmonischen Endstruktur strebend[518 519]. Dieser Vorgang besitzt durchaus Ähnlichkeit mit konstruktiven Lösungswegen und produktiven Klärungsprozessen für bestimmte theoretische Problemstellungen.

---

515 Köhler, Wolfgang: *Die physischen Gestalten in Ruhe und im stationären Zustand.* Vieweg: Braunschweig 1920.

516 Köhler, Wolfgang: „Gestaltprobleme und Anfänge einer Gestalttheorie". *Jahresberichte für die gesamte Physiologie* 3, 1925, S. 35–48.

517 Köhler 1920.

518 Mach, Ernst: *Die Gestalten der Flüssigkeit. Die Symmetrie.* Druck von Adler's Erben: Rostock 1870.

519 Mach, Ernst: *Die Analyse der Empfindungen.* Fischer: Jena 1922.

Wolfgang Metzger erinnerte sich an eine Aussage von Wolfgang Köhler über das Problem der Determination, also die fundamentale Frage, ob es im außermenschlichen Phänomenbereich für einen Prozess jemals einen neuen Anfang geben kann. Oder kann zu einem willkürlich festgelegten Glied in einer unendlichen, als verantwortlich erachteten Kausalkette immer irgendein früheres – oder auch späteres – Glied herausgegriffen werden unter der Voraussetzung, dass es noch vor dem kausal zu verstehenden Phänomen operiert? Wolfgang Köhler beantwortete diese Frage wie folgt[520 521].

> Stellen Sie sich ein zusammenhängendes Quantum einer Flüssigkeit vor von irgendeiner beliebigen unregelmäßigen Form. Es ist völlig gleichgültig, auf welche Weise es zusammengekommen ist. Denn von dem Augenblick an, wo es beisammen ist, ist das Geschehen nur noch von dem Endzustand her bestimmt, den es zunächst annehmen wird. Denn es ‚strebt' aus dynamischen Gründen zur Kugelgestalt.

Der Begründer der Systembiologie Ludwig von Bertalanffy konnte das apparente Verschwinden der ‚Vorgeschichte' des Flüssigkeitstropfens später mathematisch über die Eliminierung der die ‚Vorgeschichte' widerspiegelnden Werte aus der entsprechenden Rechnung beweisen. Von Bertalanffy[522] führte in diesem Beispiel die Kausalität deskriptiv in Finalität über, ohne dabei das Prinzip des Determinismus aufzugeben. Entscheidend sei nur die strukturelle Ähnlichkeit der Kausalität von Phänomenen aus dem außermenschlichen und dem menschlichen Bereich. Damit seien die klassischen Annahmen einer unendlichen Kausalkette bei der Setzung und Verfolgung eines Ziels nicht korrekt und müssten durch eine Serie von sequentiellen Bedingungskonstellationen ersetzt werden, die unter geeigneten Rahmenbedingungen echte neue Anfänge ermöglichen. Damit wird die Zuschreibung eines Verdienstes oder einer Schuld für eine bestimmte Handlung nicht in einen vom materiellen außermenschlichen Bereich separierten menschlichen Phänomenbereich verlegt, der im naturwissenschaftlichen Denken kurzerhand als prinzipiell unerklärbar oder zumindest als äußerst fehleranfällig gebrandmarkt werden würde.

Zusammenfassend lässt sich festhalten, dass Natur- und Geisteswissenschaften sich nicht über die Weise ihrer Theoriebildung hinreichend voneinander differenzieren lassen. In beiden Wissenschaftsbereichen gibt es Phänomene, die atomistischen, reduktionistischen und mechanistischen Vorgehensweisen zugänglich sind und andere Phänomene, die nur mit Hilfe von gesamtwissenschaftlichen, strukturellen und dynamischen Methodologien verstanden werden können. In beiden Bereichen kann das Experiment entscheidend zur Erklärung oder zum Verständnis beitragen,

---

520 Köhler, Wolfgang: „Ein altes Scheinproblem". *Naturwissenschaften* 17, 1929, S. 395–401.

521 Köhler, Wolfgang: *The place of value in a world of facts.* Liveright Publishing Corporation: New York 1938.

522 Von Bertalanffy, Ludwig: *Biophysik des Fließgleichgewichts.* Sammlung Vieweg: Braunschweig 1953.

kann aber auch in einen Irrweg führen. Hinsichtlich der Erforschung der menschlichen Bewusstseinsinhalte und Erlebniswelten hängt der Nutzen und Wert der experimentellen Methodik entscheidend vom Entwicklungsstand des jeweiligen Teilgebiets ab, von denen immer weitere empirisch-experimentell mit großer Souveränität und Selbstverständlichkeit in den letzten Jahrzehnten bereits bearbeitet worden sind und in Zukunft noch angegangen werden.

Bei der wissenschaftlichen Erforschung der Möglichkeiten, Prozesse und Gesetze des Empfindens, Wahrnehmens, Erfahrens, Verhaltens, Erlebens und Fühlens im Menschen, wie auch der phänomenalen und erfahrenen Lebenswelt (nach Edmund Husserl[523] 1952) oder Merkwelt (nach Jakob von Uexküll[524]) um den Menschen herum, also der Welt, die – nach Wolfgang Metzger – „wir um uns selber ‚vorfinden' und die wir.... aus der besonderen Art des [menschlichen] Verhaltens erschließen können", muss experimentierend und zugleich verstehend, qualitativ phänomenologisch-beschreibend und zugleich – wenn geeignete Rahmenbedingungen vorliegen – quantitativ messend-kalkulatorisch vorgegangen werden. Der zugrundeliegende Phänomenbereich liegt an der Grenze zwischen der menschlichen und außermenschlichen Welt und führt deshalb unvermeidbar zu einem Blick über diese Grenze, der nicht nur außerordentlich fruchtbar, sondern vielmehr Voraussetzung für seine erfolgreiche Erforschung ist. Für Wolfgang Metzger[525] lehrt dieser Blick „dass jene Grenze offenbar kein Abgrund ist, sondern dass drüben, in der unbelebten Natur, wenn auch nur im Keim, vorbereitet ist, was sich dann im Menschen zu dem Reichtum entfaltet hat, den ein einzelner schon lange nicht mehr zu überschauen vermag."

4.1.4.3 Experimentelle und phänomenologische Methodik

Der phänomenologischen Analytik wird häufig die strenge Wissenschaftlichkeit abgesprochen, wohl um sie in die Bereiche der Allgemeinbildung und der unterhaltsamen Kulturprodukte, wie der Geschichte, Literatur und Kunst, zu verweisen und sie auf Distanz zur exakten Naturwissenschaft zu halten. In diesem Rahmen wird die phänomenologische Methodologie gerne mit „Introspektion", Bewusstsein, dem „Inneren" und „inneren oder privaten Daten" in Zusammenhang gebracht und als Methode der „Innenschau" aufgefasst, um sie damit häufig unausgesprochen – bewusst oder unbewusst –zu disqualifizieren. Dabei kommt es ‚automatisch' zur Polarisierung zwischen privat und öffentlich, innen und außen, subjektiv und objektiv. Ein ‚echter' Naturwissenschaftler wird aus Gründen seines Selbstverständnisses und der naturwissenschaftlichen Methodologie ausschließlich die Phänomenbereiche der Öffentlichkeit, des Äußeren und des Objektiven als Forschungsgegenstand akzeptieren. Und tatsächlich gilt die phänomenologische Analyse in erster Linie den Strukturen der Subjektivität, ohne darauf festgelegt zu sein. Aber entscheidend ist,

523 Husserl 1952.
524 Von Uexküll, Jakob: *Theoretische Biologie.* Springer: Berlin 1925.
525 Metzger 1976.

dass sie selbst keine subjektive, also nicht-objektive Methodik darstellt, sondern der Objektivität verpflichtet ist. Damit wird deutlich, dass es sich bei der häufig vorgenommenen Gleichsetzung von phänomenologischer und anti-wissenschaftlicher Vorgehensweise um eine generalisierende Fehldeutung handelt. Erstere wäre allenfalls als anti-szientistische Position zu charakterisieren. Ebenfalls zu einer Fehlinterpretation hat die Begrifflichkeit „Phänomenologie" selbst geführt, die scheinbar ihren Untersuchungsgegenstand auf das bloß Phänomenale, also auf den bloßen ‚Schein' reduziert und dabei die dahinter verborgene Realität entweder ausblendet oder als „Phänomen" mit letztlich nicht erkennbarem physischen oder psychischen Sein verknüpft. Dabei handelt es sich jedoch nicht um Phänomenologie, sondern um die subjektiv-idealistische Position des „Phänomenalismus", der allerdings einer Kritik auf Basis des hermeneutischen Realismus (s. 3.2.3.2.2) nicht standhält. Phänomenologie ist dagegen keine philosophische Richtung oder psychologische Metatheorie, sondern eine methodologische Einstellung zum Stellen und Bearbeiten von, sowie Reflektieren über humanwissenschaftliche Fragestellungen, im Allgemeinen, zur Erforschung von persönlichen Bewusstseinsinhalten und Erfahrungen, im Besonderen. Dabei lässt sich kein einheitlicher Methodenkanon zusammenstellen, wobei eben die Problemorientierung und Offenheit der phänomenologischen Haltung gerade ihre Stärke, aber auch ihre Schwäche ausmachen.

Unter Intentionalität versteht der Phänomenologe das Gerichtet-Sein des menschlichen sinnlichen und nicht-sinnlichen Bewusstseins oder Verhaltens auf etwas, auf das sich der Erlebende bzw. der Handelnde unabhängig vom jeweiligen Gerichtet-Sein bezieht und das er letztlich meint[526]. Im Gegensatz zum Begriff des bloßen Verhaltens und dessen Paradigma des bedingten Reflexes beinhaltet das Sich-zu-etwas-Verhalten immer ein intentionales Korrelat. Bei mentalen Zuständen, etwa Stimmungen, ist die Intentionalität dagegen seit langem Gegenstand kritischer Diskussion. In jedem Fall ist für die subjektive Existenz von der uneingeschränkten Intentionalität auszugehen, unabhängig davon, ob diese bewusst oder unbewusst, absichtlich oder unabsichtlich, real oder irreal ‚sich zu etwas verhält.' Durch die Zuordnung eines Korrelats oder eines Objekts, eines Sachverhalts, einer Gegebenheit zu jedem intentionalen Zustand oder Akt, zu denen sich die jeweilige Person als intentionales Subjekt verhält und dabei die Existenz dieser Korrelate (Objekte, Sachverhalte, Gegebenheiten) unabhängig vom jeweiligen Zustand oder Akt akzeptiert, kann Intentionalität als aktives Verhältnis aufgefasst werden, dessen Konstituenten, die Person(en) und Außen-/Umwelt, grundsätzlich in Kombination analysiert werden müssen. Dabei stehen die Personen, seien es nun Individuen oder Gruppen, immer in Relation zu ihrer Außen-/Umwelt, die Außen-/Umwelten ihrerseits zu den Personen, für die sie existieren. Diese intrinsische intentionale Verknüpfung von Außen-/Umwelt und Person bedingt ein entscheidendes Postulat phänomenologischer Methodologie. Deren Untersuchungseinheit stellt nicht das Erfahren, Erleben und Verhalten des Individuums hinsichtlich einer objektiven

526 Graumann 1960.

lebensweltlichen Situation gemäß dem Reiz-Reaktions-Schema *per se* dar, sondern eben die intentionale Beziehung Person-Außen-/Umwelt. Auch im Falle einer als nützlich oder erforderlich erachteten ‚Atomisierung' darf dieses Beziehungsgefüge nicht aufgebrochen werden. Die Erforschung von Personen, seien es Individuen oder Gruppen, führt ‚automatisch' zur phänomenologischen Analyse von deren Außen-/Umwelten. *Vice versa* erfordert ein Interesse an Außen-/Umwelten die Identifikation von Personen-, Individuen- oder Gruppen-spezifischen Korrelaten für das jeweilige Verhalten, die dann ausschließlich auf die Relation und das Verhalten der entsprechenden Subjekte zu ihnen hin untersucht werden. Damit wird die Analyse der Intention in eine der Situation transformiert, eben weil die intentionale Person grundsätzlich nur als situiertes Subjekt erforscht werden kann

Damit wird auch ein wesentlicher Unterschied zwischen der phänomenologischen Methodologie einerseits und objektivistischen bzw. subjektivistischen Auffassungen andererseits manifest. Da im phänomenologischen Denken unter Verhalten ausschließlich das Verhalten einer Person zu etwas verstanden wird, das die Intention dieser Person unabhängig von ihrem Verhalten darstellt, kann der Intentionalität des Verhaltens eine objektivierende Funktion zugeschrieben werden. Demnach verlässt sich die Person darauf, dass sie sich zu ein- und derselben Gegebenheit – trotz sich verändernder persönlicher Erfahrungen und Interpretationen – als einer unveränderlich bleibenden Entität verhalten kann, dass sie sich also mit Mitmenschen über sie auseinandersetzen und verständigen, auf sie beziehen und über sie diskutieren kann. Damit geht nicht einher, dass sich mit dieser Gegebenheit nichts ereignen, ihr nichts zustoßen könnte. Über die Vielfalt ihrer Erscheinungsformen erhält eine Gegebenheit selbst über ihre (etwa materielle) Existenz hinaus den intentionalen Sinn, den eine Person ihr zugewiesen hat. In dieser Hinsicht beruhen alle Objektivationsleistungen, etwa auch des geisteswissenschaftlichen Verstehens oder naturwissenschaftlichen Erklärens, auf der Intention und dem daraus resultierenden Verhalten des Wissenschaftlers, diese bestimmte Gegebenheit zu objektivieren. Dabei wird der Sinn dieser Gegebenheit ausschließlich über ihre phänomenale Identität in allen ihren Varianten und Widerspiegelungen erfahren, so wie sich diese aus der Sichtweise und dem Blickwinkel der (natur- oder geisteswissenschaftlich forschenden) Person darstellen. Die Annahme des Aufdeckens oder Erkennens einer von Person(en) und/oder Außen-/Umwelt(en) unabhängigen oder isolierten Bedeutung ist demnach eine Fiktion. Gemäß phänomenologischer Denkweise lässt sich Bedeutung und Sinn weder in der Innenwelt (wie etwa im Geist) eines Subjekts, noch in der Außenwelt (wie etwa in der materiellen Natur) eines Objekts aufspüren. Vielmehr entsteht Sinn und Bedeutung erst in der intentionalen Interaktion zwischen Person und Außen-/Umwelt. Voraussetzung für diese aktive Konstitution von Bedeutsam sein und Sinnhaftigkeit ist die subjektunabhängige ‚Objektivität' der Außen-/Umwelt(en), wie sie in der Intentionalität des Verhaltens – gemäß der phänomenologischen Denkweise – gewährleistet ist. Außen-/Umwelt(en) werden von Personen, seien es Individuen, soziale Gruppen oder Kulturen, als sinnhaft und bedeutsam erfahren, erscheinen für diese sinnhaft und bedeutsam. Damit wird ‚Sich-Verhalten-Zu' zu ‚Sich-zu-Sinnhaftem-Verhalten' oder ganz allgemein zum

Konstruieren, Erhalten oder Modifizieren von Sinn- und Bedeutungs-Relationen zu wirklichen oder fiktiven Subjekten oder Objekten transformiert.

Oftmals wird die phänomenologische Analytik für die Beschreibung von Gegebenheiten, Objekten und Sachverhalten als nützlich erachtet, aber nicht für deren wissenschaftliche Erklärung. Für letzteres sei die Analyse der Bedingungen für das Eintreten der Gegebenheit oder des Sachverhalts bzw. für die Existenz des Objekts wichtiger als die reine Deskription. Nun trägt Beschreiben dann nur nichts zum Erklären bei, wenn es zur reinen wissenschaftlichen Deskription abgespeckt wird, mit der lediglich Parameter für die Materialität, Form, Bewegung etc. einer Gegebenheit intersubjektiv beobachtet und als ‚wahr' gemessen werden und dabei jegliche – auch vermeintliche – Interpretation eliminiert wird. Diese soll stattdessen – unmittelbar nach der Deskription – durch eine Kausalanalyse (der experimentellen Bedingungen für das Eintreten dieser Gegebenheit) ersetzt werden. Allerdings bleibt dabei in der Regel unberücksichtigt, dass die Sprache, mit der die beobachtete Gegebenheit beschrieben werden soll, zunächst nicht als – künstliche – Beobachtungssprache, sondern als Umgangssprache in der Sprachengemeinschaft zusammen mit den Mitmenschen hervorgebracht worden ist. Graumann[527] führt hierzu einen treffenden Vergleich an:

> Wenn mir einer den Umgang mit dem neuen Rechner, die Konstruktion einer Luftpumpe oder den Weg zum Bahnhof beschreibt, hat er mir alles erklärt, was ich für mein alltägliches Handeln aber auch für meine alltägliche Neugierde, wie was funktioniert, brauche". Aber wie ist das mit dem ‚Psychischen'? Wenn einer sagt, er habe jetzt Hunger, beschreibt er da, wie ihm zumute ist, oder erklärt er etwas, das deskriptiv ‚Magenkontraktion' o.ä. heißen müsste, oder ist nicht vielmehr die Magenkontraktion eine Erklärung für das, was der Laie ‚Hunger' nennt?

Nach Graumann dient also die Feststellung „Ich hab jetzt Hunger" weder der Beschreibung, noch der Erklärung, sondern der Übermittlung der Intention „Ich möchte jetzt zum Essen gehen", eventuell situationsabhängig gekoppelt an die Frage oder Aufforderung „Willst Du mitkommen?" Der Gesprächspartner wird daraufhin wahrscheinlich diese Intention ‚verstehen', aber auch den Sinn des (unruhigen) Verhaltens seines Gegenübers.

Damit wird deutlich, dass solange man am Sinn eines Verhaltens und damit an dessen prinzipieller Verstehbarkeit interessiert ist – was etwa der Behaviorismus definitiv nicht war (s. 2.8.2.1.4) – und die Analyse des ‚Sich-Verhaltens-Zu-Etwas' in bestimmten lebensweltlichen Situationen als Aufgabe auch der Lebenswissenschaften, wie Biologie und Medizin, mit ihren speziellen Methodologien begreift, wird die scheinbare Dichotomie von Beschreibung und Erklärung durch die intentionale Beschreibung als Erklärung aufgelöst. Allerdings begreifen Naturwissenschaftler die intentionale Beschreibung üblicherweise als ‚Verstehen' und beschränken das ‚Erklären' auf die Kausalanalyse. Selbst wenn man von der – wissenschaftstheoretisch etablierten – Dichotomie zwischen Kausalerklärung und

527 Graumann 1984.

Sinnverständnis ausgeht, ist es reizvoll und lohnend zu analysieren, aus welchen Gründen Menschen in bestimmten Situationen, etwa während der Entwicklung einer chronischen Erkrankung wie T2D, in dieser und keiner anderen Weise agieren, um zu erkennen, dass sich viele – auch pathophysiologische – Probleme durch ein Verstehen der zugrundeliegenden Intentionen der – erkrankenden – Menschen, einschließlich der Beurteilung ihrer Lage und der daraus resultierenden Handlungen, lösen würden.

Zusammenfassend lässt sich festhalten, dass die phänomenologische Analyse der Intention eines Verhaltens und die experimentelle Analyse der Bedingungen für das Zustandekommen dieses Verhaltens miteinander in Einklang gebracht werden können mit dem Ziel eines gesamtwissenschaftliches Erklärens und Verstehens. Trotzdem oder gerade deshalb ist eine Verknüpfung von phänomenologischer intentionaler Beschreibung und Kausalerklärung über naturwissenschaftliche Konstrukte nicht statthaft. Dies ergibt sich schon allein aus der typischerweise sequentiellen Durchführung der experimentellen Analyse vor der phänomenologischen. Dadurch ist umgekehrt erstere als die im Vergleich deutlich eingeschränktere und eingeschränkendere Methode von der letzteren als allgemeinere, mit breiterem und unverstelltem Blickwinkel operierende Methode grundsätzlich ableitbar. Deshalb darf das Prinzip der phänomenologischen Methodik durch die empirisch-experimentelle nachfolgend nicht angetastet werden. Bekanntlich können empirische Verfahren in statistische und experimentelle unterschieden werden, wobei jedoch durchaus keine grundsätzliche Unvereinbarkeit zu konstatieren ist. Denn erstere dienen zur allgemeineren Beschreibung von kontingenten Korrelationen und Assoziationen, letztere zur spezifischen Aufdeckung von Ursache-Wirkungs-Relationen. Kausalität kann auch korrelativen Relationen zugrunde liegen, aber über das statistische Verfahren allein lässt sich diese nicht nachweisen. Aber beide, das empirische und statistische Verfahren, ermöglichen die Aufdeckung von Zusammenhängen, die möglicherweise als Sinn- und Bedeutungszusammenhänge interpretiert, aber als solche eben von beiden empirischen Verfahren nicht eineindeutig aufgelöst werden können.

4.1.5 Das Modell der gesundheitsbezogenen Leitdifferenzen

Das menschliche Denken arbeitet kontinuierlich mit Unterschieden und Gegensätzen, die es im Prozess der Generierung von Erkenntnis dialektisch aufzulösen trachtet. Seit 2500 Jahren ist die überragende Bedeutung der dem westlichen Denken intrinsischen Dialektik von der abendländischen Erkenntnis- und Wissenschaftstheorie immer wieder herausgestellt worden. So sah Heraklit in ihr das Prinzip des Kosmos' als verborgene Einheit von Gegensätzen. Der Anthropologe, Biologe, Philosoph und Systemtheoretiker Gregory Bateson[528] betrachtete

528 Bateson, Gregory: *Geist und Natur. Eine notwendige Einheit.* Suhrkamp: Frankfurt a.M. 1982.

das Verhältnis zwischen wenigstens einem Paar von Objekten, Gegebenheiten, Sachverhalten etc., also eine Unterscheidung oder Differenz zwischen diesen, als den Ursprung aller Erkenntnis und allen Wissens. Objekte, Gegebenheiten, Sachverhalte, Ideen etc., die nicht unterschieden werden können, können eben nicht gedacht werden. Und auch der Soziologe und Systemtheoretiker Niklas Luhmann sah in der sogenannten „Differenzerfahrung" die Voraussetzung für jeglichen Erkenntnisgewinn und formulierte wissenschaftstheoretisch[529] „Differenzerfahrung ist Bedingung der Möglichkeit von Informationsgewinn und Informationsverarbeitung."

Demnach wird Wissen durch Theorien auf Basis von für die jeweilige Theorie kritischen Unterscheidungen, den sogenannten „Leitdifferenzen" produziert. Die der Systemtheorie zugrundeliegende Leitdifferenz könnte in der Unterscheidung zwischen System und Nicht-System oder zwischen System und Umgebung oder Umwelt gesehen werden. Als wohl wichtigste Leitdifferenz für die – westliche – Medizin ist die Unterscheidung „gesund – krank" zu betrachten. Von besonderer Relevanz ist hierbei (i) das Verständnis von Gesundheit und Krankheit (s. 2.1 und 3.1.5.5.1), (ii) das Bewusstwerden der möglichen Interaktionen zwischen gesunden und kranken Menschen untereinander und zwischen Mensch und Umgebung oder Umwelt und (iii) das Einbeziehen der Möglichkeit eines (positiven oder negativen) Einflusses von Ärzten oder Forschern als Beobachter auf den Patienten als Beobachteten.

Innerhalb der Leitdifferenz „gesund – krank" wirken für den medizinischen Teilbereich der Prädiktion und Prävention die Leitdifferenzen „Sein – Werden", „Autonomie – Heteronomie" und „Erklären – Verstehen" (Abb. 10). Die Leitdifferenz „Sein – Werden" steuert das Denken über Mensch und Natur, einschließlich über deren gesunde oder kranke Zustände und beeinflusst damit entscheidend die Entwicklung von Konzepten zur Prädiktion und Prävention. Die Leitdifferenz „Autonomie – Heteronomie" umfasst die Interaktionsmöglichkeiten zwischen Menschen, sowie zwischen Menschen und Umgebung oder Umwelt und steuert damit die Beziehung zwischen dem vorhersagenden Forschungssubjekt (Arzt oder Forscher) und dem „gesund zu erhaltenden" Forschungsobjekt (Patient). Die Leitdifferenz „Erklären – Verstehen" steuert die möglichen methodische Ansätze zur Prädiktion und Prävention. Der philosophische Diskurs dieser Leitdifferenzen hat bereits in der griechischen Antike begonnen, indem damals der geistige Rahmen der Ziele und Methoden der medizinischen Tätigkeit festgelegt wurde, deren Rechtfertigung von der Anwendung und Umsetzung der Leitdifferenzen entscheidend beeinflusst worden ist und wird.

529 Luhmann 1984.

Abb. 10 Der drei-dimensionale Diskursraum der Leitdifferenzen für die Prädiktion und Prävention von Zivilisationskrankheiten mit den möglichen Ausgangs- und Extrempositionen (schwarze Punkte) von Ärzten (A), Naturwissenschaftlern (N), Geisteswissenschaftlern (G) und Patienten (P) zu Beginn des Diskurses und der ,unidirektionalen Bewegung' der Teilnehmer (Pfeile) auf die geometrische „Mitte" hin (grüner Punkt) als „idealisierte" und von allen zu erreichende Zielposition des Diskurses

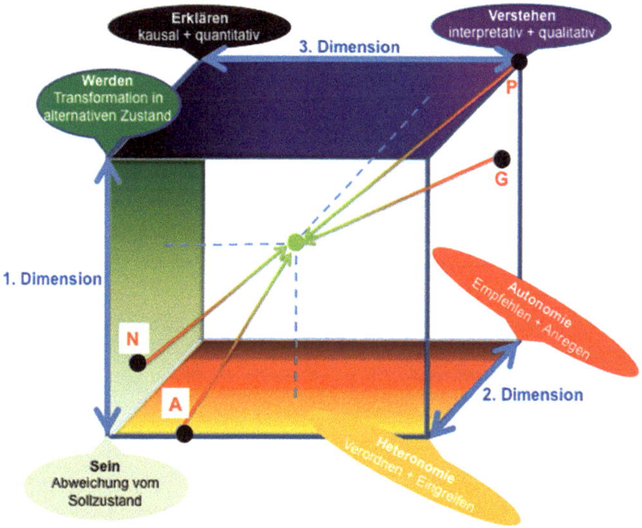

4.1.5.1 *Die Leitdifferenz „Sein – Werden"*

Die Leitdifferenz „Sein – Werden" determiniert das Verständnis von Gesundheit und Krankheit im Allgemeinen und vom Ziel der Prädiktion und Prävention als ,Gesunderhaltung' im Besonderen. Eine Auffassung vom Wesen des Menschen als einer vom Individuum selbst, von seinen Mitmenschen, von seinem Umfeld und den Zeiten unabhängigen, also gewissermaßen ,natur- oder gottgegebenen' Entität sieht in der Gesundheit den einen Ideal- oder Sollzustand, der für alle Menschen gleichermaßen die anzustrebende, zu erhaltende oder wieder herzustellende ,überindividuelle' Daseinsform darstellt. Dagegen interpretiert eine Sichtweise vom Wesen des Menschen als vom Individuum selbst, dem Umfeld und dem jeweiligen Zeitgeist determinierte Entität die Gesundheit als den jeweiligen tatsächlich vorliegenden Zustand eines Individuums, welcher sich kontinuierlich unter dem Einfluss seiner Struktur und seiner Umgebung, einschließlich seiner Mitmenschen, entwickelt und verändert. Je nach Betonung von „Sein" oder „Werden" gilt Krankheit entweder als der vom ontologisch vorgegebenen „Sollzustand" abweichende „Istzustand" oder als die dem aktuellen Stadium entlang des fortschreitenden Lebensprozesses angepasste Lebensform. Je nach Betonung von „Sein" oder „Werden" besteht das Ziel der

Prädiktion und Prävention entweder in der ‚Reparatur', also der Restauration des allgemeingültigen überindividuellen „Sollzustandes" aus dem jeweiligen individuellen „Istzustand" heraus oder in der „Gesunderhaltung", also der ‚Transformation' der einen weniger gesunden oder kranken Lebensform des Individuums in eine andere für das Individuum gesündere oder weniger kranke.

4.1.5.1.1 „Seiendes" Wissen vs. *„werdende" Denkstile*

Das „seiende", also objektive Wissen ist spätestens seit der Postmoderne in Verruf geraten, wurde aber eigentlich bereits in den 30er Jahren des 20. Jahrhunderts durch die epochalen wissenschaftssoziologischen Arbeiten des Ludwik Fleck als sozial konstruiert entlarvt (s. 3.1.3.1). Seine Gedanken postmodern weiterentwickelnd müssen demnach wissenschaftliche Wahrheiten, einschließlich naturwissenschaftlich-biomedizinischer Erkenntnisse, notwendigerweise als das Produkt einer in einem gewissen „Denkstil" ausgebildeten elitären Gemeinschaft von Wissenschaftlern, die sich einem bestimmten „Denkkollektiv" angehörend fühlen, begriffen werden. Diese „Denkkollektive" setzen bestimmte elaborierte exotische und artifizielle Konstruktionen und Technologien (z.B. Mäuse mit bestimmten inaktivierten Genen, die eine völlig unnatürliche, ausschließlich aus Fett bestehende Nahrung bekommen) ein, um damit den Gegenständen oder Sachverhalten zu ermöglichen, sich auf eine Art und Weise zu ‚zeigen', die außerhalb des Labors gar nicht manifest werden würde. Diese wissenschaftlichen ‚Wahrheiten' setzen häufig, vielleicht sogar immer, die Entfernung vom Konkreten, vom Offensichtlichen und unmittelbar im Mesokosmos der Lebenswelt Verankerten und Erkennbaren, also von dem, was man gemeinhin unter „Common Sense" versteht und gleichzeitig die Zuwendung zum Abstrakten, Unverständlichen, nur mittelbar Zugänglichen des Mikro- und Makrokosmos voraus. Nach dieser postmodernen Auffassung ist die Erzeugung wissenschaftlicher Erkenntnis in der Gesellschaft als soziale Konstruktion und Tätigkeit intrinsisch mit den jeweils praktizierten Lebensformen und „Denkstilen" verknüpft. Die „Denkstile" seien wiederum nicht als unveränderliche, sondern in die jeweiligen Lebenswelten aller am Forschungsprozess Beteiligten (Experten und Laien) eingebettet und von diesen unauflösbar abhängig, also als ‚werdende' zu begreifen.

Diese scheinbar Wissenschafts-skeptische (bis in extremer Variante -feindliche) Auffassung auch und gerade gegenüber der modernen biomedizinischen Forschung steht im krassen Widerspruch zu ihrer in den westlichen Industrienationen seit etwa 50 Jahren erfolgenden massiven Förderung durch öffentliche und private Mittel. Diese beruht jedoch – nach Meinung der postmodernen Skeptiker – auf einem Kardinalfehler, nämlich der Überzeugung, dass sich aus einem vermeintlichen – am besten molekularen – Kausalverständnis von biologischen Grundmechanismen ‚automatisch' und von ‚unsichtbarer Hand' geleitet medizinische Fortschritte für die Prädiktion, Prävention und Therapie einstellen würden. Doch würde zunehmend klar, dass die Translation von Resultaten aus dem (prä-)klinischen Laboratorium in die reale medizinische Welt notorisch komplexe und kaum lösbare Schwierigkeiten hervorruft. Als Konsequenz adressieren einige, an Lebenswissenschaften und biomedizinischer Forschung interessierte Bewegungen und wissenschaftspolitisch engagierte Bürgerinitiativen diese Problematik, indem sie das Existenzrecht des Labors und Forschungsbetriebs in seiner gegenwärtigen modernen Konzeption überhaupt in Frage stellen und den aus den Labordaten abgeleiteten und in (Fach-) Zeitschriften (immer häufiger medienwirksam) präsentierten Wahrheitsanspruch bezweifeln. Denn für diese bleibt unklar, durch wen und wonach dieser Wahrheitsanspruch hinsichtlich biomedizinischen Wissens beurteilt werden könnte, sollte und müsste, durch die Forschungssubjekte (Forscher, Ärzte), durch die Forschungsobjekte (Patienten), durch die „Denkkollektive" der Experten oder Laien, nach dem Erfolg der Prädiktion, Prävention und Therapie von Krankheiten anhand der Kriterien der EbM oder der Erfahrungen der Patienten?

Hinsichtlich der Prädiktion und Prävention von T2D werden solche Fragen – auch aufgrund des gesellschaftspolitischen Willens – von diversen Organisationen der Patienten, wie Selbsthilfegruppen, aber auch von Experten, wie den Diabetologen selbst und natürlich von vielen Kritikern innerhalb und außerhalb des Wissenschaftsbetriebs in zunehmender Zahl aufgeworfen. Denn all die molekularen Biomarker, seien es Eiweiße, Lipide, Metabolite oder Gene und Korrelate, seien es puristische Messsignale oder farbenfrohe „Images", die bisher in den Laboratorien der universitären und öffentlichen Forschungsinstitutionen mit Exzellenz-Status oder in den internationalen Pharmakonzernen und BioTech-Unternehmen identifiziert oder generiert worden sind und die nachfolgend in – nach den Regeln der EbM durchgeführten – klinischen Studien und in den Zulassungsverfahren der Gesundheitsbehörden offenbar alle Tests auf Wahrheit erfolgreich belegen konnten, haben bisher im realen Umgang mit T2D in der klinischen Praxis recht enttäuschende Ergebnisse geliefert (s. 2.10.1 und 2.10.3). So versagen sie häufig bei der Diagnose von prä-diabetischen Zuständen in noch Nicht-Erkrankten oder bei der Prädiktion von diabetischen Spätschäden in bereits Erkrankten oder ermöglichen eine zuverlässige Prädiktion von T2D erst unmittelbar vor Ausbruch der Krankheit, also zu einem für präventive Maßnahmen zu späten Zeitpunkt. Die häufigen falsch-negativen Ergebnisse, d.h. das Nicht-Ansprechen der bisher identifizierten molekularen Biomarker und Korrelate, einzeln oder in komplexen Kombinationen gemessen (s. 2.10.1), auf einen bereits initiierten individuellen pathogenetischen Mechanismus, führen zum Nicht-Erkennen der – oft Jahrzehnte währenden – Entwicklung der T2D. Darüberhinaus verursachen sie durch ein ‚In-Sicherheit-Wiegen' der zukünftigen Patienten häufig großen Schaden, der ihren Nutzen bei richtig-positiven Resultaten wett machen oder sogar überwiegen kann.

Für diese offensichtliche Einschränkung bzw. Überschätzung der Potenz der gegenwärtigen molekularen Lebenswissenschaft und forschenden Medizin ist möglicherweise der Ort, wo diese ihr Urteil über Wahrheit sprechen, verantwortlich, nämlich die ‚selige', hermetisch abgeschlossene und extrem vereinfachende Welt des molekularbiologischen und analytischen Experiments in den biochemischen, genetischen, zellbiologischen und klinischen Labors, der gereinigten, separierenden und homogenen Methoden des Prüfverfahrens und der Kalkulation von Korrelationskoeffizienten und Verhältniszahlen in den wissenschaftlichen Publikationen.

4.1.5.1.2 *Experimentelle ‚Seligkeit' vs. lebensweltliches ‚Chaos'*

Den ‚seligen' Orten innerhalb der laborexperimentellen und klinischen Systeme des typischen westlichen Forschungsbetriebs, etwa zur Erforschung der Möglichkeiten für die Prädiktion und Prävention von T2D, steht das reale, chaotische und komplexe Alltagsleben von Diabetes-Patienten mit ihren individuellen Lebens- und Krankengeschichten gegenüber. Die Lebenswelt von Patienten mit erhöhtem Risiko für Zivilisationskrankheiten, wie etwa T2D, ist es, die diese eigentlich gerade von solchen strikt definierten, vereinfachenden und homogenen Versuchsserien ausschließt, auf deren Grundlage die für diese Patienten vorgesehenen prädiktiven Messungen und präventiven Maßnahmen eruiert und validiert werden sollen. Eine ähnliche Diskrepanz wie zwischen experimentellem oder klinischem Labor der Forscher bzw. Ärzte einerseits und der ‚diabetischen' Lebenswelt der Patienten andererseits besteht zwischen der mit dem Anspruch auf mathematische Genauigkeit mit Hilfe innovativer Technologie „vorhergemessenen" Erkrankungswahrscheinlichkeit und dem „vorhererfahrenen" Urteil des Diabetes-Patienten in Bezug auf die Qualität des ihm „vorhergemessenen" Lebens. Eine Verringerung oder gar Elimination dieser apparenten Diskrepanzen würde von den modernen Lebenswissenschaften und der forschenden Biomedizin ein radikale Veränderung ihrer „Denkstile", der sie konstituierenden „Denkkollektive" und der Vorgehensweisen für Wahrheitskonstruktion und Wahrheitsprüfung erfordern.

Möglicherweise hat Ludwik Fleck das Potential zu solchen Veränderungen im demokratischen diskursiven Wettstreit zwischen verschiedenen „Denkstilen", Erkenntnisformen und „Denkkollektiven" erblickt, indem sich die Wissenschaften – von Gefühlen und Mystik vollkommen befreit – der nie vollendeten Arbeit der Gestaltung einer demokratischen und diskursiven Realität widmen können. Fleck war davon überzeugt, dass zwischen Wissenschaft und Demokratie eine wechselseitige Beziehung besteht, indem die Wissenschaft ein Weg zur Demokratie und umgekehrt Demokratie Voraussetzung für die Wissenschaft sei. Obwohl die Bezeichnung „Denkkollektiv" eher im Sinne von Abgeschlossenheit, sowie eines „besonderen Trieb(es) zur entsprechenden Objektivierung geschaffener Denkgebilde"[530] interpretiert werden sollte, so können unter bestimmten sozialen und geschichtlichen Begebenheiten durchzuführende, die Lebenswelt aller Beteiligten (Experten und Laien) einbeziehende, demokratisch-wissenschaftliche Diskurse und Konflikte nur auf einem Fundament der Offenheit des wissenschaftlichen Denkens und der „Denkstile" praktiziert werden.

Der Anspruch auf Objektivität und Wahrheit durch die Naturwissenschaften wird jedoch spätestens mit dem Beginn der Postmoderne in einer Weise und Heftigkeit angegriffen und bezweifelt, die qualitativ und quantitativ weit über die Wissenschaftskritik des Ludwik Fleck hinausgeht. Die alltägliche Praxis der Le-

530 Fleck, Ludwik: „Krise in der Wissenschaft. Zu einer freien und menschlicheren Wissenschaft". In: Werner S. / Zittel C. (Hrsg.): *Denkstile und Tatsachen* (Gesammelte Schriften und Zeugnisse). Suhrkamp: Berlin 2011, S. 472.

benswissenschaften und der biomedizinischen Forschung, im Allgemeinen und der Prädiktion und Prävention von Zivilisationskrankheiten, im Besonderen, ist gezeichnet von Streitigkeiten, Grabenkämpfen und offenen Konflikten, bei denen nicht nur fachspezifische Fragen und Probleme zu lösen wären, sondern die Ausrichtungen, Strategien und Priorisierungen der Forschungsaktivitäten der einzelnen Arbeitsgruppen und Forschungsinstitutionen, einschließlich ihrer Wahrheitsansprüche, in Frage gestellt werden. Natürlich agieren Arbeitsgruppen im Laufe ihrer forschenden Existenz mehr oder weniger ‚betriebsblind' im Sinne der alleinigen Aufmerksamkeit auf ‚ihre' spezielle Krankheit, etwa T2D, sowie hinsichtlich des Anspruchs, die zukünftigen Pfade der entsprechenden Forschungsaktivitäten und der daraus entspringenden Innovationen (möglichst global) zu bestimmen. Aber gerade dieser *quasi* ‚marktwirtschaftliche, westliche' Aspekt der Forschungsaktivität von miteinander konkurrierenden Arbeitsgruppen mag (mit) entscheidend für die Auswahl einer wissenschaftlichen Arbeitshypothese sein. Denn diese ‚entspricht' ja den – im Diskurs von der (idealerweise aus allen Arbeitsgruppen konstituierten) „Scientific Community" festgelegten – Kriterien der Wirklichkeit am besten und darf damit einen Wahrheitsanspruch erheben. Insofern die „Scientific Community" bei der Festlegung der wissenschaftlichen ‚Spielregeln' diskursiv verfährt, besteht die berechtigte Hoffnung, dass der nach diesen Regeln stattfindende Wettbewerb zwischen den Forschergruppen in manchen Fällen zu einer echten intellektuellen Herausforderung für die Mechanismen der Konstruktion und Prüfung von wissenschaftlichen Wahrheiten führen wird, die tiefer geht als die experimentelle Herausforderung, die von der zu klärenden Arbeitshypothese selbst ausgeht. Dabei muss gelten, dass Wahrheitsansprüche, etwa auf die Prädiktion und Prävention von T2D, nicht oder zumindest nicht ausschließlich in der für sich abgeschlossenen Welt des Labors und des – von allen für das Leben außerhalb des Labors so typischen Interferenzen befreiten – experimentellen und klinischen Experiments, etwa im Biomarker oder Korrelate messenden Analytiklabor, entstehen dürfen. Wahrheitsansprüche müssen – wenigstens auch – in der offenen, chaotischen Alltagswelt der Forschungsobjekte und -subjekte selbst identifiziert werden. Dies erfordert auch die Analyse, Beschreibung und Interpretation der persönlichen Empfindungen, Wahrnehmungen und Erfahrungen der potentiellen Patienten als Forschungsobjekte einschließlich ihrer Deutungen und Sinnzuweisungen in ihrer jeweiligen Lebenswelt und Lebensgeschichte durch die Forscher und Ärzte als Forschungssubjekte. Dieses Vorgehen würde den Forderungen der ‚moderaten' Skeptiker und Kritiker des gegenwärtigen westlichen Forschungsbetriebs und Wissenschaftssystems nach weitgehender Demokratisierung und Emanzipation zwischen Experten und Laien entscheidend entgegenkommen.

Ebenso bleibt zu hoffen, dass sich die der wissenschaftlichen Kompetition und Kommunikation zwischen den Forschergruppen dienenden hybriden Foren mit ihren vielfältigen Themen, wie etwa genetisch modifizierte Organismen, Knockout-Mäuse, Gentherapie, Zivilisationskrankheiten, ethikrelevante Technologien, nicht mehr an die Limitierungen existierender Wissenschaftsstrukturen zu halten haben. Vielmehr müssen jegliche naturwissenschaftliche Wahrheitsansprüche ihre abgeschlossenen Schutzräume verlassen und in den ungeschützten Alltag und die chaotische Lebenswelt der betroffenen Forschungsobjekte einfließen. Ohnehin nutzen bereits jetzt bestimmte Individuen, Gruppen und Organisationen jede Option und Technologie, um das Expertentum auf die Probe und in Frage zu stellen, wo es ihr eigenes Leben betrifft, etwa Diabetologen mit ihrem Anspruch auf Intervention mit dem Lebensstil von Diabetes-Patienten auf Basis – der geringen Vorhersagekraft – der gegenwärtig eingesetzten prädiktiven Methoden. Sie hoffen, damit zur Entwicklung von neuen Formen des Wissens in Kollaboration und Kooperation beizutragen, etwa für die Diabetes-Prädiktion zwischen Diabetologen und potentiellen Diabetes-Patienten.

Für die ,harten' Skeptiker und Kritiker mit ihrem tiefgehenden bis feindseligen ,In-Frage-Stellen' der herkömmlichen wissenschaftlichen Vorgehensweise und Autorität sind alle konventionellen Differenzierungen zwischen theoretischer und praktischer Wissenschaft ohnehin ebenso obsolet wie die das Denken der westlichen Welt so lange bestimmenden Dichotomien und Separationen, etwa wissenschaftliche Tatsache *vs.* moralischer Wert, Wahrheit *vs.* Macht, Experten *vs.* Laien. In letzter Konsequenz sprechen sie der westlichen Wissenschaft als durch Laborforschung konstruiertes, durch Peer-Review, Fachzeitschriftenartikel, Kongressvorträge, Preisverleihungen, Berufungen und andere Kampfmittel standardisiertes und sanktioniertes System zur Durchsetzung von Wahrheitsansprüchen jegliche Befähigung und Berechtigung zur Abschätzung der Konsequenzen ab, die dieses System in der realen Lebenswelt der Forschungsobjekte und –subjekte aktuell hervorbringt oder künftig hervorbringen könnte. Wenn überhaupt, dann könne das westliche Wissenschaftssystem demnach für sich Gültigkeit nur in seinen eigenen abgeschlossenen Schutzräumen beanspruchen. Demnach verfolgten Laborexperimente, etwa die quantitativ-numerische Messung von molekularen Biomarkern oder Korrelaten im Blut von Diabetes-Patienten – auch wenn sie Darüberhinausgehendes, oft Ethisches zu beanspruchen versuchen – jeweils bestimmte Formen von (Wissenschafts- oder Wirtschaft-)Politik mit anderen Mitteln. So lasse sich in der laborexperimentellen oder klinischen Prädiktion von Zivilisationskrankheiten, wie T2D, das Ziel eines „Healthism" in Bezug auf Lebensstil-Intervention und – vermeintlicher – Prävention verorten, mit dahinter verborgener ökonomischer Motivation. Diese Schlussfolgerungen der ,harten' Wissenschaftsskeptiker der Postmoderne gehen vermutlich deutlich über das hinaus, was sich Ludwik Fleck als Reaktion auf seine Analyse und Kritik der lebenswissenschaftlichen und biomedizinischen Forschung der ersten Hälfte des 20. Jahrhunderts wohl erträumt hätte.

4.1.5.2 Die Leitdifferenz „Autonomie - Heteronomie"

Die Leitdifferenz „Autonomie – Heteronomie", also die prinzipiellen Möglichkeiten des Menschen, mit seiner Umgebung, einschließlich seiner Mitmenschen, entweder aus sich heraus ohne entscheidende externe Beeinflussung oder in zwingender Abhängigkeit von individuell nicht kontrollierbaren Einflussgrößen zu interagieren, determiniert die Wahl der Methoden für die „Reparatur" oder „Gesunderhaltung."

Bei autonomer Auffassung des Kranken wird die Prädiktion und Genese einer Zivilisationskrankheit weder vom Beobachteten (Patienten) noch vom Beobachter (Arzt oder Forscher) beeinflusst, und die Prozesse der „Reparatur" oder „Gesunderhaltung" können lediglich begleitet oder im günstigsten Fall verbessert werden. Ein heterogenes Verständnis des Patienten als einen auf die Unterstützung und Steuerung durch Mitmenschen angewiesenen, bringt unweigerlich die Forderung nach Durchführung und Überwachung der Prädiktion, sowie der präventiven und therapeutischen Maßnahmen durch die Beobachter (Ärzte und Forscher) mit sich, zusätzlich zu eventuellen Aktivitäten des Beobachteten (Patienten). Dabei ist nachdrücklich die Möglichkeit zu berücksichtigen, dass die Tätigkeiten der Prädiktion und Prävention, also das Beobachten durch den Arzt oder Forscher bzw. durch den Patienten, selbst einen Einfluss auf die Entwicklung einer Zivilisationskrankheit im Beobachteten ausüben kann. Der Beobachter (Arzt und Forscher) agiert also entweder als ‚bescheidener', lediglich unterstützender, ‚passiver' Helfer und „gesunderhaltender" Begleiter für das (rechtzeitige) Bewusstmachen der Gefahr einer Erkrankung und während ihrer Genese bzw. Therapie oder als ‚aktiver' zur „Reparatur" und zum „Healthism" befähigter, befugter oder gar verpflichteter ‚Diktator' und somit ‚Bewirker' von Gesundheit *vs.* Krankheit. Der Gebrauch der Differenz zwischen „autonom" und „heteronom" entscheidet also über die Beziehung des Beobachters und Arztes oder Forschers als Mitmensch zum beobachteten Patienten und damit über dessen Haltung zu seiner Krankheit, einschließlich ihrer Prädiktivität und erkennbaren Genese, sowie zu möglichen präventiven Maßnahmen. Dabei kann der Arzt oder Forscher entweder als ein gleichberechtigter Kooperationspartner des Patienten die „Gesunderhaltung" ‚demokratisch' beraten, vorschlagen, diskutieren und begleiten oder als hierarchisch übergeordneter ‚Besserwisser' lehren und instruieren und – notfalls auch ohne Zustimmung des Patienten – die Prozesse der „Reparatur" initiieren, beeinflussen und kontrollieren.

4.1.5.2.1 Autonomes Messen vs. *heteronomes Erfahren*

In der zweiten Hälfte des 20. Jahrhunderts entstand in der westlichen Welt auf der Basis eines materialistischen Fortschrittsbegriffs und eines primitiven linearen Geschichtsdenkens eine Vorstellung vom ‚Ich', welches sich von Körperlichkeit, Gefühlen und letztlich von der Natur zu separieren versuchte. Diese sogenannte „Europäische Dissoziation" führte letztlich zu einer Verhärtung des Paradigmas von der Innovation. Umgekehrt besteht der Verdacht, dass der Einsatz technologischer Innovationen in den molekularen Lebenswissenschaften und in der quantitativen EbM die „Europäische Dissoziation" weiter verstärkt hat. Bild-gebende Technologien, etwa für die Prädiktion und Diagnose von Zivilisationskrankheiten und der Einsatz des Computers einschließlich hochkomplexer Software zur Auswertung und Interpretation von ‚farbigen' Abbildern unserer körperlichen und geistigen ‚Realität' verhärten die Separation des ‚Ich' und ‚Selbst' von der Natur, vom Körper, von den Gefühlen und vom Unbewussten. Und tatsächlich gibt es – nicht nur neurobiologische – Stimmen, die annehmen oder zumindest hoffen, dass der Computer in nicht allzu ferner Zukunft den Arzt und Forscher, auch hinsichtlich der Prädiktion und Prävention von Krankheiten, ersetzen und sie hinsichtlich Vorhersagegenauigkeit sogar übertreffen wird. Dies sind beeindruckende und bedrückende Beispiele eines ‚Ich-Verlusts' unter naturwissenschaftlich denkenden Forschern, Medizinern und Patienten, kurzum von modernen westlichen Menschen.

Spätestens hier könnte man die Geisteswissenschaften als Mittel für eine Gegenidentifikation in Betracht ziehen. Allerdings wird dann eine bestimmte Vorstellung vom geisteswissenschaftlichen Forscher genährt, nämlich die des von der Gesellschaft unverstandenen und ausgegrenzten Einzelgängers, der mit sich und der Welt uneins ist. Eine solches Bild vom Philosophen korrespondiert mit der in der Gesellschaft weit verbreiteten Vorstellung vom sich abgrenzenden und sich selbst inszenierenden ‚Ich', das seine Autonomie zu Lasten der Verbundenheit mit den Mitmenschen und der Natur zu etablieren versucht. Dabei geht es nicht um eine Bewertung oder ein ‚Ausspielen' von Individualismus *vs.* Kollektivismus mit dem Ziel einer Verschmelzung des Individuums mit dem Kollektiv, sondern vielmehr um ein Verständnis der Unterschiede zwischen den beiden grundlegenden Konzepten der „Ich-Konstitution." Beide rütteln nicht an der Wertschätzung des Individuums, aber lassen sich diskriminieren gemäß (i) des essentialistischen Konzepts der Betonung der Autonomie des ‚Ich' mit dem Versuch einer Abgrenzung vom Mitmenschen, um eben in Abgrenzung die Individualität als ganz eigenen individuellen ‚Kern' aufzufinden und (ii) des relationalen Konzepts der Individualität in Verbundenheit, das sowohl die Autonomie des ‚Ich', wie auch stets seine Heteronomie, also die Verbundenheit mit und Abhängigkeit von den Mitmenschen, der Natur und dem Kosmos verfolgt.

4.1.5.2.2 Revolution vs. *Tradition*

Naturwissenschaftler als typische Vertreter des reinen essentialistischen Autonomiekonzepts verstehen als Innovation das ‚Noch-nicht-Dagewesene' und ‚Revolutionäre', um sich damit von Traditionen und um die gleichen Ressourcen kompetierenden Forschern abzugrenzen. Dies ist allerdings mit den Gefahren des Rückzugs in immer enger werdende technologische Nischen und der gedanklichen Einschnürung verbunden. Geisteswissenschaftler werden unter Berufung auf das Verbundenheit berücksichtigende ‚Ich-Konzept' der Heteronomie Innovation mehr unter dem Aspekt der Integration beurteilen. Diese muss folglich nach außen weder spektakulär noch provozierend erscheinen, sollte dafür aber eine große Vielfalt an inneren Beziehungen generieren und in steter Wechselbeziehung mit den Traditionen wachsen und diese ‚evolutionär' transformieren.

Die ‚Eindimensionalität' zugunsten des sich abgrenzenden autonomen ‚Ich' ist tief im europäischen Denken verwurzelt. Das ‚Ich', das sich seit Rene Descartes über die letzten Jahrhunderte seiner selbst durch „cogito, ergo sum" vergewissert hatte, scheint vergessen zu haben, welch großen Anteil an seiner Entwicklung es den Mitmenschen verdankt, um letztlich so etwas denken zu können. Die Tradition des cartesianischen solipsistischen Ansatzes ging mit guten, wie schlechten Konsequenzen für die Natur- und Geisteswissenschaften einher, etwa in der Gegenwart, wenn wissenschaftliche und künstlerische Innovationen nur noch auf der materiell-technologischen Ebene für interessant gehalten und nur bei möglichst provokativer Präsentation und Inszenierung als solche wahrgenommen werden.

Viele nicht ausschließlich naturwissenschaftlich Denkende erleben das isolierte, vom Mitmenschen, von der Natur und vom Kosmos separierte ‚Ich' als ein „*verlorenes Ich*" – so der Titel eines Gedichts des Literaten und Arztes Gottfried Benn[531]: „Die Welt zerdacht. Und Raum und Zeiten/ und was die Menschheit wob und wog,/ Funktion nur von Unendlichkeiten,/ die Mythe log." Aber nicht nur unter dem Einfluss von Religion und Philosophie des fernen Ostens, auch aus dem westlichen Denken selbst heraus entstanden und entstehen weiterhin Auffassungen als Alternativen oder Ergänzungen zu dem von Benn kritisierten autonomen Messen in Raum und Zeit. So zeigen etwa die antiken Mysterien, die christliche Mystik, der „Kosmotheismus" des 18. Jahrhunderts, die Naturphilosophie der Romantik, die Lebensphilosophie des beginnenden 20. Jahrhunderts (s. Abb. 1 unten in 2.8.1) oder der Existentialismus und die Postmoderne der zweiten Hälfte des 20. Jahrhunderts, dass die westliche Welt das Bewusstsein und alle erforderlichen Ressourcen zur Korrektur der „Europäischen Dissoziation", der ‚Eindimensionalität' und des ‚autonomen' Denkens aus eigenen Kräften besitzt. Deshalb erscheint die Hoffnung nicht unbegründet, dass in naher Zukunft neue naturwissenschaftliche Technologien und geisteswissenschaftliche Vorgehensweisen entdeckt und entwickelt werden, die in anderer Weise als bisher Brücken zum Denken zwischen Natur- und Geisteswissenschaften bauen.

Für ein Gelingen darf eine derartige Vision nichts ausgrenzen. Dabei wird die Naturwissenschaft als Denkstil des kausalen Erklärens ihre Gültigkeit als Spezialfall des gesamten menschlichen Denkens behalten, so wie etwa die klassische Mechanik als Spezialgebiet innerhalb der gesamten Physik. Was jedoch für die weitere Entwicklung des Denkens keinen Sinn macht, sind exklusive Systeme mit dem Ziel, alles zu verhindern und unmöglich zu machen, was nicht ihren augenblicklichen autonomen, eindimensionalen und dissoziativen Zwecken dient. Gerade für die Prädiktion und Prävention von Zivilisationskrankheiten, wie T2D, sollten nicht-exklusive Systeme von besonderem Wert sein, die eine Integration von naturwissenschaftlichen Technologien für den numerisch-messbaren und quantitativen Nachweis von systemischen Biomarkern (z.B. Molekülen, Signalen) und neuronalen Korrelaten (z.B. Images) im Forschungsobjekt Patient und von geisteswissenschaftlichen Verfahren für die narrativ-beschreibbare und qualitative Analyse und Interpretation von persönlichen Wahrnehmungen, Erfahrungen, Deutungen und Sinnzuweisungen des Patienten durch das Forschungssubjekt Forscher und Arzt nicht nur ermöglichen, sondern mit hoher Effizienz katalysieren.

---

531 Benn, Gottfried: "Verlorenes Ich". In: *Sämtliche Gedichte I.* (Bd. 1). Klett-Cotta: Stuttgart 1956.

4.1.5.3 Die Leitdifferenz „Erklären – Verstehen"

Die Leitdifferenz „Erklären – Verstehen" steuert ebenfalls die Wahl der Methoden für „Reparatur" oder „Gesunderhaltung." Beim Erklären werden typischerweise Aussagen oder Tatsachen in einen umfassenden – den Gesetzen der Logik und Regeln der Rationalität folgenden – Zusammenhang mit anderen Sachverhalten, Gesetzmäßigkeiten oder Theorien eingeordnet, deren Geltung vorausgesetzt wird. Das Ziel der Naturwissenschaften besteht gerade darin, das zu Erklärende einem Ursache-Wirkungszusammenhang zuzuordnen und für das Beobachtete einen kausalen Wirkmechanismus auszumachen. Wilhelm Dilthey stellte die Erklärung der Naturwissenschaften dem Verstehen als Erkennen des Sinns von etwas als die Methode der Geisteswissenschaften gegenüber (s. 4.1.3 und 4.1.4.1). Ihm zufolge gibt es in der Natur keinen Sinn und deshalb für die Naturwissenschaften auch nichts zu verstehen (Dilthey 1924). Dabei kann sich das Verstehen auf das Erfassen von Zusammenhängen und Bedeutungen, sowie auf das Nachvollziehen mentaler Zustände beziehen, das die subjektive Verfasstheit des interpretierenden Denkers immer mitzudenken hat. Insofern beinhaltet der hermeneutische Akt des Verstehens ein ‚Nacherleben' der Erlebniswelten anderer Mitmenschen. Damit wird das Erlebte zur Grundlage des Bewusstseins erhoben und das (Alltags-)Leben selbst als schöpferischer Prozess aufgefasst. Ein (Lebe-)Wesen hat Bewusstsein, wenn es subjektive Erfahrungen hat – wenn es die Welt ‚irgendwie' erlebt, was immer man darunter verstehen mag.

So rückte die Lebensphilosophie Ende des 19. / Anfang des 20. Jahrhunderts die Kategorie des Lebens bzw. des Erlebens in den Mittelpunkt und betonte als Gegenpol zur Methode der analytischen – also ‚zerlegenden' – Naturwissenschaft die dynamische Einheit des Bewusstseins und den alle Lebensphänomene begleitenden, von Henri Bergson so genannten „elan vital"[532] (s. Abb. 1 unten in 2.8.1). Erfahrungen, Erleben oder ein „elan vital" spielen in der Prädiktion und Prävention von Zivilisationskrankheiten in der modernen Medizin der Gegenwart keine Rolle. Diese verfährt vielmehr analytisch mit Hilfe der quantitativen Bestimmung von molekularen Biomarkern und Korrelaten (s. 2.10.1), d.h. von konkreten Biomolekülen oder von diesen über einen Kausalmechanismus generierte Signalen oder Signaturen, deren verstärktes oder vermindertes Auftreten im Patienten mit der Erkrankungswahrscheinlichkeit bzw. mit der Krankheit assoziiert ist. Prädiktion befindet sich damit im festen Griff der modernen Lebenswissenschaften und Biomedizin mit all ihren kausal-mechanistischen und quantitativen Erklärungen. Der Lebensphilosophie des ausgehenden 19. und beginnenden 20. Jahrhunderts wäre dies ein Graus gewesen. Für diese lässt sich das Leben nicht durch Technik, Wissenschaft, rein mechanistische, kalt kalkulierende oder bloß rationale Erklärungen „vorhermessen" und vor Krankheit schützen. Für die Lebensphilosophie sollte das – gesunde oder kranke –

532 Bergson, Henri: *Materie und Gedächtnis. Eine Abhandlung über die Beziehung zwischen Körper und Geist.* Felix Meiner: Hamburg 1991.

Leben selbst, nicht die Wissenschaft den Takt seiner Weiterentwicklung vorgeben. Demnach müsse das Leben aus den einschränkenden Auffassungen und Tätigkeiten der modernen Biomedizin und Lebenswissenschaften befreit werden, um es in seiner Dynamik, Flexibilität, schöpferischen Kraft und Anpassungsfähigkeit entlang seiner zukünftigen Entwicklung und Manifestation zu entdecken, die sich jeglichem quantitativ messbaren Zugriff und jeglicher kausalen Erklärung entzögen. Somit bedürfe es zur Beobachtung, Beschreibung und Prädiktion von Lebenszuständen keiner komplizierten Versuchsaufbauten und keiner davon abgeleiteten elaborierten Theorien über „reizbare Körpermaschinen" oder „programmierbare Gehirncomputer." Was lebt, habe Zugang zum – gesunden und kranken – Leben und nehme an ihm teil, indem es das Leben spüre und fühle – ohne Zuhilfenahme von Messinstrumenten oder Experimenten. Für Lebensphilosophen ist das Gehirn, wie der Körper bestenfalls ein Teil des Lebens, mache nicht dessen Zentrum aus. So beschrieb Wilhelm Dilthey[533] das Leben als „das von innen Bekannte; es ist dasjenige, hinter welches nicht zurückgegangen werden kann."

Diese Auffassung der Lebensphilosophie von der Möglichkeit der Prädiktion und Erhaltung von Lebenszuständen ist damit denkbar weit vom biomedizinisch-lebenswissenschaftlichen Paradigma der Gegenwart entfernt. Und es wird auch deutlich, warum der Lebensphilosophie immer wieder Irrationalität vorgeworfen worden ist. Werden Verstand, Vernunft und Geist zu bloßen Werkzeugen des Lebens degradiert, die zu nicht mehr fähig sind, als zu ‚dienen', dann gilt es, dem Lebendigen möglichst flexibel zu folgen und sich darauf möglichst vorurteilsfrei einzulassen, um es bloß nicht mit quantitativ-numerischen, kausal-mechanistischen Daten über Biomoleküle und physiologische Korrelate zu durchmischen und zu verfremden. Denn was der Zustand des Lebens ist – ob gesund oder krank – *ist* nicht einfach nur gesund oder krank, es *wird* gesund und vergeht oder *wird* krank und vergeht. Krankheit hat also ihre Zeit der Genese und ist in diesem Sinn vorhersehbar, aber hat ebenso ihre Zeit des Vergehens und ist in diesem Sinn abwendbar.

Wenn gemäß der Lebensphilosophie der Vernunft überhaupt noch eine Aufgabe zukommt, dann besteht diese genau darin, diese Zeitlichkeit der Lebenszustände und ihrer Übergänge von Gesundheit in Krankheit und umgekehrt zu erspüren, die eben nicht den Vorgaben einer objektiv und quantitativ-numerisch messbaren Beschreibung und der daraus abgeleiteten mechanistischen Erklärung gehorchen. Dieses Zeit- und Lebensverständnis wurde von dem Geschichtsphilosophen Oswald Spengler in seinem Hauptwerk „Der Untergang des Abendlandes" mit folgenden Worten auf den Punkt gebracht[534]: „Das Werden hat keine Zahl....(Nur) „Lebloses könne gezählt, gemessen, zerlegt werden. Das reine Werden, das Leben ist in diesem Sinne grenzenlos. Es liegt jenseits des Bereichs von Ursache und Wirkung, Gesetz und Maß." Oswald Spengler rät den Natur- wie den Geisteswissenschaften daher

533 Dilthey 1924.
534 Spengler, Oswald: *Der Untergang des Abendlandes. Umrisse einer Morphologie der Weltgeschichte.* Beck: München 1918 / 1998.

die Umsetzung von historischer Physiognomik und seherischer Tiefenschau. Dies erfordert nach Spengler allerdings das gleichzeitige Verfügen des Wissenschaftlers über eine fühlend-instinkthafte *„Kraft des Schauens“*, die nicht kalkuliert oder ableitet, sondern im Einzelnen, etwa im frühen Auftreten einer Abnormalität oder eines ersten Symptoms einer Krankheit, das Ganze, also die Entwicklung einer Krankheit in all ihren Aspekten, in seiner schicksalhaften Zufälligkeit erfasst und dadurch der vollständigen Beschreibung und Prädiktion zuführt.

Zusammenfassend erfasst die Leitdifferenz „Erklären – Verstehen“ hinsichtlich Prädiktion von Krankheit einerseits den zu erklärenden Unterschied zwischen physikalischen, quantitativen und messbaren Korrelaten des gesunden oder kranken Lebenszustandes bis hin zu kausal-mechanistischen molekularbiologischen Theorien und andererseits den zu verstehenden Unterschied zwischen persönlichen Erfahrungen und bewussten Wahrnehmungen des mehr oder weniger gesunden oder kranken Lebenszustandes.

4.1.5.3.1 Erklärendes „Vorhermessen“ vs. *verstehendes „Vorhererfahren“*

Für die molekularen Lebenswissenschaften und biomedizinische Forschung liegt ein spezieller epistemologischer Umstand vor, der in gewisser Hinsicht mit dem in den Geschichts- und Sozialwissenschaften verglichen werden kann. Dies wird besonders offenkundig, wenn der Mensch als Forschungsobjekt und –subjekt auf beiden Seiten der wissenschaftlichen Relation beteiligt ist. Als Organismus kann er im biomedizinischen Experiment auf der Seite des mit invasiven Methoden Beobachteten oder Untersuchten stehen. Damit wurde der Mensch – seit seiner evolutionären Einbindung in die Kette der Lebewesen – hinsichtlich seiner Struktur und seiner Organisation, seines stofflichen Inhalts und seiner Gestalt, seiner Funktion und seiner Intention zum Objekt der Forschung. Als aktiv die wissenschaftliche Forschung durchführender ist der Mensch jedoch zugleich immer auch der Beobachtende, Untersuchende, Erlebende und Mitfühlende während des Prozesses der Forschung, also schlichtweg das Forschungssubjekt.

Die Durchführung von Experimenten darf also nicht mehr nur als passive Beobachtung, sondern muss vielmehr als aktive leibliche Tätigkeit oder instrumentell vermittelter Vollzug begriffen werden. Im krassen Gegensatz zur antiken und traditionellen Vorstellung von Naturwissenschaft als kontemplativer Akt des ‚Schauens‘ setzen die modernen molekularen Lebenswissenschaften fast ausschließlich auf praktische Aktivitäten im Labor oder in klinischen Untersuchungen, etwa auf die Messung von molekularen Biomarkern und Korrelaten im Blut zur Prädiktion der Erkrankungswahrscheinlichkeit für T2D. Molekular- und zellbiologische Forschung kann somit für die österreichische Wissenschaftssoziologin und –theoretikerin Karin Knorr Cetina als eine in Raum und Zeit ablaufende, bestimmte Technologien einsetzende, praktische Tätigkeit der Forschungssubjekte mit einem bestimmten konkreten Ziel aufgefasst werden[535]. Daraus folge als unmittelbare Konsequenz, dass die körperlich-leibliche Dimension des Beobachters nicht mehr aus dem Forschungsprozess selbst herausgehalten werden kann. Die mit der westlichen Wissenschaftsauffassung der Neuzeit konforme Interpretation der Position des Beobachters als eine ideale, neutrale, distanzierte, weltexterne und letztlich körperlose sei zugunsten der Position eines leiblich in einer (Labor-)Umwelt eingeschlossenen Akteurs aufzugeben. Schon John Dewey argumentierte für ein modernes Konzept der Naturwissenschaft, bei dem das passive, technisch-instrumentell unterstützte Beobachten notwendigerweise mit einem Konzept der aktiven Teilnahme des Beobachters und des Beobachteten zu fusionieren sei[536]. Demnach müsse die klassische „Zuschauertheorie" der Erkenntnis durch die sogenannte „Mitspielertheorie" ersetzt werden.

In einer solchen „Mitspielertheorie" kommt es bei ihrer Übertragung auf die molekularen Lebenswissenschaften und die biomedizinische Forschung nicht nur auf die leibliche Konstitution der Wissenschaftler an, sondern auch auf die des Forschungsobjekts. Selbst für den Fall des molekularbiologischen Experimentallabors, das etwa mit der ‚harten' Messung von molekularen Biomarkern und Korrelaten im Blut von potentiellen Diabetes-Patienten befasst ist, muss mit Nachdruck auf die Rolle der Erfahrungsmöglichkeiten durch den Leib des Forschers, etwa des Analytikers, hingewiesen werden[537]. Die prinzipiell doppelte Aspektivität lebendiger Systeme hat als einer der ersten der phänomenologische Philosoph, philosophische Anthropologe und Heidegger-Schüler Helmuth Plessner erkannt. In seinen „Stufen des Organischen und der Mensch"[538] stützte er sich hierfür besonders auf die Sonderrolle des menschlichen Leibes. In der Regel wird aber die Berücksichtigung genuin leiblicher Qualitäten in den Lebenswissenschaften als eine nicht akzeptable und realisierbare Forderung abgelehnt. Wissenschaftstheoretisch lässt sich dies mit der Einnahme eines Standpunkts der molekularen Lebenswissenschaften an der Außenperspektive und in der Außenwelt des beobachtenden Forschers erklären. Hingegen zeigt das berühmte phänomenologische Experiment Edmund Husserls mit den beiden sich gegenseitig untersuchenden Händen, dass die besondere Erfahrungssphäre des Leibes dort beginnt, wo der mit naturwissenschaftlichen Methoden mess- und quantifizierbare Beobachtungsraum endet. Neben den typischen Quantitäten eines physikalisch-physischen Gegenstands in Raum und Zeit würden bei der Transition zum Leib die spezifischen Empfindungs-, Wahrnehmungs- und Erlebnisqualitäten des Leibes relevant[539]. Die modernen Naturwissenschaften im

535 Knorr Cetina, Karin: *Wissenskulturen. Ein Vergleich naturwissenschaftlicher Wissensformen.* Suhrkamp: Frankfurt a.M. 2002, S. 45–78.

536 Dewey, John: *Erfahrung und Natur.* Suhrkamp: Frankfurt a.M. 1915 / 1995, S. 325–349.

537 Knorr Cetina 2002, S. 138–141.

538 Plessner Helmuth 2003.

539 Husserl, Edmund: *Arbeit an den Phänomenen. Ausgewählte Schriften.* S. Fischer: Frankfurt a.M. 1993, S. 150–223.

Allgemeinen und die modernen molekularen Lebenswissenschaften im Besonderen lassen sich in dieser Hinsicht durch die systematische Ausklammerung des Leibes, vor allem des Leibes des beobachtenden naturwissenschaftlichen Forschers und Arztes charakterisieren[540]. Dies trifft auch für die Prädiktion von T2D zu mit dem Nachweis von bestimmten Biomolekülen oder Korrelaten im Blut oder in anderen ‚separierten, gereinigten und auf Distanz gehaltenen' Organen des beobachteten potentiellen Diabetes-Patienten ohne jegliche Berücksichtigung von dessen Leib oder des Leibes des analysierenden Wissenschaftlers.

4.1.5.3.2 Distanz vs. *Nähe*

Die Kontroverse über die Aussagekraft von Labor- oder klinischen Versuchen an (Teilsystemen von) Lebewesen ist durch die kognitive Neurobiologie zu neuer Aufmerksamkeit gelangt. Interessanterweise unterscheiden sich die traditionellen psychophysischen Ansätze der Antike bis zum Mittelalter vom typischen naturwissenschaftlichen Laborversuch der Neuzeit und Moderne darin, dass bei ersteren die Introspektion – also die Selbstbeobachtung – als die entscheidende Komponente in das experimentelle Vorgehen integriert war[541]. Damit wurde nicht nur das Phänomen des individuellen Bewusstseins als Forschungsobjekt eingeführt, sondern es wurde eine neuartige Relation zwischen Forschungssubjekt und Forschungsobjekt, Beobachter und Beobachtetem, jenseits aller Distanz und jeden Abstandnehmens zwischen diesen als Selbstbeziehung etabliert[542]. In analoger Hinsicht trifft dies auch zu für die interpersonalen Relationen bei der Untersuchung der Erfahrungen und Bedeutungszuweisungen von Mitmenschen in besonderen Situationen, etwa bei der Entwicklung von chronischen (Zivilisations)Krankheiten, mit Hilfe der Methoden der „IPA" (s. 3.2.3.2) oder der „PLA" (s. 3.2.2.2). Im Gegensatz hierzu lässt die neuzeitliche bis moderne experimentelle und molekulare Neurobiologie bewusst alle introspektionistischen Elemente unberücksichtigt[543]. Für diese sind nur mess- und quantifizierbare, auf Raum und Zeit limitierte Ereignisse relevant. Zwar versucht die kognitive Neurobiologie immerhin, die interne Repräsentation mentaler Ereignisse zu erfassen. Aber für dieses Anliegen wird – zumindest offiziell – der Nutzen der Introspektion immer noch negiert. Dennoch sieht sich die kognitive Neurobiologie mittlerweile gezwungen, die Resultate der inneren Erfahrung und der Selbstdeutung der Probanden als ihre Forschungsobjekte in ihre Methodologie einzubauen. In dieser Hinsicht ist die kognitive Neurobiologie weiter fortgeschritten als die gegen-

540 Kutschmann, Werner: *Der Naturwissenschaftler und sein Körper.* Suhrkamp: Frankfurt a.M. 1986.

541 Ziche, Paul: *Introspektion. Texte zur Selbstwahrnehmung des Ich.* Springer: Wien / New York 1999.

542 Köchy, Kristian: „Was kann die Neurobiologie nicht wissen?". In: Köchy K. / Stederoth D. (Hrsg.): *Willensfreiheit als interdisziplinäres Problem.* Karl Alber: Freiburg 2006a, S. 145–164.

543 Köchy 2006b.

wärtige molekulare und klinische Diabetologie in ihrem methodischen Vorgehen zur Prädiktion und Prävention von T2D.

Ein hervorragendes Beispiel für die aus dem Einsatz von kognitiv-neurobiologischen Methoden resultierenden Konsequenzen stellt der Versuch der Messung von neuronalen Korrelaten für ‚Aufmerksamkeit' dar[544]. Demnach ist die bisherige Auffassung, dass nur objektive und quantitativ-numerische experimentelle Messverfahren zur Validierung von subjektiven Aussagen über „Aufmerksamkeit" geeignet sind, als ein durch den positivistischen Behaviorismus (s. 2.8.2.1.4) bedingter Fehlschluss zurückzuweisen. Denn ganz im Gegenteil sei subjektive Evidenz in Form von Aussagen und Beschreibungen der Probanden über ihr inneres Erleben und Erfahren unerlässlich, um eine Entscheidungsmöglichkeit darüber zu erhalten, welche quantitative Messung im Labor tatsächlich einen objektiven Parameter für „Aufmerksamkeit" liefert. In diesem konkreten Fall stellte die Introspektion – die „introspective evidence" – in Form von verbalen Protokollen der Probanden und den daraus abgeleiteten schriftlichen Transkripten, wie sie etwa auch bei der „IPA" oder der „PLA" Anwendung findet (s. 3.2.3.2.2 und 3.2.3.2), nicht nur eine Methode unter vielen anderen neurobiologischen Verfahren dar. Sie diente darüberhinaus der Validierung von allen folgenden experimentellen Strategien und der daraus hervorgegangenen Ergebnisse und Interpretationen, ja stellte eine Voraussetzung hierfür dar[545]. Auf diese Weise kann die Introspektion nicht nur zur Bildung, sondern auch entscheidend zur Prüfung von Arbeitshypothesen, etwa in den Kognitionswissenschaften beitragen[546].

Dieses Verständnis von den Erlebnisqualitäten des Menschen bedeutet für die molekularen Lebenswissenschaften einen theoretischen und praktisch-empirischen Zugang zur lebendigen Welt, nämlich über die spezifischen leiblichen Qualitäten von Organismen. Dieser Zugang hat jedoch nicht nur Konsequenzen für den Beobachter, sondern auch für den Beobachteten. Der Beobachter kann die Art der Relation zum Forschungsobjekt Leben wählen, wodurch er vor allen ‚innerwissenschaftlichen' theoretischen und praktischen Schritten eine methodologische Rahmenentscheidung trifft. Von ihr werden alle nachfolgenden theoretischen und praktischen Strategien und Einstellungen zum Forschungsobjekt ebenso entscheidend beeinflusst wie die Erkenntnisgrenzen des gewählten Ansatzes. Der Beobachtete wiederum unterliegt der bereits erwähnten doppelte Aspektivität darin, dass er im biologischen Laborexperiment oder in der klinischen Studie von sich nicht als von einem passiv allen experimentellen Manipulationen ausgelieferten Forschungsobjekt ausgehen darf. Stattdessen muss er das Operieren eines aktiven und sogar intentionalen Systems in Betracht ziehen. Im experimentellen Laborver-

544 Jack, Anthony / Shallice, Tim: "Introspective physicalism as an approach to the science of consciousness". *Cognition* 79, 2001, S. 161–196.

545 Jack / Shallice 2001.

546 Jack, Anthony / Roepstorff, Andreas: *Trusting the Subject? The Use of Evidence in Cognitive Science* (Vol. 1). Imprint Academic: Exeter 2003.

such oder in der klinischen Studie ist nicht nur das Forschungssubjekt der Akteur gegenüber dem Forschungsobjekt. Biologische Methodologie muss laut Hans Jonas vielmehr die Kooperation mit der Selbsttätigkeit eines aktiven biologischen Systems einbeziehen[547].

Kommt es aus Gründen der quantitativ-numerischen Messbarkeit und Objektivierbarkeit zur Beschränkung oder gar zum Ausschluss der Aktivität und Intentionalität des Forschungsobjekts, dann kann dies zur Erzeugung von physiologisch und medizinisch unbrauchbaren Resultaten führen. Wahrscheinlich lassen sich die recht unbefriedigenden Ergebnisse der Prädiktion und Prävention von T2D mit den modernsten analytischen Messverfahren für molekulare Biomarker, wie Gene, Eiweiße, Lipide und Metabolite im Blut, sowie für Korrelate, wie elektrische Signale und ‚3D-Images' im Gehirn, wenigstens zum Teil darauf zurückführen. Wie bereits erwähnt (s. 2.10.1), erhöhen diese selbst in diversen multiplen Kombinationen kaum die Vorhersagekraft gegenüber traditionellen Biomarkern, wie BMI, Alter, Geschlecht und besitzen mit einer etwa maximal 20 %igen Zunahme bei Diabetes-Patienten[548] gegenüber einer zufälligen Verteilung für die praktische Anwendung und Rechtfertigung einer Lebensstil-Intervention bei potentiellen Diabetes-Patienten schlichtweg eine deutlich zu geringe Verlässlichkeit.

Ein anderes Beispiel für die aktive Rolle des Forschungsobjekts – selbst bei dessen nicht-menschlicher Natur – liefert die Untersuchung des Verhaltens, der Anpassungsfähigkeit und der Wahrnehmungsleistung einer bestimmten Tierart auf eine sich verändernde Umwelt, deren Resultate offensichtlich vom Design der Experimente abhängen. Das Design muss eben einen den Aktivitäten des Forschungsobjekts entsprechenden Handlungsspielraum zulassen. So konnten bei Tauben die hochentwickelten Fähigkeiten zur Verarbeitung visueller Informationen erst nach Aufgabe der traditionellen anthropozentrischen Vorannahme nachgewiesen werden, dass Tauben – als „reizbare Körpermaschinen" – auf bestimmte Umweltreize lediglich zu einfachen mechanischen Reaktionen fähig sind. Erst als die Forscher anstelle einfacher nunmehr komplexe Versuchsaufbauten mit erhöhten Anforderungen an das Verhaltensrepertoire der Tauben einsetzten, wurde die Komplexität und Vielfalt ihres Verhaltens evident. Daraus hat der österreichische Ethologe und Nobelpreisträger Konrad Lorenz für die Methodologie der Verhaltensforschung den Schluss gezogen, dass adäquate Ergebnisse aus ethologischen Experimenten im Labor oder im Freiland nur bei Vorliegen eines wohl ausgewogenen Kompromisses zwischen Annäherung oder Aneignung und Abstandsnahme oder Distanzierung zu erzielen seien[549]. Für Zivilisationskrankheiten, wie T2D, mit ihrer außerordentlich starken Beeinflussbarkeit durch intrinsische und extrinsische Risikofaktoren, wie Prädispositionsgene, Lebensstil und Nahrungsangebot (s. 2.9.3.1.3 und 2.9.3.3.1),

547 Jonas 1973 / 1994.

548 Schulze et al. 2009.

549 Lorenz, Konrad: *Die Naturwissenschaft vom Menschen*. Piper: München / Zürich 1992, S. 306.

folgt hieraus, dass die quantitativ-numerische Bestimmung von molekularen Biomarkern und Korrelaten für die Prädiktion nur unter den folgenden Voraussetzungen zu brauchbaren Resultaten führen kann. (i) Die Messung muss unter den Bedingungen der tatsächlichen Lebenssituation und des durch die Lebenswelt, sowie die Lebensgeschichte bedingten tatsächlichen Verhaltensrepertoires des potentiellen Diabetes-Patienten durchgeführt werden. (ii) Die Messung selbst und die damit möglicherweise verbundenen Vorannahmen zu den kausal-mechanistischen Ursachen für die Pathogenese dürfen keinen wesentlichen Einfluss auf die Lebenswelt des potentiellen Diabetes-Patienten ausüben.

4.1.6 Das Modell des „vorhermessenden" Forschungssubjekts und „vorhererfahrenden" Forschungsobjekts

Da der Mensch nur vom Menschen selbst zum Objekt einer wissenschaftlichen Untersuchung erhoben werden kann, stellt der Mensch nie nur das Objekt, sondern immer auch gleichzeitig das die Forschungstätigkeit über den Menschen durchführende Subjekt dar. Tatsächlich nehmen viele bedeutende neurobiologische Forscher der Gegenwart in Anspruch, den Perspektivenwechsel vom Menschen als Objekt der naturwissenschaftlichen Forschung, etwa bei der Prädiktion von T2D über elektrophysiologische Messung von elektrischen Strömen in seinen Hirnarealen, zum Menschen als forschendes Subjekt, etwa bei der bioinformatischen Auswertung dieser Messdaten, erkannt und adäquat in ihrem methodischen Vorgehen berücksichtigt zu haben. Unter der Parole „das Gehirn erforscht das Gehirn" verstehen diese dann allerdings oftmals fälschlicherweise die bloße Rückbezüglichkeit der Forschungsresultate vom Objekt auf das Subjekt. Aber zum einen kann ein Teil eines Systems, wie es das Gehirn im System Mensch darstellt, auf keinen Fall dieselben Funktionen ausüben, wie das Gesamtsystem Mensch und nur dieses kann forschen, aber eben nicht das – isolierte – Gehirn. Zum anderen bleibt hierbei von den Neurobiologen die bereits von Ludwik Fleck, Thomas S. Kuhn, Paul K. Feyerabend und anderen herausgearbeitete Tatsache unberücksichtigt, dass Wissenschaft nur ‚interpersonal' innerhalb der Gemeinschaft von Experten und Laien funktionieren kann, denn sie muss ganz bestimmte, von dieser Gemeinschaft festgelegte Kriterien und Normen erfüllen. Und Ansprüche auf deren Geltung können von Wissenschaftlern nur an andere Wissenschaftler, von Laien nur an andere Laien gerichtet werden. Und Ansprüche von Menschen können nur von anderen Menschen anerkannt, erfüllt oder abgelehnt werden.

Von einer Umkehr der Perspektive vom Menschen als Forschungsobjekt zum Subjekt der Forschung kann nur aufgrund eines geltenden Symmetrieprinzips, also auf Basis einer Übereinkunft zur gegenseitigen Gleichbehandlung gesprochen werden. Selbstverständlich stellen Symmetrieprinzipien keine naturwissenschaftlichen Tatsachen dar, sondern gesellschaftliche Konventionen. Eine Gleichberechtigung von Patienten als Forschungsobjekte, etwa für die Prädiktion von T2D und Forschern oder Ärzten als Forschungssubjekte, etwa für die Analyse von Blutproben und deren Auswertung und Interpretation, lässt sich also weder erkenntnistheoretisch noch neurobiologisch begründen. Sie könnte aber wegen des Wertes der persönlichen Wahrnehmungen, Erfahrungen, Deutungen und Sinnzuweisungen der Patienten möglicherweise sinnvoll sein. Es bleibt zu klären, ob die Verfechter eines Alleinanspruchs der quantitativ-numerisch messenden Methoden diese Rechtfertigung eines (komplementären) Einsatzes von qualitativ-narrativ erfahrenden Methoden, gegründet auf einer Perspektivenumkehr zwischen Forschungsobjekt und -subjekt akzeptieren würden.

Einer Anwendung qualitativer Methoden in den molekularen Lebenswissenschaften steht weiterhin entgegen, dass die damit hervorgebrachten Ergebnisse zur Einlösung des Anspruchs auf Geltung gewisse Kriterien für (Natur-)Wissenschaftlichkeit zu erfüllen haben. Dazu zählt vor allem die autorenunabhängige, sogenannte „transsubjektive" Hervorbringung von Daten und von damit kompatiblen ‚universellen' Theorien mit Allgemein- oder Gesetzesaussagen. Dieses Kriterium kann gemäß der ‚Natur' der persönlichen Wahrnehmungen, Erfahrungen, Deutungen und Sinnzuweisungen, einschließlich der qualitativen Verfahren zu ihrer Erhebung, etwa durch die „IPA" und „PLA", nur mit mehr oder weniger großen Einschränkungen erfüllt werden.

Alle Methoden, quantitativ-numerische wie auch qualitativ-narrative, haben einen wissenschaftlichen Wert, der vom untersuchten Phänomen abhängt und davon, wie die Methoden eingesetzt werden. Für die Benutzer von quantitativ-numerischen, auf Messung beruhenden Methoden für die Prädiktion von Krankheiten liegt das Hauptproblem in der Nachdrücklichkeit, mit der auf die Berechnung von Eintrittswahrscheinlichkeiten – mit möglichst vielen Dezimalstellen – gesetzt wird. Die möglicherweise inadäquate Aufmerksamkeit, mit der eine Krankheit auf ihre Eignung für diese Methoden hin untersucht wird, sowie die Interpretation der Ergebnisse, mit der von statistischen Werten für Gruppen auf Aussagen für Individuen übergegangen wird, stellt für sie hingegen kein Problem dar. Für die Benutzer von qualitativ-narrativen, auf Beschreibungen und Interviews beruhenden Methoden ist es gleichfalls von großer Bedeutung, die für die Prädiktion einer Krankheit am besten geeignete Methode auszuwählen. Hierfür müssen diese die Ontologie, Epistemologie und Methodologie der qualitativen Forschung sorgfältig erlernen. Sie müssen etwa verstehen, wie es möglich ist, die Lebenswelt einer anderen Person wahrzunehmen, wie man Erfahrungen Anderer verstehen kann, in deren Nähe man selbst nie gekommen ist und wie Sprache zusammen mit dem lebenden Körper wirkt, etwa im Prozess der Beobachtung, der Beschreibung und des Interviews (s. 3.2.3.2). Den qualitativen Forschern muss der Unterschied zwischen Inhalt und Bedeutung einer Erzählung des potentiell Erkrankenden oder zukünftigen Patienten bewusst sein und wie es epistemologisch möglich ist, die tiefliegenden Sinn- und Bedeutungszuweisungen hinsichtlich seiner Lebenswelt zu verstehen.

4.2 Die Integration von „Vorhermessen" und „Vorhererfahren" mittels Gestalten und Leitdifferenzen für „Gesunderhaltung"

Als dynamischer und gesellschaftlicher Prozess erfordert die „Gesunderhaltung" im Hinblick auf Zivilisationskrankheiten, wie T2D, die Bewusstmachung einer größtmöglichen Vielfalt der Einstellungen, Vorannahmen, Vorbedingungen, Ziele und Vorgehensweisen durch die beteiligten Forscher, Ärzte und Patienten, die der Unterschiedlichkeit und Veränderlichkeit aller beteiligten Personen einschließlich ihrer Lebenswelten und -geschichten gerecht wird. Konsequenterweise darf ein Verständnis der Prozesse der Prädiktion und Prävention von Zivilisationskrankheiten nicht – ont(olog)ische Differenzen negierend – auf entweder wiederherzustellende Gesundheit oder zu transformierende Krankheit, entweder kausal-mechanistisches Erklären oder interpretativ-introspektives Verstehen entweder intervenierende (z.B. medikamentöse) Therapie oder einfühlender (z.B. psychotherapeutischer Dialog, entweder quantitativ-numerisches Messen von prädiktiven molekularen Biomarkern oder qualitativ-narratives Erfahren von „gesunderhaltenden Gestalten" beschränkt werden.

4.2.1 Prädiktive Biomarker – „gesunderhaltende Gestalten"

Hinsichtlich der Prädiktion von Zivilisationskrankheiten wie T2D bleibt zu klären, ob die Wahrnehmung von mit der Krankheit assoziierten „Gestalten", deren Struktur und Organisation – gemäß der Gestalttheorie – nicht als die Summe ihrer Teile, also der pathogenen Risikofaktoren und Mechanismen einschließlich der sie konstituierenden Moleküle, sondern ausschließlich in ihren spezifischen und einzigartigen „Gestaltqualitäten" adäquat beschrieben werden, zur „Vorhererfahrbarkeit" dieser Krankheit beitragen können. Darüberhinaus muss untersucht werden, ob die Wahrnehmung dieser „Gestaltqualitäten" des Ganzen, die aufgrund der Relation der Komponenten zueinander als neues unvorhersehbares Charakteristikum des Ganzen sich ‚automatisch ergeben' und dadurch als ganze „Gestalt" erfahrbar werden, auf „physische Gestalten" zurückgeführt werden können, wie sie sich nach Wolfgang Köhler (1920) bereits in der anorganischen Welt formieren. Allerdings sind hiervon solche ‚natürlichen' Konstellationen zu unterscheiden, deren Eigenschaften aus ihren, den (Natur-)Gesetzen gehorchenden Einzelteilen abzuleiten sind und die somit keine wirklichen Ganzheiten darstellen.

Die der Untersuchung von gesundheitsbezogenen „Gestalten" und ihren Qualitäten zugrundeliegende Arbeitshypothese geht von den folgenden Prämissen aus: (i) Die menschliche Empfindung, Wahrnehmung und Erfahrung von chronischen Zivilisationskrankheiten, wie T2D, sind auf Zusammenhänge der sich entwickelnden Krankheit ausgerichtet; (ii) das Empfundene, Wahrgenommene und Erfahrene, etwa das Wissen von dieser Erkrankung, der Umgang mit bereits erkrankten Mitmenschen, Vorahnungen von dieser Krankheit, Symptome am eigenen Körper, werden vom Betroffenen zu Sinn- und Deutungseinheiten seine potentielle Erkrankung betreffend strukturiert; (iii) nur ein dynamisches Modell, welches das Operieren von mentalen Organisationsvorgängen und aktiven Verhaltensmustern unterstellt, beschreibt adäquat das „Vorhererfahren" von Krankheit und das „Sich-Verhalten-zur" Krankheit; (iv) die der Pathogenese vorauseilenden oder diese begleitenden Erfahrungen werden als Lernen durch Einsicht (Aha-Effekt) – über die Prozesse des Scheiterns, Pausierens, Nachsinnens, Erkennens und Versuchens – aufgefasst, die Wolfgang Köhler[550] als aktives und dynamisches Verhaltensmuster betrachtete; (v) Lernen durch Erfahrung darf nicht als automatisierte Problemlösungsstrategie im Sinne der behavioristischen These der Reiz-Reaktions-Mechanismen und Konditionierung analysiert werden; (vi) in Analogie zum gestalttheoretischen „Gesetz der Prägnanz" von Max Wertheimer[551], wonach das Bewusstsein die visuelle Wahrnehmung in Form möglichst einfacher und einprägsamer „Gestalten" verarbeitet, wird erwartet, dass die „vorherzumessenden" und „vorherzuerfahrenden" „Gestalten" für T2D eine begrenzte strukturelle und organisatorische Komplexität aufweisen und der Analyse auf quantitativ-numerischer und qualitativ-narrativer Ebene prinzipiell zugänglich sind; (vii) hinsichtlich der Entstehung von Empfindungen oder Sinnesdaten und Wahrnehmungen über Krankheit werden die Modelle der „camera obscura", wie auch die der unbewussten Tätigkeit zur Überführung von Empfindungen oder Sinnesdaten in Wahrnehmungen abgelehnt und stattdessen das gestalttheoretische Modell der bewussten aktiven Suche nach und Konstruktion von kompletten „Gestalten" präferiert; (viii) den „Gestalten", die während einer Pathogenese, etwa von T2D, vom Betroffenen durch Introspektion der Innenwelt und von Mitmenschen, etwa Ärzten und Forschern, durch bestimmte Techniken wie des „methodischen Einfühlens", der „IPA" oder der „PLA" von der Außenwelt „vorhererfahren" werden, entsprechen auf der Ebene des quantitativ-numerischen „Vorhermessens" die Signaturen und physiologischen Korrelate, also die fast ‚vorurteilsfreien' – mit minimalen Vorannahmen erzeugten – Formen und Kurvenverläufe von ‚Images' und Messsignalen am ‚Rand' zwischen der Innen- und der Außenwelt; (ix) diese „Gestalten" und Signaturen sind als Wahrnehmungen und Erfahrungen nicht weiter zerlegbar in oder mechanistisch reduzierbar auf atomistische' Einheiten, d.h. Grundelemente der Empfindung bzw. molekulare Biomarker, wie Gene, Eiweiße, Lipide, Metabolite etc.

4.2.2 Die Leitdifferenzen der „Gesunderhaltung"

Nur innerhalb des von den drei Leitdifferenzen (s. 4.1.5) aufgespannten „dreidimensionalen Diskursraums der Gesunderhaltung" lässt sich unter Vermeidung der jeweiligen Pole und Extremsituationen die äußerst mannigfaltige ‚Natur' des Menschen, einschließlich seiner Lebenswelt und –geschichte, für seine „Gesunderhaltung" im Hinblick auf Zivilisationskrankheiten durch die Integration von „Vorhermessen" und „Vorhererfahren" produktiv nutzen. Dabei sind die jeweiligen

550 Köhler 1925.
551 Wertheimer 1922.

Pole, Oppositionsbegriffe und Gegenüberstellungen der Leitdifferenzen so etwas wie Randmarkierungen in einem begrifflichen Kontinuum, die sich zwar sinnvoll zum Zweck der Veranschaulichung einander entgegensetzen lassen, aber von der Sache her durchaus in Beziehung zueinander stehen. Auch im weiter unten vorgestellten konkreten Forschungsprojekt stellen die jeweiligen Pole Orientierungspunkte dar, auf die affirmativ oder in Absetzung voneinander Bezug genommen wird.

Der „vertikalen" Denkweise entsprechend (s. 2.8) muss der Prozess der „Gesunderhaltung" des Menschen als ganzheitlicher aufgefasst und darf nicht in Einzelaspekte zerlegt werden. Das Ziel liegt im Erhalten und Herbeiführen der Gesundheit *per se* als eines Zustandes des harmonischen Gleichgewichts zwischen Innen (Körper, Organe, Zellen) und Außen (menschliche und nicht-menschliche, organische und anorganische Umgebung und Umwelt). Das „vertikale Gesunderhalten" strebt also einen ideal-menschlichen Zustand an, von dem zwei Störungsformen abweichen, die durch den Prozess der Prädiktion möglichst früh und genau lokalisiert werden sollen, nämlich der Defekt und das Defizit. Liegt ein Defekt (z.B. eine Genmutation, eine Arthrose) vor, muss die Harmonie innerhalb des Inneren oder zwischen Innen und Außen durch Eliminieren des Defekts, also des pathogenen intrinsischen Risikofaktors (z.B. durch Gentherapie, durch Ersatz mit einem künstlichen Gelenk) oder des extrinsischen Risikofaktors (z.B. cholesterinhaltige Nahrungsmittel) restauriert werden. Liegt ein Defizit vor, so ist der fehlende intrinsische oder extrinsische Risikofaktor zu substituieren oder zu modifizieren, etwa durch gezielte Verabreichung von Körpersubstanzen (z.B. Hormone) oder essentiellen Aminosäuren und Vitaminen oder auch durch gesundheitsrelevante Erziehung des Patienten. Die durch den Defekt bzw. das Defizit verursachten ‚falschen' Abweichungen von dem als gültig angesehenen Normwert wird durch präventive und therapeutische Maßnahmen wieder korrigiert, d.h. die ‚richtigen' Normwerte und dadurch Gesundheit wird ‚restauriert' bzw. ‚bewirkt.'

Auf dem „horizontalen" Verständnis basierend muss der Prozess der „Gesunderhaltung" dagegen vom Besonderen ausgehen und sich im Rahmen der jeweiligen individuellen lebensweltlichen und –geschichtlichen Möglichkeiten des Patienten bewegen. Der Patient wird durch den Prozess der „Gesunderhaltung" ausgehend von einem ihm individuell zukommenden mehr oder weniger kranken Zustand in einen neuen, ihm individuell möglichen, alternativen gesünderen Zustand transformiert. Dieser bleibt als Abweichung vom und Unterschied zum vorherigen kranken Zustand immer bezogen auf das Individuum und dessen Lebenswelt und Lebensgeschichte. Der gesunde Zustand ist daher als Prozess und relative Zustandsänderung und nicht als Gegebenheit und absoluter Wert zu begreifen. Das „horizontale Gesunderhalten" geht also vom aktuellen Zustand des potentiellen Patienten aus und begreift diesen als Ergebnis und Konsequenz seiner Lebenswelt und -geschichte oder zumindest in Bezug zu diesen. Erst dann kann die Anwendung oder Ableitung von Verallgemeinerungen aus dem jeweiligen ‚biographischen Sonderfall' versucht werden.

Es können deshalb keine allgemeingültigen, bereits vor Beginn der präventiven oder therapeutischen Maßnahmen vollständig bestimmbaren Ziele für die „Gesunderhaltung“ existieren. Diese sind vielmehr individualisiert und jederzeit modifizierbar zu gestalten, um sie den sich kontinuierlich verändernden lebensweltlichen Möglichkeiten des Patienten konsequent anzupassen. Je nach – entweder „vertikaler“ oder „horizontaler“ – Denkweise wird die Intention des Forschers oder Arztes sein, den Prozess der „Gesunderhaltung“ entweder als Bewirker, Restaurator und Pädagoge oder als Berater, Probierender und Lernender zu gestalten[552].

Die Leitdifferenz „Autonomie – Heteronomie“ (s. Abb. 10 in 4.1.5) begründet den Umgang des Forschers oder Arztes mit und seine Haltung zu Patienten. Sie determiniert damit die praktische Tätigkeit der „Gesunderhaltung“ und legitimiert die hierfür anzuwendende Methodik. Bei Akzeptanz des heteronomen Pols dieses Gegensatzpaares bedarf der Patient aufgrund seiner Unvollkommenheit der Einflussnahme durch Außenstehende. Dadurch soll das Individuum zu einer mit der Auffassung der Gemeinschaft kompatiblen Lebensweise veranlasst werden, um sich im Idealfall an das vollkommene menschliche ‚Sein‘ anzunähern. Eine Aufgabe der Gemeinschaft besteht demnach also in der Aufrechterhaltung und im Schutz des ‚richtigen Mensch-Seins.‘ Hierfür muss sie den einzelnen Menschen den rechten ‚wohlbekömmlichen‘ und „gesunderhaltenden“ Weg weisen und dessen Begehung kontrollieren und gegebenenfalls erzwingen. Dazu setzt die Gemeinschaft die (naturwissenschaftlichen) Forscher und Ärzte ein, die allein die Prozesse der „heteronomen Gesunderhaltung“ für die ‚Bewirkung‘ und ‚Restauration‘ des gesunden Zustandes im Patienten oder die Transformation des Patienten in einen weniger kranken Zustand entwickeln und anwenden dürfen. Dabei nimmt diese ‚Kolonialpolitik‘ in Kauf, dass eine Mehrheit – oftmals die Mittelschicht – der Patienten mit bestimmten physiologischen Konstitutionen, Einstellungen, Vorannahmen und ökonomischen Möglichkeiten ihr Gesundheitsverständnis und ihre Normen dem Rest der Patienten aufoktroyiert[553].

Wird dagegen der autonome Pol der Leitdifferenz bevorzugt und damit die Auffassung von der Selbständigkeit, Autarkie und Ganzheit des einzelnen Patienten zu allen Zeiten und unter allen Bedingungen vertreten, der seine in ihm steckenden Möglichkeiten nach eigenem Gutdünken spezifisch verwirklichen kann, soll und muss, so ist der Anspruch des Forschers oder Arztes auf alleinige Berechtigung zur Durchführung bestimmter ‚richtiger‘ Prozesse der „Gesunderhaltung“ gegenüber dem Patienten fallen zulassen. Damit setzt die „Gesunderhaltung“ vielmehr die Interaktion und Kooperation zwischen voneinander unabhängigen, jeweils autonomen und gleichberechtigten Individuen, zwischen Forscher, Arzt und Patient voraus. „Autonome Gesunderhaltung“ wird damit zur wechselseitigen „Hilfe-zur-Selbsthilfe.“

Die Geschichte der Lebenswissenschaften und Medizin zeigt, dass die Polarisierung der Prozesse der „Gesunderhaltung“ zwischen Autonomie und Heteronomie die Entwicklung zahlreicher interessanter Theorien und wertvoller Technologien

552 Balint, Michael: *Der Arzt, sein Patient und die Krankheit.* Klett-Cotta: Stuttgart 1980.
553 Foucault 1976.

ermöglicht oder zumindest erleichtert hat. Der Fokus oder gar die Beschränkung auf einen der beiden Pole bringt jedoch immer einseitige ethische Konsequenzen mit sich, die sich in der Notwendigkeit einer Begründung oder Rechtfertigung der Attitüde des Forschers oder Arztes gegenüber dem Patienten manifestiert. Ein ausschließlich „heteronomes" Verständnis mündet in die Attitüde des – über Alle und Allem denkenden – ‚Machers', der das Individuum und dessen individuellen Merkmale nivelliert, während ein ausschließlich „autonomes" Verständnis charakteristisch für die Haltung eines sich mit jedem einzelnen Mitmenschen identifizierenden – mitdenkenden und mitfühlenden – ‚Mitmachers' ist.

4.2.3 „Gesamtwissenschaftliche Gesunderhaltung"

Das Konzept der sogenannten „gesamtwissenschaftlichen vorhermessenden und vorhererfahrenden Gesunderhaltung" lässt sich möglicherweise am besten durch Reflexion über die mögliche Positionierungen des Forschers oder Arztes in einem drei-dimensionalen Diskursraum umreißen, der durch die drei Leitdifferenzen der „Gesunderhaltung" aufgespannt wird (Abb. 11). Dabei entspricht die erste Dimension mit den Polen „Abweichung vom Sollzustand" und „Transformation in einen alternativen Zustand" den möglichen Zielen der „Gesunderhaltung" auf dem Fundament der Leitdifferenz „Sein – Werden" (s. Abb. 10 in 4.1.5), die zweite Dimension mit den Polen „Empfehlen-Anregen" und „Verordnen-Eingreifen" den möglichen theoretischen Einstellungen des Forschers oder Arztes und seinen möglichen Beziehungen zum Patienten hinsichtlich dessen „Gesunderhaltung" auf dem Fundament der Leitdifferenz „Autonomie – Heteronomie" und die dritte Dimension mit den Polen „kausal-quantitativ" und „interpretativ-qualitativ" den natur- oder geisteswissenschaftlichen Methodologien für „Gesunderhaltung" auf dem Fundament der Leitdifferenz „Erklären – Verstehen."

Abb. 11 Der drei-dimensionaler Diskursraum der Leitdifferenzen für die „gesamtwissenschaftliche Gesunderhaltung"

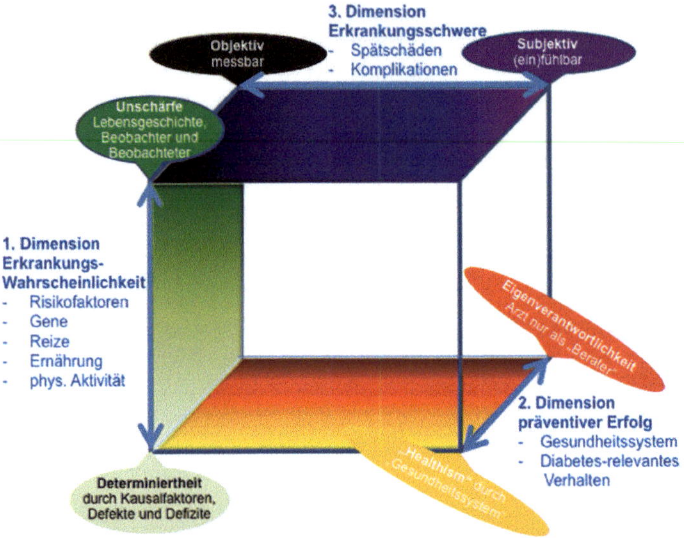

Am linken Pol der dritten Dimension findet sich das quantitativ-numerische Ziel des „Vorhermessens", am entgegengesetzten rechten Pol das qualitativ-narrative des „Vorhererfahrens". Der vordere Pol der zweiten Dimension beschreibt die Haltung des Forschers oder Arztes zum Patienten als „heteronom", indem dieser als in seine Lebenswelt eingebettetes und von der Gemeinschaft abhängiges und soziales Wesen begriffen wird, während der entgegengesetzte hintere Pol ein Bild vom Patienten als „autonome", von äußeren Einflussfaktoren nicht entscheidend bestimmte Kreatur symbolisiert. Der untere Pol der ersten Dimension beschreibt die Abweichung von einem Soll- oder Normzustand, während der entgegengesetzte obere Pol die Transformation in einen alternativen günstigeren Zustand zur Überwindung der aktuellen potentiell krankmachenden Situation fordert (s. Abb. 11 in 4.2.3). Damit bilden die erste und zweite Dimension für sich einen zwei-dimensionalen Quadranten aus vier Grundtypen der „Gesunderhaltung", nämlich (i) Empfehlen gegründet auf „Autonomie" und „Sein"; (ii) Anregen gegründet auf „Autonomie" und „Werden"; (iii) Verordnen gegründet auf „Heteronomie" und „Sein" und (iv) Eingreifen gegründet auf „Heteronomie" und „Werden" (s. Abb. 10 in 4.1.5).

Durch Verordnen versucht der Forscher oder Arzt, einen von der „Scientific Community" definierten Soll- oder Normzustand bei einem Patienten wieder herzustellen oder zumindest die Abweichung von diesem möglichst gering zu halten. Diese einseitige ‚Restauration' oder ‚Reparatur' durch den die Initiative ergreifenden Forscher oder Arzt ohne Einbeziehung des Patienten wird besonders prominent bei Notfällen, so etwa bei der intravenösen Verabreichung einer Zuckerlösung an einen bewusstlosen Patienten im durch Unterzuckerung verursachten diabetischen Koma. Im Falle des ‚Eingreifens' ist der Forscher oder Arzt bestrebt, den aktuellen kranken Zustand in einen günstigeren Alternativzustand zu transformieren oder die aktuell bereits angelaufene Pathogenese durch gezielte Blockade der zugrundeliegenden pathophysiologischen Mechanismen aufzuhalten oder wenigstens zu verlangsamen. Dazu zählt vor allem das einseitige Verschreiben von Medikamenten, etwa bei der T2D von oralen Antidiabetika oder zu injizierendem Insulin, nachdem die Abweichung vom Sollzustand, also vom normalen nüchternen Blutzuckerspiegel, gemessen worden ist. Im Unterschied zu diesem „heterogenen" Verständnis kann bei Akzeptanz des Patienten als „autonomer Kunde" der Forscher oder Arzt mit zwei möglichen Verfahren ‚dienen', die nicht auf kausale Mechanismen und atomistische Reduktionen zurückgreifen. Dabei kommt dem „Kunden", in Übereinstimmung mit dem althochdeutschen Wortsinn von „kundo" als ‚Wissender', ‚Bekannter', ‚Einheimischer', durchaus ein aktiver „autonomer" Part im Auswahlprozess der „gesunderhaltenden" Maßnahmen zu, etwa in der Beurteilung ihrer Wirksamkeit und Verträglichkeit.

Das Ziel des Forschers oder Arztes beim „Empfehlen" ist die Diagnose und Korrektur einer ungünstigen Abweichung des aktuellen Istzustands eines Patienten von einem Soll- oder Norm-zustand, aber unter Berücksichtigung seiner Individualität, Lebenswelt und Lebensgeschichte und unter Einbeziehung seiner aktiven Mitarbeit. Von entscheidender Bedeutung sind hierbei die Entwicklung und Kommunikation von vernünftigen (natur- und geisteswissenschaftlichen) Argumenten zur Rechtfertigung, erhöhten Akzeptanz und zuverlässigeren Anwendung der als ideal vorgeschlagenen „gesunderhaltenden" Maßnahmen gegenüber bzw. durch Patienten. Im Idealfall ist die Empfehlung das Ergebnis eines dialogischen Verhandelns, d.h. eines Diskurses zwischen Patient, Forscher und Arzt, wobei die natur- und geisteswissenschaftlichen Kenntnisse und praktischen Erfahrungen des Forschers und Arztes in die physischen und psychischen Möglichkeiten des Patienten integriert und mit seinen lebensweltlichen und -geschichtlichen Erfahrungen kombiniert werden. Auch das „Anregen" basiert auf dem Dialog zwischen Forscher, Arzt und Patient unter Wahrung ihrer unterschiedlichen Fähigkeiten und Kompetenzen. Im Unterschied zum „Empfehlen" werden das Ziel und die einzusetzende Methode für die Prozesse der „Gesunderhaltung" allerdings gemeinsam im Diskurs ermittelt und dabei für beide Parteien als verbindlich vereinbart. Über das Ziel der „Gesunderhaltung" kann deshalb diskutiert werden, weil dieses nicht auf die „(Vorher) Messung" eines Istzustands bzw. auf die ‚Restauration' eines ‚richtigen' Sollzustands eingeschränkt wird. Stattdessen wird das Ziel von den Diskursteilnehmern Patient, Forscher und Arzt als eines unter vielen möglichen ‚günstigeren' Alternativen oder im Idealfall gar als die ‚günstigste' Option zum sich gerade entwickelnden oder bereits manifesten krankhaften Zustand erst gemeinsam ausgemacht.

Jede dieser vier Handlungsoptionen kann nun mit den beiden Möglichkeiten der für die „Gesunderhaltung" eingesetzten erkenntnistheoretischen Methode, entweder kausal-mechanistisches quantitativ-numerisches Erklären oder interpretativ-introspektives qualitativ-narratives Verstehen kombiniert werden (s. Abb. 10 und 11 dritte Dimension, in 4.1.5 bzw. 4.2.3). Dadurch entsteht aus dem obigen zwei-dimensionalen Quadranten ein drei-dimensionaler Oktant. Die aus ihm insgesamt resultierenden acht Grundtypen charakterisieren diskrete Formen der „Gesunderhaltung“, die als ‚Extrempositionen‘ in der Praxis wohl recht selten anzutreffen sind. Diese ‚Extrempositionen‘ umfassen (i) die Begrenzungsflächen, wobei für nur jeweils eine Leitdifferenz einer der beiden Pole besetzt ist (s. Abb. 10 und 11, in 4.1.5 bzw. 4.2.3), z.B. für die dritte Dimension entweder das „Erklären“ der Naturwissenschaftler („N“) oder des „Verstehen“ der Geisteswissenschaftler („G“), (ii) die Kantenlinien, wobei für jeweils zwei Leitdifferenzen je einer der beiden Pole besetzt ist (s. Abb. 10 und 11, in 4.1.5 bzw. 4.2.3), z.B. für die zweite Dimension die „Heteronomie“ des Arztes („A“) und simultan für die erste Dimension das „Sein“ des Patienten und (iii) die Eckpunkte, wobei für jeweils alle drei Leitdifferenzen je einer der beiden Pole besetzt ist (s. Abb. 10 und 11, in 4.1.5 bzw. 4.2.3), z.B. für die erste Dimension das „Werden“ des Patienten („P“) und simultan für die zweite Dimension die „Autonomie“ und simultan für die dritte Dimension das „Verstehen“. Neben diesen ‚Extrempositionen‘ kennzeichnet eine Vielzahl von ‚Zwischenpositionen‘ im Kontinuum zwischen den beiden Polen einer jeden Leitdifferenz die jeweils spezifischen Kombinationen im „drei-dimensionalen Diskursraum der gesamtwissenschaftlichen Gesunderhaltung.“ Diese ‚Zwischenpositionen‘ gewährleisten eine adäquate Unterscheidung von Ausrichtung, Ziel und Methodik in den Auffassungen über gesunderhaltende Prozesse zwischen Forscher, Arzt und Patient.

Betrachtet man die Geschichte der Lebenswissenschaften und der Medizin als das Positionieren und Lavieren zwischen dem einen oder anderen Pol einer jeden der drei Leitdifferenzen, so wird ersichtlich, dass grundsätzlich alle Positionen innerhalb des drei-dimensionalen Diskursraums zum Erfolg hinsichtlich angemessener gesunderhaltender Handlungen führen können, aber eben sicherlich nicht ein-dimensionale Positionen auf den Eckpunkten (s. Abb. 10, z.B. „P“) oder Kanten (s Abb. 10, z.B. „A“) oder zwei-dimensionale Positionen auf den Begrenzungsflächen (s. Abb. 10, z.B. „N“ oder „G“). Denn wurde der eine oder andere Pol eines Gegensatzpaares einer Leitdifferenz überbetont oder vernachlässigt, so resultierten daraus regelmäßig negative Konsequenzen, wie ineffiziente, schädliche bis gar menschenverachtende Versuche der „Gesunderhaltung.“ Gleichzeitig wird durch eine historische Analyse deutlich, dass den an gesunderhaltenden Prozessen beteiligten Forschern, Ärzten und Patienten die Berücksichtigung der Komplementarität der Leitdifferenzen und ihrer jeweiligen Pole in zufriedenstellendem Maße nur in bestimmten Epochen gelang. Zu anderen Zeiten wurden sie durch die scheinbare Gewissheit der eigenen ‚extremistischen‘ Dogmen zur Einnahme von ‚Entweder-Oder-Positionen‘ (s. Abb. 10, z.B. „P“, „A“, „N“, „G“) verleitet.

Sollte eine solche ein- oder zwei-dimensionale ‚Entweder-Oder-Position‘ durch den Forscher, Arzt oder Patienten eingenommen worden sein, so gilt gemäß des Modells der „gesamtwissenschaftlichen Gesunderhaltung“ für alle Beteiligten die Empfehlung, sich von den entsprechenden Eckpunkten, Kanten oder Flächen in den drei-dimensionalen Diskursraum hinein zu bewegen (s. Abb. 10, Pfeile), um dort die ihren lebensweltlichen und –geschichtlichen Möglichkeiten am besten entsprechende Position (s. Abb. 10, grüner Punkt) einzunehmen. Diese für den

Patienten optimal passende Position wird sich in der Regel nicht bereits nach der ersten Diskurs-Runde (Abb. 12) finden lassen – die Positionen sind dann noch häufig im gesamten Raum zerstreut – sondern sich über mehrere Runden aus zunächst noch unscharfen größeren Bezirken heraus (zweite Diskurs-Runde) dann immer klarer und enger begrenzt (Final-Runde) ‚offenbaren' (Abb. 12, gestrichelte Kreise).

Abb. 12 ‚Multidirektionale Bewegung' der Teilnehmer innerhalb des „drei-dimensionalen Diskursraums für gesamtwissenschaftliche Gesunderhaltung" im Verlauf mehrerer Diskurs-Runden von den Ausgangspositionen (schwarze Punkte) über intermediäre Positionen (türkise und rosa Punkte) bis hin zu den Zielpositionen (grüne Punkte). Während der Bewegung und auch am Ziel sind die Positionen der Teilnehmer nicht deckungsgleich, sondern bilden einen – immer kleiner werdenden – Bereich der ‚Unschärfe' (grün-gestrichelte Kreise) aus, innerhalb dessen gemeinsames Denken und Handeln gemäß den drei Leitdifferenzen – immer besser – möglich wird

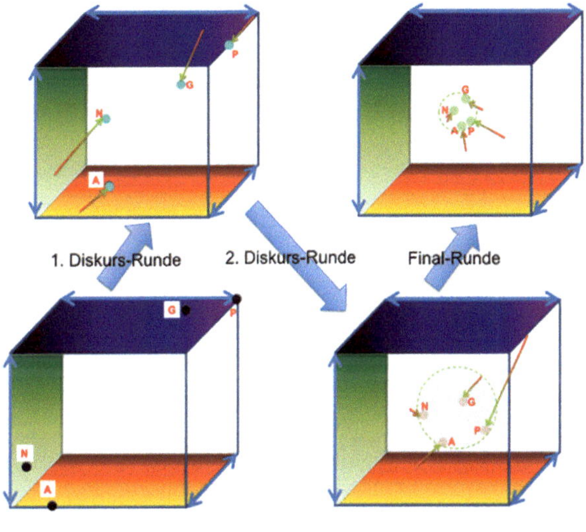

Wie kann ein Verstehen der konkreten Alltagserfahrung von potentiell an Zivilisationskrankheiten, wie T2D, erkrankenden Menschen genutzt werden, um deren „Gesunderhaltung" zu unterstützen? Ein derartiges Verständnis würde durch eine kontinuierlich wachsende Datenbank von qualitativ-narrativen phänomenologischen Untersuchungen unterstützt, die die persönlichen Wahrnehmungen, Erfahrungen, Sinn- und Bedeutungszuweisungen der Menschen von – abhandenkommender – Gesundheit und – heraufziehender – Krankheit, ihre geteilten und individuellen Lebenswege und -geschichten, sowie ihre Relationen und Interaktionen mit Mitmenschen und der Außen-/Umwelt widerspiegelt. Solche Beschreibungen von Erfahrungen in der erforderlichen Breite und Tiefe könnten von den Methodiken der „IPA" und „PLA" angeleitet werden. So setzte der Psychoanalytiker und Heidegger-Schüler und -Freund Medard Boss die phänomenologische Analyse-Methodik ein, um die Bedeutungen, Sinngehalte und Werte zu eruieren, die Patienten ihren Erfahrungen mit Gesundheit und Krankheit zugewiesen hatten[554]. So gelang ihm etwa in einer detaillierten Fallstudie der Nachweis, dass eine Vielzahl von Symptomen bei einer Frau mit einer langen Leidensgeschichte an gastrointestinalen Beschwerden nur mit Bezug auf ihre konkrete Lebenssituation und –weise (Körperhaltung und innere Wahrnehmungen) und auf ihre Lebenspläne und –probleme (Beziehungen) vollständig verstanden werden kann. Das Verstehen der vielfältigen räumlichen und zeitlichen Horizonte der Lebenswelt und -geschichte überschreitet dabei den Anspruch von gewöhnlichen (gesundheitspsychologischen) Fallstudien und geht über eine bloße Aufzählung der Erfahrungen von Personen in ihren eigenen Worten weit hinaus. Dabei fördert die phänomenologisch-lebensweltlich-gestalttheoretische Analyse ein Niveau des Reflektierens und Verstehens, auf welchem sowohl die geteilten, wie auch die individuellen Erfahrungen der Patienten ermittelt werden können. Sie berücksichtigt auch, dass menschliche Erfahrung und Bedeutungszuweisung weder nur individuell-private, noch nur gemeinsam-öffentliche Dimensionen umfassen und weder ausschließlich auf Materie oder Körper noch ausschließlich auf Geist oder Seele beschränkt werden dürfen. Möglicherweise verfügen die Menschen über ein ganz ursprüngliches intrinsisches Verlangen nach einem Ausgleich, einer Harmonie, einer Verschmelzung, einer „Gesunderhaltung“ zwischen dem ‚Ich‘ oder ‚Selbst‘ und dem ‚Anderen‘, dem Leib, dem Körper, dem Geist, der Seele, dem Anorganischen, dem Organischen, dem Materiellem und dem Immateriellem, das Morris Berman als „Weltgeist“ bezeichnet und für einen außerordentlich interessanten Versuch der Entwicklung einer Kulturgeschichte unter Einbeziehung des körperlich-leiblichen und geistig-seelischen Aspekts verwendet hat[555] (Berman 1998).

4.2.4 „Gesamtwissenschaftlicher Weltgeist“

Morris Berman geht hierfür von einer gewissermaßen vorgeburtlichen Synthese oder ursprünglichen Symbiose aus, die mit dem Geborenwerden zur Entwicklung eines relativ separierten ‚Ich‘ und autonomen ‚Selbst‘ notwendigerweise aufgegeben werden muss – durchaus der Relation Freiheit und Notwendigkeit als Konsequenz der Absonderung oder Abstandsnahme des Organismus‘ vom Naturganzen in der philosophischen Biologie des Hans Jonas entsprechend (s. 3.1.1.1). Trotzdem bleibt nach Berman die Möglichkeit weiterhin bestehen, die Einheit zwischen Materie oder Körper und Geist oder Seele zu restaurieren, zwar nicht in der ursprünglichen symbiotischen Form – als *quasi* „Hundun“, das in der chinesischen Mythologie für das

554 Boss, Medard: *Existential foundations of medicine and psychology.* Jason Aronson: New York 1979.
555 Berman 1998.

Konzept der urzeitlichen Formlosigkeit und den Urzustand der paradiesischen Ungetrenntheit vor dem Beginn der Welt stand – aber als tiefe Verankerung des Leibes im Leben, als intensiver sinnlicher Austausch des Leibes mit seiner menschlichen und nicht-menschlichen, organischen und anorganischen Umgebung. Für Berman wurde in solchen geschichtlichen und kulturellen Epochen, in denen Materie oder Körper und Geist oder Seele als strikt separierte Entitäten aufgefasst wurden und dabei die materielle oder körperliche Seite als minderwertig bis vernachlässigbar eingestuft war, das – offenbar kultur- und epochen-unabhängige – Verlangen nach einer Wiederherstellung der Einheit zwischen dem separierten autonomen ‚Ich' und dem gemeinschaftlichen heteronomen ‚Wir' durch die Hoffnung auf eine Fusion des individuellen Geistes mit dem universellen „Weltgeist" ersetzt oder auch auf diese eingeschränkt.

Nach Morris Berman[556] ist der Begriff „Weltgeist" je nach Kultur und Epoche mit verschiedenen Bezeichnungen für „Gott" belegt worden. Gemäß dieser *quasi* religiösen Vorstellung könne die finale Verschmelzung des individuellen Geistes mit „dem Höchsten", dem „Weltgeist" – als Sinnzuweisung des Lebens – erst nach dem Tode des Individuums erfolgen. Berman erkennt nun in unterschiedlichen körperlichen praktischen Techniken, wie Meditieren, Yoga, Trance, bewusstes Atmen, aber interessanterweise auch im Betreiben von Wissenschaft – und man darf wohl ergänzen v.a. in der lebenswissenschaftlichen und biomedizinischen Forschung – den Versuch des in ont(olog)ischen Differenzen gefangenen Menschen, schon zu Lebzeiten eine Art ‚Vorgeschmack' auf dasjenige exorbitante, ja ekstatische ‚Glücksgefühl' zu erhalten, welches als ‚Erleuchtung' oder „Hundun" die leibliche Erfahrung der Wiederherstellung der Einheit bzw. der Elimination der Separation, der Ungetrenntheit, der Formlosigkeit zwischen dem autonomen ‚Ich' oder ‚Selbst' und dem heteronomen ‚Wir' oder ‚Anderen', begleitet oder durch diese hervorgerufen wird. Die Manifestation dieser leiblichen Erfahrung in Symbolsystemen würde demnach naturgemäß vom jeweiligen kulturellen Umfeld und der individuellen Lebenswelt und -geschichte abhängen. Nach Morris Berman wurde in westlichen Kulturen die individuelle Erfahrung und das persönliche Erlebnis einer direkten (Wieder)Vereinigung mit dem „Weltgeist" oder „Gott" durch ‚vernünftige', hierarchische Systeme oder Institutionen mit ihren jeweiligen Monopolen auf die Vermittlung des Kontakts zwischen Geist oder Seele und Materie oder Körper, sowie zwischen ‚Ich' oder ‚Selbst' und ‚Wir' oder Gemeinschaft, ersetzt, nämlich durch die „gesunderhaltenden" Natur- und Geisteswissenschaften und die Religionen.

So mag die Integration der leiblichen und lebensweltlichen bzw. -geschichtlichen Wahrnehmungen und Erfahrungen von Forschern, Ärzten und Patienten zu einer angemesseneren „gesamtwissenschaftlichen Gesunderhaltung" im Hinblick auf Zivilisationskrankheiten führen als Ansätze, die ont(olog)ische Differenzen in dualistische Gegensätze verschärfen, dabei Materie oder Körper und Geist oder Seele als strikt separierte, unvereinbare Entitäten auffassen und gleichzeitig die materielle oder kör-

556 Berman 1998.

perliche Seite als minderwertig bis vernachlässigbar einstufen. Die „IPA" und „PLA" haben das Potential zur Integration der meisten gegenwärtig diskutierten theoretischen und praktischen Ansätze, die die Humanisierung der Gesundheitsversorgung im Allgemeinen und der Prozesse der „Gesunderhaltung", vor allem im Hinblick auf Zivilisationskrankheiten im Besonderen zum Ziel haben. Im Geiste von Edmund Husserl, der sowohl am Gemeinsamen und ‚Wir', wie auch am Unterschiedlichen und ‚Ich' interessiert war, sind die Hauptvorteile der „IPA" und „PLA" zu verorten in (i) ihren zentralen und wenig angreifbaren – phänomenologischen – Grundlagen, (ii) ihrem die Menschlichkeit fördernden Potential, (iii) der Einbeziehung der lebensweltlichen und –geschichtlichen Erfahrung, (iv) ihrer empirischen Glaubwürdigkeit und (v) der Förderung der Eigenverantwortlichkeit der Menschen.

4.2.5 Ein Projekt zur Integration von molekularen und systemisch-lebensweltlich-gestalttheoretischen Analysen für die „Gesunderhaltung" von Diabetes-Patienten

Zur Prüfung der Sinnhaftigkeit und Durchführbarkeit des sogenannten „dreidimensionalen Diskurses für gesamtwissenschaftliche Gesunderhaltung" im Hinblick auf Zivilisationskrankheiten könnte folgendes Forschungsprojekt geeignet sein. Es passt die drei für die Forschungssubjekte, also für Ärzte und Forscher geltenden Leitdifferenzen der „Gesunderhaltung" für die Anwendung bei den Forschungsobjekten, also Patienten an , die möglicherweise an T2D erkranken werden. Dabei entsprechen in der ersten Dimension das Gegensatzpaar „Werden – Sein" der Forschungssubjekte den Polen „Unschärfe – Determiniertheit" der durch intrinsische und extrinsische Risikofaktoren bedingten Erkrankungswahrscheinlichkeit des Forschungsobjekts, in der zweiten Dimension das Gegensatzpaar „Autonomie – Heteronomie" der Forschungssubjekte den Polen „Eigenverantwortlichkeit – Healthism" des durch eigenverantwortliches Verhalten oder das Gesundheitssystem bedingten präventiven Erfolgs für das Forschungsobjekt und in der dritten Dimension das Gegensatzpaar „Erklären – Verstehen" der Forschungssubjekte den Polen „objektiv messbar – subjektiv erfahrbar" der sich in den diabetischen Spätschäden und Komplikationen manifestierenden Erkrankungsschwere des Forschungsobjekts (s. Abb. 10 in 4.1.5 und Abb. 11 in 4.2.3).

4.2.5.1 Die Arbeitshypothese I – Die Rationale

Entweder erwartet der potentielle Patient von den „gesunderhaltenden" Aktivitäten eine eindeutig und absolut mess- und quantitativ-numerische Erkrankungswahrscheinlichkeit oder er erkennt den Wert einer relativen und differenzierenden qualitativ-narrativen Beurteilung seines Risikos (erste Dimension). Entweder erwartet der potentielle Patient, dass das Gesundheitssystem die Verantwortung für seine Gesundheit vollständig übernimmt, wofür er bereit ist, sich diesem vollständig ‚auszuliefern' oder er sieht sich als eigenverantwortlich für seine Gesundheit und erkennt im Forscher oder Arzt den Berater, dem er sich jedoch keineswegs unterordnen will (zweite Dimension). Entweder erwartet der potentielle Patient kausal-mechanistische Erklärungen für die objektiv messbaren diabetischen Spätschäden und Komplikationen als unausweichliche Konsequenz von multiplen intrinsischen und extrinsischen Risikofaktoren in der „reizbaren Körpermaschine" und im „programmierbaren Gehirncomputer" oder er versteht T2D als komplexes lebensweltliches und -geschichtliches Geschehen, dessen Auftreten und individuelle Ausprägung nur subjektiv erfahrbar sind (dritte Dimension). Nachfolgend werden die einzelnen Stadien des Projekts dargestellt (s. Abb. 11, 4.2.3).

4.2.5.2 Projektdesign und Rekrutierung der Teilnehmer

Während der das Projekt einleitenden Stufe I werden die Probanden rekrutiert, nämlich Geschwisterpaare mit einer Familiengeschichte an T2D (P1, P2), d.h. deren Vater oder Mutter bereits an T2D erkrankt sind, bei denen diese Erkrankung zum Zeitpunkt der Studie (noch) nicht diagnostiziert worden ist, sondern allenfalls eine Vorform, eine Prä-Diabetes. Die Geschwister eines Paares sollten hinsichtlich ihrer biographischen Daten (Alter, Geschlecht, BMI) und ihres metabolischen Zustandes professionell und ausreichend charakterisiert und miteinander vergleichbar sein, während sich die Geschwisterpaare untereinander darin mehr oder weniger deutlich unterscheiden werden und sollen. Die Lebensgeschichte der Geschwister ist bereits durch (all)tägliche Erfahrungen mit T2D, gewissermaßen durch ihre „diabetische" Lebenswelt geprägt, ohne dass sie selbst physiologisch bereits von T2D betroffen sind. Dies macht sie besonders interessant für eine Analyse des Einflusses der Lebensgeschichte und persönlichen Wahrnehmungen und Erfahrungen auf ihre „Gesunderhaltung" im Hinblick auf T2D als Ergebnis der diskursiven Interaktion der Geschwister mit den Forschern und Ärzten (Abb. 13). Diese sind mit der Pathophysiologie von T2D bestens vertraute präklinisch und klinisch forschende Ärzte, wie Diabetologen und Endokrinologen (A), Naturwissenschaftler, wie Humangenetiker, analytische Biochemiker und klinische Chemiker (N) und Geisteswissenschaftler, wie Gesundheitspsychologen, Psychotherapeuten und phänomenologische Biologen und Philosophen, mit theoretischer Ausbildung und praktischer Erfahrung in „IPA" (GI), „PLA" (GIII), systemischer Therapie und Gestalttheorie (GII), sowie medizinische Soziologen (S) und Gesundheitsökonomen (O). Alle geisteswissenschaftlichen Forscher sind an der Auffindung und Festlegung geeigneter Bedingungen und des jeweiligen adäquaten Designs der auf den Stufen II bis IV durchzuführenden molekularen, systemisch-konstruktivistischen, phänomenologisch-lebensweltlichen und gestalttheoretischen Analysen beteiligt. Dies umfasst etwa die Vereinbarung von Zeitpunkt, Dauer, Dokumentation, Auswertung, Datenaustausch, Kommunikation, Vernetzung und Logistik der Diskurse.

Abb. 13 Das Design des Projekts. Die Studie ist in die Phasen I bis V (Angabe der ungefähren Dauer in Monaten) eingeteilt. Nach Rekrutierung der Teilnehmer (Geschwisterteile P1 und P2, Ärzte A, Naturwissenschaftler N, Geisteswissenschaftler I-III, Soziologen S und Gesundheitsökonomen Ö) und finale Festlegung des Projektdesigns (Phase I) erfolgt eine molekulare Prä-Analyse zwischen P1, P2, A1, A2, N1 und N2 für das „Vorhermessen“ (Phase II), dann eine systemisch-lebensweltliche Analyse zwischen einem Geschwisterteil P2 (aber nicht P1) und GI-III (Phase III), daraufhin der dreidimensionale Diskurs zwischen einem Geschwisterteil P2 (aber nicht P1), A, N, GI-III, S und Ö in Bezug auf die Leitdifferenzen für „Gesunderhaltung“ (Phase IV) und abschließend eine mit der Prä-Analyse identische molekulare Post-Analyse zwischen P1, P2, N1, N2, A1 und A2 zum quantitativ-qualitativen, numerisch-narrativen und erfolgreichen/losen-angemessenen ‚Aufeinander-zu-Bewegen' in Bezug auf Erkrankungswahrscheinlichkeit, Schweregrad und Typ der T2D, sowie Erfolg von präventiven Maßnahmen (Phase V). Die unterschiedlichen farblichen Unterlegungen von P2, N2 und A2 in Phase V sollen symbolisieren, dass sie sich während (ev. mehrerer aufeinander folgender Zyklen) der „gesamtwissenschaftlichen Gesunderhaltung“ (großes Oval) gegenüber P1, N1 und A1 verändert haben

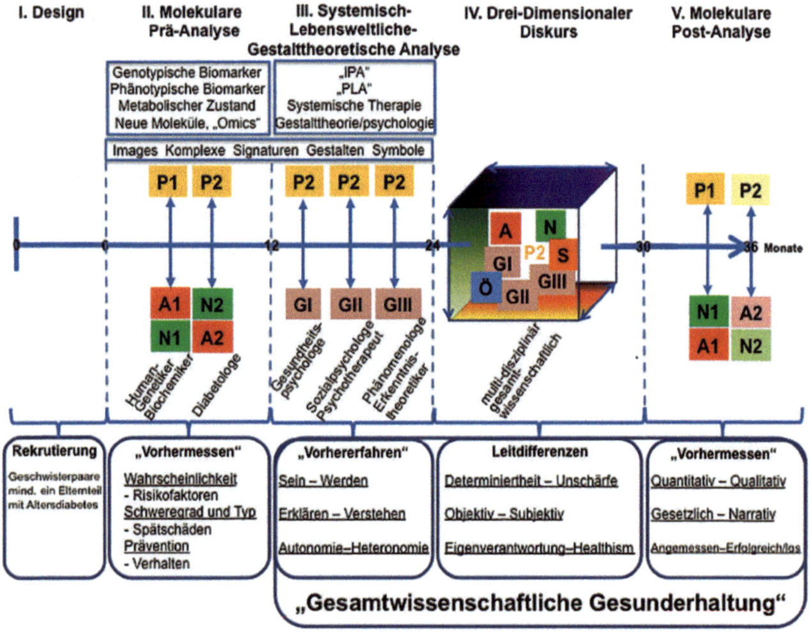

4.2.5.3 *Das „Vorhermessen" durch molekulare Analyse*

Auf Stufe II des Projekts werden im Rahmen der molekularen „Prä-Analyse" für jedes Geschwisterteil eines Paares von den Forschern und Ärzten diejenigen genotypischen und phänotypischen Biomarker (d.h. Abweichungen in der DNS-Sequenz von bestimmten Genen und in den Spiegeln von bestimmten Eiweißen, Lipiden oder Metaboliten im Blut) gemessen, die gegenwärtig von der Deutschen Diabetes-Gesellschaft zur Prognose und Diagnose von T2D bei Personen mit erhöhtem Risiko für diese Erkrankung empfohlen werden, also etwa bei Personen mit einer Familiengeschichte an T2D oder mit Übergewicht. Darüberhinaus wird der körperliche und metabolische Zustand der Geschwister (z.B. BMI, Blutzucker, Blutfette, die Effizienz der Metabolisierung von verabreichter Glukose und die Insulinspiegel) im Detail charakterisiert. Damit wird geklärt, ob die Geschwister hinsichtlich ihres Stoffwechsels nach allgemein akzeptierten Kriterien unauffällig sind oder bereits eine Vorform der Diabetes, eine Prä-Diabetes entwickelt haben und – sollte letzteres zutreffen – wie weit sich diese bereits in Richtung einer typischen T2D entwickelt hat. Geschwister mit Prä-Diabetes, die kurz vor dem Ausbruch der Erkrankung stehen, sind von der weiteren Teilnahme auszuschließen. Zusätzlich werden molekulare Biomarker unterschiedlichster Art (Veränderungen in der DNS-Struktur von Genen und in der Menge von Eiweißen, Lipiden, Metaboliten im Blut) in ihrer jeweiligen – zum Zeitpunkt der Studie methodisch ermittelbaren – Gesamtheit („Omics") gemessen. Diese durch „Omics" erfassbaren und erfassten Biomarker tragen zu einer – gegenüber den akzeptierten genotypischen und phänotypischen Biomarkern – verbesserten quantitativen Charakterisierung des metabolischen Zustands der Geschwister bei, haben aber aufgrund des hohen experimentellen Aufwands für ihre Bestimmung oder noch fehlender klinischer Validierung bisher keinen Eingang in die praktische Routine der klinischen Diabetologie gefunden (s. Abb. 13 in 4.2.5.2).

Eine Sonderstellung unter den Biomarkern nehmen darunter komplexe Strukturen und Signaturen ein, die von einer Vielzahl von Zellen bei metabolischem „Stress" (z.B. bei hohen Konzentrationen an Zucker oder Fetten, bei Sauerstoffmangel oder Radikalen im umgebenden Milieu) freigesetzt werden und jeweils aus einer mehr oder weniger komplexen Kombination von – in qualitativer und quantitativer Hinsicht – unterschiedlichen Komponenten (Eiweißen, Lipiden, Nukleinsäuren) aufgebaut sind. In einigen Fällen konnte die vesikuläre Struktur der durch diese Komponenten konstituierten molekularen Entitäten als sogenannte „Exosomen" oder „Mikrovesikel" aufgeklärt werden[557]. In anderen Fällen liefern bisher nur bestimmte Messverfahren über die Erzeugung von elektrischen Signalmustern und komplexen Kurvenverläufen, die sogenannten Signaturen, experimentelle Hinweise auf die materielle Existenz von makromolekularen Strukturen und Formen. Diese sind auf der Oberfläche von Zellen und Lebewesen lokalisiert und konstituieren damit die Grenzfläche oder den „Rand" zwischen Organismus und Umgebung, wobei sie zwischen diesen vermitteln und je nach „metabolischer Intention" des Organismus entweder mehr zu ihm selbst oder zur Außenwelt „gehören". Dabei ist es – zunächst – unerheblich, dass über die diesen makromolekularen Komplexen zugrundeliegenden materiellen Träger und deren physikalisch-chemische Natur

557 Müller 2012b.

(Struktur und Organisation), sowie die molekularen Mechanismen ihrer Entstehung und Freisetzung und den kausalen Zusammenhang zwischen ihrer Freisetzung und dem metabolischen Zustand des sie hervorbringenden Organismus bisher im Allgemeinen und bei individuellen Patienten im Besonderen kaum etwas bekannt ist. Entscheidend ist (lediglich) die Korrelation oder Assoziation zwischen metabolischer „Intention“ und Signatur, also der Form und Gestalt des Messsignals, die auch als „Symbol“ aufgefasst werden kann. Ja, es wurde sogar behauptet, dass mit der künftigen HighTec-getriebenen Akkumulation von rein korrelativen Daten, jeglicher – ohnehin fehleranfälliger – Versuch, daraus Vorstellungen über Struktur und Organisation, mechanistische Erklärungen, kohärente Modelle und vereinigende Theorien zu entwickeln, für die lebenswissenschaftliche Prädiktion nicht nur gänzlich überflüssig, sondern zudem schädlich sei, da Korrelation, aber nicht Kausalität nachgewiesen werde könne und die ‚vorangenommene' Notwendigkeit eines kausalen Zusammenhangs korrelative Daten oftmals maskieren würde. In diesem Sinne überträfe eine assoziative Erklärung immer eine kausale und wäre *per se* ausreichend[558]:

> This is a world where massive amounts of data and applied mathematics replace every other tool that might be brought to bear. Out with every theory of human behavior, from linguistics to sociology. Forget taxonomy, ontology, and psychology. Who knows why people do what they do? The point is they do it, and we can track and measure it with unprecedented fidelity. With enough data, the numbers speak for themselves.... in short, the more we learn about biology, the further we find ourselves from a model that can explain it. There is now a better way. Petabytes allow us to say: "Correlation is enough." We can stop looking for models. We can analyze the data without hypotheses about what it might show. We can throw the numbers into the biggest computing clusters the world has ever seen and let statistical algorithms find patterns where science cannot....the opportunity is great: The new availability of huge amounts of data, along with the statistical tools to crunch these numbers, offers a whole new way of understanding the world. Correlation supersedes causation, and science can advance even without coherent models, unified theories, or really any mechanistic explanation at all.

Die Identifikation von Assoziationen zwischen diesen Formen oder Gestalten von Messsignalen, den Signaturen oder „Symbolen“ und dem quantitativ-numerisch messbaren, wie auch qualitativ-narrativ erfahrbaren metabolischen Zustand oder Stress liegt somit an der Grenze zwischen der quantitativen und qualitativen Vorgehensweise oder vielmehr vereinigt diese. Dabei ist gerade die Untersuchung des Einflusses der individuellen Lebensgeschichte und Lebenswelt auf diese Signaturen oder „Symbole“ von großer Bedeutung und stellt eine besondere Herausforderung dar. Im Fall des idiographischen Nachweises von Korrelationen könnte die „quantitativ-qualitative“ Bestimmung der Signaturen und „Symbole“ eine Zwi-

558 Anderson, Chris: "The end of theory – The data deluge makes the scientific method obsolete." Wired Magazine 16.07, 2011.

schenstellung zwischen der rein molekularen und der ausschließlich systemisch-lebensweltlich-gestalttheoretischen Analyse einnehmen und möglicherweise deren Integration im „drei-dimensionalen Diskursraum“ erleichtern.

Das Ziel des „Vorhermessens“ durch molekulare „Prä-Analyse“ innerhalb dieses Forschungsprojekts besteht darin, für jedes Geschwisterteil eine quantitative Prädiktion durch die beteiligten Ärzte und Forscher zu erhalten hinsichtlich (i) der Wahrscheinlichkeit einer Erkrankung an T2D unter Berücksichtigung der gegenwärtig validierten intrinsischen und extrinsischen Risikofaktoren, (ii) des Schweregrades und Typs der T2D im Hinblick auf diabetische Spätschäden und Komplikationen, sowie (iii) der Wirkung von konkreten Maßnahmen zur Prävention oder Abmilderung der Folgen von T2D unter besonderer Berücksichtigung von gesundheitsrelevantem Verhalten (s. Abb. 13 in 4.2.5.2).

Ohne mit diesen Resultaten bereits konfrontiert worden zu sein, werden die Geschwister gebeten, eine Selbstbeobachtung und ‚Prädiktion in eigener Sache’ vorzunehmen. Diese wird sich von der jeweiligen molekularen „Prä-Analyse“ – mehr oder weniger deutlich – unterscheiden. Dagegen sollten die Unterschiede in der „Prädiktion in eigener Sache“ zwischen den Geschwisterteilen deutlich geringer ausgeprägt sein.

4.2.5.4 Das „Vorhererfahren“ durch systemisch-lebensweltlich-gestalttheoretische Analyse

Das nach dem „Vorhermessen“ durch molekulare „Prä-Analyse“ auf Stufe III des Projekts vorgesehene „Vorhererfahren“ durch systemisch-lebensweltlich-gestalttheoretische Analyse wird nur mit einem Geschwisterteil des jeweiligen Paares durchgeführt (s. Abb. 13 in 4.2.5.2). Dabei gelangen die vier unterschiedlichen, wenn auch zueinander in deutlicher Beziehung stehenden systemisch-konstruktivistischen, phänomenologisch-lebensweltlichen und gestalttheoretischen Methoden der systemischen Therapie, der „IPA“ und der „PLA“, sowie der Gestaltpsychologie zur Anwendung. Hierdurch wird der Einfluss der persönlichen Erfahrungen („IPA“), der Lebenswelt („PLA“) und des persönlichen und gesellschaftlichen Umfelds (systemische Therapie) und des Zusammenwirkens dieser Faktoren (Gestaltpsychologie) auf die „Gesunderhaltung“ im Hinblick auf T2D sichtbar gemacht. Die hierfür zwischen den einzelnen Geschwisterteilen und den jeweiligen geisteswissenschaftlichen Forschern separat durchgeführten Interaktionen in Form von Sitzungen, Gesprächen, Interviews, Briefen, E-Mails etc. orientieren sich für alle vier Methoden an den drei Leitdifferenzen der „Gesunderhaltung.“ Anregungen für geeignete Gesprächsführungen und Fragestellungen für die „IPA“ und „PLA“ können ausgewählten Studien, die bisher mit diesen beiden Methoden an Patienten mit bereits diagnostizierter T2D durchgeführt worden sind, entnommen werden. Design und Ergebnis von ausgewählten publizierten Studien sind hier jeweils als Zusammenfassung dokumentiert (s. 3.2.5). Gemäß einer Recherche in einschlägigen Datenbanken (z.B. PubMed) sind bis Juli 2015 keine Studien mit Hilfe der Methoden der „IPA“ und „PLA“ an (noch) gesunden oder prä-diabetischen Probanden mit Familiengeschichte an T2D durchgeführt und publiziert worden.

Hinsichtlich der systemischen Therapie könnte eine geeignete Fragestellung an die Probanden etwa lauten: „Was würden Sie am meisten in ihrem Leben vermissen, wenn Ihre Vorahnung oder Angst, dass Sie früher oder später an T2D erkranken werden, plötzlich verschwunden wäre?" oder „Was würden Sie augenblicklich tun, wenn Ihnen aus berufenem Mund mitgeteilt wird, dass Sie mit Sicherheit nicht an T2D erkranken werden." Diese Fragen sind charakteristisch für systemisches Arbeiten. Sie wollen am „System" eines Menschen rütteln, an eingeschliffenen Mustern und Vorstellungen (über T2D) und eine Neusortierung in Gang bringen. Eine weitere von systemischen Therapeuten entwickelte wichtige Technik, um zum Kern eines Problems vorzudringen, besteht im „zirkulären Fragen." Der Therapeut wendet sich dabei nicht wie üblich an den Patienten direkt, sondern an dessen Vater oder Mutter: „Was denken Sie, wie ihr an Diabetes erkrankter Sohn sich gerade fühlt?" Und wenn der Patient weint, würde der Therapeut nicht fragen: „Warum weinen Sie?" sondern „Was denken Sie bedeutet Ihr Weinen für Ihren Vater oder Ihre Mutter?" Der Therapeut erzwingt damit bei den gesunden Familienmitgliedern einen Perspektivenwechsel hinsichtlich der Folgen einer Diabeteserkrankung. Eltern und Sohn betrachten ihr Miteinander von einem anderen Standpunkt aus. Gleichzeitig enthalten ihre Antworten Hinweise auf ihr Verhältnis zueinander. Spannungen und Missverständnisse werden ersichtlich. Noch drastischer ist die sog. „paradoxe Verschreibung." Der Therapeut beauftragt beispielsweise einen depressiven jüngeren Mann mit T2D, der nach wie vor bei seiner ihn umsorgenden Mutter zu Hause wohnt, sich bis zur nächsten Sitzung noch trauriger, antriebsärmer, grübelnder zu verhalten als bisher. Die Mutter wird dieses gesteigerte depressive Verhalten womöglich nicht mehr lange aushalten, wütend werden und ihren Sohn auffordern, sich aufzuraffen und würde ihn nicht mehr wie bislang in seiner Tätigkeit unterstützen. Das soziale Gefüge der beiden wurde verstört und muss sich daraufhin neu sortieren (allerdings wird diese stark „heteronome" Vorgehensweise aus nachvollziehbaren Gründen eher selten angewendet). Die Techniken des „zirkulären Fragens" und der „paradoxen Verschreibung" könnten von den Experten der systemischen Therapie in ihren Gesprächen über die persönlichen lebensweltlichen Wahrnehmungen und lebensgeschichtlichen Erfahrungen der (noch) gesunden oder prä-diabetischen Probanden mit unterschiedlich stark ausgeprägter Vorahnung oder Angst, an T2D zu erkranken, auf adäquate Weise eingesetzt werden.

Das Design der Sitzungen, Gespräche, Interviews etc., wie auch deren Durchführung, einschließlich Dokumentation und Auswertung in Form von mündlichen und schriftlichen Berichten, Transkripten, Analysen und Interpretationen, durch die Gesundheitspsychologen, Psychotherapeuten und phänomenologischen Biologen und Philosophen, erfolgt ohne deren Kenntnis der Ergebnisse der vorangegangenen molekularen „Prä-Analyse" und bleibt damit unabhängig und unbeeinflusst vom „Wissen" der Ärzte und naturwissenschaftlichen Forscher.

4.2.5.5 *Die Integration im „drei-dimensionalen Diskurs für Gesunderhaltung"*

Auf Stufe IV des Projekts findet der Diskurs im drei-dimensionalen Raum für „Gesunderhaltung" in getrennten Sitzungen unter vier Augen zwischen den beteiligten natur- und geisteswissenschaftlichen Forschern und Ärzten und demjenigen Geschwisterteil statt, mit dem auf Stufe III bereits die systemisch-lebensweltlich-gestalttheoretische Analyse durchgeführt worden war (s. Abb. 9 in 3.3.1.1). Dabei werden in einer ersten Runde die Resultate der molekularen „Prä-Analyse" und der verschiedenen systemisch-lebensweltlich-gestalttheoretischen Analysen unter den Forschern und Ärzten ausgetauscht und diskutiert. Ziel ist dabei keineswegs deren (gegenseitige) Beeinflussung und die Modifikation oder gar Angleichung ihrer in den Stufen II und III generierten Auffassungen. Stattdessen soll ein identischer Informationsstand zwischen allen Forschern und Ärzten erreicht werden. In der nächsten Runde des Diskurses werden die Resultate der molekularen „Prä-Analysen" und systemisch-lebensweltlich-gestalttheoretischen Analysen den beiden Geschwisterteilen mitgeteilt und erläutert. Durch Beantwortung diesbezüglicher Fragen der Geschwister durch die Experten soll die Verständlichkeit und Nachvollziehbarkeit der Analysen auf den Stufen II und III gewährleistet werden.

Nach diesen beiden eher informativen Runden folgt die eigentliche Runde des drei-dimensionalen Diskurses zwischen allen Teilnehmern, in der jedes Forschungsobjekt mit allen Forschungssubjekten interagiert. Hierbei werden alle Teilnehmer ihre Position im „drei-dimensionalen Diskursraum für Gesunderhaltung" gemäß den Leitdifferenzen „Determiniertheit – Unschärfe", „Objektiv – Subjektiv" und „Healthism – Eigenverantwortung" verorten. Der ‚Aufenthalt' in diesem drei-dimensionalen Diskursraum über einen bestimmten Zeitraum, etwa über sechs Monate hinweg, wird sowohl bei den Forschern und Ärzten, wie auch bei den Geschwistern ‚Spuren hinterlassen', indem sich ihre Positionen verändern, aufeinander zu bewegen und annähern werden. Im Zuge dieser Bewegung und Dynamik zum ‚Optimum' oder – besser – zum ‚Passenden' hin werden auch eventuelle Extrempositionen der einzelnen Forschungssubjekte und –objekte an den Eckpunkten, Kanten oder Begrenzungsflächen des drei-dimensionalen Raums verlassen. Dabei wird für jeden Teilnehmer entsprechend seiner individuellen lebensweltlichen und -geschichtlichen Situation und physiologischen Konstitution eine andere Position ‚passend' und ‚optimal' wirken hinsichtlich (i) der kausalen Determiniertheit seiner T2D durch Risikofaktoren und molekulare Defekte oder Defizite einerseits und der Unschärfe seiner „lebensgeschichtlichen" Erfahrung hinsichtlich der Krankheit andererseits, (ii) der objektiv und quantitativ-numerisch messbaren Schwere und Art der diabetischen Spätschäden und Komplikationen einerseits und ihrer subjektiven und qualitativ-narrativen Erfahrbarkeit andererseits und (iii) der „autonomen" Forderung zu eigenverantwortlicher Prävention, die dem Arzt und Forscher nur eine Beratungsfunktion zuerkennt einerseits und des „heteronomen" Anspruchs einer Verantwortungsübernahme für T2D durch das Gesundheitssystem andererseits.

Das ‚Optimum' oder ‚Passende' wird sich nur in seltenen Fällen in der geometrischen Mitte des „drei-dimensionalen Diskursraums" befinden und dürfte für jeden Teilnehmer unterschiedlich positioniert sein. Vielmehr wird das ‚Passende' meistens eine mehr oder weniger ausgedehnte und unscharf begrenzte ‚Kugelwolke' ausmachen, die von den Positionen aller beteiligter Forschungssubjekte und -objekte gebildet wird (Abb. 14). Somit werden die Ärzte, die Forscher und die Geschwister mehr oder weniger nahen Kontakt zueinander halten, diskursiv miteinander interagieren und sich letztlich – nach mehreren Runden des Diskurses – in einer immer kleiner gewordenen ‚Kugelwolke' wiederfinden. Die Bewegung von den jeweiligen Ausgangspositionen zu den ‚Kugelwolken' in Richtung ‚passend' wird sich wahrscheinlich nicht geradlinig und unidirektional, sondern entlang gewisser Umwege vollziehen, dabei transient entgegengesetzte Richtungen einschlagend und unterschiedlich lange Wegstrecken und Zeiträume in Anspruch nehmend (Abb. 14). Die ‚Spuren' der jeweiligen ‚Über-Alles-Bewegung' zum gemeinsamen ‚Passen' hin wird für jeden der teilnehmenden Forscher, Ärzte und Geschwister charakteristisch und im Vergleich untereinander mehr oder weniger deutlich unterschiedlich ausfallen. In ihrer Gesamtheit repräsentieren diese ‚Spuren' damit für jedes Geschwisterteil das systemisch-lebensweltlich-gestalttheoretische Profil für den spezifischen Prozess seiner individuellen „Gesunderhaltung" bezüglich T2D durch die Gemeinschaft der beteiligten Forscher und Ärzte.

Abb. 14 Hypothetischer Verlauf der Projekts. In den Phasen II und V werden die Vorhersagen der Erkrankungswahrscheinlichkeit, der Erkrankungsschwere und des präventiven Erfolgs (in %, wobei 50% dem Ausgang eines Würfelwurfes entspricht) jeweils separat ‚cross-sectional' zwischen A/N und P (Zeilen A und B), sowie zwischen P1 und P2 (Zeile C) untereinander verglichen und als Differenzen dargestellt. Der ‚cross-sectionale' Vergleich zwischen den Abweichungen von A/N und P hinsichtlich des Teilnehmers ohne (P1) und mit drei-dimensionalem Diskurs (P2) ist in Zeile D ebenfalls separat für die Phasen II und V kalkuliert. Die jeweils für die Phasen II und V separat kalkulierten Differenzen können untereinander „longitudinal" (von Phase II auf Phase V) verglichen werden. Die in der Periode nach Phase V eventuell bei P1 und P2 diagnostizierte T2D von bestimmter Schwere und bestimmtem Typ können zur Verifikation oder Falsifikation der Arbeitshypothese des Projektvorschlags hinsichtlich der quantitativen-qualitativen, gesetzlichen-narrativen und erfolgreichen/losen-angemessenen Beurteilung der Erkrankungswahrscheinlichkeit, der Erkrankungsschwere und des präventiven Erfolgs durch die Phasen III-V der „gesamtwissenschaftlichen Gesunderhaltung" herangezogen werden

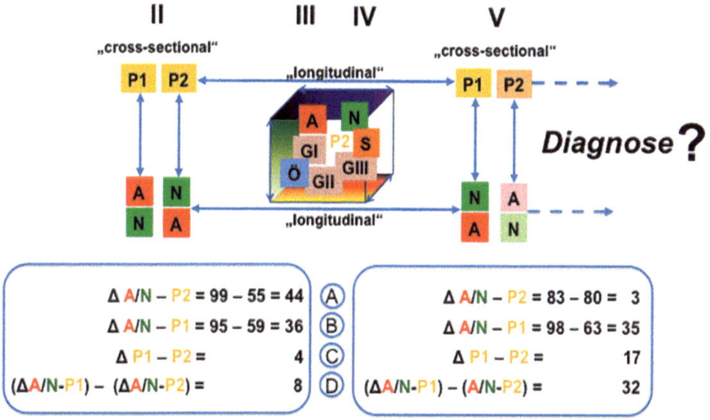

4.2.5.6 *Die Arbeitshypothese II – Das Ergebnis*

Auf der das Projekt abschließenden Stufe V werden von den Forschern und Ärzten im Rahmen der molekularen „Post-Analyse" für beide Geschwisterteile eines Paares die gleichen genotypischen und phänotypischen Biomarker wie auf Stufe II der „Prä-Analyse" gemessen, einschließlich der komplexen Strukturen und Signaturen, die mit metabolischem Stress assoziiert sind (s. Abb. 13 in 4.2.5.2). Es wird folgende Arbeitshypothese hinsichtlich der sich bei allen Teilnehmern zwischen Stufe IV und Stufe V der „gesamtwissenschaftlichen Gesunderhaltung" ausbildenden Positionen zur Erkrankungswahrscheinlichkeit für T2D für die beiden Geschwisterteile relativ zu den entsprechenden Resultaten auf Stufe II der molekularen „Prä-Analyse" aufgestellt (s. Abb. 14 in 4.2.5.5): Hinsichtlich der Geschwisterteile, die für die Stufen III und IV nicht eingeschlossen waren und *quasi* als ‚Kontroll-Forschungsobjekte' zu betrachten sind (P1), werden sich sowohl die von den Ärzten (A) und naturwissenschaftlichen Forschern (N), wie auch die von den Geschwistern selbst vorhergesagte Wahrscheinlichkeit einer Erkrankung an T2D, ihres Schweregrads und Typs, sowie des Erfolgs ihrer Prävention sich im Vergleich zur molekularen „Prä-Analyse" auf Stufe II nur geringfügig – gegebenenfalls im Rahmen einer voranschreitenden Pathogenese nach oben – verändern (Zeile B: 95>98, 59>63). Damit bleibt der große auf Stufe II festgestellte Unterschied in den Prädiktionen zwischen Ärzten (A) und naturwissenschaftlichen Forschern (N) einerseits und den Geschwisterteilen (P1, P2) andererseits bestehen oder nimmt bestenfalls geringfügig ab (Zeile B: 36>35).

Hinsichtlich der Geschwisterteile, die für die Stufen III und IV der systemischen-lebensweltlich-gestalttheoretischen Analyse und des drei-dimensionalen Diskurses aufgenommen waren (P2), kommt es zur entscheidenden „Transformation der gesamtwissenschaftlichen Gesunderhaltung" (s. Abb. 14 in 4.2.5.5). Das ‚Aufeinander-zu-Bewegen' und die ‚Begegnung' im drei-dimensionalen Diskursraum von „vorhergemessenen" quantitativ-nummerischen Biomarkern, Molekülen, metabolischen Zuständen und komplexen Strukturen, von objektiv-kausalen Erklärungen, von mechanistisch-molekularem Wissen und von ‚hervorgebrachten' Korrelaten, Signaturen und Symbolen einerseits und von „vorhererfahrenen" qualitativ-narrativen phänomenologischen Beobachtungen und Beschreibungen, interpretativen Analysen, subjektiv-individuellem Verstehen, empathischem Denken, teilnehmendem Schauen und methodischem Einfühlen andererseits ruft im Wechselspiel zwischen Beobachter und Beobachteten, zwischen Forschungssubjekt und Forschungsobjekt, zwischen Arzt oder Forscher und Geschwisterteil tiefgehende Veränderungen und Anpassungen in ihrer persönlichen Auseinandersetzung mit den drei Leitdifferenzen für die „Gesunderhaltung" hervor. Es kommt zum „Ineinander Verflechten" *vs.* Abstandnehmen, Aufwerten *vs.* Abwerten, Ergänzen *vs.* Entfernen, Anpassen *vs.* Zurechtrücken von quantitativen *vs.* qualitativen, numerischen vs. narrativen, objektiven *vs.* subjektiven, beobachteten *vs.* erfahrenen, messbaren *vs.* einfühlbaren, nomothetischen *vs.* idiographischen, naturwissenschaftlichen *vs.* geisteswissenschaftlichen Polen bei den in den Stufen III bis V involvierten Ärzten, Forschern und Geschwisterteilen, die den Gesamtprozess der „gesamtwissenschaftlichen Gesunderhaltung" hinsichtlich Erkrankungswahrscheinlichkeit, Erkrankungsschwere und präventivem Erfolg letztlich steuern und kontrollieren.

Als Konsequenz ihrer „Begegnung" und ihres „Aufeinander-zu-Bewegens" sollte es im Laufe der Stufen III bis V zu einer Annäherung der Positionen (s. Abb. 14 in 4.2.5.5) kommen: Die vormals auf Stufe II zwischen den Forschern oder Ärzten und den Geschwisterteilen manifeste erhebliche Differenz schwindet (Zeile A: 44>3). Gleichzeitig tut sich von Stufe II auf Stufe V jeweils eine große Differenz zwischen den Positionen der beiden Geschwisterteile untereinander auf (Zeile C: 4>17) und vergrößert sich der Abstand der Positionen über die beiden Geschwisterteile zwischen den Ärzten oder Forschern und den Geschwisterteilen (Zeile D: 8>32). Von entscheidender Bedeutung ist hierbei die Integration der quantitativen Beschreibungen der molekularen Analyse und der qualitativen Erfahrungen der systemisch-lebensweltlich-gestalttheoretischen Analyse, die der „drei-dimensionale Diskurs für die Gesunderhaltung" des potentiellen Patienten zusammen mit dem Patienten ‚hervorbringt.'

Die dem Projektvorschlag zugrundeliegende Arbeitshypothese, dass die Wechselwirkung zwischen Ärzten, natur- und geisteswissenschaftlichen Forschern und Patienten innerhalb des durch die drei Leitdifferenzen für „Gesundheiterhaltung" konstituierten Diskursraums die Erkrankungswahrscheinlichkeit, die Erkrankungsschwere und den präventiven Erfolg entscheidend beeinflussen und zu einer Annäherung zwischen Prädiktion und Wirklichkeit führen kann, könnte durch „cross-sectionale" und „longitudinale" Auswertungen der Resultate überprüft werden. Durch diese würde vor allem die Bedeutung der Interaktionen während der systemisch-lebensweltlich-gestalttheoretischen Analysen und dem Diskurs auf den Stufen III und IV offenlegt. Im Falle der Verifikation werden (i) im „cross-sectionalen" Vergleich zwischen den Geschwisterteilen untereinander, sowie zwischen den Ärzten oder Forschern und Geschwisterteilen auf Stufe II und Stufe V geringe (s. Abb. 14 in 4.2.5.5: Zeilen C, D: 4, 8) bzw. große (Zeilen C, D: 17, 32) Unterschiede erwartet. Weiterhin werden (ii) im „longitudinalen" Vergleich zwischen Stufe II und Stufe V die Verringerung bzw. die Beibehaltung des großen Unterschieds zwischen den Ärzten oder Forschern und dem in Stufe III und Stufe IV eingeschlossen (P2, Zeile A: 44>3) bzw. ausgeschlossenen (P1, Zeile B: 36>35) Geschwisterteil angenommen. Darüberhinaus sollte (iii) die Analyse des weiteren Verlaufs der Lebensgeschichte bei demjenigen Geschwisterteil eine günstigere Entwicklung der T2D enthüllen, der zusammen mit den Ärzten und Forschern im „drei-dimensionalen Diskurs für gesamtwissenschaftliche Gesunderhaltung" im Vergleich zu seinem ausschließlich der molekularen Analyse ausgesetzten Pendant (P1) eine ‚angepasste' Position hinsichtlich Erkrankungswahrscheinlichkeit, Erkrankungsschwere und Wahrscheinlichkeit des präventiven Erfolgs ‚hervorgebracht' hat (P2) (Abb. 15).

Abb. 15 Die Arbeitshypothese des Projekts. Die „Positionen“ (schwarze Punkte) der den Diskurs durchführenden (2) bzw. nicht-durchführenden (1) Geschwisterteile (P), Ärzte (A), Naturwissenschaftler (N) und Geisteswissenschaftler (G) innerhalb des drei-dimensionalen Diskursraumes liegen vor Projektbeginn (links) für alle Teilnehmer in Bereichen der ‚Unschärfe' (rötlich gestrichelt) an entgegengesetzten Extrem- oder Polpositionen. Diese haben die Teilnehmer ohne Diskurs (P1, G1, N1, A1) auch am Projektende (rechts) nicht verlassen, während sich die Teilnehmer mit Diskurs (P2, G2, N2, A2) in einen gemeinsamen Bereich der ‚Unschärfe' (grün gestrichelt) im Zentrum des drei-dimensionalen Raums aufeinander zubewegt haben, ohne mit dessen geometrischen Mitte (grüner Punkt) ‚zusammenzufallen'

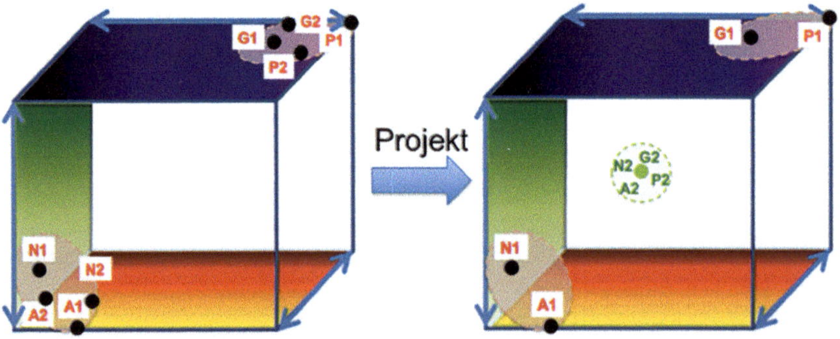

Natürlich besteht die Erwartung, dass über mehrere unmittelbar aufeinander oder in bestimmten zeitlichen Abständen durchgeführte Zyklen der Stufen III bis V, bestehend aus systemisch-lebensweltlich-gestalttheoretischer Analyse, „drei-dimensionalem Diskurs“ und molekularer Analyse die anfänglich ‚ein- oder zwei-dimensionalen' und voneinander deutlich abweichenden Positionen aller Teilnehmer sich in den „drei-dimensionalen Diskursraum der Gesunderhaltung“ hinein und aufeinander zu bewegen. Das Ergebnis wäre somit eine Annäherung, wenn nicht sogar eine (weitgehende) Übereinstimmung zwischen Arzt, natur- und geisteswissenschaftlichen Forschern, potentiellen Diabetes-Patienten und der tatsächlichen Krankheitsentwicklung in allen drei Dimensionen der „Gesunderhaltung“, also der Erkrankungswahrscheinlichkeit, der Erkrankungsschwere und des Erfolgs präventiver Maßnahmen (s. Abb. 15 in 4.2.5.6).

Das Ziel der „gesamtwissenschaftlichen Gesunderhaltung“ lässt sich somit in gewisser Hinsicht als Versuch der Konkretisierung des Anliegens von Edmund Husserl auffassen, die phänomenologische Wissenschaft, also die zu erforschende Abhängigkeit des Menschen von seiner lebensgeschichtlichen Entwicklung und Einbettung in seine Lebenswelt, einschließlich der in ihr hervorgebrachten Sinn- und Bedeutungszuweisungen, hier am Beispiel seiner Auseinandersetzung mit einer Zivilisationskrankheit, in die Naturwissenschaft zu integrieren. Wie Verena Mayer herausgestellt hat, ging es Husserl um Aufwertung der seit der Antike als lediglich persönliche Vermutung, nicht verifizierte Meinung und bestenfalls relative Wahrheit verstandenen „Doxa" gegenüber der das Wissen, die Vernunft und die absolute Wahrheit repräsentierenden „Episteme"[559]. Husserl erkannte in der „Doxa" die einzig natürliche Haltung zu Gegenständen, Gegebenheiten und Sachverhalten, in der diese in ihrer jeweiligen Lebenswelt – vorbegrifflich, vorwissenschaftlich und vorprädikativ – als „Bereich der letzt-ursprünglichen, noch nicht exakten und mathematisch-physikalisch idealisierten Evidenzen"[560] erfahrbar sind. Die Richtigkeit oder Wahrheit dieser lebensweltlichen Einstellung werde in einem kontinuierlichen Prozess des Suchens nach Übereinstimmung der Meinungen der Beobachtenden untereinander über die beobachtete Lebenswelt und deren Bewährung in der individuellen Lebensgeschichte ‚hervorgebracht.' Dieser Vorgang entspricht damit im Wesentlichen dem „drei-dimensionalen Diskurs für gesamtwissenschaftliche Gesunderhaltung." Dieser, wie auch die „Doxa" soll (lediglich) eine der jeweiligen lebensweltlichen Situation und Praxis angemessene, passende und damit völlig ausreichende Genauigkeit des Wissens generieren. Tatsächlich geht es im drei-dimensionalen Diskurs nicht um die Einigung der beteiligten Ärzte, Forscher und potentiellen Patienten auf exakte Prozentzahlen für die Erkrankungswahrscheinlichkeit und -schwere, sowie für die Wahrscheinlichkeit des präventiven Erfolgs, sondern vielmehr um das ‚Hervorbringen' einer Position, mit der alle Teilnehmer in ihrer Lebenswelt für ihre jeweiligen Zwecke etwas anfangen können. So sollten die potentiellen Diabetes-Patienten in der Lage sein, besser mit ihrer Angst vor T2D umzugehen oder besser mit – einer günstigeren Form der – T2D zu leben. Die „Doxa" der systemisch-konstruktivistischen, phänomenologisch-lebensweltlichen und gestalttheoretischen Analyse bzw. Forschung können deshalb, vor allem bei ihrer Integration in naturwissenschaftliche „Episteme", zu außerordentlich nützlichen Erkenntnissen führen.

Während die „Doxa" von den Naturwissenschaften als pseudo- oder unwissenschaftlich abgelehnt wird, bezweifelt umgekehrt die systemisch-lebensweltlich-gestalttheoretische Forschung grundsätzlich nicht den Wert der „Episteme." Durch die Integration beider Bereiche wird den Naturwissenschaften jedoch vielmehr die ihnen zukommende Bedeutung zugewiesen und ihr Wahrheitsanspruch begrenzt. Wie Verena Mayer betont[561], hoffte bereits Edmund Husserl, dass die Akzeptanz der Gründung der Naturwissenschaften auf der Lebenswelt durch die Naturwissenschaftler neue ungeahnte Möglichkeiten des Denkens ausgehend von nur vorbegrifflich und vorwissenschaftlich Erfassbarem und Beobachtetem in „verschiedene Richtungen der Explikation, verschiedenen Schichten der anschaulichen Welt entsprechend"[562] eröffnen werde. So soll im „drei-dimensionalen Diskurs für gesamtwissenschaftliche Gesunderhaltung" die Rückbesinnung auf die Erfahrungen

559 Mayer 2009, S. 144.
560 Husserl 1939, S. 44.
561 Mayer 2009, S. 145.
562 Husserl 1976, S. 498.

von potentiellen Diabetes-Patienten und deren Sinnzuweisungen das Erkennen von – möglicherweise überraschenden – Zusammenhängen zwischen „Vorhermessen", „Vorhererfahren" und dem tatsächlichen Auftreten von T2D erlauben, die ohne ein Begreifen der lebensweltlichen Fundierung als unwissenschaftlich disqualifiziert werden würden. Die Tatsache, dass die Innenwelt von potentiellen Diabetes-Patienten – da den quantitativ-numerischen Analysemethoden unzugänglich – bisher nicht Gegenstand des naturwissenschaftlichen Interesses geworden ist, lässt sich durch die Hemmung oder Abneigung der „Episteme" gegenüber einem „nicht-messbar" Forschungsobjekt erklären, welches mit dem Subjekt in einer ‚unscharfen nicht-kausalen' Relation steht. Damit jedoch nimmt das rationalistisch-naturalistische Konzept der modernen Naturwissenschaft eine Bewertung zwischen real objektiv und lediglich subjektiv existierenden Forschungsobjekten vor „und zwar ohne auf die Ursachen dieser Trennung je zu reflektieren und ohne die Folgen, die ja für....(es) irreal sind, abschätzen zu können"[563].

Bezugnehmend auf die Verlegung der Ursprünge des rationalistisch-naturalistischen Konzepts der neuzeitlichen Naturwissenschaft in die idealisierte Welt der Mathematik und Geometrie mit ihrer „Unterschiebung der mathematisch substruierten Welt der Idealitäten für die einzig wirkliche, die wirklich wahrnehmungsmäßig gegebene" durch Edmund Husserl[564] ließe sich das Wirklichkeitsverhältnis zwischen antiker „Doxa" und neuzeitlicher „Episteme" umkehren und unter Ab- und Anverwandlung der Forderung des Lyrikers und Philosophen Paul Valery[565] „Kunst sollte die Nachahmung dessen sein, was real nicht existiert" überspitzt folgendermaßen charakterisieren: Molekulare Forschung sollte das „Vorhermessen" dessen sein, was real nicht existiert; systemisch-lebensweltlich-gestalttheoretische Forschung sollte das „Vorhererfahren" dessen sein, was real existiert; beides zusammen macht die menschliche Existenz aus und muss für die Prädiktion und Prävention von Zivilisationskrankheiten berücksichtigt werden.

563 Mayer 2009, S. 145.
564 Husserl 1976, S. 49.
565 Valery, Paul: *Zur Ästhetik und Philosophie der Künste.* Suhrkamp: Frankfurt a.M. 1995.

„Es gibt drei Stufen der geistigen Entwicklung eines Menschen", sagte der Meister. „Die sinnliche, die geistige und die göttliche." „Was versteht man unter sinnlicher Stufe?" fragten die interessierten Schüler. „Das ist die Stufe, auf der Bäume als Bäume und Berge als Berge angesehen werden." „Und die geistige?" „Auf ihr sieht man tiefer in die Dinge hinein, dann sind Bäume nicht mehr Bäume und Berge nicht länger Berge." „Und die göttliche?" Nun, das ist die Erleuchtung", sagte der Meister mit leisem Lachen, „wenn die Bäume wieder zu Bäumen und die Berge wieder zu Bergen werden."

Anthony De Mello[566]

5 Schlussbetrachtungen: Die beiden Fallbeispiele und die „gesamtwissenschaftliche, missverständliche oder mystische Gesunderhaltung"

In der Einleitung wurde die Frage gestellt, ob die Entwicklung der T2D als typische Zivilisationskrankheit durch einen anderen Verlauf der Prozesse der konventionellen Prädiktion und Prävention während der Begegnung des Diabetologen oder Hausarztes mit den Patientinnen Almut und Regina hätte, wenn schon nicht verhindert werden, so wenigstens einen günstigeren Verlauf nehmen können? Für die Beantwortung dieser Frage solide und belastbare Evidenzen zu finden, stellt das ambitionierte Ziel des vorgestellten Forschungsprojekts dar.

Hinsichtlich Patientin Almut bestehen im Falle eines erfolgreichen „Diskurses für gesamtwissenschaftliche Gesunderhaltung" die folgenden Erwartungen: (i) Sie ist selbst nicht mehr ‚felsenfest' davon überzeugt, auf alle Fälle an T2D zu erkranken, noch dazu an einer besonders schweren Form und unabhängig davon, wie sie sich künftig verhält. (ii) Der behandelnde Diabetologe – zusammen mit den natur- und geisteswissenschaftlichen Forschern – hält die Wahrscheinlichkeit für Almut, an T2D zu erkranken, nicht mehr für vernachlässigbar gering und prophezeit für den – unwahrscheinlichen – Fall einer Erkrankung keine nur sehr milde Form, die allein durch ein angemessenes Verhalten der Patientin faktisch verhindert werden könnte. Komplementär hierzu wird hinsichtlich Patientin Regina erwartet: (iii) Regina ist selbst nicht mehr ‚felsenfest' der Meinung, auf keinen Fall – trotz ihrer offenbar unvernünftigen Lebensweise – an T2D zu erkranken und wenn doch, so nur an einer milden Form. (iv) Der Diabetologe zusammen mit den natur- und geistes-

566 De Mello, Anthony: *Eine Minute Weisheit – Heimkehr* (Originaltitel: *One Minute Wisdom*, übersetzt von Ursula Schottelius). Herder: Freiburg / Basel / Wien 1986.

wissenschaftlichen Forschern beurteilt die Wahrscheinlichkeit für Regina, an T2D, noch dazu an einer mit schwerwiegenden Spätschäden zu erkranken, nicht mehr als extrem hoch oder gar als unausweichlich und vertritt nicht mehr die Position, dass diese allein durch ein entsprechendes Verhalten von Regina verhindert werden kann. (v) Während des „drei-dimensionalen Diskurses" würden sich alle Teilnehmer auf eine für Almut bzw. Regina „passende" Erkrankungswahrscheinlichkeit und den „passenden" Schweregrad für eine T2D, sowie auf die Erfolgsaussichten eines „passenden" präventiven Beitrags von Almut bzw. Regina ‚einigen.' (vi) Almut bzw. Regina, sich vereinbarungsgemäß ‚präventiv' verhaltend, würde mit dem ‚angepassten' – moderaten – Risiko an T2D in der ‚angepassten' – milden – Form erkranken.

Zum Schluss soll zur Vermeidung von Missverständnissen betont werden, dass mit dem vorgestellten Konzept der „gesamtwissenschaftlichen Gesunderhaltung" einschließlich des vorgestellten Projekts in keiner Weise eine Art ‚Medizin-Journalismus' oder ‚Entzauberung der Götter in weiß' oder ‚harmonischer Kuschelkurs' für die Teilnehmer beabsichtigt oder gar angestrebt wird. Es geht also nicht darum, eine Strategie zu entwickeln, wie komplexe biomedizinische und lebenswissenschaftliche Erklärungen, etwa zur molekularen und physiologischen Pathogenese einer Zivilisationskrankheit, wie T2D, im Beratungsgespräch zwischen Experten und Laien, zwischen Ärzten und Patienten, nachvollziehbar und verständlich dargestellt werden könnten. Für diese sicherlich wichtige und anspruchsvolle Aufgabe ist in den vergangenen Jahrzehnten bereits eine Vielzahl von vielversprechenden Initiativen von beiden ‚Seiten' ins Leben gerufen worden.

Es ist auch keineswegs das Ziel, die biomedizinische und molekularbiologische Expertise der beteiligten Ärzte und Naturwissenschaftler in Frage zu stellen. Ebenso wenig wird angestrebt, diese Expertise auf eine Ebene mit den Kenntnissen von wissenschaftlich weniger gut ausgebildeten Personen, wie Krankenschwestern oder Pflegern zu stellen, möglicherweise motiviert durch den – nachvollziehbaren und verständlichen – Wunsch nach gegenseitiger Akzeptanz und Begegnung auf Augenhöhe von allen an der Gesundheitsversorgung Beteiligten. Doch wie Irmhild Saake betont, sind trotz der schon (zu) weit gehenden Diskussion hierüber in der Öffentlichkeit und vielen Versuchen der praktischen Umsetzung dieser Annäherung und der Gleichberechtigung zwischen Personen unterschiedlichen (Aus-)Bildungsstandes und dem damit verbundenen Autoritätsverlust der Ärzte und Naturwissenschaftler deutliche Grenzen gesetzt, sobald es um lebenswichtige Entscheidungen und konkrete Verantwortungsübernahme hierfür geht[567].

> Die Sätze, die der Arzt sagt, wirken zu kalt und zu technisch. Seine Expertise ist nicht gefragt, und es spielt kaum noch eine Rolle, dass sich diese Expertise einer sehr langen und sehr mühevollen Ausbildung verdankt. Die „weibliche" Intuition" der Krankenschwester gewinnt dagegen an Einfluss, weil ihre eher emotionalen, warmen Sätze jeder verstehen kann. Und am glücklichsten sind alle, wenn der Arzt plötzlich wie eine

567 Saake, Irmhild: „Immer auf Augenhöhe". *Süddeutsche Zeitung* (126) 05.06.2015.

> Krankenschwester redet und von der Lebensenergie eines Patienten schwärmt....Aber belügen wir uns nicht selbst? Es mag zwar negativ klingen, dass ein Arzt durch eine sehr autoritäre Ausbildung selbst zu einer Autorität wird. Aber der Patient möchte sich dann doch lieber von einem Arzt als von einer Krankenschwester behandeln lassen und ist dankbar für die asymmetrische Expertise und die strenge Pflege des guten Arguments. Irgendwann muss das Reden auf Augenhöhe aufhören, müssen Entscheidungen getroffen werden. Manchmal muss das sogar schnell geschehen. Genau dafür hat man einst Hierarchien geschaffen. Man kann nicht sinnvoll Wissenschaft betreiben, ohne ganz altmodisch und autoritär auf das bessere Wissen zu beharren....Das Hineinversetzen in die Position eines anderen, der dafür auch richtig anders sein kann, ist so etwas wie ein Volkssport geworden. Wir wechseln auf die andere Seite und spiegeln uns im anderen, spiegeln den anderen in uns. Wir symmetrisieren. Gut möglich, dass unsere Gesellschaft auf diese Weise freier, gleicher, gerechter wird. Ganz sicher wird unser Leben komplizierter. Und womöglich werden wir auch ein wenig dümmer.

Vielmehr stellt die vorgestellte Konzeption und der auf ihr basierende Projekt einen Versuch dar, für die „Gesunderhaltung" im Hinblick auf Zivilisationskrankheiten das Denken und Handeln in strikt voneinander getrennten und sich nicht berührenden ein- und zwei-dimensionalen Positionen des naturwissenschaftlichen, quantitativ-numerischen, objektiven und erklärenden Pols einerseits und des geisteswissenschaftlichen, qualitativ-narrativen, subjektiven und verstehenden Pols andererseits aufzubrechen und in einem drei-dimensionalen Raum des Diskurses zu integrieren. Dabei sollen die Charakteristika, Stärken und Schwächen der jeweiligen einzelnen Dimension mit ihrem jeweiligen Gegensatzpaar keineswegs aufgrund eines Harmoniebedürfnisses oder Wunsches nach Kompromisslösungen nivelliert werden. Es geht also auch nicht um das Hineinversetzen in die Position eines anderen *quasi* mit Empathie als „Mode und Volkssport", welches Irmhild Saake in Frage stellt. Vielmehr soll jede Position der einen Dimension ‚unzensiert' in den gemeinsamen Diskursraum einfließen und dort durch Interaktion mit Positionen der anderen Dimensionen ihre Stärke voll entfalten und eventuell potenzieren können.

Aber das bedeutet umgekehrt nicht, dass die Ärzte und Forscher bei den von ihnen ausgesuchten Denk- und Handlungsformen wie „die Schuster bei ihren Leisten bleiben sollen", da die von ihnen jeweils benutzten Verfahren nur von ihnen als Experten sinnvoll und effizient, etwa zur Prädiktion und Prävention von Zivilisationskrankheiten, eingesetzt werden könnten und sollten und dass erst danach die „dimensionsmäßig" separat erhaltenen Positionen integriert werden dürften. Dieses Denken in separierten Dimensionen und Gegensatzpaaren lässt sich etwa mit der Metapher eines Vulkans umschreiben, dessen Ausbruch zu zwei in gewisser Entfernung zueinander liegenden Vulkankegeln mit (natur- und geisteswissenschaftlichen) Lava- (Denk-und Handlungs-) Strömen führt, die vollkommen getrennte Wegeverläufe vom Vulkankegel (quantitative und qualitative Konzeptionen) über die Vulkanflanke (Hervorbringung von Einzelergebnissen) bis zum Tal (Interpretation der Einzelergebnisse) nehmen und erst hier kurz vor dem Erkalten (Vorbereitung der Veröffentlichung) miteinander ‚lauwarm' und oberflächlich in

Kontakt kommen (‚Review-Prozess'), ohne dass dieser Kontakt zu wirklich nennenswerten Veränderungen in der Struktur und Organisation (im Gesamtergebnis) der beiden mittlerweile erstarrten Lava- (natur- und geisteswissenschaftlichen Denk- und Handlungs-) Ströme geführt hätte. Das Entstehen von wirklich neuen Lava- (gesamtwissenschaftlichen Denk- und Handlungs-) Strukturen erfordert hingegen eine intrinsische Vermengung und Durchdringung der (einzelwissenschaftlichen) Quellen unmittelbar nach ihrem „Ans-Tageslicht-Treten" (Diskurs gemäß der Dimension „Sein-Werden") über ihr ineinander verflochtenes „Zu-Tal-Strömen" (Diskurs gemäß der Dimension „quantitativ erklärend-qualitativ verstehend") und möglicherweise ihre Diversifikation in Ausläufer (Diskurs gemäß der Dimension „Autonomie-Heteronomie") erfordern.

In gewisser Hinsicht stellt dieses ineinander verflochtene ‚Zu-Tal-Strömen', dessen Wirkungs-macht im Idealfall bereits im vorgestellten Projekt offengelegt werden kann, die Konkretisierung des ambitionierten Ziels verschiedener, seit etwa 300 Jahren weltweit existierender Zirkel, Clubs und Salons dar, bestehend aus Wissenschaftlern und Künstlern unterschiedlichster Ausrichtung, die sich mit dem Denken und Handeln der jeweils ganz ‚andersartigen' Mitmenschen auseinanderzusetzen, um es eventuell in das eigene zu integrieren.

Einer der ersten ‚gesamtwissenschaftlichen Zirkel' war der „Lunar Club" von Birmingham, der Ende des 18. Jahrhunderts Wissenschaftler, Industrielle und Philosophen zu Abendessen versammelte, zu denen unter anderem Charles Darwins Großvater und der Wissenschaftler und spätere Gründervater der USA, Benjamin Franklin, gehörten. In den 1970er und 1980er Jahren veranstaltete der avantgardistische Komponist, Buddhismus-Anhänger und Pilz-Experte John Cage zuerst in seinem New Yorker Loft, später am „Massachusetts Institute of Technology" die sog. „Science Diners". Zwischen 1981 und 1996 traf sich der „Reality Club" in New York in Lokalen, Clubs und Wohnungen. Jedes Jahr im Dezember ruft der New Yorker Literaturagent John Brockman Wissenschaftler, Intellektuelle und Künstler für sein Onlinemagazin „Edge.org" zur Frage des Jahres auf. Was sich da auf der Webseite in den letzten zwanzig Jahren unter dem Motto „Dritte Kultur" formierte, ist letztlich ein klassischer Salon im digitalen Raum. Wenn das vorliegende Buch auch nicht eine ‚Frage des Jahres' behandelt, so will es doch über das bloße Präsentieren von natur- und geisteswissenschaftlichen Denkweisen in Zirkeln, Clubs und Salons hinaus zu ihrer Annäherung, Verknüpfung oder gar Integration beitragen. Ein herausragendes Beispiel für dieses Anliegen eines das geistes- und naturwissenschaftliche Denken integrierenden und die modernen Medien angemessen und zugleich öffentlichkeitswirksam nutzenden „Zirkels" der Gegenwart kann in den ‚öffentlichen' Gesprächen zwischen dem Philosophen Wilhelm Vossenkuhl und dem Physiker Harald Lesch gesehen werden[568].

568 Vossenkuhl, Wilhelm / Lesch, Harald: *Die Großen Denker: Philosophie im Dialog.* Heyne: München 2011.

Natürlich ist dabei gleichzeitig der inhärenten Gefahr zu begegnen, dass Wissenschaft, geisteswissenschaftliche, wie naturwissenschaftliche und insbesondere interdisziplinäre, seit der vor mehreren Jahren hochgelobten nationalen und internationalen Forschungsverbünde, weltweiten Kooperationen und Exzellenz-Cluster an nur noch im Rudel denkbar erscheint – nach dem Motto, je größer und internationaler, desto besser und effizienter. Demnach hat sich derjenige Wissenschaftler, der allein am Schreibtisch sitzend einfach nur ein kluges Buch schreiben will, im seit langem verpönten Elfenbeinturm zu lokalisieren. Vor solchen Marketing-wirksamen Aktivitäten mit dem Anspruch auf allumfassendes Wissen von Grünschnäbeln auch in den jeweils für sich vereinnahmten ‚fremden' Fachdisziplinen warnte der deutsche Philosoph Hans Blumenberg auf seine unnachahmbare Weise schon vor mehreren Jahrzehnten[569]:

> Ich bin....zu der Einsicht gekommen, dass der Aufwand an Zeit, Disziplin, freiwilliger Anonymität und Kraft, der zu einem gemeinsamen interdisziplinären Unternehmen dieser Art gehört, auf längere Sicht in keinem angemessenen Verhältnis zum wissenschaftlichen Ertrag steht. Die Behauptung, anstelle der Einsamkeit des wissenschaftlichen Arbeiters sei die fertile Brutwärme des Kollektivs getreten, halte ich für ein Stück zweiter Jugendbewegung....Ich habe es einfach satt, mich von irgendwelchen Grünschnäbeln mit gerade mühsam Angelesenem traktieren zu lassen und das Ganze dann auch noch als ‚Teil eines Diskurses' betrachten zu sollen.

Dagegen wird und muss in nicht (ausschließlich) auf das Einwerben von Forschungsmitteln, der öffentlicher Reputation und der Selbstdarstellung der Wissenschaftler, sondern auf die innige Verflechtung von natur- und geisteswissenschaftlichen Denk- und Handlungsströmen zielenden Aktivitäten, wie etwa bei den Gesprächen zwischen Wilhelm Vossenkuhl und Harald Lesch oder im „drei-dimensionalen Diskurs für Gesunderhaltung", Platz sein für die beiden entscheidenden Tugenden des natur- und geisteswissenschaftlichen Denkens und Handelns, nämlich intellektuelle Redlichkeit und Ehrfurcht vor der dem menschlichen Verstand entzogenen Lebenswelt. Kein Platz darf in diesem Raum dagegen sein für den mit pseudo-logischen und –wissenschaftlichen Argumenten bewaffneten bewaffneten und durch fehlendes Bewusstsein von den lebensweltlichen Vorbedingungen allen Wissens hervorgerufenen Kampf von geistes- und naturwissenschaftlichen Theorien unter- und gegeneinander. Aber an den Grenzen zwischen den mit jeweils spezifischen Verfahren operierenden Natur- und Geisteswissenschaften werden sich Einbruchstellen des sich Zeigenden, des kaum Aussprechbaren, des eher mystisch, glaubend oder künstlerisch Erfahrbaren bilden, das auf unser Denken und Handeln entscheidenden Einfluss ausüben kann und soll, so auch bei der „Gesunderhaltung" im Hinblick auf Zivilisationskrankheiten.

569 Blumenberg, Hans: „Ich fürchte mich vor den Organisationslustigen". In: Vowinckel A. (Hrsg.): *Ein Dialog zwischen Hans Blumenberg und Reinhart Koselleck.* Merkur Nr. 781, 2014.

Diese Einstellung weist interessanterweise eine bemerkenswerte Nähe zur nachklassischen Philosophie im Islam auf, die sich durch eine innige Verflechtung von verschiedenen Traditionen, also durch Synkretismus und gerade nicht durch Kämpfe zwischen verschiedenen „Denkstilen" auszeichnete. Hierzu bemerkte der Philosoph und Islamwissenschaftler Shlomo Pines[570] treffend:

> Die islamische Zivilisation war verschiedenen orientalischen, persischen und indischen Einflüssen ausgesetzt und enthielt schon von vornherein eine größere Anzahl von Elementen unterschiedlicher Herkunft als die europäische. In ihrer weiteren Entwicklung hat sie im Fall eines Konfliktes zwischen zwei philosophischen Systemen in der Regel nicht eines davon eliminiert, sondern sie ließ beide – entweder Seite an Seite oder auf verschiedenen Ebenen – bestehen.

Der Islamwissenschafter Frank Griffel hat diese Argumentationslinie aufgenommen. Nach ihm ist das muslimische Denken der europäischen Vorgehensweise in der neuzeitlichen bis modernen Philosophie seit Georg Friedrich Hegel bis hin zu Thomas S. Kuhn diametral entgegengesetzt. Für letztere werde sich bei Konflikten zwischen zwei Denksystemen oder wissenschaftlichen Paradigmen ein drittes, bisher nicht da gewesenes durchsetzen und die beiden ‚alten' eliminieren und gerade dieser ‚dialektische' Prozess stelle den Garant schlechthin für Fortschritt der Wissenschaft und Menschheit überhaupt dar[571]. Während also das nachklassisch-europäische Denken sein Heil im Austragen von Konflikten zwischen den streitenden Parteien und in der aggressiven Suche nach der einzig gültigen Lösung vermutete, setzte die islamische Geisteskultur auf die Anerkennung von konkurrierenden Prinzipien, falls für diese jeweils ähnlich gewichtige Rechtfertigungsstrategien ausgemacht werden konnten. Ein solches Streben nach ‚konservierender', statt ‚eliminierender' Synthese und Ausgleich kann nach Griffel[572] natürlich nicht zu bedeutsamen Revolutionen auf wissenschaftlichem und gesellschaftlichem Terrain führen, wie etwa zur kopernikanischen Wende oder zur Aufklärung und damit einhergehend zur Ausbildung von „Mainstream"-Denken und Handeln. Stattdessen sei dadurch die Ausbildung und Bewahrung von unscharfen und durchlässigen Nischen gefördert worden, in denen die Vertreter der einzelnen Denkströmungen und -traditionen ungestört und unverfolgt ihre unterschiedlichen Rollen und Organisationsformen entwickeln und einnehmen konnten und dabei oftmals – bewusst oder unbewusst – die Verknüpfung von Wissenschaft und Philosophie, ja sogar Religion katalysierten. Eine derartige Gesellschaft sei notwendigerweise eher durch Toleranz und Pluralität, auch in den wissenschaftlichen und künstlerischen Auffassungen geprägt als durch das – für

570 Pines, Shlomo: "Some problems of Islamic philosophy". *Islamic Culture* 11, 1939, S. 66–80.

571 Griffel, Frank: „Alles außer Aufruhr". *Süddeutsche Zeitung* (Nr. 121) 27.05.2016, S. 17.

572 Griffel 2016.

die westliche Zivilisation so prägende – Konkurrenzdenken und den Glauben an den Fortschritt und die Moderne.

Ergänzend betonte Thomas Bauer[573] dabei die herausragende Funktion des Philosophen in der nachklassischen vormodernen Periode des Islam von etwa 1100 bis 1800. So habe ein Philosoph die Fähigkeit und Bereitschaft besessen, alle relevanten Meinungen und Überzeugungen zu einer gegebenen philosophischen Frage- und Problemstellung so einzunehmen und zu präsentieren, als seien sie seine eigenen und trotzdem als gleichwertig und gleichberechtigt nebeneinander stehen zu lassen. Dadurch sei es häufig zu keiner – nach westlichen Kriterien zu urteilen – eindeutigen (Auf)Lösung gekommen. Ja es könne gar nicht zu einer einzig gültigen Beantwortung einer Frage kommen, obwohl die einzelnen Lösungsansätze sehr wohl miteinander verglichen und gegeneinander bewertet worden seien. Aber – und das ist für Bauer entscheidend – es herrschte dabei niemals die Notwendigkeit, der Zwang oder das Bedürfnis, ein einzig gültiges Ergebnis als dialektische Lösung anbieten zu müssen bzw. zu wollen, wie dies die modernen abendländischen Gesellschaften – wegen mangelnder „Ambiguitätstoleranz" – mit immer höherem Aufwand und größerer Rücksichtslosigkeit (gegenüber dem mit dem „Mainstream" nicht Kompatiblen) einforderten. So hat sich der westliche Experte oder Laie entweder den Naturwissenschaften oder den Geisteswissenschaften zu zuwenden, entweder der quantitativ-numerischen oder der qualitativ-narrativen Forschung, entweder dem „Vorhermessen" oder dem „Vorhererfahren" hinsichtlich der Prädiktion und Prävention von Zivilisationskrankheiten. Das westliche Denken ist mit einem ‚Dritten', wie der gesamtwissenschaftlichen Haltung im Allgemeinen und der Integration von „Vorhermessen" und „Vorhererfahren" für „Gesunderhaltung" bei T2D im Besonderen, nicht so einfach in Einklang zu bringen.

Demgegenüber sieht sich die gegenüber dem ‚Dritten' offene Haltung der nachklassischen Philosophie im Islam durchaus in der Tradition einiger großer abendländischer Denker und Mystiker des 17. bis 20. Jahrhunderts. Diese protestierten einerseits gegen den Wissenschafts- und Fortschrittsglauben ihrer jeweiligen Epoche, gegen die Ignoranz gegenüber der ‚ganzen Wirklichkeit', wie er sich häufig in den empiristischen und (neo-)positivistischen Schulen und den daraus hervorgegangenen szientistischen Werken manifestierte. Andererseits lehnten sie auch eine bestimmte anti-rationalistische Haltung ab, eine metaphysisch verseuchte, vernunftfeindliche Denkart mit dem Ziel, gegen die gefährliche positive Naturwissenschaft und hemmungslose Technologie mobil zu machen und die Menschen in einem primitiven, aber ‚gesunden Naturzustand' zu belassen. Zu diesen Denkern und Mystikern gehörte Ludwig Wittgenstein, der – janusköpfig wie kein anderer – die Gefahren eines sich verkrustenden Antagonismus zwischen Rationalismus und Irrationalismus erkannt und in seinem Werk überwunden hat, ohne dabei auf das billige Rezept einer oft als Allheilmittel angesehenen Synthese zurückzugrei-

573 Bauer, Thomas: *Die Kultur der Ambiguität. Eine andere Geschichte des Islams. Verlag der Weltreligionen im Insel Verlag: Berlin 2011.*

fen. Stattdessen schlug er zur Therapie Sprachanalyse und –kritik in einem die Natur- und Geisteswissenschaften umfassenden Sinn vor. Damit kulminieren in Wittgenstein die beiden extremen Komponenten des westlichen Denkens, diejenige, die der Entwicklung von Naturwissenschaften und Technologie vorangeht und sie nachfolgend begleitet – und die ihn zwar interessiert, aber nie berührt hat – und die andere mystische Komponente, die das (natur-)wissenschaftliche Denken überwinden will – und in seinem frühen und mittlerem Schaffen ‚zwischen den Zeilen' dominierte. Auch Blaise Pascal vereinigte in sich beide Denkformen. Gerade ihre Kombination kennzeichnet nach ihm den großen Denker. „Denn ohne die mystische Wirklichkeitserfahrung der ganzen Person, die vor oder hinter dem Denken steht, ohne die ‚Mystik des Herzens' sei eine Wissenschaft ‚keine Stunde Mühe wert", wie Pascal bei der Lektüre von Descartes hart urteilte[574].

574 Bachmann, Ingeborg: „Ludwig Wittgenstein – Zu einem Kapitel der jüngsten Philosophiegeschichte". *Frankfurter Hefte* Jg. 8 Heft 7, 1953.

6 Literaturverzeichnis

Abazari, Parvaneh et al.: "Can I do...? Life with type II diabetes: A phenomenological study". *IJNMR* 13, 2008, S. 94–99.

Adorno, Theodor W.: *Philosophische Terminologie.* (Bd. 1). Suhrkamp: Frankfurt a.M. 1962, S. 14–29.

Anderson, Chris: "The end of theory – The data deluge makes the scientific method obsolete." *Wired Magazine 16.07*, 2011.

Anderson, Harlene / Goolishian, Harold A.: „Der Klient ist Experte. Ein therapeutischer Ansatz des Nicht-Wissens". In: *Zeitschrift für systemische Therapie* 10, 1992, S. 176–189.

Atkinson, Paul: "Training for certainty". *Social Science and Medicine* 19, 1984, S. 949–956.

Bachmann, Ingeborg: „Ludwig Wittgenstein – Zu einem Kapitel der jüngsten Philosophiegeschichte". *Frankfurter Hefte* Jg. 8 Heft 7, 1953.

Bailey, Clifford J. / Krentz, Andrew J.:*Type 2 diabetes in practice.* Royal Society of Medicine Press Ltd.: London 2001.

Balint, Michael: *Der Arzt, sein Patient und die Krankheit.* Klett-Cotta: Stuttgart 1980.

Bateson, Gregory: *Geist und Natur. Eine notwendige Einheit.* Suhrkamp: Frankfurt a.M. 1982.

Bauer, Thomas: *Die Kultur der Ambiguität. Eine andere Geschichte des Islams. Verlag der Weltreligionen im Insel Verlag: Berlin 2011.*

Baumeister, Willi: Magie der Form. Klein: Baden-Baden 1954.

Becker, Howard S. et al.: *Boys in White.* University of Chicago Press: Chicago 1961.

Benn, Gottfried: "Verlorenes Ich". In: *Sämtliche Gedichte I.* (Bd. 1). Klett-Cotta: Stuttgart 1956.

Bennett, Max R. / Hacker Peter M.S.: *Philosophical Foundations of Neuroscience.* Blackwell Publishing: Oxford 2003.

Berge, Line I. / Riise, Trond: "Comorbidity between type 2 diabetes and depression in the adult population: Directions of the association and ist possible pathophysiological mechanisms". *Int. J. Endocrinol.* doi: 10.1155/2015/164760, 2015.

Bergson, Henri: *Materie und Gedächtnis. Eine Abhandlung über die Beziehung zwischen Körper und Geist.* Felix Meiner: Hamburg 1991.

Berman, Morris: *Coming to our senses. Body and spirit in the hidden history of the west.* Seattle Writer's Guild: Seattle 1998.

Biomarker Definitions Working Group: "Biomarkers and surrogate endpoints: Preferred definitions and conceptual framework". *Clin. Pharmacol. Ther.* 69, 2002, S. 89–95.

Björklund, Anneli et al.: "Fatty acids and beta-cell function". *Diabetologia* 40 (Suppl 3), 1997, B21-26.

Blumenberg, Hans: „Ich fürchte mich vor den Organisationslustigen". In: Vowinckel A (Hrsg.): *Ein Dialog zwischen Hans Blumenberg und Reinhart Koselleck.* Merkur Nr. 781, 2014.

Bohm, David: *Wholeness and the implicate order.* Routledge, Francis & Taylor: London 1980.

Böhme, Gernot: *Leibsein als Aufgabe. Leibphilosophie in pragmatischer Hinsicht.* Suhrkamp: Frankfurt a.M. 2008.

Boss, Medard: *Existential foundations of medicine and psychology.* Jason Aronson: New York 1979.

Burdach, Karl F.: *Die Diaetetik für Gesunde, wissenschaftlich bearbeitet* (Bd. 1). *Enthält allgemeine Hygiastik.* I.C. Hinrichs: Leipzig 1811, S. 87.

Cabanis, Pierre J.G.: *Rapports du physique et du moral de l'homme.* Crampart, Caille et Ravier: Paris 1802, S. 76.

Carr Molly C / Brunzell John D.: "Abdominal obesity and dyslipidemia in the metabolic syndrome: Importance of type 2 diabetes and familial combined hyperlipidemia in coronary artery disease risk". *J. Clin. Endocrinol. Metab.* 89, 2004, S. 2601–2607.

Cerf, Marion E.: "Beta cell dysfunction and insulin resistance". *Front. Endocrinol.* 4, 2013, S. 37.

Chalmers, David: *The Pardox of Subjectivity. The Self in the Transcendental Tradition.* Oxford University Press: New York / Oxford 1999.

Charmaz Kathy: *Constructing grounded theory. A practical guide through qualitative analysis.* SAGE Publications Ltd.: London 2006.

Colagiuri, Stephen: "Optimal management of type 2 diabetes: the evidence". *Diabetes Obes. Metab.* 14(Suppl. 1), 2012, S. 3–8.

da Vinci, Leonardo: *Jede Erkenntnis beginnt mit den Sinnen* – Aphorismen, Rätsel, Prophezeiungen. Schirmer: Mosel 2012.

Dahlberg, Karin M.E.: "The scientific dichotomy and the question of evidence". *Int. J. Qualitative Stud. Health Well-being* 8, 2013, S. 21846.

Dahlberg, Karin M.E. / Dahlberg, Helena K.: "To not make definite what is indefinite. A phenomenological analysis of perception and its epistemological consequences". *Journal of the Humanistic Psychologist* 31, 2003, S. 34–50.

Dahlberg, Karin M.E. / Dahlberg Helena K.: "Description vs. interpretation – a new understanding of an old dilemma in human science research". *Nursing Philosophy* 5, 2004, S. 268–273.

Dahlberg, Karin M.E. / Dahlberg, Helena K. / Nyström, Maria: *Reflective lifeworld research.* Studentlitteratur: Lund 2008.

Dahlberg, Karin M.E. / Todres, Les / Galvin, Kathleen: Lifeworld-led healthcare is more than patient-led care: an existential view of well-being. *Med. Health Care Philos.* 12, 2009, S. 265–271.

Dall'Alba, Gloria / Sandberg Jörgen: "A phenomenological perspective on researching work and learning". In: Billett Stephen / Harteis Christian / Gruber Hans (Hrsg.): *International handbook of research in professional and practice-base learning.* Springer: Dordrecht (Netherlands) 2014, S. 279–304.

Dastague, J.: „Die Paläopathologie". In: Toellner R (Hrsg.): *Illustrierte Geschichte der Medizin* (Band 1). Andreas & Andreas: Salzburg 1986.

Davies, Linsay E. / Thirlaway, Katie: "The influence of genetic explanations of type 2 diabetes on patients' attitudes to prevention, treatment and personal responsibility for health". *Public Health Genomics* 16, 2013, S. 199–207.

Davy, Humphry: "Historical view of the progress of chemistry from Elements of Chemical Philosophy IV". In: Davy John (Hrsg.): *The Collected Works of Sir Humphry Davy.* Smith, Elder and Co: London 1812, S. 1–42.

De Mello, Anthony: *Eine Minute Weisheit* (Originaltitel: *One Minute Wisdom*, übersetzt von Ursula Schottelius). Herder: Freiburg / Basel / Wien 1986.

Dellasega, Cheryl et al.: Motivational interviewing to change type 2 diabetes selfcare behaviours. *Journal of Diabetes Nursing* 14, 2010, S. 112–118.

Dennett, Daniel C.: "How to Study Human Consciousness Empirically or Nothing Comes to Mind". *Synthese* 59, 1982, S. 159–180.

Dennett, Daniel C.: *Consciousness Explained.* Little Brown: Boston 1991.

Dennett, Daniel C.: "Who's On First? Heterophenomenology Explained". In: Jack A. / Roepstorff A. (Hrsg.): *The Use of Evidence in Cognitive Science* (Vol. 1). Imprint Academic: Exeter 2003, S. 19–30.

Dennett, Daniel C.: *Sweet Dreams. Philosophical Obstacles to a Science of Consciousness.* The MIT Press: Cambridge 2005.

Descartes, Rene: *Über den Menschen.* Lambert: Heidelberg 1662 / 1969.

Descartes, Rene: *Mediationen über die Erste Philosophie.* Reclam. Stuttgart 1647 / 1986, S. 83.

Descartes, Rene: *Beschreibungen des menschlichen Körpers.* Lambert: Heidelberg 1648 / 1969

Descartes, Rene: *Die Leidenschaften der Seele.* Felix Meiner Verlag: Hamburg 1649 / 1996.

Descartes, Rene: *Die Welt oder Abhandlung über das Licht.* Akademie Verlag: Berlin 1633 / 1989, S. 9–11.

Dewey, John: *Erfahrung und Natur.* Suhrkamp: Frankfurt a.M. 1915 / 1995, S. 325–349.

Devenney, Roisin / O'Neill, Siobhan: "The experience of diabetic retinopathy: A qualitative study". *British Journal of Health Psychology* 16, 2011, S. 707–721.

Diderot, Denis: „Gespräche mit d'Alembert". In: Köhler, J (Hrsg.): *Über die Natur.* Suhrkamp: Frankfurt a.M. 1989, S. 67–144.

Dilthey, Wilhelm: *Ideen über eine beschreibende und zergliedernde Psychologie.* Sitzungsbericht der Preußischen Akademie der Wissenschaften. Berlin 1894.

Dilthey, Wilhelm: *Das Wesen der Philosophie.* Matrix Verlag GmbH: Wiesbaden 1924 / 2008.

Drescher, U. / Huber, Jorg / Essau, Cecillia: *The experience of adapting to and living well with type 2 diabetes: An interpretative phenomenological analysis.* (Division of Health Psychology Annual Conference). (Poster) 2011.

Dreyfus, Hubert L.: *Being-in-the-world: A commentry on Heidegger's being and time. Division 1.* MIT Press: Cambridge 1995.

Duchesneau, Francois: *La physiologie des lumieres. Empirisme, modeles et theories.* Den Haag / Boston / London 1982, S. 32–64.

Duchesneau, Francois: "La Physiologie mecaniste de Hoffmann". *Dix-Huitieme Siecle* 23, 1991, S. 9–22.

Dumont, Louis: *Essays on Individualism. Modern Ideology in Anthropological Perspective.* University of Chicago Press: Chicago 1986, S. 236.

Duncker, Karl: *Zur Psychologie des produktiven Denkens.* Springer: Berlin et al. 1935.

Eckardt, Kristin / Sell, Henrike / Eckel, Jürgen: „Novel aspects of adipocyte-induced skeletal muscle insulin resistance". *Arch. Physiol. Biochem.* 114(4), 2008, 287–298.

Eckardt, Kristin / Taube, Annika / Eckel, Jürgen: "Obesity-associated insulin resistance in skeletal muscle: Role of lipid accumulation and physical inactivity". *Rev. Endocr. Metab. Disord.* 12, 2011, 163–172.

Feyerabend, Paul K.: „Probleme des Empirismus I". In: Coldny R.G. (Hrsg.): *Beyond the Edge of Certainty.* Prentice-Hall: Englewood Cliffs 1965.

Feyerabend, Paul K.: *Wider den Methodenzwang. Skizze einer anarchistischen Erkenntnistheorie.* Suhrkamp: Frankfurt a.M. 1981.

Feyerabend, Paul K.: *Wissenschaft als Kunst.* Suhrkamp: Frankfurt a.M. 1984.

Fiedler, Konrad: „Über den Ursprung der künstlerischen Tätigkeit". In: Boehm G. (Hrsg.): *Schriften zur Kunst I.* Wilhelm Fink Verlag: München 1887, S. 113–118, 146–158, 187–191.

Fischer, Ernst P.: *Das Atom der Biologen. Max Delbrück und der Ursprung der Molekulargenetik.* R. Piper: München 1988, S. 79.

Fleck, Ludwik: "Some specific features of the medical way of thinking". In: Cohen R.S. / Schnelle T. (Hrsg.): *Cognition and fact: Materials on Ludwik Fleck.* D. Reidel Publishing Company: Dordrecht 1927a, S. 39–46.

Fleck, Ludwik: "On the crisis of reality". In: Cohen R.S. / Schnelle T. (Hrsg.): *Cognition and fact: Materials on Ludwik Fleck.* D. Reidel Publishing Company: Dordrecht 1927b, S. 47–58.

Fleck, Ludwik: *Genesis and development of a scientific fact.* Benno Schwabe: Basel 1935a, S. 21.

Fleck, Ludwik: „Zur Frage der Grundlagen der medizinischen Erkenntnis". *Klinische Wochenschrift* 14, 1935b, S. 1255–1259.

Fleck, Ludwik: „Krise in der Wissenschaft. Zu einer freien und menschlicheren Wissenschaft". In: Werner S. / Zittel C. (Hrsg.): *Denkstile und Tatsachen* (Gesammelte Schriften und Zeugnisse). Suhrkamp: Berlin 2011, S. 472.

Foucault, Michel: *Mikrophysik der Macht. Über Strafjustiz, Psychiatrie und Medizin.* Merve: Berlin 1976.

Foucault, Michel: *Die Ordnung der Dinge. Eine Archäologie der Humanwissenschaften.* Suhrkamp: Frankfurt a.M. 1978.

Fox Keller, Evelyn: *Barbara McClintock. Die Entdeckerin der springenden Gene.* Birkhäuser: Basel / Boston / Berlin 1995.

Frank, Richard / Hargreaves, Richard: "Clinical biomarkers in drug discovery and development". *Nature Drug Discov.* 2, 2013, S. 566–580.

Franke, Alexa: *Modelle von Gesundheit und Krankheit.* Huber: Bern 2006.

Freeman, H.E. / Levine, S. / Reader, L.G.: *Handbook of medical sociology.* Prentice-Hall Inc.: Engelwood Cliffs (New Jersey) 1972.

Friedell, Egon: *Kulturgeschichte der Neuzeit Die Krisis der europäischen Seele von der schwarzen Pest bis zum Weltkrieg. – Erster Band: Einleitung, Renaissance und Reformation.* C.H. Beck: München 1927.

Gabbay, John: "Asthma attacked? Tactics for the reconstruction of a disease concept". In: Wright P. / Trecher A. (Hrsg.): *The problem of medical knowledge: Examining the social construction of medicine.* Edinburgh University Press: Edinburgh 1982, S. 23–48.

Gabriel, Peter: „Das Zeitalter des sichtbaren Denkens". *Süddeutsche Zeitung* 16./17.1.2016.

Gadamer, Hans-Georg: *Wahrheit und Methode. Grundzüge einer philosophischen Hermeneutik.* Mohr Siebeck: Tübingen 1960 / 2010.

Gallagher, Shaun: "Phenomenology and Experimental Design. Toward a Phenomenologically Enlightened Experimental Science". In: Jack A. / Roepstorff A. (Hrsg.): *Trusting the Subject? The Use of Evidence in Cognitive Science* (Vol. 1). Imprint Academic: Exeter 2003, S. 85–99.

Gamm, Gerhard: *Philosophie im Zeitalter der Extreme.* Primus/WBG: Darmstadt 2009.

Gernhardt, Robert: *Siebenmal mein Körper* aus *Gesammelte Gedichte.* S. Fischer: Frankfurt a.M. 2005.

Gibson, James J.: „Der ökologische Ansatz in der visuellen Wahrnehmung". In: Lücke G. / Kohler I. (Hrsg.): *Wahrnehmung und Umwelt.* Urban & Schwarzenberg: München / Wien / Baltimore 1975, S. 55–58, 66–69, 221–225, 256–257, 266–268.

Goerlich, Stephan: „Auf die 'Sachen selbst' zurückgehen – Berührungspunkte zwischen philosophischer Phänomenologie und Gestalttheoretischer Psychotherapie". *Gestalt Theory* 22, 2000, S. 45–60.

Graumann, Carl F.: *Grundlagen einer Phänomenologie und Psychologie der Perspektivität.* Walter de Gruyter: Berlin 1960.

Graumann, Carl F.: „Bewusstsein und Verhalten". In: Lenk H. (Hrsg.): *Handlungstheorien – interdisziplinär* (Band III/2). Wilhelm Fink: München 1984.

Graumann, Carl F. / Wintermantel, Margret: „Sprachverstehen als Situationsverstehen". In: Engelkamp J. (Hrsg.): *Psychologische Aspekte des Verstehens.* Springer: Berlin 1984, S. 205–229.

Griffel, Frank: „Alles außer Aufruhr". *Süddeutsche Zeitung* (Nr. 121) 27.05.2016, S. 17.

Groeben, Norbert: „Gestalttheorie als Irrationalismusbasis? Das Bild des ‚gestalt switch' und irrationalistische Tendenzen in der neueren Wissenschaftstheorie". In: Ertel S. (Hrsg.): *Gestalttheorie in der modernen Psychologie.* Steinkopff: Darmstadt 1975, S. 134–145.

Groeben, Norbert / Westmeyer, Hans: *Kriterien psychologischer Forschung, Grundfragen der Psychologie.* Juventa Verlag: Landsberg am Lech 1975.

Grohmann Willi: „Texte von Willi Grohmann" In: Mitwirkende des Kunstverlags Fingerle & Co (Hrsg.): *Texte zur Kunst der Moderne.* Kohlhammer: Stuttgart 1952.

Gustafsson, Bengt E. et al.: "The Vipeholm dental caries study; the effect of different levels of carbohydrate intake on caries activity in 436 individuals observed for five years". *Acta odontologica Scandinavica* 11, 1954, S. 232–264.

Guyatt, Gordon H. / Cairns, J. / Churchill, D. and the „Evidence-Based Medicine Working Group": "Evidence-based Medicine. A New Approach to Teaching the Practice of Medicine". *J. Am. Med. Assoc.* 268, 1992, 2420–2425.

Haarmann, Anke: *Die andere Natur des Menschen. Philosophische Menschenbilder jenseits der Naturwissenschaft.* transcript-verlag Edition Moderne Postmoderne: Bielefeld 2011, S. 106.

Haggard, Pattrick / Johnson, Henry C.: "Experiences of Voluntary Action". In: Jack A. / Roepstorff A. (Hrsg.): *Trusting the Subject? The Use of Evidence in Cognitive Science* (Vol. 1). Imprint Academic: Exeter 2003, S. 72–84.

Hagner, Michael: *Homo cerebralis. Der Wandel vom Seelenorgan zum Gehirn.* Suhrkamp: Frankfurt a.M. 1997, S. 42–46.

Hanson, Norwood R.: *Patterns of Discovery. An Inquiry into the Conceptual Foundations of Science.* Cambridge University Press: Cambridge 1961.

Harre, Rom: *The singular self: an introduction to the psychology of personhood.* SAGE Publications Ltd.: London 1999.

Hartmann, Martin: „Auf einem Meer dunkler Triebe". In: Staas C. (Red.): *Wilder denken, freier lieben, grüner wohnen.* Die Zeit: Hamburg 2013, S. 68–72.

Heidegger, Martin: *History of the concept of time.* Indiana University Press: Bloomington (Indianapolis) 1925 / 1985.

Heidegger, Martin: *Was ist Metaphysik?* Suhrkamp: Frankfurt a.M. 1929 / 1998.

Heidegger, Martin: *Was heißt Denken?* Reclam: Stuttgart 1954 / 1992.

Hempel, Gustav: *Philosophie der Naturwissenschaften.* Deutscher Taschenbuch Verlag: München 1974.

Herder, Christian / Karakas, Mahir / Koenig, Wolfgang: „Biomarkers for the prediction of type 2 diabetes and cardiovascular disease". *Clin. Pharmacol. Ther.* 90, 2011, S. 52–66.

Hill, Austin B.: "The environment and disease: association or causation?". *Proc. R. Soc. Med.* 58, 1965, S. 295–300.

Hoffmann, Friedrich: *Gründliche Anweisung wie ein Mensch vor dem frühzeitigen Tod und allerhand Arten Krankheiten durch ordentliche Lebens-Art sich verwahren könne* (Bd. 1). Renger: Halle 1715.

Holmström, Inger M. / Rosenqvist, Urban: "Misunderstandings about illness and treatment among patients with type 2 diabetes". *Journal of Advanced Nursing* 49, 2005, S. 146-154.

Hryhorczuk, Cecile / Sharma, Sandeep / Fulton, Stephanie E.: "Metabolic disturbances connecting obesity and depression". *Front. Neurosci.* 7, 2013, doi: 10.3389/fnins.2013.00177.

Hufeland, Christoph W.: *Gemeinnützige Aufsätze zur Beförderung der Gesundheit, des Wohlseins und vernünftiger medizinischer Aufklärung.* Göschen: Leipzig 1794.

Hufeland, Christoph W.: *Die Kunst das menschliche Leben zu verlängern* (Bd. 1). Akademische Buchhandlung: Jena 1800, S. 37–43, 153–157.

Hume, David: *A Treatise of Human Nature.* Oxford University Press: Oxford 1740 / 1888.

Hunt, Kate et al.: "Are perceptions of a family history of heart disease related to health-related attitudes and behaviour?". *Health Educ. Res.* 15, 2000, S. 131–143.

Husserl, Edmund: *Philosophie als strenge Wissenschaft.* Felix Meiner: Hamburg 2000.

Husserl, Edmund: „Logische Untersuchungen" (2. Band, 1.Teil, Husserliana XIX/1). In: Panzer U. (Hrsg.): *Untersuchungen zur Phänomenologie und Theorie der Erkenntnis.* Nijhoff: Den Haag 1984, S. 10.

Husserl, Edmund: „Die Krise der europäischen Wissenschaften und transzendentale Phänomenologie“ (Husserliana VI). In: Biemel W. (Hrsg.): *Eine Einleitung in die phänomenologische Philosophie.* Nijhoff: Den Haag 1976.

Husserl, Edmund: *Erfahrung und Urteil. Untersuchungen zur Genealogie der Logik.* Felix Meiner: Hamburg 1939, S. 44.

Husserl, Edmund: *Ideen zu einer reinen Phänomenologie und phänomenologischen Philosophie* (2. Buch, Husserliana IV). Nijhoff: Den Haag 1952.

Husserl, Edmund: *Arbeit an den Phänomenen. Ausgewählte Schriften.* S. Fischer: Frankfurt a.M. 1993, S. 150–223.

Husserl, Edmund: „Husserliana Materialien IV“. In: Melle U. (Hrsg.). Nijhoff: Den Haag 1896, S. 18.

Huypens, Peter et al.: “Epigenetic germline inheritance of diet-induced obesity and insulin resistance”. *Nat. Genet.* 48, 2016, S. 497–499.

Ijaz, Shirmeen / Ajmal, Asir M.: “Experiencing type II diabetes in Pakistan”. *Pakistan Journal of Social and Clinical Psychology* 9, 2011, S. 50–56.

Ingadottir, Brynja / Halldorsdottir, Sigridur: “To discipline a ‘dog’: The essential structure of mastering diabetes”. *Qualitative Health Research* 18, 2008, S. 606–619.

Izzo, Joseph L. / Swislocki, Arthur L.M.: “Workshop III – Insulin resistance: Is it truly the link?”. *Am. J. Med.* 90, 1991, S. S26-S31.

Jack, Anthony / Roepstorff, Andreas: *Trusting the Subject? The Use of Evidence in Cognitive Science* (Vol. 1). Imprint Academic: Exeter 2003.

Jack, Anthony / Shallice, Tim: “Introspective physicalism as an approach to the science of consciousness”. *Cognition* 79, 2001, S. 161–196.

Janes, Ronald D. et al.: “Understanding barriers to glycaemic control from the patient’s perspective”. *J. Prim. Health Care* 5, 2013, S. 114–122.

Janssens, A. Cecile J.W. / van Duijn, Cornelia M.: “Genome-based prediction of common diseases: advances and prospects”. *Hum. Mol. Genet* 17, 2008, S. R166-R173.

Johansson, Karin / Ekebergh, Margaretha / Dahlberg, Karin: “A lifeworld phenomenological study of the experience of falling ill with diabetes”. *Int. J. Nurs. Stud.* 46, 2009, S. 197–203.

Johansson, Karin / Ekebergh, Margaretha: “The Meaning of Well-being and Participation in the Process of Health and Care – Women’s experiences following a myocardial infarction”. *International Journal of Qualitative Studies on Health and Well-being* 1, 2006, S. 100–108.

Jonas, Hans: *Wissenschaft als persönliches Erlebnis.* Vandenhoek & Ruprecht: Göttingen 1987.

Jonas, Hans: *Organismus und Freiheit – Ansätze zu einer philosophischen Biologie.* Vandenhoek & Ruprecht: Göttingen 1973 oder *Das Prinzip Leben.* Insel Verlag: Frankfurt a.M. 1994.

Jonas, Hans: *Philosophische Untersuchungen und metaphysische Vermutungen.* Insel Verlag: Frankfurt a.M. 1992.

Jonas, Hans: *Leben, Wissenschaft, Verantwortung. Ausgewählte Texte.* Reclam: Stuttgart 2004.

Joost, Hans-Georg / Schürmann, Anette: „The genetic basis of obesity-associated type 2 diabetes (diabesity) in polygenic mouse models". *Mamm. Genome* 25(9–10), 2014, 401–412.

Kadosh, Kathrin C. et al.: "Using real-time fMRI to influence effective connectivity in the developing emotion regulation network". *Neuroimage* 125, 2016, S. 616–626.

Kamper, Gertrud: *Kreativität und Wissenskunst.* Peter Lang: Frankfurt a.M. et al. 2003, S. 103–104.

Kant, Immanuel: „Beantwortung der Frage: Was ist Aufklärung?". In: Weischedel, W. (Hrsg.): *Werkausgabe Bd. XI.* Suhrkamp: Frankfurt a.M. 1784 / 1978, S. 53.

Kant Immanuel: „Über den Gebrauch philosophischer Prinzipien in der Philosophie". In: Frank M. / Zanetti V. (Hrsg.): *Schriften zur Ästhetik und Naturphilosophie* (Bd. 1). Suhrkamp: Frankfurt a.M. 1788 / 2001, S. 3819–4114.

Keupp, Heiner: *Psychische Störungen als abweichendes Verhalten.* Urban & Schwarzenberg: München 2008.

Kidder, Louise / Fine, Michelle: „Qualitative inquiry in psychology: a radical tradition". In: Fox D. / Prilleltensky I. (Hrsg.): *Critical Psychology.* SAGE Publications Ltd.: London 1997, S. 48–49.

Kienle, Gunver S.: „Evidenzbasierte Medizin und ärztliche Therapiefreiheit". *Deutsches Ärzteblatt* 105, 2008, S. 1381–1384.

King, Stanley H.: *Perceptions of Illness and Medical Practice.* Russel Sage Foundation: New York 1962.

Kluck, Steffen: *Gestaltpsychologie und Wiener Kreis. Stationen einer bedeutsamen Beziehung.* Karl Alber: Freiburg 2008.

Knorr Cetina, Karin: *Wissenskulturen. Ein Vergleich naturwissenschaftlicher Wissensformen.* Suhrkamp: Frankfurt a.M. 2002, S. 45–78.

Kolberg, Janice A. / Jorgensen, Torben / Gerwin, Robert W.: "Development of a type 2 diabetes risk model from model of serum biomarkers from the Inter99 cohort". *Diab. Care* 32, 2009, S. 1207–1212.

Kordig, Carl R.: *The justification of scientific change.* Springer: Dordrecht 1971.

Köchy, Kristian: *Biophilosophie zur Einführung.* Junius Verlag: Hamburg 2008, S. 114–115.

Köchy, Kristian: „Was kann die Neurobiologie nicht wissen?". In: Köchy K. / Stederoth D. (Hrsg.): *Willensfreiheit als interdisziplinäres Problem.* Karl Alber: Freiburg 2006a, S. 145–164.

Köchy, Kristian: (2006b) „Lebewesen im Labor“. In: Köchy K. / Schiemann G. (Hrsg.): *Natur im Labor.* Sonderheft der Zeitschrift Philosophie naturalis 43, 2006b, S. 74–110.

Köhler, Wolfgang: *Die physischen Gestalten in Ruhe und im stationären Zustand.* Vieweg: Braunschweig 1920.

Köhler, Wolfgang: „Gestaltprobleme und Anfänge einer Gestalttheorie“. *Jahresberichte für die gesamte Physiologie* 3, 1925, S. 35–48.

Köhler, Wolfgang: „Ein altes Scheinproblem“. *Naturwissenschaften* 17, 1929, S. 395–401.

Köhler, Wolfgang: *The place of value in a world of facts.* Liveright Publishing Corporation: New York 1938.

Köhler, Wolfgang: *Gestalt Psychology. The definitive statement of the Gestalt Theory.* MIT Press: Cambridge (Mass.) 1970.

Kremer, Richard L.: *The Thermodynamics of Life and Experimental Physiology 1770–1880.* Garland Publications: New York / London 1990, S. 6, 12.

Kuhn, Thomas S.: *Die Struktur wissenschaftlicher Revolutionen.* Suhrkamp: Frankfurt a.M. 1962 / 1976).

Kunz, Regina et al.: „Grundlagen der ‚EbM‘ – erstmals Schritt für Schritt an Fallbeispielen aus der Versorgungspraxis im deutschsprachigen Raum“. In: *Lehrbuch Evidenzbasierte Medizin in Klinik und Praxis.* Deutscher Ärzte-Verlag: Köln 2007.

Kutschmann, Werner: *Der Naturwissenschaftler und sein Körper.* Suhrkamp: Frankfurt a.M. 1986.

Ladurner, Andreas: *Plenarvortrag am Institute for Diabetes and Obesity, The Helmholtz Center Munich, Annual Retreat:* Kloster Seeon, Dezember 2014.

Lanes, Stephan F. / Poole, Charles: „‚Truth in packaging?‘ The unwrapping of epidemiologic research”. *J. Occup. Med.* 26, 1984, S. 571–574.

La Mettrie, Offrey de: *L'homme machine / Die Maschine Mensch.* Felix Meiner: Hamburg 1748 / 1990.

Leinfellner Werner: *Einführung in die Erkenntnis- und Wissenschaftstheorie.* Biographisches Institut – Hochschultaschenbücher: Mannheim 1967.

Leroi, Armand M.: „Cicero zählen“. *Süddeutsche Zeitung* 06.03.2015.

Leventhal, Howard / Meyer, Daniel / Nerenz, David R.: “The common sense representation of illness danger”. In: Rachman S. (Hrsg.): *Contributions to medical psychology.* Pergamon Press: New York 1980, S. 17–30.

Lichtenberg, Georg C.: *Sudelbücher* (Bd. 1). Insel: München 1801 / 1984.

Liebsch, Burkhard: „Eine Welt von Konsequenzen ohne Prämissen...Ein Nachtrag zur Geschichte des Theorems vom unbewussten Schluss“. *Archiv für Begriffsgeschichte* 24, 1991, S. 326–367.

Lipska, Kasia J. / Kosiborod, Mikhail: „Hypoglycemia and adverse outcomes: marker and mediator“. *Rec. Cardiovasc. Med.* 12, 2011, S. 132–135.

Locke, John: *Versuch über den menschlichen Verstand.* Felix Meiner: Hamburg 2000.

Lorenz, Konrad: *Die Naturwissenschaft vom Menschen.* Piper: München / Zürich 1992, S. 306.

Ludewig, Kurt: *Systemische Therapie. Grundlagen klinischer Theorie und Praxis.* Klett-Cotta: Stuttgart 1992.

Ludewig, Kurt: „Therapieziele in der Systemischen Therapie“. In: Ambühl H. / Strauss B. (Hrsg.): *Therapieziele.* Hogrefe: Göttingen 1999a, S. 251–275.

Ludewig, Kurt: „‘Überlebensdiagnostik‘ – Eine systemische Option“. *Kontext* 30, 1999b, S. 121–135.

Ludewig, Kurt: *Leitmotive systemischer Therapie.* Klett-Cotta: Stuttgart 2002.

Ludewig, Kurt: „Zum Menschenbild der systemischen Therapie. Über polysystemische Biologie, Polyphrenie und vielfältige Mitglieder“. In: Petzold H. (Hrsg.): *Die Menschenbilder in der Psychologie und Psychotherapie.* Krammer: Wien 2009a.

Ludewig, Kurt: *Einführung in die theoretischen Grundlagen der systemischen Therapie.* Carl-Auer: Heidelberg 2009b, S. 53–70.

Luhmann, Niklas: *Soziale Systeme.* Suhrkamp: Frankfurt a.M. 1984, S. 13.

Lutz, Antoine: “Guiding the study of brain dynamics by using first-person data: synchrony patterns correlate with ongoing conscious states during a simple visual task”. *Proc. Natl. Acad. Sci. USA* 99, 2002, S. 1586–1591.

Lutz, Antoine / Thompson, Evan: “Neurophenomenology. Integrating Subjecitve Experience and Dynamics in the Neuroscience of Consciousness”. In: Jack A. / Roepstorff A. (Hrsg.): *Trusting the Subject? The Use of Evidence in Cognitive Science* (Vol. 1). Imprint Academic: Exeter 2003, S. 31–52.

Lyons, Timothy J. / Basu Arpita: “Biomarkers in diabetes: hemoglobin A1c, vascular and tissue markers”. *Transl. Res.* 159, 2012, S. 303–312.

Mach, Ernst: *Die Gestalten der Flüssigkeit. Die Symmetrie.* Druck von Adler’s Erben: Rostock 1870.

Mach, Ernst: *Die Analyse der Empfindungen.* Fischer: Jena 1922.

Maclure, Malcolm: “Popperian refutation in epidemiology”. *Am. J. Epidemiol.* 121, 1985, S. 343–350.

Madill, Anna / Jordan, Abbie / Shirley, Carolline: “Objectivity and reliability in qualitative analysis: realist contextualist and radical constructionist epistemologies”. *British Journal of Psychology* 91, 2000, S. 1–20.

Marbach, Eduard: “On Bringing Consciousness into the house of science – with the help of Husserlian Phenomenology”. *Angelaki. Journal of the Theoretical Humanities* 10, 2005, S. 145–160.

Maturana, Humberto R.: *Erkennen: Die Organisation und Verkörperung von Wirklichkeit.* Vieweg: Braunschweig 1982.

Maturana, Humberto R.: *Biologie der Realität.* Suhrkamp: Frankfurt a.M. 1998.

Maturana, Humberto R. / Varela, Francisco J.: *Der Baum der Erkenntnis – Die biologischen Wurzeln menschlichen Erkennens.* Fischer: Frankfurt a.M. 2012.

Mayer, Verena: *Edmund Husserl.* C.H. Beck: München 2009.

Mayer, Verena: „Husserl und die Kognitionswissenschaften". In: Mayer V. / Erhard C. / Scherini M. (Hrsg.) *Die Aktualität Husserls.* Karl Alber: Freiburg 2011.

Mayr, Ernst: *This is biology – The science of the living world.* Harvard University Press: Harvard 1997.

McClintock, Barbara: "The significance of response of the genome to challenge". *Science* 226, 1984, S. 792–801.

McCord, Elisabeth C. / Brandenburg, Cynthia A.: "Beliefs and attitudes of persons with diabetes". *FAM Med.* 27, 1995, S. 267–271.

McGarry J. Denis: "What if Minkowski had been ageusic?". *Science* 258, 1992, S. 766–770.

McGarry, J. Denis. / Dobbins, Robert L.: "Fatty acids, lipotoxicity and insulin secretion". *Diabetologia* 42, 1999, S. 128–138.

Mechanic, David: "Social psychological factors affecting the presentation of body complaints". *New England Journal of Medicine* 286, 1982, S. 1132–1139.

Meier-Seethaler, Carola: *Gefühl und Urteilskraft. Ein Plädoyer für die emotionale* Vernunft. C.H. Beck: München 1998.

Merleau-Ponty, Maurice: *Die Phänomenologie der Wahrnehmung.* Walter de Gruyter & Co: Berlin 1965.

Merleau-Ponty, Maurice: *Das Sichtbare und das Unsichtbare.* Wilhelm Fink: Paderborn 1968 / 2011.

Metzger, Wolfgang: „Das Experiment in der Psychologie". *Studium generale* 1, 1952, S. 19–33.

Metzger, Wolfgang: „Gestaltheorie als Irrationalismusbasis?". In: Ertel S. / Kemmler L. / Stadler M. (Hrsg.): *Gestalttheorie in der modernen Psychologie.* Steinkopff: Darmstadt 1971, S. 134–145.

Metzger, Wolfgang: „Psychologie zwischen Natur- und Geisteswissenschaften". In: Balmer H. (Hrsg.): *Die Psychologie des 20. Jahrhunderts* (Bd. I) *Die europäische Tradition.* Kindler: München 1976, S. 27–40.

Mill, John S.: *A System of Logic. Ratiocinative and Inductive.* Parker, Son & Bowin: London 1862.

Miller, William R. / Rollnick, Stephen / Butler, Christopher C.: *Motivierende Gesprächsführung in den Heilberufen: Core-Skills für Helfer.* Probst: Lichtenau 1993.

Miller William R. / Rollnic, Stephen: *Motivational interviewing: Preparing people to change addictive behavior.* Guilford Press: New York 1991.

Morgan, Gareth / Smircich, Linda: “The case of qualitative research”. *Academy of Management Review* 5, 1980, S. 491–500.

Morris, J.E. / Povey, R.C. / Street, C.G.: “Experiences of people with type 2 diabetes who have changed from oral medication to self-administered insulin injections. A qualitative study”. *Pract. Diab. Int.* 22, 2005, S. 239–243.

Moulton Calum D. / Pickup John C. / Ismail Khalida: “The link between depression and diabetes: the search for shared mechanisms”. *Lancet Diabetes Endocrinol.* 3, 2015, S. 461–471.

Müller, Günter: “Personalized Prognosis and Diagnosis of Type 2 Diabetes – Vision and Fiction?”. *Pharmacology* 85, 2010a, S. 168–187.

Müller, Günter: „Personalisierte Medizin – Vision oder Fiktion? Diagnose des T2D“. *Biologie in unserer Zeit* 40, 2010b, S. 46–54.

Müller, Günter: “Personalized strategies for the diagnosis and therapy of type II diabetes and obesity“. *Immun. Endoc. Metab. Agents Med. Chem.* 12, 2012a, S. 80–109.

Müller, Günter: “Microvesicles/exosomes as potential novel biomarkers of metabolic diseases”. *Diabetes, Metabolic Syndrome and Obesity: Targets and Therapy* 5, 2012b, 247–282.

Neuburger, Max: *Die Lehre von der Heilkraft der Natur im Wandel der Zeiten.* Enke: Stuttgart 1926.

Neurath, Otto: *Einheitswissenschaft und Psychologie.* Gerold & Company: Wien 1933.

Nicklett, Emily J. / Kuzminski, Damiano, Sara: “Too little, too late: Socioeconomic disparities in the experience of living with diabetes”. *Qual. Soc. Work* 13, 2014, S. 372–388.

Nisbett, Richard E. / Wilson Timothy Decamp: “Telling More Than We Can Know: Verbal Reports on Mental Processes”. *Psychological Review* 84, 1977, S. 231–259.

Nordmann, Alfred: *Noch einmal zu Lichtenberg und Wittgenstein – die gegenwärtige Quellenlage.* Lichtenberg Jahrbuch 2001: Saarbrücken 2002, S. 163–170.

Nordmann, Alfred: „Heinrich Hertz an den Grenzen seiner Wissenschaft“. In: Schwarz A. / Nordmann A. (Hrsg.): *Das bunte Gewand der Theorie.* Karl Alber: Freiburg 2009, S. 33–153.

Nordmann, Alfred: *Der Ursachen-Bär – Wittgensteins anthropologische Anthropologiekritik.* transcript Verlag: Bielefeld 2015, S. 119–136.

Nyström, Maria / Dahlberg, Karin: “Pre-understanding and openness – a relationship without hope?”. *Scand. J. Caring Sci.* 15, 2001, S. 339–346.

Paterson, Barbara: “Myth of empowerment in chronic illness”. *Journal of Advanced Nursing* 34, 2001, S. 574–585.

Peirce, Charles S.: "Lectures on Pragmaticism". In: Apel Karl-Otto (Hrsg.): *Schriften zum Pragmatismus und Pragmatizismus.* Suhrkamp: Frankfurt a.M. 1903 / 1991, S. 355–359, 403–407.

Penckofer, Sue / Estwing Ferrans Carol / Velsor-Friedrich, Barbara / Savoy, Suzanne: "The psychological impact of living with diabetes. Women's day-to-day experiences". *The Diabetes Educator* 33, 2007, S. 680–690.

Petitot, Jean et al.: *Naturalizing phenomenology (Issues in contemporary phenomenology and cognitive science).* Stanford University Press: Stanford 1999.

Piaget, Jean: *Adaptation and intelligence. Organic selection and phenomenology.* University of Chicago Press: Chicago / Paris 1980.

Pines, Shlomo: "Some problems of Islamic philosophy". *Islamic Culture* 11, 1939, S. 66–80.

Pinker, Steven: „Blick auf eine bessere Welt". *Süddeutsche Zeitung* 11.01.2016.

Pflug, Günther: „Descartes und das mechanische Menschenbild". *Medizinhistorisches Journal* 17(1/2), 1982, S. 3–19.

Platz, Teresa: *Anthropologie des Körpers – Vom Körper als Objekt zum Leib als Subjekt von Kultur.* Weißensee Verlag: Berlin 2006.

Plessner, Helmuth: *Die Stufen des Organischen und der Mensch.* In: *Gesammelte Schriften* (Bd. 4). Wissenschaftliche Buchgemeinschaft: Darmstadt 2003, S. 127–145.

Plumwood, Val: *Feminism and the mastery of nature.* Kap. 4: *Descartes and the dream of power.* Routledge: London / New York 1997.

Polt, Richard: *Heidegger: an introduction.* UCL Press: London 1999.

Popper, Karl R.: *Logik der Forschung.* Harper & Row: New York 1959.

Prigogine, Ilya / Stengers, Isabelle: *Order out of chaos: man's new dialogue with nature.* Heinemann: London 1984.

Reaven, Gerald M.: "Insulin resistance, hyperinsulinemia, and hypertriglyceridemia in the etiology and clinical course of hypertension". *Am. J. Med.* 90, 1991, S. S7-S12.

Reid, Thomas: *Untersuchung über den menschlichen Geist nach den Grundsätzen des gemeinen Menschenverstandes.* Schwickertsche Verlage: Leipzig 1764, S. 85–97, 300–313, 368–372.

Reil, Johann C.: *Von der Lebenskraft.* Barth: Leipzig 1910, S. 4–6, 23–31, 74–79.

Rhee, Eugene P. / Gerszten, Robert E.: "Metabolomics and cardiovascular biomarker discovery". *Clin. Chem.* 58, 2012, S. 139–147.

Richardson, Henry B.: *Patients have families.* Commonwealth Fund: New York 1948.

Richter, Matthias / Hurrelmann, Klaus: *Gesundheitliche Ungleichheit. Grundlagen, Probleme, Perspektiven.* VS Verlag für Sozialwissenschaften: Wiesbaden 2006.

Rickert, Heinrich: *Psychologische Causalität und Psychophysiologischer Parallelismus.* Haacke: Leipzig 1900.

Rickert, Heinrich: *Kulturwissenschaften und Naturwissenschaften.* C. B. Mohr / P. Siebeck: Tübingen 1926.

Riley, James C.: *The eighteenth-century campaign to avoid disease.* Penguin: London 1987.

Riley, James C.: "The Medicine of the Environment in Eighteenth-Century Germany". *Clio Medica* 18, 1983, S. 167–178.

Ritter, Olesja / Jelenik, Tomas / Roden, Michael: "Lipid-mdiated muscle insulin resistance: different fat, different pathways?". *J. Mol. Med. (Berl)* 93, 2015, S. 831–843.

Roberts, Christian K. / Sindhu, Kunal K.: "Oxidative stress and metabolic syndrome". *Life Sci.* 22, 2009, S. 705–712.

Roesler, Alexander: *Illusion und Relativismus – Zu einer Semiotik der Wahrnehmung im Anschluss an Charles S. Peirce.* Schöningh Ferdinand GmbH: Paderborn 1999.

Rose, Matthias et al.: "The network of psychological variables in patients with diabetes and their importance for quality of life and metabolic control". *Diabetes Care* 25, 2002, S. 35–42.

Roth, Gerhard: *Das Gehirn und seine Wirklichkeit. Kognitive Neurobiologie und ihre philosophischen Konsequenzen.* Suhrkamp: Frankfurt a.M. 1994.

Rothman, Kenneth J. / Greenland, Sander: "Causation and causal interference in epidemiology". *Am. J. Public Health* 95 (S1), 2005, S. S144-150.

Rothschuh, Karl E.: *Geschichte der Physiologie.* Springer: Berlin 1953, S. 73.

Rothschuh, Karl E.: *Physiologie. Der Wandel ihrer Konzepte, Probleme und Methoden vom 16. bis 20. Jahrhundert.* Karl Alber: Freiburg 1968.

Ruoff, Michael: *Hermann von Helmholtz.* Wilhelm Fink: Paderborn 2008.

Ryle, Gilbert: *Der Begriff des Geistes.* Reclam: Stuttgart 1969.

Saake, Irmhild: „Immer auf Augenhöhe". *Süddeutsche Zeitung* (126) 05.06.2015.

Samuel, Varma T. / Petersen, Kitt F. / Shulman, Gerald I.: „Lipid-induced insulin resistance: unravelling the mechanism". *Lancet* 375, 2010, S. 2267–2277.

Sarasin, Philip: *Reizbare Maschinen.* Suhrkamp: Frankfurt a.M. 2001.

Schapp, Wilhelm: *Philosophie der Geschichte.* Heymann: Wiesbaden 1975.

Schapp, Wilhelm: *Beiträge zur Phänomenologie der Wahrnehmung.* Heymann: Wiesbaden 1976a.

Schapp, Wilhelm: *In Geschichten verstrickt – Zum Sein von Mensch und Ding.* Heymann: Wiesbaden 1976b.

Scheffler, Israel: *Science and Subjectivity.* The Bobbs-Merrill Company: Indianapolis / New York / Kansas City 1967.

Schiemann, Georg: *Wahrheits-Gewissheitsverlust – Hermann von Helmholtz' Mechanismus im Anbruch der Moderne.* Wissenschaftliche Buchgemeinschaft: Darmstadt 1997.

Schleiermacher, Friedrich: *Hermeneutik und Kritik. Mit einem Anhang sprachphilosophischer Texte Schleiermachers.* Suhrkamp: Frankfurt a.M. 1838 / 1977.

Schlick, Moritz: „Über den Begriff der Ganzheit". In: Stoelzner M. / Uebel T. (Hrsg.): *Wiener Kreis – Texte zur Wissenschaftlichen Weltauffassung von Rudolf Carnap, Otto Neurath, Moritz Schlick, Philipp Frank, Hans Hahn, Karl Menger, Edgar Zilsel, und Gustav Bergmann.* Felix Meiner: Hamburg 1939, S. 616–620.

Schmidt, Robert F.: *Grundriß der Sinnesphysiologie.* Springer: Berlin 1980.

Schmidt, Siegfried J.: *Der Diskurs des Radikalen Konstruktivismus.* Suhrkamp: Frankfurt a.M. 1988, S. 14.

Schmitt, Arbogast: *Wie aufgeklärt ist die Vernunft der Aufklärung? Eine Kritik aus aristotelischer Sicht.* Universitätsverlag Winter: Heidelberg 2016.

Schnelle, Thomas: „Microbiology and philosophy of science, Lwow and the German holocoust". In: Cohen R.S. / Schnelle T. (Hrsg.): *Cognition and fact: Materials on Ludwik Fleck.* D. Reidel Publishing Company: Dordrecht 1986, S. 3–36.

Schrödinger, Erwin: *Was ist Leben?* Piper: München 1951 / 1989.

Schulze, Matthias B. et al.: "Use of multiple metabolic and genetic markers to improve the prediction of type 2 diabetes: the EPIC-Potsdam study". *Diab. Care* 32, 2009, S. 2116–2119.

Schwartz, Michael W. et al.: "Cooperation between brain and islet in glucose homeostasis and diabetes". *Nature* 503, 2013, S. 59–66.

Shotter, John: "Making sense on the boundaries: On moving between philosophy and psychotherapy". *Philosophy, Psychology and Psychiatry.* Suppl. 37, 1994, S. 55–72.

Simmel, Georg: *Der Begriff und die Tragödie der Kultur.* Alfred Kröner: Leipzig 1911.

Singer, Wolf: *Ein neues Menschenbild.* Suhrkamp: Frankfurt a.M. 2003, S. 43–49.

Singer, Wolf: „Die Beweislast liegt bei Ihnen" (offener Brief an Peter Janich). *Frankfurter Allgemeine Zeitung* (6) 08.01.2004, S. 33.

Smith, Jonathan A.: "Beyond the divide between cognition and discourse: Using interpretative phenomenological analysis in health psychology". *Psychology and Health* 11, 1996, S. 261–271.

Smith, Jonathan A. / Flowers, Paul / Larkin, Michael: *Interpretative phenomenological analysis. Theory, Method and Research.* SAGE Publications Ltd.: London 2009.

Smith, Jonathan A. / Osborn, Mike: "Interpretative phenomenological analysis". In: Smith, Jonathan A. (Hrsg.): *Qualitative Psychology: A Practical Guide to Research Methods.* SAGE Publications Ltd.: London 2003.

Smith, Jonathan A. / Osborn, Mike / Jarman, Maria: "Doing interpretative phenomenological". In: Murray, M. / Chamberlain, K. (Hrsg.): *Qualitative health psychology analysis.* SAGE Publications Ltd.: London 1999.

Spence, Donald P. *Narrative truth and historical truth.* Norton: New York 1982.

Spengler, Oswald: *Der Untergang des Abendlandes. Umrisse einer Morphologie der Weltgeschichte.* C.H. Beck: München 1918 / 1998.

Stadler, Michael / Erke, R.K.: „Über einige periodische Vorgänge in der Figuralwahrnehmung". *Vision Research* 8, 1968, S. 1081–1092.

Stefan, Norbert et al.: "Phenotypes of prediabetes and stratification of cardiometabolic risk". *Lancet Diabetes Endocrin.* doi:10.1016/S2213-8587(16)00082–6, 2016.

Stegmüller, Wolfgang: *Aufsätze zur Wissenschaftstheorie.* Wissenschaftliche Buchgemeinschaft: Darmstadt 1970.

Stegmüller, Wolfgang: *Probleme und Resultate der Wissenschaftstheorie und Analytischen Philosophie.* Band IV: *Personelle und statistische Wahrscheinlichkeit.* 1. Halbband: *Personelle Wahrscheinlichkeit und rationale Entscheidung.* Springer: Berlin 1973.

Stopczyk, Annegret: *Sophias Leib – Entfesselung der Weisheit: Ein philosophischer Aufbruch.* Carl-Auer-Systeme: Heidelberg 1998.

Svenaeus, Fredrick: *The hermeneutics of medicine and the phenomenology of health: Step towards a philosophy of medical practice.* Kluwer Academic Publisher: London 2000.

Szendroedi, Julia / Phielix, Esther / Roden, Michael: "The role of mitochondria in insulin resistance and type 2 diabetes mellitus". *Nat. Rev. Endocrinol.* 8(2), 2011, 92–103.

Szilard, Leo: *The collected works of Leo Szilard. Scientific Papers* (Volume 1). MIT Press: Cambrigde (Massachusetts) 1972.

Tappan, Mark B.: "Interpretative psychology: stories, circles and understanding lived experience". *Journal of Social Issues* 53, 1997, S. 645–656.

Taylor, Charles: *The explanation of behaviour.* Routledge & Paul Kegan: London 1964.

Taylor, Charles: *Erklärung und Interpretation in den Wissenschaften vom Menschen.* Suhrkamp: Frankfurt a.M. 1975.

Taylor, Shelley E: "Adjustment to threatening events: a theory of cognitive adaptation". *American Psychologist* 38, 1983, S. 1161–1173.

Temkin, Owsei: "The double face of Janus". In: Temkin Owsei (Hrsg.): *The double face of Janus and other essays in the history of medicine".* The Johns Hopkins University Press: Baltimore 1977, S. 137–169.

Temple, Robert: "Are surrogate markers adequate to address cardiovascular disease drugs?". *JAMA* 282, 1998, S. 790–795.

Tewes, Christian: *Grundlegungen der Bewusstseinsforschung. Studien zu Daniel Dennett und Edmund Husserl.* Karl Alber: Freiburg 2007.

Thompson, Evan: "Empathy and consciousness". *Journal of Conscious Studies* 8, 2001, S. 1–32.

Thomson, William: „Electrical units of measurement". *Popular Lectures* 1, 1883, S. 73.

Toccafondi, Fiorenza: „Buchbesprechung Steffen Kluck: Gestaltpsychologie und Wiener Kreis“. *Gestalt Theory* 32, 2008, S. 191–196.

Todres, Les: “The qualitative description of human experience: The aesthetic dimension”. *Qualitative Health Research* 8, 1998, S. 121–127.

Todres, Les / Galvin, Kathleen / Dahlberg, Karin: “Lifeworld-led healthcare: revisiting a humanising philosophy that integrates emerging trends”. *Med. Health Care Philos.* 10, 2007, S. 53–63.

Todres, Les / Galvin, Kathleen / Dahlberg, Karin: “‘Caring for insiderness’: Phenomenologically informed insights that can guide practice”. *Int. J. Qualitative Stud. Health Well-being* 9, 2014, S. 21421.

Toulmin, Stephen: “Ludwik Fleck and the historical interpretation of science”. In: Cohen R.S. / Schnelle T. (Hrsg.): *Cognition and fact: Materials on Ludwik Fleck.* D. Reidel Publishing Company: Dordrecht 1986, S. 267–286.

Tschöp, Matthias H. / DiMarchi, Richard D.: “Outstanding scientific achievement award lecture 2011: defeating diabesity: the case for personalized combinatorial therapies”. *Diabetes* 61, 2012, S. 1309–1314.

Tuckett, David A. / Williams, Anthony J.: “Approaches to the measurement of explanation and information giving in medical consultations. A review of empirical studies”. *Social Science and Medicine* 18, 1984, S. 571–580.

Tuckett, David A. / Boulton, Mary / Olson, Coral: “A new approach to the measurement of patients understanding of what they are told in medical consultations”. *Journal of Health and Social Behaviour* 26, 1985, S. 27–38.

Ulmann, Gisela: “Kreativität. Neue amerikanische Ansätze zur Erweiterung des Intelligenzkonzepts“. In: Weinheim / Beltz (Hrsg.): *Kreativitätsforschung. Neue Wissenschaftliche Bibliothek Nr. 59. Psychologie.* Kiepenheuer & Witsch: Köln 1973.

Valery, Paul: *Zur Ästhetik und Philosophie der Künste.* Suhrkamp: Frankfurt a.M. 1995.

Van Hoek, Mandy et al.: “Predicting type 2 diabetes based on polymorphisms from genome-wide association studies: a population-based study”. *Diabetes* 57, 2008, S. 3122–3128.

Van Manen, Max: *Researching lived experience: Human science for an action sensitive pedagogy.* Suny Press: New York 1990.

Varela, Francisca J.: “Neurophenomenology. A methodological remedy for the hard problem”. *Journal of Consciousness Studies* 3/4, 1996, S. 330–349.

Varela, Francisca J: “Present-time consciousness”. *Journal of Consciousness Studies* 6(2–3), 1999, S. 111–140.

Varela, Francisca J. / Shear, Jonathan: *The View from Within.* Imprint Academic: Exeter 1999a.

Varela, Francisca J. / Shear, Jonathan: “First-person Methodologies. What, why, how?“. *Journal of Consciousness Studies* 6, 1999b, S. 1–14.

Von Bertalanffy, Ludwig: *Biophysik des Fließgleichgewichts.* Sammlung Vieweg: Braunschweig 1953.

Von Ehrenfels, Christian: *Über Gestaltqualitäten.* (Vierteljahrsschrift für wissenschaftliche Philosophie 14). Reisland: Leipzig 1890, S. 249–292.

Von Ehrenfels, Christian: *Das Primzahlengesetz, entwickelt und dargestellt auf Grund der Gestalttheorie.* (Vierteljahresschrift für wissenschaftliche Philosophie). Reisland: Leipzig 1922.

Von Foerster, Heinz: *Sicht und Einsicht.* Vieweg: Braunschweig 1985.

Von Glasersfeld, Ernst: *Wissen, Sprache und Wirklichkeit.* Vieweg: Braunschweig 1987.

Von Goethe, Johann W.: *Schriften zur Biologie.* Albert Langen, Georg Müller: München / Wien 1982.

Von Goethe, Johann W.: *Zur Farbenlehre.* Cotta: Tübingen 1810.

Von Helmholtz, Hermann: „Über das Sehen des Menschen". In: Hörz H. / Wollgast S. (Hrsg.): *Philosophische Vorträge und Aufsätze.* Akademie Verlag: Berlin 1855 / 1971, S. 48–62.

Von Helmholtz, Hermann: *Handbuch der Physiologischen Optik.* Vero: Norderstedt 1867 / 2015.

Von Helmholtz, Hermann: „Die Tatsachen in der Wahrnehmung". In: Hörz H. / Wollgast S. (Hrsg.): *Philosophische Vorträge und Aufsätze.* Akademie Verlag: Berlin 1878a / 1971, S. 252–259.

Von Helmholtz, Hermann: „Das Denken in der Medicin". In: *Philosophische Vorträge und Aufsätze.* Kindle Edition: Berlin 1878b / 2010, S. 219–245.

Von Helmholtz, Hermann: *Ueber das Ziel und die Fortschritte der Naturwissenschaft. In: Vorträge und Reden* (Heidelberger Texte zur Mathematikgeschichte Bd. I). Signatur Universitätsbibliothek Heidelberg: Heidelberg 1896, O 400–1::1(4).

Von Helmholtz, Hermann: *Einleitung zu den Vorlesungen über Theoretische Physik.* J.A. Barth: Leipzig 1903, S. 20.

Von Holst, Erich / Mittelstaedt Horst: *Das Reafferenzprinzip in: Zur Verhaltensphysiologie bei Tieren und Menschen. Gesammelte Abhandlungen* (Bd. I). Piper: München 1969, S. 135–166.

Von Uexküll, Jakob: *Theoretische Biologie.* Springer: Berlin 1925.

Vossenkuhl, Wilhelm / Lesch, Harald: *Die Großen Denker: Philosophie im Dialog.* Heyne: München 2011.

Waldenfels, Bernhard: *Einführung in die Phänomenologie.* Wilhelm Fink (UTB 1688): München 1992.

Weed, Douglas L.: "On the logic of causal inference". *Am. J. Epidemiol.* 123, 1986, S. 965–979.

Welter, Rüdiger: *Der Begriff der Lebenswelt – Theorien vortheoretischer Erfahrungswelt.* Wilhelm Fink: München 1984.

Wertheimer, Max: „Untersuchungen zur Lehre von der Gestalt". *J. Psychol. Forsch.* 1, 1922, S. 189–202.

Wertheimer, Max: „Gestalt Theory". *Social Research* 12, 1944, S. 278–296.

Wertheimer, Max: *Produktives Denken.* Kramer: Frankfurt a.M. 1957.

Weßling, Heinrich: *Theorie der klinischen Evidenz. Versuch einer Kritik der evidenzbasierten Medizin.* Lit Verlag: Wien 2011.

Wiener, Norbert: *Cybernetics or control and communication in the animal and the machine.* MIT Press: Cambridge (Massachusetts) 1961, S. 34.

Wiesing, Lambert: *Philosophie der Wahrnehmung – Modelle und Reflexionen.* Suhrkamp: Frankfurt a.M. 2002, S. 39–52.

Williams, Gareth: "The genesis of chronic illness: narrative reconstruction". *Sociology of Health and Illness* 6, 1984, S. 175–200.

Windelband, Wilhelm: „Einleitung in die Philosophie". In: Medicus F. (Hrsg.): *Grundriß der philosophischen Wissenschaften* (Bd. 1). J. C. B. Mohr (Paul Siebeck): Tübingen 1914.

Wittgenstein, Ludwig: *Über Gewissheit.* Suhrkamp: Frankfurt a.M. 1984a, S. 502.

Wittgenstein, Ludwig: *Philosophische Untersuchungen.* Suhrkamp: Frankfurt a.M. 1984b, S. 109.

Wittgenstein, Ludwig: *Tractatus Logico-Philosophicus.* Suhrkamp: Frankkfurt a.M. 1984c, 4.112, 5.5563.

Wittgenstein, Ludwig: *Philosophische Untersuchungen.* Suhrkamp: Frankfurt a.M. 1984d, S. 124, 125–128, 599.

Wittgenstein, Ludwig: *Philosophische Bemerkungen.* Suhrkamp: Frankfurt a.M. 1984e, S. 266.

Wittgenstein, Ludwig: „Bemerkungen über Frazers Golden Bough" In: Klagge James / Nordmann Alfred (Hrsg.): *Ludwig Wittgenstein: Philosophical Occasions.* Hackett Publishing Company: Indianapolis 2010, S. 128, 138.

Wundt, Wilhelm M: *Beiträge zur Theorie der Sinneswahrnehmung.* Winter: Leipzig 1862.

Yi, Chun-Xia / Tschöp, Matthias H.: "Brain-gut-adipose-tissue communication pathways at a glance". *Dis. Model Mech.* 5(5), 2012, 583–587.

Ziche, Paul: *Introspektion. Texte zur Selbstwahrnehmung des Ich.* Springer: Wien / New York 1999.

Zola, Irving: "Problems of communication, diagnosis and patient care". *Journal of Medical Education* 38, 1963, S. 829–838.

7 Namensverzeichnis

8 Abbildungsverzeichnis

9 Abkürzungsverzeichnis

EbM	Evidenzbasierte Medizin
T2D	Typ II Diabetes, T2D, Nicht-insulinabhängiger oder Nicht-insulinpflichtiger Diabetes mellitus

Man vergaß, daß Wissenschaft sich aus Poesie entwickelt habe,
man bedachte nicht, daß, nach einem Umschwung von Zeiten,
beide sich wieder freundlich, zu beiderseitigem Vorteil,
auf höherer Stelle, gar wohl wieder begegnen könnten.

Johann Wolfgang von Goethe